深入浅出 Windows 10 通用应用开发

Windows 10 Universal APP Developing

林政 著
Lin Zheng

清华大学出版社
北京

内 容 简 介

本书系统论述了 Windows 10 操作系统的基本架构、开发方法和项目实战,由浅入深地介绍了 Windows 10 通用应用程序(可运行于手机、平板、PC、智能硬件、Xbox、HoloLens 等)的开发知识。全书共分为四篇:开发基础篇(第 1～3 章)、开发提高篇(第 4～13 章)、开发进阶篇(第 14～22 章)和开发实例篇(第 23～24 章)。本书全面详尽地论述了 Windows 10 通用应用程序开发的全方位技术,包括 Windows 10 技术架构、开发环境和项目解析、XAML 语法和原理、控件编程、布局管理、应用数据、动画编程、列表编程、图表编程、数据绑定、网络编程、Socket 编程、蓝牙和近场通信、联系人存储、多媒体、多任务、应用间通信、地理位置、C♯和 C++混合编程、Bing 在线壁纸项目开发、记账本项目开发等。

本书配套提供了书中实例源代码,最大限度地满足读者高效学习和快速动手实践的需要。

本书内容覆盖面广、实例丰富、注重理论学习与实践开发的配合,非常适合于 Windows 10 开发入门的读者,也适合于从 iOS 和 Android 等移动平台转向 Windows 10 平台的读者,对于有 Windows 10/Windows 8/Windows Phone 开发经验的读者,也极具参考价值。

本书封面贴有清华大学出版社防伪标签,无标签者不得销售。
版权所有,侵权必究。侵权举报电话: 010-62782989 13701121933

图书在版编目(CIP)数据

深入浅出: Windows 10 通用应用开发/林政著. --北京: 清华大学出版社,2016(2016.11重印)
ISBN 978-7-302-41638-8

Ⅰ. ①深… Ⅱ. ①林… Ⅲ. ①Windows 操作系统—程序设计 Ⅳ. ①TP316.7

中国版本图书馆 CIP 数据核字(2015)第 228405 号

责任编辑: 盛东亮
封面设计: 李召霞
责任校对: 胡伟民
责任印制: 李红英

出版发行: 清华大学出版社
网　　址: http://www.tup.com.cn, http://www.wqbook.com
地　　址: 北京清华大学学研大厦 A 座　　　邮　编: 100084
社 总 机: 010-62770175　　　　　　　　　　邮　购: 010-62786544
投稿与读者服务: 010-62776969, c-service@tup.tsinghua.edu.cn
质量反馈: 010-62772015, zhiliang@tup.tsinghua.edu.cn
课件下载: http://www.tup.com.cn,010-62795954

印　刷　者: 清华大学印刷厂
装　订　者: 北京市密云县京文制本装订厂
经　　销: 全国新华书店
开　　本: 186mm×240mm　　印　张: 44.5　　字　数: 1115 千字
版　　次: 2016 年 1 月第 1 版　　　　　　　印　次: 2016 年 11 月第 3 次印刷
印　　数: 4501～6500
定　　价: 89.00 元

产品编号: 065717-01

序
FOREWORD

四十不惑创新不止

从飞鸽传书到指尖沟通,从钻木取火到核能发电,从日行千里到探索太空……曾经遥不可及的梦想如今已经变为现实,有些甚至超出了人们的想象,而所有这一切都离不开科技创新的力量。

对于微软而言,创新是我们的灵魂,是我们矢志不渝的信仰。不断变革的操作系统,日益完善的办公软件,预见未来的领先科技……40年来,在创新精神的指引下,我们取得了辉煌的成绩,引领了高科技领域的突破性发展。

IT行业不墨守成规,只尊重创新。过往的成就不能代表未来的成功,我们将继续砥砺前行。如果说,以往诸如个人电脑、平板电脑、手机和可穿戴设备的发明大都是可见的;那么,在我看来,未来的创新和突破将会是无形的。"隐形计算"就是微软的下一个大事件。让计算归于"无形",让技术服务于生活,是微软现在及未来的重要研发方向之一。

当计算来到云端后,便隐于无形,能力却变得更加强大;当机器学习足够先进,人们在尽享科技带来的便利的同时却觉察不到计算过程的存在;当我们只需通过声音、手势就可以与周边环境进行交互,计算机也将从人们的视线中消失。正如著名科幻作家亚瑟·查尔斯·克拉克所说:"真正先进的技术,看上去都与魔法无异。"

技术是通往未来的钥匙,要实现"隐形计算",人工智能技术在这其中起着关键作用。近几年,得益于大数据、云计算、精准算法、深度学习等技术取得的进展,人工智能研究已经发展到现在的感知、甚至认知阶段。未来,要实现真正的人机互动、个性化的情感沟通,计算机视觉、语音识别、自然语言将是人工智能领域进一步发展的突破口及热门的研究方向。

2015年7月发布的Windows 10是微软在创新路上写下的完美注脚。作为史上第一个真正意义上跨设备的统一平台,Windows 10为用户带来了无缝衔接的使用体验,而智能人工助理Cortana、Windows Hello生物识别技术的加入,让人机交互进入了一个新层次。Windows 10也是历史上最好的Windows,最有中国印记的Windows,不但有针对中国本土的大量优化,还会有海量的中国应用。Windows 10是一个具有里程碑意义的跨时代产品,更是微软崇尚创新的具体体现,这种精神渗透在每一个微软员工的血液之中,激励着我们

"予力全球每一人、每一组织成就不凡"。

　　四十不惑的微软对前方的创新之路看得更加清晰,走得也更加坚定。希望这套丛书不仅成为新时代之下微软前行的见证,也能够助中国的开发者一臂之力,共同繁荣我们的生态系统,绽放更多精彩的应用,成就属于自己的不凡。

沈向洋
微软全球执行副总裁

前 言
PREFACE

在移动互联网的时代里面，IT 行业迎来了一场又一场的创新和颠覆的技术大战，三大巨头（微软、苹果和谷歌）也越战越激烈，都在抢占平台的市场。创新与革命一直都是 IT 行业的灵魂，苹果凭着 iPhone 和 iPad 在移动互联网时代里面掀起了一波又一波的浪潮，苹果重新定义了手机和平板电脑的含义，给予人们一种独一无二的体验，并且打造出了一种前所未有的商业模式，使其 iPhone 和 iPad 产品在推向市场后大受欢迎。后来，谷歌公司收购了 Android 操作系统，把这场智能终端领域的革命推向了另一个高潮，谷歌开源的策略让 Android 手机遍地开花，大受追捧。然而，革命总是有人欢喜有人忧，昔日的王者诺基亚，已经失去了当年在手机领域呼风唤雨的地位了，Symbian 操作系统的臃肿和落后让诺基亚已经力不从心，微软的 Windows Mobile 操作系统的市场占有率也日渐下降。创新和革命一直都没有停止过，面对着严峻的形势，微软重新审视了操作系统的研发，果断地抛弃了落后的 Windows Mobile 操作系统，研发出了 Windows Phone 和 Windows 8 操作系统，分别在手机和平板领域对抗苹果和谷歌。从 2010 年的第一个版本 Windows Phone 7 开始到 2012 年的 Windows Phone 8 面世，再到 2014 年的 Windows Phone 8.1，微软一路上不停地开拓创新、精雕细琢，打造出一个强大的手机操作系统和完善的 Windows Phone 生态圈。Windows 操作系统也从 Windows 8 到 Windows 8.1 不停地更新和完善用户体验。而这一切都在为 Windows 10 操作系统的诞生做铺垫和过渡，统一的操作系统和平台一直以来都是微软的核心战略，这一战略终于在 Windows 10 上实现了。Windows 10 是微软当前最为重要的产品，并且微软宣布 Windows 10 是最后的一个 Windows 系统。可以不夸张地说，Windows 10 将会决定着微软在移动互联网时代的成败，微软在这场巨头争霸中吹起了冲锋的号角。

Windows 10 是一个全能操作系统，支持手机、平板、PC、游戏机、物联网等智能设备，采用统一的应用商店，统一的应用程序，开发者只需开发一个 Windows 10 的通用应用程序放到应用商店里面，所有基于 Windows 10 的硬件设备都可以运行，这对于开发者来说是一个非常振奋人心的事情。在未来的移动互联网和物联网的时代里面，Windows 10 将会起着举足轻重的作用，微软对 Windows 10 充满了信心，微软计划在三年的时间里让运行 Windows 10 的设备达到 10 亿台。对于开发者来说，Windows 10 是一次难得的机遇——不仅仅在移动互联网时代，也在即将到来的物联网时代。

本书包含哪些内容

本书内容涵盖 Windows 10 通用应用开发的各方面的知识，例如控件、布局、应用数据、图形动画、列表编程、图表编程、动画、数据绑定、网络编程、多媒体、蓝牙、近场通信、应用间通信、地理位置、C++编程等。全书讲解全面，实例丰富，深入浅出地介绍了 Windows 10 通用应用开发的方方面面。最后，书中以应用开发实例讲解了两个完整的 Windows 10 通用应用开发的过程，并且提供了全部的源代码。

如何高效阅读本书

由于本书的实例主要使用的是 C♯ 编程语言开发的（C++编程章节使用的是 C++ 编程语言），所以需要读者有一定的 C♯ 编程基础。本书的各章节之间有一定的知识关联，由浅至深地渐进式叙述，建议初学者按照章节的顺序来阅读和学习本书；对于有一定 Windows Phone 和 Windows 8 编程经验的读者，可以略过一些章节，直接阅读自己感兴趣的内容。

如何快速动手实践

本书每个知识点都配有相应的实例，读者可以直接用 Microsoft Visual Studio 2015 开发工具打开工程文件进行调试和运行。由于微软的开发工具和 Windows 10 SDK 更新较频繁，所以不能保证最新的开发环境和本书中描述的内容完全一致，要获取最新的开发工具和 Windows 10 SDK 请关注微软的 Windows 开发的中文网站（https://dev.windows.com）的动态。

本书适合哪些读者

本书适合于 Windows 10 通用应用开发初学者，也适合 iOS 和 Android 平台的开发者快速地转入 Windows 10 的开发平台，同时对于有一定的 Windows 10 开发经验的读者也有很好的参考学习价值。

由于作者水平有限，Windows 10 开发知识极其广泛，书中难免存在疏漏和不妥之处，敬请广大读者批评指正。

作者联系方式：zheng-lin@foxmail.com（微博@WP 林政）

QQ 群技术交流：284783431

编辑联系方式：shengdl@tup.tsinghua.edu.cn

作者

2016 年 1 月

目录 CONTENTS

开发基础篇

第 1 章 综述 …… 3

1.1 Windows 10 的改变与发展机遇 …… 3
    1.1.1 Windows 10 新特性 …… 3
    1.1.2 Windows 10 手机版本 …… 5
    1.1.3 Windows 10 PC 版本 …… 7
    1.1.4 Windows 10 物联网版本 …… 8
    1.1.5 Windows 10 对于开发者的机遇 …… 8

1.2 Windows 10 技术框架 …… 9
    1.2.1 Windows 运行时 …… 10
    1.2.2 Windows 10 通用应用平台 …… 10
    1.2.3 Windows 10 通用应用程序开发模型 …… 11

第 2 章 开发环境和项目工程解析 …… 13

2.1 搭建开发环境 …… 13
    2.1.1 开发环境的要求 …… 13
    2.1.2 开发工具的安装 …… 13

2.2 创建 Windows 10 通用应用 …… 14
    2.2.1 创建 Hello World 项目 …… 14
    2.2.2 解析 Hello World 应用 …… 19

2.3 不同平台设备的适配 …… 27
    2.3.1 特定平台的 API 调用 …… 27
    2.3.2 界面适配 …… 32

第 3 章 XAML 界面原理和语法 …… 33

3.1 理解 XAML …… 33

3.2 XAML 语法 ·········· 34
 3.2.1 命名空间 ·········· 34
 3.2.2 对象元素 ·········· 36
 3.2.3 设置属性 ·········· 36
 3.2.4 附加属性 ·········· 40
 3.2.5 标记扩展 ·········· 40
 3.2.6 事件 ·········· 41
3.3 XAML 的原理 ·········· 41
 3.3.1 XAML 页面的编译 ·········· 41
 3.3.2 动态加载 XAML ·········· 43
3.4 XAML 的树结构 ·········· 46
 3.4.1 可视化树 ·········· 46
 3.4.2 VisualTreeHelper 类 ·········· 47
 3.4.3 遍历可视化树 ·········· 48
3.5 框架和页面 ·········· 50
 3.5.1 框架页面结构 ·········· 50
 3.5.2 页面导航 ·········· 50

开发提高篇

第 4 章 控件编程 ·········· 55
4.1 系统控件分类 ·········· 55
4.2 按钮(Button) ·········· 58
4.3 文本块(TextBlock) ·········· 60
4.4 文本框(TextBox) ·········· 63
4.5 边框(Border) ·········· 66
4.6 超链接(HyperlinkButton) ·········· 68
4.7 单选按钮(RadioButton) ·········· 69
4.8 复选框(CheckBox) ·········· 70
4.9 进度条(ProgressBar) ·········· 72
4.10 滚动视图(ScrollViewer) ·········· 74
4.11 滑动条(Slider) ·········· 77
4.12 时间选择器(TimePicker)和日期选择器(DatePicker) ·········· 79
4.13 枢轴控件(Pivot) ·········· 81
4.14 全景视图控件(Hub) ·········· 83
4.15 浮出控件(Flyout) ·········· 85

4.16 下拉框(ComboBox) ·· 90
4.17 命令栏/菜单栏(CommandBar) ·· 92
4.18 分屏控件(SplitView) ··· 96

第 5 章 布局管理 ·· 99

5.1 布局属性和面板 ··· 99
 5.1.1 布局的通用属性 ·· 99
 5.1.2 网格布局(Grid) ··· 105
 5.1.3 堆放布局(StackPanel) ··· 111
 5.1.4 绝对布局(Canvas) ·· 115
 5.1.5 相对布局(RelativePanel) ··· 119
 5.1.6 多分辨率的适配布局 ·· 120

5.2 布局原理 ·· 125
 5.2.1 布局的意义 ·· 125
 5.2.2 布局系统 ··· 126
 5.2.3 布局系统的重要方法和属性 ·· 126
 5.2.4 测量和排列的过程 ··· 128

5.3 自定义布局规则 ··· 131
 5.3.1 创建布局类 ·· 132
 5.3.2 实现测量过程 ··· 133
 5.3.3 实现排列过程 ··· 134
 5.3.4 应用布局规则 ··· 135

第 6 章 应用数据 ·· 137

6.1 应用设置存储 ·· 137
 6.1.1 应用设置简介 ··· 137
 6.1.2 应用设置操作 ··· 138
 6.1.3 存储容器设置 ··· 142
 6.1.4 复合设置数据 ··· 145

6.2 应用文件存储 ·· 147
 6.2.1 三种类型的应用文件 ·· 147
 6.2.2 应用文件和文件夹操作 ··· 148
 6.2.3 文件 Stream 和 Buffer 读写操作 ·· 154
 6.2.4 应用文件的 URI 方案 ·· 160

6.3 常用的存储数据格式 ··· 163
 6.3.1 JSON 数据序列化存储 ··· 163

    6.3.2　XML 文件存储 ································· 170
  6.4　安装包文件数据 ·· 180
    6.4.1　安装包文件访问 ································· 180
    6.4.2　安装包文件的 URI 方案 ······················ 184

第 7 章　图形绘图 ··· 186

  7.1　图形基础 ··· 186
    7.1.1　图形中常用的结构 ······························ 186
    7.1.2　画图相关的类 ···································· 187
    7.1.3　基础的图形形状 ································· 189
  7.2　Path 图形 ·· 192
    7.2.1　两种 Path 图形的创建方法 ···················· 192
    7.2.2　使用简单的几何图形来创建 Path ············ 192
    7.2.3　使用 PathGeometry 来创建 Path ············· 195
    7.2.4　使用路径标记语法创建 Path ·················· 200
    7.2.5　使用 Path 实现自定义图形 ···················· 204
    7.2.6　利用 Expression Blend 工具创建 Path 图形 ·· 206
  7.3　画刷 ··· 210
    7.3.1　SolidColorBrush 画刷 ·························· 210
    7.3.2　LinearGradientBrush 画刷 ····················· 210
    7.3.3　ImageBrush 画刷 ································ 211
  7.4　图形裁剪 ··· 212
    7.4.1　使用几何图形进行剪裁 ························· 212
    7.4.2　对布局区域进行剪裁 ···························· 212
  7.5　使用位图编程 ··· 215
    7.5.1　拉伸图像 ··· 215
    7.5.2　使用 RenderTargetBitmap 类生成图片 ······ 215
    7.5.3　存储生成的图片文件 ···························· 217

第 8 章　变换特效和三维特效 ······························ 220

  8.1　变换特效 ··· 220
    8.1.1　变换的原理二维变换矩阵 ····················· 220
    8.1.2　平移变换（TranslateTransform） ············ 222
    8.1.3　旋转变换（RotateTransform） ··············· 222
    8.1.4　缩放变换（ScaleTransform） ················· 224
    8.1.5　扭曲变换（SkewTransform） ················· 225

8.1.6　组合变换(TransformGroup) ······················· 225
　　　8.1.7　矩阵变换(MatrixTransform) ····················· 226
　8.2　三维特效 ·· 229
　　　8.2.1　三维坐标体系 ······································· 229
　　　8.2.2　三维旋转 ··· 229
　　　8.2.3　三维平移 ··· 232
　　　8.2.4　用矩阵实现三维特效 ······························· 235

第9章　动画编程 ··· 239
　9.1　动画原理 ·· 239
　　　9.1.1　理解动画 ··· 239
　　　9.1.2　动画的目标属性 ···································· 240
　　　9.1.3　动画的类型 ··· 241
　9.2　线性插值动画 ··· 242
　　　9.2.1　动画的基本语法 ···································· 242
　　　9.2.2　线性动画的基本语法 ······························· 243
　　　9.2.3　DoubleAnimation 实现变换动画 ················ 247
　　　9.2.4　ColorAnimation 实现颜色渐变动画 ············ 248
　　　9.2.5　PointAnimation 实现 Path 图形动画 ··········· 249
　9.3　关键帧动画 ·· 251
　　　9.3.1　关键帧动画简介 ···································· 251
　　　9.3.2　线性关键帧 ··· 253
　　　9.3.3　样条关键帧 ··· 255
　　　9.3.4　离散关键帧 ··· 258
　9.4　缓动函数动画 ··· 264
　　　9.4.1　缓动函数动画简介 ·································· 264
　　　9.4.2　BackEase 动画 ····································· 264
　　　9.4.3　BounceEase 动画 ·································· 267
　　　9.4.4　CircleEase 动画 ···································· 269
　　　9.4.5　CubicEase 动画 ···································· 271
　　　9.4.6　ElasticEase 动画 ··································· 272
　　　9.4.7　ExponentialEase 动画 ···························· 274
　　　9.4.8　PowerEase/QuadraticEase/QuarticEase/QuinticEase 动画 ········· 277
　　　9.4.9　SineEase 动画 ······································· 279
　9.5　基于帧动画 ·· 280
　　　9.5.1　基于帧动画的原理 ·································· 281

9.5.2 基于帧动画的应用场景 ········· 281
9.5.3 基于帧动画的实现 ············ 282
9.6 动画方案的选择 ···················· 283
9.6.1 帧速率 ······················· 284
9.6.2 UI 线程和构图线程 ············ 284
9.6.3 选择最优的动画方案 ··········· 285
9.7 模拟实现微信的彩蛋动画 ··········· 288
9.7.1 实现的思路 ··················· 288
9.7.2 星星创建工厂 ················· 288
9.7.3 实现单个星星的动画轨迹 ······ 293
9.7.4 封装批量星星飘落的逻辑 ······ 296
9.7.5 星星飘落动画演示 ············· 298

第 10 章 样式和模板 ················· 300

10.1 样式 ······························· 300
10.1.1 创建样式 ···················· 300
10.1.2 样式继承 ···················· 302
10.1.3 以编程方式设置样式 ········· 303
10.1.4 样式文件 ···················· 305
10.2 模板 ······························· 307
10.2.1 控件模板(ControlTemplate) ·· 307
10.2.2 ContentControl 和 ContentPresenter ··· 308
10.2.3 视觉状态管理(VisualStatesManager) ··· 309
10.2.4 数据模板(DataTemplate) ···· 312
10.2.5 ItemTemplate、ContentTemplate 和 DataTemplate ········· 313
10.2.6 数据模板的使用 ·············· 313
10.2.7 读取和更换数据模板 ········· 315

第 11 章 数据绑定 ···················· 319

11.1 数据绑定的基础 ··················· 319
11.1.1 数据绑定的原理 ·············· 319
11.1.2 创建绑定 ···················· 320
11.1.3 用元素值绑定 ················ 322
11.1.4 三种绑定模式 ················ 324
11.1.5 更改通知 ···················· 325
11.1.6 绑定数据转换 ················ 327

11.2 绑定集合 ·· 332
    11.2.1 数据集合 ·· 332
    11.2.2 绑定列表控件 ·· 333
    11.2.3 绑定 ObservableCollection<T>集合 ······································· 335
    11.2.4 绑定自定义集合 ··· 337

第 12 章 列表编程 ·· 342

12.1 列表控件的使用 ··· 342
    12.1.1 ItemsControl 实现最简洁的列表 ··· 342
    12.1.2 ListBox 实现下拉点击刷新列表 ·· 345
    12.1.3 ListView 实现下拉自动刷新列表 ··· 348
    12.1.4 GridView 实现网格列表 ·· 351
    12.1.5 SemanticZoom 实现分组列表 ·· 352
12.2 虚拟化技术 ·· 358
    12.2.1 列表的虚拟化 ·· 358
    12.2.2 VirtualizingStackPanel、ItemsStackPanel 和 ItemsWrapGrid
          虚拟化排列布局控件 ··· 360
    12.2.3 实现横向虚拟化布局 ··· 362
    12.2.4 大数据量网络图片列表的异步加载和内存优化 ························ 365

第 13 章 图表编程 ·· 370

13.1 动态生成折线图和区域图 ··· 370
    13.1.1 折线图和区域图原理 ··· 370
    13.1.2 生成图形逻辑封装 ·· 372
13.2 实现饼图控件 ·· 376
    13.2.1 自定义饼图片形状 ·· 376
    13.2.2 封装饼图控件 ·· 382
13.3 线性报表 ··· 387
    13.3.1 实现图形表格和坐标轴 ··· 387
    13.3.2 定义线性数据图形类 ··· 394
    13.3.3 实现图例 ·· 397
    13.3.4 实现线性报表 ·· 399
13.4 QuickCharts 图表控件库解析 ·· 401
    13.4.1 QuickCharts 项目结构分析 ··· 402
    13.4.2 饼图图表 PieChart 的实现逻辑 ··· 404
    13.4.3 连续图形图表 SerialChart 的实现逻辑 ·································· 409

开发进阶篇

第 14 章 网络编程 … 415

14.1 网络编程之 HttpWebRequest 类 … 415
- 14.1.1 HttpWebRequest 实现 Get 请求 … 415
- 14.1.2 HttpWebRequest 实现 Post 请求 … 418
- 14.1.3 网络请求的取消 … 420
- 14.1.4 超时控制 … 420
- 14.1.5 断点续传 … 421
- 14.1.6 实例演示：RSS 阅读器 … 421

14.2 网络编程之 HttpClient 类 … 429
- 14.2.1 Get 请求获取字符串和数据流数据 … 429
- 14.2.2 Post 请求发送字符串和数据流数据 … 430
- 14.2.3 设置和获取 Cookie … 431
- 14.2.4 网络请求的进度监控 … 432
- 14.2.5 自定义 HTTP 请求筛选器 … 432
- 14.2.6 实例演示：部署 IIS 服务和实现客户端对服务器的请求 … 434

14.3 使用 Web Service 进行网络编程 … 447
- 14.3.1 Web Service 简介 … 447
- 14.3.2 实例演示：手机号码归属地查询 … 448

14.4 使用 WCF Service 进行网络编程 … 450
- 14.4.1 WCF Service 简介 … 451
- 14.4.2 创建 WCF Service … 451
- 14.4.3 调用 WCF Service … 454

14.5 推送通知 … 455
- 14.5.1 推送通知的原理和工作方式 … 455
- 14.5.2 推送通知的分类 … 457
- 14.5.3 推送通知的发送机制 … 459
- 14.5.4 客户端程序实现推送通知的接收 … 468

第 15 章 Socket 编程 … 471

15.1 Socket 编程简介 … 471
- 15.1.1 Socket 相关概念 … 472
- 15.1.2 Socket 通信的过程 … 474

15.2 Socket 编程之 TCP 协议 … 475

         15.2.1　StreamSocket 介绍及 TCP Socket 编程步骤 ………………… 475
         15.2.2　连接 Socket ………………………………………………… 477
         15.2.3　发送和接收消息 …………………………………………… 477
         15.2.4　TCP 协议服务器端监听消息 ……………………………… 478
         15.2.5　实例：模拟 TCP 协议通信过程 …………………………… 480
   15.3　Socket 编程之 UDP 协议 …………………………………………… 485
         15.3.1　发送和接收消息 …………………………………………… 485
         15.3.2　UDP 协议服务器端监听消息 ……………………………… 486
         15.3.3　实例：模拟 UDP 协议通信过程 …………………………… 487

第 16 章　蓝牙和近场通信 …………………………………………………… 491

   16.1　蓝牙 …………………………………………………………………… 491
         16.1.1　蓝牙原理 ……………………………………………………… 491
         16.1.2　Windows 10 蓝牙技术简介 ………………………………… 492
         16.1.3　蓝牙编程类 …………………………………………………… 493
         16.1.4　查找蓝牙设备和对等项 ……………………………………… 494
         16.1.5　蓝牙发送消息 ………………………………………………… 495
         16.1.6　蓝牙接收消息 ………………………………………………… 496
         16.1.7　实例：实现蓝牙程序对程序的传输 ………………………… 496
         16.1.8　实例：实现蓝牙程序对设备的连接 ………………………… 500
   16.2　近场通信 ……………………………………………………………… 503
         16.2.1　近场通信的介绍 ……………………………………………… 503
         16.2.2　近场通信编程类和编程步骤 ………………………………… 504
         16.2.3　发现近场通信设备 …………………………………………… 505
         16.2.4　近场通信发布消息 …………………………………………… 506
         16.2.5　近场通信订阅消息 …………………………………………… 507
         16.2.6　实例：实现近场通信的消息发布订阅 ……………………… 507

第 17 章　联系人存储 ………………………………………………………… 511

   17.1　联系人数据存储 ……………………………………………………… 511
         17.1.1　ContactStore 类和 StoredContact 类 ………………………… 511
         17.1.2　联系人新增 …………………………………………………… 513
         17.1.3　联系人查询 …………………………………………………… 515
         17.1.4　联系人编辑 …………………………………………………… 515
         17.1.5　联系人删除 …………………………………………………… 516
         17.1.6　联系人头像 …………………………………………………… 516

17.1.7 实例演示：联系人存储的使用 …… 518

17.2 联系人编程技巧 …… 523

17.2.1 vCard 的运用 …… 523

17.2.2 RemoteID 的运用 …… 527

第 18 章 多任务 …… 530

18.1 后台任务 …… 530

18.1.1 后台任务的原理 …… 530

18.1.2 后台任务的资源限制 …… 531

18.1.3 后台任务的基本概念和相关的类 …… 532

18.1.4 后台任务的实现步骤和调试技巧 …… 535

18.1.5 使用 MaintenanceTrigger 实现 Toast 通知 …… 543

18.1.6 使用后台任务监控锁屏 Raw 消息的推送通知 …… 546

18.1.7 后台任务的开销、终止原因和完成进度汇报 …… 546

18.2 后台文件传输 …… 553

18.2.1 后台文件传输简介 …… 553

18.2.2 后台文件下载步骤 …… 553

18.2.3 后台文件下载的实例编程 …… 555

18.2.4 后台文件上传的实现 …… 563

第 19 章 应用间通信 …… 565

19.1 启动系统内置应用 …… 565

19.1.1 启动内置应用的 URI 方案 …… 565

19.1.2 实例演示：打开网页、拨打电话和启动设置页面 …… 566

19.2 URI 关联的应用 …… 569

19.2.1 注册 URI 关联 …… 569

19.2.2 监听 URI …… 570

19.2.3 启动 URI 关联的应用 …… 571

19.2.4 实例演示：通过 URI 关联打开不同的应用页面 …… 571

19.3 文件关联的应用 …… 574

19.3.1 注册文件关联 …… 574

19.3.2 监听文件启动 …… 575

19.3.3 启动文件关联应用 …… 575

19.3.4 实例演示：创建一个 .log 后缀的文件关联应用 …… 576

第 20 章　多媒体 ……581

20.1 MediaElement 对象 ……581
20.1.1 MediaElement 类的属性、事件和方法 ……582
20.1.2 MediaElement 的状态 ……583
20.2 本地音频播放 ……584
20.3 网络音频播放 ……586
20.4 使用 SystemMediaTransportControls 控件播放音乐 ……589
20.5 本地视频播放 ……591
20.6 网络视频播放 ……594

第 21 章　地理位置 ……599

21.1 定位和地图 ……599
21.1.1 获取定位信息 ……599
21.1.2 在地图上显示位置信息 ……601
21.1.3 跟踪定位的变化 ……603
21.1.4 后台定位 ……607
21.2 地理围栏 ……613
21.2.1 设置地理围栏 ……614
21.2.2 监听地理围栏通知 ……614

第 22 章　C♯ 与 C++ 混合编程 ……619

22.1 C++/CX 语法 ……619
22.1.1 命名空间 ……619
22.1.2 基本的类型 ……620
22.1.3 类和结构 ……621
22.1.4 对象和引用计数 ……624
22.1.5 属性 ……624
22.1.6 接口 ……625
22.1.7 委托 ……626
22.1.8 事件 ……628
22.1.9 自动类型推导 auto ……629
22.1.10 Lambda 表达式 ……629
22.1.11 集合 ……630
22.2 Windows 运行时组件 ……631
22.2.1 在项目中使用 Windows 运行时组件 ……631

22.2.2　Windows 运行时组件异步接口的封装 ……………………………… 635
22.3　使用标准 C++ …………………………………………………………… 640
22.3.1　标准 C++ 与 C++/CX 的类型自动转换 ……………………………… 640
22.3.2　标准 C++ 与 C++/CX 的字符串的互相转换 ………………………… 640
22.3.3　标准 C++ 与 C++/CX 的数组的互相转换 …………………………… 641
22.3.4　在 Windows 运行时组件中使用标准 C++ …………………………… 642

开发实例篇

第 23 章　应用实战：Bing 在线壁纸 ……………………………………… 649

23.1　应用实现的功能 ………………………………………………………… 649
23.2　获取 Bing 壁纸的网络接口 …………………………………………… 649
23.3　壁纸请求服务的封装 …………………………………………………… 651
23.4　应用首页的设计和实现 ………………………………………………… 656
23.5　手机和平板不同分辨率的适配 ………………………………………… 660
23.6　壁纸列表详情和操作的实现 …………………………………………… 662

第 24 章　应用实战：记账本 ……………………………………………… 667

24.1　记账本简介 ……………………………………………………………… 667
24.2　对象序列化存储 ………………………………………………………… 667
24.3　记账本首页磁贴设计 …………………………………………………… 670
24.4　添加一笔收入和支出 …………………………………………………… 675
24.5　月报表 …………………………………………………………………… 683
24.6　年报表 …………………………………………………………………… 687
24.7　查询记录 ………………………………………………………………… 690
24.8　分类图表 ………………………………………………………………… 692

开发基础篇

万丈高楼平地起，本篇将会让读者快速了解 Windows 10 操作系统，并且动手开发出第一个 Windows 10 通用应用程序。

本篇是对 Windows 10 的一个概括性的介绍，读者可以采用快速阅读的方法来学习本篇，了解 Windows 10 的背景知识和编程方法。Windows 10 是微软一个重量级的 Windows 版本，它是微软的手机操作系统、PC 操作系统以及各种智能设备操作系统的统一平台，是一款具有划时代意义的革命性产品。在学习 Windows 10 应用开发之前，首先了解 Windows 10 的发展情况，以及 Windows 10 有哪些振奋人心的特性。开发环境的搭建是软件开发不可缺少的一个步骤，读者可以按照本篇的第 2 章介绍的步骤去搭建 Windows 10 的应用开发环境，同时快速地开发出第一个 Windows 10 的应用程序。在第一个应用程序中，读者可能会有一些语法结构不太明白，不过这只是一个大概的了解和介绍，在接下来的学习中可以慢慢地掌握其中的原理。本篇还会对 Windows 10 应用程序编写的基本语法进行简单的介绍，读者可以先学习和适应这种语法的结构和编程的方式，在后面的 Windows 10 应用开发的过程中，还会随时与这种 XAML 格式的语法打交道，所以这里仅仅是从总体上了解这种语法，从运行的原理上去理解它。

开发基础篇包括了以下三章：

第 1 章　综述

本章介绍了 Windows 10 的发展情况，概括性地总结了 Windows 10 的技术架构，让读者快速了解 Windows 10 操作系统。

第 2 章　开发环境和项目工程解析

本章介绍了开发环境搭建的步骤，详细地讲解了第一个 Windows 10 应用的开发以及 Windows 10 项目工程的结构。

第3章　XAML界面原理和语法

XAML是Windows 10应用界面编程的语法，这一章会让读者了解到XAML运行的原理以及它的基本语法结构。

通过本篇的学习，读者可以了解到微软Windows 10操作系统的新特性、生态环境、发展战略、开发者机遇、技术架构等；学会Windows 10的开发环境搭建并可以创建出自己的Windows 10通用应用程序并了解Windows 10应用程序的项目工程结构；初步地掌握Windows 10的XAML的原理和语法知识。

第 1 章　综　　述

Windows 10 是一款支持 PC、平板、手机、游戏机、物联网硬件等智能设备的操作系统，这是一个跨硬件设备的操作系统，也是微软多年来最为重要的一款操作系统。Windows 10 系统带来了很多令人振奋的新功能、新特性，给微软的开发者生态圈带来了极大的希望，也预示着微软新时代的来临。本章将会让读者了解到 Windows 10 操作系统的最大变化、给开发者带来了什么样的机遇以及 Windows 10 通用应用开发的技术概览。通过本章的学习可以让读者对 Windows 10 的新特性和开发技术有初步的了解。

1.1　Windows 10 的改变与发展机遇

Windows 10 是在 Windows Phone 和 Windows 8 的基础上演变而来的，它成功地让 Windows Phone 和 Windows 8 融合在一起，成为一个统一的操作系统，不再对硬件设备进行严格地操作系统的区分。从 Windows 10 开始，微软手机、平板、PC 的操作系统都进行统一的命名，当前最新的版本就是 Windows 10 操作系统。对于应用程序的开发，也采用统一的通用应用开发——一个应用全平台通用。下面来看一下 Windows 10 操作系统最重要的变化，以及 Windows 10 给开发者带来的机遇。

1.1.1　Windows 10 新特性

Windows 10 带来了非常多的新特性和新功能，这里不一一列举了，下面挑出一些最重要的变化和功能特性进行介绍。

1. 支持 PC/平板/手机/Xbox One 多平台

Windows 10 将会支持 PC 端、平板端、手机端以及 Xbox One 游戏平台，它将承担起一个微软所有生态互联媒介的角色。未来，用户一旦使用了 Windows 10，就意味着他的 PC、手机、平板和 Xbox One 的信息、设置、交互形成了立体的互联。用户将可以同步自己的日程安排、个人文件、联系人、消息、相关设置等，在设备之间切换时将享受更流畅的体验。Windows 10 设备"全家福"如图 1.1 所示。

图 1.1 Windows 10 设备

2．PC 开始界面调整，磁贴界面支持纵向滚动

Windows 10 内部的诸多细节都进行了重新设计。在 PC 上新的开始菜单在功能上更丰富一些，体验接近原来的 Windows 7。而磁贴界面在原有磁贴概念的基础上进行了大幅度的调整，新的磁贴界面开始支持纵向滚动，并可以利用开始按钮呼出全部应用的菜单。

3．以 Office 为代表的软件将深度融合其中

以往的 Office 办公软件相对比较独立，而 Windows 10 首次将 Office 办公软件与之深度融合，支持更方便的跨平台分享使用，这对用户来说将会是极方便的使用体验。为了移动设备使用更加顺畅，移动版 Office 进行了大幅度优化，在手机上体验 Office 办公将成为可能。Office 更深度地存在于系统之中，用户可以将 PC 端的 Office 任务与移动端完全无缝连接，在不同设备之间实时接续未完成的工作。实际上 Office 只是软件深度融合一个方面的展现，包括日历、闹钟等常用应用也可以在 Windows 10 上实现类似的体验。

4．集成 Cortana 语音助手

微软把 Cortana（小娜）语音助手从手机平台带到了 Windows 10 全平台上，集成在 Windows 10 并运行于 PC 上的 Cortana 语音助手有着较为不错的用户体验，不仅能够查找天气、调取用户的应用和文件、收发邮件、在线查找内容，还能了解较为口语化的用户表达，Cortana 与理想中高效富有感情的语音助手更接近了。

5．全新的 edge 浏览器

微软以"是时候推出一款更适合 Windows 10 使用的浏览器了"来解释它的诞生。从演示来看，edge 的界面更加简洁，视觉风格上甚至有点谷歌 Chrome 的韵味。它支持用户在网页上进行批注浏览，也集成了更加方便的截图功能。同时，用户也可以在批注之后将这些内容通过侧边栏分享或者发送到需要的地方去。

6．整合 Xbox 游戏平台，社交互动性增强

在众多改变之中，整合 Xbox 游戏系统被视作是微软更加重视游戏业务的体现。所集成的Xbox游戏平台将带给Windows 10游戏玩家更活跃的社交互动体验。软件当中"我的游戏"中会显示用户在所有终端中玩过的游戏。另外，其中还设计有朋友列表、消息和活动流的内容项。用户可以和Xbox Live的其他用户聊天，上传游戏成绩和游戏录像，还可以给游戏录像评论、点赞和分享。

7. 史上首次提供免费升级

不少用户非常关心Windows 10升级是否免费或者需要花费多少钱，微软在发布Windows 10的同时给出了答案：第一年免费！微软解释称，在Windows 10发布的一年时间内，所有目前的Windows 7用户、Windows 8.1用户以及Windows Phone 8.1用户都可以进行免费升级，这可是微软史上的第一次。此举无疑会极大地提高用户升级系统的积极性，微软有望摆脱系统用户升级缓慢的泥沼。

8. 84英寸Surface Hub

Surface Hub是新一代的Perceptive Pixel设备，配备了84英寸4K屏幕（也有55英寸选项），支持多点触控（100点）和触笔体验，同时拥有摄像头、麦克风、传感器、蓝牙以及WiFi模块。这款设备重要的用途之一就是远程电话会议。它能够让多个用户通过PC、平板电脑和手机在显示屏上分享和编辑内容。微软针对这款"大块头"产品对Windows界面做了个性化设计，例如用户能够快速接入Skype视频电话、OneNote手写白板和连接附近Windows设备快捷键。微软表示，Surface Hub将证明，Windows 10系统不管是在哪种尺寸设备上，都将呈现得更直观、更有效率。另外，微软还提供了55英寸版本的Surface Hub。

9. HoloLens全息头盔融合虚拟与现实

微软推出了一款搭载Windows 10的颇具创新性的虚拟现实装置HoloLens。这是一款头戴式增强现实装置，并且与其他虚拟现实装置的不同之处还在于，微软通过HoloLens为用户带来了全息式生活体验服务，并且形成了一整套的解决方案。HoloLens内置处理器、传感器，并具有全息透视镜头及全息处理芯片，并且无须连接手机、电脑即可使用。在交互方面，带上HoloLens后会出现一个漂浮界面，设备可以识别用户盯着的地方，并通过手势、语音进行交互。投影出来的影像如同真实物体一样，还可进行翻转等操作。

1.1.2 Windows 10手机版本

微软的手机操作系统累计已有十几年历史了，在这十几年的时间里微软向世人树立了自己的智能手机系统的标杆，同时也开启了一个时代的帷幕。微软一路走来，前半段是一路高歌，后半段是跌跌撞撞。微软的手机操作系统发展历程如图1.2所示。

微软的手机操作系统在最近几年有两个重要的转折点——一个是Windows Phone 7，另外一个就是当前的Windows 10。

Windows Phone 7是微软的一个在危机中诞生的产品，虽然微软在手机操作系统研发领域已有十几年的历史，但面对iPhone和Android这些更加易用和具有创新性的产品，Windows Mobile系统所占的市场份额陡然下降。微软前CEO鲍尔默曾经在All Things Digital大会上说："我们曾在这场游戏里处于领先地位，现在我们发现自己只名列第五，我

图 1.2　微软手机发展历程

们错过了一整轮。"意识到自己需要急待追赶之后,微软最终决定"按下 Ctrl＋Alt＋Del 组合键",重启自己的止步不前的移动操作系统,迎来新的开始。

　　经历了几年时间的发展,Windows Phone 操作系统已经积累了一定的用户和占领了一部分的市场份额,但是和 iOS/Android 的市场份额相比还是有很大的差距。微软从来没有放弃向 iOS 和 Android 的挑战,如今 Windows 10 的推出将会是一场最为激烈的反击战。Windows 10 并没有把 Windows Phone 系统推倒重来,而是在 Windows Phone 的基础上进行整合,所有的 Windows Phone 8 手机都可以升级到 Windows 10 系统,同时 Windows 10 的手机也一样兼容之前的 Windows Phone 应用程序。从现在来看 Windows Phone 是一款从 Windows 10 慢慢过渡的产品,如今 Windows 10 的登场是微软智能手机操作系统一个非常重要的里程碑。

1.1.3 Windows 10 PC 版本

1993 年，微软推出 Windows NT 操作系统，与 Windows 3.1 以及之后的 Windows 95 和 Windows 98 不同，这款操作系统还支持英特尔和 AMD 以外的处理器。随着 Windows NT 的后继者 Windows 2000 的推出，微软终于又回到了主要的芯片合作伙伴，这为之后大受欢迎的操作系统（如 Windows XP 和 Windows 7）提供了舞台，巩固了 Wintel 联盟 (Windows&Intel)在 PC 市场的霸主地位。

2010 年，iPad 的发布触动了微软的神经：iPad 开启了触摸操作方式的 PC。面对 iPhone 颠覆了手机行业，苹果又推出 iPad，对笔电市场是一大威胁。微软想通过 Windows 8 进行双重反击。在熟悉的桌面上加上 Windows Phone 式的触摸界面，而且支持 ARM 的芯片(是在 iPad 和其他平板、手机上使用的嵌入式芯片)，微软称之为 Windows RT。Windows RT 与 Windows 8 的相同点在于都支持 iPad 式的触摸应用；不同点在于 Windows RT 不支持传统的桌面程序。Windows RT 是微软吸引触摸式 APP 的一次赌博行为。但是微软失败了，一起没落的还有 Windows RT 操作系统和设备。Windows RT 的失败证明了 Windows 用户是多么在乎之前的操作习惯，微软吸取了这次教训，并在 Windows 10 中有所体现，改进了操作界面，迎合了那些由于 Windows 8 过度强调触摸而放弃使用 Windows 操作系统的用户。

向移动方向靠拢始终是整个 IT 行业不可回避的趋势，在经历了 Windows 8 和 Windows 8.1 的整合之后，微软找到了实现多平台统一的思路。不得不说，没有之前的尝试就肯定没有今天的 Windows 10。如果说 Windows 8/8.1 是量变过程，那么 Windows 10 就是质变。Windows 10 不仅实现了多平台融合带来的诸多新功能，更在界面设计上扫除了此前在 Windows 8/8.1 上的用户使用障碍。单是使用体验和界面设计，已经显示出 Windows 10 的出类拔萃了。Windows 10 也同时完成了手机和 PC 的融合，运行 Windows 10 操作系统的 PC 和手机界面如图 1.3 所示。

图 1.3 运行 Windows 10 操作系统的 PC 和手机

1.1.4　Windows 10 物联网版本

在 Microsoft Convergence 2015 大会上,萨提亚·纳德拉(Satya Nadella)介绍了微软在 Windows 和 Azure 上对物联网的投资,旨在为客户和合作伙伴提供综合的物联网产品和服务。在深圳举行的 2015 Windows 硬件工程产业创新峰会(WinHEC)上,微软宣布了针对物联网设备的 Windows 10 IoT。Windows 10 IoT 将应用于广泛的智能物联设备。从网关到移动 POS 机等小型设备,再到机器人和特种医疗设备等重要行业设备,Windows 10 IoT 提供了具有企业级安全性的融合平台,并通过 Azure 物联网服务提供机器到机器和机器到云的本地连接。

为了满足新兴的物联网设备的需求,微软将免费向创客、商用设备制造商提供针对小型设备的新版 Windows 10,并提供设备服务以实现新的应用场景。此外,通过与 Raspberry Pi 基金会、英特尔和高通的合作,微软将提供各种类型的开发板(如图 1.4 所示),帮助创客和设备制造商开发支持 Windows 10 的硬件设备。

图 1.4　支持 Windows 10 IoT 的开发板

1.1.5　Windows 10 对于开发者的机遇

Windows 10 是 Windows 生态圈的一次难得的机遇,它是微软筹备多年的拳头产品,也是微软的战略产品。那么,对于中国的开发者,Windows 10 又带来了哪些机遇呢?

1. 越来越多的中国本土手机厂商宣布支持 Windows 10 操作系统

Windows 10 发布之后,小米和联想宣布后续会发布基于 Windows 10 的手机。小米和联想可以说是中国本土比较知名的两家公司,微软希望借助这两家公司在中国市场的影响力，帮助 Windows 10 在中国手机市场上站住脚跟。中国市场较为庞大，微软深知这一点。如果 Windows 10 能在小米和联想的共同推动下，首先在中国市场打开一个突破口，那么未来 Windows 10 还能够在全球移动市场上增添几分优势，至少借助着中国市场的庞大消费能力，其市场份额会得到明显提升，在全球市场的影响力也将随之提升。

2．中国用户将可免费升级至 Windows 10

微软在 WinHEC 宣布，联想、腾讯、奇虎 360 等合作伙伴将会帮助中国用户免费升级到 Windows 10，微软将同合作伙伴共同推动 Windows 10 升级。腾讯和奇虎 360 在国内的安全软件市场拥有不可小觑的市场份额，微软现在与这两家公司合作，将会为国内用户带来更接地气的 Windows 10 升级方式。联想集团副总裁中国区总经理童夫尧在 WinHEC 表示，联想将在其国内的 2500 家客服中心和指定零售店面第一时间为用户提供 Windows 10 升级服务。

如果在 PC 端 Windows 10 的市场占有率足够大，那么对于 Windows 10 通用应用的需求和活跃度将会大幅增加，同时会让 Windows 10 的应用程序有更大的价值，也会获得更好的收益和用户量。

3．Windows 10 将更好地支持物联网

Windows 10 不仅将在消费领域大有可为，在日益火爆的物联网（Internet of Things，IoT）领域一样将掀起波澜。有预测显示，到 2020 年，全球预计将部署 300 亿个物联网设备。

微软操作系统事业部 IoT 总经理凯文·达拉斯（Kevin Dallas）在 WinHEC 表示，微软将推出针对各种物联网设备的 Windows 10 版本，支持设备从 ATM、超声波设备等高性能机器，到网关等资源受限的设备，再到机器人和特种医疗设备等重要行业设备，Windows 10 IoT 版将应用于广泛的智能物联设备，为设备提供具有企业级安全性的融合平台，并通过 Azure 物联网服务提供机器到机器和机器到云的本地连接。

由于 Windows 10 对物联网的良好支持，Windows 10 的开发者也可以非常轻松地进入物联网的开发领域，在物联网的时代获得更好的机会。

4．HoloLens 代表着一次新的机遇

HoloLens 的发布不仅让所有的科技发烧友感到兴奋，也让普通的消费者感受到了一款极具创新和创意的设备的诞生。在虚拟现实领域，HoloLens 一定会占有非常重要的地位，那么这款设备一样需要 Windows 10 的开发者为它开发出更多有价值的应用程序。

1.2　Windows 10 技术框架

Windows 10 是 Windows 8 和 Windows Phone 发展而来的产品，所以我们谈 Windows 10 的技术就离不开早期的 Windows 8 和 Windows Phone。从 Windows Phone 7 操作系统到 Windows Phone 8 操作系统最大的改变就是把 Windows CE 内核更换为 Windows NT 内核，并且底层的架构使用了 Windows 运行时的架构。这时候 Windows Phone 和 Windows 8 完成了统一内核的工作。从 Windows Phone 8 到 Windows Phone 8.1 在技术上最大的改变

是编程技术体系进行了进一步的融合，Windows Phone 8.1 的 API 和 Windows 8.1 的 API 进行了整合，从而可以让 Windows Phone 8.1 和 Windows 8.1 的项目通过 Universal 应用来共享核心代码，但是界面还是要分开编写。到了 Windows 10，通用应用程序将不再区分手机版本和 PC 版本，一个安装包就可以部署到所有运行 Windows 10 系统的硬件中，展示出了 Windows 10 无比强大的适配和兼容能力。

1.2.1 Windows 运行时

Windows 运行时，英文名称为 Windows Runtime，简称 WinRT，是 Windows 10 通用应用运行的框架，之前在 Windows 8/8.1 和 Windows Phone 8/8.1 中也是通过 Windows 运行时来共享 API 实现跨平台应用程序架构。Windows 运行时支持的开发语言包括 C++（一般包括 C++/CX）、托管语言（C♯ 与 VB）和 JavaScript。Windows 运行时应用程序同时原生支持 X86 架构和 ARM 架构。为了更好的安全性和稳定性，Windows 10 通用应用程序只支持运行在沙盒环境中。

由于依赖于一些增强的 COM 组件，Windows 运行时本质上是基于 COM 的 API。正因为其 COM 风格的基础，Windows 运行时可以像 COM 那样轻松地实现多种语言代码之间的交互联系，不过本质上是非托管的本地 API。API 的定义存储在以".winmd"为后缀的元数据文件中，格式编码遵循 ECMA 335 的定义，它和.Net 使用的文件格式一样，只是稍有改进。使用统一的元数据格式相比于 P/Invoke，可以大幅减少 Windows 运行时调用.NET 程序时的开销，同时拥有更简单的语法。全新的 C++/CX（组件扩展）语言，借用了一些 C++/CLI 语法，允许授权和使用 Windows 运行时组件，但对于程序员来说，相比传统的 C++ 下的 COM 编程，它有更少的粘合可见性，同时对于混合类型的限制比 C++/CLI 更少。在新的称为 Windows Runtime C++ Template Library（WRL）的模板类库的帮助下，也一样可以在 Windows 运行时组件里面使用标准的 C++ 代码。

在 Windows 上运行时任何耗时超过 50 毫秒的任务都应该通过使用 Async 关键字的异步调用来完成，以确保流畅、快速的应用体验。当异步调用的情况存在时，许多开发者仍倾向于使用同步 API 调用，因此在 Windows 运行时深处建立了使用 Async 关键字的异步方法从而迫使开发者进行异步调用。

1.2.2 Windows 10 通用应用平台

Windows 10 通用应用平台意味着一个应用可以运行在所有基于 Windows 10 的设备上——手机、平板、笔记本、PC、Xbox One、HoloLens、Surface Hub 和 IoT（物联网）设备（如 Raspberry Pi 2）。所有的 Windows 10 设备都可以通过访问统一应用商店来获取应用。Windows 10 通用应用平台的构成如图 1.5 所示。

对于开发者来说，Windows 10 通用应用平台是"WinRT 的超集"，而 WinRT 是 Windows 8/RT 时代的运行时。相比 Windows 8/8.1/RT/RT8.1，Windows 10 离真正的"通用应用"更近一步。

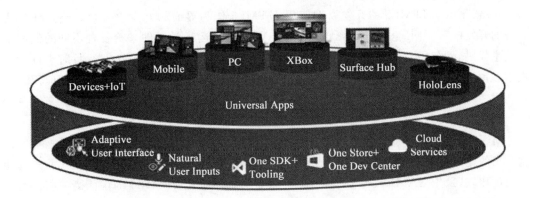

图 1.5　Windows 10 通用平台

Windows 10 通用应用平台提供了针对不同平台的个性化体验，包括：

（1）适配的用户界面——根据设备类型和功能去适配布局和控件。

（2）自然用户交互——支持语音、数字笔、手势和眼球。

（3）基于云的服务——通知服务、漫游数据、Windows Credential Locker、Cortana AI、OneDrive、Application Insights 和 Azure。

即便是在关闭应用后，微软也希望通用应用能够和用户产生交互，例如可以在 Cortana 中交互，在新的操作中心支持可操作的通知。

1.2.3　Windows 10 通用应用程序开发模型

Windows 10 通用应用程序（简称 UWP）是一种通用平台统一的应用程序，同一个安装包可以同时兼容所有运行 Windows 10 的硬件设备。除了通用应用程序之外，PC 平台和手机平台还分别支持各自旧版本的应用程序。例如，手机平台将继续支持 Windows Phone 8.1 应用程序和 Windows Phone Silverlight 应用程序，PC 平台也将继续支持传统桌面的程序以及 Windows 8/8.1 的程序，但是这些程序只能在各自特定的平台上运行，不能够实现全平台通用。所以说 Windows 10 的通用应用程序是让开发者非常兴奋的事情，大大地节省了学习多个平台开发的成本。

Windows 10 支持多种开发语言来开发应用程序，包括 C#、VB、JavaScript 和 C++，本书的程序代码主要是采用 C# 语言编写，部分章节采用 C++。Windows 10 通用应用程序可以选择的应用程序模型有：C#/XAML、VB/XAML、C++/XAML 和 JavaScript/HTML5。游戏开发还是采用 C++ 的 DirectX 的框架。

C#/XAML、VB/XAML 和 C++/XAML 这三种开发模型其实是类似的技术框架，它们都是使用 XAML 作为界面的编程语言，使用 C#/ VB/ C++ 作为后台的开发语言。

注意：这里的 C++ 是指 C++/CX 语法的 C++，是属于 Visual C++ 组件扩展的扩展语法，对于 C++/CX 更加详细的介绍和讲解可以参考后面的章节。

JavaScript/HTML5 的开发模型使用 HTML5 作为界面的开发语言，JavaScript 作为后台的开发语言。同时，Windows 10 提供了 Windows 运行时组件来给各种不同的编程语言共享代码，例如用 C++ 实现的代码或者封装的功能，可以通过 Windows 运行时组件的方式给 C#/XAML 模型的应用程序来调用，也可以给 JavaScript/HTML5 模型的应用程序来调用。所以，在这些不同的编程模型里，Windows 运行时组件会作为一种媒介来实现跨编程语言的代码共享。

对于 Windows 10 通用应用程序，开发者应该如何去选择应用程序的开发模型呢？微软给出的建议是开发者应该选择自己所熟悉的编程语言来进行开发。如果从应用程序性能的角度比较，采用 XAML(C#、VB 和 C++)模型的性能会比 HTML5 的性能高一些。对于 C#、VB 和 C++ 三种编程语言来说，在 Windows 10 上实现的效率是差不多的，因为即使是 C++ 也是采用 C++/CX 语法来调用 Windows 运行时的 API，Windows 运行时的架构则是微软统一采用 C/C++ 语言来封装的。采用 C# 语言来调用的 Windows 运行时框架和采用 C++ 调用的是一样的。如果用户采用标准 C++ 所实现的算法或者图形处理等公共的逻辑，那么一定是 C++ 的效率更高，不过在这种情况下 C#、VB 和 JavaScript 的应用程序也一样可以通过 Windows 运行时组件来调用标准 C++ 封装的公共代码。

在 Windows Phone 8 之前，如果开发普通的应用程序，只能采用 C#/XAML 和 VB/XAML 这两种开发模型；而在 Windows Phone 8.1 之后，新增了 C++/XAML 和 JavaScript/HTML5 这两种开发模型的支持，Windows 8/8.1 则一直都是支持三种开发模型。早期的 Windows Phone 版本只支持 C#/XAML 和 VB/XAML 这两种应用程序开发模型，同时 WPF 和 Silverlight 这两种技术也只支持 C#/XAML 和 VB/XAML 的开发模型。目前 C#/XAML 这种开发模式积累的技术知识非常丰富，也必然是 Windows 10 开发里最受欢迎的开发模型。

第 2 章 开发环境和项目工程解析

工欲善其事，必先利其器。本章将介绍如何搭建 Windows 10 通用应用开发的环境以及开发第一个 Windows 10 通用应用程序，并解析其工程结构和代码以及如何适配不同平台的特殊代码。

2.1 搭建开发环境

本节介绍 Windows 10 开发环境的要求和开发工具的安装。

2.1.1 开发环境的要求

进行 Windows 10 的开发，计算机需要达到以下要求：
（1）操作系统：Windows 10(64 位专业版)。
（2）系统盘需要至少 8G 的剩余硬盘空间。
（3）内存达到 4GB 以上。
（4）Windows10 的手机模拟器基于 Hyper-V，需要 CPU 支持二级地址转换技术。

注意：部分计算机会默认关闭主板 BIOS 的虚拟化技术，这时需要进入主板 BIOS 设置页面开启虚拟化技术，然后再启动或者关闭 Windows 功能界面启动 Hyper-V 服务。

2.1.2 开发工具的安装

Windows10 SDK 已集成在 Visual Studio 2015 最新的版本中。开发工具可以直接到微软的 Windows 开发者网站进行下载(https://dev.windows.com)，由于开发工具的更新速度较快，请以官方最新版本为准。安装完成后，里面包含了程序的 SDK、运行模拟器和编程工具。Windows 10 Developer Tools 包含的工具集合详细信息如下：

1. Visual Studio

Visual Studio 是 Windows 10 的集成开发环境(IDE)，其中包括了 C♯ 和 XAML 代码编辑功能、简单界面的布局与设计功能、编译程序、连接模拟器、部署程序，以及调试程序等功能。

2. Emulator

Emulator 是 Windows 10 的模拟器，开发者可以把应用程序部署到各种分辨率的模拟器上来检查程序运行的效果。当然用户也可以直接把应用程序部署到本地计算机或者远程计算机上。如果用户有 Windows 10 手机,可以直接使用手机来调试和运行自己编写的程序。

3. Blend for Visual Studio

Blend for Visual Studio 是强大的 XAML UI 设计工具,使用 Expression Blend 可以补全 Visual Studio 缺乏的更加强大的 UI 设计功能(例如 Animation 等)。开发 Windows 10 程序可以使用 Visual Studio 与 Expression Blend 相互协作,无缝结合。

2.2 创建 Windows 10 通用应用

开发工具安装完毕之后,接下来的事情就是创建一个 Windows 10 通用应用。本节介绍如何利用 Visual Studio 开发工具来创建一个 Windows 10 通用应用和详细地解析一个 Windows 10 的工程项目的结构。

2.2.1 创建 Hello World 项目

1. 新建一个 Windows 10 的通用应用程序

打开 Visual Studio 开发工具,选择 File 菜单,选择新建一个工程(New Project),在 New Project 中选择 Templates→Visual C♯→Windows→Universal,在面板中可以选择创建的项目模板,选择一个空白的项目模板 Blank App(Universal Windows),单击 OK 按钮完成项目的创建,如图 2.1 所示。创建好的项目工程右边是整个工程解决方案的文件目录,

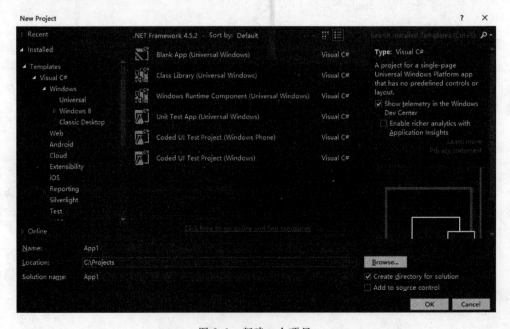

图 2.1 新建一个项目

左侧是工作区域。打开 XAML 文件可以看到可视化设计界面,在设计界面的左上侧,可以选择不同的设备和分辨率,查看界面显示效果以进行界面的适配,如图 2.2 所示和图 2.3 所示。

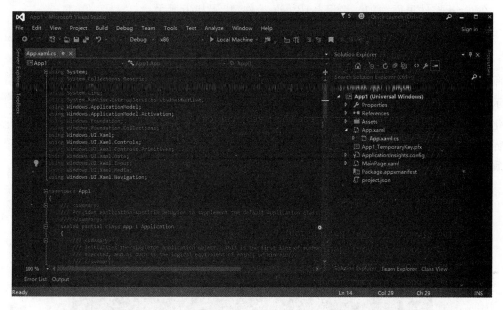

图 2.2 项目工程

图 2.3 XAML 设计界面

2. 编写程序代码

新建的 Windows 10 应用程序已经是一个可以运行的完整的 Windows 10 工程项目了，所以只需要简单修改一下，就可以完成第一个 Hello World 程序的开发。

在 Grid 控件里面添加一个 TextBlock 控件，代码如下所示：

```
< TextBlock Text = "你好, Windows 10!" HorizontalAlignment = "Center" VerticalAlignment = "Center"></TextBlock >
```

其中，Text 属性为控件的文本信息，HorizontalAlignment 和 VerticalAlignment 属性分别表示水平对齐和垂直对齐的方式，这里都设置为居中对齐。除了直接编写代码，也可以通过可视化的编程界面来实现，单击 Visual Studio 左边的工具箱，把 TextBlock 控件拖放到可视化编辑界面（如图 2.4 所示），然后选中 TextBlock 控件，单击右边的属性窗口（如图 2.5 所示），在属性窗口可以对 Text、HorizontalAlignment 和 VerticalAlignment 属性进行设置。

图 2.4 可视化编辑界面

将项目保存为 HelloWorldDemo。

3. 编译和部署程序

右键解决方案名称（HelloWorldDemo），选择 Build 或者 Rebuild 选项，表示构建或者重新构建解决方案，构建的时候，在输出窗口可以看到应用程序构建的输出结果，输出窗口的构建如图 2.6 所示。如果在输出窗口上看到应用程序构建成功了，就可以部署应用程序了，

图 2.5 属性窗口

继续右键解决方案名称（HelloWorldDemo），选择 Deploy Solution 在模拟器上运行应用程序。你可以选择部署到不同的设备模拟器或者本地机器，在工具栏上面可以进行选择，如图 2.7 所示。部署到本地计算机和手机模拟器的运行效果如图 2.8 和图 2.9 所示。

图 2.6 构建信息输出窗口

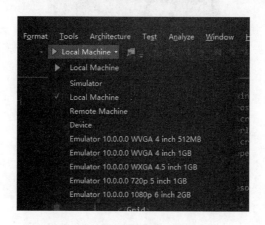

图 2.7 选择部署的模拟器和设备

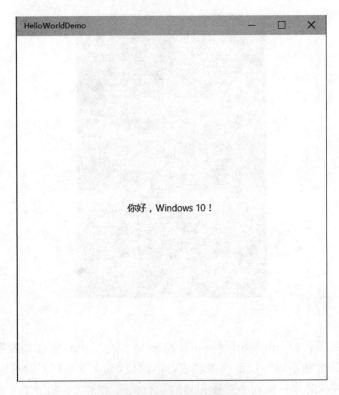

图 2.8　PC 上的运行效果

图 2.9　手机模拟器上的运行效果

4. 断点调试程序

断点调试可以更加方便地跟踪程序运行的步骤和状态,Visual Studio 对断点调试的支持非常友好和简便,在任何一个 C♯文件里面,在代码行左侧点击一次就会出现一个红点,这个红点表示是程序的断点。例如,在 MainPage.xaml.cs 页面的构造方法下面设置断点如图 2.10 所示。单击工具栏上设备选择下拉框左边的绿色小箭头,程序将会进入到调试状态,当运行到断点的时候,程序将会被阻塞住,按快捷键 F10 运行下一步,按快捷键 F5 将直接跳到下一个断点的位置。

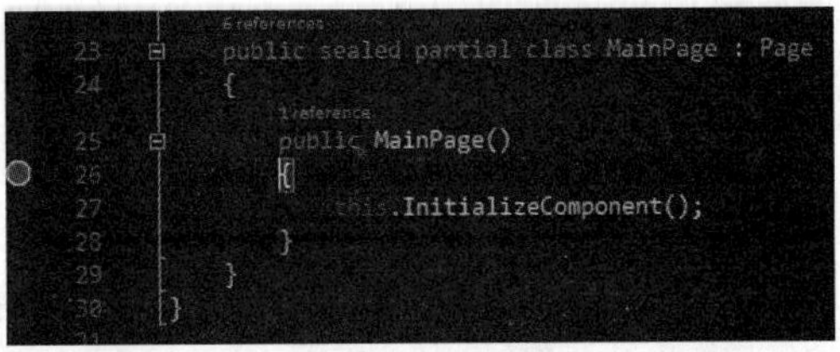

图 2.10　断点设置

2.2.2　解析 Hello World 应用

Hello World 项目工程里面包含了 MainPage.xaml 文件、MainPage.xaml.cs 文件、App.xaml 文件、App.xaml.cs 文件、Package.appxmanifest 文件、AssemblyInfo.cs 文件和一些图片文件。下面来详细地解析一下每个文件的代码和作用。

代码清单 2-1:Hello World(源代码:第 2 章\Examples_2_1)

1. MainPage.xaml 文件

MainPage.xaml 文件代码

```xml
<Page
    x:Class="HelloWorldDemo.MainPage"
    xmlns="http://schemas.microsoft.com/winfx/2006/xaml/presentation"
    xmlns:x="http://schemas.microsoft.com/winfx/2006/xaml"
    xmlns:local="using:HelloWorldDemo"
    xmlns:d="http://schemas.microsoft.com/expression/blend/2008"
    xmlns:mc="http://schemas.openxmlformats.org/markup-compatibility/2006"
    mc:Ignorable="d">

    <Grid Background="{ThemeResource ApplicationPageBackgroundThemeBrush}">
        <TextBlock Text="你好,Windows 10!" HorizontalAlignment="Center" VerticalAlignment="Center"></TextBlock>
    </Grid>
</Page>
```

Page 元素是一个程序页面的根元素,表示当前的 XAML 代码是一个页面,当前页面的其他所有UI元素都必须在Page元素下面。在当前的页面里面有两个控件：Grid控件、TextBlock控件。其中，Grid控件是布局容器控件，所以在可视化视图上并没有看到Grid控件的显示。TextBlock控件是一个文本框控件，用于显示文本的内容，在可视化视图上看到的"TextBlock"就是TextBlock控件。在上面的页面代码中可以看到TextBlock控件里面还有很多属性，这些属性用于定义控件的各种特性的设置。例如，"x:Name"属性定义了控件的名称，在后台代码里就可以通过名称来访问控件；"Text"属性定义了TextBlock控件文本显示的内容，等等。

在MainPage.xaml文件里面可以看到Page元素里面也包含相关的属性和命名空间，说明如下：

1) Background="{ThemeResource ApplicationPageBackgroundThemeBrush}"

Background表示设置了当前页面的背景，取值为ThemeResource ApplicationPageBackgroundThemeBrush则表示当前背景使用的是系统的主题资源背景；它和系统的背景主题一致。也就是说，系统的背景主题修改了，当前页面的背景也会一起改变。所有Page元素所支持的属性都可以在这里进行设置（如FontSize属性等），在Page元素上面设置的属性将会对整个页面的其他元素产生影响。如果在Page元素上面设置了FontSize="30"，在Page元素下面的TextBlock控件的字体也会变成30像素。

2) x:Class="HelloWorldDemo.MainPage"

x:Class表示当前的XAML文件关联的后台代码文件是HelloworldDemo.MainPage类，通过这个设置编译器就会自动在项目中找到HelloworldDemo.MainPage类与当前的页面关联起来进行编译。

3) xmlns:local="using:HelloworldDemo"

xmlns:local表示当前的页面引入的命名空间标识符，通过该标识符可以在XAML页面里面访问所指向的空间的类。当然，这个名称不一定要设置为local，其他没有被使用的名称都可以使用（例如可以设置为xmlns:mycontrol等），这个名称最后是可以跟引入的内容的特点相关，这样可读性会更好一些。

4) xmlns="http://schemas.microsoft.com/winfx/2006/xaml/presentation"

xmlns代表的是默认的空间，如果在UI里面控件没有前缀则代表它属于默认的名字空间。例如，MainPage.xaml文件里面的Grid标签。

5) xmlns:x="http://schemas.microsoft.com/winfx/2006/xaml"

xmlns:x代表专属的名字空间，例如一个控件里面有一个属性叫Name，x：Name则代表这个xaml的名字空间。

6) xmlns:d="http://schemas.microsoft.com/expression/blend/2008"

xmlns:d表示呈现一些设计时的数据，而应用真正运行起来时会帮我们忽略掉这些运行时的数据。

7) xmlns:mc="http://schemas.openxmlformats.org/markup-compatibility/2006"

xmlns:mc表示标记兼容性相关的内容，这里主要配合xmlns:d使用，它包含Ignorable

属性,可以在运行时忽略掉这些设计时的数据。

8) mc:Ignorable="d"

mc:Ignorable="d"就是告诉编译器在实际运行时,忽略设计时设置的值。因为在 Visual Studio 里面的可视化编程界面可以指定一些设计上相关的属性,例如 d:DesignWidth="370"就是说这个宽度和高度只是在设计时有效,也就是我们在设计器中看到的大小,并不意味着真正运行起来是这个值,有可能会随着手机屏幕的不同而自动调整,所以我们不应该刻意地设置页面的宽度和高度,以免被固定了,不能自动调整。

2. MainPage.xaml.cs 文件

MainPage.xaml.cs 文件代码

```
using Windows.UI.Xaml;
using Windows.UI.Xaml.Controls;
using Windows.UI.Xaml.Navigation;

namespace HelloworldDemo
{
    /// <summary>
    /// 表示和 XAML 页面关联起来的类
    /// </summary>
    public sealed partial class MainPage : Page
    {
        public MainPage()
        {
            // 初始化页面组件
            this.InitializeComponent();
        }
    }
}
```

MainPage.xaml.cs 文件是 MainPage.xaml 文件对应的后台代码的处理,在 MainPage.xaml.cs 文件会完成程序页面的控件的初始化工作和处理控件的触发的事件。

3. App.xaml 文件

App.xaml 文件代码

```
<Application
    x:Class="HelloWorldDemo.App"
    xmlns="http://schemas.microsoft.com/winfx/2006/xaml/presentation"
    xmlns:x="http://schemas.microsoft.com/winfx/2006/xaml"
    xmlns:local="using:HelloWorldDemo">

</Application>
```

App.xaml文件是应用程序的入口XAML文件,一个应用程序只有一个该文件,并且它还会有一个对应的App.xaml.cs文件。App.xaml文件的根节点是Application元素,它里面的属性定义和空间定义与上面的MainPage.xaml页面是一样的,不一样的地方是在App.xaml文件中定义的元素是对整个应用程序是公用的,例如你在App.xaml文件中,添加了<Application.Resources></Application.Resources>元素来定义一些资源文件或者样式,这些资源在整个应用程序的所有页面都可以引用,而在Page的页面所定义的资源或者控件就只能否在当前的页面使用。

4. App.xaml.cs文件

App.xaml.cs文件代码

```
using System;
using System.Collections.Generic;
using System.IO;
using System.Linq;
using System.Runtime.InteropServices.WindowsRuntime;
using Windows.ApplicationModel;
using Windows.ApplicationModel.Activation;
using Windows.Foundation;
using Windows.Foundation.Collections;
using Windows.UI.Xaml;
using Windows.UI.Xaml.Controls;
using Windows.UI.Xaml.Controls.Primitives;
using Windows.UI.Xaml.Data;
using Windows.UI.Xaml.Input;
using Windows.UI.Xaml.Media;
using Windows.UI.Xaml.Media.Animation;
using Windows.UI.Xaml.Navigation;

namespace HelloworldDemo
{
    /// <summary>
    /// 应用程序的入口类
    /// </summary>
    public sealed partial class App : Application
    {
        private TransitionCollection transitions;
        /// <summary>
        ///初始化一个应用程序
        /// </summary>
        public App()
        {
            // 初始化应用程序的相关组件
            this.InitializeComponent();
```

```csharp
            // 添加应用程序的挂起事件
            this.Suspending += this.OnSuspending;
        }
        /// <summary>
        ///当应用程序启动的时候会执行这个方法体的代码
        /// </summary>
        /// <param name="e">请求参数的详情</param>
        protected override void OnLaunched(LaunchActivatedEventArgs e)
        {
#if DEBUG
            // 如果程序正在调试,这里设置调试的图形信息
            if (System.Diagnostics.Debugger.IsAttached)
            {
                // 显示应用程序运行时的有关的计数数值,如帧速率等
                this.DebugSettings.EnableFrameRateCounter = true;
            }
#endif
            // 应用程序 UI 的底层框架
            Frame rootFrame = Window.Current.Content as Frame;
            // 如果框架未初始化,才对其进行初始化
            if (rootFrame == null)
            {
                // 创建一个框架,然后导航到应用程序打开的第一个页面
                rootFrame = new Frame();
                // 设置当前的页面框架可以缓存的页面数量
                // 设置为1表示当前框架只能缓存一个页面
                // 你可以根据程序的实际情况来修改这个数值
                rootFrame.CacheSize = 1;
                // 判断程序的上一个状态
                if (e.PreviousExecutionState == ApplicationExecutionState.Terminated)
                {
                    // 如果是从休眠状态启动,在这里要加载上一个状态的相关数据
                }
                // 把初始化好的框架设置为当前应用程序的内容
                Window.Current.Content = rootFrame;
            }
            // 判断框架的内容是否为空
            if (rootFrame.Content == null)
            {
                // 如果相关的动画值不为空则添加动画
                if (rootFrame.ContentTransitions != null)
                {
                    this.transitions = new TransitionCollection();
                    foreach (var c in rootFrame.ContentTransitions)
                    {
                        this.transitions.Add(c);
                    }
```

```
            }
            rootFrame.ContentTransitions = null;
            // 添加导航跳转完成的事件
            rootFrame.Navigated += this.RootFrame_FirstNavigated;
            // 导航跳转到引用程序的 MainPage 页面
            if (!rootFrame.Navigate(typeof(MainPage), e.Arguments))
            {
                throw new Exception("Failed to create initial page");
            }
        }
        // 激活应用程序
        Window.Current.Activate();
    }
    // 导航事件完成的处理程序,从新创建启动动画的集合
    private void RootFrame_FirstNavigated(object sender, NavigationEventArgs e)
    {
        var rootFrame = sender as Frame;
        rootFrame.ContentTransitions = this.transitions new TransitionCollection() 
{ new NavigationThemeTransition() };
        rootFrame.Navigated -= this.RootFrame_FirstNavigated;
    }
    //应用程序挂起事件的处理程序,在该应用程序处理程序需要处理程序被挂起后需要保存的状态
    private void OnSuspending(object sender, SuspendingEventArgs e)
    {
        var deferral = e.SuspendingOperation.GetDeferral();
        // 在这里可以保存应用程序当前的状态和停止任何后台的一些操作
        deferral.Complete();
    }
}
```

App.xaml.cs 文件是一个控制整个应用程序的全局文件,整个应用程序的生命周期都在该文件中定义和处理。应用程序在整个生命周期的过程中会有三种主要状态：Running（运行中）、NotRunning（未运行）和 Suspended（挂起），这些状态的转变如图 2.11 所示。

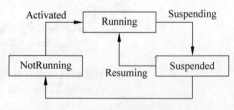

图 2.11 应用程序的生命周期

1) 应用启动(从其他状态到 Running 状态)

只要用户激活一个应用,它就会启动,但是其进程会由于刚刚部署,出现故障,或者被挂起但无法保留在内存中而处于 NotRunning 状态。当应用启动时,会显示应用的一个初始屏幕。尽管其初始屏幕已显示,应用还应该确保它已准备好向用户显示它的用户界面。应用的主要任务是注册事件处理程序和设置它需要加载的任何自定义 UI。这些任务仅应占用几秒的时间。如果某个应用需要从网络请求数据或者需要处理耗时的相关操作,这些操

作应在激活以外完成。应用在等待完成这些长时间运行的操作时，可以使用自定义加载 UI 或延长的初始屏幕。应用完成激活后，它将进入 Running 状态并且初始屏幕将关闭。

2）应用激活（从 NotRunning 状态到 Running 状态）

当应用被终止后用户又重新启动它时，你的应用可以使用激活还原以前保存的数据。在应用挂起之后，有多种情况可以导致你的应用程序被终止。用户可以手动关闭应用或者注销，否则系统的资源可能不足。如果用户在应用被终止之后启动它，该应用将收到一个 activated 事件，并且用户将看到应用的初始屏幕，直到该应用激活为止。可以通过此事件确定应用是否需要还原其在上次挂起时保存的数据，或者是否必须加载应用的默认数据。activated 事件参数包括一个 PreviousExecutionState 属性，该属性告诉你应用在激活之前处于哪种状态。此属性是 ApplicationExecutionState 枚举值之一，如果应用程序被终止有以下的几种取值：ClosedByUser（被用户关闭）、Terminated（已由系统终止，例如因为资源限制）和 NotRunning（意外终止，或者应用自从用户的会话开始以来未运行）。PreviousExecutionState 还可能有 Running 或 Suspended 值，但在这些情况下，应用以前不是被终止，因此不用担心还原数据。

3）应用挂起（从 Running 状态到 Suspended 状态）

应用可在用户离开它或设备进入电量不足状态时挂起，大部分应用会在用户离开它们时停止运行。当用户将一个应用移动到后台时将等待几秒，来查看用户是否打算立即返回该应用。如果用户没有切换回来，系统将挂起应用。如果应用已经为 Suspending 事件注册一个事件处理程序，则在要挂起该应用之前调用此事件处理程序。可以使用事件处理程序将相关应用和用户数据保存到持久性存储中。通常，应用应该在收到挂起事件时立即在事件处理程序中保存其状态并释放其独占资源和文件句柄，一般只需 1 秒即可完成。如果应用未在 5 秒内从挂起事件返回，系统会假设应用已停止响应并终止它。

系统会尝试在内存中保留尽可能多地挂起应用，通过将这些应用保留在内存中，系统可确保用户在已挂起的应用之间快速且可靠地切换。但是，如果缺少足够的资源在内存中保存应用，系统则可能会终止应用。注意，应用不会收到它们被终止的通知，所以保存应用数据的唯一机会是在挂起期间。当应用确定它在终止后被激活时，它应该加载在挂起期间保存的应用数据，使应用显示为它在挂起时的状态。

4）应用恢复（从 Suspended 状态到 Running 状态）

应用从 Suspended 状态恢复时，它会进入 Running 状态并从挂起的位置和时间处继续运行。不会丢失任何应用程序数据，因为数据是保存在内存中的。因此，大多数应用在恢复时不需要执行任何操作。但是，应用可能挂起数小时甚至数天。因此，如果应用拥有可能已过时的内容或网络连接，这些内容或网络连接应该在应用恢复时刷新。如果应用已经为 Resuming 事件注册一个事件处理程序，则在应用从 Suspended 状态恢复时调用它。可以使用此事件处理程序刷新内容。如果挂起的应用被激活以加入一个应用合约或扩展，它会首先收到 Resuming 事件，然后收到 Activated 事件。

5. Package.appxmanifest 文件

Package.appxmanifest 文件代码

```xml
<?xml version="1.0" encoding="utf-8"?>

<Package
    xmlns="http://schemas.microsoft.com/appx/manifest/foundation/windows10"
    xmlns:mp="http://schemas.microsoft.com/appx/2014/phone/manifest"
    xmlns:uap="http://schemas.microsoft.com/appx/manifest/uap/windows10"
    IgnorableNamespaces="uap mp">

    <Identity
        Name="d48ba184-d27d-4ba6-b032-2e22150b4376"
        Publisher="CN=asdlon"
        Version="1.0.0.0" />
     <mp:PhoneIdentity PhoneProductId="d48ba184-d27d-4ba6-b032-2e22150b4376" PhonePublisherId="00000000-0000-0000-0000-000000000000"/>

    <Properties>
        <DisplayName>HelloWorldDemo</DisplayName>
        <PublisherDisplayName>asdlon</PublisherDisplayName>
        <Logo>Assets\StoreLogo.png</Logo>
    </Properties>

    <Dependencies>
        <TargetPlatform Name="Windows.Universal" MinVersion="10.0.XXXXX" MaxVersionTested="10.0.XXXXXX" />
    </Dependencies>

    <Resources>
        <Resource Language="x-generate"/>
    </Resources>
    <Applications>
        <Application Id="App"
            Executable="$targetnametoken$.exe"
            EntryPoint="HelloWorldDemo.App">
            <uap:VisualElements
                DisplayName="HelloWorldDemo"
                Square150x150Logo="Assets\Logo.png"
                Square44x44Logo="Assets\SmallLogo.png"
                Description="HelloWorldDemo"
                ForegroundText="light"
                BackgroundColor="#464646">
                <uap:SplashScreen Image="Assets\SplashScreen.png" />
            </uap:VisualElements>
        </Application>
    </Applications>
    <Capabilities>
        <Capability Name="internetClient" />
```

```
            </Capabilities>
        </Package>
```

　　Package.appxmanifest 文件是 Windows 10 应用程序的清单文件,声明应用的标识、应用的功能以及用来进行部署和更新的信息。可以在清单文件对当前的应用程序进行配置,例如添加磁帖图像和初始屏幕、指示应用支持的方向以及定义应用的功能种类。Package 元素是整个清单的根节点;Identity 元素表示应用程序版本发布者名称等信息;mp: PhoneIdentity 元素表示应用程序相关的唯一标识符信息;Properties 元素包含了应用程序的名称、发布者名称等信息的设置;Prerequisites 元素则是用于设置应用程序所支持的系统版本号;Resources 元素表示应用程序所使用资源信息,例如语言资源;Applications 元素里面则包含了与应用程序相关的 logo 设置、闪屏图片设置等可视化的设置信息;Capabilities 元素表示当前应用程序所使用的一些手机特定功能,例如 internetClient 表示使用网络的功能。

　　Package.appxmanifest 文件可以支持在可视化图形中进行设置,可以双击解决方案中的 package.appxmanifest 文件来打开此文件的可视化编辑视图。我们可以直接在可视化界面上设置程序的 logo、磁贴、功能权限等。在后续的应用程序开发里面有些功能会需要在 Package.appxmanifest 清单文件上进行相关的配置,到时候再进行详细的讲解。

2.3　不同平台设备的适配

　　Windows 10 通用应用程序针对特定的平台还会有一个子 API 的集合,当我们要使用到某个平台的特定 API 的时候(例如手机相机硬件按钮触发事件),这时候就需要调用特定平台的 API。因为 Windows 10 应用程序是一个安装包,可以部署到所有的 Windows 10 系统平台,所以这里就涉及一个 API 适配的问题,对特定平台的 API 进行特殊处理。除了特定平台的 API,还有一个适配的工作就是界面适配,Windows 10 也提供了一系列的 API 来给我们做界面的适配工作。

2.3.1　特定平台的 API 调用

　　目前在 Windows 10 里面有 Windows Mobile Extension SDK 和 Windows Desktop Extension SDK 两个扩展的 SDK 分别表示手机版本和桌面版本的扩展 SDK(在本书的后面章节里面若用到特定平台的 API,都会进行区分标识)。这两个 SDK 都是直接内置在 Windows 10 的开发 SDK 里面的,但是默认情况下不会给项目工程添加上,需要使用时可以在项目工程里面引用,路径为 Project→Add Reference→Windows Universal→Extensions。在使用特定平台的 API 的时候,必须判断当前的环境是否支持(不支持的平台调用将会引发异常)。判断的方法为 Windows.Foundation.Metadata.ApiInformation.IsTypePresent (String typeName),typeName 表示带完整的命名空间的 API 的名称,返回 true 表示支持,返回 false 表示不支持。下面通过一个手机硬件后退键的适配来演示如何使用和适配特定平台的 API。

首先创建一个 Windows 10 的通用应用程序项目，命名为 BackButtonDemo，在项目里面引用 Windows Mobile Extension SDK，如图 2.12 所示。

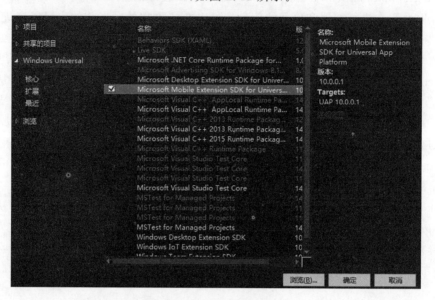

图 2.12　添加扩展支持

打开 App.xaml.cs 文件添加下面的代码。

代码清单 2-2：适配手机后退按钮（源代码：第 2 章\Examples_2_2）

App.xaml.cs 文件部分代码

```csharp
// 是否支持硬件后退键的标识
public static bool IsHardwareButtonsAPIPresent;
public App()
{
    this.InitializeComponent();
    this.Suspending += OnSuspending;
    // 判断当前是否支持硬件后退键
    IsHardwareButtonsAPIPresent =
        Windows.Foundation.Metadata.ApiInformation.IsTypePresent("Windows.Phone.UI.Input.HardwareButtons");
    if (IsHardwareButtonsAPIPresent)
        // 添加后退键事件
        Windows.Phone.UI.Input.HardwareButtons.BackPressed +=
            HardwareButtons_BackPressed;
}
// 后退键事件，如果可以返回上一个页面则返回上一个页面
private void HardwareButtons_BackPressed(object sender, BackPressedEventArgs e)
{
```

```
        Frame frame = Window.Current.Content as Frame;
        if (frame == null)
        {
            return;
        }
        if (frame.CanGoBack)
        {
            frame.GoBack();
            e.Handled = true;
        }
    }
```

在项目中添加一个新的 XAML 页面 BlankPage.xaml,如图 2.13 所示,在页面中增加顶部的后退按钮和隐藏显示逻辑,代码如下所示:

图 2.13　添加新的页面

BlankPage.xaml 文件部分代码

```
    <Grid Background = "{ThemeResource ApplicationPageBackgroundThemeBrush}">
        <StackPanel VerticalAlignment = "Top" Orientation = "Horizontal">
            <Button x:Name = "backButton" Margin = "24,24,24,24" Click = "backButton_Click"
Style = "{StaticResource NavigationBackButtonNormalStyle}"/>
            <TextBlock Text = "你好" FontSize = "30" HorizontalAlignment = "Left" Vertical-
```

Alignment = "Center"></TextBlock>
        </StackPanel>
    </Grid>
```

**BlankPage. xaml. cs 文件部分代码**

```
    public BlankPage1()
    {
        this.InitializeComponent();
        if(App.IsHardwareButtonsAPIPresent)
        {
            backButton.Visibility = Visibility.Collapsed;
        }
        else
        {
            backButton.Visibility = Visibility.Visible;
        }
    }
    // 后退按钮处理
    private void backButton_Click(object sender, RoutedEventArgs e)
    {
        if(this.Frame.CanGoBack)
        {
            // 返回上一个页面
            this.Frame.GoBack();
        }
    }
```

打开 MainPage. xaml 页面添加转到 BlankPage. xaml 页面的逻辑，代码如下所示：

MainPage. xaml 文件部分代码

```
    <Grid Background = "{ThemeResource ApplicationPageBackgroundThemeBrush}">
        <Button Content = "跳转到新的页面" Click = "Button_Click" VerticalAlignment = "Center" HorizontalAlignment = "Center"></Button>
    </Grid>
```

MainPage. xaml. cs 文件部分代码

```
    private void Button_Click(object sender, RoutedEventArgs e)
    {
        //从 MainPage 页面跳转到 BlankPage1 页面
        this.Frame.Navigate(typeof(BlankPage1));
    }
```

把程序部署到手机模拟器上，可以看到 BlankPage. xaml 页面顶部的后退按钮隐藏掉了，硬件后退键接管了后退的操作，如图 2.14 和图 2.15 所示。把程序部署到本地 PC 上，可以看到 BlankPage. xaml 页面顶部的后退按钮显示出来了，如图 2.16 和图 2.17 所示。
```

图 2.14　手机页面 1　　　　　　　图 2.15　手机页面 2

图 2.16　PC 页面 1

图 2.17　PC 页面 2

2.3.2　界面适配

Windows 10 系统支持多种硬件平台和分辨率，Windows 10 系统底层对界面的适配也是非常强大的，同样的控件在不同的硬件平台上显示也可能会有差异，这种适配就是由 Windows 10 系统自己来完成适配，来匹配不同的硬件和分辨率的显示效果。虽然 Windows 10 底层完成了各种控件的适配，但是很多时候还是需要在程序里来实现适配。在开发通用程序的时候，要充分地考虑各种不同分辨率下的显示效果，可以通过可视化设计界面和各种分辨率的模拟器来进行测试。适配界面有几种常用的编程技巧：

（1）使用相对的布局控件来进行排列，如 Grid、RelativePanel 等；

（2）使用相对的属性来设置控件在容器的位置，如 orizontalAlignment、VerticalAlignment 属性；

（3）设置长度宽度的最大值最小值限制；

（4）根据设备实际分辨率来设置长度宽度或者位置。

详细的界面适配编程知识将会在有关布局的章节进行讲解。

第 3 章 XAML 界面原理和语法

XAML 是英文 Extensible Application Markup Language 的简写,是用于实例化.NET 对象的标记语言。XAML 是微软技术体系中的 UI 编程语言,在 Windows 10、Windows 8、Windows Phone、Silverlight 和 WPF 技术框架下都可以使用 XAML 的语法来编写程序的界面。在 Windows 10 的普通应用程序(游戏除外)中,也是使用 XAML 来编写程序的界面(HTML5/JS 的开发模式是使用 HTML 和 CSS 的语法来实现界面的编程),所以对 XAML 语法的理解和掌握是编写 Windows 10 通用应用程序的重要基础。Windows 10 应用程序中的界面是由 xaml 文件组成的,和这些 xaml 文件一一对应起来的是 xaml.cs 文件,这就是微软典型的 Code-Behind 模式的编程方式。xaml 文件的语法类似于 XML 和 HTML 的结合体,这是微软的 XAML 语言特有的语法结构,本章将介绍有关 XAML 方面的语法和原理知识。

3.1 理解 XAML

XAML 是一种声明性标记语言,它简化了为.NET Framework 应用程序创建 UI 的过程,使程序界面编程更加简单和简洁。XAML 直接以程序集中定义的一组特定后备类型表示对象的实例化,就如同其他的基于 XML 的标记语言一样,XAML 大体上也遵循 XML 的语法规则。例如,每个 XAML 元素包含一个名称以及一个或多个属性。XAML 文件中的每个元素代表.NET 中的一个类,并且 XAML 文件中的每个属性代表.NET 类中的一个属性、方法或事件。例如,若要在 Windows 10 的界面上创建一个按钮,可以用下面的 XAML 代码来实现:

```
< Button x:Name = "button 1" BorderThickness = "1" Click = "OnClick1" Content = "按钮" />
```

上面的 XAML 代码中的按钮 Button 实际上是 Windows 10 中的 Windows.UI.Xaml.Controls.Button 类。XAML 的属性是相应类中的相关属性,如上例中的 Name、BorderThickness 实际上是 Button 类中相应的相关属性。在这句 XAML 语句中,还实现了事件处理程序,Click="OnClick1",即 XAML 支持声明事件处理程序,具体逻辑在其对应的.xaml.cs 的后台代码文件的 OnClick1 方法中。XAML 文件可以映射到一个扩展名为

.xaml.cs 的后台代码文件。这些后台代码文件中的部分类包含了 XAML 呈现层可以使用的事件、方法和属性,以提供强大的用户体验。

编写 XAML 代码时需要注意,声明一个 XAML 元素时,可以用 Name 属性为该元素指定一个名称,这样在 C#代码里面才可以访问到此元素。这是因为某种类型的元素可能在 XAML 页面上声明多次,但是如果不显式地指明各个元素的 Name 属性,则无法区分哪个是想要操作的元素,也就无法通过 C#来操作该元素和其中的属性。

XAML 语言有严格的语法标准,所以在编写 XAML 代码的时候需要遵循一些规则。下面是声明一个 XAML 编程必须遵循的 4 大原则:

(1) XAML 是大小写区分的,元素和属性的名称必须严格区分大小写,例如对于 Button 元素来说,其在 XAML 中的声明应该为<Button>,而不是<button>;

(2) 所有的属性值,无论它是什么数据类型,都必须包含在双引号中;

(3) 所有的元素都必须是封闭的,例如<Button…/>,或者是有一个起始标记和一个结束标记,例如<Button>…</Button>;

(4) 最终的 XAML 文件也必须是合适的 XML 文档。

3.2 XAML 语法

可以直接通过 Visual Stuido 或者 Expression Blend 这些开发工具的图形化界面来编辑 Windows 10 的程序界面,这些开发工具很强大,你甚至可以不用手工去编写 XAML 的代码就可以完成界面编程。虽然有这些强大工具的支持,但是还是非常有必要去学习和掌握 XAML 的相关语法。掌握好 XAML 的语法才能够更加透彻地理解 Windows 10 界面编程的原理,实现更加复杂的页面编程。下面介绍一些重要的 XAML 语法。

3.2.1 命名空间

前面说了 XAML 里面的元素都是对应着.NET 里面的类,但是只提供类名是不够的。XAML 解析器还需要知道这个类位于哪个.NET 名称空间,这样解析器才能够正确地识别 XAML 的元素。首先来看一个最简单的 Windows 10 界面的 XAML 代码:

```xaml
<Page
    x:Class=" App1.MainPage"
    xmlns="http://schemas.microsoft.com/winfx/2006/xaml/presentation"
    xmlns:x="http://schemas.microsoft.com/winfx/2006/xaml"
    xmlns:local="using:HelloworldDemo"
    xmlns:d="http://schemas.microsoft.com/expression/blend/2008"
    xmlns:mc="http://schemas.openxmlformats.org/markup-compatibility/2006"
    mc:Ignorable="d"
    Background="{ThemeResource ApplicationPageBackgroundThemeBrush}">
    <Grid x:Name="LayoutRoot">
    </Grid>
```

</Page>

上面的代码声明了若干个 XML 命名空间，XAML 文档也是一个完整的 XML 的文档。xmlns 特性是 XML 中的一个特殊特性，它专门用来声明命名空间。一旦声明一个命名空间，在文档中的任何地方都可以使用该命名空间。using:HelloworldDemo 表示引用的是应用程序里的 HelloworldDemo 空间，表示可以在 XAML 里面通过 local 标识符来使用 HelloworldDemo 空间下的控件或者其他类。

在上面的 XAML 代码里面，你还会注意到 Grid 元素并没有一个空间引用的前缀。那么 Grid 元素会被解析成哪一个类呢？Grid 类可能是指 Windows.UI.Xaml.Controls.Grid 类，也可能是指位于第三方组件中的 Grid 类，或者你自己在应用程序中定义的 Grid 类等。为了弄清实际上希望使用哪个类，XAML 解析器会检查应用于元素的 XML 命名空间。要弄清楚其运行的原理，先来看一下两个特别的命名空间：

xmlns = "http://schemas.microsoft.com/winfx/2006/xaml/presentation"
xmlns:x = "http://schemas.microsoft.com/winfx/2006/xaml"

这段标记声明了两个命名空间，在创建的所有 Windows 10 的 XAML 文档中都会使用这两个命名空间：

（1）http://schemas.microsoft.com/winfx/2006/xaml/presentation 是 Windows 10 的核心命名空间。它包含了大部分用来构建用户界面的控件类。在该例中，该名称空间的声明没有使用命名空间前缀，所以它成为整个文档的默认命名空间。所以没有前缀的元素都是自动位于这个命名空间下。

（2）http://schemas.microsoft.com/winfx/2006/xaml 是 XAML 命名空间。它包含各种 XAML 实用特性，这些特性可影响文档的解释方式。该名称空间被映射为前缀 x。这意味着可通过在元素名称之前放置名称空间前缀 x 来使用该命名空间，例如上面代码中的 x:Name＝"LayoutRoot"。

正如在前面看到的，XML 命名空间的名称和任何特定的.NET 名称空间都不匹配。XAML 的创建者选择这种设计的原因有以下两个。

第一个原因是按照约定，XML 命名空间通常是 URI。这些 URI 看起来像是在指定 Web 上的位置，但实际上不是。通过使用 URI 格式的命名空间，不同的 XML 文档格式就会互相区分开来，作为唯一的标识符，表示这是创建在某个特定环境下的 XML 文档，例如 Windows 10 的 XAML 文档就是基于 Windows 10 的.NET 类库的。

另一个原因是 XAML 中使用的 XML 命名空间和.NET 命名空间不是一一对应的，如果一一对应的话，会显著增加 XAML 文档的复杂程度。此处的问题在于，Windows 10 包含了多种命名空间，所有这些命名空间都是以 Windows.UI.Xaml 开头的。如果每个.NET 命名空间都有不同的 XML 命名空间，那就需要为使用的每个控件指定确切的 XML 命名空间，这会使 XAML 文档变得混乱不堪。所以，XAML 将所有这些.NET 命名空间组合到单个 XML 命名空间中。因为在不同的.NET 命名空间中都有一部分.NET 的类，并且所有这些类的名称都不相同,所以这种设计是可行的。

命名空间信息使得 XAML 解析器可找到正确的类。上面的 Grid 元素没有前缀,那么就会使用默认的空间名,解析器就会到 Windows 10 的 Windows.UI.Xaml 开头的空间下去查找相关的类,最后会查找到 Windows.UI.Xaml.Controls.Grid 类与 Grid 元素匹配起来。

3.2.2 对象元素

XAML 的对象元素是指 XAML 中一个完整的节点,一个 XAML 文件始终只有一个根元素,在 Windows 10 里面通常是 Page 作为根元素,这个根元素就会是当前页面的最顶层的元素。在 XAML 中,除了根元素之外的所有元素都是子元素。根元素只有一个,而子元素理论上可以有无限多个。子元素又可以包含一个或多个子元素,某个元素可以含有子元素的数量由 Windows 10 中具体的类决定。

对象元素语法是一种 XAML 标记语法,它通过声明 XML 元素将 Windows 10 的类或结构实例化。这种语法类似于如 HTML 等其他标记语言的元素语法。对象元素语法以左尖括号(<)开始,后面紧跟要实例化的类或结构的类型名称。类型名称后面可以有零个或多个空格,对于对象元素还可以声明零个或多个特性,并用一个或多个空格来分隔每个"特性名=值"这样的属性对。例如定义 Button 的对象元素就有下面的两种实现的语法,两种语法都是正确的:

```
<Button Content="这是按钮"/>
<Button Content="这是按钮"></Button>
```

3.2.3 设置属性

XAML 中的属性是也是可以使用多种语法设置的,不同的属性类型也会有不同的设置方式,并不是全部的属性设置都是通用的。总的来说,可以通过下面的 4 种方式来设置对象元素的属性:

(1) 使用属性语法;
(2) 使用属性元素语法;
(3) 使用内容元素语法;
(4) 使用集合语法(通常是隐式集合语法)。

这 4 种设置属性的方法,并不是对所有属性都适用的,有些属性会只适合用一种方式来设置;有一些属性则可以使用多种方式来设置,这取决于属性对象的特性。下面详细地看一下这 4 种属性的设置方法和相关示例:

1. 使用属性语法设置属性

大部分的对象元素都可以使用属性元素语法来设置,这也是最常用的属性设置的语法。使用属性语法设置属性的语法格式如下所示:

```
< objectName propertyName = "propertyValue" .../>
```

或者

```
< objectName propertyName = "propertyValue">
...
</objectName >
```

其中，objectName 是要实例化的对象元素，propertyName 是要对该对象元素设置的属性的名称，propertyValue 是要设置的值。

下面的示例使用属性语法来设置 Rectangle 对象的 Name、Width、Height 和 Fill 属性。

```
< Rectangle Name = "rectangle1" Width = "100" Height = "100" Fill = "Blue" />
```

XAML 分析器会把上面的代码解析成为 C# 的类，当然也可以直接用 C# 的代码来实现对象元素和它的属性设置，下面的 C# 代码可以实现等效的效果：

```
Rectangle rectangle1 = new Rectangle();
rectangle1.Width = 100.0;
rectangle1.Height = 100.0;
rectangle1.Fill = new SolidColorBrush(Colors.Blue);
```

2. 使用属性元素语法设置属性

属性元素语法是指把属性当作一个独立的元素来进行设置，如果要用属性元素语法设置属性，该属性的值也必须是一个 XAML 的对象元素。使用属性元素语法，就需要为要设置的属性创建 XML 元素。这些元素的形式为＜Object.Property＞，Object 表示对象元素，Property 表示对象元素的属性。在标准的 XML 中，这些元素会被视为在名称中有一个点的元素，但是使用 XAML 时，元素名称中的点将该元素标识为属性元素，表示 Property 是 Object 的属性。

下面用伪代码来表示属性元素语法设置属性的写法。在下面的代码中，Property 表示要设置属性的名称，PropertyValueAsObjectElement 表示声明一个新的 XAML 的对象元素，其值类型是该属性的值。

```
< Object >
    < Object.property >
    PropertyValueAsObjectElement
    </ Object.property >
</ Object >
```

下面的示例使用属性元素语法来设置 Rectangle 对象元素的 Fill 属性。因为 Rectangle 对象的 Fill 属性的值其实就是一个 SolidColorBrush 类型的值，所以可以声明一个 SolidColorBrush 的对象来表示 Fill 属性的值。在 SolidColorBrush 中，Color 使用属性语法来设置。

```
< Rectangle Name = "rectangle1" Width = "100" Height = "100">
```

```
<Rectangle.Fill>
    <SolidColorBrush Color = "Blue"/>
</Rectangle.Fill>
</Rectangle>
```

如果使用属性语法来编写上面的代码,则等同于下面的代码:

```
<Rectangle Name = "rectangle1" Width = "100" Height = "100" Fill = " Blue ">
</Rectangle>
```

3. 使用内容语法设置属性

使用内容语法设置属性是指直接在对象元素节点内容中设置该属性,忽略该属性的属性元素,相当于把该属性的值看作是当前对象元素的内容。这个内容可以是一个或者多个对象元素,这些对象元素也是完全独立的 UI 控件。内容语法和属性元素语法的区别就是,内容语法比属性元素语法少了 Object.Property 的属性表示。内容语法需要较为特殊的属性才能支持,例如常见的 Child 属性、Content 属性都可以使用内容语法进行设置。下面的示例使用内容语法设置 Border 的 Content 属性:

```
<Border>
    <Button Content = "按钮"/>
</Border>
```

如果内容属性也支持"松散"的对象模型,在此模型中,属性类型为 Object 类型或者 String 类型,则可以使用内容语法将纯字符串作为内容放入开始对象标记与结束对象标记之间。下面的示例使用内容语法直接用字符串来设置 TextBlock 的 Text 属性:

```
<TextBlock>你好!</TextBlock>
```

4. 使用集合语法设置属性

上面讨论的属性都是非集合的值,如果属性的值是一个集合,就需要使用集合语法设置该属性。使用集合语法来设置属性是一种比较特殊的设置方式,使用这种方式的元素通常都是支持一个属性元素的集合。可以使用托管代码的 Add 方法来添加更多的集合元素。使用集合语法设置元素实际上是向对象集合中添加属性项,如下所示:

```
<Rectangle Width = "200" Height = "150">
    <Rectangle.Fill>
        <LinearGradientBrush>
            <LinearGradientBrush.GradientStops>
                <GradientStopCollection>
                    <GradientStop Offset = "0.0" Color = "Coral" />
                    <GradientStop Offset = "1.0" Color = "Green" />
                </GradientStopCollection>
            </LinearGradientBrush.GradientStops>
        </LinearGradientBrush>
    </Rectangle.Fill>
```

```
</Rectangle>
```

不过，对于采用集合的属性而言，XAML 分析器可根据集合所属的属性隐式知道集合的后备类型。因此，可以省略集合本身的对象元素，上面的代码页可以省略掉 GradientStopCollection，如下所示：

```
<Rectangle Width = "200" Height = "150">
    <Rectangle.Fill>
        <LinearGradientBrush>
            <LinearGradientBrush.GradientStops>
                <GradientStop Offset = "0.0" Color = "Coral" />
                <GradientStop Offset = "1.0" Color = "Green" />
            </LinearGradientBrush.GradientStops>
        </LinearGradientBrush>
    </Rectangle.Fill>
</Rectangle>
```

另外，有一些属性不但是集合属性，同时还是内容属性。前面示例中以及许多其他属性中使用的 GradientStops 属性就是这种情况。在这些语法中，也可以省略属性元素，如下所示：

```
<Rectangle Width = "200" Height = "150">
    <Rectangle.Fill>
        <LinearGradientBrush>
            <GradientStop Offset = "0.0" Color = "Coral" />
            <GradientStop Offset = "1.0" Color = "Green" />
        </LinearGradientBrush>
    </Rectangle.Fill>
</Rectangle>
```

集合属性语法最常见于布局控件中，例如 Grid、StackPanel 等布局控件的属性设置。下面的示例演示 StackPanel 面板的属性设置，分别由显示的属性设置和最简洁的属性设置。

显示的 StackPanel 的属性设置：

```
<StackPanel>
    <StackPanel.Children>
        <TextBlock>Hello</TextBlock>
        <TextBlock>World</TextBlock>
    </StackPanel.Children>
</StackPanel>
```

最简洁的 StackPanel 的属性设置：

```
<StackPanel>
    <TextBlock>Hello</TextBlock>
    <TextBlock>World</TextBlock>
```

```
</StackPanel>
```

3.2.4 附加属性

附加属性是一种特定类型的属性，和普通属性的作用并不一样。这种属性的特殊之处在于，其属性值受到 XAML 中专用属性系统的跟踪和影响。附加属性可用于多个控件，但却在另一个类中定义。在 Windows 10 中，附加属性常用于控件布局。

下面解释附加属性的工作原理。每个控件都有各自固有的属性，例如 Button 空间会有 Content 属性来设置按钮的内容等。当在布局面板中放置控件时，根据容器的类型，控件会获得额外特征，例如在 Canvas 布局面板中放置一个按钮，这个按钮要放在面板的什么位置呢？这时候就需要使用附件属性来解决这样的问题。下面来看一下一个附件属性使用的示例，如下所示：

```
<Canvas>
    <Button Canvas.Left="50">Hello</Button>
</Canvas>
```

上面使用了附件属性 Canvas.Left="50"表示按钮放置在距离 Canvas 面板左边 50 像素的位置。关于布局的知识后续还有更详细的讲解，这里只是作为一个示例演示附加属性。还需要注意的是，该用法在一定程度上类似于一个静态属性，你可以对任何一个对象元素设置附加属性 Canvas.Left，而不是按名称引用任何实例，当然如果对象元素并不在 Canvas 面板里面，设置 Canvas.Left 附加属性不会产生任何的影响。

3.2.5 标记扩展

标记扩展是一个被广泛使用的 XAML 语言概念。通过 XAML 标记扩展来设定属性值，从而可以让对象元素的属性具备更加灵活和复杂的赋值逻辑。常用的 XAML 标记扩展功能包括以下 5 种：

（1）Binding（绑定）标记扩展，实现在 XAML 载入时，将数据绑定到 XAML 对象；

（2）StaticResource（静态资源）标记扩展，实现引用数据字典（ResourceDictionary）中定义的静态资源；

（3）ThemeResource（主题资源）标记扩展，表示系统内置的静态资源；

（4）TemplateBinding（模板绑定）标记扩展，实现在 XAML 页面中，对象模板绑定调用；

（5）RelativeSource（绑定关联源）标记扩展，实现对特定数据源的绑定；

在语法上，XAML 使用大括号{}来表示扩展。例如，下面这句 XAML：

```
<TextBlock Text="{Binding Source={StaticResource myDataSource},Path=PersonName}"/>
```

这里有两处使用了 XAML 扩展，一处是 Binding，另一处是 StaticResource，这种用法又称为嵌套扩展，TextBlock 元素的 Text 属性的值为{}中的结果。当 XAML 编译器看到大括号{}时，把大括号中的内容解释为 XAML 标记扩展。

XAML 本身也定义了一些内置的标记扩展，这类扩展包括：x:Type、x:Static、x:null 和 x:Array。x:null 是一种最简单的扩展，其作用就是把目标属性设置为 null。x:Type 在 XAML 中取对象的类型，相当于 C♯ 中的 typeof 操作，这种操作发生在编译的时候。x:Static 是用来把某个对象中的属性或域的值赋给目标对象的相关属性。x:Array 表示一个 .NET 数组，x:Array 元素的子元素都是数组元素，它必须与 x:Type 一起使用，用于定义数组类型。使用 x:null 扩展标记把 TextBlock 的 Background 属性设置为 null，如下所示：

<TextBlock Text = "你好" Background = "{x:null}" />

3.2.6 事件

大多数 Windows 10 应用程序都是由标记和后台代码组成，在一个项目中，XAML 作为 .xaml 文件来编写，然后用 C♯ 语言来编写后台代码文件。当 XAML 文件被编译时，通过 XAML 页面的根元素的 x:Class 属性指定的命名空间和类来表示每个 XAML 页对应的后台代码的位置。事件是 XAML 中常用的语法，下面来看一下事件的语法实现。

事件在 XAML 中基础语法如下：

<元素对象 事件名称 = "事件处理"/>

例如，使用按钮控件的 Click 事件，响应按钮点击效果，代码如下：

<Button Content = "按钮" Click = "Button_Click_1"/>

其中，Button_Click 连接后台代码中的同名事件处理程序：

```
Private void Button_Click_1(object sender, RoutedEventArgs e)
{
    //在这里可以添加事件处理的逻辑程序
}
```

在实际项目开发中，Visual Studio 的 XAML 语法解析器为开发人员提供了智能感知功能，通过该功能可以在 XAML 中方便地调用指定事件，而 Visual Studio 将为对应事件自动生成事件处理函数后台代码。

3.3 XAML 的原理

XAML 是 Windows 10 界面编程的语法，承担了如何显示和布局 Windows 10 程序界面的工作。本节将从应用程序运行原理的角度去讲解 XAML 文件的是如何被程序使用的。

3.3.1 XAML 页面的编译

Windows10 的应用程序项目会通过 Visual Studio 完成 XAML 页面的编译，在程序运行时会通过直接链接操作加载和解析 XAML，将 XAML 和过程式代码自动连接起来。用户不需要将 XAML 文件和过程式代码融合，只需要把它添加到项目中，并通过 Build 动作来完成编译即可，一般公共样式资源的 XAML 文件都是采用这种方式。但是，如果要编译一个 XAML 文件并将它与过程式代码混合，第一步就是为 XAML 文件的根元素指定一个子类，这可以用 XAML 语言命名空间中的 Class 关键字来完成，Windows 10 的程序页面一般采用这种方式。通常在 Windows 10 项目中新增的 XAML 文件都会自动生成一个对应的 XAML.CS 文件，并且默认地将两个文件关联起来。例如，添加的 XAML 文件如下：

```
< Page
    x:Class = "App1.MainPage"
    …>
    …省略若干代码
</ Page >
```

与 XAML 文件关联起来的 XAML.CS 文件如下：

```
namespace App1
{
    public sealed partial class MainPage : Page
    {
        …省略若干代码
    }
}
```

通常把与 XAML 文件关联的 XAML.CS 文件称为代码隐藏文件。如果添加 XAML 中的任何一个事件处理程序（通过事件特性，如 Button 的 Click 特性），在 XAML.CS 文件上就会生成事件的处理事件代码。在类定义中有一个 partial 关键字，这个关键字很重要，因为类的实现是分布在多个文件中的。可能你会觉得不可思议，因为在项目里面只看到 MainPage.xaml.cs 文件定义了 MainPage 类，其实 MainPage 类也在另外一个地方定义了，只是在项目工程里面隐藏了而已。当编译完 Windows 10 的项目时，会在项目的 obj\Debug 文件夹下看到 Visual Studio 创建的以 g.cs 为扩展名的文件，对于每一个 XAML 文件，可以找到一个对应的 g.cs 文件。例如，如果项目中有一个 MainPage.xaml 文件，就会在 obj\Debug 文件夹下找到 MainPage.g.cs 文件。下面来看一下 MainPage.g.cs 文件的结构：

```
using System;
…
namespace App1 {
    public partial class MainPage : global::Windows.UI.Xaml.Controls.Page {

[global::System.CodeDom.Compiler.GeneratedCodeAttribute("Microsoft.Windows.UI.Xaml.Build.Tasks"," 14.0.0.0")]
        (global::Windows.UI.Xaml.Controls.Grid LayoutRoot;
```

```
…
    private bool _contentLoaded;
    [System.Diagnostics.DebuggerNonUserCodeAttribute()]
    public void InitializeComponent() {
        if (_contentLoaded) {
            return;
        }
        _contentLoaded = true;
        global::Windows.UI.Xaml.Application.LoadComponent(this, new global::System.Uri("ms-appx:///MainPage.xaml"), global::Windows.UI.Xaml.Controls.Primitives.ComponentResourceLocation.Application);
        LayoutRoot = (global::Windows.UI.Xaml.Controls.Grid)this.FindName("LayoutRoot");
        …
    }
  }
}
```

从 MainPage.g.cs 文件中可以看到，MainPage 类还在这里定义了一些控件和相关的方法，并且 InitializeComponent()方法里面加载和解析了 MainPage.xaml 文件，MainPage.cs 文件里调用的 InitializeComponent()方法就是在 MainPage.g.cs 文件中定义的。在 xaml 页面中声明的控件，通常会在.g.cs 中生成对应控件的内部字段。实际上这取决于控件是否有 x:Name 属性，只要有这个属性，都会自动调用 FindName 方法，用于把字段和页面控件关联。没有 x:Name 属性，就没有字段。这种关联会有一定的性能浪费，因为在应用载入控件的时候，通过 LoadComponents 方法关联，而 xaml 也是在这个时候动态解析。

在项目的 obj\Debug 文件夹下，还找到了 g.i.cs 为扩展名的文件，对于每一个 XAML 文件，也会找到一个对应的 g.i.cs 文件，并且这些 g.i.cs 文件与对应的 g.cs 文件是基本一样的。这些 g.i.cs 文件又有怎样的含义呢？其实这些 g.i.cs 文件并不是在编译的时候生成的，而是当创建了 XAML 文件的时候就马上生成，或者修改了 XAML 文件 g.i.cs 文件也会跟着改变，而 g.cs 文件则是必须要成功编译了项目之后才会生成的。文件后缀中的 g 表示 generated 产生的意思，i 表示 intellisense 智能感知的意思，g.i.cs 文件是 XAML 文件对应的智能感知文件，在 vs 中利用 go to definition 功能找 InitializeComponent 方法的实现的时候，进入的就是 g.i.cs 文件的 InitializeComponent 方法里面。

3.3.2　动态加载 XAML

动态加载 XAML 是指在程序运行时通过解析 XAML 格式的字符串或者文件来动态生成 UI 的效果。通常情况下，Windows 10 的界面元素都是通过直接读取 XAML 文件的内容来呈现的，如上一小节讲解的那样通过 XAML 文件和 XAML.CS 文件关联起来编译，这也是默认的 UI 实现的方式，但是在某些时候并不能预先设计好所有的 XAML 元素，而是需要在程序运行的过程中动态地加载 XAML 对象，这时候就需要使用到动态加载 XAML 来实现了。

在应用程序里面动态加载 XAML 需要使用到 XamlReader.Load 方法来实现，XamlReader 类是为分析 XAML 和创建相应的 Windows 10 对象树提供 XAML 处理器引擎，XamlReader.Load 方法可以分析格式良好的 XAML 片段并创建相应的 Windows 10 对象树，然后返回该对象树的根。大部分可以在 XAML 页面上编写的代码，都可以通过动态加载 XAML 的形式来实现，不仅仅是普通的 UI 控件，动画等其他的 XAML 代码一样可以动态加载，如：

```csharp
// 一个透明度变化动画的 XAML 代码的字符串
private const string FadeInStoryboard =
@"<Storyboard xmlns=""http://schemas.microsoft.com/winfx/2006/xaml/presentation"">
    <DoubleAnimation
        Duration=""0:0:0.2""
        Storyboard.TargetProperty=""(UIElement.Opacity)""
        To=""1""/>
</Storyboard>";
//使用 XamlReader.Load 方法加载 XAML 字符串并且解析成动画对象
Storyboard storyboard = XamlReader.Load(FadeInStoryboard) as Storyboard;
```

使用 XamlReader.Load 方法动态加载 XAML 对 XAML 的字符串是有一定的要求的，这些"格式良好的 XAML 片段"必须要符合以下要求：

（1）XAML 内容字符串必须定义单个根元素，使用 XamlReader.Load 创建的内容只能赋予一个 Windows 10 对象，它们是一对一的关系。

（2）内容字符串 XAML 必须是格式良好的 XML，并且必须是可分析的 XAML。

（3）所需的根元素还必须指定某一默认的 XML 命名空间值。这通常是命名空间 xmlns="http://schemas.microsoft.com/winfx/2006/xaml/presentation"。

下面给出动态加载 XAML 的示例：演示了使用 XamlReader.Load 方法加载 XAML 字符串生成一个按钮和加载 XAML 文件生成一个矩形。

代码清单 3-1：动态加载 XAML（源代码：第 3 章\Examples_3_1）

MainPage.xaml 文件主要代码

```xml
<Grid x:Name="ContentPanel" Grid.Row="1" Margin="12,0,12,0">
    <StackPanel x:Name="sp_show">
        <Button x:Name="bt_addXAML" Content="加载 XAML 按钮" Click="bt_addXAML_Click"></Button>
    </StackPanel>
</Grid>
```

MainPage.xaml.cs 文件主要代码

```csharp
// 加载 XAML 按钮
private void bt_addXAML_Click(object sender, RoutedEventArgs e)
```

```csharp
{
    //注意 XAML 字符串里面的命名空间"http://schemas.microsoft.com/winfx/2006/xaml/presentation" 不能少
    string buttonXAML = "<Button xmlns = 'http://schemas.microsoft.com/winfx/2006/xaml/presentation' " +
        " Content = \"加载 XAML 文件\" Foreground = \"Red\"></Button>";
    Button btnRed = (Button)XamlReader.Load(buttonXAML);
    btnRed.Click += btnRed_Click;
    sp_show.Children.Add(btnRed);
}
// 已加载的 XAML 按钮关联的事件
async void btnRed_Click(object sender, RoutedEventArgs e)
{
    string xaml = string.Empty;
    //加载程序的 Rectangle.xaml 文件
    StorageFile fileRead = await Windows.ApplicationModel.Package.Current.InstalledLocation.GetFileAsync("Rectangle.xaml");
    // 读取文件的内容
    xaml = await FileIO.ReadTextAsync(fileRead);
    // 加载 Rectangle
    Rectangle rectangle = (Rectangle)XamlReader.Load(xaml);
    sp_show.Children.Add(rectangle);
}
```

添加 Rectangle.xaml 文件的时候,Build Action 属性默认值为 Page,表示是程序编译的页面,这时候需要手动把 Rectangle.xaml 文件的 Build Action 属性设置为 Content,表示该 xaml 文件是作为 Content 资源来使用。

Rectangle.xaml 文件代码:动态加载到程序里面的 XAML 文件

```xml
<Rectangle xmlns = "http://schemas.microsoft.com/winfx/2006/xaml/presentation"
    xmlns:x = "http://schemas.microsoft.com/winfx/2006/xaml"
    Height = "100" Width = "200">
    <Rectangle.Fill>
        <LinearGradientBrush>
            <GradientStop Color = "Black" Offset = "0"/>
            <GradientStop Color = "Red" Offset = "0.5"/>
            <GradientStop Color = "Black" Offset = "1"/>
        </LinearGradientBrush>
    </Rectangle.Fill>
</Rectangle>
```

程序运行的效果如图 3.1 所示。

图 3.1　动态加载 XAML

3.4　XAML 的树结构

XAML 是界面编程语言，用来呈现用户界面，它具有层次化的特性，它的元素的组成就是一种树的结构类型。XAML 编程元素之间通常以某种形式的"树"关系存在，在 XAML 中创建的应用程序 UI 可以抽象化为一个对象树，也称为元素树，可以进一步将对象树分为两个离散但有时会并行的树：逻辑树和可视化树。逻辑树是根据父控件和子控件来构造而成的，在路由事件中将会按照这样的一种层次结构来触发。可视化树是 XAML 中可视化控件及其子控件组成的一个树形的控件元素结构图，可视化树在控件编程中使用很广泛。

3.4.1　可视化树

在讲解可视树的概念之前，先来了解一下对象树。对象树是指在 XAML 中创建和存在的对象彼此关联起来的一棵树，对象树里面的对象都是基于对象具有属性这一原则，意思就是说某个 XAML 的元素具有属性，这个元素就是对象树里面的一个对象。在很多情况下对象的属性的值是另一个对象，而此对象也具有属性，这个属性的值就是对象的一个子对象节点。对象树具有分支，因为其中某些属性是集合属性并具有多个对象；并且，对象树具有根，因为体系结构最终必须引用单个对象，而该对象是与对象树之外的概念之间的连接点。

可视化树中包含应用程序的用户界面所使用的所有可视化元素，并通过了树形的数据结构按照父子元素的规则来把这些可视化元素排列起来。可视化树概念指的是较大的对象树在经过编辑或筛选后的表示形式。所应用的筛选器是在可视化树中只存在具有呈现含义的对象。具有呈现含义的对象并不是指一定要显示出来在界面的对象，那些集成在控件里面并不直接显示的对象也是可视化树里面的元素。

下面来看一下 XAML 代码所包含的可视化树的元素：

```
<StackPanel>
    <TextBox></TextBox>
    <Button Content="确定"></Button>
</StackPanel>
```

从上面的代码中可以看到一个 StackPanel 控件里面包含了两个子控件：一个是 TextBox 控件，一个是 Button 控件。从逻辑树的角度去看，这棵逻辑树只是包含了三个元素——StackPanel、TextBox 和 Button，StackPanel 为父节点，TextBox 和 Button 为子节点。从可视化树的角度去看，里面的元素要比逻辑树的元素要多得多。可视化树的层次结构关系图如图1.2所示。

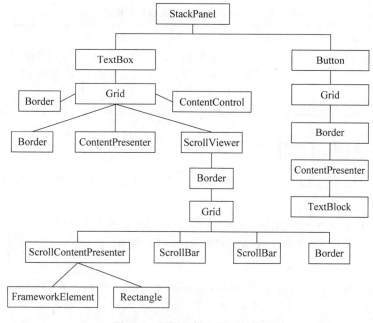

图 3.2　可视化树的层次结构

通过可视化树，可以确定 Windows 10 可视化对象和绘图对象的呈现顺序。将从位于可视化树中最顶层节点的可视化元素根开始遍历，然后按照从左到右的顺序遍历可视化元素根的子级。如果某个可视化元素有子级，则将先遍历该可视化元素的子级，然后再遍历其同级。这意味着子可视化元素的内容先于该可视化元素本身的内容而呈现。

3.4.2　VisualTreeHelper 类

可视化树针对 XAML 的显示操作是在应用程序内部使用，但是在特定情形下，了解有关可视化树的一些信息通常很重要，例如编写或替换控制模板或在运行时分析控件的结构或部分。对于这些情形,Windows 10 提供了 VisualTreeHelper 类,它通过一种方式检查可视化树,这种方式比通过对象特定的父属性和子属性来实现更加便捷和高效。

VisualTreeHelper 类是一个静态帮助器类,它提供了一个在可视化对象级别编程的低级功能,该类在非常特殊的方案(如开发高性能自定义控件)中非常有用;在大多数情况下,该类给一些更高级的 Windows 10 控件(如 ListBox)提供更大的灵活性。

VisualTreeHelper 类提供了用来枚举可视化树成员的功能。可以在运行时对可视化树执行操作,并且可以遍历到模板部件,这是一种可用来检查模板组成情况的有用手段。此外,可以检查可能通过数据绑定填充的子集合,或者是应用程序代码可能无法全部了解运行时对象树的完整本质的子集合。若要检索父级,请调用 GetParent 方法。若要检索可视化对象的子级或直接子代,请调用 GetChild 方法,此方法返回父级在指定索引处的子对象。VisualTreeHelper 类的 4 个常用的静态方法如表 3.1 所示。

表 3.1 VisualTreeHelper 类的常用静态方法

方法	说明
FindElementsInHostCoordinates	检索一组对象,这些对象位于某一对象的坐标空间的指定点或矩形内
GetChild	使用提供的索引,通过检查可视化树获取所提供对象的特定子对象
GetChildrenCount	返回在可视化树中在某一对象的子集合中存在的子级的数目
GetParent	返回可视化树中某一对象的父对象

3.4.3 遍历可视化树

下面给出遍历可视化树的示例:演示使用 VisualTreeHelper 类来遍历 XAML 元素的可视化树。

代码清单 3-2:遍历可视化树(源代码:第 3 章\Examples_3_2)

MainPage.xaml 文件主要代码

```
<Grid x:Name = "ContentPanel" Grid.Row = "1" Margin = "12,0,12,0">
    <StackPanel x:Name = "stackPanel">
        <TextBox></TextBox>
        <Button Content = "遍历" Click = "Button_Click_1"></Button>
    </StackPanel>
</Grid>
```

MainPage.xaml.cs 文件主要代码

```
string visulTreeStr = "";
//单击事件,弹出 XAML 页面里面 StackPanel 控件的可视化树的所有对象
private async void Button_Click_1(object sender, RoutedEventArgs e)
{
    visulTreeStr = "";
    GetChildType(stackPanel);
```

```
            MessageDialog messageDialog = new MessageDialog(visulTreeStr);
            await messageDialog.ShowAsync();
        }
        //获取某个 XAML 元素的可视化对象的递归方法
        public void GetChildType(DependencyObject reference)
        {
            //获取子对象的个数
            int count = VisualTreeHelper.GetChildrenCount(reference);
            //如果子对象的个数不为 0 将继续递归调用
            if (count > 0)
            {
                for (int i = 0; i <= VisualTreeHelper.GetChildrenCount(reference) - 1; i++)
                {
                    //获取当前节点的子对象
                    var child = VisualTreeHelper.GetChild(reference, i);
                    //获取子对象的类型
                    visulTreeStr += child.GetType().ToString() + count + " ";
                    //递归调用
                    GetChildType(child);
                }
            }
        }
```

程序运行的效果如图 3.3 和图 3.4 所示。

图 3.3 测试页面首页

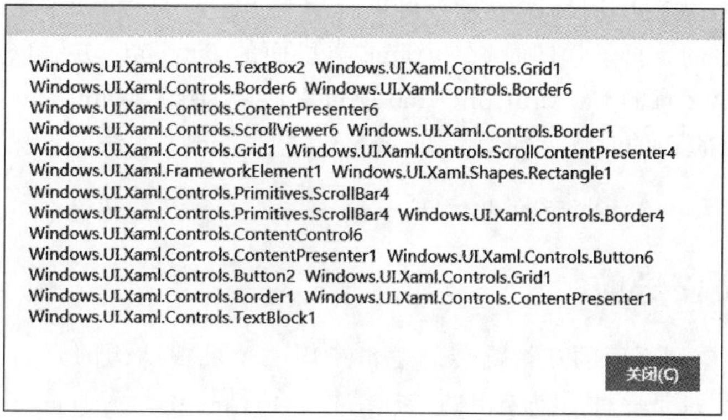

图 3.4 弹出的可视化树对象的类型

3.5 框架和页面

在一个 Windows 10 的应用程序里面包含一个框架多个页面,框架相当于是应用程序的最外层的一个容器,然后这个容器里面包含了很多个页面,而这些页面都是存在于导航堆栈上。本节将介绍框架和页面的相关知识以及如何在程序开发中使用这种框架和页面的结构。

3.5.1 框架页面结构

Windows 10 应用程序平台提供了框架和页面类,框架类为 Frame,页面类为 Page。Windows 10 应用程序的框架是一个顶级容器控件,该控件可托管 Page,Page 页面又包含应用程序中不同部分的内容,也就是程序界面 UI 的内容。在 Windows 10 里面可以创建所需的任何数目的页面,以便在应用程序中展现内容,然后从框架导航到这些页面。图 3.5 展示了应用程序可能具有的框架和页面层次结构。

在一个 Windows 10 应用程序的项目里面,可以看到 App.xaml.cs 页面包含下面的代码:

```
Frame frame = Window.Current.Content as Frame;
```

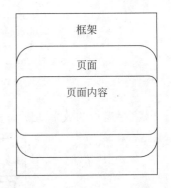

图 3.5 框架和页面层次结构图

Window 类的单例对象的 Content 属性就是当前 Windows 10 应用程序最顶层的元素,也就是应用程序的主框架,一个 Windows 10 应用程序只有一个主框架。Window.Current.Content 属性的值是与应用关联的 Frame,每个应用都有一个 Frame,当用户导航到该页面时,导航框架会将应用的每个页面或 Page 的实例设置为框架的 Content。

在 Frame 类里面也提供了一些与应用程序全局相关的属性和方法,例如属性 CanGoBack 表示在当前应用程序中是否可以返回到上一个页面,如果是 false 则表示当前已经是在应用程序的首页了。同时,在 Frame 类里面的 Navigate 方法也很常用,用于导航到新的页面。在第 2 章的 BackButtonDemo 项目里面,实现从 MainPage.xaml 页面跳转到 BlankPage1.xaml 页面的时候就使用了 Frame 类的 Navigate 方法,实现的代码如下所示:

```
this.Frame.Navigate(typeof(BlankPage1));
```

3.5.2 页面导航

Windows 10 应用页面的互相跳转的逻辑是用一个堆栈结构的容器来管理这些页面。应用的导航历史记录是一种后进先出的堆栈结构。该结构还称为后退堆栈,因为它包含的一组页面在后退导航的堆栈结构中,可以将该堆栈看成是一叠盘子,添加到该堆栈的最后一个盘子将是可以移除的第一个盘子,如果你想要移除中间的某个碟子,你必须把这个碟子上面的碟子先移走。当前最新的页面会被添加到此堆栈的顶部,此操作称为推送操作。删除堆栈顶部项的操作称为弹出操作,通过从堆栈顶部一次删除一个页面,当然也可以检索堆栈中的某些内容。图3.6展示了Windows 10页面堆栈的概念。

当应用中的页面调用Navigate时,当前页面会被放到后退堆栈上,并且系统将创建并显示目标页的新实例。当在应用的页面之间进行导航时,系统会将多个条目添加到此堆栈。当页面调用GoBack时,将放弃当前页面,并将堆栈顶部的页面从后退堆栈中弹出并进行显示。此后退导航会继续弹出并显示,直到堆栈中不再有条目。通常,手机里面的应用程序会使用物理返回键来实现GoBack的操作,这时候就需要在项目里面实现物理返回键的事件来进行处理,例如第2章的BackButtonDemo项目就实现了这样的交互操作。

图3.6 页面堆栈

还可以使用Frame类BackStack属性获取后退堆栈的项目,后退堆栈的项目为PageStackEntry类的对象,PageStackEntry类表示后退或前进导航历史记录中的一个条目。通过PageStackEntry类的Type属性和Parameter属性可以知道导航过来的Page对象的类型和参数。

开发提高篇

对 Windows 10 有一定的了解之后,开始进入本篇的学习,本篇的知识具有一定的独立性,同时也会有一些关联性,涉及 Windows 10 应用程序开发中最为常用的技术,每个知识点都配有对应的实例,读者可以边学习边做实际编程练习,这样能够锻炼开发程序的动手能力,更加深刻地掌握这些知识。

本篇对 Windows 10 的开发技术进行了全面讲解,从简单的技术开始,循序渐进地深入,各章节之间会有一定的联系,后面的章节会涉及前面章节的知识。本篇涵盖 Windows 10 的控件、动画、布局、应用数据、数据绑定、列表、图表等方面的知识。本篇共包含 10 章,有一定基础的读者可以挑选自己感兴趣的章节阅读。

开发提高篇包括了以下 10 章:

第 4 章　控件编程

介绍系统常用控件的使用。

第 5 章　布局管理

介绍应用程序的布局设计和管理,如何去适配不同分辨率的设备等。

第 6 章　应用数据

介绍 Windows 10 的数据存储技术,内容包括应用设置、应用文件以及常用的数据格式解析和存储。

第 7 章　图形绘图

介绍几何图形的实现以及使用图片和生成图片的编程。

第 8 章　变换特效和三维特效

介绍应用在 UI 元素里面的变换特效和三维特效的实现。

第 9 章　动画编程

介绍动画编程的基础和常用的动画编程方式。

第 10 章　样式和模板

介绍控件样式模板的原理和应用。

第 11 章　数据绑定

介绍数据绑定的相关知识,包括绑定的原理、绑定的属性改变事件、列表绑定等。

第 12 章　列表编程

列表是非常常用也是比较复杂的控件,该章对 Windows 10 的列表控件进行了详细的解剖,介绍如何使用各种列表控件去实现列表的效果。

第 13 章　图表编程

介绍如何实现更加复杂的图形报表,包括饼图、柱形图、线型图等图形报表。

第 4 章 控 件 编 程

控件是一个应用程序中最基本的组成部分,在 Windows 10 的应用程序开发中,无法避免地会用到系统提供的控件,因为正是这些控件构成了应用程序的界面和实现各种交互功能,所以使用 Windows 10 控件进行编程是 Windows 10 开发中最基础的内容,也是一个 Windows 10 程序开发的初学者首先需要掌握的知识。熟练地掌握控件的使用是开发 Windows 10 应用程序的必要条件,也是给用户提供良好的用户体验的保证。在学习这些控件编程的时候,首先需要理解这些控件的功能,能够达到什么样的交互效果,然后再去学习该控件的编程使用,然后使用该控件相关的属性或者 API 来实现相关的效果。

在学习 Windows 10 的常用控件之前,有必要先简单介绍一下 Windows 10 的 UI 风格,因为这些控件的 UI 风格都是高度统一的。实际上 Windows 10 平台的用户界面引入了扁平化的设计风格,可以称为 Windows 10 UI 设计的一门语言,只不过这门语言是由一些文字、界面和版式构成。Windows 10 的 UI 在设计方面给人的感觉就是简约,无论是图片、文字还是一些色块都要具备简单和形象的风格,给用户一种清爽和舒适的感觉,Windows 10 系统里面的默认控件都保持着这样的风格。同时,微软希望开发者也按照这样一种扁平化的设计风格来开发应用程序,所以系统所提供的控件风格都保持着这种扁平化的风格。

再回到本章所要讲解的技术内容,这部分所讲解的控件都是普通应用程序中非常常见的一些控件,也是使用频率最高的一些控件,包括按钮控件、文本框控件等。在 Visual Studio 编程工具里面可以通过控件面板拖拉这些控件到程序界面上,很方便地生成一个最原始的控件,同时也可以通过编写 XAML 的代码来使用这些控件。本章的内容会详细地讲解在 Windows 10 中常用的系统控件,如何来使用这些控件来进行编程。

4.1 系统控件分类

Windows 10 的系统控件有几十个,这些控件共同组成了复杂的页面。通常,对于系统控件的分类都会按照控件的功能来进行,如按钮类型、文本输入类型等。这里对系统控件的分类是更加偏向于控件的技术特性,根据控件的派生的基类类型来进行分类,这样才能更加清楚地理解控件的特性,因为基类代表着同一类型控件共同的技术特性。系统控件的基类有 FrameworkElement 类、Panel 类、Control 类、ContentControl 类和 ItemsControl 类,所有的系统控件都派生自这 5 个基类,这 5 个基类自身之间也是派生的关系,它们的关系如图 4.1 所示。这 5 个基类的详细说明如下所示:

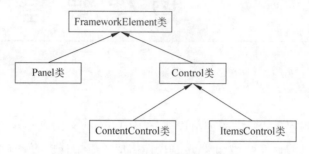

图 4.1　5 个控件基类的关系图

1) FrameworkElement 类

FrameworkElement 类派生自 UIElement 类,UIElement 类是 Windows 10 中具有可视外观并可以处理基本输入的大多数对象的基类,封装了键盘事件、触摸事件等一些基础的 UI 事件,但是 UIElement 类并不公开公共构造函数,所以在 Windows 10 中 UIElement 类的作用就是作为 FrameworkElement 类的基类对 UI 的基础操作进行封装。FrameworkElement 扩展了 UIElement 并添加布局相关的方法,属性和对数据绑定的支持。所以,所有的控件都是从 FrameworkElement 类派生而来的;如果直接派生自 FrameworkElement 类,那么该控件则只是拥有 Windows 10 控件最基本的共性特点。

2) Panel 类

Panel 类派生自 FrameworkElement 类,为所有 Panel 元素提供基类。Windows 10 的应用程序中使用 Panel 元素测量和排列子对象,在布局原理的章节中会对 Panel 类的测量和排列做详细讲解。Panel 类所封装的特性是布局控件的共性特点,所以从 Panel 类派生出来的控件都布局相关的控件。

3) Control 类

Control 类派生自 FrameworkElement 类,表示用户界面元素的基类,这些元素使用 ControlTemplate 来定义其外观,ControlTemplate 是控件的模板,由多个元素组成,并且可以直接由用户去定义和修改。所以,从 Control 类派生出来的控件在 UI 显示上都是非常灵活的,可以通过修改它的模板从而对其外观做出较大的修改和定义。

4) ContentControl 类

ContentControl 派生自 Control 类,它具有 Control 类的所有功能特性,表示包含单项内容的控件。ContentControl 类最大的特点是它的 Content 属性,ContentControl 类的 Content 属性可以是任何类型的对象,如 string 类型、DateTime 类型,甚至是 UIElement 类型。当 Content 设置为 UIElement 时,ContentControl 中将显示 UIElement。当 Content

设置为其他类型的对象时,ContentControl 中将显示该对象的字符串表示形式。

5) ItemsControl 类

ItemsControl 类也是派生自 Control 类,表示一个可用于呈现项的集合的控件。ItemsControl 类本身也是一个列表控件类,可以直接在 UI 上作为列表控件来使用,可用于呈现一个固定的项集,或者用于显示从指向某个对象的数据绑定中获取的列表。当然,ItemsControl 类只是封装了列表的一些基本特性,更高级的特性需要去使用它的派生类。ItemsControl 类最显著的属性就是 ItemsSource 属性,指定为对某个对象集合的引用,把这个集合通过绑定的方式在 ItemTemplate 里面来呈现其数据。

了解了这 5 个控件基类之后,把 Windows 10 上的系统控件按照这 5 个控件的基类来划分为下面的 5 个类别:

1) 面板控件

这类控件由 Panel 类派生,包含了 Canvas、Grid、StackPanel 和 RelativePanel 控件。这类型控件常用于界面的布局,对于 Canvas、Grid、StackPanel 和 RelativePanel 控件是非常常用的控件,大家都会很熟悉,在布局管理的章节里面会专门对这些控件的编程进行详细的讲解。

2) 内容控件

这类控件由 ContentControl 类派生,提供了 Content 属性,用于定制控件的内容,包括 Button、RadioButton、HyperlinkButton、CheckBox 和 ScrollViewer 控件。ContentControl 类本身也可以作为一个控件来使用,它的内部包含有 ContentPresenter,如下所示:

```
< ContentPresenter Content = "{TemplateBinding Content}" ContentTemplate = "{TemplateBinding ContentTemplate}" ContentTemplateSelector = "{TemplateBinding ContentTemplateSelector}" />
```

ContentPresenter 元素用于 ContentControl 的 Template 的内部,不同的内容控件(如 Button 和 CheckBox)会把 ContentPresenter 放置在控件内部不同的地方。内容控件通过给 Content 属性赋值就会把相关的信息传递到了 ContentPresenter 里面进行呈现和显示。

3) 列表控件

这类控件由 ItemsControl 类派生,经常用于显示数据的集合,包括 ListBox、Pivot、ListView 和 GridView 控件。列表控件最重要的功能是展示列表的数据,它们最主要的属性有:Items 表示用于生成控件内容的集合;ItemsPanel 表示定义了控制项的布局的面板;ItemsSource 表示生成 ItemsControl 的内容的集合;ItemTemplate 表示用于显示每个项的 DataTemplate。这 4 个属性是列表控件典型的标志。

4) 普通控件

这类控件直接派生于 Control 类,包含 TextBox、PasswordBox、ProgressBar、ScrollBar、Slider 等控件。这类控件的共性特点是可以自定义或者修改其控件的数据模板,也就是说控件内部的呈现元素可以通过模板去修改。Control 类也是内容控件和列表控件的基类,所以它们也同样具有这样的共性特点。

5）其他控件

这类控件并不由 Control 类派生，而是直接派生于 FrameworkElement 类，包括 TextBlock、Border、Image、MediaElement 和 Popup 控件。因为 FrameworkElement 类已经是控件里面最底层的基类，所以这些控件实现的是非常基础的功能，并没有华丽的内部结构。这类控件（如 TextBlock 和 Border）也常常作为其他控件里面封装的内部结构的元素。这类控件本身也没有什么可以改造的地方，因为它们已经是最底层的控件了。

在对 Windows 10 的系统控件分类之后，对 Windows 10 的系统控件的总体情况也有了一定的了解，这样分类的目的也是为了更好的记忆和理解这些控件。接下来来看一下如何去使用这些系统控件。

4.2 按钮（Button）

按钮（Button）控件是一个表示"按钮"的控件，在点击之后要触发相应事件的控件，按钮控件是一种常见的点击类型的控件，模拟的场景也是现实中的按钮操作的情景，在 Windows 10 中代表按钮的类是 Windows.UI.Xaml.Controls.Button 类。控件的 XAML 语法如下：

`<Button …/>`

或者

`<Button …>内容</Button>`

在 Windows 10 中每个控件都可以使用 XAML 的语法或者 C♯ 代码来进行编写，实现的效果也是完全等效的，所谓的 XAML 的代码编译之后也是转换成 C♯ 相对应的代码来执行，只不过用 XAML 来编写控件会更加直观和清晰，这一点在后续的控件讲解中就不再重复说明了。下面来介绍 Button 控件的常用功能特性。

1. 点击事件

按钮控件最主要的作用是实现单击的操作，单击 Button 按钮的时候，将引发一个 Click 事件，通过设置 Click 属性来处理按钮的单击事件，如设置为 Click="button1_Click"，在页面对应的.xaml.cs 页面上会自动生成一个 button1_Click 事件的处理方法，在这个方法下面就可以处理按钮的单击事件了。按钮控件有 3 个状态，分别是按下状态（Press）、悬停状态（Hover）和释放状态（Release）。通过设置按钮控件的 ClickMode 属性值来控制按钮在哪种状态下才执行 Click 事件。例如，设置 ClickMode="Release"则表示直到手指释放了按钮的时候才开始执行 Click 按钮的单击事件。

2. 文字的相关属性

按钮除了点击事件之外，还有就是其外观的显示，一些基础的外观属性可以通过控件的三个基类来进行设置，如背景色、高度等。在这里要重点介绍 Content 属性——Content 属性是表示按钮内容的属性，通常会直接给 Content 属性赋值一个文本字符串表示按钮的含义。其实,Content 属性的值是一个 object 类型,并不是限制了只是 string 类型的值,因此也可以对 Content 属性赋予一个表示 UI 元素的值,如 StackPanel 控件等,这样就可以给按钮定义更加复杂的内容属性。此外,在 Windows 10 中还可以使用 Windows 10 内置的 SymbolIcon 图形作为 Content 属性,在 Visual Studio 里面打开按钮控件的属性窗口,选择 Symbol 的图形就可以看到一系列内置的扁平化的图标图形,如图 4.2 所示。

图 4.2　SymbolIcon 图形

下面给出设置按钮控件的示例:设置按钮尺寸、样式、图片按钮和 Symbol 图形按钮。

代码清单 4-1:按钮控件(源代码:第 4 章\Examples_4_1)

MainPage.xaml 文件主要代码

```
    <StackPanel>
        <!--添加按钮单击事件-->
        <Button Content="按钮 1" Height="80" Name="button1" VerticalAlignment="Top" Width="300" Click="button1_Click"/>
        <!--设置按钮的样式-->
        <Button Content="按钮 2" FontSize="48" FontStyle="Italic" Foreground="Red" Background="Blue" BorderThickness="10" BorderBrush="Yellow" Padding="20"/>
        <!--图片按钮-->
        <Button Width="165">
            <StackPanel>
                <Image Source="Assets/StoreLogo.scale-100.png" Stretch="None" Height="61" Width="94"/>
            </StackPanel>
        </Button>
        <!-- Symbol 图形按钮-->
        <Button>
```

```
            <SymbolIcon Symbol = "Favorite"/>
        </Button>
</StackPanel>
```

MainPage.xaml.cs 文件主要代码

```
//处理按钮单击事件,更新按钮的显示文本内容
private void button1_Click(object sender, RoutedEventArgs e)
{
    button1.Content = "你点击了我啦!";
}
```

运行的效果如图 4.3 所示。

图 4.3　按钮控件

4.3　文本块(TextBlock)

文本块(TextBlock)控件是用于显示少量文本的轻量控件,可以通过 TextBlock 呈现只读的文本。可以把 TextBlock 控件理解为一种纯文本的展示控件。控件的 XAML 语法如下:

`<TextBlock .../>`

或者

`<TextBlock ...>内容</TextBlock>`

TextBlock 在 Windows 10 应用中非常普遍,它就相当于一个只是用于呈现文本的标签。写过 HTML 页面的开发者都知道,在 HTML 语法中,可以直接将文本写在各种 HTML 标签外面,但是在 XAML 语法中,不能直接把文本写在 XAML 的各种控件之外,必须将文本写到 TextBlock 控件中才能展示出来。文本内容可以直接放在<TextBlock>和

</TextBlock>标签之间,也可以赋值给 TextBlock 的 Text 属性,这两种语法都是等效的。下面介绍 TextBlock 控件中常用的功能特性。

1. 文字的相关属性

既然 TextBlock 控件是一种文本的展示的控件,在控件里面经常会使用到与展示文本相关的属性,如 FontFamily 属性(字体名称,可以设置为 Courier New、Times New Roman、Verdana 等字体)、FontSize 属性(文字大小,以像素为单位,可以赋值为 1、2 等数字)、FontStyle 属性字体样式,可以赋值为 Arial、verdana 等)、FontWeight 属性(文字的粗细,可设置为 Thin、ExtraLight、Light、Normal、Medium、SemiBold、Bold、ExtraBold、Black、ExtraBlack,这些值是否起作用还要取决于所选择的字体)。使用这 4 个文字相关的属性可以对 TextBlock 的文本信息的外观进行修改,搭配出一种符合你的应用程序风格的文字 UI 效果。

2. 文本折行的实现

除了文字的相关属性之外,对于文本的折行也是非常常用的功能。TextBlock 控件默认并不会对文本字符串进行折行,当文本过长就会直接把文本截断,所以要让 TextBlock 控件的文本折行是需要自行来实现的。TextBlock 控件提供了两种方式来实现文本的折行,一种是把 TextWrapping 属性设置为 Wrap 或者 WrapWithOverflow,当文本的长度超过了 TextBlock 控件的宽度将会另起一行来进行排列,Wrap 和 WrapWithOverflow 会有一点小区别,这个区别主要是针对英文单词的,如果当这个单词的长度比 TextBlock 控件的宽度还长,设置为 Wrap 就会把这个单词进行折行,如果设置为 WrapWithOverflow 则不会对一个完整的单词进行折行显示,对于中文文本,这两个值是没有明显的区别的。另外一种折行的方式就是使用<LineBreak/>标签来实现,在文本和文本之间添加<LineBreak/>标签可以实现另起一行的效果。

3. 分割 TextBlock 控件的文本信息

分割 TextBlock 控件的文本信息是指把一个 TextBlock 控件的文本信息分成多个部分进行展示,例如在一个 TextBlock 控件里面可以把一部分的字符串设置成红色,一部分设置成绿色,这种分割的实现需要依赖 TextBlock 控件的 Inlines 属性。在 Inlines 属性里面可以通过 Run 元素标签来把文本的内容分割开来,对不同部分的文本信息设置不同的样式属性,如字体、颜色等。分割 TextBlock 控件的文本信息对于在一段文字中,对不同的部分的文字设置不同的样式效果的实现提供了很好的支持。

下面给出设置文本块样式设置的示例:演示如何在一个 TextBlock 控件里面的文字定义多种样式、文字断行、内容自动折行和 cs 文件生成 TextBlock 控件。

代码清单 4-2:文本块控件演示(源代码:第 4 章\Examples_4_2)

MainPage.xaml 文件主要代码

```
<StackPanel x:Name = "stackPanel">
    <!—创建一个简单的 TextBlock 控件 -->
```

```xml
<TextBlock x:Name="TextBlock2" FontSize="20" Height="30" Text="你好,我是TextBlock控件" Foreground="Red"></TextBlock>
<!--给同一TextBlock控件的文字内容设置多种不同的样式-->
<TextBlock FontSize="20">
    <TextBlock.Inlines>
        <Run FontWeight="Bold" FontSize="14" Text="TextBlock. "/>
        <Run FontStyle="Italic" Foreground="Red" Text="red text. "/>
        <Run FontStyle="Italic" FontSize="18" Text="linear gradient text. ">
            <Run.Foreground>
                <LinearGradientBrush>
                    <GradientStop Color="Green" Offset="0.0"/>
                    <GradientStop Color="Purple" Offset="0.25"/>
                    <GradientStop Color="Orange" Offset="0.5"/>
                    <GradientStop Color="Blue" Offset="0.75"/>
                </LinearGradientBrush>
            </Run.Foreground>
        </Run>
        <Run FontStyle="Italic" Foreground="Green" Text=" green "/>
    </TextBlock.Inlines>
</TextBlock>
<!--使用LineBreak设置TextBlock控件折行-->
<TextBlock FontSize="20">
    你好!
    <LineBreak/>
    我是TextBlock
    <LineBreak/>
    再见
    <LineBreak/>
    -- 2014年6月8日
</TextBlock>
<!--设置TextBlock控件自动折行-->
<TextBlock TextWrapping="Wrap" FontSize="30">
    好像内容太长长长长长长长长长长长长长长长长了
</TextBlock>
<!--不设置TextBlock控件自动折行-->
<TextBlock FontSize="20">
    好像内容太长长长长长长长长长长长长长长长长了
</TextBlock>
<!--设置TextBlock控件内容的颜色渐变-->
<TextBlock Text="颜色变变变变变变" FontSize="30">
    <TextBlock.Foreground>
        <LinearGradientBrush>
            <GradientStop Color="#FF0000FF" Offset="0.0"/>
            <GradientStop Color="#FFEEEEEE" Offset="1.0"/>
        </LinearGradientBrush>
    </TextBlock.Foreground>
</TextBlock>
</StackPanel>
```

MainPage.xam.cs 文件主要代码

```
public MainPage()
{
    this.InitializeComponent();
    //在.xaml.cs 页面动态生成 TextBlock 控件
    TextBlock txtBlock = new TextBlock();
    txtBlock.Height = 50;
    txtBlock.Width = 200;
    txtBlock.FontSize = 18;
    txtBlock.Text = "在 CS 页面生成的 TextBlock";
    txtBlock.Foreground = new SolidColorBrush(Colors.Blue);
    stackPanel.Children.Add(txtBlock);
}
```

运行的效果如图 4.4 所示。

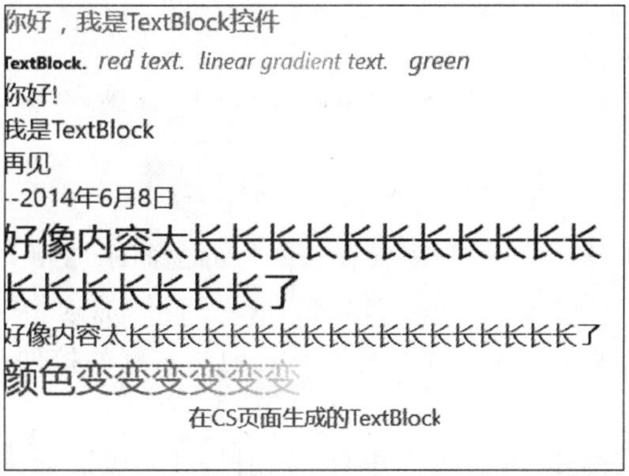

图 4.4   TextBlock 控件

4.4   文本框（TextBox）

文本框（TextBox）控件是表示一个可用于显示和编辑单格式、多行文本的控件。TextBox 控件常用于在表单中编辑非格式化文本，例如，如果一个表单要求输入用户姓名、电话号码等，则可以使用 TextBox 控件来进行文本输入。控件的 XAML 语法如下：

<TextBox .../>

TextBox 的高度可以是一行，也可以包含多行。对于输入少量纯文本（如表单中的"姓名"、"电话号码"等）而言，单行 TextBox 是最好的选择。同时，也可以创建一个使用户可以输入多行文本的 TextBox，例如，表单要求输入较多的文字，可能需要使用支持多行文本的TextBox。设置多行文本的方法很简单，将 TextWrapping 特性设置为 Wrap 会使文本在到达 TextBox 控件的边缘时换至新行，必要时会自动扩展 TextBox 控件以便为新行留出空间，这是

和 TextBlock 控件一样的。同时，TextBox 控件也可以设置文字的相关属性（FontFamily、FontSize、FontStyle、FontWeight）。下面再来介绍 TextBox 控件中的一些特别的功能特性。

1. 支持 Enter 键换行

因为 TextBox 控件是一个文本输入的控件，所以它除了对自动换行的支持之外，还支持 Enter 键换行的输入。不过在默认的情况下，TextBox 控件是不支持 Enter 键换行的，如果需要支持 Enter 键换行，需要把 AcceptsReturn 属性设置为 true。

2. 键盘的类型

TextBox 控件可以通过 InputScope 属性来设置在控件输入信息的时候所提供的键盘类型（使用物理键盘会忽略该属性），比如你的 TextBox 文本框只是要求用户输入手机号码，通过设置 InputScope="TelephoneNumber" 来制定电话号码的输入键盘。可以通过枚举 InputScopeNameValue 来看到所有的键盘类型，包括 EmailSmtpAddress（邮件地址输入）、Url（网址输入）、Number（数字输入）等。如果使用 C#代码来设置 TextBox 控件的键盘类型，代码的编写会稍微麻烦一点，示例代码如下所示：

```
textBox1.InputScope = new InputScope();
textBox1.InputScope.Names.Add(new InputScopeName() { NameValue = InputScopeNameValue.TelephoneLocalNumber });
```

3. 控件头

通常在创建一个输入框的时候都需要在输入框的上面添加相关的说明，比如"请输入用户名"等。TextBox 控件会通过 Header 属性来直接支持添加这个控件头的描述说明，简化了控件的实现。Header 属性的默认样式是跟系统的文本框的控件头的样式保持一致。

4. 操作事件

TextBox 控件支持三个常用的操作事件，分别是 TextChanged 事件（TextBox 控件文本信息的改变会触发该事件）、SelectionChanged 事件（TextBox 控件选择信息的改变会触发该事件）、Paste 事件（在 TextBox 控件中粘贴的操作会触发该事件）。TextChanged 事件通常会用来检查用户输入信息的改变，然后再获取控件的 Text 属性的信息进行相关的操作。SelectionChanged 事件也是类似的作用，不过 SelectionChanged 事件则是检查用户选择的文本信息的改变，然后获取控件的 SelectedText 属性表示选择的文本信息，如果没有选择文本信息，则 SelectedText 的值是空的字符串。在控件发生粘贴操作的时候会触发 Paste 事件，如果有一些信息的输入是不允许粘贴的，可以利用该事件来禁止粘贴的输入操作。

下面给出文本框的示例：创建 TextBox 控件演示 TextBox 控件的键盘选择，控件头和操作事件的实现。

代码清单 4-3：文本框控件演示（源代码：第 4 章\Examples_4_3）

MainPage.xaml 文件主要代码

```
<StackPanel>
    <!-- 创建一个电话号码的输入文本框控件 -->
```

```xml
<TextBox InputScope="TelephoneNumber">
    <TextBox.Header>
        请输入电话号码:
    </TextBox.Header>
</TextBox>
<!-- 测试 TextBox 控件的相关操作事件 -->
<TextBox x:Name="TextBox1" TextWrapping="Wrap" AcceptsReturn="true" Header="输入信息:" SelectionHighlightColor="Red"
         TextChanged="TextBox1_TextChanged"
         SelectionChanged="TextBox1_SelectionChanged"
         Paste="TextBox1_Paste"/>
<TextBlock x:Name="textBlock2" Text="操作信息:" FontSize="20"/>
<TextBlock x:Name="textBlock1" TextWrapping="Wrap" FontSize="20"/>
</StackPanel>
```

MainPage.xam.cs 文件主要代码

```csharp
// 文本的信息
string text = "";
// 选择的文本信息
string selectedText = "";
// 是否发生粘贴
string pasteTest = "";
// 文本变化的事件
private void TextBox1_TextChanged(object sender, TextChangedEventArgs e)
{
    text = TextBox1.Text;
    ShowInformation();
}
// 文本选择的事件
private void TextBox1_SelectionChanged(object sender, RoutedEventArgs e)
{
    selectedText = TextBox1.SelectedText;
    ShowInformation();
}
// 粘贴事件
private void TextBox1_Paste(object sender, TextControlPasteEventArgs e)
{
    text = TextBox1.Text;
    selectedText = TextBox1.SelectedText;
    pasteTest = "产生了粘贴操作";
    ShowInformation();
}
// 操作信息展示
private void ShowInformation()
{
```

```
        textBlock1.Text = "文本信息:"" + text + ""选择的信息:"" + selectedText + ""粘
贴的信息:"" + pasteTest + """;
    }
```

程序运行的效果如图 4.5 所示。

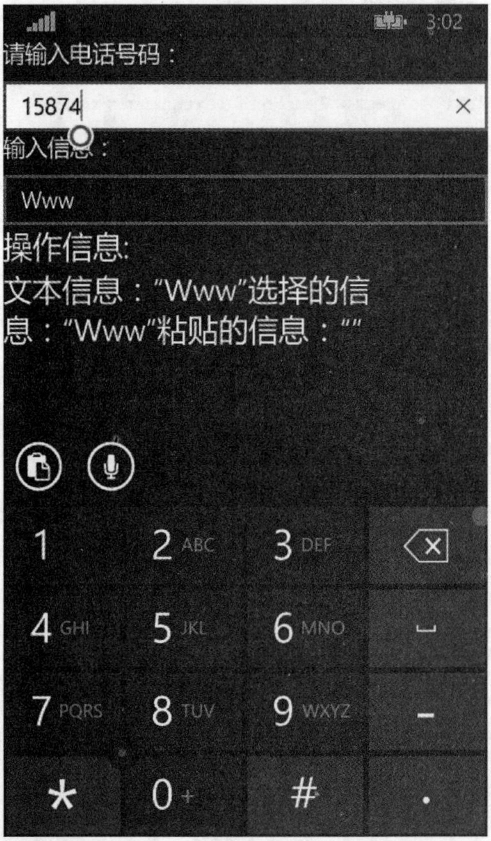

图 4.5　TextBox 控件

4.5　边框(Border)

边框(Border)控件是指在另一个对象的周围绘制边框、背景或同时绘制二者的控件。控件的 XAML 语法如下：

```
<Border>
    子控件对象
</Border>
```

Border 控件通常是其他控件的一个外观显示的辅助控件,一般都是配合其他控件一起来使用,从而展示其他控件的边框效果。Border 控件只能包含一个子对象,如果要在多个对象周围放置一个边框,应将这些对象包装到一个容器对象中,如 StackPanel 等。可以通过设置 Border 控件的属性来展现出各种各样的边框效果,比如可以通过 CornerRadius 属性来将边框的角改为圆角,它的值表示边框角的半径;通过 BorderBrush 属性来设置边框的颜色画刷;通过 BorderThickness 属性来设置边框的宽度,它的值会分为 3 种格式。例如,BorderThickness="1"表示上下和左右的宽度均为 1,BorderThickness="1 2"表示左右的宽度为 1,上下的宽度是 2,BorderThickness="1 2 3 4"表示左边的宽度为 1,上边的宽度是 2,右边的宽度为 3,下边的宽度是 4。还要注意的一个属性是 Child 属性,Border 控件边框包住的子控件对象默认就是 Child 属性的值,若使用 C♯代码来编写 Border 控件,就需要把子控件对象直接赋值给 Child 属性。

下面给出边框控件的示例:演示了各种 Border 样式的使用。

代码清单 4-4:边框样式演示(源代码:第 4 章\Examples_4_4)

MainPage.xaml 文件主要代码

```xml
<StackPanel>
    <!-- BorderThickness 边框的宽度;BorderBrush 边框的颜色;CornerRadius 边框角的半径 -->
    <Border Background = "Coral" Padding = "10" CornerRadius = "30,38,150,29" BorderThickness = "8 15 10 2" BorderBrush = "Azure"></Border>
    <Border BorderThickness = "1,3,5,7" BorderBrush = "Blue" CornerRadius = "10" Width = "200">
        <TextBlock Text = "蓝色的 Border" ToolTipService.ToolTip = "这是蓝色的 Border 吗?" FontSize = "30" TextAlignment = "Center" />
    </Border>
    <!-- 单击后将显示边框 -->
    <Border x:Name = "TextBorder" BorderThickness = "10">
        <Border.BorderBrush>
            <SolidColorBrush Color = "Red" Opacity = "0"/>
        </Border.BorderBrush>
        <TextBlock Text = "请单击一下我!" PointerPressed = "TextBlock_PointerPressed" FontSize = "20"/>
    </Border>
    <!-- 颜色渐变的边框 -->
    <Border x:Name = "brdTest" BorderThickness = "4" Width = "200" Height = "150">
        <Border.BorderBrush>
            <LinearGradientBrush x:Name = "borderLinearGradientBrush" MappingMode = "RelativeToBoundingBox" StartPoint = "0.5,0" EndPoint = "0.5,1">
                <LinearGradientBrush.GradientStops>
                    <GradientStop Color = "Yellow" Offset = "0" />
                    <GradientStop Color = "Blue" Offset = "1" />
                </LinearGradientBrush.GradientStops>
            </LinearGradientBrush>
        </Border.BorderBrush>
    </Border>
</StackPanel>
```

MainPage.xaml.cs 文件主要代码

```
public MainPage()
{
    this.InitializeComponent();
    //动态填充 brdTest 里面的子元素
    Rectangle rectBlue = new Rectangle();
    rectBlue.Width = 1000;
    rectBlue.Height = 1000;
    SolidColorBrush scBrush = new SolidColorBrush(Colors.Blue);
    rectBlue.Fill = scBrush;
    this.brdTest.Child = rectBlue;
}
//单击事件,通过修改 Opacity 来实现,当用户点击文本时,出现一个文本的边框
private void TextBlock_PointerPressed(object sender, PointerRoutedEventArgs e)
{
    //0 表示完全透明的 1 表示完全显示出来
    TextBorder.BorderBrush.Opacity = 0.5;
}
```

程序运行的效果如图 4.6 所示。

图 4.6　Border 控件

4.6　超链接(HyperlinkButton)

超链接(HyperlinkButton)控件是表示显示超链接的按钮控件,它的作用和网页上的超链接是一样的,点击之后可以打开一个网站。控件的 XAML 语法如下:

<HyperlinkButton .../>

或者

<HyperlinkButton>内容</HyperlinkButton>

HyperlinkButton 控件也继承了 ButtonBase 基类,大部分特性和 Button 控件一样,只不过 HyperlinkButton 控件多了 NavigateUri 属性,通过将 URI 的地址赋值给 NavigateUri 属性,可以实现单击 HyperlinkButton 时要导航到用户设置的 URI。单击 HyperlinkButton 后,用户可以导航到网页页面,则可以通过浏览器来打开网页的地址。HyperlinkButton 控件的跳转事件是控件内部集成的,不必去处理 HyperlinkButton 的单击事件,即可自动导航到为 NavigateUri 指定的地址。

下面给出超链接导航的示例:使用 HyperlinkButton 超链接按钮和导航打开网页。

代码清单 4-5:超链接导航演示(源代码:第 4 章\Examples_4_5)

MainPage.xaml 文件主要代码

```
<StackPanel>
    <!-- 创建一个 HyperlinkButton 按钮 -->
    <HyperlinkButton Width="200" Content="链接按钮" Background="Blue" Foreground="Orange" FontWeight="Bold" Margin="0,0,0,30">
    </HyperlinkButton>
    <!-- 点击 Google 按钮,将会跳转到浏览器并打开网页 http://google.com -->
    <HyperlinkButton Content="Google" NavigateUri="http://google.com" />
</StackPanel>
```

图 4.7 HyperlinkButton 控件

程序运行的效果如图 4.7 所示。

4.7　单选按钮(RadioButton)

单选按钮(RadioButton)控件是表示一个单项选择的按钮控件,使用单选按钮控件,用户可从一组选项中选择一个选项。控件的 XAML 语法如下:

`<RadioButton .../>`

或者

`<RadioButton ...>内容</RadioButton>`

可以通过将 RadioButton 控件放到父控件内或者为每个 RadioButton 设置 GroupName 属性来对 RadioButton 进行分组。当 RadioButton 元素分在一组中时,按钮之间会互相排斥,用户一次只能选择 RadioButton 组中的一项。RadioButton 有两种状态:选定(选中)或清除(未选中)。是否选中了 RadioButton 由其 IsChecked 属性的状态决定。选定 RadioButton 后,IsChecked 属性为 true;清除 RadioButton 后,IsChecked 属性为 false。要清除一个 RadioButton,可以单击该组中的另一个 RadioButton,不能通过再次单击该单选按钮自身来清除。但是可以通过编程方式来清除 RadioButton，方法是将其 IsChecked 属性设置为 false。

下面给出单项选择的示例：创建一组 RadioButton 按钮，并捕获你选择的按钮的内容。

代码清单 4-6：单项选择（源代码：第 4 章\Examples_4_6）

MainPage.xaml 文件主要代码

```
<StackPanel>
    <TextBlock FontSize = "34" Height = "57" Name = "textBlock1" Text = "你喜欢哪一个品牌的手机?" />
    <RadioButton GroupName = "MCSites" Background = "Yellow" Foreground = "Blue" Content = "A、诺基亚" Click = "RadioButton_Click" Name = "a"/>
    <RadioButton GroupName = "MCSites" Background = "Yellow" Foreground = "Orange" Content = "B、苹果" Click = "RadioButton_Click" Name = "b" />
    <RadioButton GroupName = "MCSites" Background = "Yellow" Foreground = "Green" Content = "C、HTC" Click = "RadioButton_Click" Name = "c"/>
    <RadioButton GroupName = "MCSites" Background = "Yellow" Foreground = "Purple" Content = "D、其他的" Click = "RadioButton_Click" Name = "d"/>
    <TextBlock FontSize = "34" Height = "57" Name = "textBlock2" Text = "你选择的答案是：" />
    <TextBlock FontSize = "34" Height = "57" Name = "answer" />
</StackPanel>
```

MainPage.xaml.cs 文件主要代码

```
//RadioButton 按钮单击事件
private void RadioButton_Click(object sender, RoutedEventArgs e)
{
    if (a.IsChecked == true)
        answer.Text = a.Content.ToString();
    else if (b.IsChecked == true)
        answer.Text = b.Content.ToString();
    else if (c.IsChecked == true)
        answer.Text = c.Content.ToString();
    else
        answer.Text = d.Content.ToString();
}
```

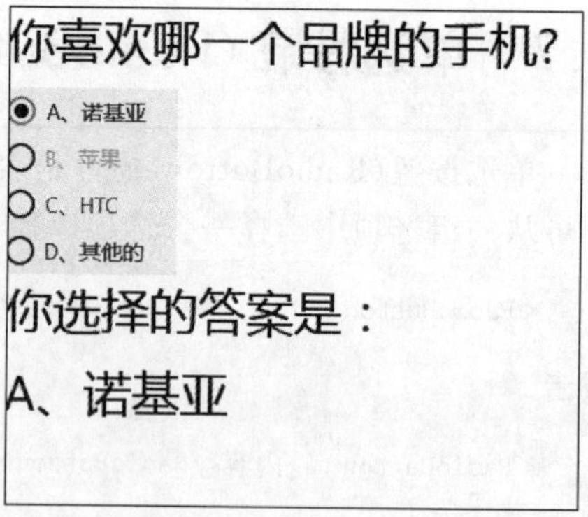

程序运行的效果如图 4.8 所示。

图 4.8 RadioButton 控件

4.8 复选框（CheckBox）

复选框（CheckBox）控件表示用户可以选中或不选中的控件，常用于多选的场景。控件的 XAML 语法如下：

```
<CheckBox .../>
```

或者

```
<CheckBox>内容</CheckBox>
```

CheckBox 和 RadioButton 控件都允许用户从选项列表中进行选择，CheckBox 控件允许用户选择一组或者多个选项，而 RadioButton 控件允许用户从互相排斥的选项中进行选择。CheckBox 控件继承自 ToggleButton，可具有 3 种状态：选中、未选中和不确定。CheckBox 控件可以通过 IsThreeState 属性来获取或设置指示控件是支持两种状态还是三种状态的值，通过 IsChecked 属性获取或设置是否选中了复选框控件。需要注意的是，如果将 IsThreeState 属性设置为 true，则 IsChecked 属性将为已选中或不确定状态返回 true。

下面给出复选框的示例：判断复选框是否选中。

代码清单 4-7：复选框（源代码：第 4 章\Examples_4_7）

MainPage.xaml 文件主要代码

```
<StackPanel>
    <!-- 一个 CheckBox 控件 -->
    <CheckBox x:Name="McCheckBox1" Foreground="Orange" Content="Check Me" FontFamily="Georgia" FontSize="20" FontWeight="Bold" />
    <!-- 添加了选中和不选中的处理事件 -->
    <CheckBox x:Name="McCheckBox3" Content="Check Me" IsChecked="True" Checked="McCheckBox_Checked" Unchecked="McCheckBox_Unchecked" />
</StackPanel>
```

MainPage.xaml.cs 文件主要代码

```
// 选中事件
private void McCheckBox_Checked(object sender, RoutedEventArgs e)
{
    // 第一次进入页面的时候 McCheckBox3 还没有初始化，所以必须先判断一下 McCheckBox3
    // 是否为 null
    if (McCheckBox3 != null)
    {
        McCheckBox3.Content = "Checked";
    }
}
// 取消选中事件
private void McCheckBox_Unchecked(object sender, RoutedEventArgs e)
{
    if (McCheckBox3 != null)
```

```
            {
                McCheckBox3.Content = "Unchecked";
            }
        }
```

程序运行的效果如图 4.9 所示。

图 4.9 CheckBox 控件

4.9 进度条(ProgressBar)

进度条(ProgressBar)控件表示一个指示操作进度的控件。控件的 XAML 语法如下：

`<ProgressBar .../>`

ProgressBar 控件有两种不同的形式——重复模式和非重复模式。这两种类型的 ProgressBar 控件是由 IsIndeterminate 属性来区分的,下面来详细地阐述这两种模式下的进度条的特点。

1. 重复模式进度条

ProgressBar 的属性 IsIndeterminate 设置为 true 时为重复模式,也是 ProgressBar 的默认模式。当无法确定需要等待的时间或者无法计算等待的进度情况时,适合使用重复模式,进度条会一直产生等待的效果,直到关掉进度条或者跳转到其他的页面。重复模式进度条的运行效果如图 4.10 所示。

2. 非重复模式进度条

ProgressBar 的属性 IsIndeterminate 设置为 false 时为非重复模式,这种情况下的进度条是需要明确指定进度情况的。对于某一个耗时任务,确定执行任务的时间或者跟踪完成任务的进度情况时,就适合使用非重复模式的进度条,从而可以根据完成任务的情况来改变进度条的值来产生更好的进度效果。当 IsIndeterminate 为 false 时,可以使用 Minimum 和 Maximum 属性指定范围。默认情况下,Minimum 为 0,而 Maximum 为 100。通过 ValueChanged 事件可以监控到进度条控件的值的变化,若要指定进度值,就需要通过 Value 属性来设置。非重复模式进度条的运行效果如图 4.11 所示。

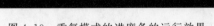

图 4.10 重复模式的进度条的运行效果　　　　图 4.11 非重复模式的进度条的运行效果

下面给出两种模式的进度条的示例：创建重复模式的进度条和创建非重复模式的进度条。

代码清单 4-8：两种模式的进度条(源代码：第 4 章\Examples_4_8)

MainPage.xaml 文件主要代码

```
<StackPanel>
    <TextBlock Text = "选择 ProgressBar 的类型:" FontSize = "20" />
```

```xml
<!--使用RadioButton控件来选择进度条的类型-->
<RadioButton Content = "Determinate 类型" Height = "71" Name = "radioButton1" GroupName = "Type"/>
<RadioButton Content = "Indeterminate 类型" Height = "71" Name = "radioButton2" GroupName = "Type" IsChecked = "True" />
<Button Content = "启动 ProgressBar" Height = "72" x:Name = "begin" Click = "begin_Click" />
<Button Content = "取消 ProgressBar" Height = "72" x:Name = "cancel" Click = "cancel_Click" />
<!--进度条控件-->
<ProgressBar x:Name = "progressBar1" IsIndeterminate = "true" />
</StackPanel>
```

MainPage.xaml.cs 文件代码

```csharp
public MainPage()
{
    this.InitializeComponent();
    //第一次进入页面,设置进度条为不可见
    progressBar1.Visibility = Visibility.Collapsed;
}
// 启动进度条,把进度条显示
private void begin_Click(object sender, RoutedEventArgs e)
{
    //设置进度条为可见
    progressBar1.Visibility = Visibility.Visible;
    if (radioButton1.IsChecked == true)
    {
        //设置进度条为不可重复模式
        progressBar1.IsIndeterminate = false;
        // 使用一个定时器,每一秒钟触发一下进度的改变
        DispatcherTimer timer = new DispatcherTimer();
        timer.Interval = TimeSpan.FromSeconds(1);
        timer.Tick += timer_Tick;
        timer.Start();
    }
    else
    {
        //设置进度条的值为0
        progressBar1.Value = 0;
        //设置进度条为重复模式
        progressBar1.IsIndeterminate = true;
    }
}
// 定时器的定时触发的事件处理
async void timer_Tick(object sender, object e)
{
    // 如果进度没到达100则在原来的进度基础上再增加10
```

```
            if (progressBar1.Value < 100)
            {
                progressBar1.Value += 10;
            }
            else
            {
                // 进度完成,移除定时器的定时事件
                (sender as DispatcherTimer).Tick -= timer_Tick;
                // 停止定时器的运行
                (sender as DispatcherTimer).Stop();
                await new MessageDialog("进度完成").ShowAsync();
            }
        }
        // 取消进度条,把进度条隐藏
        private void cancel_Click(object sender, RoutedEventArgs e)
        {
            //隐藏进度条
            progressBar1.Visibility = Visibility.Collapsed;
        }
```

程序运行的效果如图 4.12 所示。

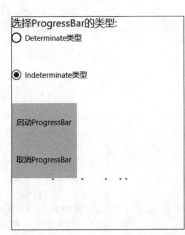

图 4.12 进度条的运行效果

4.10 滚动视图(ScrollViewer)

滚动视图(ScrollViewer)控件是一个可以水平滚动或者垂直滚动的视图容器,这个容器里面通常包含其他的可视化元素,可以通过滚动的方式来进行浏览查看。有时候在应用程序中展示的内容会超过设备屏幕的范围,例如填写一个包含很多信息的表单,就可以使用 ScrollViewer 控件通过滚动的方式来展示出来。控件的 XAML 语法如下:

```
<ScrollViewer .../>
```

或者

```
<ScrollViewer ...>内容</ScrollViewer>
```

ScrollViewer 控件是针对大内容控件的布局控件。由于该控件内仅能支持一个子控件,所以在多数情况下,ScrollViewer 控件都会和 Stackpanel、Canvas 及 Grid 相互配合使用。如果遇到内容较长的子控件,ScrollViewer 会生成滚动条,提供对内容的滚动支持。ScrollViewer 控件的 HorizontalScrollBarVisibility 和 VerticalScrollBarVisibility 属性分别控制垂直和水平 ScrollBar 控件出现的条件,用于设置 ScrollViewer 控件是水平滚动还是垂直滚动。HorizontalOffset 和 VerticalOffset 分别表示滚动内容的水平偏移量和垂直偏移量，这两个属性是可读属性，常用于判断当前滚动条的位置。ScrollableHeight 和 ScrollableWidth 属性分别表示 ScrollViewer 控件可滚动区域的垂直大小的值和水平大小的值。ViewportHeight 和 ViewportWidth 属性分别表示控件包含可见内容的垂直大小的值和水平大小的值。一般情况下，可滚动区域的大小会比可见内容的大小要大，否则滚动的意义就不大了。

下面给出查看大图片的示例：创建一个 ScrollViewer 控件来存放一张大图片，然后在空间内可以任意拖动来查看图片。

代码清单 4-9：查看大图片（源代码：第 4 章\Examples_4_9）

MainPage.xaml 文件主要代码

```xml
<ScrollViewer Height="200" Width="200" VerticalScrollBarVisibility="Auto" HorizontalScrollBarVisibility="Auto">
    <ScrollViewer.Content>
        <StackPanel>
            <Image Source="/cat.jpg"></Image>
        </StackPanel>
    </ScrollViewer.Content>
</ScrollViewer>
```

程序运行的效果如图 4.13 所示。

下面给出滚动图片的示例：创建一组可以向上或者向下滚动的图片。

图 4.13　ScrollViewer 控件滚动图片

代码清单 4-10：滚动图片（源代码：第 4 章\Examples_4_10）

MainPage.xaml 文件主要代码

```xml
<StackPanel>
    <ScrollViewer Name="scrollViewer1" VerticalScrollBarVisibility="Hidden" Height="300">
        <StackPanel Name="stkpnlImage" />
    </ScrollViewer>
    <Button Content="往上" FontSize="30" Click="btnUp_Click" />
    <Button Content="往下" FontSize="30" Click="btnDown_Click" />
    <Button Content="停止" FontSize="30" Click="stop_Click" />
</StackPanel>
```

MainPage.xaml.cs 文件主要代码

```
//往下滚动的定时触发器
```

```csharp
        private DispatcherTimer tmrDown;
        //往上滚动的定时触发器
        private DispatcherTimer tmrUp;
        public MainPage()
        {
            InitializeComponent();
            //添加图片到ScrollViewer里面的StackPanel中
            for (int i = 0; i <= 30; i++)
            {
                Image imgItem = new Image();
                imgItem.Width = 200;
                imgItem.Height = 200;
                //4张图片循环添加到StackPanel的子节点上
                if (i % 4 == 0)
                {
                    imgItem.Source = (new BitmapImage(new Uri("ms-appx:///a.jpg", UriKind.RelativeOrAbsolute)));
                }
                else if (i % 4 == 1)
                {
                    imgItem.Source = (new BitmapImage(new Uri("ms-appx:///b.jpg", UriKind.RelativeOrAbsolute)));
                }
                else if (i % 4 == 2)
                {
                    imgItem.Source = (new BitmapImage(new Uri("ms-appx:///c.jpg", UriKind.RelativeOrAbsolute)));
                }
                else
                {
                    imgItem.Source = (new BitmapImage(new Uri("ms-appx:///d.jpg", UriKind.RelativeOrAbsolute)));
                }
                this.stkpnlImage.Children.Add(imgItem);
            }
            //初始化tmrDown定时触发器
            tmrDown = new DispatcherTimer();
            //每500毫秒跑一次
            tmrDown.Interval = new TimeSpan(500);
            //加入每次tick的事件
            tmrDown.Tick += tmrDown_Tick;
            //初始化tmrUp定时触发器
            tmrUp = new DispatcherTimer();
            tmrUp.Interval = new TimeSpan(500);
            tmrUp.Tick += tmrUp_Tick;
        }
        void tmrUp_Tick(object sender, object e)
        {
            //将VerticalOffset-10将出现图片将往上滚动的效果
            scrollViewer1.ScrollToVerticalOffset(scrollViewer1.VerticalOffset - 10);
```

}
void tmrDown_Tick(object sender, object e)
{
    //先停止往上的定时触发器
    tmrUp.Stop();
    //将 VerticalOffset +10 将出现图片将往下滚动的效果
    scrollViewer1.ScrollToVerticalOffset(scrollViewer1.VerticalOffset + 10);
}
//往上按钮事件
private void btnUp_Click(object sender, RoutedEventArgs e)
{
    //先停止往下的定时触发器
    tmrDown.Stop();
    //tmrUp 定时触发器开始
    tmrUp.Start();
}
//往下按钮事件
private void btnDown _ Click (object sender, RoutedEventArgs e)
{
    //tmrDown 定时触发器开始
    tmrDown.Start();
}
//停止按钮事件
private void stop _ Click (object sender, RoutedEventArgs e)
{
    //停止定时触发器
    tmrUp.Stop();
    tmrDown.Stop();
}

程序运行的效果如图 4.14 所示。

图 4.14　滚动的图片列表

4.11　滑动条(Slider)

滑动条(Slider)控件表示一种通过滑动位置来设置数值的控件,控件有一个指定范围的值,通过滑动来控制当前值的大小。控件的 XAML 语法如下：

<Slider …/>

Slider 控件可让用户从一个值范围内选择一个值,同时 Slider 控件也有水平和垂直之分,通过 Orientation 属性来指定滑动的方向,要么为水平,要么为垂直。Slider 控件是在一

个范围内的取值,这个取值范围可以通过 Minimum 和 Maximum 属性来设置,分别表示最小的取值和最大的取值,指定好了最小值和最大值,Slider 控件的 Value 属性的值就会根据滑动的比例在取值的范围里面取值。在使用的时候,如果需要及时地跟踪 Slider 控件的取值变化,就需要订阅 ValueChanged 事件,当滑动滑动条的时候,Value 属性的值就会发生改变,同时也会触发 ValueChanged 事件。

下面给出调色板的示例:使用红蓝绿三种颜色的来调试出综合的色彩。

代码清单 4-11:调色板(源代码:第 4 章\Examples_4_11)

MainPage.xaml 文件主要代码

```xml
<StackPanel>
    <Grid Name="controlGrid" Grid.Row="0" Grid.Column="0">
        <Grid.RowDefinitions>
            <RowDefinition Height="*"/>
            <RowDefinition Height="*"/>
            <RowDefinition Height="*"/>
        </Grid.RowDefinitions>
        <Grid.ColumnDefinitions>
            <ColumnDefinition Width="*"/>
            <ColumnDefinition Width="*"/>
            <ColumnDefinition Width="*"/>
        </Grid.ColumnDefinitions>
        <!-- 设置红色 -->
        <TextBlock Grid.Column="0" Grid.Row="0" Text="红色" Foreground="Red" FontSize="20"/>
        <Slider x:Name="redSlider" Grid.Column="0" Grid.Row="1" Foreground="Red" Minimum="0" Maximum="255" ValueChanged="OnSliderValueChanged"/>
        <TextBlock x:Name="redText" Grid.Column="0" Grid.Row="2" Text="0" Foreground="Red" FontSize="20"/>
        <!-- 设置绿色 -->
        <TextBlock Grid.Column="1" Grid.Row="0" Text="绿色" Foreground="Green" FontSize="20"/>
        <Slider x:Name="greenSlider" Grid.Column="1" Grid.Row="1" Foreground="Green" Minimum="0" Maximum="255" ValueChanged="OnSliderValueChanged"/>
        <TextBlock x:Name="greenText" Grid.Column="1" Grid.Row="2" Text="0" Foreground="Green" FontSize="20"/>
        <!-- 设置蓝色 -->
        <TextBlock Grid.Column="2" Grid.Row="0" Text="蓝色" Foreground="Blue" FontSize="20"/>
        <Slider x:Name="blueSlider" Grid.Column="2" Grid.Row="1" Foreground="Blue" Minimum="0" Maximum="255" ValueChanged="OnSliderValueChanged"/>
        <TextBlock x:Name="blueText" Grid.Column="2" Grid.Row="2" Text="0" Foreground="Blue" FontSize="20"/>
    </Grid>
    <Ellipse Height="100" x:Name="ellipse1" Stroke="Black" StrokeThickness="1" Width="224"/>
    <TextBlock x:Name="textBlock1" Text="颜色" FontSize="26"/>
```

```
</StackPanel>
```

MainPage.xaml.cs 文件主要代码

```
public MainPage()
{
    InitializeComponent();
    //三个 slider 控件的初始值
    redSlider.Value = 128;
    greenSlider.Value = 128;
    blueSlider.Value = 128;
}
//slider 控件变化时触发的事件
void OnSliderValueChanged(object sender, RangeBaseValueChangedEventArgs e)
{
    //获取调剂的颜色
    Color clr = Color.FromArgb(255, (byte)redSlider.Value,
                                    (byte)greenSlider.Value,
                                    (byte)blueSlider.Value);
    //将 3 种颜色的混合色设置为 ellipse1 的
      填充颜色
    ellipse1.Fill = new SolidColorBrush(clr);
    textBlock1.Text = clr.ToString();
    redText.Text = clr.R.ToString("X2");
    greenText.Text = clr.G.ToString("X2");
    blueText.Text = clr.B.ToString("X2");
}
```

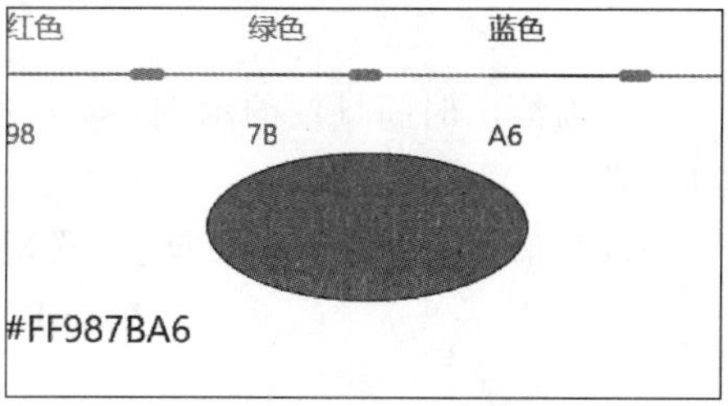

图 4.15 调色板

程序运行的效果如图 4.15 所示。

4.12 时间选择器(TimePicker)和日期选择器(DatePicker)

时间选择器(TimePicker)和日期选择器(DatePicker)是关于时间和日期选择的控件，TimePicker 控件选取的值是包含了时、分、秒的时间值，DatePicker 控件选取的值是包含了年、月、日的日期值。控件的 XAML 语法如下：

```
< TimePicker.../>
< DatePicker.../>
```

TimePicker 控件和 DatePicker 控件是 Windows 10 里面标准的时间和日期控件，它们的展示效果分别如图 4.16 和图 4.17 所示。TimePicker 控件和 DatePicker 控件也有 Header 属性，这和 TextBox 控件的 Header 属性一样，作为控件说明的标头。当 TimePicker 控件和 DatePicker 控件的值发生改变的时候，也就是用户点击选取了其他的值的时候，会触发 TimePicker 控件的 TimeChanged 事件或者 DatePicker 控件的 DateChanged 事件。

TimePicker 控件的 Time 属性代表着时间选择器的值,为 TimeSpan 类型；DatePicker 控件的 Date 属性代表着日期选择器的值,为 DateTimeOffset 类型。通过这两个控件结合起来,可以让用户选择出准备的日历时间。

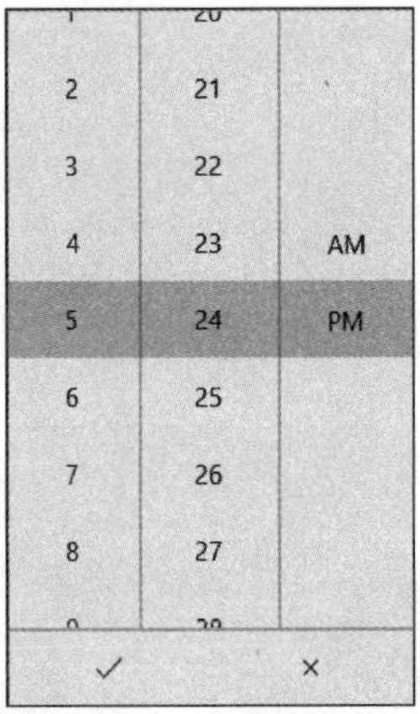

图 4.16　TimePicker 控件 　　　　　　图 4.17　DatePicker 控件

下面给出时间日期的示例：演示使用 TimePicker 控件和 DatePicker 控件来选择时间和日期。

代码清单 4-12：时间日期（源代码：第 4 章\Examples_4_12）

MainPage.xaml 文件主要代码

```
<StackPanel>
    <TimePicker x:Name="time" Header="请选择时间：" TimeChanged="time_TimeChanged"/>
    <DatePicker x:Name="date" Header="请选择日期：" DateChanged="date_DateChanged"/>
    <TextBlock x:Name="info" FontSize="20" TextWrapping="Wrap"></TextBlock>
</StackPanel>
```

MainPage.xaml.cs 文件主要代码

```
public MainPage()
{
    this.InitializeComponent();
    // 控件默认的时间和日期是设备当前的时间和日期
    info.Text = "时间：" + time.Time.ToString() + " 日期：" + date.Date.ToString();
}
// 日期选择器改变的时间
private void date_DateChanged(object sender, DatePickerValueChangedEventArgs e)
{
    info.Text = "时间：" + time.Time.ToString() + " 日期改变为：" + date.Date.ToString();
}
// 时间选择器改变的时间
```

```
private void time_TimeChanged(object sender, TimePickerValueChangedEventArgs e)
{
    info.Text = "时间改变为: " + time.Time.ToString() + " 日期: " + date.Date.ToString();
}
```

程序运行的效果如图 4.18 所示。

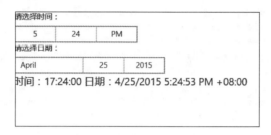

图 4.18　时间和日期选择器

4.13　枢轴控件(Pivot)

枢轴控件(Pivot)提供了一种快捷的方式来管理应用中的视图或页面,通过一种类似页签的方式来将视图分类,这样就可以在一个界面上通过切换页签来浏览多个数据集,或者切换应用视图。枢轴控件水平放置独立的视图,同时处理左侧和右侧的导航,在触摸屏上可以通过划动或者平移手势来切换枢轴控件中的视图。控件的 XAML 语法如下:

```
<Pivot>
    <PivotItem>
        <!-- UI 内容 -->
    </PivotItem>
    <PivotItem>
        <!-- UI 内容 -->
    </PivotItem>
</Pivot>
```

Pivot 控件分为两个部分,分别是标题部分和内容部分。

(1) 标题部分：主要包含 Pivot 的标题,通过 Pivot 的 Title 属性来设置；还有 PivotItem 的标题,通过 PivotItem 的 Header 属性设置。当然标题不仅仅是可以设置为纯文本的文字,还可以设置为带有图标的富文本信息,因为 Title 属性和 Header 属性都是 object 类型,支持 UI 元素的赋值。

(2) 内容部分：显示在枢轴视图页面的控件都需要放到 PivotItem 中,可以把 PivotItem 当作一个容器控件,将要展示的控件都放置在其中。在内容部分可以完全按照一个单独的页面来进行布局,因为 Pivot 控件只会显示出一个页签的内容,其他的都会先隐藏起来。如果页签发生了切换则会触发 SelectionChanged 事件,表示当前选择的 PivotItem 发生了改变,通过 SelectedIndex 和 SelectedItem 可以获取到当前选中的页签的索引和对象。

下面给出 Pivot 布局的示例：演示 Pivot 控件的使用。

代码清单 4-13：**Pivot 控件**（源代码：第 4 章\Examples_4_13）

MainPage.xaml 文件主要代码

```xml
<Pivot Title="Pivot 的标题" x:Name="myPivot"
        SelectionChanged="myPivot_SelectionChanged">
    <PivotItem Header="页签一">
        <Rectangle Width="200" Height="200" Fill="Orange" />
    </PivotItem>
    <PivotItem Header="页签二">
        <Rectangle Width="200" Height="200" Fill="GhostWhite" />
    </PivotItem>
    <PivotItem Header="页签三">
        <Rectangle Width="200" Height="200" Fill="DeepSkyBlue" />
    </PivotItem>
</Pivot>
```

MainPage.xaml.cs 文件主要代码

```csharp
private void myPivot_SelectionChanged(object sender, SelectionChangedEventArgs e)
{
    myPivot.Title = "当前的页签索引是：" + myPivot.SelectedIndex;
}
```

程序运行的效果如图 4.19 所示。

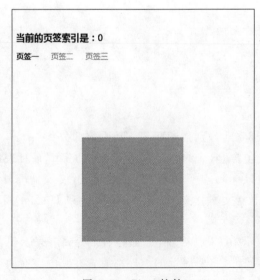

图 4.19 Pivot 控件

4.14 全景视图控件(Hub)

全景视图控件(Hub)是 Windows 10 中一个独特的视图控件,给用户提供了一种纵向拉伸延长的视图效果,提供了一种独特显示控件、数据和服务的方式。控件的 XAML 语法如下:

```xml
<Hub>
    <HubSection>
        <HubSection.ContentTemplate>
            <DataTemplate>
                <!-- UI 内容 -->
            </DataTemplate>
        </HubSection.ContentTemplate>
    </HubSection>
    <HubSection Header="second item">
        <HubSection.ContentTemplate>
            <DataTemplate>
                <!-- UI 内容 -->
            </DataTemplate>
        </HubSection.ContentTemplate>
    </HubSection>
</Hub>
```

Hub 控件和 Pivot 控件是同一类型的控件,都是使用页签的方式来组织页面的内容,不过这两个控件的交互效果却不太一样。

在使用 Hub 控件的时候也通常会关注 Hub 控件的三个部分:背景、全景标题、全景区域。背景是 Hub 控件包装下的整个应用程序的背景,位于全景应用的最底层,这个背景会铺满整个设备屏幕。背景通常是一张全景图,它可能是应用程序最直观的部分,也可以不设置。全景标题与全景区域跟 Pivot 控件的作用类似。

下面给出 Hub 控件的示例:Hub 控件的使用。

代码清单 4-14:Hub 控件(源代码:第 4 章\Examples_4_14)

MainPage.xaml 文件主要代码

```xml
<Hub>
    <!-- 在大标题上添加程序的图标 -->
    <Hub.Header>
        <StackPanel Orientation="Horizontal">
            <Image Source="Assets/StoreLogo.scale-100.png" Height="100"></Image>
            <TextBlock Text="我的应用程序"></TextBlock>
        </StackPanel>
    </Hub.Header>
    <!-- 第一个页签 -->
    <HubSection Header="first item">
        <HubSection.ContentTemplate>
```

```xml
            <DataTemplate>
                <StackPanel>
                    <TextBlock Text="第一个 item" FontSize="50"/>
                    <TextBlock Text="这是第一个 item!" FontSize="50"/>
                </StackPanel>
            </DataTemplate>
        </HubSection.ContentTemplate>
    </HubSection>
    <!--第二个页签-->
    <HubSection Header="second item">
        <HubSection.ContentTemplate>
            <DataTemplate>
                <StackPanel>
                    <TextBlock Text="第二个 item" FontSize="50"/>
                    <TextBlock Text="这是第二个 item!" FontSize="50"/>
                </StackPanel>
            </DataTemplate>
        </HubSection.ContentTemplate>
    </HubSection>
    <!--第三个页签-->
    <HubSection Header="third item">
        <HubSection.ContentTemplate>
            <DataTemplate>
                <StackPanel>
                    <TextBlock Text="第三个 item" FontSize="50"/>
                    <TextBlock Text="这是第三个 item!" FontSize="50"/>
                </StackPanel>
            </DataTemplate>
        </HubSection.ContentTemplate>
    </HubSection>
</Hub>
```

程序运行的效果如图 4.20 所示。

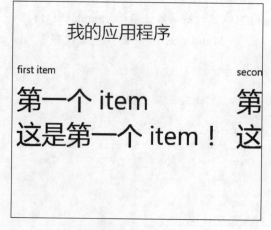

图 4.20　Hub 控件

4.15 浮出控件（Flyout）

浮出控件（Flyout）是一个轻型的辅助型的弹出控件，通常作为提示或者要求用户进行相关的交互来使用。Flyout 控件与 Windows 10 里面的弹出框 MessageDialog 有很大区别。首先，Flyout 控件是一个辅助控件，需要与其他控件结合起来才能使用；其次，取消的规则不一样，Flyout 控件可以通过单击或在外部点击都可以轻松消除浮出控件。可以使用 Flyout 控件收集用户输入、显示与某个项目相关的更多信息或者要求用户确认某个操作。只有当为了响应用户点击时才应显示 Flyout 控件，也就是说 Flyout 控件并不是直接显示出来，而是需要用户操作才能呈现出来；当用户在弹出窗口外部点击时，Flyout 控件就会消失，这也是 Flyout 控件默认的关闭规则。控件的 XAML 语法如下：

```
<Button>
    <Button.Flyout>
        <Flyout>
            <!-- 浮出的 UI 内容 -->
        </Flyout>
    </Button.Flyout>
</Button>
```

从控件的 XAML 语法中可以看出，Flyout 控件本身就是一种辅助性的控件，它必须要与其他的控件结合起来使用，通常将 Flyout 控件附加到一个 Button 控件上直接响应 Button 控件的单击事件，因此 Button 控件拥有 Flyout 属性以简化附加和打开 Flyout 控件。单击按钮时，附加到按钮的浮出控件自动打开，这是不需要处理任何事件即可打开浮出控件。对于非 Button 控件，是不是不能使用 Flyout 控件呢？答案是否定的，非 Button 控件也一样可以使用 Flyout 控件，也可以使用 FlyoutBase.AttachedFlyout 附加属性，将 Flyout 控件附加到任何 FrameworkElement 对象。因为 Flyout 控件必须要响应某个用户的操作，Button 控件默认关联到了 Click 事件，如果用 FlyoutBase.AttachedFlyout 附加属性来添加 Flyout 控件就必须响应 FrameworkElement 控件上的交互（例如 Tapped），并在代码中打开 Flyout 控件。示例代码如下所示：

XAML 代码：

```
<TextBlock Text=" Tapped 事件触发 Flyout" Tapped="TextBlock_Tapped">
    <FlyoutBase.AttachedFlyout>
        <Flyout>
            <!-- 浮出的 UI 内容 -->
        </Flyout>
    </FlyoutBase.AttachedFlyout>
</TextBlock>
```

C#代码:

```csharp
private void TextBlock_Tapped(object sender, TappedRoutedEventArgs e)
{
    FrameworkElement element = sender as FrameworkElement;
    if (element != null)
    {
        FlyoutBase.ShowAttachedFlyout(element);
    }
}
```

Flyout 控件有两种创建方式：一种方式是通过 Button 控件的 Flyout 属性添加；另一种方式是通过 FlyoutBase.AttachedFlyout 附件属性给任何的 FrameworkElement 对象来添加。在 Windows 10 上 Flyout 控件一共有 6 种不同的类型：Flyout、DatePickerFlyout、TimePickerFlyout、PickerFlyout、ListPickerFlyout 和 MenuFlyout。

1. Flyout

Flyout 类型表示处理自定义的浮出窗口。Flyout 控件经常使用的事件是 Closed、Opened 和 Opening，分别表示是在关闭、已打开和正在打开的三种时机触发的时间，在实际的程序开发中通常会在 Closed 事件处理程序中来获取用户的操作结果。这三种事件也是其他类型的 Flyout 控件的共性，因此 Flyout 类型的 Flyout 控件是最简单和最基本的 Flyout 控件。

2. DatePickerFlyout 和 TimePickerFlyout

DatePickerFlyout 类型表示选择日期的浮出窗口；TimePickerFlyout 表示选择时间的浮出窗口。DatePickerFlyout 与 TimePickerFlyout 类型的 Flyout 控件实际上是和 TimePicker、DatePicker 控件非常类似的，只不过 Flyout 控件可以监控到 TimePicker 与 DatePicker 控件的弹出时机。

3. PickerFlyout 和 ListPickerFlyout

PickerFlyout 表示选择的浮出窗口，可以在页面底下添加确认的菜单栏用于用户确认；ListPickerFlyout 表示列表形式展示的浮出窗口，需要通过集合数据绑定来呈现列表的选择。PickerFlyout 和 ListPickerFlyout 类型的 Flyout 控件是选择类型的浮出窗口，它们与其他 Flyout 控件的主要区别是提供了选中确认的时间，分别是 PickerFlyout 对应的 Confirmed 事件和 ListPickerFlyout 对应的 ItemsPicked 事件，需要注意的是，ListPickerFlyout 需要通过数据绑定来实现选择的列表，数据绑定的知识在后续的章节还会进行更加详细的介绍。

4. MenuFlyout

MenuFlyout 表示上下文菜单的选择浮出窗口。一个 MenuFlyout 会包含若干个 MenuFlyoutItem，每个 MenuFlyoutItem 表示一个选项，用户可以单击，同时通过 MenuFlyoutItem 的 Click 单击事件来处理单击请求。

下面给出 Flyout 控件的示例：6 种类型的 Flyout 控件的使用，Button 与非 Button 控件对 Flyout 控件的集成。

代码清单 4-15：Flyout 控件（源代码：第 4 章\Examples_4_15）

MainPage.xaml 文件主要代码

```xml
<StackPanel>
    <!-- 最基本的 Flyout 控件,自定义其浮出的内容 -->
    <Button Content="Show Flyout">
        <Button.Flyout>
            <Flyout>
                <StackPanel>
                    <TextBox PlaceholderText="请输入名字"/>
                    <Button HorizontalAlignment="Right" Content="确定"/>
                </StackPanel>
            </Flyout>
        </Button.Flyout>
    </Button>
    <!-- 浮出上下文菜单,点击菜单后改变当前按钮上的文本内容 -->
    <Button x:Name="menuFlyoutButton" Content="Show MenuFlyout">
        <Button.Flyout>
            <MenuFlyout>
                <MenuFlyoutItem Text="Option 1" Click="MenuFlyoutItem_Click"/>
                <MenuFlyoutItem Text="Option 2" Click="MenuFlyoutItem_Click"/>
                <MenuFlyoutItem Text="Option 3" Click="MenuFlyoutItem_Click"/>
            </MenuFlyout>
        </Button.Flyout>
    </Button>
    <!-- 浮出选择日期弹窗,点击确定后会触发 DatePicked 事件,然后可以获取选中的日期 -->
    <Button Content="Show DatePicker">
        <Button.Flyout>
            <Controls:DatePickerFlyout Title="选择日期：" DatePicked="DatePickerFlyout_DatePicked"/>
        </Button.Flyout>
    </Button>
    <!-- 浮出选择时间弹窗,点击确定后会触发 TimePicked 事件,然后可以获取选中的时间 --->
    <Button Content="Show TimePicker">
        <Button.Flyout>
            <Controls:TimePickerFlyout Title="选择时间：" TimePicked="TimePickerFlyout_TimePicked"/>
        </Button.Flyout>
    </Button>
    <!-- 浮出选择弹窗,显示底下的确认取消菜单栏并且处理其确认事件 Confirmed --->
    <Button Content="Show Picker">
        <Button.Flyout>
```

```xml
            <Controls:PickerFlyout Confirmed="PickerFlyout_Confirmed" ConfirmationButtonsVisible="True">
                <TextBlock Text="你确定吗?????" FontSize="30" Margin="0 100 0 0"/>
            </Controls:PickerFlyout>
        </Button.Flyout>
</Button>
<!--浮出选择列表弹窗,绑定集合的数据,处理选中的事件 ItemsPicked-->
<Button Content="Show ListPicker">
    <Button.Flyout>
        <Controls:ListPickerFlyout x:Name="listPickerFlyout" Title="选择手机品牌:" ItemsPicked="listPickerFlyout_ItemsPicked">
            <Controls:ListPickerFlyout.ItemTemplate>
                <DataTemplate>
                    <TextBlock Text="{Binding}" FontSize="30"></TextBlock>
                </DataTemplate>
            </Controls:ListPickerFlyout.ItemTemplate>
        </Controls:ListPickerFlyout>
    </Button.Flyout>
</Button>
<!--使用附加属性 FlyoutBase.AttachedFlyout 来实现 Flyout 控件-->
<TextBlock Text="请点击我!" Tapped="TextBlock_Tapped" FontSize="20">
    <FlyoutBase.AttachedFlyout>
        <Flyout>
            <TextBox Text="你好!"/>
        </Flyout>
    </FlyoutBase.AttachedFlyout>
</TextBlock>
</StackPanel>
```

MainPage.xaml.cs 文件主要代码

```csharp
public MainPage()
{
    this.InitializeComponent();
    // 绑定 ListPickerFlyout 的数据源
    listPickerFlyout.ItemsSource = new List<string> { "诺基亚", "三星", "HTC", "苹果", "华为" };
}
// PickerFlyout 的确认事件,在事件处理程序里面可以处理相关的确认逻辑
private async void PickerFlyout_Confirmed(PickerFlyout sender, PickerConfirmedEventArgs args)
{
    await new MessageDialog("你点击了确定").ShowAsync();
}
// TimePickerFlyout 的时间选中事件,在事件处理程序里面可以获取选中的时间
private async void TimePickerFlyout_TimePicked(TimePickerFlyout sender, TimePickedEventArgs
```

```
args)
    {
        await new MessageDialog(args.NewTime.ToString()).ShowAsync();
    }
    // DatePickerFlyout 的日期选中事件,在事件处理程序里面可以获取选中的日期
    private async void DatePickerFlyout_DatePicked(DatePickerFlyout sender, DatePickedEventArgs args)
    {
        await new MessageDialog(args.NewDate.ToString()).ShowAsync();
    }
    // MenuFlyout 的菜单选项的点击事件,点击后直接获取菜单栏的文本显示到按钮上
    private void MenuFlyoutItem_Click(object sender, RoutedEventArgs e)
    {
        menuFlyoutButton.Content = (sender as MenuFlyoutItem).Text;
    }
    // 通过 FlyoutBase.ShowAttachedFlyout 方法来展示出 Flyout 控件
    private void TextBlock_Tapped(object sender, TappedRoutedEventArgs e)
    {
        FrameworkElement element = sender as FrameworkElement;
        if (element != null)
        {
            FlyoutBase.ShowAttachedFlyout(element);
        }
    }
    // ListPickerFlyout 的选中事件,点击列表的某一项便会触发,在事件处理程序中通常会获取
    // 选中的项目来进行相关逻辑的处理
    private async void listPickerFlyout_ItemsPicked(ListPickerFlyout sender, ItemsPickedEventArgs args)
    {
        if (sender.SelectedItem != null)
        {
            await new MessageDialog("你选择的是:" + sender.SelectedItem.ToString()).ShowAsync();
        }
    }
```

程序运行的效果如图 4.21 和 4.22 所示。

图 4.21　Flyout 控件(PC)

图 4.22 Flyout 控件(手机)

4.16 下拉框(ComboBox)

下拉框(ComboBox)是一个下拉选择的列表控件,它适用于选项较少的情况进行下拉选择,如果选项很多,则建议使用 ListPickerFlyout 控件来实现。控件的 XAML 语法如下:

```
<ComboBox/>
```

ComboBox 控件本质上也是一个列表控件,所以列表控件的相关属性和用法在 ComboBox 控件上也是完全适用的,关于 Windows 10 的列表控件在数据绑定的章节里面会做更加详细的讲解。如果要对 ComboBox 控件的下拉数据进行绑定,可以通过 ItemTemplate 设置选项的模板和绑定的属性,然后再绑定数据源。当然,如果下拉框的下拉数据只是固定的几个文本数据,也没有必要用数据绑定来处理,这时候可以直接通过 <x:String> 来创建下拉的选项。ComboBox 控件还有两个常用的事件:DropDownOpened(下拉框打开时触发的事件)和 DropDownClosed(下拉框关闭时触发的事件)。DropDownClosed

事件使用得更加广泛,通常的程序业务逻辑都是在选中选项后关闭下载菜单,然后获取选中的下拉数据来进行相关的操作。

下面给出 ComboBox 控件的示例:创建一个纯文本的下拉框和一个数据绑定的下拉框。

代码清单 4-16:ComboBox 控件(源代码:第 4 章\Examples_4_16)

MainPage.xaml 文件主要代码

```
<StackPanel>
    <!-- 纯文本的下拉框 -->
    <ComboBox Header="Colors" PlaceholderText="Pick a color">
        <x:String>Blue</x:String>
        <x:String>Green</x:String>
        <x:String>Red</x:String>
        <x:String>Yellow</x:String>
    </ComboBox>
    <!-- 数据绑定的下拉框 -->
    <ComboBox x:Name="comboBox2" DropDownClosed="comboBox2_DropDownClosed">
        <ComboBox.ItemTemplate>
            <DataTemplate>
                <StackPanel Orientation="Horizontal">
                    <TextBlock Text="{Binding Name}" FontSize="30"/>
                    <TextBlock Text="{Binding Age}" Margin="50 10 0 0"/>
                </StackPanel>
            </DataTemplate>
        </ComboBox.ItemTemplate>
    </ComboBox>
    <!-- 数据绑定的下拉框关闭后,这里显示选中的选项的信息 -->
    <TextBlock x:Name="Info" FontSize="20"></TextBlock>
</StackPanel>
```

MainPage.xaml.cs 文件主要代码

```
public sealed partial class MainPage : Page
{
    public MainPage()
    {
        this.InitializeComponent();
        List<Man> datas = new List<Man>{
            new Man{ Name="张三", Age=20},
            new Man{ Name="李四", Age=34},
            new Man{ Name="黎明", Age=43},
            new Man{ Name="刘德华", Age=33},
```

```
            new Man{ Name = "张学友", Age = 44},
        };
        // 绑定 ComboBox 控件的数据源
        comboBox2.ItemsSource = datas;
    }
    // 下拉框关闭的时候触发的事件处理逻辑
    private void comboBox2_DropDownClosed(object sender, object e)
    {
        // 如果选中了某个选项就把选中选项信息显示到命名为 Info 控件上
        if(comboBox2.SelectedItem!= null)
        {
            Man man = comboBox2.SelectedItem as Man;
            Info.Text = "name:" + man.Name + " age:" + man.Age;
        }
    }
}
// 数据绑定的实体类
public class Man
{
    public string Name { get; set; }
    public int Age { get; set; }
}
```

程序运行的效果如图 4.23 所示。

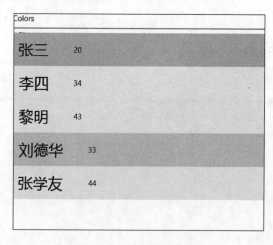

图 4.23 ComboBox 控件

4.17 命令栏/菜单栏(CommandBar)

命令栏(CommandBar)也是程序中的菜单栏控件,它在 Windows 10 的应用程序里面可以作为底部的菜单栏来使用。Page 页面的 BottomAppBar 属性表示页面的底部菜单栏,这个菜单栏就必须是 CommandBar 控件类型，所以 CommandBar 控件通常都用在页面的底部菜单栏上。菜单栏有两种类型的按钮：一种是圆形的图形按钮，另一种是文字的菜单按钮。这两种按钮都是使用 AppBarButton 控件来表示，只不过文字的菜单按钮需要放在 CommandBar 控件的 SecondaryCommands 属性上。控件的 XAML 语法如下：

```
<Page.BottomAppBar>
    <CommandBar>
        <AppBarButton/>
        …
        <CommandBar.SecondaryCommands>
            <AppBarButton/>
            …
        </CommandBar.SecondaryCommands>
    </CommandBar>
</Page.BottomAppBar>
```

对于 CommandBar 里面的应用栏按钮控件 AppBarButton，通常需要设置其 Label 和 Icon 属性用于定义应用栏按钮的内容；除此之外，AppBarButton 控件也可以作为一种圆形的图标按钮单独使用。Label 属性用于设置按钮的文本标签，Icon 属性用于设置按钮的图形。图形的图标可以使用以下 4 种类型：

(1) FontIcon：图标基于来自指定字体系列的字型。
(2) BitmapIcon：图标基于带指定 URI 的位图图像文件。
(3) PathIcon：图标基于 Path 数据。
(4) SymbolIcon：图标基于来自 Segoe UI Symbol 字体的字型预定义列表。

这 4 种图标元素都可以通过 Visual Studio 的设置窗口来设置，SymbolIcon 图标可以直接选择系统内置的一些系列图形，这与 Button 控件的图标设置是一样的。这些菜单栏的按钮可以通过相应的 Click 事件来进行相关的操作，也可以通过绑定 Command 命令来发送相关的命令，绑定 Command 的实现在数据绑定章节会进行介绍。

下面给出 CommandBar 控件的示例：测试 CommandBar 控件的各种事件和按钮的类型。

代码清单 4-17：CommandBar 控件（源代码：第 4 章\Examples_4_17）

MainPage.xaml 文件主要代码

```xml
<Page.BottomAppBar>
    <!-- 添加了打开和关闭的事件处理 -->
    <CommandBar Opened="CommandBar_Opened" Closed="CommandBar_Closed">
        <!-- SymbolIcon 图标按钮 -->
        <AppBarButton Label="buy" Icon="shop"/>
```

```xml
<!-- BitmapIcon 图标按钮 -->
<AppBarButton Label="BitmapIcon" Click="AppBarButton_Click">
    <AppBarButton.Icon>
        <BitmapIcon UriSource="ms-appx:///Assets/questionmark.png"/>
    </AppBarButton.Icon>
</AppBarButton>
<!-- FontIcon 图标按钮 -->
<AppBarButton Label="FontIcon" Click="AppBarButton_Click">
    <AppBarButton.Icon>
        <FontIcon FontFamily="Candara" Glyph="&#x03A3;"/>
    </AppBarButton.Icon>
</AppBarButton>
<!-- PathIcon 图标按钮 -->
<AppBarButton Label="PathIcon" Click="AppBarButton_Click">
    <AppBarButton.Icon>
        <PathIcon Data="F1 M 20,20L 24,10L 24,24L 5,24"/>
    </AppBarButton.Icon>
</AppBarButton>
<!-- 文本菜单按钮 -->
<CommandBar.SecondaryCommands>
    <AppBarButton Label="about" Click="AppBarButton_Click"/>
</CommandBar.SecondaryCommands>
    </CommandBar>
</Page.BottomAppBar>
```

MainPage.xaml.cs 文件主要代码

```csharp
private void CommandBar_Opened(object sender, object e)
{
    info.Text = "菜单栏打开了";
}
private void CommandBar_Closed(object sender, object e)
{
    info.Text = "菜单栏关闭了";
}
private void AppBarButton_Click(object sender, RoutedEventArgs e)
{
    info.Text = "单击了菜单栏: " + (sender as AppBarButton).Label;
}
```

程序运行的效果如图 4.24 和图 4.25 所示。

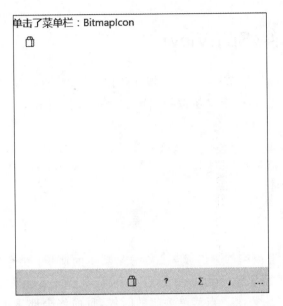

图 4.24　菜单栏(PC)

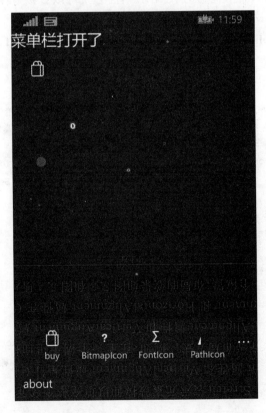

图 4.25　菜单栏(手机)

4.18 分屏控件(SplitView)

分屏控件(SplitView)是 Windows 10 新增的控件类型,也是 Windows 10 通用应用程序推荐的交互控件,通常和一个汉堡按钮搭配作为一种抽屉式菜单来进行呈现。控件的 XAML 语法如下:

```
<SplitView>
    <SplitView.Pane>
    ……菜单面板的内容
    </SplitView.Pane>
    ……主体内容
</SplitView>
```

SplitView 控件主要由两部分组成:一部分是菜单的面板;另一部分是主体内容。菜单面板是通过 Pane 属性来进行赋值,并且通过 IsPaneOpen 属性来控制打开和关闭状态,true 表示打开,false 表示关闭。当菜单关闭的时候,页面将全部显示 SplitView 的主体内容,主题内容为 Content 属性,简洁的 XAML 语法方式可以直接写在 SplitView 节点里面。

下面给出 SplitView 控件的示例:实现汉堡菜单。

代码清单 4-18:SplitView 控件(源代码:第 4 章\Examples_4_18)

MainPage.xaml 文件主要代码

```
<Grid Background="{ThemeResource ApplicationPageBackgroundThemeBrush}">
    <ToggleButton Click="Button_Click" VerticalAlignment="Top" Foreground="Green">
        <ToggleButton.Content>
            <Border Background="Transparent" Width="40" Height="40">
                <FontIcon x:Name="Hamburger" FontFamily="Segoe MDL2 Assets" Glyph="&#xE700;" />
            </Border>
        </ToggleButton.Content>
    </ToggleButton>
    <SplitView x:Name="Splitter" IsPaneOpen="True">
        <SplitView.Pane>
            <StackPanel VerticalAlignment="Center">
                <Button Content="菜单 1" Click="Button_Click_1"></Button>
                <Button Content="菜单 2" Click="Button_Click_1"></Button>
                <Button Content="菜单 3" Click="Button_Click_1"></Button>
                <Button Content="菜单 4" Click="Button_Click_1"></Button>
            </StackPanel>
        </SplitView.Pane>
        <Grid>
```

```
            < TextBlock x:Name = "tb" Text = "" VerticalAlignment = "Center" Horizontal-
Alignment = "Center"></TextBlock>
            </Grid>
        </SplitView>
    </Grid>
```

MainPage.xaml.cs 文件主要代码

```
// 汉堡图标按钮事件处理
private void Button_Click(object sender, RoutedEventArgs e)
{
    Splitter.IsPaneOpen = (Splitter.IsPaneOpen == true) ? false : true;
}
// 汉堡菜单里面的按钮事件处理
private void Button_Click_1(object sender, RoutedEventArgs e)
{
    Splitter.IsPaneOpen = false;
    tb.Text = "你好" + (sender as Button).Content.ToString();
}
```

程序运行的效果如图 4.26 和图 4.27 所示。

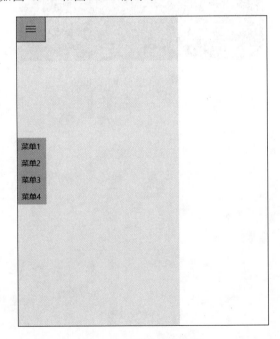

图 4.26　汉堡菜单(PC)

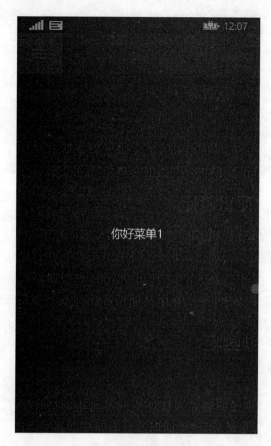

图 4.27 汉堡菜单(手机)

第 5 章 布 局 管 理

布局管理是从一个整体的角度去把握应用程序的界面设计,Windows 10 的通用应用程序可以部署到多种硬件设备,有各种不同的分辨率和长宽对比。Windows 10 通用应用程序的界面布局面板主要有 Grid、Canvas、StackPanel 和 RelativePanel。一个应用里面所有元素的最顶层必须是一个面板(通常如 Grid、Canvas、StackPanel、RelativePanel 等),在面板中摆放元素,面板中也可能包含面板。从布局的角度来说,外层的面板管理里面的面板,一层层地递归下去,最后展现出来的就是整个应用程序的布局效果。

每一个布局的面板都会有自己的规则,它需要按照这些规则去管理里面的控件。面板拥有完全的分配权,不仅仅是分配空间,还决定元素的位置,因为空间总是跟位置相关的。也就是说,面板想给控件多大空间就只有多大的空间可使用,面板想让控件摆在什么位置,控件就得呆在什么位置。

本章除了介绍常用的布局面板的使用之外,还介绍与布局相关的通用的属性。这些通用的属性是每个控件都可以用来调整自己的位置的,会影响着局部控件的布局。多分辨率也是 Windows 10 设备的重要特性,不同的分辨率的宽度和高度比例是不一样的,需要在程序中进行适配或者通过布局的技巧来保证不同分辨率的设备都可以很好地呈现出 UI 的效果。

5.1 布局属性和面板

系统的布局面板是指 Windows 10 内置的最常用的布局面板,系统的布局面板基本上可以满足大部分的布局需求。Windows 10 中的内置布局面板是 Canvas、StackPanel、Grid 和 RelativePanel。在学习布局面板之前,我们还需要掌握好和布局相关的一些属性,这些属性的设置和布局面板是息息相关的,结合在一起才能实现更加灵活和完美的布局效果。

5.1.1 布局的通用属性

第 4 章讲解过控件的基类 FrameworkElement,大部分的控件都是从该 FrameworkElement 类派生出来的。FrameworkElement 类引入了布局的概念和属性,使得从该类派生的控件都具有共性的布局效果。这些共性的布局属性可以简单地分为以下三类。

1. 长度相关的属性

与长度相关的属性主要有 Width（宽度）、Height（高度）、MaxWidth（最大宽度约束）、MaxHeight（最大高度约束）、MinWidth（最小宽度约束）和 MinHeight（最小高度约束）。如果一个控件没有设置宽度和高度的相关属性，并不代表宽度或者高度为 0，控件会自适应地分配高度和宽度。例如一个 TextBlock 控件，如果没有设置高度，但是设置了字体的大小，字体越大高度就会越大。什么时候该设置控件的高度和宽度呢？一种情况是这个界面呈现的数据是动态的，它会影响页面的布局，如果相关的控件并不想受这个变化的影响就要设置固定的高度或者宽度。下面来看一段示例的代码，演示长度属性对布局的影响。

代码清单 5-1：通用布局属性（源代码：第 5 章\Examples_5_1）

MainPage.xaml 文件主要代码

```
<StackPanel Orientation = "Horizontal">
    <TextBlock x:Name = "info" Text = "你好" FontSize = "30"></TextBlock>
    <TextBlock Text = "你好" FontSize = "30"></TextBlock>
</StackPanel>
<TextBox TextChanged = "TextBox_TextChanged"></TextBox>
```

MainPage.xaml.cs 文件主要代码

```
private void TextBox_TextChanged(object sender, TextChangedEventArgs e)
{
    info.Text = (sender as TextBox).Text;
}
```

示例中有两个 TextBlock 控件，都没有设置宽度大小。第一个 TextBlock 控件的内容是可以变化的，会获取 TextBox 控件的输入内容；第二个 TextBlock 控件的内容是固定的，程序的运行效果如图 5.1、图 5.2 所示。可以发现，当第一个 TextBlock 控件发生变化之后，这两个 TextBlock 控件的排列也会发生改变。如果我们对一个 TextBlock 控件设置一个宽度，这两个 TextBlock 控件的布局就不会动态地改变了，代码如下所示：

```
<TextBlock x:Name = "info" Width = "150" Text = "你好" FontSize = "30"></TextBlock>
```

图 5.1　TextBlock 宽度的控制（PC）

假如要实现的功能要求这两个 TextBlock 控件的内容相邻，那么只有当第一个

图 5.2　TextBlock 宽度的控制（手机）

TextBlock 到了一定的长度才截断，不让第二个 TextBlock 控件的内容被挤出到可视范围之外，这时候就可以使用 MaxWidth 属性来设置最大的宽度，当第一个 TextBlock 控件达到这个最大的宽度值的时候，就不会再增加宽度了。代码如下所示：

```
<TextBlock x:Name = "info"MaxWidth = "150" Text = "你好" FontSize = "30"></TextBlock>
```

除了界面呈现的数据是动态的情况之外，还有一种情况是不同的分辨率对布局的影响，这种情况在下文会有介绍。

2．排列相关的属性

排列相关的属性主要有 HorizontalAlignment 属性和 VerticalAlignment 属性。下面分别介绍这两个属性的含义和取值。

HorizontalAlignment 属性表示获取或设置在布局父级（如面板或项控件）中构成 FrameworkElement 时应用于此元素的水平对齐特征。它有 4 种取值：Left 表示与父元素布局槽的左侧对齐的元素；Center 表示与父元素布局槽的中心对齐的元素；Right 表示与父元素布局槽的右侧对齐的元素；Stretch 表示拉伸以填充整个父元素布局槽的元素。

VerticalAlignment属性表示获取或设置在父对象(如面板或项控件)中构成FrameworkElement时应用于此元素的垂直对齐特征。它也有4种取值:Top表示元素与父级布局槽的顶端对齐;Center表示元素与父级布局槽的中心对齐;Bottom表示元素与父级布局槽的底端对齐;Stretch表示元素被拉伸以填充整个父元素的布局槽。

HorizontalAlignment属性和VerticalAlignment属性是针对控件本身的相对位置的布局,也就是左对齐,上对齐等布局方式。例如,在上一个例子里面把显示的内容放在页面的中间就可以把HorizontalAlignment属性和VerticalAlignment属性都设置为Center。下面是一个使用VerticalAlignment和HorizontalAlignment属性在Grid面板上实现左、中、右和上、中、下结合出来的9个位置,布局的效果如图5.3和图5.4所示,布局的实例代码如下:

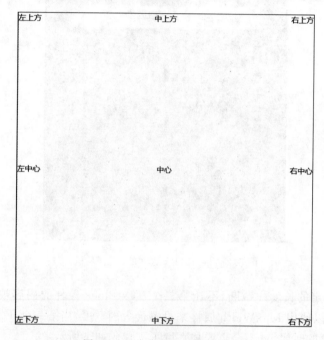

图5.3 9个位置布局效果(PC)

```
<Grid Background = "{ThemeResource ApplicationPageBackgroundThemeBrush}">
    <TextBlock Text = "左上方"
               VerticalAlignment = "Top"
               HorizontalAlignment = "Left" />
    <TextBlock Text = "中上方"
               VerticalAlignment = "Top"
               HorizontalAlignment = "Center" />
    <TextBlock Text = "右上方"
               VerticalAlignment = "Top"
               HorizontalAlignment = "Right" />
    <TextBlock Text = "左中心"
               VerticalAlignment = "Center"
```

```
                    HorizontalAlignment = "Left" />
    < TextBlock Text = "中心"
                    VerticalAlignment = "Center"
                    HorizontalAlignment = "Center" />
    < TextBlock Text = "右中心"
                    VerticalAlignment = "Center"
                    HorizontalAlignment = "Right" />
    < TextBlock Text = "左下方"
                    VerticalAlignment = "Bottom"
                    HorizontalAlignment = "Left" />
    < TextBlock Text = "中下方"
                    VerticalAlignment = "Bottom"
                    HorizontalAlignment = "Center" />
    < TextBlock Text = "右下方"
                    VerticalAlignment = "Bottom"
                    HorizontalAlignment = "Right" />
</Grid>
```

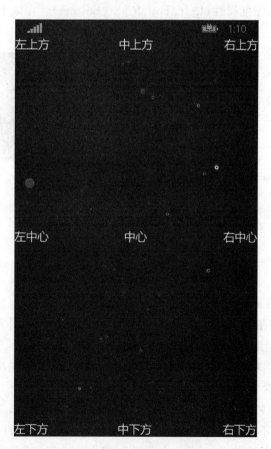

图 5.4　9 个位置布局效果（手机）

在使用 HorizontalAlignment 属性和 VerticalAlignment 属性的时候还需要注意，在对象上显式设置 Height 和 Width 属性时，这些度量值在布局过程中将具有较高优先级，并且能够取消将 HorizontalAlignment 和 VerticalAlignment 属性设置为 Stretch 的典型效果。如果是使用 Canvas 面板，在构成布局时则不使用 HorizontalAlignment 和 VerticalAlignment 属性，因为 Canvas 是基于绝对定位的。

3. 边距

边距是指 Margin 属性，表示获取或设置 FrameworkElement 的外边距。它有 3 种取值方式：Margin="uniform"、Margin="left+right,top+bottom" 和 Margin="left,top,right,bottom"。Margin="uniform"（如 Margin="1"）表示只有一个以像素为单位度量的值，uniform 值应用于全部四个边距属性（Left、Top、Right、Bottom）。Margin="left+right,top+bottom"（如 Margin="1,2"）表示用两个像素值来设置边距，left+right 用于指定对应的边距的 Left 和 Right，top+bottom 用于指定对应边距的 Top 和 Bottom。Margin="left,top,right,bottom"（如 Margin="1,2,3,4"）表示用 4 个像素值来设置边距，用于指定边距结构的四个可能的维度属性（Left、Top、Right、Bottom）。在以上 XAML 语法中，还可以使用空格来取代逗号作为值之间的分隔符。

对于上文的例子，给内部的 StackPanel 控件再设置一个边距 Margin="10,20,30,40"，可以看到两个 TextBlock 与最外面的 StackPanel 控件和底下的 TextBox 控件都分别空出了设置的边距长度，如图 5.5 所示。代码如下：

图 5.5 边距的设置

```
< StackPanel VerticalAlignment = "Center" HorizontalAlignment = "Center" >
    < StackPanel Orientation = "Horizontal" Margin = "10,20,30,40">
        < TextBlock x: Name = "info" MaxWidth = "350" Text = "你好" FontSize = "30"></TextBlock >
        < TextBlock Text = "你好" FontSize = "30"></TextBlock >
    </StackPanel>
    < TextBox TextChanged = "TextBox_TextChanged"></TextBox >
</StackPanel>
```

对于边距行为和布局，还需要注意下面一些情况：

（1）大于 0 的边距值在布局的 ActualWidth 和 ActualHeight 外部产生空白。也就是说边距是对控件的实际宽度和高度产生作用的。

（2）对于布局中的同级元素而言，边距是累加的。例如，两个在相邻边缘都设置边距为 30 的水平或垂直相邻对象之间将具有 60 个像素的空白。

（3）对于设置边距的对象而言，如果所分配的矩形空间不够大，无法容纳边距加上对象内容区域，则对象通常不会约束指定 Margin 的大小。在计算布局时，将改为约束内容区域的大小，例如上面例子外面的 StackPanel 设置为 Height="100" 和 Width="100"，这时候只是显示出一个"你好"，因为其他的内容区域被边距约束了。同时还要对边距进行约束的唯一一种情况是将内容一直约束到零。不过,此行为由解释 Margin 的特定类型及该对象的布局面板最终控制。

(4) 允许边距维度的值为负,但应小心使用(请注意,不同的类布局实现对于负边距可能有不同的解释)。负边距通常会按该方向剪辑对象内容。

(5) 从技术角度讲,允许边距的值不是整数,但通常应避免这种情况,并且一般通过默认的布局舍入行为来舍入这些值。

(6) 边距维度没有规定的上限,所以可以设置一个边距,将对象内容置于程序内容区域之外,以便不在视图中显示对象内容(尽管很少推荐这样做)。

5.1.2 网格布局(Grid)

网格布局(Grid)是一个类似于 HTML 里面的 Table 的标签,它定义了一个表格,然后设置表格里面的行和列,在 HTML 的 Table 里面是根据 tr 和 td 表示列和行的,而 Grid 是通过附加属性 Grid.Row、Grid.Column、Grid.RowSpan、Grid.ColumnSpan 来决定列和行的大小位置。

例如,在 HTML 中的 Table 布局如下:

```html
<table border = "1">
    <tr>
        <td>第 1 行第 1 列</td>
        <td>第 1 行第 2 列</td>
        <td>第 1 行第 3 列</td>
    </tr>
    <tr>
        <td>第 2 行第 1 列</td>
        <td>第 2 行第 2 列</td>
        <td>第 2 行第 3 列</td>
    </tr>
</table>
```

用 Grid 进行布局的时候,也是一样的道理,同样需要制定 Grid 的行和列。不同的是,Grid 是"先指定,后使用";而 Table 是"边指定,边使用"。下面是一个使用 Grid 的例子,使其达到与 Table 同样的布局效果:

```xml
<Grid x:Name = "ContentPanel">
    <Grid.RowDefinitions>
        <RowDefinition Height = "Auto"/>
        <RowDefinition Height = "Auto"/>
    </Grid.RowDefinitions>
    <Grid.ColumnDefinitions>
        <ColumnDefinition Width = "Auto"/>
        <ColumnDefinition Width = "Auto"/>
        <ColumnDefinition Width = "Auto"/>
```

```
        </Grid.ColumnDefinitions>
        <TextBlock Text = "第1行第1列" Grid.Row = "0" Grid.Column = "0" />
        <TextBlock Text = "第1行第2列" Grid.Row = "0" Grid.Column = "1" />
        <TextBlock Text = "第1行第3列" Grid.Row = "0" Grid.Column = "2" />
        <TextBlock Text = "第2行第1列" Grid.Row = "1" Grid.Column = "0" />
        <TextBlock Text = "第2行第2列" Grid.Row = "1" Grid.Column = "1" />
        <TextBlock Text = "第2行第3列" Grid.Row = "1" Grid.Column = "2" />
</Grid>
```

其显示的效果如图5.6所示。

下面来看一下Grid布局中的一些重要功能设置：

1. RowDefinitions 和 ColumnDefinitions

这两个属性主要用来指定Grid控件的行数和列数。内部嵌套几个Definition，就代表这个Grid有几行几列。

图5.6 Grid排版效果

2. Grid.Row 和 Grid.Column

当使用其他控件内置于Grid中时，需要使用Grid.Row和Grid.Column来指定它所在行和列。

3. RowDefinitions 中的 Height 和 ColumnDefinitions 中的 Width

如果Height和Width的值设置为绝对的像素值，就表示当前的行或者列是固定的高度或者宽度。

如果设置为Auto，例如Height="Auto"表示高度自动适应，Width="Auto"表示宽度自动适应，这种情况下，Grid的宽度和高度便随着内部内容的大小而自动改变，就是根据行和列中的子空间的高和宽决定。

如果设置为"*"，如Height="*"，则表示是占据剩余部分，如果"*"前面还带有数字，如Height="3*"则表示按照比例进行分配，比如我要创建一个Grid，有两行，第一行占2/5，第二行占3/5，就可以通过下面的代码来实现：

```
<Grid x:Name = "ContentPanel">
    <Grid.RowDefinitions>
        <RowDefinition Height = "2*"/>
        <RowDefinition Height = "3*"/>
    </Grid.RowDefinitions>
    <TextBlock Text = "第1行第1列" Grid.Row = "0" Grid.Column = "0" />
    <TextBlock Text = "第1行第2列" Grid.Row = "1" Grid.Column = "1" />
</Grid>
```

4. Grid.RowSpan 和 Grid.ColumnSpan

Grid.RowSpan表示跨行，Grid.ColumnSpan表示跨列，在Grid布局中往往并不是所有的元素都按照规定的每一格进行放置的，所以就需要利用跨行和跨列的属性来实现布局，如Grid.RowSpan="2"表示当前的元素占用两行。

下面给出简易计算器的示例：使用Grid布局来设计计算器的界面，实现简单的计算功能。

代码清单 5-2：计算器（源代码：第 5 章\Examples_5_2）

MainPage.xaml 文件主要代码

```xml
<Grid Background = "{ThemeResource ApplicationPageBackgroundThemeBrush}">
    <!--按照水平和垂直比例来分配空间-->
    <Grid.ColumnDefinitions>
        <ColumnDefinition Width = "4*"/>
        <ColumnDefinition Width = "4*"/>
        <ColumnDefinition Width = "4*"/>
        <ColumnDefinition Width = "5*"/>
    </Grid.ColumnDefinitions>
    <Grid.RowDefinitions>
        <RowDefinition Height = "63*"/>
        <RowDefinition Height = "170*"/>
        <RowDefinition Height = "119*"/>
        <RowDefinition Height = "117*"/>
        <RowDefinition Height = "119*"/>
        <RowDefinition Height = "117*"/>
    </Grid.RowDefinitions>
    <!--数字按键的布局-->
    <Button x:Name = "B7" Click = "DigitBtn_Click" Grid.Column = "0" Grid.Row = "2" Content = "7" HorizontalAlignment = "Stretch" VerticalAlignment = "Stretch" Margin = "2"/>
    <Button x:Name = "B8" Click = "DigitBtn_Click" Grid.Column = "1" Grid.Row = "2" Content = "8" HorizontalAlignment = "Stretch" VerticalAlignment = "Stretch" Margin = "2"/>
    <Button x:Name = "B9" Click = "DigitBtn_Click" Grid.Column = "2" Grid.Row = "2" Content = "9" HorizontalAlignment = "Stretch" VerticalAlignment = "Stretch" Margin = "2"/>
    <Button x:Name = "B4" Click = "DigitBtn_Click" Grid.Column = "0" Grid.Row = "3" Content = "4" HorizontalAlignment = "Stretch" VerticalAlignment = "Stretch" Margin = "2"/>
    <Button x:Name = "B5" Click = "DigitBtn_Click" Grid.Column = "1" Grid.Row = "3" Content = "5" HorizontalAlignment = "Stretch" VerticalAlignment = "Stretch" Margin = "2"/>
    <Button x:Name = "B6" Click = "DigitBtn_Click" Grid.Column = "2" Grid.Row = "3" Content = "6" HorizontalAlignment = "Stretch" VerticalAlignment = "Stretch" Margin = "2"/>
    <Button x:Name = "B1" Click = "DigitBtn_Click" Grid.Column = "0" Grid.Row = "4" Content = "1" HorizontalAlignment = "Stretch" VerticalAlignment = "Stretch" Margin = "2"/>
    <Button x:Name = "B2" Click = "DigitBtn_Click" Grid.Column = "1" Grid.Row = "4" Content = "2" HorizontalAlignment = "Stretch" VerticalAlignment = "Stretch" Margin = "2"/>
    <Button x:Name = "B3" Click = "DigitBtn_Click" Grid.Column = "2" Grid.Row = "4" Content = "3" HorizontalAlignment = "Stretch" VerticalAlignment = "Stretch" Margin = "2"/>
    <Button x:Name = "B0" Click = "DigitBtn_Click" Grid.Column = "0" Grid.Row = "5" Content = "0" HorizontalAlignment = "Stretch" VerticalAlignment = "Stretch" Margin = "2"/>
    <!--加减乘除操作按键的布局-->
    <Button x:Name = "Plus" Click = "OperationBtn_Click" Grid.Column = "3" Grid.Row = "2" Content = "+" HorizontalAlignment = "Stretch" VerticalAlignment = "Stretch" Margin = "2"/>
    <Button x:Name = "Minus" Click = "OperationBtn_Click" Grid.Column = "3" Grid.Row = "3"
```

```xml
Content = " - " HorizontalAlignment = "Stretch" VerticalAlignment = "Stretch" Margin = "2"/>
    <Button x:Name = "Multiply" Click = "OperationBtn_Click" Grid.Column = "3" Grid.Row = "4"
Content = " * " HorizontalAlignment = "Stretch" VerticalAlignment = "Stretch" Margin = "2"/>
    <Button x:Name = "Divide" Click = "OperationBtn_Click" Grid.Column = "3" Grid.Row = "5"
Content = "/" HorizontalAlignment = "Stretch" VerticalAlignment = "Stretch" Margin = "2 2 2 2"/>
    <Button x:Name = "Del" Grid.Column = "2" Grid.Row = "5" Content = "删除" Click = "Del_
Click" HorizontalAlignment = "Stretch" VerticalAlignment = "Stretch" Margin = "2"/>
    <Button x:Name = "Result" Grid.Column = "1" Grid.Row = "5" Content = " = " Click = "Result_
Click" HorizontalAlignment = "Stretch" VerticalAlignment = "Stretch" Margin = "2 2 2 2"/>
    <!-- OperationResult 显示输入的数字 -->
    <TextBlock x:Name = "OperationResult" FontSize = "40" Grid.Row = "1" Margin = "0,10,
10,0" Grid.ColumnSpan = "4" HorizontalAlignment = "Right"></TextBlock>
    <!-- InputInformation 显示输入的公式 -->
    <TextBlock x:Name = "InputInformation" FontSize = "20" Grid.Row = "0" Margin = "0,10,
10,0" Grid.ColumnSpan = "4" HorizontalAlignment = "Right"></TextBlock>
</Grid>
```

MainPage.xaml.cs 文件代码

```csharp
public sealed partial class MainPage : Page
{
    //前一次按下的运算符
    private string Operation = "";
    //结果
    private int num1 = 0;
    public MainPage()
    {
        InitializeComponent();
    }
    //数字按键的事件
    private void DigitBtn_Click(object sender, RoutedEventArgs e)
    {
        //如果在之前的操作时按下了等于符号,则清除之前的操作数据
        if (Operation == " = ")
        {
            OperationResult.Text = "";
            InputInformation.Text = "";
            Operation = "";
            num1 = 0;
        }
        //获取按下的按钮的文本内容,即按下的数字
        string s = ((Button)sender).Content.ToString();
        OperationResult.Text = OperationResult.Text + s;
        InputInformation.Text = InputInformation.Text + s;
    }
    //加减乘除按键的事件
```

```csharp
private void OperationBtn_Click(object sender, RoutedEventArgs e)
{
    if (Operation == " = ")
    {
        InputInformation.Text = OperationResult.Text;
        Operation = "";
    }
    string s = ((Button)sender).Content.ToString();
    //公式显示
    InputInformation.Text = InputInformation.Text + s;
    //运算
    OperationNum(s);
    //清空之前输入的数字
    OperationResult.Text = "";
}
//按下等于运算符的事件
private void Result_Click(object sender, RoutedEventArgs e)
{
    OperationNum(" = ");
    //显示结果
    OperationResult.Text = num1.ToString();
}
//删除之前的所有输入
private void Del_Click(object sender, RoutedEventArgs e)
{
    OperationResult.Text = "";
    InputInformation.Text = "";
    Operation = "";
    num1 = 0;
}
//通过运算符进行计算
private void OperationNum(string s)
{
    //输入的数字不为空,则进行运算,否则只保存最后一次按下的运算符
    if (OperationResult.Text != "")
    {
        switch (Operation)
        {
            case "":
                num1 = Int32.Parse(OperationResult.Text);
                Operation = s;
                break;
            case " + ":
                num1 = num1 + Int32.Parse(OperationResult.Text);
                Operation = s;
                break;
            case " - ":
```

```csharp
                    num1 = num1 - Int32.Parse(OperationResult.Text);
                    Operation = s;
                    break;
                case "*":
                    num1 = num1 * Int32.Parse(OperationResult.Text);
                    Operation = s;
                    break;
                case "/":
                    if (Int32.Parse(OperationResult.Text) != 0)
                        num1 = num1 / Int32.Parse(OperationResult.Text);
                    else num1 = 0;
                    Operation = s;
                    break;
                default: break;
            }
        }
        else
        {
            Operation = s;
        }
    }
}
```

程序运行的效果如图5.7和图5.8所示。

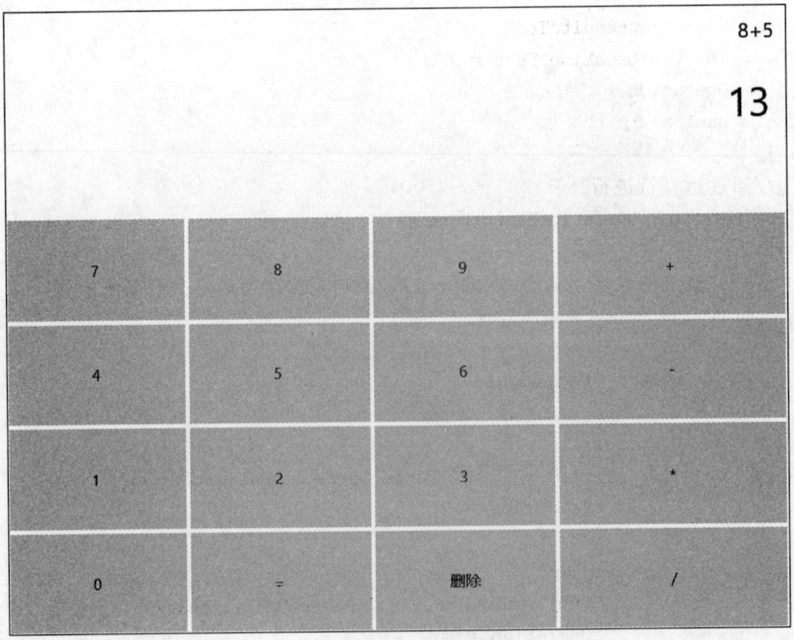

图5.7 计算器(PC)

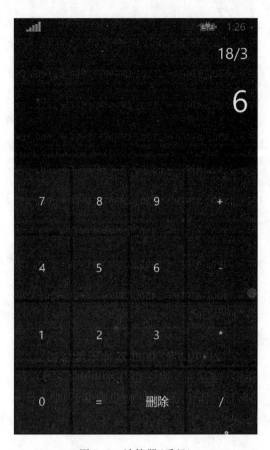

图 5.8 计算器(手机)

5.1.3 堆放布局(StackPanel)

堆放布局(StackPanel)的方式是将子元素排列成一行(可沿水平或垂直方向)。StackPanel 的规则是：根据排列的方向让元素横着排列或者竖着排列。在特定情形下，例如要将一组对象排列在竖直或水平列表中，StackPanel 就能发挥很好的作用。如果要设置 StackPanel 的排列方向可以通过 Orientation 属性进行设置：Orientation ="Horizontal"表示沿水平方向放置 StackPanel 里面的子元素；Orientation =" Vertical"表示沿垂直方向放置 StackPanel 里面的子元素；Orientation 属性的默认值为 Vertical，即默认是垂直方向放置的。

下面是 StackPanel 两种布局的实现和显示的效果。

1. 垂直布局

设置 Orientation="Vertical"，默认的布局方式是垂直方式。

XAML 代码示例：

```xml
<StackPanel Orientation = "Vertical" VerticalAlignment = "Stretch" HorizontalAlignment = "Center">
    <Button Content = "按钮 1" />
    <Button Content = "按钮 2" />
    <Button Content = "按钮 3" />
    <Button Content = "按钮 4" />
</StackPanel>
```

显示效果如图 5.9 所示。

2．水平布局

设置 Orientation＝"Horizontal"。

XAML 代码示例：

```xml
<StackPanel Orientation = "Horizontal" VerticalAlignment = "Top" HorizontalAlignment = "Left">
    <Button Content = "按钮 1" />
    <Button Content = "按钮 2" />
    <Button Content = "按钮 3" />
    <Button Content = "按钮 4" />
</StackPanel>
```

显示效果如图 5.10 所示。

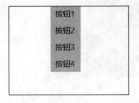
图 5.9　StackPanel 按钮垂直排序

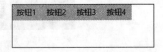
图 5.10　StackPanel 按钮水平排序

下面给出自动折行控件的示例：一个会根据空格自动折行的 TextBlock 控件，这个控件的原理是用了 StackPanel 面板的垂直排列属性来进行折行，先将一个文本根据空格分解成多个文本来创建多个 TextBlock 控件，然后将多个 TextBlock 控件放进 StackPanel 面板里面产生根据空格自动折行的效果，外层同时使用 ScrollViewer 控件来包住。

代码清单 5-3：自动折行控件（源代码：第 5 章\Examples_5_3）

首先，创建一个自定控件，创建自定义控件可以通过 Visual Studio 来创建，在项目的名称中右击，选择 Add→New Item 项，然后选择创建控件文件的模板，如图 5.11 所示。

创建完成之后，在控件中添加以下的代码：

ScrollableTextBlock.xaml 文件主要代码：控件的 XAML 代码

```xml
<UserControl
    x:Class = "ScrollableTextBoxTest.ScrollableTextBlock"
    …>
```

```
    <ScrollViewer x:Name = "ScrollViewer">
        <StackPanel Orientation = "Vertical" x:Name = "stackPanel" />
    </ScrollViewer>
</UserControl>
```

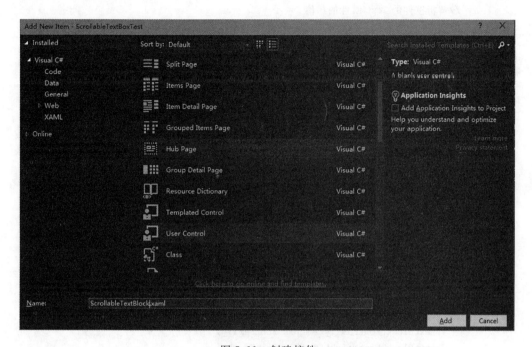

图 5.11　创建控件

ScrollableTextBlock.xaml.cs 文件主要代码

```
public sealed partial class ScrollableTextBlock : UserControl
{
    // 定义控件的 Text 属性
    private string text = "";
    public string Text
    {
        get
        {
            return text;
        }
        set
        {
            text = value;
            // 解析文本信息进行排列显示
            ParseText(text);
        }
    }
```

```csharp
public ScrollableTextBlock()
{
    this.InitializeComponent();
}
//解析控件的 Text 属性的赋值
private void ParseText(string value)
{
    string[] textBlockTexts = value.Split(' ');
    //清除之前的 stackPanel 面板的子元素
    this.stackPanel.Children.Clear();
    //重新添加 stackPanel 的子元素
    for (int i = 0; i < textBlockTexts.Length; i++)
    {
        TextBlock textBlock = this.GetTextBlock();
        textBlock.Text = textBlockTexts[i].ToString();
        this.stackPanel.Children.Add(textBlock);
    }
}
//创建一个自动折行的 TextBlock
private TextBlock GetTextBlock()
{
    TextBlock textBlock = new TextBlock();
    textBlock.TextWrapping = TextWrapping.Wrap;
    textBlock.FontSize = this.FontSize;
    textBlock.FontFamily = this.FontFamily;
    textBlock.FontWeight = this.FontWeight;
    textBlock.Foreground = this.Foreground;
    textBlock.Margin = new Thickness(0, 10, 0, 0);
    return textBlock;
}
```

创建完自定义的控件之后,接着要在 MainPage.xaml 页面上调用该自定义控件。

MainPage.xaml 文件主要代码

```xml
<Page
    x:Class="ScrollableTextBoxTest.MainPage"
    xmlns:local="using:ScrollableTextBoxTest"
    …>
    <Grid Background="{ThemeResource ApplicationPageBackgroundThemeBrush}">
        …省略若干代码
        <Grid x:Name="ContentPanel" Grid.Row="1" Margin="12,0,12,0">
            <local:ScrollableTextBlock x:Name="scrollableTextBlock1" FontSize="30">
            </local:ScrollableTextBlock>
        </Grid>
    </Grid>
```

```
</Page>
```

MainPage.xaml.cs 文件主要代码

```
public MainPage()
{
    this.InitializeComponent();
    string text = "购物清单如下：牛奶 咖啡 饼干 苹果 香蕉 苹果 茶叶 蜂蜜 纯净水 猪肉 鲤鱼 牛肉 橙汁";
    scrollableTextBlock1.Text = text;
}
```

程序运行的效果如图5.12所示。

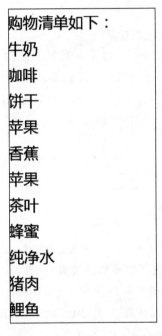

图5.12 TextBlock 自动排列

5.1.4 绝对布局（Canvas）

在绝对布局中，通过指定子元素相对于其父元素的准确位置，在布局面板内排列子元素。Windows 10 提供了 Canvas 面板以支持绝对定位。Canvas 定义一个区域，在此区域内，用户可以使用相对于 Canvas 区域的坐标显式定位子元素。Canvas 就像一张油布一样，所有的控件都可以堆到这张布上，采用绝对坐标定位，可以使用附加属性 Canvas.Left 和 Canvas.Top 对 Canvas 中的元素进行定位。Canvas.Left 属性设置元素左边和 Canvas 面板左边之间的像素数，Canvas.Top 属性设置子元素顶边和 Canvas 面板顶边之间的像素数。

同时Canvas面板还是最轻量级的布局面板,这是因为Canvas面板没有包含任何复杂的布局逻辑来改变其子元素的首选尺寸。Canvas面板只是在指定的位置放置其子元素,并且其子元素具有所希望的精确尺寸。

下面介绍Canvas的一些常用的使用技巧。

1. 添加一个对象到Canvas上

Canvas包含和安置其他对象,要添加一个对象到一个Canvas,将其插入到<Canvas>标签之间。下面举例添加一个Button对象到一个Canvas。

XAML代码如下:

```
< Canvas >
    < Button Content = "按钮 1" Height = "200" Width = "200"/>
</Canvas >
```

2. 设置一个对象在Canvas上的位置

在Canvas中设置一个对象的位置,需要在对象上添加Canvas.Left和Canvas.Top附加属性。附加的Canvas.Left属性标识了对象和其父级Canvas的左边缘距离,附加的Canvas.Top属性标识了子对象和其父级Canvas的上边缘距离。下面的示例使用了前例中的Button,并将其从Canvas的左边移动30像素,从上边移动30像素。

XAML代码如下:

```
< Canvas >
    < Button Content = "按钮 1" Canvas.Left = "30" Canvas.Top = "30" Height = "200" Width = "200"/>
</Canvas >
```

如图5.13所示,突出显示了Canvas坐标系统中Button的位置。

3. 使用Canvas.ZIndex属性产生叠加的效果

默认情况下,Canvas对象的叠加顺序决定于它们声明的顺序。后声明的对象出现在最先声明的对象的前面。下面的示例创建3个Button对象,观察最后声明的Button(按钮3)会出现在最前面,位于其他Button对象的前面。

XAML代码如下:

```
< Canvas >
    < Button Content = "按钮 1" Canvas.Left = "30" Canvas.Top = "30" Background = "Blue" Height = "200" Width = "200"/>
    < Button Content = "按钮 2" Canvas.Left = "100" Canvas.Top = "100" Background = "Red" Height = "200" Width = "200"/>
    < Button Content = "按钮 3" Canvas.Left = "170" Canvas.Top = "170" Background = "Yellow" Height = "200" Width = "200"/>
</Canvas >
```

显示的叠加效果如图5.14所示。

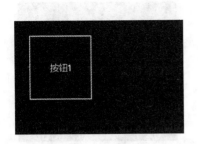
图 5.13　Canvas 按钮

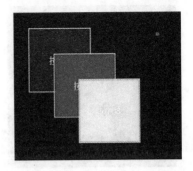
图 5.14　Canvas 叠加按钮布局

可以通过设置 Canvas 对象的 Canvas.ZIndex 附加属性来改变这个行为。较高的值靠近屏幕方向；较低的值远离屏幕方向。下面的示例类似于先前的例子，只是 Ellipse 对象的 Canvas.ZIndex 颠倒了，最先声明的 Button(按钮 1)现在在前面了。

XAML 代码如下：

```
<Canvas>
    <Button Canvas.ZIndex="3" Content="按钮 1" Canvas.Left="30" Canvas.Top="30" Background="Blue" Height="200" Width="200"/>
    <Button Canvas.ZIndex="2" Content="按钮 2" Canvas.Left="100" Canvas.Top="100" Background="Red" Height="200" Width="200"/>
    <Button Canvas.ZIndex="1" Content="按钮 3" Canvas.Left="170" Canvas.Top="170" Background="Yellow" Height="200" Width="200"/>
</Canvas>
```

显示的叠加效果如图 5.15 所示。

4. 控制 Canvas 的宽度和高度

Canvas 和许多其他元素都有 Width 和 Height 属性用以标识大小。下面的示例创建了一个 200 像素宽和 200 像素高的 Button 控件和 Canvas 面板，把 Button 控件放在 Canvas 面板里面，然后把 Canvas.Left 和 Canvas.Top 都设置为 30 像素，观察这两个控件的展现情况。

XAML 代码如下：

```
<Canvas Width="200" Height="200" Background="LimeGreen">
    <Button Content="按钮 1" Canvas.Left="30" Canvas.Top="30" Background="Blue" Height="200" Width="200"/>
</Canvas>
```

显示的效果如图 5.16 所示，需要注意的是 Button 控件并没有因为超出 Canvas 的范围而被剪切。

5. 嵌套 Canvas 对象

Canvas 可以包含其他 Canvas 对象。下面的示例创建了一个 Canvas，它自己包含两个其他 Canvas 对象。

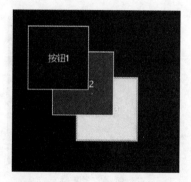

图 5.15 Canvas 叠加按钮布局　　　　图 5.16 Canvas 范围的测试

XAML 代码如下：

```
< Canvas Width = "200" Height = "200" Background = "White">
    < Canvas Height = "50" Width = "50" Canvas.Left = "30" Canvas.Top = "30 Background = "blue"/>
    < Canvas Height = "50" Width = "50" Canvas.Left = "130" Canvas.Top = "30" Background = "red"/>
</Canvas>
```

图 5.17 嵌套 Canvas 对象

显示的效果如图 5.17 所示。

下面给出渐变矩形的示例：使用 Canvas 画布渐变叠加产生一种立体感的效果的矩形。

代码清单 5-4：渐变矩形（源代码：第 5 章\Examples_5_4）

MainPage.xaml 文件主要代码

```
< Canvas Background = "White">
    < Canvas Height = "400" Width = "400" Canvas.Left = "0" Canvas.Top = "50" Background = "Gray" Opacity = "0.1" />
    < Canvas Height = "360" Width = "360" Canvas.Left = "20" Canvas.Top = "70" Background = "Gray" Opacity = "0.2" />
    < Canvas Height = "320" Width = "320" Canvas.Left = "40" Canvas.Top = "90" Background = "Gray" Opacity = "0.3" />
    < Canvas Height = "280" Width = "280" Canvas.Left = "60" Canvas.Top = "110" Background = "Gray" Opacity = "0.4" />
    < Canvas Height = "240" Width = "240" Canvas.Left = "80" Canvas.Top = "130" Background = "Gray" Opacity = "0.5" />
    < Canvas Height = "200" Width = "200" Canvas.Left = "100" Canvas.Top = "150" Background = "Gray" Opacity = "0.6" />
    < Canvas Height = "160" Width = "160" Canvas.Left = "120" Canvas.Top = "170" Background = "Black" Opacity = "0.3" />
    < Canvas Height = "120" Width = "120" Canvas.Left = "140" Canvas.Top = "190" Background = "Black" Opacity = "0.4" />
    < Canvas Height = "80" Width = "80" Canvas.Left = "160" Canvas.Top = "210" Background =
```

```
"Black" Opacity = "0.5" />
        < Canvas Height = "40" Width = "40" Canvas.Left = "180" Canvas.Top = "230" Background =
"Black" Opacity = "0.6" />
    </Canvas>
```

程序运行的效果如图 5.18 所示。

图 5.18　Canvas 叠加

5.1.5　相对布局(RelativePanel)

RelativePanel 是 Windows 10 新增的一种相对布局面板，控件的位置是按照相对位置来计算的，后一个控件在什么位置依赖于前一个控件的基本位置，是最灵活的一种布局。RelativePanel 也是通过附加属性来控制控件的布局，使用方式类似于 Canvas 面板的 Left、Top 等附加属性。RelativePanel 面板的主要附加属性如下所示：

Above：在某元素的上方。

Belo：在某元素的下方。

LeftOf：在某元素的左方。

RightOf：在某元素的右方。

AlignBottomWith：本元素的下边缘和某元素的下边缘对齐。

AlignLeftWith：本元素的左边缘和某元素的左边缘对齐。

AlignRightWith：本元素的右边缘和某元素的右边缘对齐。

AlignTopWith：本元素的上边缘和某元素的上边缘对齐。

AlignVerticalCenterWith：本元素和某元素的垂直居中对齐。

AlignHorizontalCenterWith：本元素和某元素的水平居中对齐。
AlignBottomWithPanel：在元素里面是否下对齐。
AlignHorizontalCenterWithPanel：在元素里面是否水平居中对齐。
AlignLeftWithPanel：在元素里面是否左对齐。
AlignRightWithPanel：在元素里面是否右对齐。
AlignTopWithPanel：在元素里面是否上对齐。
AlignVerticalCenterWithPanel：在元素里面是否垂直居中对齐。

对于 RelativePanel 面板布局属性的理解，最好的方式就是通过例子，不断地修改布局的属性看控件之间的位置是如何变化的。下面来看一个 RelativePanel 布局的例子。

代码清单 5-5：RelativePanel 布局（源代码：第 5 章\Examples_5_5）

MainPage.xaml 文件主要代码

```
<RelativePanel VerticalAlignment = "Center" HorizontalAlignment = "Center">
    <Button x:Name = "bt1" Content = "按钮 1" />
    <Button x:Name = "bt2" Content = "按钮 2" RelativePanel.RightOf = "bt1" Height = "100"/>
    <Button x:Name = "bt3" Content = "按钮 3...." RelativePanel.AlignLeftWith = "bt2" RelativePanel.AlignBottomWithPanel = "True"/>
</RelativePanel>
```

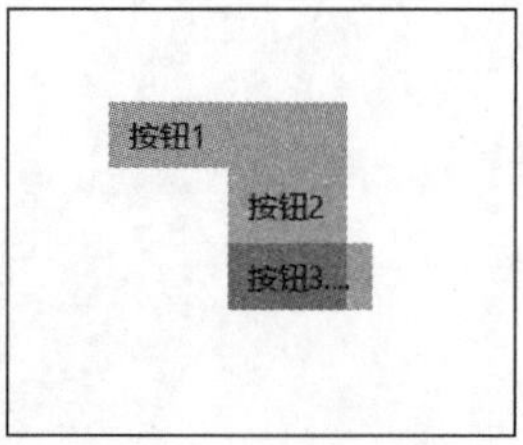

图 5.19 RelativePanel 控件布局

运行的效果如图 5.19 所示。

5.1.6 多分辨率的适配布局

Windows 10 操作系统支持设备的多种分辨率，不同型号的设备的分辨率有可能会有很大的区别，所以在编写 Windows 10 应用程序布局时候一定要考虑不同的分辨率的显示效果。不同分辨率的显示效果，可以通过用不同分辨率的模拟器来进行测试。适配不同的分辨率可以通过下面的技巧来实现：

1. 对于要自适应布局部分不要硬编码

当要实现一些控件的长度的时候，要考虑多分辨率的显示情况，如果把长度固定为实际的像素，一旦屏幕的长度不够，控件将会只显示出一部分，这种情况对于应用程序的显示效果是很不好的，可以通过把 HorizontalAlignment 属性或者 VerticalAlignment 属性设置为 Stretch 让控件的高度或者宽度自动适应。如果使用自适应的长度和宽度，在某些情况下，当自适应过长或者过短有可能会造成界面的不友好，这时候可以通过 MaxWidth、MaxHeight、MinWidth 和 MinHeight 这些属性来控制长度的范围。

2. 利用 Grid 面板或者 RelativePanel 面板动态布局

在动态布局中，用户界面会根据屏幕分辨率的不同呈现不同的效果。Grid 面板或者

RelativePanel 面板都具有动态布局的属性,比较规则的布局方式建议采用 Grid 布局,不太规则的布局则建议采用 RelativePanel 布局。

下面来看一个动态布局的例子,椭圆。

代码清单 5-6:动态布局(源代码:第 5 章\Examples_5_6)

MainPage. xaml 文件主要代码

```
< Grid Background = "{ThemeResource ApplicationPageBackgroundThemeBrush}">
    < Grid.RowDefinitions >
        < RowDefinition Height = "1 * " />
        < RowDefinition Height = "3 * " />
        < RowDefinition Height = "1 * " />
        < RowDefinition Height = "Auto" />
        < RowDefinition Height = "Auto" />
    </Grid.RowDefinitions>
    < Ellipse Grid.Row = "1" Fill = "Red" HorizontalAlignment = "Stretch" VerticalAlignment = "Stretch" MaxWidth = "500" MaxHeight = "500"></Ellipse>
    < Button Grid.Row = "3" Content = "按钮 1" HorizontalAlignment = "Stretch" Margin = "0 0 0 2" MaxWidth = "500"/>
    < Button Grid.Row = "4" Content = "按钮 2" HorizontalAlignment = "Stretch" MaxWidth = "500"/>
</Grid>
```

该布局在不同的分辨率和设备下的显示效果如图 5.20 和图 5.21 所示,该布局的实现

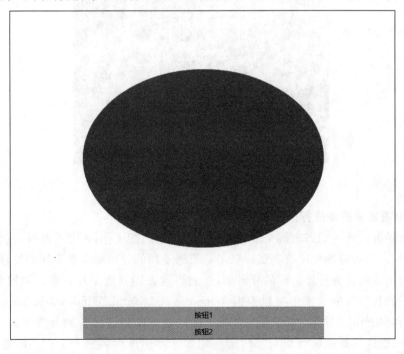

图 5.20 适配布局效果(PC)

逻辑是先把底部的按钮放在最下面，按照它们实际的高度来占用屏幕，然后屏幕剩下的高度按照 5 等分，中间的 3 等分用于放红色的椭圆。对于宽度的分配，在应用宽度小于 500 像素的情况下，两个按钮和椭圆的宽度都是自适应应用；当大于 500 像素，宽度就固定在 500 像素下。在上文所演示过的计算器的例子也是采用了类似的布局方式来实现不同的屏幕的适配。

图 5.21　适配布局效果（手机）

3. 直接根据分辨率进行适配

很多时候可以通过动态布局来实现不同分辨率的适配工作，但是有时候，仅仅是靠动态布局还是不够，比如应用程序有些图片资源是根据不同的分辨率来做不同的处理的，这时候就需要判断当前的设备是什么样的分辨率，然后再选去加载的图片资源。如果要获取应用程序上真正的长与宽的像素值可以根据 Windows.UI.Xaml.Window.Current.Bounds 类的 Height 和 Width 属性来获取，通过这两个属性就可以知道设备的分辨率的比例和实际的分辨率，根据这些数据就可以对实际的应用程序界面进行调整和适配。注意，当用户在

PC 上对应用程序的长或宽进行调整，这两个属性会发生改变。

4. 使用 AdaptiveTrigger 进行适配

AdaptiveTrigger 是指适配的触发器，可以通过设置 MinWindowHeight 或者 MinWindowWidth 属性来设置触发的时机，当最小的窗口高度或者宽度超过限制将会触发布局属性的修改。AdaptiveTrigger 需要在 VisualStateManager 里面使用，并且设置触发的某个状态的改变。

使用 AdaptiveTrigger 适配的原理也是根据设备的实际高度或者宽度来调整程序的布局，理论上跟直接通过 Windows.UI.Xaml.Window.Current.Bounds 类来获取高度或者宽度然后再调整布局是一样的原理，只不过使用 AdaptiveTrigger 做适配是在 XAML 上编写代码来实现，而后者则需要使用 C♯ 编码来实现。

下面来看一个使用 AdaptiveTrigger 来适配界面的例子，例子里面的按钮默认是按照 StackPanel 面板垂直排列的，当窗口宽度大于 600 像素的时候将采用水平排列的方式。

代码清单 5-7：AdaptiveTrigger 适配（源代码：第 5 章\Examples_5_7）

MainPage.xaml 文件主要代码

```xml
<Grid Background="{ThemeResource ApplicationPageBackgroundThemeBrush}">
    <VisualStateManager.VisualStateGroups>
        <VisualStateGroup>
            <VisualState x:Name="SideBySideState">
                <VisualState.StateTriggers>
                    <AdaptiveTrigger MinWindowWidth="600" />
                </VisualState.StateTriggers>
                <VisualState.Setters>
                    <Setter Target="theStackPanel.Orientation" Value="Horizontal" />
                </VisualState.Setters>
            </VisualState>
        </VisualStateGroup>
    </VisualStateManager.VisualStateGroups>
    <StackPanel x:Name="theStackPanel" Orientation="Vertical" HorizontalAlignment="Left" VerticalAlignment="Top">
        <Button Content="按钮 1" MinWidth="150" Margin="2"></Button>
        <Button Content="按钮 2" MinWidth="150" Margin="2"></Button>
        <Button Content="按钮 3" MinWidth="150" Margin="2"></Button>
    </StackPanel>
</Grid>
```

运行效果如图 5.22 和图 5.23 所示。

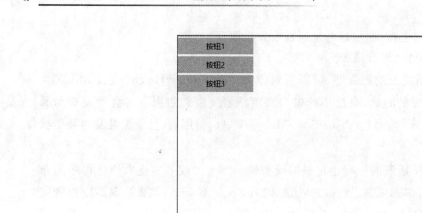

图 5.22 宽度小的情况

图 5.23 宽度大的情况

5.2 布局原理

很多时候在编写程序界面时都会忽略应用布局的重要性,仅仅把布局看作是对 UI 元素的排列,只要能实现布局的效果就可以了,但是在实际的产品开发中这是远远不够。如果要实现的布局效果比常规布局更加复杂,就需要对布局的技术知识有深入的理解。要实现一个布局的效果,可能会有多种方案,我们该怎么去选择实现的方法?如果要实现的布局效果是比较复杂的,我们该怎么对这种布局规律进行封装?要解决这些问题,就需要我们对程序的布局原理有深入的理解。

5.2.1 布局的意义

布局是页面编程的第一步,是总体把握页面上 UI 元素的显示。布局其实是应用程序开发中非常重要的一部分,布局的知识也往往会被开发者所忽视。由于 Windows 10 支持非常多的设备和屏幕分辨率,布局显得越来越重要,也变得更加复杂。下面来看一下应用程序的布局有什么样的意义:

1. 代码逻辑

良好的布局会使代码逻辑非常清晰,不好的布局方案会让页面代码逻辑很混乱。如果只是靠拖拉控件来做 Windows 10 的布局,程序界面的布局肯定会变得很糟糕,所以好的布局方案,一定要基于对各种布局控件的理解,然后充分地利用它们的特性去实现布局的效果。

2. 效率性能

布局不仅仅是界面 UI 的事情,它甚至会影响程序的运行效率。当然,简单的几个控件的页面布局,对程序效率性能的影响是微乎其微的,但是如果界面要展示大量的控件,这时候布局的好坏就会直接影响到程序的效率。良好的布局实现逻辑会让程序即使在有大量控件的页面也能流程地运行。

3. 动态适配

动态适配包括两个方面:一是 Windows 10 的多种分辨率的界面的适配;二是当页面的控件不确定时会产生动态适配的问题。好的布局方案,可以使应用程序兼容各种分辨率的设别,受到不同分辨率影响的页面,可以通过布局的技巧来解决,保证不同的分辨率下都符合产品的显示效果。此外还有动态产生的控件,这是指页面上根据不同的情况显示不同的内容,在做布局的时候就要思考如何对付这些会变化的页面。

4. 实现复杂的布局

有时候页面需要实现一些复杂的布局效果,例如像圆圈一样排列控件,Windows 10 是没有这样的布局控件支持这种复杂的布局效果的,这时候就需要自定义布局的规律来解决这样的问题。能否自定义布局控件去实现复杂的布局效果,这就要看你对 Windows 10 的布局技术的掌握程度了。

5.2.2 布局系统

布局系统是指对 Windows 10 的布局面板所进行的布局过程的统称。布局其实是一个在 Windows 10 应用中调整对象大小和定位对象的过程。要定位可视化对象，必须将它们放置于 Panel 或其他布局面板中。Panel 类是所有布局面板的父类，系统的布局面板 Canvas、StackPanel、Grid 和 RelativePanel 都是 Panel 类的子类，继承了所有 Panel 类的特性。Panel 类定义了在屏幕上绘制所有的面板里面的成员（Children 属性）的布局行为。这是一个计算密集型过程，即 Children 集合越大，执行的计算次数就越多，也就是面板里面的元素越多，布局系统布局的整个过程的时间就会越长。所有的布局面板类都是在 Panel 的基础上添加了相应的布局规律的，在 Panel 类的基础上继续封装的布局面板是为了更好地解决一些布局规律的问题，实际上这样的封装增加复杂性，对性能造成一定的损失。所以，如果不需要较为复杂的布局面板（如 Grid），则可以使用构造相对简单的布局（如 Canvas），这种布局可产生更佳的性能。

简单地说，布局是一个递归系统，实现在屏幕上对元素进行大小调整、定位和绘制。在整个布局的过程中，布局系统对布局面板成员的处理分为两个过程：一是测量处理过程，二是排列处理过程。测量处理过程是确定每个子元素所需大小的过程。排列处理过程是最终确定每个子元素的大小和位置的过程。每当面板里面的成员改变其位置时，布局系统就可能触发一个新的处理过程，重新处理上面所说的两个过程。不论何时调用布局系统，都会发生以下一系列的操作：

（1）第一次递归遍历测量每个布局面板子元素（UIElement 类的子类控件）的大小。

（2）计算在 FrameworkElement 类的子类控件元素上定义的大小调整属性，例如 Width、Height 和 Margin。

（3）应用布局面板特定的逻辑，例如 StackPanel 面板的水平布局。

（4）第二次递归遍历负责把子元素排到自己的相对位置。

（5）把所有的子元素绘制到屏幕上。

如果其他子元素添加到了集合中，子元素的布局属性（如 Width 和 Height）发生了改变或调用了 UpdateLayout 方法，均会再次调用该过程。因此，了解布局系统的特性就很重要，因为不必要的调用可能导致应用性能变差。下面的内容将会详细地演示这个布局的过程。

5.2.3 布局系统的重要方法和属性

在 Windows 10 中，布局不仅仅是布局面板要做的事情，布局面板是在负责把这个布局的过程组织起来，而在整个布局的过程中对于布局面板里面的元素都要经过一个从最外面到最里面的递归的测量和排列的过程。研究这个递归的排列和测试的过程，需要先来了解基本的控件上关于布局的方法和属性。

Windows10 的 UI 元素有两个非常重要的基类——UIElement 类和 FrameworkElement

类,他们的继承层次结构如下:

```
Windows.UI.Xaml.DependencyObject
    Windows.UI.Xaml.UIElement
        Windows.UI.Xaml.FrameworkElement
```

1. UIElement 类

UIElement 类是具有可视外观并可以处理基本输入的大多数对象的基类。关于布局,UIElement 类有两个非常重要的属性(DesiredSize 属性和 RenderSize 属性)和两个非常重要的方法(Measure 方法和 Arrange 方法)。

DesiredSize 属性:这是一个只读的属性,类型是 Size 类,表示在布局过程的测量处理过程中计算的大小。

RenderSize 属性:这是一个只读的属性,类型是 Size 类,表示 UI 元素最终呈现大小,RenderSize 和 DesiredSize 并不一定是相等的。RenderSize 就是其 ArrangeOverride 方法的返回值。

public void Measure(Size availableSize)方法:Measure 方法所做的事情是更新 UIElement 的 DesiredSize 属性,测量出 UI 元素的大小。如果在该 UI 元素上实现了 FrameworkElement.MeasureOverride(System.Windows.Size)方法,将会用此方法以形成递归布局更新。参数 availableSize 表示父对象可以为子对象分配可用空间。子对象可以请求大于可用空间的空间,如果该特定面板中允许滚动或其他调整大小行为,则提供的大小可以适应此空间。

public void Arrange(Rect finalRect)方法:Arrange 方法所做的事情是定位子对象并确定 UIElement 的大小,也就是 DesiredSize 属性的值。如果在该 UI 元素上实现了 FrameworkElement.ArrangeOverride(System.Windows.Size)方法,将会用此方法以形成递归布局更新。参数 finalRect 表示布局中父对象为子对象计算的最终大小,作为 System.Windows.Rect 值提供。

2. FrameworkElement 类

FrameworkElement 类是 UIElement 类的子类,为 Windows 10 布局中涉及的对象提供公共 API 的框架。FrameworkElement 类有两个和布局相关的虚方法:MeasureOverride 方法和 ArrangeOverride 方法。如果已经存在的布局面板无法满足特殊的布局需求,可能需要自定义布局面板,就需要重写 MeasureOverride 和 ArrangeOverride 两个方法,而这两个方法是 Windows 10 的布局系统提供给用户的自定义接口,下面来看下这两个方法的含义。

protected virtual Size MeasureOverride(Size availableSize):提供 Windows 10 布局的度量处理过程的行为,可以重写该方法来定义其自己的度量处理过程行为。参数 availableSize 表示对象可以赋给子对象的可用大小,可以指定无穷大值(System.Double.PositiveInfinity),以指示对象的大小将调整为可用内容的大小,如果子对象所计算出来的值比 availableSize 大,那么将会被截取出同 availableSize 大小的部分。返回结果表示此对象在布局过程中基于其对子对象分配大小的计算或者基于固定面板大小等其他因素而确定的所需的大小。

protected virtual Size ArrangeOverride(Size finalSize)：提供 Windows 10 布局的排列处理过程的行为,可以重写该方法来定义其自己的排列处理过程行为。参数 finalSize 表示父级中此对象应用来排列自身及其子元素的最终区域。返回结果表示元素在布局中排列后使用的实际大小。

5.2.4 测量和排列的过程

Windows 10 的布局系统是一个递归系统,它总是以 Measure 方法开始,以 Ararnge 方法结束。假设在整个布局系统里面只有一个对象,这个对象在加载到界面之前会先调用 Measure 方法来测量对象的大小,最后再调用 Ararnge 方法来安排对象的位置完成整个过程的布局。但是现实中往往是一个对象里面包含了多个子对象,子对象里面也包含着子对象,如此递归下去,直到最底层的对象。布局的过程就是从最顶层的对象开始测量,最顶层的对象的测量过程又会调用它的子对象的测量方法,如此递归直到最底下的对象。测量的过程完成之后,则开始排列的过程,排列过程也是和测量过程的原理一样,一直递归下去直到最底下的对象。下面通过一个示例来模拟这个过程。

示例里面创建了两个类,TestPanel 类用来模拟最外面的布局面板,作为父对象的角色;TestUIElement 类用来模拟作为布局面板的元素,作为最底层子对象的角色。TestUIElement 类和 TestPanel 类都继承了 Panel 类,实现了 MeasureOverride 和 ArrangeOverride 方法,并打印出相关的日志用于跟踪布局的详细情况。

代码清单 5-8：模拟测量和排列的过程（源代码：第 5 章\Examples_5_8）

TestUIElement.cs 文件主要代码

```csharp
public class TestUIElement : Panel
{
    protected override Size MeasureOverride(Size availableSize)
    {
        Debug.WriteLine("进入子对象" + this.Name + "的 MeasureOverride 方法测量大小");
        return availableSize;
    }
    protected override System.Windows.Size ArrangeOverride(System.Windows.Size finalSize)
    {
        Debug.WriteLine("进入子对象" + this.Name + "的 ArrangeOverride 方法进行排列");
        return finalSize;
    }
}
```

TestPanel.cs 文件主要代码

```csharp
public class TestPanel : Panel
{
    protected override Size MeasureOverride(Size availableSize)
    {
        Debug.WriteLine("进入父对象" + this.Name + "的MeasureOverride方法测量大小");
        foreach (UIElement item in this.Children)
        {
            item.Measure(new Size(120, 120));           //这里是入口
            Debug.WriteLine("子对象的DesiredSize值 Width:" + item.DesiredSize.Width +
" Height:" + item.DesiredSize.Height);
            Debug.WriteLine("子对象的RenderSize值 Width:" + item.RenderSize.Width +
" Height:" + item.RenderSize.Height);
        }
        Debug.WriteLine("父对象的DesiredSize值 Width:" + this.DesiredSize.Width + "
Height:" + this.DesiredSize.Height);
        Debug.WriteLine("父对象的RenderSize值 Width:" + this.RenderSize.Width + "
Height:" + this.RenderSize.Height);
        return availableSize;
    }
    protected override Size ArrangeOverride(Size finalSize)
    {
        Debug.WriteLine("进入父对象" + this.Name + "的ArrangeOverride方法进行排列");
        double x = 0;
        foreach (UIElement item in this.Children)
        {
            //排列子对象
            item.Arrange(new Rect(x, 0, item.DesiredSize.Width, item.DesiredSize.Height));
            x += item.DesiredSize.Width;
            Debug.WriteLine("子对象的DesiredSize值 Width:" + item.DesiredSize.Width +
" Height:" + item.DesiredSize.Height);
            Debug.WriteLine("子对象的RenderSize值 Width:" + item.RenderSize.Width +
" Height:" + item.RenderSize.Height);
        }
        Debug.WriteLine("父对象的DesiredSize值 Width:" + this.DesiredSize.Width +
" Height:" + this.DesiredSize.Height);
        Debug.WriteLine("父对象的RenderSize值 Width:" + this.RenderSize.Width +
" Height:" + this.RenderSize.Height);
        return finalSize;
    }
}
```

创建了 TestUIElement 类和 TestPanel 类之后，接下来要在 UI 上使用这两个类，把 TestPanel 看作是布局面板控件来使用，把 TestPanel 看作是普通控件来使用，然后观察打印出来的运行日志。要添加这两个控件，需要先在 xaml 页面上把这两个空间引入进去再

进行调用，如下面的代码所示：

MainPage. xaml 文件主要代码

```
    …省略若干代码 下面引入控件空间
    xmlns:local = "using:MeasureArrangeDemo"
    …省略若干代码 下面调用控件布局
    <StackPanel>
        <Button Content = "改变高度" Click = "Button_Click_1"></Button>
        <local:TestPanel x:Name = "panel" Height = "400" Width = "400" Background = "White">
            <local:TestUIElement x:Name = "element1" Width = "60" Height = "60" Background = "Red" Margin = "10"/>
            <local:TestUIElement x:Name = "element2" Width = "60" Height = "60" Background = "Red" />
        </local:TestPanel>
    </StackPanel>
```

应用程序的运行效果如图5.24所示。

程序在Debug的状态下运行之后，在Visual Studio的输出窗口可以看到打印出来的日志。日志的详细情况如下：

```
/*日志开始*/
进入父对象 panel 的 MeasureOverride 方法测量大小
进入子对象 element1 的 MeasureOverride 方法测量大小
子对象的 DesiredSize 值 Width:80 Height:80
子对象的 RenderSize 值 Width:0 Height:0
进入子对象 element2 的 MeasureOverride 方法测量大小
子对象的 DesiredSize 值 Width:60 Height:60
子对象的 RenderSize 值 Width:0 Height:0
父对象的 DesiredSize 值 Width:0 Height:0
父对象的 RenderSize 值 Width:0 Height:0
进入父对象 panel 的 ArrangeOverride 方法进行排列
进入子对象 element1 的 ArrangeOverride 方法进行排列
子对象的 DesiredSize 值 Width:80 Height:80
子对象的 RenderSize 值 Width:60 Height:60
进入子对象 element2 的 ArrangeOverride 方法进行排列
子对象的 DesiredSize 值 Width:60 Height:60
子对象的 RenderSize 值 Width:60 Height:60
父对象的 DesiredSize 值 Width:400 Height:400
父对象的 RenderSize 值 Width:0 Height:0
/*日志结束*/
```

从打印出来的日志可以清楚地看到整个布局过程的步骤（如图5.25所示），以及布局过程中DesiredSize值和RenderSize值的变化情况。

图 5.24 测试布局的测量与排列

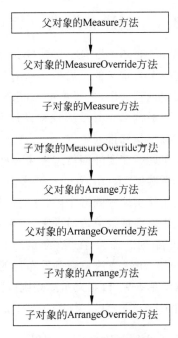

图 5.25 布局过程的步骤

从布局的过程可以总结出下面的结论：

（1）测量的过程是为了确认 DesiredSize 的值，最终是要提供给排列的过程去使用。

（2）DesiredSize 是根据 Margin、Width、Height 等属性来决定。

（3）排列的过程确定 RenderSize，以及最终子对象被安置的空间。RenderSize 就是 ArrangeOverride 的返回值，还没有被裁剪过的值。

（4）Margin、Width、Height 等属性只是控件表面上的属性，而实际掌控这些效果的是布局的测量排列过程。

（5）Margin、Width、Height 等属性的改变会重新触发布局的过程。

5.3 自定义布局规则

5.2 节介绍了 Windows 10 的系统布局面板和布局系统的相关原理，系统的布局面板并不一定会满足所有想要实现的布局规律，如果有一些特殊的布局规律，系统的布局面板不支持，这时候就需要自定义实现一个布局面板，在自定义的布局面板里面封装布局规律的逻辑。本节从一个实际的需求出发，实现一个自定义规律的布局面板。本节要实现的布局规律是把布局面板里面的子元素，按照圆形的排列规则进行排列，下面来看这个例子的详细实现过程。

5.3.1 创建布局类

在 Windows 10 要实现类似 Grid、StackPanel 的自定义布局规则的面板，首先要做的事情是创建一个自定义的布局类。所有的布局面板都需要从 Panel 类派生，自定义实现其测量和排列的过程。Panel 类中的 Children 属性表示布局面板里面的子对象，测量和排列的过程中需要根据 Children 属性来获取面板中的所有子对象，然后再根据相关的规律对这些子对象进行测量和排列。

如果布局类需要外面传递进来一些特殊的参数，那么就需要在布局类里面去实现相关的属性。当然像 Heigh、Width 等这些 Panel 类原本就支持的属性就无须再去定义，如在这个例子里面要实现的圆形布局，这时候是需要一个圆形的半径，这个半径的大小就可以作为一个属性让外面把数值传递进来，然后布局类再根据这个半径的大小来进行处理对子对象的测量和排列。需要注意的是，自定义的半径属性发生改变的时候，需要调用 InvalidateArrange 方法重新触发布局的排列过程，否则修改半径后将不会起到任何作用。

代码清单 5-9：自定义布局规则（源代码：第 5 章\Examples_5_9）

下面来看一下，自定义的 CirclePanel 类：

```csharp
public class CirclePanel : Panel
{
    //自定义的半径变量
    private double _radius = 0;
    public CirclePanel()
    {
    }
    //注册半径依赖属性
    //"Radius" 表示半径属性的名称
    // typeof(double) 表示半径属性的类型
    // typeof(CirclePanel) 表示半径属性的归属者类型
    // new PropertyMetadata(0.0, OnRadiusPropertyChanged)) 表示半径属性的元数据实例，0.0 是
    // 默认值，OnRadiusPropertyChanged 是属性改变的事件
    public static readonly DependencyProperty RadiusProperty = DependencyProperty.RegisterAttached
        ("Radius",
        typeof(double),
        typeof(CirclePanel),
        new PropertyMetadata(0.0, OnRadiusPropertyChanged));
    //定义半径属性
    public double Radius
    {
        get { return (double)GetValue(RadiusProperty); }
        set { SetValue(RadiusProperty, value); }
    }
    //实现半径属性改变事件
    private static void OnRadiusPropertyChanged(DependencyObject obj, DependencyPropertyChangedEventArgs e)
    {
```

```csharp
    //获取触发属性改变的 CirclePanel 对象
    CirclePanel target = (CirclePanel)obj;
    //获取传递进来的最新的值,并赋值给半径变量
    target._radius = (double)e.NewValue;
    //使排列状态失效,进行重新排列
    target.InvalidateArrange();
}
//重载基类的 MeasureOverride 方法
protected override Size MeasureOverride(Size availableSize)
{
    //处理测量子对象的逻辑
    return availableSize;
}

//重载基类的 ArrangeOverride 方法
protected override Size ArrangeOverride(Size finalSize)
{
    //处理排列子对象的逻辑
    return finalSize;
}
}
```

5.3.2 实现测量过程

测量的过程是在重载的 MeasureOverride 方法上实现,在 MeasureOverride 方法上需要做的第一件事情就是要把所有的子对象都遍历一次,调用其 Measure 方法来测量子对象的大小。然后在测量的过程中可以获取到子对象测量出来的宽度和高度,可以根据这些信息来给自定义的面板分配其大小。

```csharp
protected override Size MeasureOverride(Size availableSize)
{
    //最大的宽度的变量
    double maxElementWidth = 0;
    //遍历所有的子对象,并调用子对象的 Measure 方法进行测量,取出最大的宽度的子对象
    foreach (UIElement child in Children)
    {
        //测量子对象
        child.Measure(availableSize);
        maxElementWidth = Math.Max(child.DesiredSize.Width, maxElementWidth);
    }
    //取两个半径的大小和最大的宽度的两倍作为面板的宽度
    double panelWidth = 2 * this.Radius + 2 * maxElementWidth;
    //取面板所分配的高度、宽度和计算出来的宽度的最小值作为面板的实际大小
    double width = Math.Min(panelWidth, availableSize.Width);
    double heigh = Math.Min(panelWidth, availableSize.Height);
    return new Size(width, heigh);
}
```

5.3.3 实现排列过程

排列的过程是在重载的 ArrangeOverride 方法上实现,在 ArrangeOverride 方法上通过相关的规则把子对象一一排列。在例子里要实现的是把子对象按照一个固定的圆形进行排列,所以在 ArrangeOverride 方法上需要计算每个子对象所占的角度,通过角度计算子对象在面板中的坐标,然后按照一定的角度对子对象进行旋转来适应圆形的布局。排列原理图如图 5.26 所示,实现代码如下:

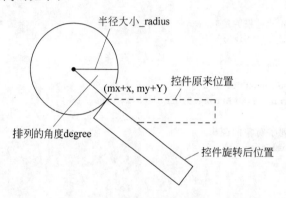

图 5.26　圆周排列的原理图

```
protected override Size ArrangeOverride(Size finalSize)
{
    //当前的角度,从 0 开始排列
    double degree = 0;
    //计算每个子对象所占用的角度大小
    double degreeStep = (double)360 / this.Children.Count;
    //计算
    double mX = this.DesiredSize.Width / 2;
    double mY = this.DesiredSize.Height / 2;
    //遍历所有的子对象进行排列
    foreach (UIElement child in Children)
    {
        //把角度转换为弧度单位
        double angle = Math.PI * degree / 180.0;
        //根据弧度计算出圆弧上的 x,y 的坐标值
        double x = Math.Cos(angle) * this._radius;
        double y = Math.Sin(angle) * this._radius;
        //使用变换效果让控件旋转角度 degree
        RotateTransform rotateTransform = new RotateTransform();
        rotateTransform.Angle = degree;
        rotateTransform.CenterX = 0;
        rotateTransform.CenterY = 0;
        child.RenderTransform = rotateTransform;
        //排列子对象
        child.Arrange(new Rect(mX + x, mY + y, child.DesiredSize.Width, child.DesiredSize.Height));
        //角度递增
```

```
            degree += degreeStep;
        }
        return finalSize;
}
```

5.3.4 应用布局规则

前面已经把自定义的圆形布局控件实现了,现在要在 XAML 页面上应用该布局面板来进行布局。在这个例子里面,还通过一个 Slider 控件来动态改变布局面板的半径大小,来观察布局的变化。

首先在 XAML 页面上引入布局面板所在的空间,如下所示:

```
xmlns:local = "clr-namespace:CustomPanelDemo"
```

然后,在 XAML 页面上运用自定义的圆形布局控件,并且通过 Slider 控件的 ValueChanged 来动态给圆形布局控件的半径赋值。代码如下:

MainPage.xaml 文件主要代码

```xml
<Grid x:Name="ContentPanel" Grid.Row="1" Margin="12,0,12,0">
    <Grid.RowDefinitions>
        <RowDefinition Height="Auto"/>
        <RowDefinition Height="*"/>
    </Grid.RowDefinitions>
    <Slider Grid.Row="0" Value="5" ValueChanged="Slider_ValueChanged_1"></Slider>
    <local:CirclePanel x:Name="circlePanel" Radius="50" Grid.Row="1" HorizontalAlignment="Center" VerticalAlignment="Center">
        <TextBlock>Start here</TextBlock>
        <TextBlock>TextBlock 1</TextBlock>
        <TextBlock>TextBlock 2</TextBlock>
        <TextBlock>TextBlock 3</TextBlock>
        <TextBlock>TextBlock 4</TextBlock>
        <TextBlock>TextBlock 5</TextBlock>
        <TextBlock>TextBlock 6</TextBlock>
        <TextBlock>TextBlock 7</TextBlock>
    </local:CirclePanel>
</Grid>
```

MainPage.xaml.cs 文件主要代码

```csharp
private void Slider_ValueChanged_1(object sender, RangeBaseValueChangedEventArgs e)
{
    if (circlePanel != null)
    {
        circlePanel.Radius = e.NewValue * 10;
    }
}
```

应用程序的运行效果如图 5.27 和图 5.28 所示。

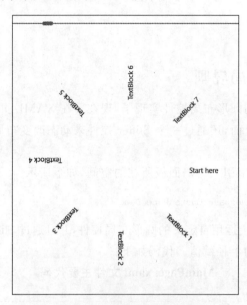

图 5.27　圆圈布局(PC)

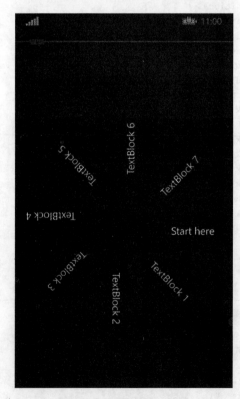

图 5.28　圆圈布局(手机)

第 6 章 应 用 数 据

数据的输入、保存、查询等操作是一个应用程序的常规功能，对于 Windows 10 的应用程序这些也是一个基本的功能。数据存储可以分为两种，一种是云存储，另外一种是应用数据存储，也就是本地数据存储。云存储是指将信息存储在云端，即存储在互联网上，通常是把数据发送到网络上，然后通过网络后台存储数据，这种情况将会在网络编程中讲解。应用数据存储是把数据存储在设备客户端，本章主要讲解应用数据存储的内容。在 Windows 10 中应用数据有两种类型，一种是应用设置，用于存储简单的数据类型的数值，另外一种是应用文件，是以文件的方式来存储数据。本章将会详细地讲解这两方面的知识，还会介绍如何将一些常用的文件格式和数据格式的序列化和数据存储。

6.1 应用设置存储

应用设置存储是指保存在应用程序存储区中的键/值对的字典集合，它自动负责序列化对象，并将其保存在应用程序里。它以键/值对方式提供一种快速数据访问方式，主要用于存储一些应用设置信息。本节将会详细介绍 Windows 10 中应用设置相关的特点以及如何在应用程序中使用应用设置来存储数据。

6.1.1 应用设置简介

应用设置作为 Windows 10 中一种经过封装好的数据存储方式，它有着自身的一些特点，并且对存储的数据也有一定的限制，在使用应用设置之前需要非常清楚地了解这些特点和限制，才能够更好地在应用程序中去使用它。

1. 拥有容器的层次结构

应用设置拥有容器的层次结构，是指这些设置信息都是在一个容器里面，而容器里还可嵌套着容器，这样一层层嵌套。在应用设置的应用数据存储内，每个应用拥有设置的根容器。通过相关的 API 可向根容器添加设置数据和新容器，创建新容器可便于组织各种设置数据，相当于是一个分组的功能，例如，在一个程序里，可以把应用程序相关的设置信息放在一个容器里，而用户的信息放在另外一个容器里。在使用设置容器的时候，注意容器最多可嵌套32层深，不过树的宽度则没有限制，也就是说可以在一个容器里添加的设置信息和容器的数量没有上限的限制。

2. 有本地和漫游两种设置类型

Windows 10支持本地和漫游两种类型，本地是指数据只会存在于当前的客户端应用程序里面，漫游则是指数据会同步到其他设备的相同账户的客户端里，例如，有两部 Windows 10设备，设备 A 和设备 B 都用相同的账号登录，设备 A 和设备 B 都安装了应用程序，这时在设备 A 存储的漫游应用设置信息会自动同步到设备 B。这个同步过程是系统来完成的，开发者并不需要去关心其逻辑。本地应用设置是在根容器 ApplicationData.Current.LocalSettings 下，而漫游应用设置是在根容器 ApplicationData.Current.RoamingSettings 下，只是存储的根目录不一样，其他的 API 操作完全一致。

3. 应用设置支持大多数 Windows 运行时数据类型

应用设置所存储的数据是单个的数据类型对象，它并不是所有的类型都会支持，例如，集合对象不支持，如果要将 List<String> 的对象存储到应用设置里会引起异常信息；还有自定义的对象也不支持。应用设置支持大多数 Windows 运行时数据类型，这些数据类型分别如下所示。

数值类型：UInt8、Int16、UInt16、Int32、UInt32、Int64、UInt64、Single、Double。

布尔类型：Boolean。

字符类型：Char16、String。

时间类型：DateTime、TimeSpan。

结构类型：GUID、Point、Size、Rect。

组合类型：ApplicationDataCompositeValue。

对于应用设置不支持的类型，又该怎么去存储呢，此时有两种解决方案，一种是使用应用文件来存储，另外一种是将数据序列化为一种受支持的数据类型，例如，可将数据序列化为 JSON，并将其作为字符串存储，但需要处理序列化。这两种方案在下面会有相关的介绍和讲解。

6.1.2 应用设置操作

应用设置操作支持增、删、改、查这些基本的操作，在开始对应用设置操作之前，首先需要获取到应用设置的容器对象（ApplicationDataContainer），所有的操作都会从一个容器对象开始。获取应用程序的根容器可以通过 ApplicationData 类对象的 LocalSettings 属性或者 RoamingSettings 属性来获取。ApplicationData 类表示应用程序的数据类，应用设置信息和应用文件的信息都是从该类的对象来获取，由于在一个应用程序只有一个 ApplicationData 对象，所以该类是使用单例模式来创建对象的，获取其对象都可以通过 ApplicationData.Current 属性来获取单例对象。获取到容器对象之后，接下来进行应用设置的增删改查的操作。

1. 添加和修改应用设置

在进行应用设置相关操作前,需要先获取应用的设置,下面的代码获取本地应用设置容器:

```
ApplicationDataContainer localSettings = Windows.Storage.ApplicationData.Current.LocalSettings;
```

获取容器之后,将数据添加到应用设置,如果该应用设置已经存在,则对其进行修改。使用 ApplicationDataContainer.Values 属性可以访问在上一步中获取的 LocalSettings 容器中的设置,然后通过键/值对的方式来操作应用设置。下面的示例会创建一个名为 testSetting 的设置。

```
localSettings.Values["testSetting"] = "Hello Windows 10";
```

注意上面的代码表示,如果容器里面没有"testSetting"这个键则新增一个,如果已经有了这个键/值对,则对原来的进行修改。也可以通过集合的判断语句来判断该容器里面是否有某个键,代码如下所示:

```
bool isKeyExist = localSettings.Values.ContainsKey("testSetting");
```

2. 读取应用设置

从设置中读取数据,也是使用 ApplicationDataContainer.Values 属性来获取应用设置的值,如通过下面的代码访问 localSettings 容器中的 testSetting 设置。

```
String value = localSettings.Values["testSetting"].ToString();
```

3. 删除应用设置

如果需要删除应用设置里面的设置数据,可以用 ApplicationDataContainerSettings.Remove 方法来实现,如通过下面的代码删除 localSettings 容器中的 testSetting 设置。

```
localSettings.Values.Remove("testSetting");
```

下面给出应用设置的示例:该示例演示了保存、删除、查找、修改和清空应用设置。

代码清单 6-1:应用设置的使用(源代码:第 6 章\Examples_6_1)

MainPage.xaml 文件主要代码

```xml
<StackPanel>
    <!--输入应用设置的键-->
    <StackPanel Orientation="Horizontal">
        <TextBlock x:Name="textBlock1" Text="Key:" Width="150" />
        <TextBox x:Name="txtKey" Text="" Width="200" />
    </StackPanel>
    <!--输入应用设置的值-->
    <StackPanel Orientation="Horizontal" Margin="0 20 0 0">
        <TextBlock Text="Value:" Width="150" />
```

```xml
            <TextBox x:Name = "txtValue" Text = "" Width = "200" />
        </StackPanel>
        <Button Content = "保存" x:Name = "btnSave" Click = "btnSave_Click" />
        <Button Content = "删除" x:Name = "btnDelete" Click = "btnDelete_Click" />
        <Button Content = "清空所有" x:Name = "deleteall" Click = "deleteall_Click" />
        <!-- 显示容器内所有的键的列表,点击选中可以在上面的输入框里面查看和修改它对应的值 -->
        <TextBlock Text = "Keys 列表:"/>
        <ListBox Height = "168" x:Name = "lstKeys" SelectionChanged = "lstKeys_SelectionChanged" />
    </StackPanel>
```

MainPage.xaml.cs 文件主要代码

```csharp
public sealed partial class MainPage : Page
{
    // 声明容器实例
    private ApplicationDataContainer _appSettings;
    public MainPage()
    {
        InitializeComponent();
        // 获取当前应用程序的本地设置根容器
        _appSettings = ApplicationData.Current.LocalSettings;
        // 把容器的键列表绑定到 list 控件
        BindKeyList();
    }
    // 保存应用设置的值
    private async void btnSave_Click(object sender, RoutedEventArgs e)
    {
        //检查 key 输入框不为空
        if (!String.IsNullOrEmpty(txtKey.Text))
        {
            _appSettings.Values[txtKey.Text] = txtValue.Text;
            BindKeyList();
        }
        else
        {
            await new MessageDialog("请输入 key 值").ShowAsync();
        }
    }
    // 删除在 List 中选中的应用设置
    private void btnDelete_Click(object sender, RoutedEventArgs e)
    {
        // 如果选中了 List 中的某项
        if (lstKeys.SelectedIndex > -1)
        {
```

```csharp
            //移除这个键的独立存储设置
            _appSettings.Values.Remove(lstKeys.SelectedItem.ToString());
            BindKeyList();
        }
    }
    // List 控件选中项的事件,将选中的键和值显示在上面的文本框中
    private void lstKeys_SelectionChanged(object sender, SelectionChangedEventArgs e)
    {
        if (e.AddedItems.Count > 0)
        {
            //获取在 List 中选择的 key
            string key = e.AddedItems[0].ToString();
            //检查设置是否存在这个 key
            if (_appSettings.Values.ContainsKey(key))
            {
                txtKey.Text = key;
                //获取 key 的值并且显示在文本框上
                txtValue.Text = _appSettings.Values[key].ToString();
            }
        }
    }
    // 将当前程序中所有的 key 值绑定到 List 上
    private void BindKeyList()
    {
        // 先清空 List 控件的绑定值
        lstKeys.Items.Clear();
        //获取当前应用程序的所有的 key
        foreach (string key in _appSettings.Values.Keys)
        {
            //添加到 List 控件上
            lstKeys.Items.Add(key);
        }
        txtKey.Text = "";
        txtValue.Text = "";
    }
    // 清空容器内所有的设置
    private void deleteall_Click(object sender, RoutedEventArgs e)
    {
        _appSettings.Values.Clear();
        BindKeyList();
    }
}
```

程序运行的效果如图 6.1 所示。

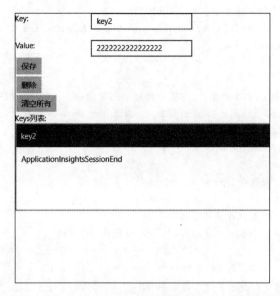

图 6.1　应用设置键/值对

6.1.3　存储容器设置

在 6.1.2 节讲解了应用设置的相关操作，这些操作都是基于应用程序的根容器，有时候为了将应用设置进行分类，需要创建新的容器进行存储应用设置的信息。下面介绍关于容器的创建和删除的操作。

1．容器的创建

容器的创建必须依赖容器的对象，也就是必须要在容器下面创建容器，所以容器里是可以嵌套着容器的，但是这个嵌套的层次不能超过 32 层。首先需要获取根容器，然后调用 ApplicationDataContainer.CreateContainer 方法，可创建设置容器。该方法有两个参数，第一个是容器的名字，注意同一个容器里面不能有相同名字的两个容器，第二个是 ApplicationDataCreateDisposition 枚举，通常会设置为枚举中的 Always 值，表示如果容器不存在则新建一个再返回容器对象。创建容器的示例代码如下所示：

```
ApplicationDataContainer container = localSettings.CreateContainer("exampleContainer",
ApplicationDataCreateDisposition.Always);
```

2．容器的删除

容器的删除可以调用 ApplicationDataContainer.DeleteContainer 方法，通过传入容器的名称可以删除当前容器下的该名称的容器，注意不是删除容器对象的这个容器。删除容器后，容器下面的应用设置信息也会全部删除掉，所以在做容器删除的操作时一定要确认该容器下面的应用设置信息是否已经完全不需要了，否则会造成信息的丢失。容器删除的示例代码如下所示：

```
localSettings.DeleteContainer("exampleContainer");
```

下面给出容器使用的示例：该示例演示了容器以及容器里的应用设置的新增和删除操作。

代码清单6-2：容器使用（源代码：第6章\Examples_6_2）

MainPage.xaml 文件主要代码

```xml
<StackPanel>
    <Button Content="创建 Container" Click="CreateContainer_Click" Margin="2"></Button>
    <Button Content="添加信息" Click="WriteSetting_Click" Margin="2"></Button>
    <Button Content="删除信息" Click="DeleteSetting_Click" Margin="2"></Button>
    <Button Content="删除 Container" Click="DeleteContainer_Click" Margin="2"></Button>
    <TextBlock x:Name="OutputTextBlock" TextWrapping="Wrap"></TextBlock>
</StackPanel>
```

MainPage.xaml.cs 文件主要代码

```csharp
public sealed partial class MainPage : Page
{
    ApplicationDataContainer localSettings = null;
    // 容器的名称
    const string containerName = "exampleContainer";
    // 设置的键名
    const string settingName = "exampleSetting";
    public MainPage()
    {
        this.InitializeComponent();
        // 获取根容器
        localSettings = ApplicationData.Current.LocalSettings;
        // 输出容器相关信息
        DisplayOutput();
    }
    // 创建一个容器
    void CreateContainer_Click(Object sender, RoutedEventArgs e)
    {
        // 如果容器不存在则新建
        ApplicationDataContainer container = localSettings.CreateContainer(containerName, ApplicationDataCreateDisposition.Always);
        DisplayOutput();
    }
    // 删除所创建的容器
    void DeleteContainer_Click(Object sender, RoutedEventArgs e)
    {
        localSettings.DeleteContainer(containerName);
        DisplayOutput();
```

```
        }
        // 在新建的容器上添加应用设置信息
        void WriteSetting_Click(Object sender, RoutedEventArgs e)
        {
            if (localSettings.Containers.ContainsKey(containerName))
            {
                localSettings.Containers[containerName].Values[settingName] = "Hello World";
            }
            DisplayOutput();
        }
        // 删除容器上的应用设置信息
        void DeleteSetting_Click(Object sender, RoutedEventArgs e)
        {
            if (localSettings.Containers.ContainsKey(containerName))
            {
                localSettings.Containers[containerName].Values.Remove(settingName);
            }
            DisplayOutput();
        }
        // 展示创建的容器和应用设置的信息
        void DisplayOutput()
        {
            // 判断容器是否存在
            bool hasContainer = localSettings.Containers.ContainsKey(containerName);
            // 判断容器里面的键值是否存在
            bool hasSetting = hasContainer ? localSettings.Containers[containerName].Values.ContainsKey(settingName) : false;
            String output = String.Format("Container Exists: {0}\n" +
                                          "Setting Exists: {1}",
                                          hasContainer ? "true" : "false",
                                          hasSetting ? "true" : "false");
            OutputTextBlock.Text = output;
        }
    }
```

程序运行的效果如图6.2所示。

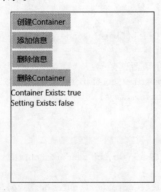

图6.2 容器的使用

6.1.4 复合设置数据

应用设置支持的数据类型除了 Windows 运行时的基本类型之外,还支持一个特殊的类型 ApplicationDataCompositeValue,就是复合设置。ApplicationDataCompositeValue 类表示必须进行自动序列化和反序列化的相关应用程序设置。复合设置通过将其插入设置映射而序列化,通过从映射查找该设置而反序列化。使用复合设置可轻松处理相互依赖的设置的原子更新,系统会在并发访问和漫游时确保复合设置的完整性。复合设置针对少量数据进行了优化,如果将其用于大型数据集,性能可能很差。所以复合设置使用的场景通常是将一组互相依赖的数据捆绑在一起,保证在任何情况下,他们都是作为一个整体进行操作。复合设置是应用设置中的一种,所以其相关的操作和应用设置一致。ApplicationDataCompositeValue 对象也是一个键/值对的对象类型,创建一个 ApplicationDataCompositeValue 对象的代码如下所示:

```
ApplicationDataCompositeValue composite = new ApplicationDataCompositeValue();
composite["intVal"] = 1;
composite["strVal"] = "string";
```

可以通过这种键/值对的方式把原本放在应用设置的键/值对放到了复合设置里面,进行一个整体的捆绑操作,这种捆绑操作的目的是保证这些数据组合的原子更新,所以复合设置在漫游设置里面使用得较多,可以保证多个设备同时更新数据的时候这组数据是作为一个原子操作。

下面给出漫游复合设置的示例:该示例演示了漫游复合设置的新增和删除操作。

代码清单 6-3:漫游复合设置(源代码:第 6 章\Examples_6_3)

MainPage.xaml 文件主要代码

```
< StackPanel >
    < Button Content = "创建" Click = "WriteCompositeSetting_Click"></Button>
    < Button Content = "删除" Click = "DeleteCompositeSetting_Click"></Button>
    < TextBlock x:Name = "OutputTextBlock" TextWrapping = "Wrap"></TextBlock>
</StackPanel>
```

MainPage.xaml.cs 文件主要代码

```
public sealed partial class MainPage : Page
{
    ApplicationDataContainer roamingSettings = null;
    // 复合设置的名称
    const string settingName = "exampleCompositeSetting";
    // 复合设置里面的键 one
    const string settingName1 = "one";
    // 复合设置里面的键 two
```

```csharp
        const string settingName2 = "two";
        public MainPage()
        {
            this.InitializeComponent();
            // 获取漫游设置
            roamingSettings = ApplicationData.Current.RoamingSettings;
            // 展示信息
            DisplayOutput();
        }
        // 写入复合设置信息
        void WriteCompositeSetting_Click(Object sender, RoutedEventArgs e)
        {
            ApplicationDataCompositeValue composite = new ApplicationDataCompositeValue();
            composite[settingName1] = 1;
            composite[settingName2] = "world";
            roamingSettings.Values[settingName] = composite;
            DisplayOutput();
        }
        // 删除复合设置信息
        void DeleteCompositeSetting_Click(Object sender, RoutedEventArgs e)
        {
            roamingSettings.Values.Remove(settingName);
            DisplayOutput();
        }
        // 展示复合设置的信息
        void DisplayOutput()
        {
            ApplicationDataCompositeValue composite = (ApplicationDataCompositeValue)roamingSettings.Values[settingName];
            String output;
            if (composite == null)
            {
                output = "复合设置信息为空";
            }
            else
            {
                output = String.Format("复合设置：{{{0} = {1}, {2} = \"{3}\"}}", settingName1, composite[settingName1], settingName2, composite[settingName2]);
            }
            OutputTextBlock.Text = output;
        }
    }
```

程序运行的效果如图6.3所示。

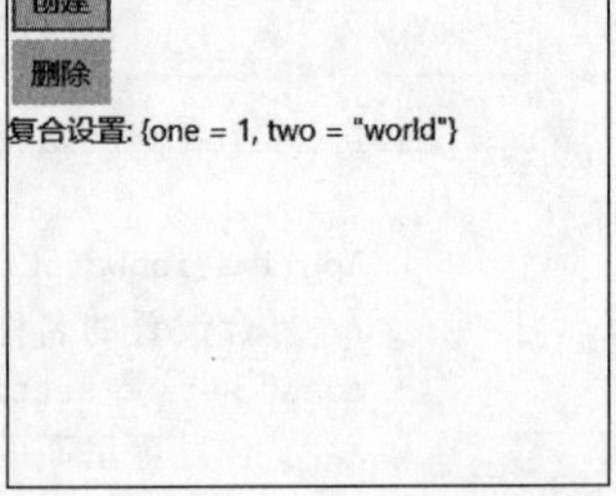

图6.3 复合设置

6.2 应用文件存储

应用设置存储在存储数据方面的局限性很大，无法满足更加复杂的数据存储以及大量的数据存储，所以还需要应用文件存储，以文件的方式来存储数据。在每个应用的应用数据存储中，该应用拥有系统定义的根目录：一个用于本地文件，一个用于漫游文件，还有一个用于临时文件。应用可向根目录添加新文件和新目录，创建新目录可组织文件。文件存储的层次和应用设置的层次的限制是一样的，应用数据存储中的文件最多可嵌套 32 层深，树的宽度没有限制。同时应用文件也有本地文件和漫游文件之分，应用添加到本地数据存储的文件仅存在于本地设备上，如果是漫游文件则系统会将文件自动同步到其他的设备上，原理和漫游设置一样。本节会先介绍三种类型的应用文件的区别，再介绍应用文件存储的相关操作。

6.2.1 三种类型的应用文件

下面来看一下三种类型的应用文件的区别。

1. 本地应用文件

本地应用文件是只存储在客户端的存储数据，所存储的数据没有总大小限制，并且存储的区域是属于程序的沙箱里，也就是只有应用程序自己才可以访问，其他的程序无法进行访问，这也保障了数据的安全性。由于本地应用文件是属于应用程序自身的存储文件，所以当应用程序卸载之后，这些数据也会删除，即使再重新安装一样的应用程序，数据也是无法恢复的。本地应用文件的根目录文件夹可以通过 ApplicationData 对象的 LocalFolder 属性来访问，即 ApplicationData.Current.LocalFolder，类型是文件夹（StorageFolder）对象。

2. 漫游应用文件

漫游应用文件是指对于同一个账号登录的设备共享的数据，这个在漫游设置里也有举例说明，也可以把漫游应用文件和漫游应用设置统称为漫游数据，他们之间的逻辑是一致的。如果在应用中使用漫游数据，用户可轻松地在多个设备之间保持应用的应用数据同步。如果用户在多个设备上安装了应用，将可以保持应用数据同步，减少用户需要在其他设备上为应用所做的设置工作。漫游应用文件的根目录文件夹可以通过 ApplicationData 对象的 RoamingFolder 属性来访问，也就是 ApplicationData.Current.RoamingFolder。下面来看一下漫游数据的一些特点。

（1）数据大小有限制

Windows 10 限制了每个应用可漫游的应用数据大小，其大小由 ApplicationData 类的 RoamingStorageQuota 属性决定。RoamingStorageQuota 属性表示获取可从漫游应用程序数据存储区同步到云的数据的最大值，如果漫游数据在漫游应用程序数据存储区中的当前大小超过 RoamingStorageQuota 指定的最大值，则系统会挂起并将包中所有应用程序的数据复制到云，直至当前大小不再超过最大值。出于此原因，最好的做法是仅为用户首选项、链接和小型数据文件使用漫游数据。

（2）数据改变时机的不确定性

由于漫游的数据会在多个设备中进行修改，所以在应用程序中一定要充分考虑漫游数据的随时改变对当前的应用程序是否需要做出回应，如果需要在程序中监控漫游数据的变化，应用应该注册处理 ApplicationData 类的 DataChanged 事件，处理操作在漫游应用数据更改时执行。

（3）数据版本的统一性

如果由于用户安装了一个较新的应用版本，设备上的应用数据更新到一个新版本，则它的应用数据将被复制到云。在设备上更新应用之前，系统不会将应用数据更新到用户安装了该应用的其他设备。

（4）漫游数据不是永久的，有时间限制

漫游数据同步并不是无限期可以同步的，它有一个 30 天的时间间隔限制。用户可在此时间间隔内从某个设备访问应用的漫游数据。如果用户不会在比此时间间隔更长的时间内运行应用，它的漫游数据将从云中删除。如果用户卸载应用，它的漫游数据不会自动从云中删除，将会保留。如果用户在该时间间隔内重新安装该应用，会从云中同步漫游数据。

（5）漫游数据同步的时机依赖于网络和设备

系统会随机漫游应用数据，不会保证即时同步，如果用户设备没有联网又或者是位于高延迟网络中，则漫游可能会明显延迟。如果漫游的数据是应用设置，还可以通过一个特殊的设置键来设置一个高优先级别的漫游设置数据，可以更加频繁和快速地同步到云端。这个高优先级别的 key 为 HighPriority，系统会以最快的速度在多个设备间同步 HighPriority 所对应的数据。它支持 ApplicationDataCompositeValue 数据，但总大小限于 8KB，此限值不是强制性的，当超过此限值时，该漫游应用设置将视为常规漫游应用设置。

3. 临时应用文件

临时应用数据存储类似于缓存，它的文件不会漫游，随时可以删除。系统维护任务可以随时自动删除存储在此位置的数据。用户还可以使用"磁盘清理"清除临时数据存储中的文件。临时应用数据可用于存储应用会话期间的临时信息，无法保证超出应用会话结束时间后仍将保留此数据，因为如有需要，系统可能回收已使用的空间，所以临时文件通常会用于存储一些非重要性的临时文件信息。临时应用文件的根目录文件夹可以通过 ApplicationData 对象的 TemporaryFolder 属性来访问，也就是 ApplicationData.Current.TemporaryFolder。

6.2.2 应用文件和文件夹操作

在 Windows 10 的应用文件存储里，对数据存储所进行的操作，其实就是对应用文件夹和文件的操作。StorageFolder 类表示操作文件夹及其内容，并提供有关它们的信息，用于向本地文件夹内的某个文件读取和写入数据。在设备存储里文件夹的根目录就是 6.2.1 节提到的三个文件夹的根目录，分别为本地文件夹（ApplicationData.Current.LocalFolder）、漫游文件夹（ApplicationData.Current.RoamingFolder）和临时文件夹（ApplicationData.

Current.TemporaryFolder)。StorageFile 类表示文件,提供有关文件及其内容和操作信息。StorageFolder 类和 StorageFile 类是两个关系非常密切的类,他们的相关操作常常会关联起来,StorageFolder 类和 StorageFile 类的主要成员分别如表 6.1 和表 6.2 所示。

表 6.1　**StorageFolder 类的主要成员**

名　　称	说　　明
DateCreated	获取创建文件夹的日期和时间
Name	获取存储文件夹的名称
Path	获取存储文件夹的路径
CreateFileAsync(string desiredName)	在文件夹或文件组中创建一个新文件。desiredName:要创建的文件的所需名称。返回表示新文件的 StorageFile
CreateFolderAsync(string desiredName)	在当前文件夹中创建新的文件夹。desiredName:要创建的文件夹的所需名称。返回表示新文件夹的 StorageFolder
DeleteAsync();	删除当前文件夹或文件组
GetFileAsync(string name)	从当前文件夹获取指定文件。name:要检索的文件的名称。返回表示文件的 StorageFile
GetFilesAsync();	在当前文件夹中获取文件。返回文件夹中的文件列表(类型 IReadOnlyList＜StorageFile＞)。列表中的每个文件均由一个 StorageFile 对象表示
GetFolderAsync(string name)	从当前文件夹获取指定文件夹。name:要检索的文件夹的名称。返回表示子文件夹的 StorageFolder
RenameAsync(string desiredName)	重命名当前文件夹。desiredName:当前文件夹所需的新名称

表 6.2　**StorageFile 类的主要成员**

名　　称	说　　明
DateCreated	获取创建文件的日期和时间
Name	获取存储文件的名称
Path	获取存储文件的路径
CopyAndReplaceAsync(IStorageFile fileToReplace)	将指定文件替换为当前文件的副本。fileToReplace:要替换的文件
CopyAsync(IStorageFolderdestinationFolder)	在指定文件夹中创建文件的副本。destinationFolder:从中创建副本的目标文件夹。返回表示副本的 StorageFile
CopyAsync(IStorageFolder destinationFolder, string desiredNewName)	使用所需的名称,在指定文件夹中创建文件的副本。destinationFolder:从中创建副本的目标文件夹。desiredNewName:副本的所需名称。如果在已经指定 desiredNewName 的目标文件夹中存在现有文件,则为副本生成唯一的名称。返回表示副本的 StorageFile
DeleteAsync()	删除当前文件
GetFileFromPathAsync(string path)	获取 StorageFile 对象以代表指定路径中的文件。path:表示获取 StorageFile 的文件路径。返回表示文件的 StorageFile
RenameAsync(string desiredName)	重命名当前文件。desiredName:当前项所需的新名称

下面来看一下应用文件和文件夹的一些常用操作。

1．创建文件夹和文件

首先对于3个根目录的StorageFolder对象,可以直接通过ApplicationData类的单例来获取,在文件夹里面再创建文件夹,可以调用StorageFolder.CreateFolderAsync方法在本地文件夹中创建一个文件夹目录,以及调用StorageFolder.CreateFileAsync方法在本地文件夹中创建一个文件。示例代码如下所示:

```
// 获取本地文件夹根目录
StorageFolder local = Windows.Storage.ApplicationData.Current.LocalFolder;
// 创建文件夹,如果文件夹存在则打开它
var dataFolder = await local.CreateFolderAsync("DataFolder", CreationCollisionOption.OpenIfExists);
// 创建一个命名为DataFile.txt的文件,如果文件存在则替换掉
var file = await dataFolder.CreateFileAsync("DataFile.txt", CreationCollisionOption.ReplaceExisting);
```

2．文件的读写

可以使用StreamReader类、StreamWriter类和FileIO类读取/写入文件的内容。StreamReader类和StreamWriter类旨在以一种特定的编码输入字符,使用StreamReader/StreamWriter类可以读取/写入标准文本文件的各行信息。StreamReader/StreamWriter的默认编码为UTF-8,UTF-8可以正确处理Unicode字符并在操作系统的本地化版本上提供一致的结果。FileIO类则是专门为IStorageFile类型的对象表示的读取/写入文件提供帮助的方法,FileIO类是一个静态类,直接调用其静态的文件读写方法来进行操作。示例代码如下所示:

```
// 读取文件的文本信息,使用FileIO类实现
string fileContent = await FileIO.ReadTextAsync(file);
// 读取文件的文本信息,使用StreamReader类实现
using (StreamReader streamReader = new StreamReader(fileStream))
{
    string fileContent = streamReader.ReadToEnd();
}
// 写入文件的文本信息,使用FileIO类实现
await FileIO.WriteTextAsync(file, "Windows 10");
// 写入文件的文本信息,使用StreamWriter类实现
using (StreamWriter swNew = new StreamWriter(fileLoc))
{
    swNew.WriteLine("Windows 10 ");
}
```

除了上面的两种方式之外,还可以使用WindowsRuntimeStorageExtensions类提供的实现IStorageFile和IStorageFolder接口类使用的方法来进行文件和文件夹的读写操作,这些扩展的方法分别有OpenStreamForReadAsync和OpenStreamForWriteAsync。示例代

码如下所示：

```
// 下面使用 OpenStreamForWriteAsync 方法来实现写入文件信息
byte[] fileBytes = System.Text.Encoding.UTF8.GetBytes("Windows 10 ".ToCharArray());
using (var s = await file.OpenStreamForWriteAsync())
{
    s.Write(fileBytes, 0, fileBytes.Length);
}
```

3．文件的删除、复制、重命名和移动操作

文件的删除、复制、重命名和移动这些操作相对来说比较简单，直接调用 StorageFile 类相关的 API 就可以。示例代码如下所示：

```
// 删除文件
await file.DeleteAsync()
// 复制文件
StorageFile fileCopy = await file.CopyAsync(destinationFolder, "sample - Copy.txt", NameCollisionOption.ReplaceExisting);
// 重命名文件
StorageFile storageFile1 = await storageFile.RenameAsync("sampleRe.txt")
// 移动文件
await storageFile.MoveAsync(newStorageFolder, newFileName);
```

下面给出文件存储的示例：该示例演示了文件的读取、写入和复制操作。

代码清单 6-4：文件存储（源代码：第 6 章\Examples_6_4）

MainPage.xaml 文件主要代码

```xml
<StackPanel>
    <TextBox Header="文件信息：" x:Name="info" TextWrapping="Wrap"></TextBox>
    <Button x:Name="bt_save" Content="保存" Margin="2" Click="bt_save_Click"></Button>
    <Button x:Name="bt_read" Content="读取保存的文件" Margin="2" Click="bt_read_Click"></Button>
    <Button x:Name="bt_delete" Content="删除文件" Margin="2" Click="bt_delete_Click"></Button>
</StackPanel>
```

MainPage.xaml.cs 文件主要代码

```csharp
public sealed partial class MainPage : Page
{
    // 文件名
    private string fileName = "testfile.txt";
    public MainPage()
    {
```

```csharp
            this.InitializeComponent();
        }
        // 保存按钮事件处理程序
        private async void bt_save_Click(object sender, RoutedEventArgs e)
        {
            if(info.Text!="")
            {
                // 写入文件信息
                await WriteFile(fileName, info.Text);
                await new MessageDialog("保存成功").ShowAsync();
            }
            else
            {
                await new MessageDialog("内容不能为空").ShowAsync();
            }
        }
        // 读取文件按钮事件处理程序
        private async void bt_read_Click(object sender, RoutedEventArgs e)
        {
            // 读取文件的文本信息
            string content = await ReadFile(fileName);
            await new MessageDialog(content).ShowAsync();
        }
        /// <summary>
        /// 读取本地文件夹根目录的文件
        /// </summary>
        /// <param name="fileName">文件名</param>
        /// <returns>读取文件的内容</returns>
        public async Task<string> ReadFile(string fileName)
        {
            string text;
            try
            {
                // 获取本地文件夹根目录文件夹
                IStorageFolder applicationFolder = ApplicationData.Current.LocalFolder;
                // 根据文件名获取文件夹里面的文件
                IStorageFile storageFile = await applicationFolder.GetFileAsync(fileName);
                // 打开文件获取文件的数据流
                IRandomAccessStream accessStream = await storageFile.OpenReadAsync();
                // 使用 StreamReader 读取文件的内容,需要将 IRandomAccessStream 对象转化为 Stream 对象来初始化 StreamReader 对象
                using (StreamReader streamReader = new StreamReader(accessStream.AsStreamForRead((int)accessStream.Size)))
                {
                    text = streamReader.ReadToEnd();
```

```csharp
            }
        }
        catch (Exception e)
        {
            text = "文件读取错误：" + e.Message;
        }
        return text;
    }
    /// <summary>
    /// 写入本地文件夹根目录的文件
    /// </summary>
    /// <param name="fileName">文件名</param>
    /// <param name="content">文件里面的字符串内容</param>
    /// <returns></returns>
    public async Task WriteFile(string fileName, string content)
    {
        // 获取本地文件夹根目录文件夹
        IStorageFolder applicationFolder = ApplicationData.Current.LocalFolder;
        // 在文件夹里面创建文件,如果文件存在则替换掉
        IStorageFile storageFile = await applicationFolder.CreateFileAsync(fileName, CreationCollisionOption.OpenIfExists);
        // 使用FileIO类把字符串信息写入文件
        await FileIO.WriteTextAsync(storageFile, content);
    }
    // 删除文件按钮的处理时间
    private async void bt_delete_Click(object sender, RoutedEventArgs e)
    {
        string text;
        try
        {
            IStorageFolder applicationFolder = ApplicationData.Current.LocalFolder;
            // 获取文件
            IStorageFile storageFile = await applicationFolder.GetFileAsync(fileName);
            // 删除当前的文件
            await storageFile.DeleteAsync();
            text = "删除成功";
        }
        catch (Exception exce)
        {
            text = "文件删除错误:" + exce.Message;
        }
        await new MessageDialog(text).ShowAsync();
    }
```

程序运行的效果如图6.4所示。

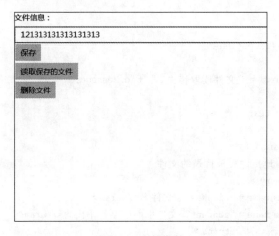

图 6.4 文件存储

6.2.3 文件 Stream 和 Buffer 读写操作

在上文所介绍的文件操作都是文本内容的文件,如果是图片文件或者其他的二进制文件就需要操作文件的 Stream 或 Buffer 数据了。操作这种二进制的文件,需要用到 DataWriter 类和 DataReader 类,DataWriter 类用于写入文件的信息,当然这个信息不仅仅是文本信息,各种类型的数据信息都可以进行写入。DataReader 类则是对应的文件读取类。一般对于这种二进制文件,文件写入和读取是需要对应起来的,例如,文件先写入 4 个字节的长度,然后再写入文件的内容,这时候要读取这个文件时,就需要先读取 4 个字节的内容长度,然后再读取实际的内容信息。下面来看一下 Windows 10 中的这种文件的 Stream 和 Buffer 的读取和写入的方式。

1. Buffer 的写入操作

在 Windows 10 里,文件的 Buffer 的操作使用的是 IBuffer 对象,所以要使用 DataWriter 类写入相关的信息之后再转化为 IBuffer 对象,然后保存到文件中。示例代码如下:

```
using (InMemoryRandomAccessStream memoryStream = new InMemoryRandomAccessStream())
{
    using (DataWriter dataWriter = new DataWriter(memoryStream))
    {
        // 文件相关的信息,可以根据文件的规则来进行写入
        dataWriter.WriteInt32(size);
        dataWriter.WriteString(userContent);
        ……
        buffer = dataWriter.DetachBuffer();
    }
}
await FileIO.WriteBufferAsync(file, buffer);
```

2. Buffer 的读取操作

读取的操作其实就是获取文件的 IBuffer 对象之后,再使用 IBuffer 对象初始化一个 DataReader 对象,就可以对文件进行读取操作了。示例代码如下:

```
IBuffer buffer = await FileIO.ReadBufferAsync(file);
using (DataReader dataReader = DataReader.FromBuffer(buffer))
{
    // 读取文件相关的信息,读取的规则要与文件的规则一致
    Int32 stringSize = dataReader.ReadInt32();
    string fileContent = dataReader.ReadString((uint)stringSize);
    ……
}
```

3. Stream 的写入操作

文件的 Stream 其实就是文件内的信息,所以在用 Stream 来写入文件的数据时,直接保存 Stream 的信息就可以,并不需要再调用文件的对象进行保存。示例代码如下:

```
using (StorageStreamTransaction transaction = await file.OpenTransactedWriteAsync())
{
    using (DataWriter dataWriter = new DataWriter(transaction.Stream))
    {
        // 文件相关的信息,可以根据文件的规则来进行写入
        dataWriter.WriteInt32(size);
        dataWriter.WriteString(userContent);
        ……
        transaction.Stream.Size = await dataWriter.StoreAsync();
        // 保存 Stream 数据
        await transaction.CommitAsync();
    }
}
```

4. Stream 的读取操作

使用 Stream 读取文件的内容,需要先调用 DataReader 类的 LoadAsync 方法,把数据加载进来,再调用相关的 Read 方法来读取文件的内容;Buffer 的操作不用调用 LoadAsync 方法,那是因为其已经一次性把数据都读取出来了。示例代码如下:

```
using (IRandomAccessStream readStream = await file.OpenAsync(FileAccessMode.Read))
{
    using (DataReader dataReader = new DataReader(readStream))
    {
        // 读取文件相关的信息,读取的规则要与文件的规则一致
        await dataReader.LoadAsync(sizeof(Int32));
        Int32 stringSize = dataReader.ReadInt32();
        await dataReader.LoadAsync((UInt32)stringSize);
        string fileContent = dataReader.ReadString((uint)stringSize);
```

```
            ……
        }
}
```

下面给出文件 Stream 和 Buffer 读写操作的示例：该示例演示了的文件格式是先写入字符串内容的长度，Int32 类型占用 4 个字节，然后再写入字符串的内容；读取文件的时候再按照这样的方式逆着来。注意如果用 6.2.2 节例子的 ReadToEnd 方法来读取文件字符串是读取不到正确内容的，必须要按照文件的格式才能读取到正确的数据。

代码清单 6-5：文件 Stream 和 Buffer 读写操作（源代码：第 6 章\Examples_6_5）

MainPage.xaml 文件主要代码

```xaml
<StackPanel>
    <Button x:Name = "bt_create" Content = "创建一个测试文件" Margin = "2" Click = "bt_create_Click"></Button>
    <Button x:Name = "bt_writebuffer" Content = "写入 buffer" Margin = "2" Click = "bt_writebuffer_Click"></Button>
    <Button x:Name = "bt_readbuffer" Content = "读取 buffer" Margin = "2" Click = "bt_readbuffer_Click"></Button>
    <Button x:Name = "bt_writestream" Content = "写入 stream" Margin = "2" Click = "bt_writestream_Click"></Button>
    <Button x:Name = "bt_readstream" Content = "读取 stream" Margin = "2" Click = "bt_readstream_Click"></Button>
    <TextBlock x:Name = "OutputTextBlock" TextWrapping = "Wrap" FontSize = "20"></TextBlock>
</StackPanel>
```

MainPage.xaml.cs 文件主要代码

```csharp
public sealed partial class MainPage : Page
{
    // 创建的测试文件对象
    private StorageFile sampleFile;
    // 文件名
    private string filename = "sampleFile.dat";
    public MainPage()
    {
        this.InitializeComponent();
    }
    // 创建一个文件事件处理程序
    private async void bt_create_Click(object sender, RoutedEventArgs e)
    {
        StorageFolder storageFolder = ApplicationData.Current.LocalFolder;
        sampleFile = await storageFolder.CreateFileAsync(filename, CreationCollisionOption.
```

```csharp
ReplaceExisting);
            OutputTextBlock.Text = "文件'" + sampleFile.Name + "'已经创建好";
        }
        // 写入 IBuffer 按钮事件处理程序
        private async void bt_writebuffer_Click(object sender, RoutedEventArgs e)
        {
            StorageFile file = sampleFile;
            if (file != null)
            {
                try
                {
                    string userContent = "测试的文本消息";
                    IBuffer buffer;
                    // 使用一个内存的可访问的数据流创建一个 DataWriter 对象,写入 String
                    // 再转化为 IBuffer 对象
                    using (InMemoryRandomAccessStream memoryStream = new InMemoryRandomAccessStream())
                    {
                        // 把 String 信息转化为 IBuffer 对象
                        using (DataWriter dataWriter = new DataWriter(memoryStream))
                        {
                            // 先写入字符串的长度信息
                            dataWriter.WriteInt32(Encoding.UTF8.GetByteCount(userContent));
                            // 写入字符串信息
                            dataWriter.WriteString(userContent);
                            buffer = dataWriter.DetachBuffer();
                        }
                    }
                    await FileIO.WriteBufferAsync(file, buffer);
                    OutputTextBlock.Text = "长度为 " + buffer.Length + " bytes 的文本信息写入到了文件'" + file.Name + "':" + Environment.NewLine + Environment.NewLine + userContent;
                }
                catch (Exception exce)
                {
                    OutputTextBlock.Text = "异常:" + exce.Message;
                }
            }
            else
            {
                OutputTextBlock.Text = "请先创建文件";
            }
        }
        // 读取 IBuffer 按钮事件处理程序
        private async void bt_readbuffer_Click(object sender, RoutedEventArgs e)
```

```csharp
            {
                StorageFile file = sampleFile;
                if (file != null)
                {
                    try
                    {
                        IBuffer buffer = await FileIO.ReadBufferAsync(file);
                        using (DataReader dataReader = DataReader.FromBuffer(buffer))
                        {
                            // 先读取字符串的长度信息
                            Int32 stringSize = dataReader.ReadInt32();
                            // 读取字符串信息
                            string fileContent = dataReader.ReadString((uint)stringSize);
                            OutputTextBlock.Text = "长度为 " + buffer.Length + " bytes 的文本信息从文件 '" + file.Name + "' 读取出来,其中字符串的长度为" + stringSize + " bytes :"
                                + Environment.NewLine + fileContent;
                        }
                    }
                    catch (Exception exce)
                    {
                        OutputTextBlock.Text = "异常: " + exce.Message;
                    }
                }
                else
                {
                    OutputTextBlock.Text = "请先创建文件";
                }
            }
            // 写入 Stream 按钮事件处理程序
            private async void bt_writestream_Click(object sender, RoutedEventArgs e)
            {
                StorageFile file = sampleFile;
                if (file != null)
                {
                    try
                    {
                        string userContent = "测试的文本消息";
                        // 使用 StorageStreamTransaction 对象来创建 DataWriter 对象写入数据
                        using (StorageStreamTransaction transaction = await file.OpenTransactedWriteAsync())
                        {
                            using (DataWriter dataWriter = new DataWriter(transaction.Stream))
                            {
                                // 先写入信息的长度
                                dataWriter.WriteInt32(Encoding.UTF8.GetByteCount(userContent));
                                // 写入字符串信息
                                dataWriter.WriteString(userContent);
```

```csharp
                        // 提交 dataWriter 的数据同时重设 Stream 的大小
                        transaction.Stream.Size = await dataWriter.StoreAsync();
                        // 保存 Stream 数据
                        await transaction.CommitAsync();
                        OutputTextBlock.Text = "使用 stream 把信息写入了文件 '" +
file.Name + "':" + Environment.NewLine + userContent;
                    }
                }
            }
            catch (Exception exce)
            {
                OutputTextBlock.Text = "异常: " + exce.Message;
            }
        }
        else
        {
            OutputTextBlock.Text = "请先创建文件";
        }
    }
    // 读取 Stream 按钮事件处理程序
    private async void bt_readstream_Click(object sender, RoutedEventArgs e)
    {
        StorageFile file = sampleFile;
        if (file != null)
        {
            try
            {
                // 使用文件流创建 DataReader 对象
                using (IRandomAccessStream readStream = await file.OpenAsync(FileAccessMode.Read))
                {
                    using (DataReader dataReader = new DataReader(readStream))
                    {
                        UInt64 size = readStream.Size;
                        if (size <= UInt32.MaxValue)
                        {
                            // 先读取字符串的长度信息
                            await dataReader.LoadAsync(sizeof(Int32));
                            Int32 stringSize = dataReader.ReadInt32();
                            // 读取字符串的内容信息
                            await dataReader.LoadAsync((UInt32)stringSize);
                            string fileContent = dataReader.ReadString((uint)stringSize);
                            OutputTextBlock.Text = "使用 stream 把信息从文件 '" +
file.Name + "' 读取出来,其中字符串的长度为" + stringSize + " bytes :"
                                + Environment.NewLine + fileContent;
                        }
                        else
```

```
                    {
                        OutputTextBlock.Text = "文件 " + file.Name + " 太大,不
能再单个数据块中读取";
                    }
                }
            }
            catch (Exception exce)
            {
                OutputTextBlock.Text = "异常: " + exce.Message;
            }
        }
        else
        {
            OutputTextBlock.Text = "请先创建文件";
        }
    }
}
```

程序运行的效果如图 6.5 所示。

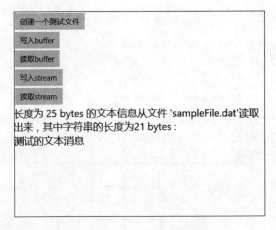

图 6.5 Stream 和 Buffer 操作

6.2.4 应用文件的 URI 方案

上文获取文件的方式都是通过应用程序的 3 个根目录的文件夹对象来获取文件夹对象和文件对象,本节来讲解一种新的获取文件对象的方式,通过 URI 地址来获取。应用程序存储里面的文件夹和文件,其实和平时在 Windows 电脑上看到的文件目录是一样的,只不过它们是在存储器里,并不能很直观地看到路径,当然还是可以通过 StorageFile 类的 Path 属性来查看到文件的保存路径,例如,查看一个在 LocalFolder 文件夹的 testfile.txt 文件的路径如下所示:

C:\Data\Users\DefApps\APPDATA\Local\Packages\6c522da7-81ed-4463-b58a-584c89af115e_thbaz9fn8knhr\LocalState\testfile.txt

3个根目录文件夹所对应的保存路径的格式分别如下所示：

（1）LocalFolder 文件夹的保存路径格式：%USERPROFILE%\APPDATA\Local\Packages\{PackageId}\LocalState

（2）RoamingFolder 文件夹的保存路径格式：%USERPROFILE%\APPDATA\Local\Packages\{PackageId}\RoamingState

（3）TemporaryFolder 文件夹的保存路径格式：%USERPROFILE%\APPDATA\Local\Packages\{PackageId}\TempState

获取到的这个路径其实并不能作为访问文件的路径来使用，访问文件的路径需要使用本地文件夹的 ms-appdata 的 URI 方案。LocalFolder 文件夹对应的是"ms-appdata:///local/"，RoamingFolder 文件夹对应的是"ms-appdata:///roaming/"，TemporaryFolder 文件夹对应的是"ms-appdata:///temp/"。可以通过 StorageFile 类的静态方法 GetFileFromApplicationUriAsync 来根据 URI 读取文件，下面的示例代码是使用了 ms-appdata 的 URI 方案来获取在 LocalFolder 文件夹里面的 AppConfigSettings.xml 文件。

```
var file = await StorageFile.GetFileFromApplicationUriAsync(new Uri("ms-appdata:///local/AppConfigSettings.xml"));
```

在这种通过 URI 访问文件的方案里还需要注意，新文件和文件夹的路径在 URI 方案名称的最后一个斜杠后面不能超过 185 个字符。

下面给出通过 URI 读取文件的示例：该示例演示了创建一个文件之后获取其绝对的路径，读取文件的时候是通过 URI 方案读取文件。

代码清单 6-6：通过 URI 读取文件（源代码：第 6 章\Examples_6_6）

MainPage.xaml 文件主要代码

```xml
<StackPanel>
    <TextBox Header="文件信息：" x:Name="info" TextWrapping="Wrap"></TextBox>
    <Button x:Name="bt_save" Content="创建文件" Margin="2" Click="bt_save_Click"></Button>
    <Button x:Name="bt_read" Content="通过URI读取文件" Margin="2" Click="bt_read_Click"></Button>
</StackPanel>
```

MainPage.xaml.cs 文件主要代码

```csharp
// 文件名
private string fileName = "testfile.txt";
// 创建文件
private async void bt_save_Click(object sender, RoutedEventArgs e)
```

```csharp
{
    if (info.Text != "")
    {
        // 获取本地文件夹根目录文件夹
        IStorageFolder applicationFolder = ApplicationData.Current.LocalFolder;
        // 在文件夹里面创建文件,如果文件存在则替换掉
        IStorageFile storageFile = await applicationFolder.CreateFileAsync(fileName, CreationCollisionOption.OpenIfExists);
        // 使用 FileIO 类把字符串信息写入文件
        await FileIO.WriteTextAsync(storageFile, info.Text);
        await new MessageDialog("保存成功,文件的路径: " + storageFile.Path).ShowAsync();
    }
    else
    {
        await new MessageDialog("内容不能为空").ShowAsync();
    }
}
// 读取文件
private async void bt_read_Click(object sender, RoutedEventArgs e)
{
    // 读取文件的文本信息
    string text;
    try
    {
        // 通过 URI 获取本地文件
        var storageFile = await StorageFile.GetFileFromApplicationUriAsync(new Uri("ms-appdata:///local/" + fileName));
        // 打开文件获取文件的数据流
        IRandomAccessStream accessStream = await storageFile.OpenReadAsync();
        // 使用 StreamReader 读取文件的内容,需要将 IRandomAccessStream 对象转化为 Stream 对象来初始化 StreamReader 对象
        using (StreamReader streamReader = new StreamReader(accessStream.AsStreamForRead((int)accessStream.Size)))
        {
            text = streamReader.ReadToEnd();
        }
    }
    catch (Exception exce)
    {
        text = "文件读取错误: " + exce.Message;
    }
    await new MessageDialog(text).ShowAsync();
}
```

程序运行的效果如图 6.6 所示。

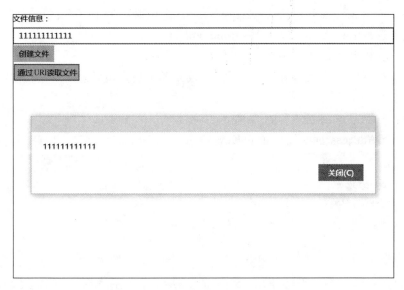

图 6.6　通过 URI 读取文件

6.3　常用的存储数据格式

在实际的项目中存储数据往往会使用到相对复杂的存储数据格式,而不仅仅是一个简单的字符串,所以在学习应用的数据存储时,也需要去学习 JSON、XML 等这些常用的数据格式或文件格式。如何在程序中使用这些成熟的数据格式来实现与程序业务相关的数据存储。本节将会深入地讲解如何在应用设置和应用文件中使用这些常用的存储数据的格式。

6.3.1　JSON 数据序列化存储

JSON 的全称是 JavaScript Object Notation,是一种轻量级的数据交换语言,以文字为基础,且易于让人阅读。尽管 JSON 是 Javascript 的一个子集,但 JSON 是独立于语言的文本格式,并且采用了类似于 C 语言家族的一些习惯。JSON 的特点是数据格式比较简单,易于读写,格式都是压缩的,占用带宽小并且易于解析,所以通常会用 JSON 格式来传输数据或者用于数据存储,虽然 JSON 格式一开始是因为 Javascript 而诞生,但是它本身的数据结构对于任何一种编程语言和平台都是可以使用的,并且 Windows 10 的平台极好地支持 JSON 的数据格式。下面先来简单地了解一下 JSON 数据结构的语法。

JSON 用于描述数据结构,有以下形式存在。

对象(object):一个对象以"{"开始,并以"}"退出。一个对象包含一系列非排序的名称/值对,每个名称/值对之间使用","分隔。

名称/值(collection):名称和值之间使用":"隔开,一般的形式是{name:value}。一个名称是一个字符串;一个值可以是一个字符串、一个数值、一个对象、一个布尔值、一个有串行表或者一个 null 值。值的串行表(Array)：一个或者多个值用","分区后，使用"["、"]"括起来就形成了这样的列表，例如，[collection，collection]。

字符串：以""括起来的一串字符。

数值：一系列 0~9 的数字组合，可以为负数或者小数。还可以用"e"或者"E"表示为指数形式。

布尔值：表示为 true 或者 false。

例如，一个 Address 对象包含如下 Key-Value：

city:Beijing
street:Chaoyang Road
postcode:100025(整数)

用 JSON 表示如下：

{"city":"Beijing","street":" Chaoyang Road ","postcode":100025}

在 Windows 10 里面如果要使用 JSON 的数据格式来存储相关的信息会有两种编程方式：

1. 使用 DataContractJsonSerializer 类对 JSON 数据进行序列化和反序列化

DataContractJsonSerializer 类对 JSON 数据进行序列化和反序列化，是最简洁的 JSON 数据操作方式。序列化的过程是把实体类对象转化为 JSON 字符串对象，直接把实体类的属性名称和属性值组成"名称/值"对的形式，反序列化的过程则刚好倒过来。下面来看一下使用 DataContractJsonSerializer 类对 JSON 数据进行序列化和反序列化的两个方法的封装。

```
/// <summary>
/// 对实体类对象进行序列化的方法
/// </summary>
/// <param name="item">实体类对象</param>
/// <returns>对象对应的 JSON 字符串</returns>
public string ToJsonData(object item)
{
    DataContractJsonSerializer serializer = new DataContractJsonSerializer(item.GetType());
    string result = String.Empty;
    using (MemoryStream ms = new MemoryStream())
    {
        serializer.WriteObject(ms, item);
        ms.Position = 0;
        using (StreamReader reader = new StreamReader(ms))
        {
            result = reader.ReadToEnd();
        }
    }
    return result;
}
/// <summary>
/// 把 JSON 字符串反序列化成实体类对象
```

```
///   </summary>
///   <typeparam name = "T">对象的类型</typeparam>
///   <param name = "jsonString">JSON 字符串</param>
///   <returns>JSON 字符串所对应的实体类对象</returns>
public T DataContractJsonDeSerializer<T>(string jsonString)
{
    var ds = new DataContractJsonSerializer(typeof(T));
    var ms = new MemoryStream(Encoding.UTF8.GetBytes(jsonString));
    T obj = (T)ds.ReadObject(ms);
    ms.Dispose();
    return obj;
}
```

2．使用 JsonObject 对象来自定义 JSON 对象

使用 DataContractJsonSerializer 类对 JSON 数据进行序列化和反序列化的操作很方便，但是却有一个弊端，它的灵活性很差，例如，序列化成的 JSON 字符串的"名称/值"对的"名称"必须和类的属性完全一致，所以若需要实现更加灵活和复杂的 JSON 数据进行序列化和反序列化的操作可以使用 JsonObject 类来进行自定义。

例如，通过 JsonObject 类来创建一个如下的 JSON 对象：

```
{"city":"Beijing","street":" Chaoyang Road ","postcode":100025}
```

创建其对应的 JsonObject 类实现的语法如下所示：

```
JsonObject jsonObject = new JsonObject();
jsonObject.SetNamedValue("city", JsonValue.CreateStringValue("Beijing"));
jsonObject.SetNamedValue("street", JsonValue.CreateStringValue(" Chaoyang Road "));
jsonObject.SetNamedValue("postcode ", JsonValue. CreateNumberValue(100025));
```

获取 JsonObject 类对象"city"所对应的数值如下：

```
jsonObject.GetNamedString("city", "默认值");
```

下面给出 JSON 数据存储的示例：该示例演示了使用实体类来封装用户的数据，把数据转化成 JSON 字符串存储到应用设置里面，获取的时候再把数据转化为实体类对象。该示例使用了上面的两种序列化和反序列化 JSON 数据的方案，请注意区别。

代码清单 6-7：JSON 数据存储（源代码：第 6 章\Examples_6_7）

该例子要实现的业务是保存个人信息，其中涉及两个实体类的封装，一个是 User 类用来存储用户的名字、年龄和学校信息，还有一个是 School 类，用于存储学校的信息，与 User 类关联起来，意思是一个用户可以读过 0 个或者若干个学校。User 类和 School 类的属性以及使用 JsonObject 类进行序列化和反序列化的封装如下所示。

User.cs 文件主要代码：用户信息类

```
--------------------------------------------------------------------
    public class User
    {
```

```csharp
// 用户类所封装的属性
public string Id { get; set; }
public string Name { get; set; }
public ObservableCollection<School> Education { get; set; }
public double Age { get; set; }
public bool Verified { get; set; }
// JsonObject 对象所使用的名称,与类的属性名称对应起来
private const string idKey = "id";
private const string nameKey = "name";
private const string educationKey = "education";
private const string ageKey = "age";
private const string verifiedKey = "verified";

public User()
{
    Id = "";
    Name = "";
    Education = new ObservableCollection<School>();
}
// 使用 JSON 字符串来初始化对象
public User(string jsonString)
    : this()
{
    // 把 JSON 字符串转化为 JsonObject 对象,然后获取类的属性和 JSON 对应的属性值
    JsonObject jsonObject = JsonObject.Parse(jsonString);
    Id = jsonObject.GetNamedString(idKey, "");
    Name = jsonObject.GetNamedString(nameKey, "");
    Age = jsonObject.GetNamedNumber(ageKey, 0);
    Verified = jsonObject.GetNamedBoolean(verifiedKey, false);
    // User 对象里面还包含了 School 对象集合,再转化成 School 对象
    foreach (IJsonValue jsonValue in jsonObject.GetNamedArray(educationKey, new JsonArray()))
    {
        if (jsonValue.ValueType == JsonValueType.Object)
        {
            Education.Add(new School(jsonValue.GetObject()));
        }
    }
}
// 把实体类对象转化为 JSON 字符串,实现的思路就是先创建 JsonObject 对象,然后再调用
// 其 Stringify 方法获取 JSON 字符串
public string Stringify()
{
    JsonArray jsonArray = new JsonArray();
    foreach (School school in Education)
    {
        jsonArray.Add(school.ToJsonObject());
```

```csharp
        }

        JsonObject jsonObject = new JsonObject();
        jsonObject[idKey] = JsonValue.CreateStringValue(Id);
        jsonObject[nameKey] = JsonValue.CreateStringValue(Name);
        jsonObject[educationKey] = jsonArray;
        jsonObject[ageKey] = JsonValue.CreateNumberValue(Age);
        jsonObject[verifiedKey] = JsonValue.CreateBooleanValue(Verified);

        return jsonObject.Stringify();
    }
}
```

School.cs 文件主要代码：学校信息类

```csharp
public class School
{
    // 学校类所封装的属性
    public string Id { get; set; }
    public string Name{ get; set; }
    // JsonObject 对象所使用的名称,与类的属性名称对应起来,注意 schoolKey 是用在封装该
    // 对象的 JSON 名称
    private const string idKey = "id";
    private const string schoolKey = "school";
    private const string nameKey = "name";

    public School()
    {
        Id = "";
        Name = "";
    }
    // 通过 JsonObject 对象初始化 School 类
    public School(JsonObject jsonObject)
    {
        JsonObject schoolObject = jsonObject.GetNamedObject(schoolKey, null);
        if (schoolObject != null)
        {
            Id = schoolObject.GetNamedString(idKey, "");
            Name = schoolObject.GetNamedString(nameKey, "");
        }
    }
    // 把 School 类转化为 JsonObject 对象
    public JsonObject ToJsonObject()
    {
        JsonObject schoolObject = new JsonObject();
        schoolObject.SetNamedValue(idKey, JsonValue.CreateStringValue(Id));
```

```
            schoolObject.SetNamedValue(nameKey, JsonValue.CreateStringValue(Name));

            JsonObject jsonObject = new JsonObject();
            jsonObject.SetNamedValue(schoolKey, schoolObject);
            return jsonObject;
        }
    }
```

对 User 类和 School 类封装完成之后,接下来开始实现界面的 UI 数据在应用设置上的存储和读取。

MainPage.xaml 文件主要代码

```xml
<StackPanel>
    <TextBlock Text="填写你的个人你信息" FontSize="20"></TextBlock>
    <TextBox x:Name="userName" Header="名字:"></TextBox>
    <TextBox x:Name="userAge" Header="年龄:" InputScope="Number"></TextBox>
    <TextBlock Text="就读过的学校:" FontSize="20"></TextBlock>
    <CheckBox Content="哈尔滨佛教学院" x:Name="school1"></CheckBox>
    <CheckBox Content="蓝翔职业技术学院" x:Name="school2"></CheckBox>
    <StackPanel Orientation="Horizontal" HorizontalAlignment="Center">
        <Button Content="保存" x:Name="save" Click="save_Click"></Button>
        <Button Content="获取保存的信息" x:Name="get" Click="get_Click"></Button>
    </StackPanel>
    <TextBlock x:Name="info" TextWrapping="Wrap" FontSize="20"></TextBlock>
</StackPanel>
```

MainPage.xaml.cs 文件主要代码

```csharp
public sealed partial class MainPage : Page
{
    // 声明容器实例
    private ApplicationDataContainer _appSettings;
    private const string UserDataKey = "UserDataKey";
    public MainPage()
    {
        this.InitializeComponent();
        // 获取当前应用程序的本地设置根容器
        _appSettings = ApplicationData.Current.LocalSettings;
    }
    // 把数据转化为 JSON 保存到应用设置里面
    private async void save_Click(object sender, RoutedEventArgs e)
    {
        if (userName.Text == "" || userAge.Text == "")
        {
            await new MessageDialog("请输入完整的信息").ShowAsync();
```

```csharp
            return;
        }
        ObservableCollection<School> education = new ObservableCollection<School>();
        if (school1.IsChecked == true)
        {
            education.Add(new School { Id = "id001", Name = school1.Content.ToString() });
        }
        if (school2.IsChecked == true)
        {
            education.Add(new School { Id = "id002", Name = school2.Content.ToString() });
        }
        User user = new User { Education = education, Id = Guid.NewGuid().ToString(), Name = userName.Text, Age = Int32.Parse(userAge.Text), Verified = false };
        // 使用 DataContractJsonDeSerializer 的实现方式
        //string json = ToJsonData(user);
        // 使用 JsonObject 的实现方式
        string json = user.Stringify();
        info.Text = json;
        _appSettings.Values[UserDataKey] = json;
        await new MessageDialog("保存成功").ShowAsync();
    }
    // 把应用设置存储的 JSON 数据转化为实体类对象
    private async void get_Click(object sender, RoutedEventArgs e)
    {
        if (!_appSettings.Values.ContainsKey(UserDataKey))
        {
            await new MessageDialog("未保存信息").ShowAsync();
            return;
        }
        string json = _appSettings.Values[UserDataKey].ToString();
        // 使用 DataContractJsonDeSerializer 的实现方式
        //User user = DataContractJsonDeSerializer<User>(json);
        // 使用 JsonObject 的实现方式
        User user = new User(json);
        string userInfo = "";
        userInfo = "Id:" + user.Id + " Name:" + user.Name + " Age:" + user.Age;
        foreach (var item in user.Education)
        {
            userInfo += " Education:" + "Id:" + item.Id + " Name:" + item.Name;
        }
        await new MessageDialog(userInfo).ShowAsync();
    }
    // 把 JSON 字符串反序列化成实体类对象
    public T DataContractJsonDeSerializer<T>(string jsonString)
    {
        // 请参考 DataContractJsonSerializer 实现 JSON 的代码
    }
```

```
// 对实体类对象进行序列化的方法
public string ToJsonData(object item)
{
    // 请参考 DataContractJsonSerializer 实现 JSON 的代码
}
}
```

程序运行的效果如图 6.7 所示。

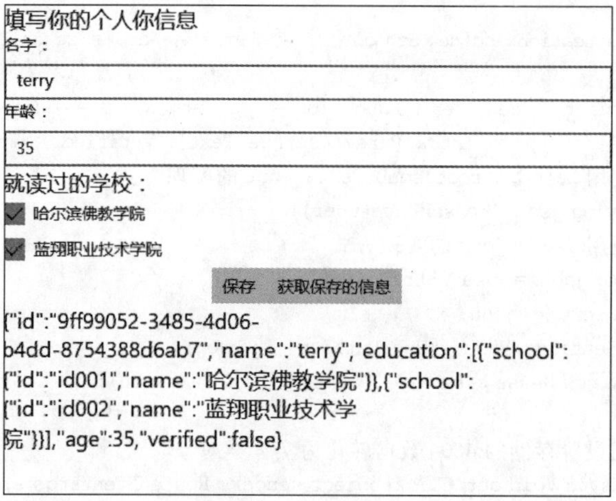

图 6.7　JSON 数据存储

6.3.2　XML 文件存储

XML 是可扩展标记语言(Extensible Markup Language)的缩写,用于创建内容并使用限定标记,从而使每个单词、短语或块成为可识别、可分类的信息。XML 是一种易于使用和易于扩展的标记语言,它比 JSON 使用得更加广泛,它也是一种简单的数据格式,是纯100%的 ASCII 文本,而 ASCII 的抗破坏能力是很强的。如下是一个非常简单的 XML 文档的格式:

```
<?xml version = "1.0" encoding = "UTF - 8"?>
<test>
Hello Windows 10
</test>
```

上面文档的第一行是一个 XML 声明,它将文件识别为 XML 文件,有助于工具和读者识别 XML。可以将这个声明简单地写成＜? xml? ＞,或包含 XML 版本(＜? xml version＝"1.0"? ＞),甚至包含字符编码,例如,针对 Unicode 的＜? xml version＝"1.0" encoding＝"utf-8"? ＞。

对于大型复杂的文档,XML 是一种理想语言,它不仅允许指定文档中的词汇,还允许指定元素之间的关系。例如,如可以规定一个 author 元素必须有一个 name 子元素。可以规定企业的业务必须包括哪些子业务。

Windows 10 对 XML 文件的序列化和反序列化也有两种方式,这个和 JSON 操作类似,一种是自动的序列化,另一种是自定义的 XML 文件,下面来详细地看一下这两种 XML 文件的操作方式。

1. 使用 DataContractSerializer 类对 XML 文件进行序列化和反序列化

DataContractSerializer 类和 DataContractJsonSerializer 类是两个很相似的类,前者是针对 XML 格式的数据,后者是针对 JSON 的数据。下面来看一下使用 DataContractSerializer 类来序列化和反序列化应用存储的 XML 文件的封装方法:

```csharp
/// <summary>
/// 把实体类对象序列化成 XML 格式存储到文件里面
/// </summary>
/// <typeparam name="T">实体类类型</typeparam>
/// <param name="data">实体类对象</param>
/// <param name="fileName">文件名</param>
/// <returns></returns>
public async Task SaveAsync<T>(T data, string fileName)
{
    StorageFile file = await ApplicationData.Current.LocalFolder.CreateFileAsync(fileName, CreationCollisionOption.ReplaceExisting);
    // 获取文件的数据流来进行操作
    using (IRandomAccessStream raStream = await file.OpenAsync(FileAccessMode.ReadWrite))
    {
        using (IOutputStream outStream = raStream.GetOutputStreamAt(0))
        {
            // 创建序列化对象写入数据
            DataContractSerializer serializer = new DataContractSerializer(typeof(T));
            serializer.WriteObject(outStream.AsStreamForWrite(), data);
            await outStream.FlushAsync();
        }
    }
}
/// <summary>
/// 反序列化 XML 文件
/// </summary>
/// <typeparam name="T">实体类类型</typeparam>
/// <param name="filename">文件名</param>
/// <returns>实体类对象</returns>
public async Task<T> ReadAsync<T>(string filename)
{
    // 获取实体类类型实例化一个对象
    T sessionState_ = default(T);
```

```
            StorageFile file = await ApplicationData.Current.LocalFolder.GetFileAsync(filename);
            if (file == null) return sessionState_;
            using (IInputStream inStream = await file.OpenSequentialReadAsync())
            {
                // 反序列化 XML 数据
                DataContractSerializer serializer = new DataContractSerializer(typeof(T));
                sessionState_ = (T)serializer.ReadObject(inStream.AsStreamForRead());
            }
            return sessionState_;
        }
```

下面举例说明如何创建一个实体类对象 Person, 如下所示：

```
public class Person
{
    public string Name { get; set; }
    public int Age { get; set; }
}
```

这个 Person 对象 Name="terry", Age=41, 通过上面的序列化方法存储到应用文件里，内容如下所示：

```
< Person xmlns: i = "http://www.w3.org/2001/XMLSchema - instance" xmlns = "http://schemas.datacontract.org/2004/07/DataContractSerializerDemo">< Age > 41 </Age >< Name > terry </Name ></Person >
```

2. 使用 XmlDocument 类对 XML 文件进行序列化和反序列化

Windows 10 对 XML 文档的灵活化编程也提供了很好地支持，如表 6.3 所示列出了在 Windows 10 中对 XML 文档操作相关的类和说明，通过这些类几乎可以操作一个 XML 文档的任何语法和内容。下面是一段 XML 格式的信息：

```
<!-- 这是学生的信息 -->
< students >
    < Student >
        < id > id001 </id >
        < name >张三</name >
    </Student >
</students >
```

如果要在 Windows 10 里使用 XmlDocument 类的对象来存储上面的 XML 信息可以通过下面的代码实现：

```
// 创建一个 XmlDocument 对象代表着是一个 XML 的文档对象
XmlDocument dom = new XmlDocument();
// 创建和添加一条 XML 的评论
XmlComment dec = dom.CreateComment("这是学生的信息");
dom.AppendChild(dec);
```

```csharp
// 添加一个 students 的元素为 XML 文档的根元素
XmlElement x = dom.CreateElement("students");
dom.AppendChild(x);
// 创建一个 Student 元素后面再添加到 students 元素的节点上
XmlElement x1 = dom.CreateElement("Student");
// 在 Student 元素里面再添加 id 和 name 两个元素节点,在节点内还添加了文本内容
XmlElement x11 = dom.CreateElement("id");
x11.InnerText = "id001";
x1.AppendChild(x11);
XmlElement x12 = dom.CreateElement("name");
x12.InnerText = "张三";
x1.AppendChild(x12);
x.AppendChild(x1);
```

表 6.3　XML 文档操作相关的类和说明

DOM 节点类型	类	说　明
Document	XmlDocument 类	树中所有节点的容器。也称作文档根,文档根并非总是与根元素相同
DocumentFragment	XmlDocumentFragment 类	包含一个或多个不带任何树结构的节点的临时段
DocumentType	XmlDocumentType 类	<!DOCTYPE…>节点
EntityReference	XmlEntityReference 类	非扩展的实体引用文本
Element	XmlElement 类	元素节点
Attr	XmlAttribute 类	元素的属性
ProcessingInstruction	XmlProcessingInstruction 类	处理指令节点
Comment	XmlComment 类	注释节点
Text	XmlText 类	属于某个元素或属性的文本
CDATASection	XmlCDataSection 类	CDATA
Entity	XmlEntity 类	XML 文档(来自内部文档类型定义(DTD)子集或来自外部 DTD 和参数实体)中的<!ENTITY…>声明
Notation	XmlNotation 类	DTD 中声明的表示法

下面给出购物清单应用的示例：该示例演示了使用 XML 文件来存储购物清单的数据,并且实现数据的添加和展示。

代码清单 6-8：购物清单(源代码：第 6 章\Examples_6_8)

MainPage.xaml 文件主要代码：清单列表界面,展示保存的 XML 文件列表。

```xml
<Grid Background = "{ThemeResource ApplicationPageBackgroundThemeBrush}">
    ……省略若干代码
    <Grid x:Name = "ContentPanel" Grid.Row = "1" Margin = "12,0,12,0">
        <!-- 展示购物清单的列表 -->
        <ListBox FontSize = "48" x:Name = "Files"></ListBox>
```

```xml
        </Grid>
    </Grid>
    <!-- 菜单栏新增按钮跳转到添加购物清单页面 -->
    <Page.BottomAppBar>
        <CommandBar>
            <AppBarButton Label="新增" Icon="Add" Click="AppBarButton_Click"/>
        </CommandBar>
    </Page.BottomAppBar>
```

MainPage.xaml.cs 文件主要代码：获取保存的 XML 文件，并且向列表控件添加文件的列表项，单击后跳转到购物单的详情。

```csharp
public sealed partial class MainPage : Page
{
    public MainPage()
    {
        InitializeComponent();
        // 加载页面触发 Loaded 事件
        Loaded += MainPage_Loaded;
    }
    // 页面加载事件的处理程序，获取文件的信息
    async void MainPage_Loaded(object sender, RoutedEventArgs e)
    {
        Files.Items.Clear();
        // 获取应用程序的本地存储文件
        StorageFolder storage = await ApplicationData.Current.LocalFolder.CreateFolderAsync("ShoppingList", CreationCollisionOption.OpenIfExists);
        var files = await storage.GetFilesAsync();
        {
            // 获取购物清单文件夹里面存储的文件
            foreach (StorageFile file in files)
            {
                // 动态构建一个 Grid
                Grid a = new Grid();
                // 定义第一列
                ColumnDefinition col = new ColumnDefinition();
                col.Width = GridLength.Auto;
                a.ColumnDefinitions.Add(col);
                // 定义第二列
                ColumnDefinition col2 = new ColumnDefinition();
                col2.Width = GridLength.Auto;
                a.ColumnDefinitions.Add(col2);
                // 添加一个 TextBlock 现实文件名到第一列
                TextBlock txbx = new TextBlock();
```

```
                txbx.Text = file.DisplayName;
                Grid.SetColumn(txbx, 0);
                // 添加一个HyperlinkButton链接到购物详细清单页面,这是第二列
                HyperlinkButton btn = new HyperlinkButton();
                btn.Content = "查看详细";
                btn.Name = file.DisplayName;
                btn.Click += (s, ea) =>
                {
                    Frame.Navigate(typeof(DisplayPaqe), file);
                };
                Grid.SetColumn(btn, 1);
                a.Children.Add(txbx);
                a.Children.Add(btn);
                Files.Items.Add(a);
            }
        }
    }
    // 跳转到新增的页面
    private void AppBarButton_Click(object sender, RoutedEventArgs e)
    {
        Frame.Navigate(typeof(AddItem));
    }
}
```

AddItem.xaml 文件主要代码:添加购物商品界面。

```
<!-- 采用网格的方式来排列输入的内容 -->
<Grid x:Name="ContentPanel" Grid.Row="1" Margin="12,0,12,0">
    <Grid.RowDefinitions>
        <RowDefinition Height="1*" />
        <RowDefinition Height="1*" />
        <RowDefinition Height="1*" />
        <RowDefinition Height="*" />
    </Grid.RowDefinitions>
    <Grid.ColumnDefinitions>
        <ColumnDefinition Width="100*" />
        <ColumnDefinition Width="346*" />
    </Grid.ColumnDefinitions>
    <TextBlock Grid.Column="0" Grid.Row="0" Text="名称:" HorizontalAlignment="Center" VerticalAlignment="Center" />
    <TextBox Name="nameTxt" Grid.Column="1" Grid.Row="0" MaxHeight="40" />
    <TextBlock Grid.Column="0" Grid.Row="1" Text="价格:" HorizontalAlignment="Center" VerticalAlignment="Center" />
    <TextBox x:Name="priceTxt" Grid.Column="1" Grid.Row="1" MaxHeight="40" />
```

```xml
<TextBlock Grid.Column="0" Grid.Row="2" Text="数量：" HorizontalAlignment="Center" VerticalAlignment="Center" />
<TextBox Name="quanTxt" Grid.Column="1" Grid.Row="2" MaxHeight="40"/>
<Button x:Name="BtnSave" Content="保存" HorizontalAlignment="Stretch" Grid.Row="3" Grid.ColumnSpan="2" VerticalAlignment="Top" Click="BtnSave_Click" />
</Grid>
```

AddItem.xaml.cs 文件主要代码：把购物商品的信息保存到应用的 XMl 文件里去。

```csharp
private async void BtnSave_Click(object sender, RoutedEventArgs e)
{
    // 获取购物清单的文件夹对象
    StorageFolder storage = await ApplicationData.Current.LocalFolder.GetFolderAsync("ShoppingList");
    // 创建一个 XML 的对象,示例格式如<Apple price="23" quantity="3"/>
    XmlDocument _doc = new XmlDocument();
    // 使用商品的名称来创建一个 XML 元素作为根节点
    XmlElement _item = _doc.CreateElement(nameTxt.Text);
    // 使用属性来作为信息的标识符,用属性的值来存储相关的信息
    _item.SetAttribute("price", priceTxt.Text);
    _item.SetAttribute("quantity", quanTxt.Text);
    _doc.AppendChild(_item);
    // 创建一个应用文件
    StorageFile file = await storage.CreateFileAsync(nameTxt.Text + ".xml", CreationCollisionOption.ReplaceExisting);
    // 把 XML 的信息保存到文件中去
    await _doc.SaveToFileAsync(file);
    //调回清单主页
    Frame.GoBack();
}
```

DisplayPage.xaml 文件主要代码：商品详细的界面

```xml
<Grid x:Name="ContentPanel" Grid.Row="1" Margin="12,0,12,0">
    ……省略了若干代码
    <TextBlock Grid.Column="0" Grid.Row="0" Text="名称：" HorizontalAlignment="Center" VerticalAlignment="Center" />
    <TextBlock Name="nameTxt" Grid.Column="1" Grid.Row="0" FontSize="30"/>
    <TextBlock Grid.Row="1" Text="价格：" HorizontalAlignment="Center" VerticalAlignment="Center" />
    <TextBlock x:Name="priceTxt" Grid.Column="1" Grid.Row="1" FontSize="30" />
    <TextBlock Grid.Column="0" Grid.Row="2" Text="数量：" HorizontalAlignment="Center" VerticalAlignment="Center" />
    <TextBlock Name="quanTxt" Grid.Column="1" Grid.Row="2" FontSize="30"/>
</Grid>
```

DisplayPage.xaml.cs 文件主要代码：获取 XML 文件的信息

```
    protected async override void OnNavigatedTo(NavigationEventArgs e)
    {
        // 获取上一个清单列表传递过来的参数，该参数是一个 StorageFile 对象
        StorageFile file = e.Parameter as StorageFile;
        if (file == null) return;
        // 获取文件的名字
        String itemName = file.DisplayName;
        PageTitle.Text = itemName;
        // 把应用文件作为一个 XML 文档加载进来
        XmlDocument doc = await XmlDocument.LoadFromFileAsync(file);
        // 获取 XML 文档的信息
         priceTxt.Text = doc.DocumentElement.Attributes.GetNamedItem("price").NodeValue.ToString();
        quanTxt.Text = doc.DocumentElement.Attributes.GetNamedItem("quantity").NodeValue.ToString();
        nameTxt.Text = itemName;
    }
```

程序运行的效果如图 6.8～6.13 所示。

图 6.8　购物清单（PC）

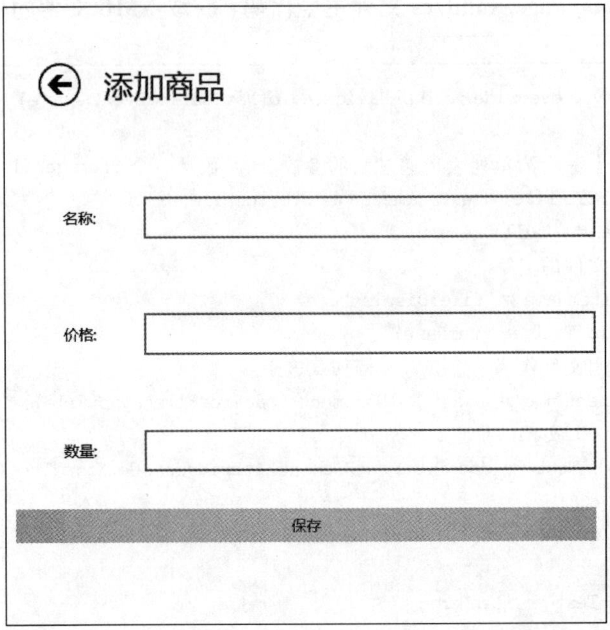

图 6.9 添加商品(PC)

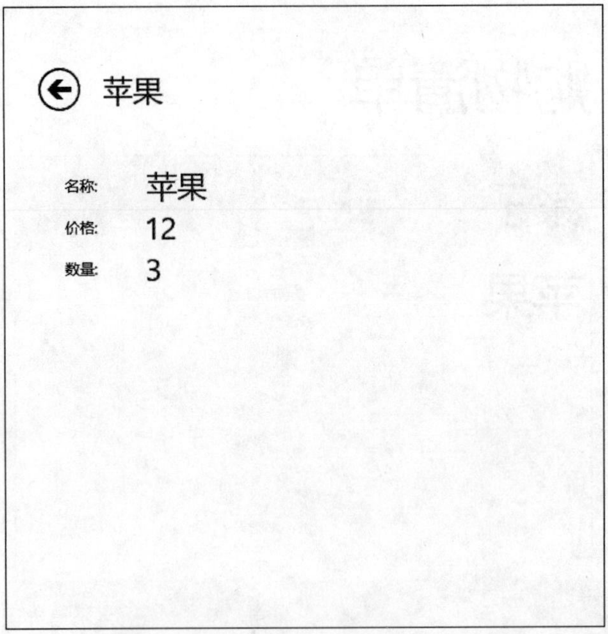

图 6.10 商品信息(PC)

图 6.11 购物清单(手机)

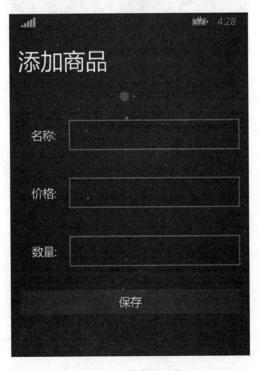

图 6.12 添加商品(手机)

图 6.13 商品信息（手机）

6.4 安装包文件数据

安装包的文件数据是指 Windows 10 应用程序编译之后生成的安装部署文件的内部数据，所以安装包下的文件数据其实就是在应用程序项目中添加的文件。可以在应用程序里面获取安装包下的文件，不过编译的文件源代码文件和资源类文件是获取不到的。安装包文件数据和应用文件应用设置所存储的位置是不一样的，如果是保存应用程序业务的相关信息并不建议保存到安装包的目录下，所以在实际编程中安装包的文件数据通常是用于内置一些固定的文件数据，如国家省份信息等。

6.4.1 安装包文件访问

获取安装包的文件可以先通过 Windows.ApplicationModel.Package 类的 InstalledLocation 属性来获取安装包的文件夹，语法如下所示：

```
StorageFolder localFolder = Windows.ApplicationModel.Package.Current.InstalledLocation;
```

然后可以通过查看文件夹和操作文件的方式来对安装包的文件进行操作,编程的方式和对应用程序文件的编程方式一样。

下面给出安装包文件和文件夹操作的示例:该示例通过目录的形式展示出安装包里面所有可访问的文件夹和文件,并演示了在文件夹里面添加文件和删除文件的操作。

代码清单 6-9:安装包文件和文件夹操作(源代码:第 6 章\Examples_6_9)

MainPage.xaml 文件的主要代码

```xml
<ScrollViewer>
    <StackPanel>
        <Button Content="获取安装包的根目录" x:Name="btGetFile" Click="btGetFile_Click" Margin="2"/>
        <TextBlock Text="文件夹列表:"/>
        <ListBox x:Name="lbFolder">
        </ListBox>

        <Button Content="打开选中的文件夹" x:Name="open" Click="open_Click" Margin="2"/>
        <TextBlock Text="文件列表:"/>
        <ListBox x:Name="lbFile">
        </ListBox>
        <Button Content="在选中文件夹下创建测试文件" x:Name="create" Click="create_Click" Margin="2"/>
        <Button Content="删除选中的文件" x:Name="delete" Click="delete_Click" Margin="2"/>
    </StackPanel>
</ScrollViewer>
```

MainPage.xaml.cs 文件的主要代码

```csharp
// 打开应用程序的根目录
private async void btGetFile_Click(object sender, RoutedEventArgs e)
{
    // 清理文件夹列表
    lbFolder.Items.Clear();
    // 获取根目录
    StorageFolder localFolder = Windows.ApplicationModel.Package.Current.InstalledLocation;
    //StorageFolder localFolder = Windows.ApplicationModel.Package.Current.InstalledLocation;
    // 添加遍历根目录的文件夹到文件夹列表
    foreach (StorageFolder folder in await localFolder.GetFoldersAsync())
    {
        ListBoxItem item = new ListBoxItem();
        item.Content = "应用程序目录" + folder.Name;
        item.DataContext = folder;
```

```csharp
            lbFolder.Items.Add(item);
        }
        // 清理文件列表
        lbFile.Items.Clear();
        // 添加遍历根目录的文件到文件列表
        foreach (StorageFile file in await localFolder.GetFilesAsync())
        {
            ListBoxItem item3 = new ListBoxItem();
            item3.Content = "文件: " + file.Name;
            item3.DataContext = file;
            lbFile.Items.Add(item3);
        }
    }
    // 打开选中的文件夹
    private async void open_Click(object sender, RoutedEventArgs e)
    {
        if (lbFolder.SelectedIndex == -1)
        {
            await new MessageDialog("请选择一个文件夹").ShowAsync();
        }
        else
        {
            ListBoxItem item = lbFolder.SelectedItem as ListBoxItem;
            // 获取选中的文件夹
            StorageFolder folder = item.DataContext as StorageFolder;
            // 清理文件夹列表
            lbFolder.Items.Clear();
            // 添加遍历到的文件夹到文件夹列表
            foreach (StorageFolder folder2 in await folder.GetFoldersAsync())
            {
                ListBoxItem item2 = new ListBoxItem();
                item2.Content = "文件夹: " + folder2.Name;
                item2.DataContext = folder;
                lbFolder.Items.Add(item2);
            }
            // 清理文件列表
            lbFile.Items.Clear();
            // 添加遍历到的文件到文件列表
            foreach (StorageFile file in await folder.GetFilesAsync())
            {
                ListBoxItem item3 = new ListBoxItem();
                item3.Content = "文件: " + file.Name;
                item3.DataContext = file;
                lbFile.Items.Add(item3);
            }
```

```csharp
        }
    }
    // 在选中的文件中新建一个文件
    private async void create_Click(object sender, RoutedEventArgs e)
    {
        if (lbFolder.SelectedIndex == -1)
        {
            await new MessageDialog("请选择一个文件夹").ShowAsync();
        }
        else
        {
            ListBoxItem item = lbFolder.SelectedItem as ListBoxItem;
            // 获取选中的文件
            StorageFolder folder = item.DataContext as StorageFolder;
            // 在文件夹中创建一个文件
            StorageFile file = await folder.CreateFileAsync(DateTime.Now.Millisecond.ToString() + ".txt");
            // 添加到文件列表中
            ListBoxItem item3 = new ListBoxItem();
            item3.Content = "文件:" + file.Name;
            item3.DataContext = file;
            lbFile.Items.Add(item3);
            await new MessageDialog("创建文件成功").ShowAsync();
        }
    }
    //删除选中的文件
    private async void delete_Click(object sender, RoutedEventArgs e)
    {
        if (lbFile.SelectedIndex == -1)
        {
            await new MessageDialog("请选择一个文件夹").ShowAsync();
        }
        else
        {
            ListBoxItem item = lbFile.SelectedItem as ListBoxItem;
            // 获取选中的文件
            StorageFile file = item.DataContext as StorageFile;
            // 删除文件
            await file.DeleteAsync();
            lbFile.Items.Remove(item);
            await new MessageDialog("删除成功").ShowAsync();
        }
    }
```

程序的运行效果如图 6.14 所示。

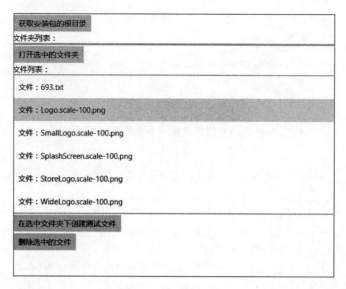

图 6.14 安装包文件

6.4.2 安装包文件的 URI 方案

应用文件可以通过 URI 来访问，安装包的文件也一样可以通过 URI 来访问，不过两者之间的 URI 方案是有区别的，应用文件使用的是以字符串"ms-appdata:///"开头的 URI 地址，而安装包使用的是"ms-appx:///"。例如获取安装包"PakageTest"文件夹下的"test.xml"文件的语法如下：

```
var file = await Windows.Storage.StorageFile.GetFileFromApplicationUriAsync(new Uri("ms-appx:///PakageTest/test.xml"));
```

如果是图片文件也可以直接在 XAML 上给 Image 控件的 Source 属性赋值，如下所示：

（1）访问存储在本地文件夹中的文件：<Image Source="ms-appdata:///local/images/logo.png" />

（2）访问存储在漫游文件夹中的文件：<Image Source="ms-appdata:///roaming/images/logo.png" />

（3）访问存储在临时文件夹中的文件：<Image Source="ms-appdata:///temp/images/logo.png" />

（4）访问安装包文件夹中的文件：<Image Source="ms-appx:///images/logo.png" /> 或者<Image Source="/images/logo.png" />

下面给出访问应用文件夹和安装包文件夹图片文件的示例：打开示例程序会先将安装包的一个程序图标文件复制到应用文件夹里，然后通过两种不同的 URI 方案来给 Image 控件添加图片资源。

代码清单 6-10：访问应用文件夹和安装包文件夹图片文件（源代码：第 6 章\Examples_6_10）

MainPage.xaml 文件的主要代码

```xaml
<StackPanel>
    <TextBlock Text="安装包的图片展示："></TextBlock>
    <Image x:Name="packageImage" Height="200"></Image>
    <TextBlock Text="应用存储的图片展示："></TextBlock>
    <Image x:Name="appImage" Height="200"></Image>
</StackPanel>
```

MainPage.xaml.cs 文件的主要代码

```csharp
protected async override void OnNavigatedTo(NavigationEventArgs e)
{
    ApplicationData appData = ApplicationData.Current;
    // 将程序包内的文件保存到应用存储中的 TemporaryFolder
    StorageFile imgFile = await StorageFile.GetFileFromApplicationUriAsync(new Uri("ms-appx:///Assets/Logo.scale-100.png"));

    await imgFile.CopyAsync(appData.TemporaryFolder, imgFile.Name, NameCollisionOption.ReplaceExisting);
    // 引用应用存储内的图片文件并显示
    appImage.Source = new BitmapImage(new Uri("ms-appdata:///temp/Logo.scale-100.png"));
    // 引用程序包内的图片文件并显示
    packageImage.Source = new BitmapImage(new Uri("ms-appx:///Assets/Logo.scale-100.png"));
}
```

程序的运行效果如图 6.15 所示。

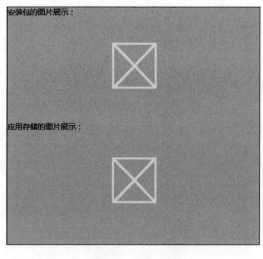

图 6.15　图片访问

第 7 章 图形绘图

图形绘图是 UI 编程中非常重要的基础知识。在 Windows 10 中，可以通过图形绘图技术在 XAML 中或通过 C♯代码直接编写出各种图形形状。这种图形不仅仅局限在几何图形，甚至可以把现实中图片的显示效果用代码编写出来。但是在实际中，没有必要把一张复杂的图片用代码实现的方式来实现其效果，这就把简单的事情复杂化了。那么图形绘图会用在什么地方呢？通常图形绘图用在普通的图形绘制、动态的图形效果应用在动画、图表等。本章将详细地讲解图形绘图的知识，后续的章节如动画编程、图表编程都会需要本章的知识作为基础。

7.1 图形基础

Windows 10 中的图形绘图编程是由一些基本的图形来绘制实现的，无论多么复杂的图形最终都还是离不开这些基础的形状。在做图形绘图编程时，除了要使用基本的图形，还需要关注一些与图形相关的知识，例如，颜色、大小等这些基础的数据类型，下面来看一下图形基础的知识。

7.1.1 图形中常用的结构

在图形中会经常用到 Point、Size、Rect 和 Color 这些数据结构，常用于对图形形状的相关属性的赋值，下面来看一下这些结构体的含义。

1. Point 结构

点（Point）结构 Windows.Foundation.Point 定义点的位置，点结构有两个属性：X、Y，表示点的 x 轴和 y 轴的坐标。其构造函数如下：

public Point(double x,double y)

2. Size 结构

大小（Size）结构 Windows.Foundation.Size 用属性 Width 和 Height 描述对象宽和高。其构造函数如下：

public Size(double width,double height)

3. Rect 结构

矩形(Rect)结构 Windows.Foundation.Rect 用来描述一个矩形,其常用属性和方法如下:

(1) 属性 X、Y:矩形结构左上角的 x、y 坐标。

(2) 只读属性 Left、Top:矩形结构左上角的 x、y 坐标。

(3) 只读属性 Right 和 Bottom:矩形结构对象右下角的 x 坐标和 y 坐标。

(4) 属性 Width、Height 和 Size:矩形结构对象的宽度和高度。

(5) 构造函数 Rect(Point location, Size size):参数 1 代表矩形结构左上角点结构,参数 2 是表示代表矩形宽和高的 Size 结构。

(6) 构造函数 Rect(Double x, Double y, Double width, Double height):参数依次为矩形左上角 x 坐标、y 坐标、宽和高。

(7) 方法 public void Intersect(Rect rect):得到调用该方法的矩形结构对象和参数表示的矩形结构的交集。

4. Color 结构

颜色(Color)结构 Windows.UI.Color 用来表示颜色。任何一种颜色可以用透明度(a)、蓝色(b)、绿色(g)、红色(r)合成。Color 结构支持两种色彩空间 sRGB 和 scRGB。sRGB 用无符号 32 位数代表一种颜色,红色、绿色、蓝色以及透明度各占一个字节,透明度等于 0 为完全透明,255 为完全不透明,例如,完全不透明红色用 16 进制数表示为 #ffff0000。scRGB 代表的颜色中的红色、绿色、蓝色以及透明度分别用 0~1 之间的 Single 类型数表示,透明度等于 0.0 为完全透明,1.0 为完全不透明,红色、绿色、蓝色全为 0.0 表示黑色,全为 1.0 表示白色,例如,不透明红色表示为 sc#1.0,1.0,0.0,0.0。其常用属性和方法如下:

(1) 属性 R、G、B 和 A:分别表示 sRGB 空间的红色、绿色、蓝色以及透明度。

(2) public static Color FromArgb(byte a,byte r,byte g,byte b):sRGB 颜色。

7.1.2 画图相关的类

有两组类可用于定义空间的区域:Shape 和 Geometry。主要区别是:Shape 拥有与之相关联的画笔并且可以呈现到屏幕,但 Geometry 只定义空间的区域并且不会呈现。可以认为 Shape 是由 Geometry 定义的有边界的 UIElement。在 Windows 10 里包含的 Shape 类有画线段类 Line、画矩形类 Rectangle、画圆或椭圆类 Ellipse、画多条线段类 Polyline、画由多条线段组成的闭合图形类 Polygon 和画任意曲线类 Path,最重要的图形类无疑是 Path。Path 是非常有趣的,因为其允许为其边界定义任意的几何图形,可以用来画出复杂的图形,后面会进行详细地讲解 Path 绘图。这 6 个图形类都是继承自抽象类 Windows.UI.Xaml.Shapes.Shape,Shape 包含了下面的一些常用的属性,这些属性都是在画图时经常用到的。

（1）**Fill**：表示填充的画刷，可以理解为图形的背景颜色（Windows. UI. Xaml. Media. Brush 类型）。

（2）**Stroke**：表示笔触，可以理解为图形的边界颜色（Windows. UI. Xaml. Media. Brush 类型）。

（3）**StrokeThickness**：笔触尺寸，可以理解为图形的边界大小。

（4）**Stretch**：拉伸值，是图形填充的类型（Windows. UI. Xaml. Media. Stretch 枚举类型）。Stretch 枚举的值——None 表示内容保持其原始大小；Fill 表示调整内容的大小为填充目标尺寸但是不保留纵横比；Uniform 表示在保留内容原有纵横比的同时调整内容的大小，以适合目标尺寸；UniformToFill 表示在保留内容原有纵横比的同时调整内容的大小，以填充目标尺寸，如果目标矩形的纵横比不同于源矩形的纵横比，则对源内容进行剪裁以适合目标尺寸。

（5）**StrokeDashArray**：表示虚线和间隙值的集合，用于画虚线。StrokeDashArray 参数采用 S[,G][,S*,G**]* 的形式，其中 S 表示笔画的长度值，G 表示间隙的长度值。如果忽略了 G，则间隙长度与前一个笔画长度相同。例如，如果线宽=1，"2"表示 2 个像素的实线和 2 个像素的空白组成的虚线。"3,2"表示 3 个像素的实线和 2 个像素的空白组成的虚线。"2,2,3,2"表示 2 个像素的实线和 2 个像素的空白＋3 个像素的实线和 2 个像素的空白（如此反复）组成的虚线。需要注意的是实际实线和空白间隔像素还受线宽的影响。

（6）**StrokeDashCap**：表示虚线两端（线帽）的类型，用于画虚线（Windows. UI. Xaml. Media. PenLineCap 枚举类型）。PenLineCap 是描述直线或线段末端的形状，枚举值——Flat 表示一个未超出直线上最后一点的线帽，等同于无线帽；Square 表示一个高度等于直线粗细、长度等于直线粗细一半的矩形；Round 表示一个直径等于直线粗细的半圆形；Triangle 表示一个底边长度等于直线粗细的等腰直角三角形。

（7）**StrokeStartLineCap**：虚线起始端（线帽）的类型（Windows. UI. Xaml. Media. PenLineCap 枚举类型）。

（8）**StrokeEndLineCap**：虚线终结端（线帽）的类型（Windows. UI. Xaml. Media. PenLineCap 枚举类型）。

（9）**StrokeDashOffset**：虚线的起始位置，用于画虚线。从虚线的起始端的 StrokeDashOffset 距离处开始描绘虚线。

（10）**StrokeLineJoin**：图形连接点处的连接类型（Windows. UI. Xaml. Media. PenLineJoin 枚举类型）。PenLineJoin 是描述连接两条线或线段的形状的枚举类型——Miter 表示线条连接使用常规角顶点；Bevel 表示线条连接使用斜角顶点；Round 表示线条连接使用圆角顶点。

（11）**StrokeMiterLimit**：斜接长度与 StrokeThickness/2 的比值。默认值为 10，最小值为 1。

7.1.3 基础的图形形状

系统所支持的图形形状有 Line、Rectangle、Ellipse、Polyline、Polygon 和 Path。Path 图形相对较为复杂,下面先来了解其他一些基础的图形形状。

1. Line 线段

控件 Line 用来画线段,属性 X1 和 Y1 为线段起点,属性 X2 和 Y2 为线段终点。画一条线段的 XAML 语法如下,显示效果如图 7.1 所示。

< Line X1 = "0" Y1 = "0" X2 = "100" Y2 = "100" Stroke = "Black" StrokeThickness = "10"/>

2. Rectangle 矩形

控件 Rectangle 可用来画各种矩形,属性 Width、Height、RadiusX 和 RadiusY 分别是矩形的宽、高、圆角矩形的圆角 x 轴半径和 y 轴半径。x 轴半径要小于等于 Width 二分之一,y 轴半径要小于等于 Height 二分之一,当二者都等于二分之一,则图形变为圆或椭圆。画一矩形的 XAML 语法如下,显示效果如图 7.2 所示。

< Rectangle Width = "200" Height = "100" Fill = "Blue" RadiusX = "20" RadiusY = "20"/>

图 7.1 Line 线段

图 7.2 Rectangle 矩形

3. Ellipse 椭圆

控件 Ellipse 画椭圆时,如果 Width=Height,则为圆。画椭圆的 XAML 语法如下,显示效果如图 7.3 所示。

< Ellipse Stroke = "Blue" Fill = "Red" Width = "100" Height = "100" StrokeThickness = "8"/>

4. Polyline 开放多边形和 Polygon 封闭多边形

Polyline 类的属性 Ponints 是点结构数组,将数组元素 Ponints[0] 和 Ponints[1]、Ponints[1] 和 Ponints[2]、…等点连接为多条线段。Polygon 和 Polyline 类功能类似,但将最后一点和开始点连接为线段,由多条线段组成封闭图形。实际上如设置类 Polyline 属性 IsClose=true,也能完成 Polygon 类相同功能。XAML 标记例子:画开放多边形和封闭多边形的 XAML 语法如下,显示效果如图 7.4 和图 7.5 所示。

< Polyline Points = "10,110 60,10 110,110" Stroke = "Red" StrokeThickness = "4" />
< Polygon Points = "10,110 60,10 110,110" Stroke = "Red" StrokeThickness = "4" />

图 7.3 Ellipse 椭圆　　　　图 7.4 Polyline 开放多边形　　　图 7.5 Polygon 封闭多边形

下面是一个利用基本图形解决实际问题的例子。对于 Line 线段,当属性(X1,Y1)和属性(X2,Y2)相等的时候,就变成一个点,所有的图形都可以看作是由很多的点来组成的,同样也可以看作是由很多条大小长度不等的线段组成,所以很多时候在做涂鸦画图这类的功能都可以利用 Line 控件来实现。虽然在 Windows 10 里也提供了画图控件 InkPresenter,但是如果要实现更高的灵活化,可以采用 Line 去实现画图的功能。下面是使用 Line 实现一个简单的画图功能。

代码清单 7-1:运用 Line 控件画图(源代码:第 7 章\Examples_7_1)

MainPage.xaml 文件主要代码

```
<Canvas x:Name="ContentPanelCanvas" Background="Transparent">
</Canvas>
```

MainPage.xaml.cs 文件主要代码

```
public sealed partial class MainPage : Page
{
    //当前的画图的点
    private Point currentPoint;
    //上一个画图的点
    private Point oldPoint;
    public MainPage()
    {
        InitializeComponent();
        //注册画图的指针移动事件,用来捕获手指在设备屏幕上的点
        this.ContentPanelCanvas.PointerMoved += ContentPanelCanvas_PointerMoved;
        //注册指针按下事件,用来记录第一个触摸点
        this.ContentPanelCanvas.PointerPressed += ContentPanelCanvas_PointerPressed;
    }
    //指针按下事件
    void ContentPanelCanvas_PointerPressed(object sender, PointerRoutedEventArgs e)
    {
        currentPoint = e.GetCurrentPoint(ContentPanelCanvas).Position;
        oldPoint = currentPoint;
```

}
//指针移动事件
void ContentPanelCanvas_PointerMoved(object sender, PointerRoutedEventArgs e)
{
    //获取相对于画布控件的点坐标
    currentPoint = e.GetCurrentPoint(ContentPanelCanvas).Position;
    //根据上一个画图的点和当前的画图的点新建一条线段
    Line line = new Line() { X1 = currentPoint.X, Y1 = currentPoint.Y, X2 = oldPoint.X, Y2 = oldPoint.Y };
    //设置线段的相关属性
    line.Stroke = new SolidColorBrush(Colors.Red);
    line.StrokeThickness = 5;
    line.StrokeLineJoin = PenLineJoin.Round;
    line.StrokeStartLineCap = PenLineCap.Round;
    line.StrokeEndLineCap = PenLineCap.Round;
    //把线段添加到画布面板上
    this.ContentPanelCanvas.Children.Add(line);
    //把当前的画图的点作为上一个画图的点
    oldPoint = currentPoint;
}
}
```

应用程序的运行效果如图 7.6 所示。

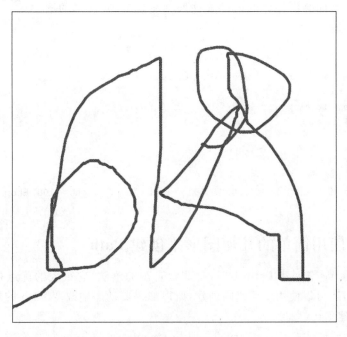

图 7.6　Line 控件画图
```

7.2　Path 图形

利用 Path 图形可以画出任意的图形,包括 7.1 节所述的 Line、Rectangle、Ellipse、Polyline 和 Polygon 图形,所以 Path 图形是 Windows 10 里功能最强大,也是语法最复杂的图形控件。

7.2.1　两种 Path 图形的创建方法

Path 是最具多样性的图形,因为它允许定义任意的几何图形,其可以将直线、圆弧、贝塞尔曲线等基本元素组合起来,形成更复杂的图形。然而,这种多样性也伴随着复杂,Path 图形的语法相对于其他的图形来说复杂度大大增加了。最重要的一个属性是 Data,Data 的数据类型是 Geometry(几何图形),正是使用这个属性将一些基本的线段拼接起来,形成复杂的图形。Data 属性赋值的方法有两种:一种是使用 Geometry 图形绘制的标准语法,另一种是专门用于绘制几何图形的"路径标记语法"。下面通过一个简单的例子来了解一下两种语法实现 Path 图形的区别。例如,代码片段 1 和代码片段 2 都实现一个正方形的 Path 图形,代码片段 1 使用 Geometry 图形来实现,代码片段 2 使用路径标记语法来实现,两者的实现效果一样,如图 7.7 所示。从代码示例上可以看到,用 Geometry 图形实现的 Path 图形显得更加直观,用路径标记语法则显得更加简洁。后面会更加详细地讲解这两种实现 Path 图形的语法,以及使用场景。

图 7.7　Path 画图

代码片段 1：

```
<Path Fill = "Gold" Stroke = "Black" StrokeThickness = "1">
    <Path.Data>
        <RectangleGeometry Rect = "0,0,100,100" />
    </Path.Data>
</Path>
```

代码片段 2：

```
<Path Data = "M0,0 L100,0 L100,100 L0,100 z" Fill = "Gold" Height = "100" Stretch = "Fill" Width = "100"/>
```

7.2.2　使用简单的几何图形来创建 Path

使用 Geometry 来创建 Path 图形,是非常直观的语法,它最大的优点是不仅仅可以通过 XAML 实现,还可以使用 C#代码创建,所以如果要动态地改变 Path 的形状就需要使用 Geometry 来创建 Path 图形。

Path 的 Data 属性是 Geometry 类,但是 Geometry 类是一个抽象类,所以不可能在 XAML 中直接使用<Geometry>标签。可以使用 Geometry 的子类。Geometry 的子类包括以下几种。

（1）LineGeometry：直线几何图形。

（2）RectangleGeometry：矩形几何图形。

（3）EllipseGeometry：椭圆几何图形。

（4）PathGeometry：路径几何图形，PathGeometry 是 Geometry 中最灵活的，可以绘制任意的 2D 几何图形。

（5）GeometryGroup：由多个基本几何图形组合在一起，形成几何图形组。

定义空间的区域有 Shape 和 Geometry 两种类型。Shape 类型就是前面所讲的 Line、Rectangle、Ellipse 等类。Geometry 类型可以帮助实现复杂的 Path 图形，其实也可以理解为，是通过各种各样的图形规则拼成了想要的 Path 图形。Geometry 类型不仅仅可以用在 Path 的 Data 属性上，还可以用在 UIElement 的 Clip 属性上。本节的内容主要是讲解 Geometry 类型在 Path 的 Data 属性上使用，在 UIElement 的 Clip 属性上使用也是一样的语法规则，在后面的小节里面会讲解到此知识点。

首先看一个简单的几何图形类型。Geometry 对象可以分为 3 个类别：简单几何图形、路径几何图形以及复合几何图形。简单几何图形类包括 LineGeometry、RectangleGeometry 和 EllipseGeometry，用于创建基本的几何形状，例如，直线、矩形和圆。

（1）LineGeometry：通过指定直线的起点和终点来定义。

（2）RectangleGeometry：通过使用 Rect 结构来定义，该结构指定矩形的相对位置、高度和宽度。

（3）EllipseGeometry：通过中心点、x 半径和 y 半径来定义。

尽管可以通过使用 PathGeometry 或将 Geometry 对象组合在一起来创建这些形状以及更复杂的形状，但是简单几何图形类提供了一种生成这些基本几何形状的简单方式。下面通过一个例子了解 LineGeometry、RectangleGeometry、EllipseGeometry 和 GeometryGroup 的运用。

代码清单 7-2：简单的 Path 图形（源代码：第 7 章\Examples_7_2）

MainPage.xaml 文件主要代码

```xml
<StackPanel>
    <!-- 直线 -->
    <Path Stroke="Red" StrokeThickness="2">
        <Path.Data>
            <LineGeometry StartPoint="0,0" EndPoint="400,20"></LineGeometry>
        </Path.Data>
    </Path>
    <!-- 矩形路径 -->
    <Path Fill="Red">
        <Path.Data>
            <RectangleGeometry Rect="20,20,400,50"></RectangleGeometry>
        </Path.Data>
    </Path>
    <!-- 椭圆路径 -->
    <Path Fill="Red">
```

```xml
            <Path.Data>
                <EllipseGeometry Center="200,80" RadiusX="200" RadiusY="20"></EllipseGeometry>
            </Path.Data>
        </Path>
        <Path Fill="Red" StrokeThickness="3">
            <Path.Data>
                <!-- GeometryGroup 组合 -->
                <GeometryGroup FillRule="EvenOdd">
                    <RectangleGeometry Rect="80,50 200,100"></RectangleGeometry>
                    <EllipseGeometry Center="300,100" RadiusX="80" RadiusY="60"></EllipseGeometry>
                </GeometryGroup>
            </Path.Data>
        </Path>
        <Path Fill="Red" StrokeThickness="3">
            <Path.Data>
                <!-- GeometryGroup 组合 -->
                <GeometryGroup FillRule="Nonzero">
                    <RectangleGeometry Rect="80,50 200,100"></RectangleGeometry>
                    <EllipseGeometry Center="300,100" RadiusX="80" RadiusY="60"></EllipseGeometry>
                </GeometryGroup>
            </Path.Data>
        </Path>
    </StackPanel>
```

应用程序的运行效果如图 7.8 所示。

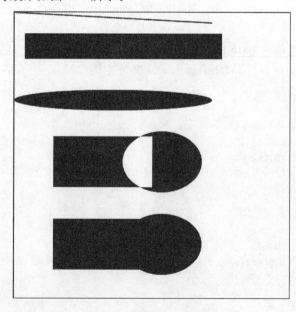

图 7.8　简单的 Path 图形

7.2.3　使用 PathGeometry 来创建 Path

PathGeometry 是 Geometry 里最灵活的几何图形，相当于是 Shape 里面的 Path 一样。PathGeometry 的核心是 PathFigure 对象的集合，这些对象之所以这样命名是因为每个图形都描绘 PathGeometry 中的一个离散形状，每个 PathFigure 自身又由一个或多个 PathSegment 对象组成，每个这样的对象均描绘图形的一条线段。PathGeometry 所支持的 Segment 如表 7.1 所示。

表 7.1　PathGeometry 所支持的 Segment

线 段 类 型	描　　述
ArcSegment	在两个点之间创建一条椭圆弧线
BezierSegment	在两个点之间创建一条三次方贝塞尔曲线
LineSegment	在两个点之间创建一条直线
PolyBezierSegment	创建一系列三次方贝塞尔曲线
PolyLineSegment	创建一系列直线
PolyQuadraticBezierSegment	创建一系列二次贝塞尔曲线
QuadraticBezierSegment	创建一条二次贝塞尔曲线

PathGeometry 的 Figures 属性可以容纳 PathFigure 对象，而 PathFigure 对象的 Segments 属性又可以容纳各种线段用来组合成复杂的图形。下面来看一下各种 Segments 的实现效果和实现的语法。

1. LineSegment 和 PolyLineSegment

LineSegment 类表示在两个点之间绘制一条线，它可能是 Path 数据内的 PathFigure 的一部分。使用 PathFigure 对象通过 LineSegment 对象和其他线段来创建复合形状。LineSegment 类不包含用于直线起点的属性，直线的起点是前一条线段的终点，如果不存在其他线段，则为 PathFigure 的 StartPoint；其他的 Segment 也是一样的规则。可以使用 Line 生成线条的简单形状，LineSegment 用于在更复杂的几何组中绘制线。下面看一下 LineSegment 在 XAML 上的语法示例，显示效果如图 7.9 所示。

```
<Path Stroke = "Red" StrokeThickness = "5">
    <Path.Data>
        <PathGeometry>
            <PathGeometry.Figures>
                <PathFigure StartPoint = "10,20">
                    <PathFigure.Segments>
                        <LineSegment Point = "100,130"/>
                    </PathFigure.Segments>
                </PathFigure>
            </PathGeometry.Figures>
        </PathGeometry>
    </Path.Data>
</Path>
```

PolyLineSegment 类表示由 PointCollection 定义的线段集合，每个 Point 指定线段的终点。PolyLineSegment 在 XAML 上的语法示例如下，省略掉的部分 Path 的代码与上文相同，显示效果如图 7.10 所示。

```
<PolyLineSegment Points = "50,100 50,150" />
```

图 7.9　LineSegment 绘图

图 7.10　PolyLineSegment 绘图

2. ArcSegment 绘制圆弧

Point 属性指明圆弧连接的终点，Point 属性对图形的影响如图 7.11 所示。Size 属性表示完整椭圆的横轴和纵轴半径，Size 属性对图形的影响如图 7.12 所示。RotationAngle 属性指明圆弧母椭圆的旋转角度，RotationAngle 属性对图形的影响如图 7.13 所示。SweepDirection 属性指明圆弧是顺时针方向还是逆时针方向，SweepDirection 属性对图形的影响如图 7.14 所示。IsLargeArc 属性指明是否使用大弧去连接，如果椭圆上的两个点位置不对称，这两点间的圆弧就会分为大弧和小弧，IsLargeArc 属性对图形的影响如图 7.15 所示。

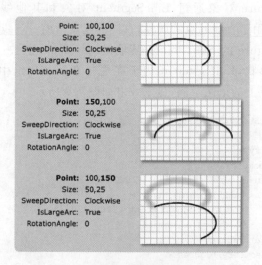

图 7.11　Point 属性对图形的轨迹影响

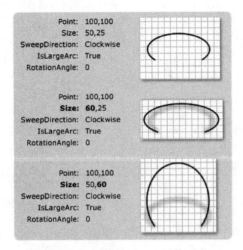

图 7.12 Size 属性对图形的轨迹影响

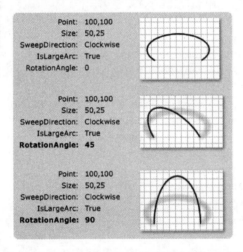

图 7.13 RotationAngle 属性对图形的轨迹影响

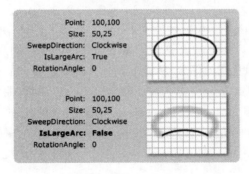

图 7.14 IsLargeArc 属性对图形的轨迹影响

图 7.15　SweepDirection 属性对图形的轨迹影响

使用 ArcSegment 进行绘制一个半圆的圆弧,代码片段如下所示,显示的效果如图 7.16 所示。

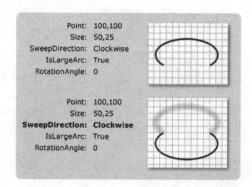

图 7.16　ArcSegment 绘制圆弧

```
<Path Stroke = "Red" StrokeThickness = "5">
    <Path.Data>
        <PathGeometry>
            <PathGeometry.Figures>
                <PathFigure StartPoint = "10,50">
                    <PathFigure.Segments>
                        <ArcSegment Size = "50,50" RotationAngle = "45"
                            IsLargeArc = "True" SweepDirection = "Clockwise"
                            Point = "200,100"/>
                    </PathFigure.Segments>
                </PathFigure>
            </PathGeometry.Figures>
        </PathGeometry>
    </Path.Data>
</Path>
```

3. BezierSegment、PolyBezierSegment、PolyQuadraticBezierSegment 和 QuadraticBezierSegment

一条三次方贝塞尔曲线(BezierSegment)由 4 个点定义:一个起点、一个终点(Point3)和两个控制点(Point1 和 Point2)。三次方贝塞尔曲线的两个控制点的作用像磁铁一样,朝着自身的方向吸引本应为直线的部分,从而形成一条曲线。第一个控制点 Point1 影响曲线的开始部分;第二个控制点 Point2 影响曲线的结束部分。注意,曲线不一定必须通过两个控制点之一;每个控制点将直线的一部分朝着自己的方向移动,但不通过自身。PolyBezierSegment 通过将 Points 属性设置为点集合来指定一条或多条三次方贝塞尔曲线。PolyBezierSegment 实质上可以有无限个控制点,这些点和终点的值由 Points 属性值提供。

QuadraticBezierSegment 表示二次方贝塞尔曲线,与 BezierSegment 类似,只是控制点

由两个变为了一个。也就是说 QuadraticBezierSegment 由 3 个点决定:起点(即前一个线段的终点或 PathFigure 的 StartPoint),终点(Point2 属性,即曲线的终止位置)和控制点(Point1 属性)。PolyQuadraticBezierSegment 表示一系列二次贝塞尔线段,与 PolyBezierSegment 类似。

下面了解部分贝塞尔曲线的 XAML 代码。

BezierSegment 的应用代码如下所示,显示效果如图 7.17 所示。

```
< Path Stroke = "Red" StrokeThickness = "5" >
    < Path.Data >
        < PathGeometry >
            < PathGeometry.Figures >
                < PathFigure StartPoint = "10,20">
                    < PathFigure.Segments >
                        < BezierSegment Point1 = "100,0" Point2 = "200,200" Point3 = "300,100"/>
                    </PathFigure.Segments >
                </PathFigure >
            </PathGeometry.Figures >
        </PathGeometry >
    </Path.Data >
</Path >
```

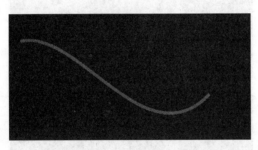

图 7.17　BezierSegment 绘制曲线

把 Segment 部分代码换成 PolyBezierSegment 的代码,显示效果如图 7.18 所示。

```
< PolyBezierSegment Points = "0,0 100,0 150,100 150,0 200,0 300,100" />
```

图 7.18　PolyBezierSegment 绘制曲线

把 Segment 部分代码换成 QuadraticBezierSegment 的代码，显示效果如图 7.19 所示。

<QuadraticBezierSegment Point1 = "200,200" Point2 = "300,100"/>

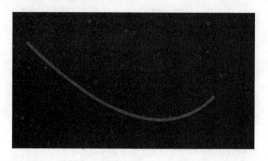

图 7.19　QuadraticBezierSegment 绘制曲线

把 Segment 部分代码换成 PolyQuadraticBezierSegment 的代码，显示效果如图 7.20 所示。

<PolyQuadraticBezierSegment Points = "200,200 300,100 0,200 30,400" />

图 7.20　PolyQuadraticBezierSegment 绘制曲线

7.2.4　使用路径标记语法创建 Path

在用 Segment 去实现 Path 时，如果要实现一些复杂的图形，需要编写大量的 XAML 代码，现在介绍另外一种实现 Path 图形的方法——使用路径标记语法创建 Path。路径标记语法实际上就是各种线段的简记法，例如，<LineSegment　point="150,5"/>可以简写为"L 150,5",这个 L 就是路径标记语法中的一个绘图命令。不仅如此,路径标记语法还增加了一些更实用的绘图命令,例如,H 用来绘制水平线,"H 180"就是指从当前点画一条水平直线,终点的横坐标是 180(不需要考虑纵坐标,纵坐标和当前点一致)。类似的还有 V 命令,用来画竖直直线。

使用路径标记语法绘图一般分三步:移动至起点——绘图——闭合图形。这三步使用的命令稍有区别。移动到起点使用的移动命令 M,绘图使用的是绘图命令,包括 L、H、V、A、C、Q 等;如果图形是闭合的,需要使用闭合命令 Z,这样最后一条线段的终点与第一条线段的起点间就会连接上一条直线段。

在路径标记语法中使用两个 Double 类型的数值来表示一个点,第一个值表示的是横坐标(记作 x),第二个值表示纵坐标(记作 y),两个数字可以使用逗号分割(x,y),也可以使用空格分割(x y)。由于路径标记语法中使用的空格作为两个点之间的分割,为了避免混淆,建议使用逗号作为点横纵坐标的分隔符。对于上一小节所介绍的 Segment,路径标记语法都有与其一一对应的命令。路径标记语法的详细内容如表 7.2 所示。下面看一个使用路径标记语法实现的 Path 图形,代码如下,显示效果如图 7.21 所示。

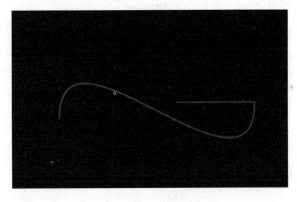

图 7.21 Path 图形

< Path Stroke = "Red" StrokeThickness = "3" Data = "M 100,200 C 100,25 400,350 400,175 H 280" />

上面的 Path 创建了由一条贝塞尔曲线线段和一条线段组成的 Path。Data 字符串以"move"命令开头(由 M 指示),它为路径建立一个起点。大写的 M 表示新的当前点的绝对位置。小写的 m 表示相对位置。第一个线段是一个三次方贝塞尔曲线,该曲线从(100,200)开始,在(400,175)结束,使用(100,25)和(400,350)这两个控制点绘制。此线段由 Data 字符串中的 C 命令指示。同样,大写的 C 表示绝对路径;小写的 c 则表示相对路径。第二个线段以绝对水平线命令 H 开头,它指定绘制一条从前面的子路径的终结点(400,175)到新终结点(280,175)的直线。由于它是一个水平线命令,因此指定的值是 x 坐标。

表 7.2 路径标记语法

类 型		命 令 格 式	解 释
移动指令　Move Command(M)		M x,y 或 m x,y	例如,M 100,240 或 m 100,240 大写的 M 指示 x,y 是绝对值; 小写的 m 指示 x,y 是相对于上一个点的偏移量,如果是(0,0),则表示不存在偏移。 当在 move 命令之后列出多个点时,即使指定的是线条命令,也将绘制出连接这些点的线
绘制指令(Draw Command) 通过使用一个大写或小写字母输入各命令: 其中大写字母表示绝对值, 小写字母表示相对值。 线段的控制点是相对于上一线段的终点而言的。 依次输入多个同一类型的命令时,可以省略重复的命令项; 例如,L 100,200 300,400 等同于 L 100,200 L 300,400	直线:Line(L)	格式:L 结束点坐标 或:l 结束点坐标	例如,L 100,100 或 l 100 100。坐标值可以使用 x,y(中间用英文逗号隔开)或 x y(中间用半角空格隔开)的形式
	水平直线:Horizontal line(H)	格式:H x 值或 h x 值 (x 为 System.Double 类型的值)	绘制从当前点到指定 x 坐标的水平直线。 例如,H 100 或 h 100,也可以是 H 100.00 或 h 100.00 等形式
	垂直直线:Vertical line(V)	V y 值或 v y 值(y 为 System.Double 类型的值)	绘制从当前点到指定 y 坐标的垂直直线。 例如,V 100 或 y 100,也可以是 V 100.00 或 v 100.00 等形式
	三次方程式贝塞尔曲线: Cubic Bezier curve(C)	C 第一控制点第二控制点结束点或 c 第一控制点第二控制点结束点	通过指定两个控制点来绘制由当前点到指定结束点间的三次方程贝塞尔曲线。 例如,C 100,200 200,400 300,200 或 c 100,200 200,400 300,200 其中,点(100,200)为第一控制点,点(200,400)为第二控制点,点(300,200)为结束点
	二次方程式贝塞尔曲线: Quadratic Bezier curve(Q)	Q 控制点结束点或 q 控制点结束点	通过指定的一个控制点来绘制由当前点到指定结束点间的二次方程贝塞尔曲线。 例如,q 100,200 300,200。其中,点(100,200)为控制点,点(300,200)为结束点
	平滑三次方程式贝塞尔曲线: Smooth cubic Bezier curve(S)	S 控制点结束点或 s 控制点结束点	通过一个指定点来"平滑"地控制当前点到指定点的贝塞尔曲线。 例如,S 100,200 200,300

续表

类　型		命令格式	解　释
绘制指令（Draw Command） 通过使用一个大写或小写字母输入各命令： 其中大写字母表示绝对值， 小写字母表示相对值。 线段的控制点是相对于上一线段的终点而言。 依次输入多个同一类型的命令时，可以省略重复的命令项； 例如，L 100,200 300,400 等同于 L 100,200 L 300,400	平滑二次方程式贝塞尔曲线：smooth quadratic Bezier curve(T)	T 控制点结束点或 t 控制点结束点	与平滑三次方程贝塞尔曲线类似。在当前点与指定终点之间创建一条二次贝塞尔曲线。控制点假定为前一个命令的控制点相对于当前点的反射。如果前一个命令不存在，或者前一个命令不是二次贝塞尔曲线命令或平滑的二次贝塞尔曲线命令，则此控制点就是当前点。 例如，T 100,200 200,300
	椭圆圆弧：elliptical Arc(A)	A 尺寸圆弧旋转角度值优势弧的标记正负角度标记结点 或：a 尺寸圆弧旋转角度值优势弧的标记正负角度标记结束点	在当前点与指定结束点间绘制圆弧。 • 尺寸（Size）：System.Windows.Size 类型，指定椭圆圆弧 X,Y 方向上的半径值。 • 旋转角度（rotationAngle）：System.Double 类型。 • 圆弧旋转角度值（rotationAngle）：椭圆弧的旋转角度值。 • 优势弧的标记（isLargeArcFlag）：是否为优势弧，如果弧的角度大于等于180°，则设为1，否则为0。 • 正负角度标记（sweepDirectionFlag）：当正角方向绘制时设为1，否则为0。 • 结束点（endPoint）：System.Windows.Point 类型。 例如，A 5,5 0 0 1 10,10
关闭指令（close Command）：可选的关闭命令		用 Z 或 z 表示	用以将图形的首、尾点用直线连接，以形成一个封闭的区域
填充规则（fillRule） 如果省略此命令，则路径使用默认行为，即 EvenOdd。 如果指定此命令，则必须将其置于最前面。	EvenOdd 填充规则	F0 指定 EvenOdd 填充规则	EvenOdd 确定一个点是否位于填充区域内的规则方法：从该点沿任意方向画一条无限长的射线，然后计算该射线在给定形状中因交叉而形成的路径段数。如果该数为奇数，则点在内部；如果为偶数，则点在外部

类型	命令格式	解释
填充规则(fillRule) 如果省略此命令，则路径使用默认行为，即 EvenOdd。 如果指定此命令，则必须将其置于最前面。	Nonzero 填充规则 F1 指定 Nonzero 填充规则	Nonzero 确定一个点是否位于路径填充区域内的规则方法：从该点沿任意方向画一条无限长的射线，然后检查形状段与该射线的交点。从 0 开始计数，每当线段从左向右穿过该射线时加 1，而每当路径段从右向左穿过该射线时减 1。计算交点的数目后，如果结果为 0，则说明该点位于路径外部。否则，它位于路径内部

7.2.5 使用 Path 实现自定义图形

有时候可能要为应用程序自定义一些特殊的图形，可以通过从 Path 派生一个图形类来实现自定义的形状。直接从图形基类 Shape 派生没有什么用处，因为该类没有用于定义视觉效果的任何虚方法或其他可扩展的机制。但是 Path 具有万能的 Data 属性，通过为 Data 指定一个值，可以根据相关的规律创建任何几何图形，这样就可以很方便地实现自定义的图形形状。

第 5 章讲解了布局原理，布局面板通过重载 FrameworkElement 类的 ArrangeOverride 方法对子对象进行排列，从 Path 类派生的图形类一样也可以通过重载 ArrangeOverride 方法对图形进行初始化。在初始化逻辑生成适用于自定义形状的几何图形，随后再将其设置赋值给 Path.Data 属性，可以充分利用 Width 和 Height 等这些 Path 自带的属性作为自定义图形的相关参数，当然如果需要额外的参数，也是可以通过实现自定义属性进行传递。下面利用 Path 方式来实现一个六边形的自定义图形。

代码清单 7-3：自定义六边形图形（源代码：第 7 章\Examples_7_3）

  Hexagon.cs 文件主要代码：创建一个 Hexagon 派生自 Path 类

```
public class Hexagon : Path
{
    private double lastWidth = 0;
    private double lastHeight = 0;
    private PathFigure figure;
    public Hexagon()
    {
        CreateDataPath(0, 0);
    }
    private void CreateDataPath(double width, double height)
    {
```

```csharp
//把高度和宽度先减去边的宽度
height -= this.StrokeThickness;
width -= this.StrokeThickness;
//用来跳出布局的循环,因为只创建一次
if (lastWidth == width && lastHeight == height)
    return;
lastWidth = width;
lastHeight = height;
PathGeometry geometry = new PathGeometry();
figure = new PathFigure();
//取左上角的点为第一个点
figure.StartPoint = new Point(0.25 * width, 0);
//算出每个顶点的坐标然后创建线段连接起来
AddPoint(0.75 * width, 0);
AddPoint(width, 0.5 * height);
AddPoint(0.75 * width, height);
AddPoint(0.25 * width, height);
AddPoint(0, 0.5 * height);
figure.IsClosed = true;
geometry.Figures.Add(figure);
this.Data = geometry;
}
//添加一条线段
private void AddPoint(double x, double y)
{
    LineSegment segment = new LineSegment();
    segment.Point = new Point(x + 0.5 * StrokeThickness,
        y + 0.5 * StrokeThickness);
    figure.Segments.Add(segment);
}

protected override Size MeasureOverride(Size availableSize)
{
    return availableSize;
}

protected override Size ArrangeOverride(Size finalSize)
{
    //初始化图形
    CreateDataPath(finalSize.Width, finalSize.Height);
    return finalSize;
}
```

MainPage.xaml 文件主要代码

……省略若干代码

```
xmlns:local = "using:HexagonDemo"
……省略若干代码
< Grid x:Name = "ContentPanel" Grid.Row = "1" Margin = "12,0,12,0">
    < local:Hexagon Height = "300" Width = "300" Stroke = "Yellow" StrokeThickness = "8" Fill = "Red" />
</Grid>
```

应用程序的运行效果如图 7.22 所示。

图 7.22 六边形

7.2.6 利用 Expression Blend 工具创建 Path 图形

在前面讲了 Path 图形的实现原理，如果要实现一些复杂的图形，单单靠编码来实现是相当的复杂的，特别是一些不规则的图形，实现起来的难度很大。不用担心，对于这些复杂的图形，可以通过工具去创建。利用 Expression Blend 工具可以很方便地创建出各种各样的 Path 图形，但是要注意这些图形都是使用了路径标记语法去生成的，如果需要动态去改变 Path 图形，就需要手动去把路径标记语法转化成 Segment 语法去实现。下面介绍通过 Expression Blend 工具实现 Path 画图的方式。

1. 使用笔或者铅笔工具画出 Path 图形

打开 Expression Blend 工具，可以找到左边图标工具栏上的笔或者铅笔，如图 7.23 所示。使用笔或者铅笔，可以像普通画图一样来画 Path 图形，如图 7.24 所示。

图 7.23　选取画笔

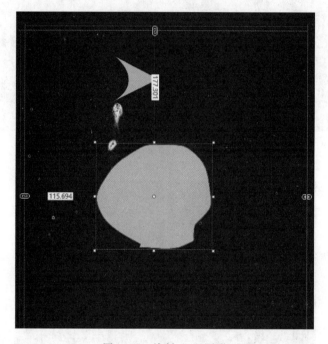

图 7.24　绘制 Path 图形

2. 把相关的图形转化成 Path 图形

在 Blend 里面除了基本的图形外，还封装了很多其他的图形，如五角星等，可以直接把这些图形转化为 Path 图形。转化的方法是在图形上面，右键→路径→转换为路径，如图 7.25 所示，这时候就把相关的图形转换成 Path 绘图的方式。

3. 通过合并图形的方式生成 Path 图形

合并图形的方式是指在 Blend 里面创建了多个图形，按住 Ctrl 键把要合并的图形选中，然后右键→合并→相并/拆分/相交/相减/排除重叠，如图 7.26 所示，这样就可以把选中的图形合并在一起并且转化成 Path 图形。

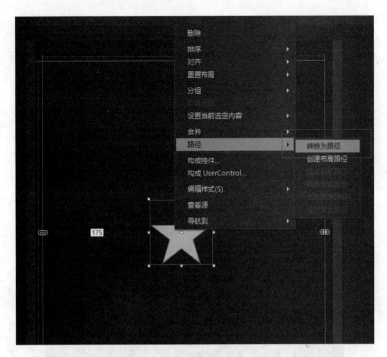

图 7.25 转换为路径

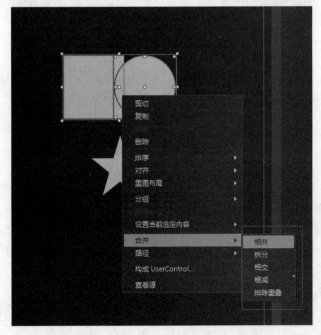

图 7.26 合并图形

4．导入设计的源文件

在 Blend 里可以直接导入 Illustrator 文件、FXG 文件和 Photoshop 文件，把这些文件转化成 XAML 编码，同时也会把里面相关的图形转化成 Path 图形。这是 Blend 工具提供的一个非常有用的一个功能，通常设计师会采用 Phoneshop 设计图片，直接把设计好的 Photoshop 文件导入就可以把文件转成为 XAML 编码。导入的步骤为文件→导入→Illustrator 文件/FXG 文件/Photoshop 文件，如图 7.27 所示。下面以导入 Photoshop 文件为例，如图 7.28 所示，在图的右边会告诉你哪些图像会转换成图形，哪些会作为图片进行导入。单击确定之后会看到生成的图形如图 7.29 所示。

图 7.27　导入文件

图 7.28　导入 Photoshop 文件

图 7.29　转换成 Path 图形

7.3　画刷

在 Windows 10 中，如果要对某个图形填充颜色，就必须用到画刷，在上面的例子里其实已经使用过画刷了。使用 XAML 时，在控件的 Background、Foreground 和 Fill 属性中简单地输入颜色名，应用程序运行时就会将字符串值转换为有效的颜色资源对应的画刷。Windows 10 中不同类型的画刷包括 SolidColorBrush、LinearGradientBrush、RadialGradientBrush 和 ImageBrush。下面介绍一下各种画刷的使用。

7.3.1　SolidColorBrush 画刷

SolidColorBrush 画刷主要用来填充单色形状或控件，可以直接通过颜色进行创建，在 XAML 中直接输入颜色名使用的就是 SolidColorBrush 画刷。在 Windows 10 上的 Colors 预定义常用的颜色，可以通过直接使用 Colors 里面的颜色值进行赋值。除此之外还可以使用十六进制颜色值来定义画刷，例如：

```
<Rectangle Width="100" Height="100" Fill="#FFFF0000"/>
```

7.3.2　LinearGradientBrush 画刷

线性渐变画刷(LinearGradientBrush)用来填充一个复合渐变色到一个元素中，并且可以任意搭配两种或两种以上的颜色，重要的属性有倾斜点(GradientStop)、渐变颜色(Color)、起始坐标点(StartPoint)、结束坐标点(EndPoint)。LinearGradientBrush 的示例代码如下所示，显示效果如图 7.30 所示。

```
<Path Canvas.Left="15" Canvas.Top="50" Stroke="Black"
      Data="M 0,0 A 15,5 180 1 1 200,0 L 200,100 L 300,100
            L 300,200 A 15,5 180 1 1 100,200 L 100,100 L 0,100 Z">
    <Path.Fill>
```

```
            <LinearGradientBrush StartPoint = "0,0" EndPoint = "1,0">
                <GradientStop Offset = "0" Color = "DarkBlue" />
                <GradientStop Offset = "1" Color = "LightBlue" />
            </LinearGradientBrush>
        </Path.Fill>
</Path>
```

图 7.30　LinearGradientBrush 画刷

7.3.3　ImageBrush 画刷

ImageBrush 画刷使用图像绘制一个区域,由其 ImageSource 属性指定的 JPEG 或 PNG 图像绘制区域。默认情况下,ImageBrush 会将其图像拉伸以完全充满要绘制的区域,如果绘制的区域和该图像的长宽比不同,则可能会扭曲该图像。可以通过将 Stretch 属性从默认值 Fill 更改为 None、Uniform 或 UniformToFill 来更改此现象。ImageBrush 的示例代码如下所示,显示效果如图 7.31 所示。

```
<Ellipse Height = "180" Width = "180" Margin = "50,0,0,0">
    <Ellipse.Fill>
        <ImageBrush ImageSource = "Assets/ApplicationIcon.png" Stretch = "Fill" />
    </Ellipse.Fill>
</Ellipse>
```

通常会利用 ImageBrush 来做一些特别的遮罩效果,例如下面把文件的 Foreground 设置成 ImageBrush,可以看到图片的遮罩效果如图 7.32 所示。

```
<TextBlock Text = "你好" FontSize = "100" FontWeight = "Bold">
    <TextBlock.Foreground>
        <!-- 使用图像画刷填充 TextBlock 的 Foreground -->
        <ImageBrush ImageSource = "Assets/AlignmentGrid.png" />
    </TextBlock.Foreground>
</TextBlock>
```

图 7.31　ImageBrush 画刷

图 7.32　字体的画刷效果

7.4　图形裁剪

在介绍 Path 图形时，讲解了使用 Geometry 类型来给 Path 的 Data 属性进行赋值，从而可以创建出各种形状的 Path 图形。Geometry 类型还有一个用途就是可以用在 UIElement 的 Clip 属性上对从 UIElement 派生的控件进行图形裁剪，裁剪出来的形状就是 Geometry 类型所构成的图形。Geometry 类型在 UIElement 的 Clip 属性上的语法和在 Path 的 Data 属性上的语法完全一样，在这里不再重复讲解，下面来看一下如何使用 UIElement 的 Clip 属性实现一些图形裁剪的功能。

7.4.1　使用几何图形进行剪裁

裁剪图像是指仅把图像的某个局部区域的图像显示出来。可以通过使用 UIElement 的 Clip 属性来设置图像裁剪的区域。Clip 属性值为 Geometry 类型的派生类，可以取值为 RectangleGeometry 类型（注意：其他 Geometry 类型在 Windows 10 中不支持），这就意味着可以从图像中裁切掉矩形的几何形状。下面的示例演示了使用一个矩形图形来裁剪目标图像，裁剪出左上角顶点为(0,0)以及长度宽度为 50 像素的图片局部区域。XAML 代码如下：

```
XAML 代码如下：
<Image Source=" myImage.jpg" Width="200" Height="150">
  <Image.Clip>
    <RectangleGeometry Rect="0,0,50,50"></RectangleGeometry>
  </Image.Clip>
</Image>
```

因为 Clip 属性是 UIElement 的属性，所以不仅仅只有 Image 控件可以使用其来裁剪图形，所有的 UI 对象都可以使用 Clip 属性对 UI 进行裁剪。

7.4.2　对布局区域进行剪裁

使用布局面板来布局一些子控件时，实际上这些子控件所在的位置可以超出布局面板的范围。如果要实现一个布局面板，让面板里的子控件都在面板的范围里，超出面板的布局就不可见，这个布局的实现思路可以利用 Clip 属性去实现，因为 Clip 属性是 UIElement 类的属性，也就说所有的 XAML 控件都可以使用这个属性去进行图形裁剪。下面创建一个 Clip 类，在 Clip 类上定义一个附加属性，通过这个附加属性来设置对布局区域进行裁剪。

代码清单 7-4：布局裁剪（源代码：第 7 章\Examples_7_4）

Clip.cs 文件主要代码

```csharp
public class Clip
{
    //定义附加属性 ToBounds,表示是否裁剪掉超出布局控件边界的部分
    public static readonly DependencyProperty ToBoundsProperty =
        DependencyProperty.RegisterAttached("ToBounds", typeof(bool),
        typeof(Clip), new PropertyMetadata(false, OnToBoundsPropertyChanged));
    //定义附加属性 Get 方法
    public static bool GetToBounds(DependencyObject depObj)
    {
        return (bool)depObj.GetValue(ToBoundsProperty);
    }
    //定义附加属性 Set 方法
    public static void SetToBounds(DependencyObject depObj, bool clipToBounds)
    {
        depObj.SetValue(ToBoundsProperty, clipToBounds);
    }
    //定义属性改变事件
    private static void OnToBoundsPropertyChanged(DependencyObject d,
        DependencyPropertyChangedEventArgs e)
    {
        FrameworkElement fe = d as FrameworkElement;
        if (fe != null)
        {
            //裁剪图形
            ClipToBounds(fe);
            //当对象加载或者大小改变时都需要重新处理边界的裁剪,保证裁剪的准确
            fe.Loaded += new RoutedEventHandler(fe_Loaded);
            fe.SizeChanged += new SizeChangedEventHandler(fe_SizeChanged);
        }
    }
    //封装的图形裁剪方法
    private static void ClipToBounds(FrameworkElement fe)
    {
        //如果 ToBounds 设置为 true 则进行裁剪
        if (GetToBounds(fe))
        {
            //使用布局面板的实际高度和宽度来创建一个 RectangleGeometry 赋值给 Clip 属性
            fe.Clip = new RectangleGeometry()
            {
                Rect = new Rect(0, 0, fe.ActualWidth, fe.ActualHeight)
            };
```

```csharp
            }
            else
            {
                fe.Clip = null;
            }
        }
        //定义大小改变事件,重新进行裁剪
        static void fe_SizeChanged(object sender, SizeChangedEventArgs e)
        {
            ClipToBounds(sender as FrameworkElement);
        }
        //定义加载事件,重新进行裁剪
        static void fe_Loaded(object sender, RoutedEventArgs e)
        {
            ClipToBounds(sender as FrameworkElement);
        }
    }
```

接下来把 Clip 类的附加属性用在 Canvas 布局面板上,对超出布局面板范围的 Ellipse 控件进行裁剪,XAML 代码如下:

MainPage.xaml 文件主要代码

```xml
<Grid x:Name="ContentPanel" Grid.Row="1" Margin="12,0,12,0">
    <Canvas Grid.Row="1" Background="White" Margin="20" local:Clip.ToBounds="true">
        <Ellipse Fill="Red" Canvas.Top="-10" Canvas.Left="-10" Width="200" Height="200"/>
    </Canvas>
</Grid>
```

应用程序的运行效果如图 7.33 所示。

图 7.33 布局裁剪

7.5 使用位图编程

Image 控件用于显示图片，在 Windows 10 中要将一张图片显示出来可以添加一个 Image 控件，然后在控件中设置图片的路径。使用 Image 控件显示图片的语法如下所示。

使用 XAML 创建的语法：

`< Image Source = "myPicture.png" />`

使用 C# 创建的语法：

```
Image myImage = new Image();
myImage.Source = new BitmapImage(new Uri("ms-appx:///myPicture.jpg", UriKind.Absolute));
```

Source 属性用于指定要显示的图像位置，在路径中，使用 ms-appx URI 方案名称编写安装文件夹地址，"ms-appx:///"表示指向于安装包文件夹的地址。

7.5.1 拉伸图像

如果没有设置 Image 的 Width 和 Height 值，它将使用 Source 默认指定图像的自然尺寸显示。设置 Height 和 Width，将创建一个包含矩形区域，图像将显示在该区域中。用户可以通过使用 Stretch 属性指定图像如何填充到图像的区域。Stretch 属性接受 Stretch 枚举定义的下列值：None（图像不拉伸以适合输出尺寸）；Uniform（对图像进行缩放，以适合输出尺寸，但保留该内容的纵横比，这是默认值）；UniformToFill（对图像进行缩放，从而可以完全填充输出区域，但保持其原始纵横比）。下面的 XAML 示例显示一个 Image，Stretch 属性设置为 UniformToFill，它填充 300×300 像素的一个输出区域，但保留其原始纵横比。XAML 代码如下：

`< Image Source = "myImage.jpg" Stretch = "UniformToFill" Width = "300" Height = "300" />`

7.5.2 使用 RenderTargetBitmap 类生成图片

RenderTargetBitmap 类可以将可视化对象转换为位图，也就是说可以将任意的 UIElement 以位图的形式呈现。在实际的编程中通常利用 RenderTargetBitmap 类对 UI 界面进行截图操作，例如，把程序的界面或者某个控件的外观生成一张图片。

使用 RenderTargetBitmap 类生成图片一般有两种用途，一种是直接把生成的图片在当前的页面上进行展示，还有一种是把生成的图片当作文件存储起来，或者通过某种分享方向把图片文件分享出去。第二种用途的编程实现是以第一种的编程实现为基础，所以首先看一下第一种情况的实现，如何把截图在当前的界面上展示。

使用 RenderTargetBitmap 类生成图片的操作主要是依赖于 RenderTargetBitmap 类的 RenderAsync 方法。RenderAsync 方法有两个重载：RenderAsync(UIElement)和 Render-

Async(UIElement,Int32,Int32),可在后者处指定要与源可视化树的自然大小不同的所需图像源尺寸,没有设置则是按照元素的原始大小生成图片。RenderAsync方法设计为异步方法,因此无法保证与UI源进行精确的框架同步,但大多数情况下都足够及时。由于RenderTargetBitmap是ImageSource的子类,因此,可以将其用作Image元素或ImageBrush画笔的图像源。

下面给出生成程序截图的示例:通过单击屏幕来生成当前程序界面的截图,并把截图用Image控件展示出来,每次的单击都产生一个最新的截图并进行展示。

代码清单7-5:生成程序截图(源代码:第7章\Examples_7_5)

MainPage.xaml 文件主要代码

```xml
<!-- 注册PointerReleased事件用于捕获屏幕的单击操作,并在时间处理程序中生成图片 -->
<Grid x:Name="root" Background="{ThemeResource ApplicationPageBackgroundThemeBrush}"
    PointerReleased="Grid_PointerReleased">
    <Grid.RowDefinitions>
        <RowDefinition Height="Auto"/>
        <RowDefinition Height="*"/>
    </Grid.RowDefinitions>
    <StackPanel x:Name="TitlePanel" Grid.Row="0" Margin="12,35,0,28">
        <TextBlock Text="我的应用程序" FontSize="20"/>
        <TextBlock Text="点击截屏" FontSize="60"/>
    </StackPanel>
    <Grid x:Name="ContentPanel" Grid.Row="1" Margin="12,0,12,0">
        <!-- 该图片控件用于展示截图图片效果 -->
        <Image x:Name="img"/>
    </Grid>
</Grid>
```

MainPage.xaml.cs 文件主要代码

```csharp
// 指针释放的事件处理程序
private async void Grid_PointerReleased(object sender, PointerRoutedEventArgs e)
{
    // 创建一个RenderTargetBitmap对象,对界面中的Grid控件root生成图片
    RenderTargetBitmap bitmap = new RenderTargetBitmap();
    await bitmap.RenderAsync(root);
    // 把图片展现出来
    img.Source = bitmap;
}
```

程序运行的效果如图7.34所示。

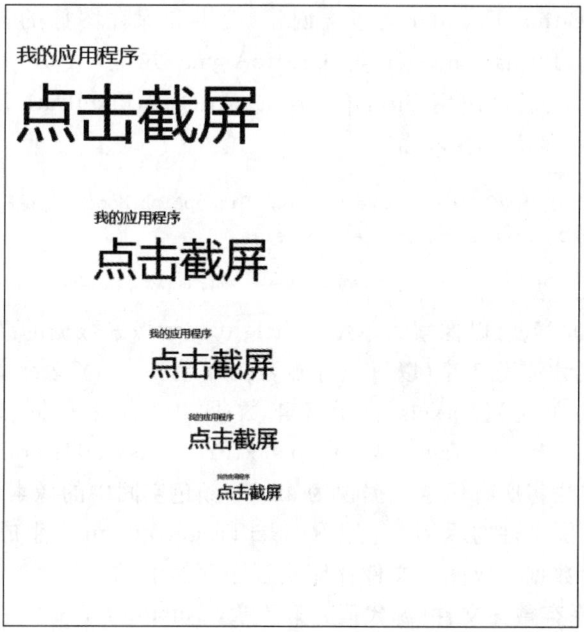

图 7.34 屏幕截图

7.5.3 存储生成的图片文件

在上文中讲解了如何把程序界面截图出来并放到 Image 控件上展示,接下来将继续介绍如何把截图出来的图片保存到程序存储里。在调用 RenderAsync 方法时会初始化 RenderTargetBitmap 类的对象,但是 RenderTargetBitmap 类的对象本身并不能作为图片来进行存储,要生成图片文件需要获取到图片的二进制数据。如果想要获取 DataTransferManager 操作(例如,共享协定交换)的图像,或想要使用 Windows.Graphics.Imaging API 将效果应用到图像上或对图像进行转码,就需要用到像素数据。如果访问 RenderTargetBitmap 的 Pixels 数据,需要在用 RenderAsync 方法将 UIElement 定义为 RenderTargetBitmap 后,再调用 RenderTargetBitmap 的 GetPixelsAsync 方法来获得其 Pixels 数据。该方法返回值是 IBuffer 类型,里面存储的是二进制位图数。这个 IBuffer 可以转换成一个 Byte 数组,数组里面的数据以 BGRA8 格式存储。

以下代码示例如何从一个 RenderTargetBitmap 对象中获得以 byte 数组类型存储的像素数。需要特别注意的是 IBuffer 实例调用的 ToArray 方法是一个扩展方法,需要在项目中加入 System.Runtime.InteropServices.WindowsRuntime 这个命名空间。

```
var bitmap = new RenderTargetBitmap();
await bitmap.RenderAsync(elementToRender);
IBuffer pixelBuffer = await bitmap.GetPixelsAsync();
byte[] pixels = pixelBuffer.ToArray();
```

在获取到了图像的二进制数据之后,如果要把二进制的数据生成图片文件,需要使用到

BitmapEncoder 类。BitmapEncoder 类包含创建、编辑和保存图像的各种方法。创建图片文件首先需要调用 BitmapEncoder 类 CreateAsync 方法，使用文件的流创建一个 BitmapEncoder 对象，然后再使用 BitmapEncoder 类的 SetPixelData 设置图像有关帧的像素数据。SetPixelData 的方法参数如下：

```
SetPixelData ( BitmapPixelFormat pixelFormat, BitmapAlphaMode alphaMode, uint width, uint height, double dpiX, double dpiY, byte[ ] pixels)
```

其中，pixelFormat 表示像素数据的像素格式；alphaMode 表示像素数据的 alpha 模式；width 表示像素数据的宽度（以像素为单位）；height 表示像素数据的高度（以像素为单位）；dpiX 表示像素数据的水平分辨率（以每英寸点数为单位）；dpiY 表示像素数据的垂直分辨率（以每英寸点数为单位）；pixels 表示像素数据。该方法是同步的，因为直到调用 FlushAsync、GoToNextFrameAsync 或 GoToNextFrameAsync(IIterable(IKeyValuePair)) 才会提交数据。该方法将所有像素数据视为 sRGB 颜色空间中的像素数据。

下面给出保存截图文件的示例：先用 RenderTargetBitmap 类生成程序界面的截图，然后再将截图的二进制数据生成图片文件存储到程序存储中。

代码清单 7-6：保存截图文件（源代码：第 7 章\Examples_7_6）

MainPage.xaml 文件主要代码

```xml
<Grid x:Name="root" Background="{ThemeResource ApplicationPageBackgroundThemeBrush}">
    ……省略若干代码
    <Grid x:Name="ContentPanel" Grid.Row="1" Margin="12,0,12,0">
        <StackPanel>
            <Button x:Name="bt_save" Content="存储生成的图片" Click="bt_save_Click"></Button>
            <Button x:Name="bt_show" Content="展示存储的图片" Click="bt_show_Click"></Button>
            <ScrollViewer BorderBrush="Red" BorderThickness="2" Height="350">
                <Image x:Name="img" />
            </ScrollViewer>
        </StackPanel>
    </Grid>
</Grid>
```

MainPage.xaml.cs 文件主要代码

```csharp
// 按钮事件生成图片并保存到程序的存储里面
private async void bt_save_Click(object sender, RoutedEventArgs e)
{
    // 生成 RenderTargetBitmap 对象
    RenderTargetBitmap renderTargetBitmap = new RenderTargetBitmap();
    await renderTargetBitmap.RenderAsync(root);
    // 获取图像的二进制数据
    var pixelBuffer = await renderTargetBitmap.GetPixelsAsync();
    // 创建程序文件存储
```

```
        IStorageFolder applicationFolder = ApplicationData.Current.LocalFolder;
         IStorageFile saveFile = await applicationFolder.CreateFileAsync("snapshot.png",
CreationCollisionOption.OpenIfExists);
        // 把图片的二进制数据写入文件存储
        using (var fileStream = await saveFile.OpenAsync(FileAccessMode.ReadWrite))
        {
             var encoder = await BitmapEncoder.CreateAsync(BitmapEncoder.PngEncoderId,
fileStream);
            encoder.SetPixelData(
                BitmapPixelFormat.Bgra8,
                BitmapAlphaMode.Ignore,
                (uint)renderTargetBitmap.PixelWidth,
                (uint)renderTargetBitmap.PixelHeight,
                DisplayInformation.GetForCurrentView().LogicalDpi,
                DisplayInformation.GetForCurrentView().LogicalDpi,
                pixelBuffer.ToArray());
            await encoder.FlushAsync();
        }
    }
    // 展示程序存储图片的按钮事件
    private void bt_show_Click(object sender, RoutedEventArgs e)
    {
        // "ms-appdata:///local"表示是程序存储的根目录
        BitmapImage bitmapImage = new BitmapImage(new Uri("ms-appdata:///local/snapshot.
png", UriKind.Absolute));
        img.Source = bitmapImage;
    }
```

程序运行的效果如图 7.35 所示。

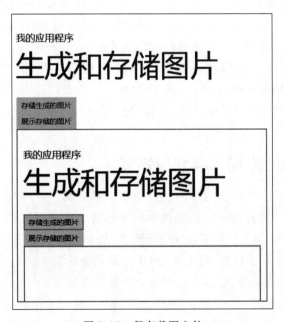

图 7.35　保存截图文件

第 8 章 变换特效和三维特效

变换特效和三维特效是指对 Windows 10 的 UI 元素进行的特效处理,变换效果相当于是平面的特效效果,三维效果则是基于三维空间对 UI 元素所做的特效效果。如果要实现一个 UI 上的特效,让程序的界面看起来更加绚丽,往往需要用到变换效果或者三维效果。变换特效和三维特效在动画编程里的应用也非常广泛,可以通过动画方式来改变 UI 的特效效果从而产生特效的动画,这部分内容会在动画编程的章节里面进行讲解。所以熟练地掌握 Windows 10 里的变换特效和三维特效的编程方式是 Windows 10 编程非常重要的一部分,这一章将来详细地讲解这部分的知识。

8.1 变换特效

当使用 Canvas 布局时,可以使用 Canvas.Left 和 Canvas.Top 属性改变一个对象相对 Canvas 的位置,当使用 Grid 或 StackPanel 布局时,可以使用 Margin 属性声明元素的各方向间距,然而,在这些属性中并不包括直接去改变某个 Windows 10 UI 对象形状的方法,例如,缩放、旋转一个元素。变换就是为了达到这个目的设计的,变换的实现会依赖于 RenderTransform 类,RenderTransform 包含的变换属性成员就是专门用来改变 Windows 10 UI 对象形状的,它可以实现对元素拉伸、旋转、扭曲等效果,同时变换特效也常用于辅助产生各种动画效果。

8.1.1 变换的原理二维变换矩阵

变换定义如何将一个坐标空间中的点映射或变换到另一个坐标空间,在 Windows 10 里通过仿射变换实现。仿射变换可以理解为对坐标进行放缩、旋转、平移后取得新坐标的值。仿射变换可以让 UI 元素产生视觉的旋转。它的原理并不是真正让 UI 元素的位置变化,而是变化平面 X、Y 的坐标系,间接地让 UI 元素的坐标发生转变,而如何让坐标系的旋转精确地控制 UI 元素的旋转,这就是仿射变换矩阵的作用了。

Windows 10 的变换映射是由变换 Matrix 来描述,Matrix 是表示用于二维空间变换的 3×3 仿射变换矩阵。3×3 矩阵用于在二维平面中进行变换。通过让仿射变换矩阵相乘可形成任意数目的线性变换,例如先旋转扭曲(切变),再平移。仿射矩阵变换用于操作二维平面中的对象或坐标系。由于仿射变换时,平行的边依然平行,所以我们无法对一个矩形的位图进行随意变换,比如无法拉伸一个角,也无法把它变成梯形等。仿射变换矩阵的最后一列等于(0,0,1),因此只需指定前两列的成员。注意,矢量用行矢量(而不是列矢量)表示。如表8.1显示了Windows 10二维变换矩阵的结构。

表8.1 二维变换矩阵

M11	M12	0.0
默认值:1.0	默认值:0.0	
M21	M22	0.0
默认值:0.0	默认值:1.0	
OffsetX	OffsetY	1.0
默认值:0.0	默认值:0.0	

原理如下:

原坐标(X0,Y0)通过这个3×3矩阵

$$\begin{bmatrix} M_{11} & M_{12} & 0 \\ M_{21} & M_{22} & 0 \\ OffsetX & OffsetY & 1 \end{bmatrix}$$

得到变换之后的新坐标(X1,Y1)的过程如下:

$$[x0, y0] * \begin{bmatrix} M_{11} & M_{12} \\ M_{21} & M_{22} \end{bmatrix}$$

通过矩阵乘法可得到坐标(X0 * M11+X0M21,Y0 * M12+Y0 * M22)之后,再加上(OffsetX,OffsetY)即可得到新坐标(X1,Y1)。也即是最终坐标(X1,Y1):X1=X0 * M11+X0 * M21+OffsetX,Y1=Y0 * M12+Y0 * M22+OffsetY。

通过处理矩阵值,可以旋转、按比例缩放、扭曲和移动(平移)。例如,如果将第三行第一列中的值(OffsetX值)更改为100,则可以使用它将对象沿X轴移动100个单位。如果将第二行第二列中的值更改为3,可以使用它将对象拉伸为其当前高度的三倍。如果同时更改两个值,则可将对象沿X轴移动100个单位并将其高度拉伸3倍。由于Windows 10仅支持仿射变换,因此右边列中的值始终为0、0、1。

尽管Windows 10能够直接处理矩阵值,但它还提供了许多Transform类,可以使用这些类来变换对象,而无需了解基础矩阵结构的配置方式。例如,利用ScaleTransform类,可以通过设置对象的ScaleX和ScaleY属性来按比例缩放对象,而不用处理变换矩阵。同样,利用RotateTransform类,只需通过设置对象的Angle属性即可旋转对象。若要将变换应用于UI元素上,需要创建Transform并将其应用于UIElement类提供的RenderTransform属性,在布局处理过程完成之后应用变换修改元素的外观。变换(RenderTransform)类就是为了达到这个目的设计的,RenderTransform包含的变形属性成员就是专门用来改变

Windows 10 UI对象的形状,可以实现对元素拉伸、旋转、扭曲等效果,变换特效也常用于辅助产生各种动画效果,下面列出RenderTransform类的成员。

TranslateTransform:能够让某对象的位置发生平移变化。

RotateTransform:能够让某对象产生旋转变化,根据中心点进行顺时针旋转或逆时针旋转。

ScaleTransform:能够让某对象产生缩放变化。

SkewTransform:能够让某对象产生扭曲变化。

TransformGroup:能够让某对象的缩放、旋转、扭曲等变化效果合并起来使用。

MatrixTransform:能够让某对象通过矩阵算法实现更为复杂的变形。

变换元素包括平移变换、旋转变换、缩放变换、扭曲变换、矩阵变换和组合变换元素,变换特效常用于在不改变对象本身构成的情况下,使对象产生变形效果,所以变换元素常辅助产生Windows 10中的各种动画效果,其中平移变换、旋转变换、缩放变换和扭曲变换的变换原理也是采用矩阵算法来实现的,但应用起来要比使用矩阵变换简单,在实际应用中根据需求选择适合的变换对象是很重要的。接下来看一下各种变换特效的使用。

8.1.2 平移变换(TranslateTransform)

TranslateTransform:能够让某对象的位置发生平移变化,按指定的X和Y移动(平移)元素。TranslateTransform类对移动不支持绝对定位的面板内的元素特别有用。例如,通过将TranslateTransform应用到元素的RenderTransform属性,可以移动StackPanel内的元素。使用TranslateTransform的X属性指定将元素沿X轴移动的量(以像素为单位)。使用Y属性指定将元素沿Y轴移动的量(以像素为单位)。最后,将TranslateTransform应用于元素的RenderTransform属性。

下面的示例使用TranslateTransform将元素向右移动50个像素并向下移动50个像素。

```
<Rectangle Height="50" Width="50"
    Fill="#CCCCCCFF" Stroke="Blue" StrokeThickness="2"
    Canvas.Left="100" Canvas.Top="100">
  <Rectangle.RenderTransform>
    <TranslateTransform X="50" Y="50" />
  </Rectangle.RenderTransform>
</Rectangle>
```

变换的效果如图8.1所示。

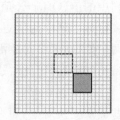

图8.1 平移效果

8.1.3 旋转变换(RotateTransform)

RotateTransform:能够让某对象产生旋转变化,根据中心点进行顺时针旋转或逆时针旋转,按指定的Angle旋转元素。RotateTransform围绕点CenterX和CenterY将对象旋转指定的 Angle。在使用 RotateTransform 时,请注意变换将围绕点(0,0)旋转某个特定对象的坐标系。因此,根据对象的位置,对象可能不会就地(围绕其中心)旋转。例如,如果对象位于 X 轴上距 0 为 200 个单位的位置,旋转 30°可以让该对象沿着以原点为圆心、以 200 为半径所画的圆摆动 30°。若要就地旋转某个对象,请将 RotateTransform 的 CenterX 和 CenterY 设置为该对象的旋转中心。

下面的示例以 Polyline 对象的左上角为旋转点将其旋转了 45°。

```
<Canvas Height = "200" Width = "200">
    <!-- 以 Polyline 对象的左上角(0,0)为旋转点将其旋转了 45 度 -->
    <Polyline Points = "25,25 0,50 25,75 50,50 25,25 25,0"
            Stroke = "Blue" StrokeThickness = "10"
            Canvas.Left = "75" Canvas.Top = "50">
        <Polyline.RenderTransform>
            <RotateTransform CenterX = "0" CenterY = "0" Angle = "45" />
        </Polyline.RenderTransform>
    </Polyline>
</Canvas>
```

变换的效果如图 8.2 所示。

下一个示例围绕点(25,50)沿顺时针方向将 Polyline 对象旋转了 45°。

```
<Canvas Height = "200" Width = "200">
    <Polyline Points = "25,25 0,50 25,75 50,50 25,25 25,0"
        Stroke = "Blue" StrokeThickness = "10"
        Canvas.Left = "75" Canvas.Top = "50">
        <Polyline.RenderTransform>
            <RotateTransform CenterX = "25" CenterY = "50" Angle = "45" />
        </Polyline.RenderTransform>
    </Polyline>
</Canvas>
```

变换的效果如图 8.3 所示。

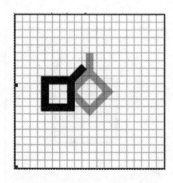

图 8.2 沿左上角旋转效果

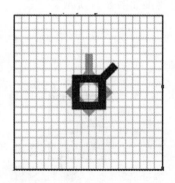

图 8.3 沿中心点旋转效果

8.1.4 缩放变换(ScaleTransform)

ScaleTransform：能够让某对象产生缩放变化，按指定的 ScaleX 和 ScaleY 量按比例缩放元素。使用 ScaleX 和 ScaleY 属性可以按照指定的系数调整元素的大小。例如，ScaleX 值为 1.5 时，会将元素拉伸到其原始宽度的 150%。ScaleY 值为 0.5 时，会将元素的高度缩小 50%。使用 CenterX 和 CenterY 属性可以指定缩放操作的中心点。默认情况下，ScaleTransform 的中心点是(0,0)，该点与矩形的左上角相对应。这会导致该元素移动并使其看上去更大，原因是当应用 Transform 时，对象所在的坐标空间会改变。

下面的示例使用 ScaleTransform 将长和宽均为 50 的 Rectangle 的尺寸放大一倍。对于 CenterX 和 CenterY 来说，ScaleTransform 的值均为 0(默认值)。

```
<Rectangle Height="50" Width="50" Fill="#CCCCCCFF"
    Stroke="Blue" StrokeThickness="2"
    Canvas.Left="100" Canvas.Top="100">
    <Rectangle.RenderTransform>
        <ScaleTransform CenterX="0" CenterY="0" ScaleX="2" ScaleY="2" />
    </Rectangle.RenderTransform>
</Rectangle>
```

变换的效果如图 8.4 所示。

通常，可以将 CenterX 和 CenterY 设置为缩放对象的中心(Width/2, Height/2)。下面的示例演示了另一个尺寸放大一倍的 Rectangle；但是，对于 CenterX 和 CenterY 来说，这个 ScaleTransform 的值均为 25(与矩形的中心相对应)。

```
<Rectangle Height="50" Width="50" Fill="#CCCCCCFF"
    Canvas.Left="100" Canvas.Top="100" Stroke="Blue" StrokeThickness="2">
    <Rectangle.RenderTransform>
        <ScaleTransform CenterX="25" CenterY="25" ScaleX="2" ScaleY="2" />
    </Rectangle.RenderTransform>
</Rectangle>
```

变换的效果如图 8.5 所示。

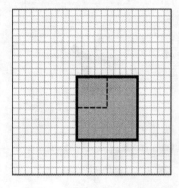

图 8.4 沿左上角放大效果

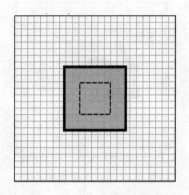

图 8.5 沿中心点放大效果

8.1.5 扭曲变换(SkewTransform)

SkewTransform:能够让某对象产生扭曲变化,按指定的 AngleX 和 AngleY 量扭曲元素。扭曲(也称为修剪)是一种以非均匀方式拉伸坐标空间的变换。SkewTransform 的一个典型用法是在二维对象中模拟三维深度。使用 CenterX 和 CenterY 属性可以指定 SkewTransform 的中心点。使用 AngleX 和 AngleY 属性可以指定 X 轴和 Y 轴的扭曲角度,使当前坐标系沿着这些轴扭曲。若要预测扭曲变换的效果,请考虑 AngleX 相对于原始坐标系扭曲 X 轴的值。因此,如果 AngleX 为 30,则 Y 轴绕原点旋转 30°,将 X 轴的值从该原点扭曲 30°。同样,如果 AngleY 为 30,则会将该形状的 Y 轴值从原点扭曲 30°。注意,在 X 或 Y 轴中将坐标系变换(移动)30°的效果不相同。

下面的示例向 Rectangle 应用自中心点(0,0)的 45°水平扭曲。

```
< Rectangle Height = "50" Width = "50" Fill = " # CCCCCCFF"
  Stroke = "Blue" StrokeThickness = "2"
  Canvas.Left = "100" Canvas.Top = "100">
  < Rectangle.RenderTransform >
    < SkewTransform CenterX = "0" CenterY = "0" AngleX = "45" AngleY = "0" />
  </Rectangle.RenderTransform >
</Rectangle >
```

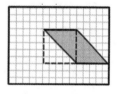

图 8.6 扭曲效果

变换的效果如图 8.6 所示。

8.1.6 组合变换(TransformGroup)

TransformGroup:能够让某对象的缩放、旋转、扭曲等变化效果合并起来使用,将多个 TransformGroup 对象组合为可以随后应用于变换属性的单一 Transform。在复合变换中,单个变换的顺序非常重要。例如,依次旋转、缩放和平移与依次平移、旋转和缩放得到的结果不同。造成顺序很重要的一个原因就是,像旋转和缩放这样的变换是针对坐标系的原点进行的。缩放以原点为中心的对象与缩放已离开原点的对象所得到的结果不同。同样,旋转以原点为中心的对象与旋转已离开原点的对象所得到的结果也不同。

下面的示例使用 TransformGroup 将 ScaleTransform 和 RotateTransform 应用于 Button。

```
< Button RenderTransformOrigin = "0.5,0.5" HorizontalAlignment = "Center">Click
  < Button.RenderTransform >
    < TransformGroup >
      < ScaleTransform ScaleY = "3" />
      < RotateTransform Angle = "45" />
    </TransformGroup >
  </Button.RenderTransform >
```

```
</Button>
```

变换的效果由原图 8.7 变为图 8.8 所示。

图 8.7 按钮原图

图 8.8 按钮变换后

8.1.7 矩阵变换(MatrixTransform)

MatrixTransform 是通过矩阵预算的方式来计算变换后的坐标,MatrixTransform 在 Windows 10 中对应的 XAML 代码如下:

```
<MatrixTransform Matrix = "M11, M12, M21, M22, OffsetX, OffsetY"/>
```

从矩阵运算的角度,MatrixTransform 的矩阵运算公式如下:

$$[X \quad Y \quad 1] * \begin{bmatrix} M_{11} & M_{12} & 0 \\ M_{21} & M_{22} & 0 \\ OffsetX & OffsetY & 1 \end{bmatrix} = [X \quad Y \quad 1]$$

MatrixTransform 能够让某对象通过矩阵算法实现更为复杂的变形,创建其他 Transform 类未提供的自定义变换,在使用 MatrixTransform 时,将直接处理矩阵。如果用矩阵[2 1 1]代表点(2,1),用 3×3 变换矩阵记录两个变换,可用一个矩阵乘法代替以上的两个矩阵运算,如图 8.9 所示。注意,运算结果的矩阵[2 6 1]代表点(2,6),即点(2,1)映射到了点(2,6)。这个 3×3 矩阵叫作仿射矩阵,它和前边的两个 2×2 矩阵的关系如图 8.10 所示,其中第三列固定为 0、0、1。Windows 10 使用 System.Windows.Media.Matrix 结构封装表示 3 行 3 列仿射矩阵,用来记录图形的复杂变换。Matrix 结构用属性 M11、M12、M21、M22、OffsetX 和 OffsetY 表示 3×3 变换矩阵的各个项,其结构构造函数如下:public Matrix(double m11,double m12,double m21,double m22,double offsetX,double offsetY)。

$$[2 \quad 1 \quad 1] \times \begin{bmatrix} 0 & 1 & 0 \\ -1 & 0 & 0 \\ 3 & 4 & 1 \end{bmatrix} = [2 \quad 6 \quad 1]$$

图 8.9 矩阵运算例子

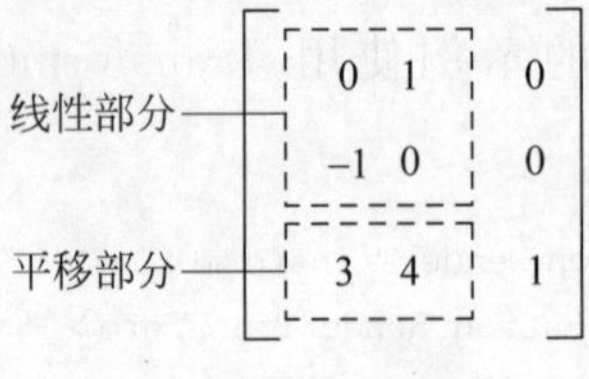

线性部分 $\begin{bmatrix} 0 & 1 & 0 \\ -1 & 0 & 0 \end{bmatrix}$

平移部分 $\begin{bmatrix} 3 & 4 & 1 \end{bmatrix}$

图 8.10 矩阵关系

下面的代码示例使用 OffsetX 和 OffsetY 定义按钮的位置,使用 M11 拉伸按钮,使用 M12 弯曲按钮。

```
< Button MinWidth = "100">Click
    < Button.RenderTransform >
        < MatrixTransform x:Name = "myMatrixTransform">
            < MatrixTransform.Matrix >
                < Matrix OffsetX = "10" OffsetY = "100" M11 = "3" M12 = "2"/>
            </MatrixTransform.Matrix >
        </MatrixTransform >
    </Button.RenderTransform >
</Button >
```

变换的效果由原图 8.11 变为图 8.12 所示。

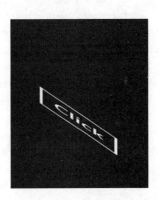

图 8.11　按钮原图　　　　　　图 8.12　按钮变换后

下面使用 MatrixTransform 来模拟实现一个 3D 盒子,实现的原理是对三个 Rectangle 控件进行三次的矩阵变换,分别实现 3D 盒子在视角中的三个面。要进行矩阵变化的 Rectangle 控件的代码如下所示,显示效果如图 8.13 所示。

```
< Canvas Background = "Black">
    < Rectangle Width = "200" Height = "200" Fill = "Red">
    </Rectangle >
</Canvas >
```

图 8.13　3D 盒子的原始形状

下面通过矩阵变换来实现平移拉伸扭曲的效果,把原始的 Rectangle 变形成为 3D 盒子的三个面,代码如下。

代码清单 8-1:3D 盒子(源代码:第 8 章\Examples_8_1)

MainPage.xaml 文件主要代码

```
<Canvas Background = "Black">
    <Rectangle Width = "200" Height = "200" Fill = "Red">
        <Rectangle.RenderTransform>
            <MatrixTransform Matrix = "1, -0.5,0,1.0,60,100" />
        </Rectangle.RenderTransform>
    </Rectangle>
    <Rectangle Width = "200" Height = "200" Fill = "FloralWhite">
        <Rectangle.RenderTransform>
            <MatrixTransform Matrix = "1.0,0.5,0,1.0,260,0" />
        </Rectangle.RenderTransform>
    </Rectangle>
    <Rectangle Width = "200" Height = "200" Fill = "Green">
        <Rectangle.RenderTransform>
            <MatrixTransform Matrix = "1,0.5, -1,0.5,260,200"/>
        </Rectangle.RenderTransform>
    </Rectangle>
</Canvas>
```

应用运行的运行效果如图 8.14 所示。

图 8.14 3D 盒子

8.2 三维特效

变换特效是针对于二维空间特效的效果，三维特效则是针对三维空间的效果，三维特效的原理其实和变换特效的原理是类似的，变换特效的坐标是基于 X 轴和 Y 轴，三维特效则多了一个 Z 轴，用来表示立体的坐标位置。变换特效是通过 3×3 的矩阵来计算运用特效后的坐标，三维特效则是通过 4×4 的矩阵来计算。Windows 10 的 UI 元素的三维特效是通过 UIElement 的 PlaneProjection 属性来进行设置的，下面来详细地看一下三维特效的运用。

8.2.1 三维坐标体系

Windows 10 UI 元素的三维特效的 X 轴和 Y 轴与在二维空间中一样，X 轴表示水平轴，Y 轴表示垂直轴。在三维空间中，Z 轴表示深度。当对象向右移动时，X 轴的值会增大。当对象向下移动时，Y 轴的值会增大。当对象靠近视点时，Z 轴的值会增大。如图 8.15 所示，+Y 方向往下，+X 方向往右，+Z 方向往指向观察者的方向。三维特效里面的平移，旋转等特效将会基于这样的一个三维坐标体系来应用的。

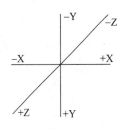

图 8.15　三维坐标方向

8.2.2 三维旋转

在变换特效里面可以通过 RotateTransform 来在二维空间里面旋转 UI 元素，在三维特效里面一样可以实现变换特效的效果，并且功能更加强大，可以把 UI 元素看作是在一个立体空间里面进行旋转。

下面来看一下 PlaneProjection 三维旋转相关的属性。

1) CenterOfRotationX/CenterOfRotationY/CenterOfRotationZ 表示旋转中心 X 轴/Y 轴/Z 轴坐标

可以通过使用 CenterOfRotationX、CenterOfRotationY 和 CenterOfRotationZ 属性，设置三维旋转的旋转中心。默认情况下，旋转轴直接穿过对象的中心，这表示对象围绕其中心旋转；但是，如果将旋转的中心移到对象的外边缘，对象将围绕该外边缘旋转。CenterOfRotationX 和 CenterOfRotationY 的默认值为 0.5，而 CenterOfRotationZ 的默认值为 0。CenterOfRotationX 的取值含义是 0 表示是 UI 元素最左边的边缘，1 表示是 UI 元素最右边的边缘。CenterOfRotationY 的取值含义是 0 表示是 UI 元素最上边的边缘，1 表示是 UI 元素最下边的边缘。因为旋转中心的 Z 轴是穿过对象的平面绘制的，所以 CenterOfRotationZ 取值的含义是取值为负数表示将旋转中心移到该对象后面，取值为正数表示将旋转中心移到该对象上方。

2) RotationX/RotationY/RotationZ 表示沿着 X 轴/Y 轴/Z 轴旋转的角度

RotationX、RotationY 和 RotationZ 属性指定 UI 元素在空间中旋转对象的角度。

RotationX 属性指定围绕对象的水平轴旋转。RotationY 属性围绕沿对象垂直绘制的线（旋转的 Y 轴）进行旋转。RotationZ 属性围绕与对象垂直的线（直接穿过对象平面的线）进行旋转。这些旋转属性可以指定负值，这会以反方向将对象旋转某一度数。此外，绝对数可以大于 360，这会使对象旋转的度数超过一个完整旋转（即 360°）。RotationX、RotationY 和 RotationZ 属性的默认值都是 0。

下面的示例把 TextBlock 控件作为三维旋转的对象，通过 Slider 控件来控制修改 TextBlock 控件相对于屏幕沿 X 轴/Y 轴/Z 轴旋转的角度以及中心点。

代码清单 8-2：三维旋转（源代码：第 8 章\Examples_8_2）

MainPage.xaml 文件主要代码

```xml
<Grid x:Name="ContentPanel" Grid.Row="1" Margin="12,0,12,0">
    <Grid.RowDefinitions>
        <RowDefinition Height="*"/>
        <RowDefinition Height="Auto"/>
    </Grid.RowDefinitions>
    <!-- 旋转的对象 -->
    <TextBlock Grid.Row="0"
               Text=" 3D"
               FontSize="120"
               Foreground="Red"
               HorizontalAlignment="Center"
               VerticalAlignment="Center">
        <TextBlock.Projection>
            <PlaneProjection x:Name="planeProjection"/>
        </TextBlock.Projection>
    </TextBlock>
    <StackPanel Grid.Row="1">
        <StackPanel Orientation="Horizontal">
            <!-- 通过 RadioButton 来控制 Slider 滑块的作用 -->
            <RadioButton x:Name="rotationRadioButton" Content="Rotation" Checked="rotationRadioButton_Checked"></RadioButton>
            <RadioButton x:Name="centerOfRotationRadioButton" Content="CenterOfRotation" Checked="centerOfRotationRadioButton_Checked"></RadioButton>
        </StackPanel>
        <TextBlock x:Name="infoTextBlock" TextWrapping="Wrap"></TextBlock>
        <TextBlock x:Name="xTextBlock" Text="沿着 X 轴旋转"></TextBlock>
        <Slider x:Name="xSlider" Minimum="0" Maximum="100" ValueChanged="xSlider_ValueChanged"></Slider>
        <TextBlock x:Name="yTextBlock" Text="沿着 Y 轴旋转"></TextBlock>
        <Slider x:Name="ySlider" Minimum="0" Maximum="100" ValueChanged="ySlider_ValueChanged"></Slider>
        <TextBlock x:Name="zTextBlock" Text="沿着 Z 轴旋转"></TextBlock>
        <Slider x:Name="zSlider" Minimum="0" Maximum="100" ValueChanged="zSlider_
```

ValueChanged"></Slider>
        </StackPanel>
    </Grid>
```

### MainPage.xaml.cs 文件主要代码

```csharp
// X 滑块的滑动事件
private void xSlider_ValueChanged(object sender, RangeBaseValueChangedEventArgs e)
{
    if (centerOfRotationRadioButton.IsChecked == false)
    {
        // Slider 控制的值范围是 0~100,所以旋转的角度控制在 0~360
        double xValue = e.NewValue * 360 / 100;
        planeProjection.RotationX = xValue;
    }
    else
    {
        // 中心点的坐标控制在 0~1 的值范围中变动
        planeProjection.CenterOfRotationX = e.NewValue / 100;
        ShowCenterOfRotationValue();
    }
}
// Y 滑块的滑动事件
private void ySlider_ValueChanged(object sender, RangeBaseValueChangedEventArgs e)
{
    if (centerOfRotationRadioButton.IsChecked == false)
    {
        double yValue = e.NewValue * 360 / 100;
        planeProjection.RotationY = yValue;
    }
    else
    {
        planeProjection.CenterOfRotationY = e.NewValue / 100;
        ShowCenterOfRotationValue();
    }
}
// Z 滑块的滑动事件
private void zSlider_ValueChanged(object sender, RangeBaseValueChangedEventArgs e)
{
    if (centerOfRotationRadioButton.IsChecked == false)
    {
        double zValue = e.NewValue * 360 / 100;
        planeProjection.RotationZ = zValue;
    }
    else
    {
```
```

```
            planeProjection.CenterOfRotationZ = e.NewValue / 100;
            ShowCenterOfRotationValue();
        }
    }
```

应用程序的运行效果如图 8.16 所示。

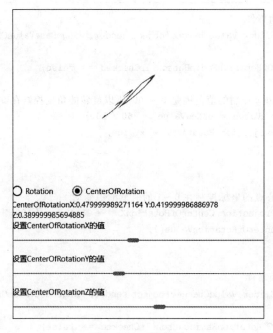

图 8.16 三维旋转

8.2.3 三维平移

在变换特效里面可以通过平移变换 TranslateTransform 来实现 UI 元素沿着 X 轴或者 Y 轴进行移动,在三维平移里面一样也可以实现这样的效果,并且三维平移还多了可以沿着 Z 轴移动。设置 UI 元素平移的距离的属性分为两种类型,一种是以屏幕为参考对象来定义坐标轴,另外一种类型是以 UI 对象本身作为参考对象来定义坐标轴。如果这个 UI 对象本身并没有做旋转相关的特效,这两种类型的属性所显示的效果是一样的;当 UI 对象应用了一些旋转特效,这两种类型是有较大的区别的。

GlobalOffsetX/GlobalOffsetY/GlobalOffsetZ 表示相对于屏幕沿 X 轴/Y 轴/Z 轴平移对象(绝对的位置);LocalOffsetX/LocalOffsetY/LocalOffsetZ 表示沿对象旋转后对象平面的 X 轴/Y 轴/Z 轴平移对象(相对位置)。

下面的示例把 TextBlock 控件沿着 X 轴旋转 45°,然后通过 Slider 控件来控制修改 TextBlock 控件相对于屏幕沿 X 轴/Y 轴/Z 轴平移的特效效果以及沿对象旋转后对象平面的 X 轴/Y 轴/Z 轴平移的效果。

代码清单 8-3：三维平移（源代码：第 8 章\Examples_8_3）

MainPage.xaml 文件主要代码

```xaml
<Grid x:Name="ContentPanel" Grid.Row="1" Margin="12,0,12,0">
    <Grid.RowDefinitions>
        <RowDefinition Height="*"/>
        <RowDefinition Height="Auto"/>
    </Grid.RowDefinitions>
    <!-- 平移的对象 -->
    <TextBlock Grid.Row="0"
               Text="3D"
               FontSize="120"
               Foreground="Red"
               HorizontalAlignment="Center"
               VerticalAlignment="Center">
        <TextBlock.Projection>
            <PlaneProjection x:Name="planeProjection" RotationX="45"/>
        </TextBlock.Projection>
    </TextBlock>
    <StackPanel Grid.Row="1">
        <StackPanel Orientation="Horizontal">
            <!-- 平移的类型的选择 -->
            <RadioButton x:Name="globalRadioButton" Content="GlobalOffset" IsChecked="true"></RadioButton>
            <RadioButton x:Name="localRadioButton" Content="LocalOffset"></RadioButton>
        </StackPanel>
        <TextBlock x:Name="infoTextBlock" TextWrapping="Wrap"></TextBlock>
        <!-- 用 Slider 控件来控制沿着三个坐标轴的平移的距离 -->
        <TextBlock x:Name="xTextBlock" Text="X 轴偏移"></TextBlock>
        <Slider x:Name="xSlider" Minimum="0" Maximum="100" ValueChanged="xSlider_ValueChanged"></Slider>
        <TextBlock x:Name="yTextBlock" Text="Y 轴偏移"></TextBlock>
        <Slider x:Name="ySlider" Minimum="0" Maximum="100" ValueChanged="ySlider_ValueChanged"></Slider>
        <TextBlock x:Name="zTextBlock" Text="Z 轴偏移"></TextBlock>
        <Slider x:Name="zSlider" Minimum="0" Maximum="100" ValueChanged="zSlider_ValueChanged"></Slider>
    </StackPanel>
</Grid>
```

MainPage.xaml.cs 文件主要代码

```csharp
// 设置 X 轴平移的距离
private void xSlider_ValueChanged(object sender, RangeBaseValueChangedEventArgs e)
{
```

```csharp
        if (globalRadioButton.IsChecked == true)
        {
            planeProjection.GlobalOffsetX = e.NewValue;
        }
        else
        {
            planeProjection.LocalOffsetX = e.NewValue;
        }
        ShowCenterOfRotationValue();
    }
    // 设置Y轴平移的距离
    private void ySlider_ValueChanged(object sender, RangeBaseValueChangedEventArgs e)
    {
        if (globalRadioButton.IsChecked == true)
        {
            planeProjection.GlobalOffsetY = e.NewValue;
        }
        else
        {
            planeProjection.LocalOffsetY = e.NewValue;
        }
        ShowCenterOfRotationValue();
    }
    // 设置Z轴平移的距离
    private void zSlider_ValueChanged(object sender, RangeBaseValueChangedEventArgs e)
    {
        if (globalRadioButton.IsChecked == true)
        {
            planeProjection.GlobalOffsetZ = e.NewValue;
        }
        else
        {
            planeProjection.LocalOffsetZ = e.NewValue;
        }
        ShowCenterOfRotationValue();
    }
    // 展示TextBlock控件当前各个位置平移的值
    private void ShowCenterOfRotationValue()
    {
        infoTextBlock.Text = "GlobalOffsetX:" + planeProjection.GlobalOffsetX +
            " Y:" + planeProjection.GlobalOffsetY +
            " Z:" + planeProjection.GlobalOffsetZ +
        " LocalOffsetX:" + planeProjection.LocalOffsetX +
            " Y:" + planeProjection.LocalOffsetY +
            " Z:" + planeProjection.LocalOffsetZ;
    }
```

应用程序的运行效果如图 8.17 所示。

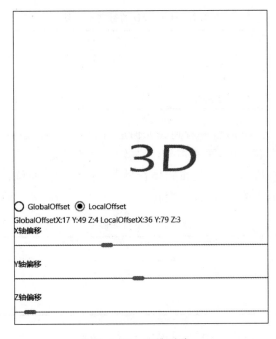

图 8.17 三维平移

8.2.4 用矩阵实现三维特效

三维特效的效果其实是用矩阵来计算 UI 元素应用特效后的坐标，上面所讲的三维平移和三维旋转是已经封装好的常用的三维特效矩阵，如果还要实现更加复杂的三维特效就需要用到矩阵的方式去实现。用矩阵实现三维特效主要是依赖 Matrix3DProjection 和 Matrix3D 类型来实现，Matrix3DProjection 是 Matrix3D 周围的包装类。

Matrix3D 类表示一个转换矩阵，该矩阵确定三维(3D)显示对象的位置和方向。该矩阵可以执行转换功能，包括平移(沿 X、Y 和 Z 轴重新定位)、旋转和缩放(调整大小)。Matrix3D 类还可以执行透视投影，这会将 3D 坐标空间中的点映射到二维(2D)视图。

Matrix3D 类使用一个 4×4 正方形矩阵，即一个由四行和四列数字构成的表，其中容纳了用于转换的数据。矩阵的前三行容纳每个 3D 轴(X,Y,Z)的数据。平移信息位于最后一列中。方向和缩放数据位于前三个列中。缩放因子是位于前三个列中的对角数字。Matrix3D 元素的表示形式如表 8.2 所示。单一矩阵可以将多个转换组合在一起，并一次性对 3D 显示对象应用这些转换。例如，可以将一个矩阵应用于 3D 坐标，以便依次执行旋转和平移。如果三维特效之前的点坐标为(X,Y,Z)，实现矩阵三维特效后的点坐标(X',Y',Z')的计算公式如下：

$$X' = M11 \cdot X + M21 \cdot Y + M31 \cdot Z + OffsetX$$
$$Y' = M12 \cdot X + M22 \cdot Y + M32 \cdot Z + OffsetY$$

$$Z' = M13 \cdot X + M23 \cdot Y + M33 \cdot Z + OffsetZ$$

表 8.2　Matrix3D 的行向量语法

M11	M12	M13	M14
M21	M22	M23	M24
M31	M32	M33	M34
OffsetX	OffsetY	OffsetZ	M44

为了更好地理解矩阵，下面看一看到底如何进行矩阵变换。总共有五种不同类型的矩阵：4×4 的矩阵结构，单位矩阵，平移矩阵，缩放矩阵和旋转矩阵。

单位矩阵（如表 8.3 所示）表示三维物体在世界空间内的初始位置。如果将一个矩阵乘以单位矩阵，还会得到原来的矩阵，没有变化。

表 8.3　单位矩阵

1	0	0	0
0	1	0	0
0	0	1	0
0	0	0	1

缩放矩阵（如表 8.4 所示）表示用来对物体进行缩放变换，只需将三维物体乘以缩放矩阵就可实现缩放的效果。在表中的 Sx、Sy 和 Sz 分别表示沿着不同的方向进行缩放的比例。

表 8.4　缩放矩阵

Sx	0	0	0
0	Sy	0	0
0	0	Sz	0
0	0	0	1

创建缩放矩阵的代码如下所示：

```
// 向 X,Y,Z 轴缩放
private Matrix3D CreateScaleTransform(double sx, double sy, double sz)
{
    Matrix3D m = new Matrix3D();
    m.M11 = sx; m.M12 = 0.0; m.M13 = 0.0; m.M14 = 0.0;
    m.M21 = 0.0; m.M22 = sy; m.M23 = 0.0; m.M24 = 0.0;
    m.M31 = 0.0; m.M32 = 0.0; m.M33 = sz; m.M34 = 0.0;
    m.OffsetX = 0.0; m.OffsetY = 0.0; m.OffsetZ = 0.0; m.M44 = 1.0;
    return m;
}
```

平移矩阵（如表 8.5 所示）表示用来对物体进行平移变换，只需将三维物体乘以平移矩阵就可以实现平移效果。在表中的 Tx、Ty 和 Tz 分别表示沿着不同方向进行缩放的比例。

表 8.5 平移矩阵

1	0	0	0
0	1	0	0
0	0	1	0
Tx	Ty	Tz	1

创建平移矩阵的代码如下所示:

```
// 向 X,Y,Z 轴移动
private Matrix3D TranslationTransform(double tx, double ty, double tz)
{
    Matrix3D m = new Matrix3D();
    m.M11 = 1.0; m.M12 = 0.0; m.M13 = 0.0; m.M14 = 0.0;
    m.M21 = 0.0; m.M22 = 1.0; m.M23 = 0.0; m.M24 = 0.0;
    m.M31 = 0.0; m.M32 = 0.0; m.M33 = 1.0; m.M34 = 0.0;
    m.OffsetX = tx; m.OffsetY = ty; m.OffsetZ = tz; m.M44 = 1.0;
    return m;
}
```

沿着 X 轴、Y 轴、Z 轴旋转的矩阵分别如表 8.6、表 8.7 和表 8.8 所示,θ 表示旋转的角度。

表 8.6 X 轴旋转矩阵

1	0	0	0
0	$\cos\theta$	$\sin\theta$	0
0	$-\sin\theta$	$\cos\theta$	0
0	0	0	1
Rotation X			

表 8.7 Y 轴旋转矩阵

$\cos\theta$	0	$\sin\theta$	0
0	1	0	0
$-\sin\theta$	0	$\cos\theta$	0
0	0	0	1
Rotation Y			

表 8.8 Z 轴旋转矩阵

$\cos\theta$	$\sin\theta$	0	0
$-\sin\theta$	$\cos\theta$	0	0
0	0	1	0
0	0	0	1
Rotation Z			

创建旋转矩阵的代码如下所示：

```csharp
// 沿 X 轴转动
private Matrix3D RotateYTransform(double theta)
{
    double sin = Math.Sin(theta);
    double cos = Math.Cos(theta);
    Matrix3D m = new Matrix3D();
    m.M11 = 1.0; m.M12 = 0.0; m.M13 = 0.0; m.M14 = 0.0;
    m.M21 = 0.0; m.M22 = cos; m.M23 = sin; m.M24 = 0.0;
    m.M31 = 0.0; m.M32 = -sin; m.M33 = cos; m.M34 = 0.0;
    m.OffsetX = 0.0; m.OffsetY = 0.0; m.OffsetZ = 0.0; m.M44 = 1.0;
    return m;
}
// 沿 Y 轴转动
private Matrix3D RotateYTransform(double theta)
{
    double sin = Math.Sin(theta);
    double cos = Math.Cos(theta);
    Matrix3D m = new Matrix3D();
    m.M11 = cos; m.M12 = 0.0; m.M13 = -sin; m.M14 = 0.0;
    m.M21 = 0.0; m.M22 = 1.0; m.M23 = 0.0; m.M24 = 0.0;
    m.M31 = sin; m.M32 = 0.0; m.M33 = cos; m.M34 = 0.0;
    m.OffsetX = 0.0; m.OffsetY = 0.0; m.OffsetZ = 0.0; m.M44 = 1.0;
    return m;
}
// 沿 Z 轴转动
private Matrix3D RotateZTransform(double theta)
{
    double cos = Math.Cos(theta);
    double sin = Math.Sin(theta);
    Matrix3D m = new Matrix3D();
    m.M11 = cos; m.M12 = sin; m.M13 = 0.0; m.M14 = 0.0;
    m.M21 = -sin; m.M22 = cos; m.M23 = 0.0; m.M24 = 0.0;
    m.M31 = 0.0; m.M32 = 0.0; m.M33 = 1.0; m.M34 = 0.0;
    m.OffsetX = 0.0; m.OffsetY = 0.0; m.OffsetZ = 0.0; m.M44 = 1.0;
    return m;
}
```

第 9 章 动画编程

Windows 10 提供了一组强大的图形和布局功能,通过应用这些功能,可以创建漂亮的用户界面。动画不仅可以使用户界面更加引人注目,还可以使其更加便于使用。通过动画可以创建真正的动态用户界面。动画通常用于应用效果,例如当点击磁贴的时候磁贴会向点击的地方倾斜一下。对动画的使用不可太过于追求绚丽的效果,一定要符合用户的习惯或者符合 Windows 10 的交互风格。若能正确地使用动画,可以通过许多方式增强应用程序的体验,可以使应用程序更好地响应、看起来更加自然、更加直观。动画还能够将用户的注意力吸引到重要的元素上,并且引导用户转移到新内容。动画编程是 Windows 10 编程的核心部分,本章将全面地讲解 Windows 10 动画编程的相关知识。

9.1 动画原理

动画是通过快速播放一系列图像(其中每幅图像均与前一幅图像稍有不同)而产生的错觉。人脑将这一系列图像看作是一个不断变化的场景。在电影中,摄影机通过每秒拍摄大量照片(即,帧)来产生这种错觉。当放映机播放这些帧时,观众看到的是运动的图片。计算机动画与此类似,差别在于计算机动画可以在时间上进一步拆分记录的帧,因为计算机将内插并动态显示各帧之间的变化。

9.1.1 理解动画

实现一个动画的原始办法是配置一个定时器,然后根据定时器的频率循环地回调。在回调方法中,可以手动更新目标属性,根据时间的变化用数学计算来决定当前值,直到它达到最终值。这时就可以停止定时器,并且移除事件处理程序。

动画可以简单地理解成界面上的某个可视化的元素随着时间改变它的位置或者形状,形成了视觉上的运动变化的效果。我们设想一下,如果要让 Windows 10 上面的一个 Button 控件在 3 秒钟之后宽度渐渐地变成原来的两倍,用最传统的解决方法应该会使用以下的步骤来解决:

(1) 创建一个周期性触发器的计时器(例如每隔 50 毫秒触发一次)。

(2）当触发计时器时，使用事件处理程序计算一些与动画相关的细节，如 Button 控件宽度，增加一定的长度，当距离等于原来两倍的时候停止触发器，动画停止。

从这个动画实现的步骤来看，实现这个 Button 控件的动画很简单，但是这种解决方法却存在很多问题，下面来分析一下存在哪些问题。

（1）可扩展性很差。如果决定同时运行两个动画，那么需要再创建一个触发器，就需要重新编写动画代码，并且会变得更加复杂。

（2）动画帧速率是固定的。计时器设置完全决定了帧速率。如果改变时间间隔，可能需要改变动画代码，因为 Button 每次移动的大小需要重新计算。

（3）复杂的动画需要增加更加复杂的代码。如果沿着一条不规则的路径移动 Button，那么处理的逻辑就会变得非常复杂。

（4）达不到最佳的性能。这个方法产生的动画会一直占用 UI 线程，把 UI 线程独占了。

所以，这种基于计时器自定义绘图的动画存在很大的缺点：它使代码显得不灵活，这对于复杂的效果会变得非常混乱，并且不能得到最佳性能。Windows 10 提供了一个更加高级的模型，可以只关注动画的定义，而不必担心它们的渲染方式。通常，动画被看作是一系列帧。为了执行动画，就要逐帧地显示，就像延时的视频。Windows 10 的动画模型是在一段时间间隔内修改依赖项属性值的一种简单方式。例如，为了增大或者缩小一个按钮，可以使用动画方式修改按钮的宽度。为了使按钮闪烁，可以改变用于按钮背景的 LinearGradientBrush 画刷的属性。创建正确的动画的技巧在于决定需要修改什么属性。

如果希望进行其他一些不能通过修改一个属性能够实现的变化，上述方法很可能行不通。例如，不能将添加或者删除一个元素作为动画的一部分。同样，不能要求 Windows 10 在开始场景和结束场景之间执行过渡。另外，只能为依赖项属性应用动画，因为只有依赖项属性使用动态的属性识别系统，而正是该系统实现了动画。

乍一看，Windows 10 动画集中于属性的性质看起来有很大的局限。然而，当使用 Windows 10 进行工作时，就会发现它的功能非常强大。实际上，使用每个元素都支持的普通属性可以实现非常多的动画效果。基于属性的动画系统是为普通 Windows 10 应用程序添加动态效果的非常好的方式，但在某些情况下，基于属性的动画系统不能工作。例如，如果正在创建一个模拟烟花爆炸的效果使用复杂的物理计算，就需要更好地控制动画。对于这些情况，必须通过 Windows 10 基于帧的渲染支持，自己完成大部分工作。这些动画的编程知识在后文中会进行详细的讲解。

9.1.2 动画的目标属性

普通的 Windows 10 动画一定需要一个动画的目标属性，通过改变这个属性值从而实现动画的效果，可以把动画的目标属性分为下面三种类型。

（1）普通的 UI 控件属性，如宽度、高度等，这些属性和布局系统相关，当这些属性改变时会重新触发布局系统的工作。把这些属性设置为动画的目标，可以实现 UI 元素从初始状态到最终状态的转变过程，解决了大部分动画效果的实现要求。

(2) 变换特效属性。第 8 章所讲的变换特效在动画上的运用也非常广泛,变换特效的属性可以作为动画的目标属性,实现从一个变换状态转化到另外一个变换状态,如实现控件旋转的动画,需要把动画的目标属性设置为 RotateTransform 对象来进行动画处理。需要注意的是有时候通过变换特效属性实现的动画效果用普通的 UI 控件属性也一样可以实现,这时候应该首选用变换特效属性来实现,因为变换特效是不会重新触发 UI 的布局系统的,这样的动画实现的效率就更加高了。比如要实现把矩形的宽度慢慢地放大到两倍的动画,可以对 Width 属性进行动画处理,也可以对 ScaleTransform 对象的属性进行处理,这时候就应该选择用变换特效属性来实现,除非变换特效属性无法满足动画的实现效果,才去选择对普通的 UI 控件属性进行动画处理。

(3) 三维特效属性。如果要实现一些三维的动画就可以利用三维特效的相关的属性来实现动画,三维特效和变换特效一样,相关属性的值的改变也是不会触发 UI 的布局系统的。

9.1.3 动画的类型

Windows 10 主要提供两类动画——线性插值动画和关键帧动画。线性插值动画,也称为 From/To/By 动画,用来反映某个对象在指定时间范围内持续渐变的过程。关键帧动画比线性插值动画功能更强大,可以指定任意数量的目标值,并可以控制它们之间的内插方法。除了这两种主要的动画,还有一种比较少用的动画——基于帧动画。平常的 Windows 10 应用程序中的大部分动画都是线性插值动画和关键帧动画,这两种动画也是 Windows 10 的首选动画,原因是其效率高、性能好、且实现方便。此外,还有部分动画无法使用线性插值动画和关键帧动画来实现,这时就需要考虑使用基于帧动画来实现。通常,一些计算比较复杂的动画才会使用基于帧动画,比如模拟雪花飘落、碰撞爆炸等类型的动画。这三种动画的说明和区别如表 9.1 所示。

表 9.1 Windows 10 的三种动画

类 别	说 明	命名约定
线性插值动画	在起始值和结束值之间进行动画处理: 若要指定起始值,请设置动画的 From 属性; 若要指定结束值,请设置动画的 To 属性; 若要指定相对于起始值的结束值,请设置动画的 By 属性(而不是 To 属性)	typeAnimation
关键帧动画	在使用关键帧对象指定的一系列值之间播放动画。关键帧动画的功能比线性插值动画的功能更强大,因为可以指定任意多个目标值,甚至可以控制它们的插值方法	typeAnimationUsing-KeyFrames
基于帧动画	需要做的全部工作是响应静态的 CompositionTarget.Rendering 事件,触发该事件可以为每帧获取内容	

线性插值动画和关键帧动画是要对 UI 元素的某个属性或者某种变换变换进行动画处理的,也就是动态地在时间轴上改变 UI 元素的某个属性或者某种变换,所以也可以根据动

画所要改变的对象来分为针对属性的动画和针对变换的动画。Storyboard 类提供 TargetName 和 TargetProperty 附加属性,通过在动画上设置这些属性,将告诉动画对哪些内容进行处理。不过,在动画以对象作为处理目标之前,必须使用 x:Name 属性为该对象提供一个名称,否则必须间接地以属性作为目标。针对属性的动画需要将 TargetName 和 TargetProperty 附加属性赋值为元素的名称和元素的属性名称,针对变换的动画则需要将 TargetName 和 TargetProperty 附加属性赋值为变换的名称和变换的属性名称。基于帧动画则比较特殊,这是一种低级的动画处理方式,相当于每一帧的动画都需要通过事件来重绘界面。

9.2 线性插值动画

线性插值实际上就是通过给定的两个关键帧图形线性地求出两帧之间的中间帧图形。这里的线性插值动画是把两个对应的开始值和结束值之间等间隔划分,然后线性地实现等量递增或者递减的效果。在 Windows 10 中,线性插值动画表现为:界面上某个元素的某个属性在开始值和结束值之间递增或者递减,是一种线性插值的过程。在 Windows 10 应用开发里面,大部分均匀变化的动画都可以使用线性插值动画来实现,比如控件淡出淡入的效果,时钟转动,等等。本节将详细地讲解 Windows 10 里面的线性插值动画的原理和实现。

9.2.1 动画的基本语法

Windows 10 动画类位于 System.Windows.Media.Animation 命名空间下,Windows 10 的线性插值动画和关键帧动画都是基于 Timeline(时间线)的动画,所有的动画都是继承于 Timeline 类,Timeline 用来表示动画的某一时刻或某段时间的范围,用来记录动画的状态、行为、顺序、起始位置和结束位置,可以声明一个动画在某段时间范围的起始和结束状态及动画的持续时间。

Storyboard(故事板)是 Windows 10 动画的基本单元,派生于 Timeline 类,用来分配动画时间,可以使用同一个故事板对象产生一种或多种动画效果,并且允许控制动画的播放、暂停、停止以及在何时何地播放。使用故事板时,必须指定 TargetProperty(目标属性)和 TargetName(目标名称)属性,这两个属性把故事板和所有产生的动画效果衔接起来,起到桥梁的作用,下面是一个完整的 Storyboard 动画代码:

```
<Storyboard x:Name = "storyboard1">
    <!-- 在 Storyboard 里面可以定义线性插值动画或者关键帧动画 -->
    <!-- 下面是一个 DoubleAnimation 类型的线性插值动画 -->
    <DoubleAnimation
        EnableDependentAnimation = "True"
        Storyboard.TargetName = "ellipse1"
        Storyboard.TargetProperty = "Width"
        From = "150" To = "300" Duration = "0:0:3" />
```

`</Storyboard>`

上面示例的动画效果是产生一个变形的椭圆，代码声明了一个故事板和一个 DoubleAnimation 类型的线性插值动画对象。DoubleAnimation 动画元素指定的 TargetName（作用目标）和作用属性（TargetProperty），其中作用目标的值为 ellipse1，TargetProperty 值为 Width。当完成一个故事板定义并声明了动画类型之后，这个动画并不能在 XAML 页面加载后自动播放，因为并没有指定动画播放的开始事件，此时需要调用 Storyboard 类的 Begin 方法才能播放动画（如 storyboard1.Begin()）。这里还要注意 EnableDependentAnimation 属性，这个属性默认值是 False，表示动画是否需要依赖 UI 线程来运行，如果在上面的动画中不设置 EnableDependentAnimation = "True"，该动画是无法运行的。Windows 10 的 Animation 动画本身并不需要依赖 UI 线程运行，它是在构图线程上运行的，这里为什么还要依赖 UI 线程呢？原因就是动画所改变的属性是 UI 元素的 Width 属性，修改 Width 属性会重新调用 UI 的布局系统，这些操作都必须依赖 UI 线程。如果动画修改的目标属性是第 8 章所讲的变换效果和三维效果的相关属性，那么就不需要把 EnableDependentAnimation 属性设置为 True，因为这时候动画将不依赖 UI 线程运行。

9.2.2 线性动画的基本语法

线性插值动画的 Animation 类是指专门创建线性动画的类，这些类都具有 From（获取或设置动画的起始值）、To（获取或设置动画的结束值）、By（获取或设置动画更改其起始值时所依据的总量）这三个属性，通过这三个值来设置线性插值的开始和结束值。在 Windows 10 中，线性插值动画的 Animation 类都在 System.Windows.Media.Animation 命名空间中，并且都以 Animation 结尾，这些类主要有 DoubleAnimation 类、ColorAnimation 类和 PointAnimation 类，这三个类分别对 Double、Color 和 Point 的属性进行动画处理。

要理解线性动画的基本语法，就要理解线性动画相关的 Animation 类的相关属性。我们通过一个例子来看一下线性插值动画的 From、To、By、Duration、AutoReverse 和 RepeatBehavior 这些属性的理解和运用。

代码清单 9-1：简单的线性动画（源代码：第 9 章\Examples_9_1）

MainPage.xaml 文件主要代码

```xml
<StackPanel Margin="12,0,12,0">
    <StackPanel.Resources>
        <Storyboard x:Name="myStoryboard">
            <DoubleAnimation From="0" To="300" AutoReverse="True" RepeatBehavior="Forever" Duration="0:0:3" Storyboard.TargetName="rect" Storyboard.TargetProperty="Width" EnableDependentAnimation="True" />
        </Storyboard>
    </StackPanel.Resources>
    <Rectangle x:Name="rect" Width="0" Fill="Red" Height="100"/>
    <Button Content="启动动画" Click="Button_Click_1" />
```

            </StackPanel>

MainPage.xaml.cs 文件主要代码

```
// 播放动画
private void Button_Click_1(object sender, RoutedEventArgs e)
{
    myStoryboard.Begin();
}
```

应用程序的运行效果如图 9.1 所示。

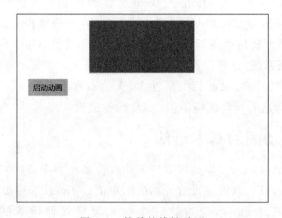

图 9.1 简单的线性动画

线性插值动画里使用最多的三个属性是开始值（From）、结束值（To）和整个动画执行时间（Duration）。在上面的示例中，为一个故事板添加了 DoubleAnimation 类型的动画，并指定它的动画为矩形的宽度，动画的目标对象是一个矩形，目标属性是矩形的宽度（width），并且指定他的目标属性是为 0～300。下面通过这个简单的示例来讲解动画中的一些重要属性。

1. From 属性

From 值是 Width 属性的开始数值。如果多次单击按钮，每次单击时都会将 Width 属性重新设置为 0，并且重新开始动画，即使当动画正在运行时也是如此。这个示例提供了另外一个 Windows 10 的动画细节，即每个依赖项属性每次只能响应一个动画。如果开始第二个动画，第一个动画就会自动放弃。在许多情况下，可能不希望动画从最初的 From 值开始。这有如下两个常见的原因：

第一原因是动画多次重复启动时需要在上次的基础上延续下去，需要创建一个能够被触发多次，并且逐次累加效果的动画，例如创建一个每次单击时都增大一点的按钮。

第二个原因是创建相互重叠的动画。例如，可以使用 PointerEnter 事件触发一个扩展按钮的动画，并使用 PointerLeave 事件触发一个将按钮缩小为原尺寸的互补动画（通常称为"鱼眼"效果）。如果连续快速地将鼠标多次移动到这种按钮上并移开，每个新动画就会打断上一个动画,导致按钮"跳"回到由 From 属性设置的值。

当前示例属于第一种情况。如果当矩形正在增大时单击按钮,矩形的宽度就会被重新设置为 0 个像素。为了修正这个问题,只需要删除设置 Form 属性的代码即可:

```
<Storyboard x:Name = "myStoryboard">
    <DoubleAnimation To = "300" EnableDependentAnimation = "True"
                     AutoReverse = "True" RepeatBehavior = "Forever"
                     Duration = "0:0:3" Storyboard.TargetName = "rect"
                     Storyboard.TargetProperty = "Width" />
</Storyboard>
```

2. To 属性

就像可以省略 From 属性一样,也可以省略 To 属性。实际上,可以同时省略 From 属性和 To 属性,例如把上面的动画示例改成:

```
<Storyboard x:Name = "myStoryboard">
    <DoubleAnimation AutoReverse = "True" RepeatBehavior = "Forever"
                     Duration = "0:0:3" Storyboard.TargetName = "rect"
                     Storyboard.TargetProperty = "Width"
                     EnableDependentAnimation = "True"/>
</Storyboard>
```

乍一看,这个动画好像根本没有执行任何操作。这样认为是符合逻辑的,因为 To 属性和 From 属性都被忽略了,它们将使用相同的值。但是它们之间存在一点微妙且重要的区别:当省略 From 值时,动画使用考虑动画的当前值。例如,如果按钮通过一个增长操作位于中间,From 值会使用扩展后的宽度。然而,当忽略了 To 值时,动画使用不考虑动画的当前值。本质上,这意味着 To 值是原来的数值。

3. By 属性

若不使用 To 属性,也可以使用 By 属性。By 属性用于创建通过设置变化的数量改变数值的动画,而不是通过设置达到的目标改变数值。例如,可以把示例的动画改成增大矩形的宽度使其比原来的宽度多 100 个像素:

```
<Storyboard x:Name = "myStoryboard">
    <DoubleAnimation From = "0" By = "100" EnableDependentAnimation = "True"
                     AutoReverse = "True" RepeatBehavior = "Forever"
                     Duration = "0:0:3" Storyboard.TargetName = "rect"
                     Storyboard.TargetProperty = "Width" />
</Storyboard>
```

大部分使用插值的动画通常都提供了 By 属性,但也并不总是如此。例如,对于非数字的数据类型,By 属性是没有意义的,例如 ColorAnimation 类使用的 Color 结构。

4. Duration 属性

Duration 属性很简单,它是在动画开始和结束之间的时间间隔(以毫秒、分钟、小时、或者其他单位计)。动画是一个时间线,它代表着一个时间段的变化效果。在动画的指定时间段内运行动画时,动画还会计算输出值。在运行或"播放"动画时,动画将更新与其关联的属性。该时间段的长度由时间线的 Duration(通常用 TimeSpan 值来指定)来决定。当时间线达到其持续时间的终点时,表示时间线完成了一次重复。动画使用 Duration 属性来确定重复一次所需要的时间。如果没有为动画指定 Duration 值,它将使用默认值 1 秒。

Duration 属性的 XAML 语法格式为"小时:分钟:秒",例如动画一次重复要运行 0 小时 40 分钟 6.5 秒,Duration 值就要设置为"0:40:6.5"。在 XAML 中设置动画的持续时间是使用 TimeSpan 对象设置的,但在 C♯ 代码里面设置 Duration 属性实际上需要的是一个 Duration 对象。幸运的是 Duration 类型和 TimeSpan 类型非常类似,并且 Duration 结构定义了一个隐式转换,能够将 System.TimeSpan 类型转换为所需要的 System.Windows.Duration 类型。为什么要使用一个全新的数据类型呢?因为 Duration 类型还提供了两个特殊的不能通过 TimeSpan 对象表示的数值:Duration.Automatic 和 Duration.Forever。在当前的示例中,这两个值都没有用处,当创建更加复杂的动画时,这些值就有用处了。

5. AutoReverse 属性

AutoReverse 属性指定时间线在到达其 Duration 的终点后是否倒退。如果将此动画属性设置为 true,则动画在到达其 Duration 的终点后将倒退,即从其终止值向其起始值反向播放。默认情况下,该属性为 false。

6. RepeatBehavior 属性

RepeatBehavior 属性指定时间线的播放次数。默认情况下,时间线的重复次数为 1.0,即播放一次时间线,根本不进行重复。RepeatBehavior 属性的设置有三种语法,第一种是设置为"Forever",这和上面的示例一样,表示动画一直重复运行下去。第二种是设置重复运行的次数,叫做迭代形式,迭代形式占位符是一个整数,用于指定动画应重复的次数。迭代次数后面总是跟一个小写的原义字符 x。可以将它想象为一个乘法字符,即"3x"表示 3 倍。如果将上面的示例改成重复运行三次就停止动画,可以改成如下的写法:

```
<Storyboard x:Name = "myStoryboard">
    <DoubleAnimation From = "0" To = "300" EnableDependentAnimation = "True"
                    AutoReverse = "True"   RepeatBehavior = "3x"
                    Duration = "0:0:3" Storyboard.TargetName = "rect"
                    Storyboard.TargetProperty = "Width" />
</Storyboard>
```

第三种是设置动画运行的时间跨度,注意这个时间跨度和 Duration 属性有很大区别,这个时间表示的是动画从运行到停止的时间,Duration 属性的时间表示动画重复一次的时间。时间跨度的语法格式是"[天.]小时:分钟:秒[.秒的小数部分]",方括号[]表示可选值,如重复 15 秒可以设置 RepeatBehavior="0:0:15"。小时、分钟和秒值可以是 0~59 中的任意整数。天的值可以很大,但其具有未指定的上限。秒的小数部分(包含小数点)的小数值必须介于 0~1 之间。

9.2.3 DoubleAnimation 实现变换动画

DoubleAnimation 类是用于属性为 Double 类型的 UI 元素的线性插值动画的类型，可以对普通数值属性（如 Width）、变换特效属性和三维特效实现线性插值动画。它是最常用的线性插值动画，凡是属于 Double 类型的属性都可以使用 DoubleAnimation 类来实现线性插值动画的效果。其实 Windows 10 的 UI 元素大部分的属性都是 Double 类型，比如常见的 With 宽度属性、Heigh 高度属性、Opacity 透明度属性等，也就是说当要实现 UI 元素变大/变小或者淡入淡出这些线性插值动画的时候就需要用到 DoubleAnimation 类来实现。

在 Windows 10 动画里面，除了对相关的 UI 元素属性进行动画处理之外，还可以对 UI 元素的变换进行动画处理。通过对 Transform 对象的属性进行动画处理可以实现一些更有趣的动画，如旋转、扭曲和重新缩放对象等。把 TranslateTransform 运用在动画里面可以实现偏移动画，实现 UI 元素往其他方向或者路径移动的动画效果。把 RotateTransform 运用在动画里面可以实现旋转动画，实现 UI 元素以某个中心点旋转的动画效果。把 ScaleTransform 运用在动画里面可以实现缩放动画，实现 UI 元素形状变大/变小的动画效果。把 SkewTransform 运用在动画里面可以实现倾斜或者扭曲动画，实现 UI 元素形状改变的动画效果。

下面的示例将 Storyboard 和 DoubleAnimation 与 ScaleTransform 一起使用，以便在动画运行的时候，Rectangle 的高度慢慢地向下伸长至原来的两倍。

代码清单 9-2：DoubleAnimation 动画（源代码：第 9 章\Examples_9_2）
MainPage.xaml 文件主要代码

```xml
<Canvas>
    <Canvas.Resources>
        <Storyboard x:Name="storyBoard">
            <!-- 对 ScaleTransform 对象的 ScaleY 属性应用动画,表示沿着 Y 轴缩放倍数变化的动画 -->
            <DoubleAnimation Storyboard.TargetName="scaleTransform"
                Storyboard.TargetProperty="ScaleY"
                From="1" To="2"
                Duration="0:0:3"
                RepeatBehavior="Forever"
                AutoReverse="True">
            </DoubleAnimation>
        </Storyboard>
    </Canvas.Resources>
    <Rectangle x:Name="rectangle" Height="50" Width="50" Canvas.Left="75" Canvas.Top="75" Fill="Blue">
        <Rectangle.RenderTransform>
            <!-- 注意需要对 ScaleTransform 命名,否则无法定义动画的目标对象 -->
            <ScaleTransform x:Name="scaleTransform"></ScaleTransform>
```

```
            </Rectangle.RenderTransform>
        </Rectangle>
</Canvas>
```

MainPage.xaml.cs 文件主要代码

```
//在页面加载的事件里面播放动画
private void PhoneApplicationPage_Loaded_1(object sender, RoutedEventArgs e)
{
    storyBoard.Begin();
}
```

应用程序的运行效果如图9.2所示。

图 9.2 DoubleAnimation 动画

9.2.4 ColorAnimation 实现颜色渐变动画

ColorAnimation 类是用于属性为 Color 类型的 UI 元素的线性插值动画的类型，与色调相关的渐变动画可以使用 DoubleAnimation 类来实现，通常使用 UI 元素的 Fill 属性、Background 属性等来实现对象的填充色调的变化效果。为什么颜色也可以像 Double 类型一样做线性的动画？其实 Windows 10 使用的是 RGB 颜色模型或红绿蓝颜色模型，是一种加色模型，将红（Red）、绿（Green）、蓝（Blue）三原色的色光以不同的比例相加，以产生多种多样的色光。三原色的色值范围是 0～255，Color 类型做线性的动画处理其实就是三原色的色值的线性处理。

下面通过一个例子演示对 Button 控件的 Background 属性进行 ColorAnimation 颜色动画的处理，从红色（Red）渐变到黄色（Yellow）。Button 控件的 Background 属性是 Brush 类型，颜色是 Color 类型，所以动画的目标属性需要设置为（Button.Background）。

(SolidColorBrush.Color)，表示动画的目标属性是针对 Button.Background 属性为 SolidColorBrush 类型中的 Color 属性，SolidColorBrush 类的 Color 属性则是 Color 类型，符合 ColorAnimation 动画的定义。

代码清单 9-3：ColorAnimation 动画（源代码：第 9 章\Examples_9_3）
MainPage.xaml 文件主要代码

```
< Page.Resources >
    < Storyboard x:Name = "storybord1">
        < ColorAnimation From = "Red" To = "Yellow"
                        Storyboard.TargetName = "button"
Storyboard.TargetProperty = "(Button.Background).(SolidColorBrush.Color)"
                        Duration = "0:0:5">
        </ColorAnimation >
    </Storyboard >
</ Page.Resources >
//……省略若干代码
< StackPanel >
    < Button Content = "开始动画" Margin = "12" Click = "Button_Click_1" HorizontalAlignment = "Stretch"></Button >
    < Button Content = "Test" x:Name = "button" Margin = "12" Click = "Button_Click_1" HorizontalAlignment = "Stretch"></Button >
</StackPanel >
```

应用程序的运行效果如图 9.3 所示。

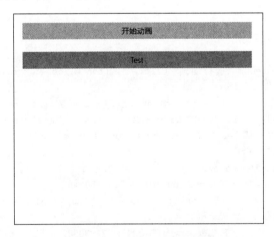

图 9.3　ColorAnimation 动画

9.2.5　PointAnimation 实现 Path 图形动画

PointAnimation 类是用于属性为 Point 类型的 UI 元素的线性插值动画的类型，在两个 Point 值之间做线性内插动画处理，用于改变某些 UI 元素对象的 X，Y 值，如元素的 Center

属性。第 7 章讲解了 Path 图形的语法，从 Path 图形的语法上看，可以发现 Path 图形的构造语法是由很多点组成的，所以使用动画动态地改变 Path 图形中的某些点可以实现一些很有趣的动画。如果要对 Path 图形应用动画，动态地改变 Path 图形上的点，需要用 PathGeometry 的方式来创建 Path 图形。

我们用一个例子来演示如何实现 Path 图形的动画，这个动画的运行效果是一个四分之三的圆通过线性动画慢慢地变成一个完整的圆，不断地重复这样的动画效果，看起来像是一个圆形的小精灵不停地张开嘴巴并合起嘴巴的动作。这个 Path 圆形的构造原理是从圆最右边的点出发，使用 BezierSegment 画 4 条曲线和一条直线连接到中心点形成一个闭合的图形。对第 4 条曲线 BezierSegment 的终点 Point3 进行动画处理，让其从圆的最上边的点坐标运动到最右边的点坐标，从而实现了嘴巴一张一合的动画效果。下面来看一下示例代码：

代码清单 9-4：PointAnimation 动画（源代码：第 9 章\Examples_9_4）

MainPage.xaml 文件主要代码

```xml
<Grid.Resources>
    <Storyboard x:Name="storyboard1">
        <PointAnimation From="50,0" To="100,50" Duration="0:0:3" Storyboard.TargetName="bezierSegment" Storyboard.TargetProperty="Point3" RepeatBehavior="5" EnableDependentAnimation="True"></PointAnimation>
    </Storyboard>
</Grid.Resources>

//……省略若干代码
<StackPanel>
    <Button Content="运行动画" Click="Button_Click_1" Margin="12" HorizontalAlignment="Stretch"></Button>
    <!-- Data 属性由 4 个 BezierSegment 曲线和 1 条直线 LineSegment 组成 -->
    <Path Fill="#FF4080FF" HorizontalAlignment="Left" Height="100" Margin="162,164,0,0" Stretch="Fill" VerticalAlignment="Top" Width="100">
        <Path.Data>
            <PathGeometry>
                <PathFigure StartPoint="100,50">
                    <BezierSegment Point1="100,77.6142" Point2="77.6142,100" Point3="50,100"></BezierSegment>
                    <BezierSegment Point1="22.3858,100" Point2="0,77.6142" Point3="0,50"></BezierSegment>
                    <BezierSegment Point1="0,22.3858" Point2="22.3858,0" Point3="50,0"></BezierSegment>
                    <!-- bezierSegment 表示是圆右上的弧线，对其终点 Point3 进行动画处理 -->
                    <BezierSegment x:Name="bezierSegment" Point1="77.6142,0" Point2="100,22.3858" Point3="100,50"></BezierSegment>
                    <LineSegment Point="50,50"></LineSegment>
```

```
            </PathFigure>
          </PathGeometry>
        </Path.Data>
      </Path>
    </StackPanel>
```

应用程序的运行效果如图 9.4 所示。

图 9.4　PointAnimation 动画

9.3　关键帧动画

关键帧的概念来源于传统的卡通片制作。在早期 Walt Disney 的制作室,熟练的动画师设计卡通片中的关键画面,也即所谓的关键帧,然后由一般的动画师设计中间帧。帧就是动画中最小单位的单幅影像画面,相当于电影胶片上的每一格镜头。在计算机动画中,中间帧的生成由计算机来完成,插值代替了设计中间帧的动画师。所有影响画面图像的参数都可成为关键帧的参数,如位置、旋转角、纹理的参数等。关键帧技术是计算机动画中最基本并且运用最广泛的方法。关键帧动画是软件编程里面非常常用的一种动画编程方式,本节将详细地讲解 Windows 10 中关键帧动画编程的相关技术。

9.3.1　关键帧动画简介

到目前为止,前面介绍的动画都是使用线性插值从开始点移动到结束点。但是如果需要创建具有多个分段的动画或者不规则移动的动画,该怎么办呢?例如,你可能希望创建一个动画,快速地将一个元素滑入到视图中,然后慢慢地将它移动到正确的位置。可以通过创建两个连续的动画,并使用 BeginTime 属性在第一个动画之后开始第二个动画实现这种效果。然而,还有更简单的方法可以使用关键帧动画。

1. 关键帧动画的概念

Windows 10 中有定义关键帧类,它是组成关键帧动画最基本的元素。一个动画轨迹里有多个关键帧,每个关键帧具有自己的相关信息(如长度或者颜色等),每个关键帧还同时保存有自己在整个动画轨迹里所处的时间点。在实际运行时,根据当前时间,通过对两个关键帧的插值可以得到当前帧。动画运行时,随着时间的变化,插值得到的当前帧也是变化的,从而产生了动画的效果。由于关键帧包括长度、颜色、位置等信息,所以可以实现运动动画、缩放动画、渐变动画、旋转动画以及混合动画等。

2. 关键帧动画与线性插值动画的区别

与线性插值(From/To/By)动画类似,关键帧动画以动画形式显示了目标属性的值。它通过 Duration 创建其目标值之间的过渡。线性插值动画可以创建两个值之间的过渡,而关键帧动画可以创建任意数量的目标值之间的过渡。关键帧动画允许沿动画时间线到达一个点的多个目标值。换句话说,每个关键帧可以指定多个不同的中间值,并且到达的最后一个关键帧为最终动画值。与线性插值动画不同的是,关键帧动画没有设置其目标值所需的 From、To 或 By 属性。关键帧动画的目标值是使用关键帧对象进行描述的,因此称作"关键帧动画"。通过指定多个值来创建关键帧动画,可以做出更复杂的动画。关键帧动画还会启用不同的插入逻辑,每个插入逻辑根据动画类型作为不同的"KeyFrame"子类实现。确切地说,每个关键帧动画类型具有 KeyFrame 类的 Discrete、Linear、Spline 和 Easing 变体,用于指定其关键帧。例如,若要指定以 Double 为目标并使用关键帧的动画,则可声明具有 DiscreteDoubleKeyFrame、LinearDoubleKeyFram、SplineDoubleKeyFrame 和 EasingDoubleKeyFrame 的关键帧。可以在一个 KeyFrames 集合中使用所有这些类型,用以更改每次新关键帧到达的插入。

3. 关键帧动画需要注意的属性

对于插入行为,每个关键帧控制该插入,直至到达其 KeyTime 时间。其 Value 也会在该时间到达。如果有更多关键帧超出范围,则该值将成为序列中下一个关键帧的起始值。在动画的开始处,如果"0:0:0"没有任何具有 KeyTime 的关键帧,则起始值为该属性的任意非动画值。这种情况下的行为与线性插值动画在没有 From 的情况下的行为类似。

关键帧动画的持续时间为隐式持续时间,它等于其任一关键帧中设置的最高 KeyTime 值。如果需要,可以设置一个显式 Duration,但应注意该值不应小于关键帧中的 KeyTime,否则将会截断部分动画。除了 Duration,还可以在关键帧动画上设置基于 Timeline 的属性,因为关键帧动画类也派生自 Timeline。这些属性主要有:

(1) AutoReverse: 在到达最后一个关键帧后,从结束位置开始反向重复帧。这使得动画的显示持续时间加倍。

(2) BeginTime: 延迟动画的起始部分。帧内 KeyTime 值的时间线在 BeginTime 到达前不开始计数,因此不存在截断帧的风险。

(3) FillBehavior: 控制当到达最后一帧时发生的操作。FillBehavior 不会对任何中间关键帧产生任何影响。

(4) RepeatBehavior：该属性的用法在记述线性插值动画的章节有详细的介绍，需要注意的是，如果该数不是时间线的隐式持续时间的整数倍数，则可能会截断关键帧序列中的部分动画。

4. 关键帧动画的类别

关键帧动画分为线性关键帧、样条关键帧和离散关键帧三种类型。关键帧动画类属于 System.Windows.Media.Animation 命名空间，并遵守下列命名约定：＜类型＞AnimationUsingKeyFrames。其中＜类型＞是该类进行动画处理的值的类型。Windows 10 提供了 4 个关键帧动画类，分别是 ColorAnimationUsingKeyFrames、DoubleAnimationUsingKeyFrames、PointAnimationUsingKeyFrames 和 ObjectAnimationUsingKeyFrames。不同的属性类型对应不同的动画类型，关键帧动画也是类似，表 9.2 是关键帧对应的分类。

表 9.2 关键帧的分类

属性类型	对应的关键帧动画类	支持的动画过渡方法
Color	ColorAnimationUsingKeyFrames	离散、线性、样条
Double	DoubleAnimationUsingKeyFrames	离散、线性、样条
Point	PointAnimationUsingKeyFrames	离散、线性、样条
Object	ObjectAnimationUsingKeyFrames	离散

由于动画生成属性值，因此对于不同的属性类型，会有不同的动画类型。若要对采用 Double 的属性（例如元素的 Width 属性）进行动画处理，应使用生成 Double 值的动画。若要对采用 Point 的属性进行动画处理，请使用生成 Point 值的动画，依此类推。

线性关键帧通过使用线性内插，可以在前一个关键帧的值及其自己的 Value 之间进行动画处理。离散关键帧在值之间产生突然"跳跃"（无内插算法）。换言之，已经过动画处理的属性在到达此关键帧的关键时间后才会更改，此时已经过动画处理的属性会突然转到目标值。样条关键帧通过贝塞尔曲线方式来定义动画变化节奏。

9.3.2 线性关键帧

前面介绍的所有动画都是使用线性插值从开始点移动到结束点。但是如果需要创建具有多个分段的动画或者不规则移动的动画，该怎么办呢？例如，你可能希望创建一个动画，快速地将一个元素滑入到视图中，然后慢慢地将它移动到正确的位置。可以通过创建两个连续的动画，并使用 BeginTime 属性在第一个动画之后开始第二个动画来实现这种效果。然而，还有更简单的方法可以使用线性关键帧动画。这种关键帧是最常用的关键帧种类，也就是我们接触最多的关键帧种类。这种关键帧的最大特点就是两个关键帧之间的数值是线性变化的，也就像一次函数那样，数值变化的斜率是一致的，在图形编辑器中显示为一条直线。

线性关键帧动画是由许多比较短的段构成的动画。每段表示动画中的初始值、最终值或中间值。当运行动画时，它从一个值光滑地移动到另外一个值。使用线性过度，指定时间段内,动画的播放速度将是固定的。比如,如果关键帧段在 5 秒内,从 0 过渡到 10,则该动画会在指定的时间产生如表 9.3 所示的值。

表 9.3 关键帧值示例

时间	输出值
0	0
1	2
2	4
3	6
4	8
4.25	8.5
4.5	9
5	10

例如,下面分析将 RadialGradientBrush 画刷的中心点从一个位置移动到另外一个位置的 Point 动画:

```
<PointAnimation Storyboard.TargetName = "myradialgradientbrush "
        Storyboard.TargetProperty = "GradientOrigin"
        From = "0.1,0.7" To = "0.3,0.7" Duration = "0:0:10"
        AutoReverse = "True"
        RepeatBehavior = "Forever">
</PointAnimation>
```

可以使用一个效果相同的 PointAnimationUsingKeyFrames 对象代替上面的 PointAnimation 对象,如下所示:

```
<PointAnimationUsingKeyFrames Storyboard.TargetName = "myradialgradientbrush "
        Storyboard.TargetProperty = "GradientOrigin "
        AutoReverse = "True" RepeatBehavior = "Forever" >
    <LinearPointKeyFrame Value = "0.1,0.7" KeyTime = "0:0:0"/>
    <LinearPointKeyFrame Value = "0.3,0.7" KeyTime = "0:0:10"/>
</PointAnimationUsingKeyFrames>
```

这个动画包含两个关键帧。当动画开始时第一个关键帧设置 Point 值(如果希望使用在 RadialGradientBrush 画刷中设置的当前值,可以省略这个关键帧)。第二个关键帧定义结束值,这是 10 秒之后达到的数值。PointAnimationUsingKeyFrames 对象执行线性插值,这样第一个关键帧平滑移动到第二个关键帧,就像 PointAnimation 对象使用 From 值和 To 值一样。

每个关键帧动画都使用自己的关键帧对象(如 LinearPointKeyFrame)。对于大部分内容,这些类是相同的,它们包含一个保存目标值的 Value 属性和一个指示帧何时到达目标值的 KeyTime 属性。唯一的区别是 Value 属性的数据类型。在 LinearPointKeyFrame 类中是 Point 类型,在 DoubleKeyFrame 类中是 double 类型,等等。

像其他动画一样,关键帧动画具有 Duration 属性。除了指定动画的 Duration 外,还需要指定向每个关键帧分配持续时间内的多长一段时间。你可以为动画的每个关键帧描述其 KeyTime 来实现此目的。每个关键帧的 KeyTime 都指定了该关键帧的结束时间。KeyTime 属性并不指定关键时间播放的长度。关键帧播放时间长度由关键帧的结束时间、前一个关键帧的结束时间以及动画的持续时间来确定。可以以时间值或百分比的形式来指定关键时间,也可以将其指定为特殊值 Uniform 或 Paced。

9.3.3 样条关键帧

在关键帧动画中,计算机的主要作用是进行插值,为了使若干个关键帧间的动画连续流畅,经常采用样条关键帧插值法。这样得到动画中的运动具有二阶连续性,即 C2 连续性。在 Windows 10 中每个支持线性关键帧的类也支持样条关键帧,并且它们使用"Spline+数据类型+KeyFrame"的形式进行命名。和线性关键帧一样,样条关键帧使用插值从一个值平滑地移动到另外一个值。区别是每个样条关键帧都有一个 KeySpline 属性。可以使用该属性定义一个影响插值方式的三次贝塞尔样条。尽管为了得到希望的效果这样做有些烦琐,但是这种技术提供了创建更加无缝的加速和减速,以及更加逼真的动画效果。

样条关键帧使用的是三次方贝塞尔曲线来计算动画运动的轨迹。贝赛尔曲线的每一个顶点都有两个控制点,用于控制在该顶点两侧的曲线的弧度。它是应用于二维图形应用程序的数学曲线。曲线的定义有四个点:起始点、终止点(也称锚点)以及两个相互分离的中间点。滑动两个中间点,贝塞尔曲线的形状会发生变化。三次贝塞尔曲线,则需要一个起点,一个终点,两个控制点来控制曲线的形状。下面来看一下三次方贝塞尔曲线的计算方法。

P_0、P_1、P_2、P_3 四个点在平面或三维空间中定义了三次方贝塞尔曲线。曲线起始于 P_0 走向 P_1,并从 P_2 的方向来到 P_3。曲线一般不会经过 P_1 或 P_2;这两个点只是提供方向信息。P_0 和 P_1 之间的距离,决定了曲线在趋进 P_3 之前,走向 P_2 方向的"长度有多长"。曲线的参数形式为

$$B(t) = P_0(1-t)^3 + 3P_1 t(1-t)^2 + 3P_2 t^2(1-t) + P_3 t^3, \quad t \in [0,1]$$

样条关键帧可用于达到更真实的计时效果。由于动画通常用于模拟现实世界中发生的效果,因此开发人员可能需要精确地控制对象的加速和减速,并需要严格地对计时段进行操作。通过样条关键帧,可以使用样条内插进行动画处理。使用其他关键帧,可以指定一个 Value 和 KeyTime。使用样条关键帧,还需要指定一个 KeySpline。下面的示例演示 DoubleAnimationUsingKeyFrames 的单个样条关键帧,请注意 KeySpline 属性,它正是样条关键帧与其他类型的关键帧的不同之处。

```
< SplineDoubleKeyFrame Value = "500" KeyTime = "0:0:7" KeySpline = "0.0,1.0 1.0,0.0" />
```

样条关键帧根据 KeySpline 属性的值在值之间创建可变的过渡。KeySpline 属性是从 $(0,0)$ 延伸到 $(1,1)$ 的贝塞尔曲线的两个控制点,用于控制在该顶点两侧的曲线的弧度,描述

了动画的加速。第一个控制点控制贝塞尔曲线前半部分的曲线因子,第二个控制点控制贝塞尔线段后半部分的曲线因子。此属性基本上定义了一个时间关系间的函数,其中函数-时间图形采用贝塞尔曲线的形状。所得到的曲线是对该样条关键帧的更改速率所进行的描述。曲线陡度越大,关键帧更改其值的速度越快。曲线趋于平缓时,关键帧更改其值的速度也趋于缓慢。

在 XAML 属性字符串中指定一个 KeySpline 值,该字符串具有四个以空格或逗号分隔的 Double 值,如 KeySpline="0.0,1.0 1.0,0.0"。这些值是用作贝塞尔曲线的两个控制点的"X,Y"对。"X"是时间,而"Y"是对值的函数修饰符。每个值应始终介于0~1之间。控制点更改该曲线的形状,并因此会更改样条动画的函数随时间变化的行为。每个控制点会影响控制样条动画速率的概念曲线的形状,同时更改(0,0)和(1,1)之间的线性进度。keySplines 的语法必须指定且仅指定两个控制点,如果曲线只需要一个控制点,可以重复同一个控制点。如果不将控制点修改为 KeySpline,则从(0,0)到(1,1)的直线是线性插入的时间函数的表示形式。

可以使用 KeySpline 来模拟下落的水滴或跳动的球等的物理轨迹,或者应用动画的其他"潜入"和"潜出"效果。对于用户交互效果,例如背景淡入/淡出或控制按钮弹跳等,可以应用样条关键帧,以便以特定方式提高或降低动画的更改速率。

将 KeySpline 指定为 0、1、1、0,可产生如图 9.5 所示的贝塞尔曲线,表示控制点为(0.0,1.0)和(1.0,0.0)的关键样条。此关键帧将在开始时快速运动,减速,然后再次加速,直到结束。

将 KeySpline 指定为 0.5、0.25、0.75、1.0,可产生如图 9.6 所示贝塞尔曲线,表示控制点为(0.25,0.5)和(0.75,1.0)的关键样条。由于贝塞尔曲线的曲度变化幅度很小,此关键帧的运动速率几乎固定不变;只在将近接近结束时才开始减速。

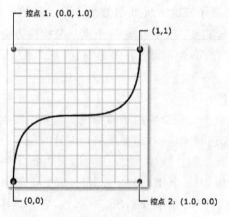 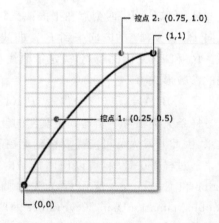

图 9.5　控制点为(0,1)和(1,0)的贝塞尔曲线　　图 9.6　控制点为(0.25,0.5)和(0.75,1.0)的贝塞尔曲线

下面的示例,通过对比在 Canvas 控件上移动的两个矩形,演示了一个样条关键帧动画的运动轨迹和一个线性关键帧动画运行轨迹的对比。第一个矩形使用一个具有

SplineDoubleKeyFrame 对象的 DoubleAnimationUsingKeyFrames 动画来控制 Canvas.Top 属性使它从 400 到 0 按照样条关键帧的轨迹变化和使用一个具有 LinearDoubleKeyFrame 对象的 DoubleAnimationUsingKeyFrames 动画来控制 Canvas.Left 属性使它从 0 到 400 按照线性关键帧的轨迹变化。第二个矩形使用了两个具有 DoubleAnimationUsingKeyFrames 对象的 DoubleAnimationUsingKeyFrames 动画来控制 Canvas.Top 和 Canvas.Left 属性,使其匀速地从左下角向右上角运动。两个矩形同时到达目标位置(10 秒之后),但是第一个矩形在其运动过程中会有明显的加速和减速,加速时会超过第二个矩形,而减速时又会落后于第二个矩形。

代码清单 9-5:样条关键帧动画(源代码:第 9 章\Examples_9_5)
MainPage.xaml 文件主要代码

```xml
<Grid x:Name="LayoutRoot" Background="Transparent">
    <Grid.Resources>
        <Storyboard x:Name="SplineKeyStoryBoard">
            <!-- 对第一个矩形的 Canvas.Top 属性使用样条关键帧动画 -->
            <DoubleAnimationUsingKeyFrames
                             Storyboard.TargetName="rect"
                             Storyboard.TargetProperty="(Canvas.Top)"
                             Duration="0:0:10"
                             RepeatBehavior="Forever">
                <SplineDoubleKeyFrame Value="0" KeyTime="0:0:10" KeySpline="0.0,1.0 1.0,0.0"/>
            </DoubleAnimationUsingKeyFrames>
            <!-- 对第一个矩形的 Canvas.Left 属性使用线性关键帧动画 -->
            <DoubleAnimationUsingKeyFrames
                             Storyboard.TargetName="rect"
                             Storyboard.TargetProperty="(Canvas.Left)"
                             Duration="0:0:10"
                             RepeatBehavior="Forever">
                <LinearDoubleKeyFrame Value="400" KeyTime="0:0:10"/>
            </DoubleAnimationUsingKeyFrames>
            <!-- 对第二个矩形的 Canvas.Top 属性使用线性关键帧动画 -->
            <DoubleAnimationUsingKeyFrames
                             Storyboard.TargetName="rect2"
                             Storyboard.TargetProperty="(Canvas.Top)"
                             Duration="0:0:10"
                             RepeatBehavior="Forever">
                <LinearDoubleKeyFrame Value="0" KeyTime="0:0:10"/>
            </DoubleAnimationUsingKeyFrames>
            <!-- 对第二个矩形的 Canvas.Left 属性使用线性关键帧动画 -->
            <DoubleAnimationUsingKeyFrames
                             Storyboard.TargetName="rect2"
                             Storyboard.TargetProperty="(Canvas.Left)"
                             Duration="0:0:10"
                             RepeatBehavior="Forever">
```

```
            <LinearDoubleKeyFrame Value = "400" KeyTime = "0:0:10" />
        </DoubleAnimationUsingKeyFrames>
    </Storyboard>
</Grid.Resources>
……//此处省略部分代码
<Canvas x:Name = "ContentPanel" Grid.Row = "1" Margin = "12,0,12,0" >
    <!-- 第一个矩形的运动轨迹是采用样条关键帧的方式向从左下角向右上角用变化的加速度运动 -->
    <Rectangle x:Name = "rect" Width = "50" Height = "50" Fill = "Purple" Canvas.Top = "400" Canvas.Left = "0"/>


    <!-- 第二个矩形的运动轨迹是采用线性关键帧的方式向从左下角向右上角匀速运动 -->
    <Rectangle x:Name = "rect2" Width = "50" Height = "50" Fill = "Red" Canvas.Top = "400" Canvas.Left = "0"/>
    <Button Content = "运行动画" Canvas.Top = "500" Click = "Button_Click_1"></Button>
</Canvas>
</Grid>
```

应用程序的运行效果如图 9.7 所示。

图 9.7 线性关键帧动画

9.3.4 离散关键帧

线性关键帧和样条关键帧动画会在关键帧数值之间平滑地过渡。离散关键帧就不会进行平滑地过渡，而是当到达关键时间时，属性突然改变到新的数值。离散式关键帧根本不使用任何插入。使用离散关键帧，动画函数将从一个值跳到下一个没有内插的值。如果关键帧段在 5 秒内从 0 过渡到 10，则该动画会在指定的时间产生如表 9.4 所示的值。动画在持续时间结束之前不会更改其输出值,直到结束时间点,才会修改。也就是说在 KeyTime 到达后,只是简单地应用新的 Value。离散关键帧的方式常常会产生动画仿佛在"跳"的感觉。当然,也可以通过增加声明的关键帧的数目来最大程度地减少明显的跳跃感,但如果需要流畅的动画效果,则需转而使用线性或样条关键帧。不过对于离散关键帧,它最大的作用和意义是,离散关键帧可以比线性关键帧和样条关键帧支持更多的类型属性进行动画处理。属性不是 Double、Point 和 Color 值的时候,我们是无法使用线性关键帧和样条关键帧来进行动画处理的,但是在离散关键帧中可以处理这些属性。有很多属性没有可以递增的特性在线性,这在关键帧和样条关键帧的概念里面当然是无法处理的,离散关键帧则可以弥补这一种缺陷。所以,常常在同一个关键帧动画中组合使用多种类型的关键帧,把可以线性变化的属性使用线性关键帧或者样条关键帧,而把无法线性变化的属性使用离散关键帧。

表 9.4　离散关键帧数值示例

时　间	输　出　值
0	0
1	0
2	0
3	0
4	0
4.25	0
4.5	0
5	10

线性关键帧类使用"Linear+数据类型+KeyFrame"的形式进行命名。离散关键帧类使用"Discrete+数据类型+KeyFrame"的形式进行命名。下面是使用离散关键帧动画来修改 LinearGradientBrush 画刷示,当运行这个动画时,中心点会在合适的时间从一个位置跳到下一个位置,这是不平稳的动画效果。下面来看一个针对 Point 属性的离散关键帧动画,通过改变椭圆填充 LinearGradientBrush 画刷的开始点的值从而实现了椭圆的颜色渐变的变化效果。

代码清单 9-6:Point 离散关键帧动画(源代码:第 9 章\Examples_9_6)
MainPage.xaml 文件主要代码

```
<Grid.Resources>
    <Storyboard x:Name="storyboard">
        <PointAnimationUsingKeyFrames Storyboard.TargetName="myLinearGradientBrush" Storyboard.TargetProperty="StartPoint" EnableDependentAnimation="True" RepeatBehavior="Forever"><DiscretePointKeyFrame Value="0.1,0.3" KeyTime="0:0:0"/>
            <DiscretePointKeyFrame Value="0.2,0.4" KeyTime="0:0:1"/>
            <DiscretePointKeyFrame Value="0.3,0.5" KeyTime="0:0:2"/>
            <DiscretePointKeyFrame Value="0.4,0.6" KeyTime="0:0:3"/>
```

```xml
                <DiscretePointKeyFrame Value="0.5,0.7" KeyTime="0:0:4"/>
                <DiscretePointKeyFrame Value="0.6,0.8" KeyTime="0:0:5"/>
                <DiscretePointKeyFrame Value="0.7,0.9" KeyTime="0:0:6"/>
            </PointAnimationUsingKeyFrames>
        </Storyboard>
    </Grid.Resources>
    ……//此处省略部分代码
    <Grid x:Name="ContentPanel" Grid.Row="1" Margin="12,0,12,0">
        <Ellipse x:Name="ellipse">
            <Ellipse.Fill>
                <LinearGradientBrush x:Name="myLinearGradientBrush"
                                StartPoint="0,0" EndPoint="1,0">
                    <LinearGradientBrush.GradientStops>
                        <GradientStop Color="White" Offset="0.001"></GradientStop>
                        <GradientStop Color="Blue" Offset="1"></GradientStop>


                    </LinearGradientBrush.GradientStops>
                </LinearGradientBrush>
            </Ellipse.Fill>
        </Ellipse>
        <Button Content="启动动画" Height="100" Click="Button_Click_1"></Button>
    </Grid>
```

应用程序的运行效果如图9.8所示。

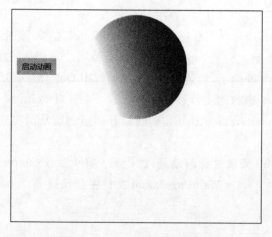

图9.8 Point离散关键帧动画

有一种类型的动画值得特别提出,因为它是可以将动画化的值应用于其类型不是Double、Point或Color的属性的唯一方法。它就是关键帧动画ObjectAnimationUsingKeyFrames。使用Object值的动画非常不同,因为不可能在帧之间插入值。当帧的KeyTime到达时,动画化的值将立即设置为关键帧的Value中指定的值。由于没有任何插入,因此只有一种关键帧用于 ObjectAnimationUsingKeyFrames 关键帧集合：DiscreteObjectKeyFrame。DiscreteObjectKeyFrame 的 Value 通常使用属性元素语法设置，因为设置的对象值通常不可表示为字符串以采用属性语法填充 Value。如果使用引用，例如 StaticResource，则可以使用属性语法。

在使用的 Button 控件的默认样式里面可以发现，按钮的点击状态和不可用状态都使用了 ObjectAnimationUsingKeyFrames 的离散关键帧动画来改变按钮的背景画刷颜色。因为系统的背景资源是 SolidColorBrush 对象，而不仅仅是 Color 值。但由于 SolidColorBrush 不是 Double、Point 或 Color，因此必须使用 ObjectAnimationUsingKeyFrames 才能使用该资源。下面演示 Button 按钮默认资源的对象离散关键帧动画。

```xml
<Style x:Key="ButtonStyle1" TargetType="Button">
    <Setter Property="Template">
        <Setter.Value>
            <ControlTemplate TargetType="Button">
                <Grid Background="Transparent">
                    <VisualStateManager.VisualStateGroups>
                        <VisualStateGroup x:Name="CommonStates">
                            <VisualState x:Name="Normal"/>

                            <VisualState x:Name="MouseOver"/>
                            <!-- 按钮按下的时候会触发该关键帧动画来改变按钮相关的属性 -->
                            <VisualState x:Name="Pressed">
                                <Storyboard>
                                    <ObjectAnimationUsingKeyFrames Storyboard.TargetProperty="Foreground" Storyboard.TargetName="ContentContainer">
                                        <DiscreteObjectKeyFrame KeyTime="0" Value="{StaticResource PhoneBackgroundBrush}"/>
                                    </ObjectAnimationUsingKeyFrames>
                                    <ObjectAnimationUsingKeyFrames Storyboard.TargetProperty="Background" Storyboard.TargetName="ButtonBackground">
                                        <DiscreteObjectKeyFrame KeyTime="0" Value="{StaticResource PhoneForegroundBrush}"/>
                                    </ObjectAnimationUsingKeyFrames>
                                    <ObjectAnimationUsingKeyFrames Storyboard.TargetProperty="BorderBrush" Storyboard.TargetName="ButtonBackground">
                                        <DiscreteObjectKeyFrame KeyTime="0" Value="{StaticResource PhoneForegroundBrush}"/>
                                    </ObjectAnimationUsingKeyFrames>
                                </Storyboard>
                            </VisualState>
                            <VisualState x:Name="Disabled">
                                ……//此处删略部分代码
                            </VisualState>
                        </VisualStateGroup>
```

```xml
            </VisualStateManager.VisualStateGroups>
            ……//此处删略部分代码
          </Grid>
        </ControlTemplate>
      </Setter.Value>
    </Setter>
</Style>
```

另外，还可以使用 ObjectAnimationUsingKeyFrames 来设置使用枚举值的属性的动画。如果把按钮的 Disabled 状态改成要隐藏按钮，可以获取 Visibility 枚举常量的 Visibility 属性。在这种情况下，可以使用属性语法设置该值，使用枚举值设置属性，例如"Collapsed"。把按钮的 Disabled 状态的离散关键帧动画改成如下的代码就可以实现了。

```xml
<VisualState x:Name="Disabled">
    <Storyboard>
        <ObjectAnimationUsingKeyFrames Storyboard.TargetName="ContentContainer" Storyboard.TargetProperty="Visibility">
            <DiscreteObjectKeyFrame KeyTime="0" Value="Collapsed"/>
        </ObjectAnimationUsingKeyFrames>
    </Storyboard>
</VisualState>
```

下面用一个改变背景的对象离散关键帧动画来演示 ObjectAnimationUsingKeyFrames 的用法。

代码清单 9-7：改变背景的对象离散关键帧动画（源代码：第 9 章\Examples_9_7）
MainPage.xaml 文件主要代码

```xml
<Grid x:Name="LayoutRoot" Background="Transparent">
    <Grid.Resources>
        <Storyboard x:Name="storyboard">
            <ObjectAnimationUsingKeyFrames Storyboard.TargetName="LayoutRoot" Storyboard.TargetProperty="Background" Duration="0:0:4" RepeatBehavior="Forever">
                <ObjectAnimationUsingKeyFrames.KeyFrames>
<!--在1秒钟的时间点上设置背景的画刷为 LinearGradientBrush-->
                    <DiscreteObjectKeyFrame KeyTime="0:0:1">
                        <DiscreteObjectKeyFrame.Value>
                            <LinearGradientBrush>
                                <LinearGradientBrush.GradientStops>
                                    <GradientStop Color="Yellow" Offset="0.0"/>
                                    <GradientStop Color="Orange" Offset="0.5"/>
                                    <GradientStop Color="Red" Offset="1.0"/>
                                </LinearGradientBrush.GradientStops>
                            </LinearGradientBrush>
                        </DiscreteObjectKeyFrame.Value>
                    </DiscreteObjectKeyFrame>
```

```
                    <!-- 在2秒钟的时间点上设置背景的画刷为另外一个LinearGradient-
Brush-->
                    <DiscreteObjectKeyFrame KeyTime = "0:0:2">
                        <DiscreteObjectKeyFrame.Value>
                            <LinearGradientBrush StartPoint = "0,0" EndPoint = "1,0">
                                <LinearGradientBrush.GradientStops>
                                    <GradientStop Color = "White" Offset = "0.0" />
                                    <GradientStop Color = "MediumBlue" Offset = "0.5" />
                                    <GradientStop Color = "Black" Offset = "1.0" />
                                </LinearGradientBrush.GradientStops>
                            </LinearGradientBrush>
                        </DiscreteObjectKeyFrame.Value>
                    </DiscreteObjectKeyFrame>

                </ObjectAnimationUsingKeyFrames.KeyFrames>
            </ObjectAnimationUsingKeyFrames>
        </Storyboard>
    </Grid.Resources>
    ……//此处省略部分代码
    <Grid x:Name = "ContentPanel" Grid.Row = "1" Margin = "12,0,12,0">
        <Button Content = "启动动画" Height = "100" Click = "Button_Click_1"></Button>
    </Grid>
</Grid>
```

应用程序的运行效果如图9.9所示。

图9.9 对象动画

9.4 缓动函数动画

前面介绍了很多使用线性插值和关键帧做一个动画。如果仅仅使用这些知识做一个模拟现实的自然运动的动画,仍然是比较困难的,比如:我们要精确地实现一个足球落下再弹起,再掉下,再弹起的动画,所需要的数学计算和动画的实现是相当复杂的,需要物理学、数学的知识。在 Windows 10 里面,实现这些常用的自然界的物理运动动画并不需要做这些复杂的数学计算,Windows 10 内置了常用的缓动函数动画,利用缓动函数可将自定义数学公式应用于动画,就可以很轻松地实现上面描述的足球掉落又反弹的动画。当然,也可以使用关键帧动画甚至线性插值动画来大致模拟这些效果,但可能需要执行大量的运算,并且与使用数学公式相比,动画的精确性将降低。

9.4.1 缓动函数动画简介

Windows 10 内置了 11 种缓动函数动画:BackEase、BounceEase、CircleEase、CubicEase、ElasticEase、ExponentialEase、PowerEase、QuadraticEase、QuarticEase、QuinticEase 和 SineEase。

有些缓动函数具有其自己的属性。例如,BounceEase 具有两个属性(Bounces 和 Bounciness),用于修改该特定的 BounceEase 随时间变化的函数行为。其他缓动函数(例如 CubicEase)不具有除所有缓动函数共享的 EasingMode 属性之外的任何属性,并且始终产生相同的随时间变化的函数行为。根据你在具有多个属性的缓动函数上设置的属性,这些缓动函数中的某些函数会有些重叠。例如,QuadraticEase 与其 Power 等于 2 的 PowerEase 完全相同。并且,CircleEase 基本上就是具有默认值的 ExponentialEase。

BackEase 缓动函数是唯一的,因为它可以更改正常范围之外的值(在由 From/To 设置时)或关键帧的值。它通过更改相反方向的值启动动画,按照预期从正常的 From/To 行为开始,再次返回至 From 或起始值,然后按正常行为运行动画。

缓动函数可以以三种方式应用于动画:

(1) 通过在关键帧动画中使用缓动关键,使用 EasingColorKeyFrame.EasingFunction、EasingDoubleKeyFrame.EasingFunction 或 EasingPointKeyFrame.EasingFunction。

(2) 通过在线性插值动画类型上设置 EasingFunction 属性,使用 ColorAnimation.EasingFunction、DoubleAnimation.EasingFunction 或 PointAnimation.EasingFunction。

(3) 通过将 GeneratedEasingFunction 设置为 VisualTransition 的一部分。这种方式专用于定义控件的视觉状态。

下面将会更加详细地介绍 11 种缓动函数动画和自定义缓动函数的原理和用法。

9.4.2 BackEase 动画

BackEase:在某一动画开始沿指示的路径进行动画处理前稍稍收回该动画的移动通过

指定动画的 EasingMode 属性值，可以控制动画中"Back"行为发生的时间。图 9.10 显示了 EasingMode 的各个值的动画曲线，其中 $f(t)$ 表示动画进度，而 t 表示时间。

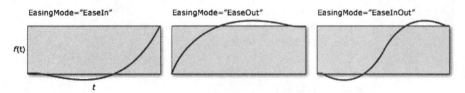

图 9.10 BackEase 的动画曲线

用于此动画的函数公式如下所示：
$$f(t) = t^3 - t * a * \sin(t * \pi)$$
a：Amplitude

因为此动画导致值在前进前收回，所以动画可能会意外插入到负数中。当对不支持负数的属性进行动画处理时，可能会引发错误。例如，如果将此动画应用到对象的 Height（例如，对于 EaseIn 的 EasingMode，应为 0～200），则该动画将尝试对 Height 插入负数，从而引发错误。

下面用一个示例来演示 BackEase 的 EaseInOut 的动画效果，注意动画快要结束时可以发现第一个椭圆是先变大再变小，第二个椭圆的运动轨迹与上面的图形是相似的。

代码清单 9-8：BackEase 动画（源代码：第 9 章\Examples_9_8）
MainPage.xaml 文件主要代码

```
<Grid x:Name = "LayoutRoot" Background = "Transparent">
    <Grid.Resources>
        <Storyboard x:Name = "storyboard">
            <!-- 第一个椭圆的动画 -->
            <DoubleAnimation From = "1" To = "2" Duration = "00:00:3"
                Storyboard.TargetName = "ellipse1ScaleTransform"
                Storyboard.TargetProperty = "ScaleX">
                <DoubleAnimation.EasingFunction>
                    <BackEase Amplitude = "0.3" EasingMode = "EaseInOut" />
                </DoubleAnimation.EasingFunction>
            </DoubleAnimation>
            <DoubleAnimation From = "1" To = "2" Duration = "00:00:3"
                Storyboard.TargetName = "ellipse1ScaleTransform"
                Storyboard.TargetProperty = "ScaleY">
                <DoubleAnimation.EasingFunction>
                    <BackEase Amplitude = "0.3" EasingMode = "EaseInOut" />
                </DoubleAnimation.EasingFunction>
            </DoubleAnimation>
            <!-- 第二个椭圆的动画 -->
            <DoubleAnimation From = "0" To = "400" Duration = "00:00:3"
                Storyboard.TargetName = "ellipse2"
```

```xml
                    Storyboard.TargetProperty = "(Canvas.Left)">
            </DoubleAnimation>
            <DoubleAnimation From = "400" To = "0" Duration = "00:00:3"
                    Storyboard.TargetName = "ellipse2"
                    Storyboard.TargetProperty = "(Canvas.Top)">
                <DoubleAnimation.EasingFunction>
                    <BackEase Amplitude = "0.3" EasingMode = "EaseInOut" />
                </DoubleAnimation.EasingFunction>
            </DoubleAnimation>
        </Storyboard>
    </Grid.Resources>
    ……//此处省略部分代码
    <Canvas x:Name = "ContentPanel" Grid.Row = "1" Margin = "12,0,12,0">
        <!-- 第一个椭圆展示了 BackEase 的放大动画效果 -->
        <Ellipse Name = " ellipse1" Width = "80" Height = "80" Fill = "Blue">
            <Ellipse.RenderTransform>
                <ScaleTransform x:Name = "ellipse1ScaleTransform" />
            </Ellipse.RenderTransform>
        </Ellipse>
        <!-- 第二个椭圆展示了 BackEase 的运动轨迹 -->

        <Ellipse x:Name = "ellipse2" Fill = "Red" Width = "80" Height = "80" Canvas.Left = "0" Canvas.Top = "400"/>
        <Button Margin = "0,500,0,0" Content = "启动动画" Height = "80" Click = "Button_Click_1"></Button>
    </Canvas>
</Grid>
```

应用程序的运行效果如图 9.11 所示。

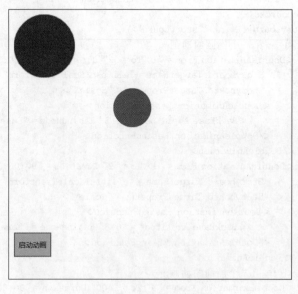

图 9.11　BackEase 动画

9.4.3 BounceEase 动画

BounceEase：创建弹跳效果。如图 9.12 演示了使用不同的 EasingMode 值的 BounceEase，其中 $f(t)$ 表示动画进度，t 表示时间。

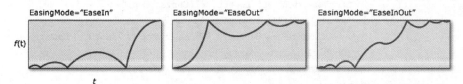

图 9.12 BounceEase 的动画曲线

可以使用 Bounces 属性指定弹跳次数并使用 Bounciness 属性指定弹跳程度（弹性大小）。Bounciness 属性指定下一个反弹的幅度缩放。例如，反弹度值 2 会使渐入中下一个反弹的幅度翻倍，并且会使渐出中下一个反弹的幅度减半。

下面用一个示例来演示 BounceEase 的 EaseOut 的动画效果，第一个椭圆会有几次变大变小的效果，第二个椭圆的运动轨迹与上面的图形是相似的。

代码清单 9-9：BounceEase 动画（源代码：第 9 章\Examples_9_9）

MainPage.xaml 文件主要代码

```
<Grid x:Name="LayoutRoot" Background="Transparent">
    <Grid.Resources>
        <Storyboard x:Name="storyboard">
            <!-- 第一个椭圆的动画 -->
            <DoubleAnimation From="80" To="200" Duration="00:00:3"
                EnableDependentAnimation="True"
                Storyboard.TargetName="ellipse1"
                Storyboard.TargetProperty="Width">
                <DoubleAnimation.EasingFunction>
                    <BounceEase Bounces="2" EasingMode="EaseOut" Bounciness="2" />
                </DoubleAnimation.EasingFunction>
            </DoubleAnimation>
            <DoubleAnimation From="80" To="200" Duration="00:00:3"
                EnableDependentAnimation="True"
                Storyboard.TargetName="ellipse1"
                Storyboard.TargetProperty="Height">
                <DoubleAnimation.EasingFunction>
                    <BounceEase Bounces="2" EasingMode="EaseOut" Bounciness="2" />
                </DoubleAnimation.EasingFunction>
            </DoubleAnimation>
            <!-- 第二个椭圆的动画 -->
            <DoubleAnimation From="0" To="400" Duration="00:00:3"
```

```xml
                Storyboard.TargetName = "ellipse2"
                Storyboard.TargetProperty = "(Canvas.Left)">
            </DoubleAnimation>
            <DoubleAnimation From = "400" To = "0" Duration = "00:00:3"
                Storyboard.TargetName = "ellipse2"
                Storyboard.TargetProperty = "(Canvas.Top)">
                <DoubleAnimation.EasingFunction>
                    <BounceEase Bounces = "2" EasingMode = "EaseOut" Bounciness = "2" />
                </DoubleAnimation.EasingFunction>
            </DoubleAnimation>
        </Storyboard>
    </Grid.Resources>
    ……//此处删略部分代码
    <Canvas x:Name = "ContentPanel" Grid.Row = "1" Margin = "12,0,12,0">
        <!-- 第一个椭圆展示了 BounceEase 的动画效果 -->
        <Ellipse Name = "ellipse1" Width = "80" Height = "80" Fill = "Blue"/>
        <!-- 第二个椭圆展示了 BounceEase 的运动轨迹 -->
        <Ellipse x:Name = "ellipse2" Fill = "Red" Width = "80" Height = "80" Canvas.Left = "0" Canvas.Top = "400"/>
        <Button Margin = "0,500,0,0" Content = "启动动画" Height = "80" Click = "Button_Click_1"></Button>
    </Canvas>
</Grid>
```

应用程序的运行效果如图 9.13 所示。

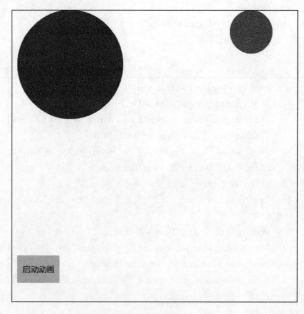

图 9.13　BounceEase 动画

9.4.4 CircleEase 动画

CircleEase：创建使用循环函数加速和/或减速的动画。通过指定 EasingMode，可以控制动画加速与减速。如图 9.14 显示了 EasingMode 的各个值，其中 $f(t)$ 表示动画进度，而 t 表示时间。

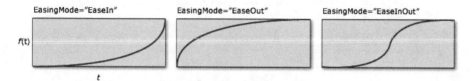

图 9.14 CircleEase 的动画曲线

用于此动画的函数公式如下所示：

$$f(t) = 1 - \sqrt{(1-t^2)}$$

t 的有效值为 $-1 \leqslant t \leqslant 1$。大于 1 的值将被计算为 1，而小于 -1 的值将被计算为 -1。这意味着此时间间隔之外的值的动画继续，但缓动函数在其进入无效的域时暂停，并在离开无效的域时恢复。

下面用一个示例来演示一下 CircleEase 的 EaseOut 的动画效果，第一个椭圆的宽度会先快速地拉长然后再慢慢地拉长，第二个椭圆的运动轨迹与上面 EaseOut 的动画轨迹图形是相似的，类似沿着一个四分之一圆的轨迹进行运动。

代码清单 9-10：CircleEase 动画（源代码：第 9 章\Examples_9_10）

MainPage.xaml 文件主要代码

```
<Grid x:Name = "LayoutRoot" Background = "Transparent">
    <Grid.Resources>
        <Storyboard x:Name = "storyboard">
            <!-- 第一个椭圆的动画 -->
            <DoubleAnimation From = "80" To = "400" Duration = "00:00:3"
                EnableDependentAnimation = "True"
                Storyboard.TargetName = "ellipse1"
                Storyboard.TargetProperty = "Width">
                <DoubleAnimation.EasingFunction>
                    <CircleEase EasingMode = "EaseOut"/>
                </DoubleAnimation.EasingFunction>
            </DoubleAnimation>
            <!-- 第二个椭圆的动画 -->
            <DoubleAnimation From = "0" To = "400" Duration = "00:00:3"
                Storyboard.TargetName = "ellipse2"
                Storyboard.TargetProperty = "(Canvas.Left)">
```

```xml
        </DoubleAnimation>
        <DoubleAnimation From="400" To="0" Duration="00:00:3"
            Storyboard.TargetName="ellipse2"
            Storyboard.TargetProperty="(Canvas.Top)">
          <DoubleAnimation.EasingFunction>
            <CircleEase EasingMode="EaseOut"/>
          </DoubleAnimation.EasingFunction>
        </DoubleAnimation>
      </Storyboard>
    </Grid.Resources>
    ……//此处省略部分代码
    <Canvas x:Name="ContentPanel" Grid.Row="1" Margin="12,0,12,0">
        <!-- 第一个椭圆展示了 CircleEase 的动画效果 -->
        <Ellipse Name="ellipse1" Width="80" Height="80" Fill="Blue"/>
        <!-- 第二个椭圆展示了 CircleEase 的运动轨迹 -->
        <Ellipse x:Name="ellipse2" Fill="Red" Width="80" Height="80" Canvas.Left="0" Canvas.Top="400"/>
        <Button Margin="0,500,0,0" Content="启动动画" Height="80" Click="Button_Click_1"></Button>
    </Canvas>
</Grid>
```

应用程序的运行效果如图 9.15 所示。

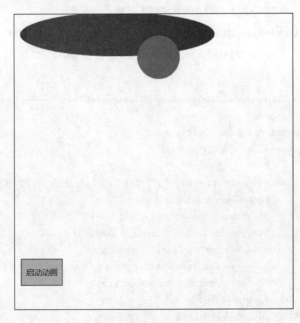

图 9.15 CircleEase 动画

9.4.5 CubicEase 动画

CubicEase:创建使用公式 $f(t)=t^3$ 加速和/或减速的动画。通过指定 EasingMode,可以控制动画加速或减速。如图 9.16 显示了 EasingMode 的各个值,其中 $f(t)$ 表示动画进度,而 t 表示时间。

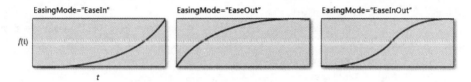

图 9.16　CubicEase 的动画曲线

下面用一个示例来演示 CircleEase 的 EaseOut 的动画效果,第一个椭圆展示出来的是一种很自然的翻转效果,像是上面被推了一下然后突然翻转过来到前端时间比较慢,后半段时间速度就快速增大,第二个椭圆的运动轨迹与上面 EaseInOut 的动画轨迹图形是相似的。

代码清单 9-11:CubicEase 动画(源代码:第 9 章\Examples_9_11)

MainPage. xaml 文件主要代码

```
<Grid x:Name = "LayoutRoot" Background = "Transparent">
    <Grid.Resources>
        <Storyboard x:Name = "storyboard">
            <!--第一个椭圆的动画-->
            <DoubleAnimation From = "0" To = "180" Duration = "00:00:3"
                Storyboard.TargetName = "ellipse1PlaneProjection"
                Storyboard.TargetProperty = "RotationX">
                <DoubleAnimation.EasingFunction>
                    <CubicEase EasingMode = "EaseInOut"/>
                </DoubleAnimation.EasingFunction>
            </DoubleAnimation>
            <!-- 第二个椭圆的动画 -->
            <DoubleAnimation From = "0" To = "400" Duration = "00:00:3"
                Storyboard.TargetName = "ellipse2"
                Storyboard.TargetProperty = "(Canvas.Left)">
            </DoubleAnimation>
            <DoubleAnimation From = "400" To = "200" Duration = "00:00:3"
                Storyboard.TargetName = "ellipse2"
                Storyboard.TargetProperty = "(Canvas.Top)">
                <DoubleAnimation.EasingFunction>
                    <CubicEase EasingMode = "EaseInOut"/>
                </DoubleAnimation.EasingFunction>
            </DoubleAnimation>
        </Storyboard>
```

```xml
        </Grid.Resources>

        ……//此处省略部分代码
        <Canvas x:Name="ContentPanel" Grid.Row="1" Margin="12,0,12,0">
            <!--第一个椭圆展示了CubicEase的动画效果-->
            <Ellipse Name="ellipse1" Width="200" Height="200" Fill="Blue">
                <Ellipse.Projection>
                    <PlaneProjection RotationX="0" x:Name="ellipse1PlaneProjection"></PlaneProjection>
                </Ellipse.Projection>
            </Ellipse>
            <!--第二个椭圆展示了CubicEase的运动轨迹-->
            <Ellipse x:Name="ellipse2" Fill="Red" Width="80" Height="80" Canvas.Left="0" Canvas.Top="400"/>
            <Button Margin="0,500,0,0" Content="启动动画" Height="80" Click="Button_Click_1"></Button>
        </Canvas>
    </Grid>
```

应用程序的运行效果如图 9.17 所示。

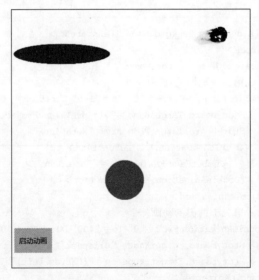

图 9.17 CubicEase 动画

9.4.6 ElasticEase 动画

ElasticEase：创建类似于弹簧在停止前来回振荡的动画。通过指定 EasingMode 属性值，可以控制动画中"弹簧"行为发生的时间。如图 9.18 显示了 EasingMode 的各个值，其中 $f(t)$ 表示动画进度，而 t 表示时间。

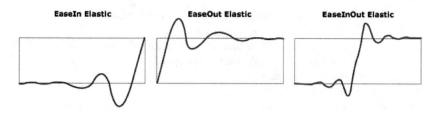

图 9.18 ElasticEase 的动画曲线

可以使用 Oscillations 属性指定动画来回振动的次数,以及使用 Springiness 属性指定振动弹性的张紧程度。因为此动画导致值来回振动,所以此动画可能会意外插入到负数中。当对不支持负数的属性进行动画处理时,这可能会引发错误。

下面用一个示例来演示 ElasticEase 的 EaseOut 的动画效果,第一个椭圆和线条展示出来的是用有弹性的绳子拴住吊球,然后往下掉落的这种自然效果,线条相当于是有弹性的绳子,而第一个椭圆相当于吊球。第二个椭圆的运动轨迹模拟了上面 EaseOut 的动画轨迹图形。

代码清单 9-12:ElasticEase 动画(源代码:第 9 章\Examples_9_12)

MainPage.xaml 文件主要代码

```xml
<Grid x:Name="LayoutRoot" Background="Transparent">
    <Grid.Resources>
        <Storyboard x:Name="storyboard">
            <!--线条的动画-->
            <DoubleAnimation From="0" To="400" Duration="00:00:3"
                EnableDependentAnimation="True"
                Storyboard.TargetName="line1"
                Storyboard.TargetProperty="Y2">
                <DoubleAnimation.EasingFunction>
                    <ElasticEase EasingMode="EaseOut" Oscillations="7" />
                </DoubleAnimation.EasingFunction>
            </DoubleAnimation>
            <!--第一个椭圆的动画-->
            <DoubleAnimation From="0" To="400" Duration="00:00:3"
                Storyboard.TargetName="ellipse1"
                Storyboard.TargetProperty="(Canvas.Top)">
                <DoubleAnimation.EasingFunction>
                    <ElasticEase EasingMode="EaseOut" Oscillations="7" />
                </DoubleAnimation.EasingFunction>
            </DoubleAnimation>
            <!--第二个椭圆的动画-->
            <DoubleAnimation From="0" To="400" Duration="00:00:3"
                Storyboard.TargetName="ellipse2"
                Storyboard.TargetProperty="(Canvas.Left)">
            </DoubleAnimation>
            <DoubleAnimation From="400" To="200" Duration="00:00:3"
                Storyboard.TargetName="ellipse2"
```

```
                    Storyboard.TargetProperty="(Canvas.Top)">
                <DoubleAnimation.EasingFunction>
                    <ElasticEase EasingMode="EaseOut" Oscillations="7"/>
                </DoubleAnimation.EasingFunction>
            </DoubleAnimation>
        </Storyboard>
    </Grid.Resources>
    ……//此处省略部分代码
    <Canvas x:Name="ContentPanel" Grid.Row="1" Margin="12,0,12,0">
        <!--线条展示了ElasticEase的动画效果-->
        <Line x:Name="line1" X1="50" Y1="0" X2="50" Y2="50"  Stroke="Blue" StrokeThickness="10" Fill="Blue"></Line>
        <!--第一个椭圆展示了ElasticEase的动画效果-->
        <Ellipse Name="ellipse1" Width="100" Height="100" Fill="Blue"/>
        <!--第二个椭圆展示了ElasticEase的运动轨迹-->
        <Ellipse x:Name="ellipse2" Fill="Red" Width="80" Height="80" Canvas.Left="0" Canvas.Top="400"/>
        <Button Margin="0,500,0,0" Content="启动动画" Height="80" Click="Button_Click_1"></Button>
    </Canvas>
</Grid>
```

应用程序的运行效果如图9.19所示。

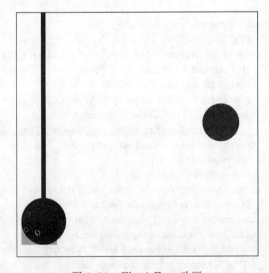

图9.19　ElasticEase 动画

9.4.7　ExponentialEase 动画

ExponentialEase：创建使用指数公式加速和/或减速的动画。通过指定 EasingMode，可以控制动画加速与减速。如图9.20显示了 EasingMode 的各个值，其中 $f(t)$ 表示动画进度，而 t 表示时间。

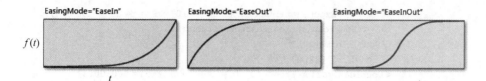

图 9.20 ElasticEase 的动画曲线

用于此动画的函数公式如下所示：

$$f(t) = \frac{e(at) - 1}{e(a) - 1}$$

如图 9.21 使用上面的公式演示了 Exponent 属性的几个不同值的效果。

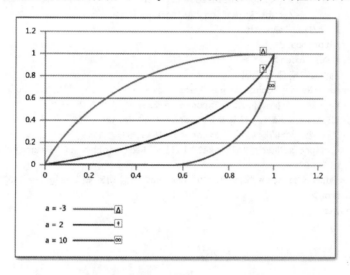

图 9.21 不同 Exponent 属性的效果

下面用一个示例来演示 ExponentialEase 的 EaseIn 的动画效果，第一个椭圆掉落的时候刚开始时非常缓慢，然后突然间加速冲到最底下。第二个椭圆的运动轨迹模拟了上面 EaseIn 的动画轨迹图形。

代码清单 9-13：ExponentialEase 动画（源代码：第 9 章\Examples_9_13）

MainPage.xaml 文件主要代码

```
<Grid x:Name = "LayoutRoot" Background = "Transparent">
    <Grid.Resources>
        <Storyboard x:Name = "storyboard">
            <!-- 第一个椭圆的动画 -->

            <DoubleAnimation From = "0" To = "400" Duration = "00:00:3"
                Storyboard.TargetName = "ellipse1"
                Storyboard.TargetProperty = "(Canvas.Top)">
                <DoubleAnimation.EasingFunction>
```

```xml
            <ExponentialEase Exponent="10" EasingMode="EaseIn"/>
        </DoubleAnimation.EasingFunction>
    </DoubleAnimation>
    <!--第二个椭圆的动画-->
    <DoubleAnimation From="0" To="400" Duration="00:00:3"
        Storyboard.TargetName="ellipse2"
        Storyboard.TargetProperty="(Canvas.Left)">
    </DoubleAnimation>
    <DoubleAnimation From="400" To="200" Duration="00:00:3"
        Storyboard.TargetName="ellipse2"
        Storyboard.TargetProperty="(Canvas.Top)">
        <DoubleAnimation.EasingFunction>
            <ExponentialEase Exponent="10" EasingMode="EaseIn"/>
        </DoubleAnimation.EasingFunction>
    </DoubleAnimation>
    </Storyboard>
</Grid.Resources>
……//此处省略部分代码
<Canvas x:Name="ContentPanel" Grid.Row="1" Margin="12,0,12,0">
    <!--第一个椭圆展示了ExponentialEase的动画效果-->
    <Ellipse Name="ellipse1" Width="50" Height="50" Fill="Blue"/>
    <!--第二个椭圆展示了ExponentialEase的运动轨迹-->
    <Ellipse x:Name="ellipse2" Fill="Red" Width="80" Height="80" Canvas.Left="0" Canvas.Top="400"/>
    <Button Margin="0,500,0,0" Content="启动动画" Height="80" Click="Button_Click_1"></Button>
</Canvas>
</Grid>
```

应用程序的运行效果如图9.22所示。

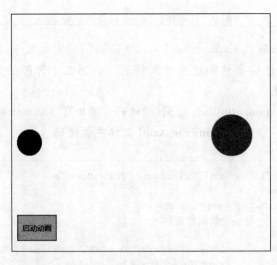

图9.22 ExponentialEase动画

9.4.8 PowerEase/QuadraticEase/QuarticEase/QuinticEase 动画

PowerEase：创建使用公式 $f(t)=t^p$（其中，p 等于 Power 属性）加速和/或减速的动画。通过指定 EasingMode，可以控制动画加速与减速。如图 9.23 显示了 EasingMode 的各个值，其中 $f(t)$ 表示动画进度，而 t 表示时间。

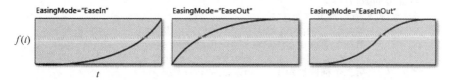

图 9.23　PowerEase 的动画曲线

通过使用 PowerEase 函数，可以通过指定 Power 属性来指定加速/减速的发生速度。公式 $f(t)=t^p$，其中 p 等于 Power 属性。因此，PowerEase 函数可由 QuadraticEase（$f(t)=t^2$）、CubicEase（$f(t)=t^3$）、QuarticEase（$f(t)=t^4$）和 QuinticEase（$f(t)=t^5$）替代。例如，如果希望使用 PowerEase 函数来创建与 QuadraticEase 函数（$f(t)=t^2$）所创建的行为相同的行为，应将 Power 属性的值指定为 2。QuadraticEase：创建使用公式 $f(t)=t^2$ 加速和/或减速的动画。QuarticEase：创建使用公式 $f(t)=t^4$ 加速和/或减速的动画。QuinticEase：创建使用公式 $f(t)=t^5$ 加速和/或减速的动画。

下面用一个示例来演示 PowerEase 的 EaseIn 的动画效果，通过 Slider 控件设置 PowerEase 的 Power 值，Power 值越大第一个椭圆后面掉落的加速度就越大，加速的时间也越短。第二个椭圆的运动轨迹模拟了上面 EaseIn 的动画轨迹图形。

代码清单 9-14：PowerEase 动画（源代码：第 9 章\Examples_9_14）

MainPage.xaml 文件主要代码

```
<Grid x:Name="LayoutRoot" Background="Transparent">
    <Grid.Resources>
        <Storyboard x:Name="storyboard">
            <!--第一个椭圆的动画-->
            <DoubleAnimation From="0" To="400" Duration="00:00:3"
                Storyboard.TargetName="ellipse1"
                Storyboard.TargetProperty="(Canvas.Top)">
                <DoubleAnimation.EasingFunction>
                    <PowerEase EasingMode="EaseIn" x:Name="powerEase1"/>
                </DoubleAnimation.EasingFunction>
            </DoubleAnimation>
            <!--第二个椭圆的动画-->
            <DoubleAnimation From="0" To="400" Duration="00:00:3"
                Storyboard.TargetName="ellipse2"
                Storyboard.TargetProperty="(Canvas.Left)">
            </DoubleAnimation>

            <DoubleAnimation From="400" To="200" Duration="00:00:3"
```

```xml
                    Storyboard.TargetName = "ellipse2"
                    Storyboard.TargetProperty = "(Canvas.Top)">
            <DoubleAnimation.EasingFunction>
                <PowerEase EasingMode = "EaseIn" x:Name = "powerEase2"/>
            </DoubleAnimation.EasingFunction>
        </DoubleAnimation>
    </Storyboard>
</Grid.Resources>
……//此处省略部分代码
<Canvas x:Name = "ContentPanel" Grid.Row = "1" Margin = "12,0,12,0">
    <!-- 第一个椭圆展示了 PowerEase 的动画效果 -->
    <Ellipse Name = "ellipse1" Width = "50" Height = "50" Fill = "Blue"/>
    <!-- 第二个椭圆展示了 PowerEase 的运动轨迹 -->
    <Ellipse x:Name = "ellipse2" Fill = "Red" Width = "80" Height = "80" Canvas.Left = "0" Canvas.Top = "400"/>
    <Button Margin = "0,500,0,0" Content = "启动动画" Height = "80" Click = "Button_Click_1"></Button>
    <!-- Slider 控件设置 PowerEase 的 Power 值 -->
    <Slider x:Name = "slider" Margin = "200,500,0,0" Width = "200" Background = "Red" Value = "50" Maximum = "100" Minimum = "0"></Slider>
</Canvas>
</Grid>
```

MainPage.xaml.cs 文件主要代码

```
//改变 Power 指数的值
private void Button_Click_1(object sender, RoutedEventArgs e)
{
    powerEase1.Power = slider.Value;
    powerEase2.Power = slider.Value;
    storyboard.Begin();
}
```

应用程序的运行效果如图 9.24 所示。

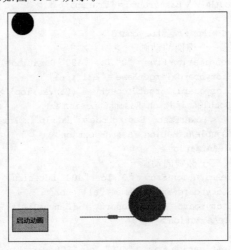

图 9.24 PowerEase 动画

9.4.9 SineEase 动画

SineEase：创建使用正弦公式加速和/或减速的动画。通过指定 EasingMode，可以控制动画何时加速、减速或实现这两种效果。如图 9.25 显示了 EasingMode 的各个值，其中 $f(t)$ 表示动画进度，而 t 表示时间。

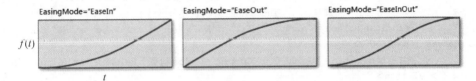

图 9.25　SineEase 的动画曲线

用于此动画的函数公式如下所示：

$$f(t) = 1 - \left[\sin(1-t) * \frac{\pi}{2}\right]$$

下面用一个示例来演示 SineEase 的 EaseIn 的动画效果，第一个椭圆掉落的速度相对 PowerEase 平缓了很多。第二个椭圆的运动轨迹模拟了上面 EaseIn 的动画轨迹图形。

代码清单 9-15：SineEase 动画（源代码：第 9 章\Examples_9_15）

MainPage.xaml 文件主要代码

```xml
<Grid x:Name="LayoutRoot" Background="Transparent">
    <Grid.Resources>
        <Storyboard x:Name="storyboard">
            <!-- 第一个椭圆的动画 -->
            <DoubleAnimation From="0" To="400" Duration="00:00:3"
                Storyboard.TargetName="ellipse1"
                Storyboard.TargetProperty="(Canvas.Top)">
                <DoubleAnimation.EasingFunction>
                    <SineEase EasingMode="EaseIn"/>
                </DoubleAnimation.EasingFunction>
            </DoubleAnimation>
            <!-- 第二个椭圆的动画 -->
            <DoubleAnimation From="0" To="400" Duration="00:00:3"
                Storyboard.TargetName="ellipse2"
                Storyboard.TargetProperty="(Canvas.Left)">
            </DoubleAnimation>
            <DoubleAnimation From="400" To="200" Duration="00:00:3"
                Storyboard.TargetName="ellipse2"
                Storyboard.TargetProperty="(Canvas.Top)">
                <DoubleAnimation.EasingFunction>
                    <SineEase EasingMode="EaseIn"/>
                </DoubleAnimation.EasingFunction>
```

```
            </DoubleAnimation>
          </Storyboard>
       </Grid.Resources>
       ……//此处省略部分代码
       <Canvas x:Name = "ContentPanel" Grid.Row = "1" Margin = "12,0,12,0">
           <!-- 第一个椭圆展示了SineEase的动画效果 -->
           <Ellipse Name = "ellipse1" Width = "50" Height = "50" Fill = "Blue"/>
           <!-- 第二个椭圆展示了SineEase的运动轨迹 -->
           <Ellipse x:Name = "ellipse2" Fill = "Red" Width = "80" Height = "80" Canvas.Left = "0" Canvas.Top = "400"/>
           <Button Margin = "0,500,0,0" Content = "启动动画" Height = "80" Click = "Button_Click_1"></Button>
       </Canvas>
    </Grid>
```

应用程序的运行效果如图9.26所示。

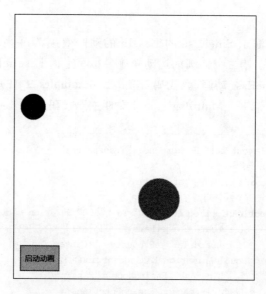

图9.26　SineEase动画

9.5　基于帧动画

在前面所讲的线性插值动画和关键帧动画都是Windows 10中使用最为广泛的动画实现方式，但是线性插值动画和关键帧动画所实现的动画都是有规律可循的，都是按照着相关的约定进行动画播放，即使是离散关键帧也是按照定义好的每一帧来进行播放。假如要实现一个动画，它没有一个固定的规律，它运行的动画轨迹是变化的，比如实现一个随机飘动的雪花动画，这种情况是很难用线性插值动画和关键帧动画来定义的，在这时候就需要用到一种新的动画实现方式——基于帧动画。

9.5.1 基于帧动画的原理

基于帧动画的创建主要是依赖 CompositionTarget 类，CompositionTarget 是一个静态类，表示应用程序要在其上进行绘制的显示图面。每次绘制应用程序的场景时，都会引发 Rendering 事件。创建基于帧动画的语法很简单，只需要为静态的 CompositionTarget.Rendering 事件关联事件处理程序，然后在事件处理程序处理动画的内容。一旦关联了事件处理程序，Windows 10 应用程序就会不断地调用这个事件处理程序。在渲染事件处理程序中，需要根据相关的规律来修改 UI 的内容从而实现动画的效果，也就是说动画的所有工作都需要自己去进行管理，提供了非常大的灵活性。如果要结束动画，就移除 CompositionTarget.Rendering 关联事件处理程序。由此可见，基于帧动画只能使用 C#代码进行创建，不能像其他动画用 XAML 来编写，同时也无法在样式、控件模板或数据模板中进行定义。

当构建基于帧的动画时有一个问题需要注意：它们不是依赖于时间的。换句话说，动画可能在性能好的设备上运动更快，因为帧速率会增加，从而会更加频繁地调用 CompositionTarget.Rendering 事件。CompositionTarget.Rendering 事件的调用频率并不是一个固定值，它是和设备及当前应用程序的运行状况紧密相关，如果程序在运行基于帧动画的时候还在处理其他耗时的操作，CompositionTarget.Rendering 事件的调用频率就会比较低。由于 CompositionTarget.Rendering 事件可以根据当前的状况来调整动画的频率使得动画更加流畅，所以它比直接使用定时器 DispatcherTimer 做原始的动画处理更加优越。

9.5.2 基于帧动画的应用场景

由于基于帧动画的极大灵活性，它甚至可以实现所有线性插值动画和关键帧动画所实现的动画效果，但是需要注意的是并不是所有的场景下都推荐使用基于帧动画去实现动画的。在下面的几个场景下可以考虑使用基于帧动画去实现。

（1）线性插值动画和关键帧动画实现不了或者很难实现的动画

线性插值动画和关键帧动画是 Windows 10 里面经过优化的动画实现技术，它们本身是运行在动画的构图线程上的，并不会阻塞 UI 线程，但是 CompositionTarget.Rendering 事件是直接运行在 UI 线程上的，这是一种非常低级的方法，所以很明显效率比线性插值动画和关键帧动画差。

（2）创建一个基于物理的动画或者构建粒子效果模型如火焰、雪以及气泡

基于帧动画的灵活性使其可以创建基于物理模型的动画，这些物理模型的动画效果一般是用在游戏编程上的，如果要在 Windows 10 的普通应用程序上实现，则可以使用基于帧动画，用 C#代码来构建运动的模型。

9.5.3 基于帧动画的实现

下面通过一个例子来演示基于帧动画的运用,动画要实现的效果是通过在 Canvas 面板中触摸滑动来控制矩形 Rectangle 滑块的运动,滑块会往面板触摸的方向运动,但是滑块不能离开 Canvas 面板。

代码清单 9-16:基于帧动画(源代码:第 9 章\Examples_9_16)

MainPage.xaml 文件主要代码

```xml
<!-- 通过 PointerMoved 事件来获取触摸的坐标 -->
<Canvas Background = "Gray" PointerMoved = "Canvas_PointerMoved_1">
    <Rectangle x:Name = "rectangle" Height = "50" Width = "100" RadiusX = "12.5" RadiusY = "12.5" >
        <Rectangle.Fill>
            <LinearGradientBrush>
                <GradientStop Color = "Black" Offset = "0"></GradientStop>
                <GradientStop Color = "White" Offset = "0.5"></GradientStop>
                <GradientStop Color = "Black" Offset = "1"></GradientStop>
            </LinearGradientBrush>
        </Rectangle.Fill>
    </Rectangle>
</Canvas>
```

MainPage.xaml.cs 文件主要代码

```csharp
public partial class MainPage : PhoneApplicationPage
{
    //触摸点的位置
    Point mouseLocation;
    //用于矩形的位移变换改变矩形的位置
    TranslateTransform translateTransform = new TranslateTransform();
    //用于保存上一帧时间,计算时间差
    DateTime preTime = DateTime.Now;
    //构造函数
    public MainPage()
    {
        InitializeComponent();
        //订阅基于帧动画的事件
        CompositionTarget.Rendering += CompositionTarget_Rendering;
        this.rectangle.RenderTransform = translateTransform;
    }
    //处理基于帧的事件,动画的逻辑在这个事件里面进行处理
    void CompositionTarget_Rendering(object sender, object e)
    {
        var currentTime = DateTime.Now;
```

```
            //计算两帧之间的时间差,把时间差作为计算位移的系数
            double elapsedTime = (currentTime - preTime).TotalSeconds;
            preTime = currentTime;

            // 控制矩形的移动不超出画布面板的边界
            translateTransform.X += mouseLocation.X * elapsedTime;
            if (translateTransform.X > 300) translateTransform.X = 300;
            if (translateTransform.X < 0) translateTransform.X = 0;
            translateTransform.Y += mouseLocation.Y * elapsedTime;
            if (translateTransform.Y > 450) translateTransform.Y = 450;
            if (translateTransform.Y < 0) translateTransform.Y = 0;
        }
        // 通过 PointerMoved 事件获取当前的触摸点相对于矩形的坐标,滑动点在矩形左边 X 值为
负值,右边 X 值为正值,在上边 Y 值为负值,在下便 Y 值为正值
        private void Canvas_PointerMoved_1(object sender, PointerRoutedEventArgs e)
        {
            mouseLocation = e.GetCurrentPoint(this.rectangle).Position;
        }
    }
```

应用程序的运行效果如图 9.27 所示。

图 9.27 基于帧动画

9.6 动画方案的选择

Windows 10 的动画实现方式有线性插值动画(3 种类型)、关键帧动画(4 种类型)、基于帧动画和定时器动画,动画所改变的 UI 元素属性可以是普通的 UI 元素属性、变换特效属

性和三维特效属性,面对着这么多的选择,要实现一个动画效果该怎么去思考以及怎么选择实现的技术呢？本节会先讲解与动画性能相关的知识,然后再讲解怎么去选择动画的实现方案。

9.6.1 帧速率

帧速率是用于测量显示帧数的量度,测量单位为"每秒显示帧数"（Frame per Second, FPS,帧率）或"赫兹",是指每秒钟刷新画面的帧数,也可以理解为图形处理器每秒钟能够刷新几次。由于人类眼睛的特殊生理结构,如果所看画面的帧率高于每秒约 10～12 帧的时候,就会认为是连贯的。对于动画而言,帧速率常用于衡量动画的流畅度,帧速率的数字越大表示动画的流畅度越高。在实现 Windows 10 动画的时候,动画的帧速率不能直接指定,而是由系统自动分配的,当设备的性能越好,程序的性能越好,动画的帧速率就越大,反之就越小。所以要判断一个动画是否能够流畅地运行,就需要关注动画的帧速率指标是否足够高。

在 Windows 10 里面虽然不能够直接设置动画的帧速率,但是可以测量出来。在应用程序里面把属性 Application.Current.Host.Settings.EnableFrameRateCounter 设置为 true 将可以在设备的顶部左侧看到帧速率的计数变化情况,默认情况采用 Debug 调试状态下就会显示出应用当前的帧速率。帧速率的范围是 0～60,帧速率越大,应用程序的响应性越高。帧速率的值一般应在 20 以上,该值小于 30 表示存在性能问题,这就需要引起重视,动画的实现方案可能有较大的问题,需要进行优化。

帧速率计数器是可以在代码中启用或禁用的,当在 Visual Studio 中创建 Windows 10 应用项目时,默认情况下会在文件 App.xaml.cs 中添加启用帧速率计数器的代码。代码如下所示：

```
if (System.Diagnostics.Debugger.IsAttached)
{
    this.DebugSettings.EnableFrameRateCounter = true;
}
```

上面的代码表示当启动 Debug 状态调试应用程序的时候将会启用帧速率计数器。其中 Application.Current.Host.Settings.EnableFrameRateCounter = true 表示启用帧速率计数器,设置为 false 则禁用帧速率计数器。

9.6.2 UI 线程和构图线程

Windows 10 的图形线程结构针对设备进行了优化,除了 UI 线程之外,Windows 10 还支持构图线程。若要掌握最优的动画实现方案的选择方法,那么需要理解 Windows 10 中 UI 线程和构图线程,这对动画的优化是非常重要的。

(1) UI 线程

UI 线程是 Windows 10 中的主线程,UI 线程的主要任务是从 XAML 中分析并创建对象。在第一次绘制视觉效果时,将绘制所有视觉效果以及处理每帧回调并执行其他用户代码。在应用程序里面维护轻量级的 UI 线程是保障应用程序流畅运行的前提,同时这对于动画的实现也是一样的道理,尽量避免占用 UI 线程。

(2) 构图线程

构图线程可以处理某些在 UI 上的工作,从而分担了 UI 线程的部分工作,提高 Windows 10 应用的性能。在 Windows 10 上,构图线程的工作是合并图形纹理并将其传递到 GPU 以供绘制,设备上的 GPU 将在称为自动缓存的进程中自动缓存并处理运行在构图线程上的动画。构图线程处理与变换特效(RenderTransform)和三维特效(Projection)属性关联的动画(如针对 ScaleTransform、TranslateTransform、RotateTransform 和 PlaneProjection 的属性改变的 Storyboard 动画)都是完全运行在构图线程上的。另外,Opacity 和 Clip 属性设置也由构图线程处理。但是,如果使用 OpacityMask 或非矩形剪辑,则这些操作将传递到 UI 线程。

(3) 动画和线程

从构图线程的作用可以知道 StoryBoard 动画由构图线程进行处理,这种动画的处理方式最为理想,因为构图线程会将这些动画传递到 GPU 进行处理。如果需要在动画中使用到 UI 线程,如改变 UI 元素的 With 属性等,就需要给动画相应的 Animation 对象的 EnableDependentAnimation 属性设置为 True,它表示动画是否需要依赖 UI 线程来运行。此外,如果 CPU 超负荷,则构图线程可能比 UI 线程运行得更频繁。但是,有时 Storyboard 动画无法实现需要的动画效果的时候,可以选择在代码中驱动动画,如采用基于帧动画。这些动画按帧进行处理,每帧回调都在 UI 线程上进行处理,动画的更新速度与 UI 线程处理动画的速度相当,并且根据应用中发生的其他操作,动画显示的流畅性可能低于在构图线程上运行的动画。另外,当使用基于帧动画在代码中更新动画时,UI 元素不会像在 Storyboard 动画中更新一样,自动进行缓存,这又加重了 UI 线程的负担。

9.6.3 选择最优的动画方案

前面讲解了很多动画的编程知识,这些都是 Windows 10 动画编程的根基,正所谓万变不离其宗,无论要实现的动画多么复杂,都离不开这些基础知识。当要去实现一个动画效果的时候,首先需要去思考动画中的每个组成元素,思考它们的变化情况,想一下要改变 UI 元素的什么属性来实现动画的效果,想一下用什么动画类型来实现。当已经想到了多种方案可以实现这个动画效果的时候,可以从两个方面去衡量实现方案,一方面是从性能效率方面,这就涉及到前面所讲的动画的帧速率以及 UI 线程和构图线程相关的知识;另一方面是从动画实现的复杂度方面,例如要实现一个复杂图形的形状变化的动画,可以直接用 Path 图形来绘制出这个图形,然后设计 Path 图形的点运动的动画,也可以用多张类似的图片做图片切换的动画,如果图片切换的动画效果能达到想要的效果,就建议使用图片切换这种简单的方式来实现。

在 Windows 10 中有多种实现动画的方案,关于这些方案的选择有下面的一些建议。

（1）可以用变换特效属性或者三维特效属性实现的动画应该尽量采用变换特效属性或者三维特效属性来实现动画。因为变换特效属性或者三维特效属性是通过构图线程对 UI 元素产生作用的，不会阻塞 UI 线程也不会重新调用 UI 的布局系统。

（2）可以使用线性插值动画/关键帧动画来实现的动画就采用线性插值动画/关键帧动画去实现，因为线性插值动画/关键帧动画是最优的动画实现方式，它们本身也是在构图线程上运行的。

（3）当使用线性插值动画/关键帧动画无法实现动画效果的时候，应该采用基于帧动画来实现，而不是自定义定时器来实现动画，基于帧动画比定时器动画更胜一筹，它可以根据设备和应用程序的情况动态地跳帧调用频率。

下面通过一个例子来演示用两种不同的方法来实现一个相同的动画效果，所实现的动画效果是让矩形的高度慢慢变成原来的两倍，第一种方式是用线性插值动画对矩形的 Height 属性进行动画处理，第二种方式也是用线性插值动画，但是针对的动画目标属性是 ScaleTransform 的 ScaleY 属性，然后用一个按钮单击事件阻塞 UI 线程 2 秒钟，可以看到针对 Height 属性的动画会暂停 2 秒钟再继续运行，而针对 ScaleTransform 的 ScaleY 属性不会受 UI 线程阻塞的影响。示例代码如下所示。

代码清单 9-17：两种动画对 UI 线程的影响（源代码：第 9 章\Examples_9_17）

MainPage.xaml 文件主要代码

```xml
<Page.Resources>
    <Storyboard x:Name = "heightStoryboard">
        <!-- 针对 Height 属性的动画 -->
        <DoubleAnimation Storyboard.TargetName = "rectangle1" Storyboard.TargetProperty = "Height" RepeatBehavior = "Forever" EnableDependentAnimation = "True" From = "100" To = "200" Duration = "0:0:2">
        </DoubleAnimation>
    </Storyboard>
    <Storyboard x:Name = "scaleTransformStoryboard">
        <!-- 针对 ScaleTransform 的 ScaleY 属性的动画 -->
        <DoubleAnimation Storyboard.TargetName = "scaleTransform1" Storyboard.TargetProperty = "ScaleY"  RepeatBehavior = "Forever" From = "1" To = "2" Duration = "0:0:2">
        </DoubleAnimation>
    </Storyboard>
</Page.Resources>

<StackPanel>
    <Button Content = "阻塞 UI 线程" Click = "Button_Click_1"></Button>
    <Button x:Name = "heightAnimationButton" Content = "Height 属性动画"  Click = "heightAnimationButton_Click_1"></Button>
    <Button x:Name = "scaleTransformAnimationButton" Content = "ScaleTransform 属性动画"  Click = "scaleTransformAnimationButton_Click_1"></Button>
    <Rectangle Height = "100" Fill = "Blue" x:Name = "rectangle1">
```

```
        <Rectangle.RenderTransform>
            <ScaleTransform x:Name = "scaleTransform1"></ScaleTransform>
        </Rectangle.RenderTransform>
    </Rectangle>
</StackPanel>
```

MainPage.xaml.cs 文件主要代码

```
private void Button_Click_1(object sender, RoutedEventArgs e)
{
    //阻塞 UI 线程 2 秒钟
    Task.Delay(2000).Wait();
}
private void heightAnimationButton_Click_1(object sender, RoutedEventArgs e)
{
    //播放改变高度属性的动画,高度由 100 变成 200
    scaleTransformStoryboard.Stop();
    heightStoryboard.Begin();
}
private void scaleTransformAnimationButton_Click_1(object sender, RoutedEventArgs e)
{
    //播放改变变换属性的动画,沿着 X 轴放大 2 倍
    heightStoryboard.Stop();
    scaleTransformStoryboard.Begin();
}
```

应用程序的运行效果如图 9.28 所示。

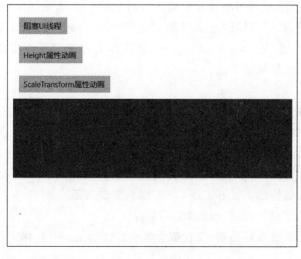

图 9.28　动画线程

9.7 模拟实现微信的彩蛋动画

大家在玩微信时有没有发现发一些节日问候语句如"情人节快乐"时,会出现很多爱心形状从屏幕上面飘落下来,这小节将模拟实现这种动画效果。可能微信里实现的动画效果都是采用固定小图片来作为动画的对象,但是这里要对该动画效果增加一些改进,实现彩蛋动画的图形形状是动态随机生成的,所以看到从屏幕上面飘落的图形都是形状不太一样的。下面来看一下如何实现星星飘落动画。

9.7.1 实现的思路

首先,分析一下星星飘落动画的实现思路。

1. 动画对象

微信的彩蛋动画可以采用固定的图片对象作为动画对象,但是因为这里要实现的星星动画的形状和颜色是不一样的,所以不能直接用图片作为星星的对象。要创建出不同的星星形状需要用到 Path 图形绘图的方式来实现,定义好画图的规则,然后用随机数来决定某些点的位置,这样就可以绘制出各种不同形状的星星。颜色的随机定义就很好办了,可以先产生随机的 0~255 的三原色色值,然后用三原色的方式来创建颜色对象。

2. 动画的实现方式

从微信的彩蛋动画效果可以看出,这些动画的随机性很大,运动轨迹、速度、方向都是随机,这种情况很难使用线性插值动画或者关键帧动画实现,所以这个动画的实现方式很明显是采用基于帧动画实现。基于帧动画,通过 CompositionTarget.Rendering 事件的处理程序实现动画的效果,星星飘落的动画效果是星星对象从一个固定区域的最上面某个位置飘落到该区域的最底下,然后再销毁星星对象。可以采用 Canvas 面板来定义动画的区域,用 Canvas.LeftProperty 和 Canvas.TopProperty 属性作为定义星星对象位置的坐标,然后通过改变这个坐标来实现星星的下落。

3. 动画的封装

在对动画的实现方式和动画对象的封装的思路清楚之后,开始考虑如何来封装这样一种动画效果。星星对象的实现需要通过一个星星工厂类(StarFactory 类)来封装星星创建的逻辑。因为每个星星的运动轨迹都是不一样的,都有其自己飘落的速度和方向,所以我们需要封装一个星星的对象,在星星对象里负责处理星星的速度、方向、运动轨迹等逻辑。最后动画可以通过附加属性的方式在 Canvas 面板上实现动画。

下面详细地看一下星星飘落动画的编码实现。

代码清单 9-18:星星飘落动画(源代码:第 9 章\Examples_9_18)

9.7.2 星星创建工厂

首先,实现星星的创建工厂 StarFactory 类,StarFactory 类的作用是创建动画里面的星星对象,动画的实现需要向调用 StarFactory 类创建出星星对象,然后对星星进行动画处理,所以 StarFactory 类是一个非常单一的星星构造工厂,里面不涉及动画的操作,只涉及星星 Path 对象的创建。

1. 星星对象的绘图原理

星星对象的绘图坐标模型如图 9.29 所示,首先,需要确定坐标系三个点 a、b、c,然后再取三条线段 ab、ac、bc 的 1/3 和 2/3 的点坐标和两点区域之前一个随机点,经过这样一个处理之后,由原来的 3 条线段的星星图形,变成了 3*4 条线段的星星图形,在递归一次就会变成 3*4*4 条线段的星星图形如此类推。

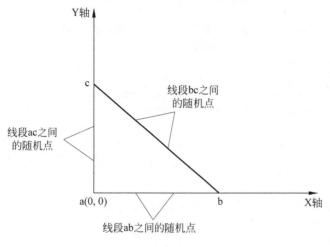

图 9.29　星星坐标原理图

下面是星星图形形状的构造封装的 3 个方法:①_RefactorPoints 方法是用于取两个点线段之间的 1/3、2/3 点和两点间的随机点,最后再加上原来的两个点,返回 5 个点的点集合;②_RecurseSide 方法是封装两个点之间递归之后所取到的点集合;③_CreatePath 方法则是把这些点集合连接起来创建一个 Path 图形表示星星图形。3 个方法的代码如下所示:

StarFactory.cs 文件部分代码

```
/// < summary >
///把两个点转化成多级的点的集合
/// </ summary >
/// < param name = "a">第一个点</ param >
/// < param name = "b">第二个点</ param >
/// < param name = "level">递归的次数</ param >
/// < returns >新点的集合</ returns >
private static List < Point > _RecurseSide(Point a, Point b, int level)
{
    //递归完成后,返回此线段
    if (level == 0)
```

```csharp
        {
            return new List<Point> { a, b };
        }
        else
        {
            //首先,需要建立起第一次递归的点的列表,一直递归到级别为 0
            List<Point> newPoints = new List<Point>();
            //把区域分成 5 个点
            foreach (Point point in _RefactorPoints(a, b))
            {
                newPoints.Add(point);
            }
            List<Point> aggregatePoints = new List<Point>();
            //把每一个线段进一步分解
            for (int x = 0; x < newPoints.Count; x++)
            {
                int y = x + 1 == newPoints.Count ? 0 : x + 1;
                aggregatePoints.AddRange(_RecurseSide(newPoints[x], newPoints[y], level - 1));
            }
            return aggregatePoints;
        }
    }
    /// <summary>
    ///通过输入两个点来构建一个有多个三角形组成的 Star 形状

    /// </summary>
    /// <param name="a">第一个点</param>
    /// <param name="b">第二个点</param>
    /// <returns>一个新的几何图形的点的集合</returns>
    private static IEnumerable<Point> _RefactorPoints(Point a, Point b)
    {
        //第一个点
        yield return a;
        double dX = b.X - a.X;
        double dY = b.Y - a.Y;
        //第一个点到第二个点 1/3 处的一个点
        yield return new Point(a.X + dX / 3.0, a.Y + dY / 3.0);
        double factor = _random.NextDouble() - 0.5;
        double vX = (a.X + b.X) / (2.0 + factor) + Math.Sqrt(3.0 + factor) * (b.Y - a.Y) / (6.0 + factor * 2.0);
        double vY = (a.Y + b.Y) / (2.0 + factor) + Math.Sqrt(3.0 + factor) * (a.X - b.X) / (6.0 + factor * 2.0);
        //中间的三角形的顶点
        yield return new Point(vX, vY);
        //第二个点到第一个点 1/3 处的一个点
        yield return new Point(b.X - dX / 3.0, b.Y - dY / 3.0);
        //第二个点
```

```csharp
            yield return b;
}
/// <summary>
///使用一系列点来创建路径图形
/// </summary>
/// <param name = "points">点的集合</param>
/// <returns>路径图形</returns>
private static Path _CreatePath(List<Point> points)
{
    PathSegmentCollection segments = new PathSegmentCollection();
    bool first = true;
    //把点添加到线段里面
    foreach (Point point in points)
    {
        if (first)
        {
            first = false;
        }
        else
        {
            segments.Add(
                new LineSegment
                {
                    Point = point
                });
        }
    }
    PathGeometry pathGeometry = new PathGeometry();
    //通过线段构建几何图形
    pathGeometry.Figures.Add(
        new PathFigure
        {
            IsClosed = true,
            StartPoint = points[0],
            Segments = segments
        });
    return new Path { Data = pathGeometry };
}
```

2. 星星颜色的随机生成

星星颜色的产生是通过 ARGB 数值来创建，这样更加方便用随机数进行处理。因为对星星填充的属性是需要用画刷对象来赋值，所以需要用随机颜色创建画刷，这里用线性渐变画刷 LinearGradientBrush 来填充 Path 图形。封装的方法_GetColor 表示创建随机的颜色对象，_ColorFactory 表示对 Path 图形填充随机的颜色画刷。代码如下所示：

StarFactory.cs 文件部分代码

```csharp
/// <summary>
///添加颜色到路径图形
/// </summary>
/// <param name="input">路径图形</param>
private static void _ColorFactory(Path input)
{
    LinearGradientBrush brush = new LinearGradientBrush();
    brush.StartPoint = new Point(0, 0);
    brush.EndPoint = new Point(1.0, 1.0);
    GradientStop start = new GradientStop();
    start.Color = _GetColor();
    start.Offset = 0;
    GradientStop middle = new GradientStop();
    middle.Color = _GetColor();
    middle.Offset = _random.NextDouble();
    GradientStop end = new GradientStop();
    end.Color = _GetColor();
    end.Offset = 1.0;
    brush.GradientStops.Add(start);
    brush.GradientStops.Add(middle);
    brush.GradientStops.Add(end);
    input.Fill = brush;
}
/// <summary>
///获取一个随机的颜色
/// </summary>
/// <returns></returns>
private static Color _GetColor()
{
    Color color = new Color();
    color.A = (byte)(_random.Next(200) + 20);
    color.R = (byte)(_random.Next(200) + 50);
    color.G = (byte)(_random.Next(200) + 50);
    color.B = (byte)(_random.Next(200) + 50);
    return color;
}
```

3. 创建星星对象

创建星星对象需要先有3个点,然后再利用这3个点根据创建星星图形的原理($3*4^n$,n表示星星递归的层次)创建星星图形,然后用随机颜色画刷填充图形。同时为了更加个性化,也对图形做了随机角度的旋转变换特效。代码如下所示:

StarFactory.cs 文件部分代码

```csharp
    const int MIN = 0;
    const int MAX = 2;
    //随机数产生器
    static readonly Random _random = new Random();
    //创建一个 Star
    public static Path Create()
    {
        Point a = new Point(0, 0);
        Point b = new Point(_random.NextDouble() * 70.0 + 15.0, 0);
        Point c = new Point(0, b.X);
        int levels = _random.Next(MIN, MAX);
        List<Point> points = new List<Point>();
        points.AddRange(_RecurseSide(a, b, levels));
        points.AddRange(_RecurseSide(b, c, levels));
        points.AddRange(_RecurseSide(c, a, levels));
        //画边
        Path retVal = _CreatePath(points);
        //添加颜色
        _ColorFactory(retVal);
        //建立一个旋转的角度
        RotateTransform rotate = new RotateTransform();


        rotate.CenterX = 0.5;
        rotate.CenterY = 0.5;
        rotate.Angle = _random.NextDouble() * 360.0;
        retVal.SetValue(Path.RenderTransformProperty, rotate);
        return retVal;
    }
```

9.7.3 实现单个星星的动画轨迹

星星对象构造工厂实现之后，接下来要实现对星星实体（StarEntity 类）的封装，在 StarEntity 类里面要实现基于帧动画，在帧刷新事件处理程序里实现星星飘落的动画逻辑。首先需要处理的是确定星星在区域最顶部的随机位置，下落的随机速度和方向，然后在动画的过程中需要去判断星星是否碰撞到了区域的左边距或右边距，碰撞之后则需要再反弹回来往另外一边运动。最后还需要判断星星是否已经落到了最底下，如果落到了区域最底下，则需要移除 CompositionTarget.Rendering 事件和从画布上移除星星图形，还要触发 StarflakeDied 事件告知调用方星星已经销毁掉了。StarEntity 类的代码如下所示：

StarEntity.cs 文件代码

```csharp
/// <summary>
/// Star 实体,封装 Star 的行为
/// </summary>
public class StarEntity
{
    //左边距
    const double LEFT = 480;
    //上边距
    const double TOP = 800;
    //离开屏幕
    const double GONE = 480;
    //随机近似数
    private double _affinity;
    //  Star 实体的唯一 ID
    private Guid _identifier = Guid.NewGuid();
    //随机数产生器
    private static Random _random = new Random();
    // Star 所在的画布
    private Canvas _surface;
    //获取 Star 所在的画布
    public Canvas Surface
    {
        get { return _surface; }
    }
    // x,y 坐标和相对速度
    private double x, y, velocity;


    // Star 的路径图形
    private Path _starflake;
    //获取 Star 实体的唯一 ID
    public Guid Identifier
    {
        get { return _identifier; }
    }
    //默认的构造器
    public StarEntity(Action<Path> insert)
        : this(insert, true)
    {
    }
    /// <summary>
    ///星星对象构造方法
    /// </summary>
    /// <param name="fromTop">是否从顶下落下</param>
```

```csharp
public StarEntity(Action<Path> insert, bool fromTop)
{
    _starflake = StarFactory.Create();
    //产生 0~1 的随机数
    _affinity = _random.NextDouble();
    //设置速度,初始化 x、y 轴
    velocity = _random.NextDouble() * 2;
    x = _random.NextDouble() * LEFT;
    y = fromTop ? 0 : _random.NextDouble() * TOP;
    //设置 Star 在画布的位置
    _starflake.SetValue(Canvas.LeftProperty, x);
    _starflake.SetValue(Canvas.TopProperty, y);
    //添加到画布上
    insert(_starflake);
    //记录下 Star 的画布
    _surface = _starflake.Parent as Canvas;
    //订阅基于帧动画事件
    CompositionTarget.Rendering += CompositionTarget_Rendering;
}
//基于帧动画事件处理
void CompositionTarget_Rendering(object sender, object e)
{
    _Frame();
}
// Star 下落的每一帧的处理
private void _Frame()
{
    //下降的 y 轴的大小


    y = y + velocity + 3.0 * _random.NextDouble() - 1.0;
    //判断是否离开了屏幕
    if (y > GONE)
    {
        CompositionTarget.Rendering -= CompositionTarget_Rendering;
        _surface.Children.Remove(_starflake);
        //通知外部,Star 已经被清除
        EventHandler handler = StarflakeDied;
        if (handler != null)
        {
            handler(this, EventArgs.Empty);
        }
    }
    else
    {
        //水平轻推
        double xFactor = 10.0 * _affinity;
```

```csharp
            if (_affinity < 0.5) xFactor *=-1.0;//小于0.5向左边移动,大于0.5向右边
移动,等于0.5垂直下降
            x = x + _random.NextDouble() * xFactor;
            //左边的边缘
            if (x < 0)
            {
                x = 0;
                _affinity = 1.0 - _affinity;
            }
            //右边的边缘
            if (x > LEFT)
            {
                x = LEFT;
                _affinity = 1.0 - _affinity;
            }
            _starflake.SetValue(Canvas.LeftProperty, x);
            _starflake.SetValue(Canvas.TopProperty, y);
        }
        //转动
        RotateTransform rotate = (RotateTransform)_starflake.GetValue(Path.RenderTransformProperty);
        rotate.Angle += _random.NextDouble() * 4.0 * _affinity;
    }
    //当Star飘落到底下时回收Star事件
    public event EventHandler StarflakeDied;
    //重载获取唯一的对象码GetHashCode方法
    public override int GetHashCode()

    {
        return Identifier.GetHashCode();
    }
    //重载判断对象是否是相同的Equals方法
    public override bool Equals(object obj)
    {
        return obj is StarEntity && ((StarEntity)obj).Identifier.Equals(Identifier);
    }
}
```

9.7.4 封装批量星星飘落的逻辑

StarEntity 类实现了一个星星的动画逻辑的封装,下面要实现一个 StarBehavior 类用附加属性的方式在 Canvas 上添加批量的星星飘落的动画。StarBehavior 类里面通过 AttachStarFlake 属性表示是否在该 Canvas 面板上添加星星飘落动画,当设置为 true 则表示触发动画的开始,false 则表示停止添加星星,直到星星全部飘落到底下时动画停止。在

开始播放动画时会初始化多个 StarEntity 对象,并运行其飘落的动画效果,当飘落到底下 StarEntity 对象被销毁时,会触发 StarflakeDied 事件,在 StarflakeDied 事件里面继续初始化新的 StarEntity 对象,如果动画要停止了,beginning = false,则不再创建新的 StarEntity 对象。StarBehavior 类的代码如下所示:

StarBehavior.cs 文件代码

```csharp
/// <summary>
///  StarBehavior 类管理附加属性的行为触发批量星星的构造和动画的实现
/// </summary>
public static class StarBehavior
{
    //屏幕上生成的星星数量
    const int CAPACITY = 75;
    //动画是否已经开始的标识符
    private static bool beginning = false;
    // Star 对象列表
    private static List<StarEntity> _starflakes = new List<StarEntity>(CAPACITY);
    //添加动画效果的属性
    public static DependencyProperty AttachStarFlakeProperty = DependencyProperty.RegisterAttached(
        "AttachStar",
        typeof(bool),
        typeof(StarBehavior),
        new PropertyMetadata(false, new PropertyChangedCallback(_Attach)));
    //获取属性方法
    public static bool GetAttachStarFlake(DependencyObject obj)
    {
        return (bool)obj.GetValue(AttachStarFlakeProperty);
    }


    }
    //设置属性方法
    public static void SetAttachStarFlake(DependencyObject obj, bool value)
    {
        obj.SetValue(AttachStarFlakeProperty, value);
    }
    //附加属性改变事件处理方法
    public static void _Attach(object sender, DependencyPropertyChangedEventArgs args)
    {
        Canvas canvas = sender as Canvas;
        if (canvas != null && args.NewValue != null && args.NewValue.GetType().Equals(typeof(bool)))
        {
            if ((bool)args.NewValue)
            {
                //画布上还有子元素证明星星还没全部飘落下去
                if (canvas.Children.Count > 0)
```

```csharp
            {
                return;
            }
            //开始动画
            beginning = true;
            for (int x = 0; x < _starflakes.Capacity; x++)
            {
                StarEntity starflake = new StarEntity((o) => canvas.Children.Add(o));
                starflake.StarflakeDied += new EventHandler(Starflake_StarflakeDied);
                _starflakes.Add(starflake);
            }
        }
        else
        {
            //结束动画
            beginning = false;
        }
    }
    //回收 Star 的事件
    static void Starflake_StarflakeDied(object sender, EventArgs e)
    {
        StarEntity starflake = sender as StarEntity;
        //获取 Star 的面板,用来添加一个新的 Star

        Canvas canvas = starflake.Surface;
        _starflakes.Remove(starflake);
        if (beginning)
        {
            //如果动画还在继续,运行一个 Star 消失之后再创建一个新的 Star
            StarEntity newFlake = new StarEntity((o) => canvas.Children.Add(o), true);
            newFlake.StarflakeDied += Starflake_StarflakeDied;
            _starflakes.Add(newFlake);
        }
    }
}
```

9.7.5 星星飘落动画演示

前面对星星飘落动画的逻辑都已经封装好了,下面通过一个 Windows 10 的例子来演示星星飘落动画。

MainPage.xaml 文件主要代码

```xml
<Canvas Grid.Row = "1" x:Name = "myCanvas" HorizontalAlignment = "Stretch" VerticalAlignment = "Stretch" ></Canvas>
<Button Grid.Row = "1" x:Name = "button" VerticalAlignment = "Bottom" Content = "开始星星飘落" Click = "button_Click_1"></Button>
```

MainPage.xaml.cs 文件主要代码

```
//按钮事件,播放动画和停止动画
private async void button_Click_1(object sender, RoutedEventArgs e)
{
    if ((bool)myCanvas.GetValue(StarBehavior.AttachStarFlakeProperty) == false)
    {
        //要等所有的星星全部落下去之后才可以再次播放动画
        if (myCanvas.Children.Count > 0)
        {
            await new MessageDialog("星星动画未完全结束").ShowAsync();
            return;
        }
        myCanvas.SetValue(StarBehavior.AttachStarFlakeProperty, true);
        button.Content = "停止新增星星";
    }
    else
    {
        myCanvas.SetValue(StarBehavior.AttachStarFlakeProperty, false);
        button.Content = "开始星星飘落";
    }
}
```

应用程序的运行效果如图 9.30 所示。

图 9.30　星星飘落动画

第 10 章 样式和模板

Windows 10 的一个普通控件包含了高度、宽度、背景颜色等众多的属性，通过这些属性可以编写出漂亮的控件，我们可以在 XAML 上对一个控件的属性进行赋值来创建这样的控件。但是假如在我们的项目里面要多次地用到这样一模一样的控件，或者是大部分属性的赋值是相同的控件，那么我们是不是要把这部分的代码重复地编写很多次？答案当然是否定的。样式和模板的技术就是为了解决这样的一个问题，让我们可以在 XAML 中定义一部分共同的代码给控件使用。样式和模板提供了一个更加灵活的机制来定义控件的外观和内容，让 XAML 的控件可以共享代码和局部的内容实现。本章将来详细地讲解 Windows 10 中的样式和模板的使用。

10.1 样式

样式是一种可以把属性值和界面元素分离开来的编程机制，也是 XAML 编程里面代码分离共享机制的基础。样式是由 Style 类表示，它的主要功能是对属性值分组，否则这些属性值就需要单独设置。样式存在的目的是在多个元素中共享同一组属性的值，也是一种对 XAML 代码进行封装实现的方式。

10.1.1 创建样式

下面来看一下直接在控件上对属性进行赋值的方式，通过下面的代码在 XAML 页面上创建一个按钮控件。

代码清单 10-1：创建样式和样式继承（第 10 章\Examples_10_1）

```
< Button Content = "按钮 1" Width = "200" Height = "100" FontSize = "20" Foreground = "Green" Background = "Red" FontFamily = "Arial"  Margin = "10"/>
```

如果在应用程序里面仅仅只是创建一个这样的按钮的话，这样编写代码是没多大问题的。假如我们要在程序里面把这种样式定义为按钮的标准样式，意思就是整个程序所有的按钮都是采用这些属性来设置，就要考虑通过创建样式的方式来实现。下面把按钮的 Width、Height 等相关的属性封装成为一个样式，相当于创建了一个 Style。

```xml
<StackPanel>
    <StackPanel.Resources>
        <Style x:Key="commonStyle" TargetType="Button">
            <Setter Property="Width" Value="200"></Setter>
            <Setter Property="Height" Value="100"></Setter>
            <Setter Property="FontSize" Value="20"></Setter>
            <Setter Property="Foreground" Value="Green"></Setter>
            <Setter Property="Background" Value="Red"></Setter>
            <Setter Property="FontFamily" Value="Arial"></Setter>
        </Style>
    </StackPanel.Resources>
    <Button Content="按钮1" Style="{StaticResource commonStyle}"/>
    <Button Content="按钮2" Style="{StaticResource commonStyle}"/>
    <Button Content="按钮3" Style="{StaticResource commonStyle}"/>
</StackPanel>
```

Style 的 TargetType 属性就是指这个 Style 所针对的控件类，在示例上就是 Button，其实这个值并不一定要和使用这个样式的控件类保持一致，我们也可以使用父类来作为样式的目标，设置更加通用的样式。如下所示，把 TargetType 属性设置为 FrameworkElement，这里就要注意 Foreground 这些属性不能够再赋值了，因为 FrameworkElement 类不支持，但是这个样式可以应用在所有 FrameworkElement 类的子类控件上，比如 TextBlock 控件。代码如下所示：

```xml
<StackPanel>
    <StackPanel.Resources>
        <Style x:Key="commonStyle" TargetType="FrameworkElement">
            <Setter Property="Width" Value="200"></Setter>
            <Setter Property="Height" Value="100"></Setter>
        </Style>
    </StackPanel.Resources>
    <Button Content="按钮1" Style="{StaticResource commonStyle}"/>
    <Button Content="按钮2" Style="{StaticResource commonStyle}"/>
    <Button Content="按钮3" Style="{StaticResource commonStyle}"/>
    <TextBlock Text="TextBlock1" Style="{StaticResource commonStyle}"/>
</StackPanel>
```

每个控件都会有一个 Resources 属性，通常会把样式放在这个 Resources 属性里面，作为一种静态资源来给这个控件的可视化树下面的控件进行使用。示例里面是在 StackPanel 面板的 Resources 属性下定义了样式资源，然后 StackPanel 面板里面的 Button 控件和 TextBlock 控件就可以通过静态资源的 Key 值来进行调用，如 Style="{StaticResource commonStyle}"。

任何派生自 FrameworkElement 或 FrameworkContentElement 的元素都可以使用样式。声明样式最常见的方式是将样式作为 XAML 文件的资源。由于样式是资源，因此同样遵循所有资源都适用的范围规则：样式的声明位置决定样式的应用范围。上面的示例是在局部的控件下定义的样式资源，只能够给控件下面的可视化树使用，所以如果要在一个页面上公用同一个资源就要在 Page 上进行定义，代码如下所示：

```xml
<Page.Resources>
    <Style x:Key="commonStyle" TargetType="FrameworkElement">
        <Setter Property="Width" Value="200"></Setter>
        <Setter Property="Height" Value="100"></Setter>
    </Style>
</Page.Resources>
```

如果是要在整个应用程序的范围内使用，就需要在 App.xaml 上面进行定义，代码如下所示：

```xml
<Application.Resources>
    <Style x:Key="commonStyle" TargetType="FrameworkElement">
        <Setter Property="Width" Value="200"></Setter>
        <Setter Property="Height" Value="100"></Setter>
    </Style>
</Application.Resources>
```

10.1.2 样式继承

在上面的例子里面假如出现了这样一个需求，Button 控件和 TextBlock 控件除了有 commonStyle 里面的属性设置内容之外，它们还需要设置一些属性，比如设置 TextBlock 控件的 TextWrapping 属性等，我们可以直接在控件上进行设置，例如：

```xml
<TextBlock Text="TextBlock1" TextWrapping="Wrap" Style="{StaticResource textBlockStyle}"/>
```

如果这个 TextBlock 控件的属性都是通用的，那么这些设置肯定不是一个最好的解决方案。还有一种方案是直接给 TextBlock 控件定义一个专属的样式，例如：

```xml
<Style x:Key="textBlockStyle" TargetType="TextBlock">
    <Setter Property="Width" Value="200"></Setter>
    <Setter Property="Height" Value="100"></Setter>
    <Setter Property="TextWrapping" Value="Wrap"></Setter>
</Style>
```

但是这种方案又不能把 Width、Height 属性和 Button 控件的样式共享。下面通过样式继承的方式来实现这种方案，把 commonStyle 作为一个公共的样式给 textBlockStyle 和 textBlockStyle 样式公用，如下面的代码所示：

```xml
<StackPanel>
    <StackPanel.Resources>
        <Style x:Key="commonStyle" TargetType="FrameworkElement">
            <Setter Property="Width" Value="200"></Setter>
            <Setter Property="Height" Value="100"></Setter>
```

```xml
        </Style>
        <Style x:Key="textBlockStyle" BasedOn="{StaticResource commonStyle}" TargetType="TextBlock">
            <Setter Property="TextWrapping" Value="Wrap"></Setter>
        </Style>
        <Style x:Key="buttonStyle" BasedOn="{StaticResource commonStyle}" TargetType="Button">
            <Setter Property="FontSize" Value="20"></Setter>
            <Setter Property="Foreground" Value="Green"></Setter>
            <Setter Property="Background" Value="Red"></Setter>
            <Setter Property="FontFamily" Value="Arial"></Setter>
        </Style>
    </StackPanel.Resources>
    <Button Content="按钮1" Style="{StaticResource buttonStyle}"/>
    <TextBlock Text="TextBlock1" TextWrapping="Wrap" Style="{StaticResource textBlockStyle}"/>
</StackPanel>
```

在 Style 里面可以通过 BasedOn 属性进行样式继承，意思就是当前的样式是在通过 BasedOn 引用的样式的基础上进行新增的。这样就很好地把样式的公共样式又做了一层封装，这种方式在编写控件库的时候是非常常用的，因为控件库里面通常会有较多的控件，它们的样式也会有交叉重合的部分，就可以利用拓展样式的方案去实现更简洁高效的编码。

10.1.3 以编程方式设置样式

对于样式，不仅仅只是在 XAML 页面上进行定义和使用，同样也可以直接使用 C# 代码进行定义和使用。

1) 在 C# 里面创建样式

在 C# 代码里面创建样式是通过创建 Style 类的方式来实现，首先我们要创建的样式必须要指定样式所对应的控件类型，然后再对样式相关的属性进行赋值，如下面的代码所示：

```csharp
Style style = new Style(typeof(Button));
tyle.Setters.Add(new Setter(Button.HeightProperty, 70));
```

上面的 C# 代码代表和下面的 XAML 代码是等价的。

```xml
<Style x:Key="style1" TargetType="Button">
    <Setter Property="Height" Value="70" />
</Style>
```

2) 在 C# 里面设置样式

在 C# 里面向元素分配命名样式，可以从资源集合中获取该样式，然后将其分配给元素的 Style 属性。请注意，资源集合中的项是 Object 类型，因此，将检索到的样式分配给 Style 属性之前，必须将该样式强制转换为 Style。例如，若要对名为 buton1 的 Buton 控件设置在定义好的 style1 样式，可以通过下面的方式进行设置：

```
buton1.Style = (Style)this.Resources["style1"];
```

如果 style1 样式是属于 Application 范围的,也就是在 App.xaml 页面上进行定义的,那么就需要通过下面的方式进行调用:

```
buton1.Style = (Style)Application.Current.Resources["style1"];
```

请注意,样式一旦应用,便会密封并且无法更改。如果要动态更改已应用的样式,必须创建一个新样式来替换现有样式。

下面看一个动态加载和修改样式的示例:在进入页面的时候用 C# 代码创建样式并且给按钮控件设置样式,点击按钮后重新再赋值带资源里面的一个样式。

代码清单 10-2:动态加载和修改样式(源代码:第 10 章\Examples_10_2)

MainPage.xaml 文件主要代码

```
<Page.Resources>
    <Style x:Key="style2" TargetType="Button">
        <Setter Property="Height" Value="200" />
        <Setter Property="Width" Value="400" />
        <Setter Property="Foreground" Value="Red" />
        <Setter Property="Background" Value="Yellow" />
    </Style>
</Page.Resources>
……省略若干代码
<StackPanel>
    <Button Content="点击按钮更换样式" x:Name="buton1" Click="buton1_Click">
    </Button>
</StackPanel>
```

MainPage.xaml.cs 文件主要代码

```csharp
public MainPage()
{
    InitializeComponent();
    //创建样式
    Style style = new Style(typeof(Button));
    style.Setters.Add(new Setter(Button.HeightProperty, 70));
    style.Setters.Add(new Setter(Button.WidthProperty, 300));
    style.Setters.Add(new Setter(Button.ForegroundProperty, new SolidColorBrush(Colors.White)));
    style.Setters.Add(new Setter(Button.BackgroundProperty, new SolidColorBrush(Colors.Blue)));
    //给按钮控件赋值样式
    buton1.Style = style;
}
```

```
//按钮事件,读取资源的样式然后给按钮控件样式赋值
private void buton1_Click(object sender, RoutedEventArgs e)
{
    buton1.Style = (Style)this.Resources["style2"];
}
```

程序的运行效果如图 10.1 和图 10.2 所示。

图 10.1　点击前的按钮

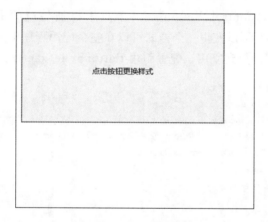

图 10.2　点击后的按钮

10.1.4　样式文件

在小的项目里面我们可以把样式直接写在页面上,但是当所要定义的样式越来越多的时候,就需要把样式单独地抽离出来放在独立的文件上,这样的文件就是样式文件。样式文件也是一个 xaml 文件,但是不需要对应的 cs 文件,所以在项目里面创建 xaml 文件的时候会自动生成 cs 文件,这时候就需要把 cs 文件手动删除。

样式文件有自己的语法结构,所有的样式定义必须在 ResourceDictionary 节点下,表示

这是一个样式字典。下面来创建一个样式文件取代上面例子所实现的功能：

(1) 创建一个 ButtonStyle.xaml 文件，放在路径 Resources/ButtonStyle.xaml 下。

(2) 把 ButtonStyle.xaml.cs 文件删除掉，修改 ButtonStyle.xaml 文件为下面的内容。

```xml
<ResourceDictionary
    xmlns="http://schemas.microsoft.com/winfx/2006/xaml/presentation"
    xmlns:x="http://schemas.microsoft.com/winfx/2006/xaml">
    <Style x:Key="style1" TargetType="Button">
        <Setter Property="Height" Value="70"/>
        <Setter Property="Width" Value="300"/>
        <Setter Property="Foreground" Value="White"/>
        <Setter Property="Background" Value="Blue"/>
    </Style>
    <Style x:Key="style2" TargetType="Button">
        <Setter Property="Height" Value="200"/>
        <Setter Property="Width" Value="400"/>
        <Setter Property="Foreground" Value="Red"/>
        <Setter Property="Background" Value="Yellow"/>
    </Style>
</ResourceDictionary>
```

(3) 在 App.xaml 文件的 <Application.Resources> 或者普通页面的 <Page.Resources> 或者用户控件的 <UserControl.Resources> 节点下添加相应的 ResourceDictionary，在 App.xam 引用是全局的，可以使得一个样式可以在整个应用程序中能够复用。在普通页面中引用只能在当前页面上得到复用。配置引用 ButtonStyle.xaml 的代码如下所示：

```xml
<Application.Resources>
    <ResourceDictionary>
        <ResourceDictionary.MergedDictionaries>
            <ResourceDictionary Source="Resources/ButtonStyle.xaml"/>
        </ResourceDictionary.MergedDictionaries>
    </ResourceDictionary>
</Application.Resources>
```

或者

```xml
<Page.Resources>
    <ResourceDictionary>
        <ResourceDictionary.MergedDictionaries>
            <ResourceDictionary Source="Resources/ButtonStyle.xaml"/>
        </ResourceDictionary.MergedDictionaries>
    </ResourceDictionary>
</Page.Resources>
```

通常，为了维护和灵活性的考虑，可以将样式文件分成好几个，但在某些场合下只需要用其中某些资源，可以将资源从几个独立的文件中提取并合并，这时候可以在 <ResourceDictionary.

MergedDictionaries>节点下添加多个资源文件。

10.2 模板

前面我们讲解了样式,样式对于 UI 编程方面所能做的就是对现有的控件属性进行赋值,并没有对控件产生更大的改变,如果想要对控件进行更加深层次的修改,这时候就需要用到模板技术。从字面上看,模板就是"具有一定规格的样板",有了它,就可以依照它制造很多相同是实例。我们常把看起来相同的东西称为"一个模子里面刻出来的"就是这个道理。Windows 10 里面的模板可以分为控件模板(ControlTemplate)和数据模板(DataTemplate)两类,ControlTemplate 的主要用途是更改控件的外观,在应用程序内部维护和共享外观,这是比修改控件的属性更深层次的修改。DataTemplate 主要用于数据的呈现和自定义数据在控件上的显示方式,通常和数据绑定结合起来使用,实现表现形式和逻辑的分离。下面来详细地介绍这两种模板的原理和运用。

10.2.1 控件模板(ControlTemplate)

ControlTemplate 是控件内部的布局和内容的表现形式,它控制着一个控件怎么组织其内部结构才能让它更符合业务逻辑、让用户操作起来更舒适。它决定了控件"长成什么样子",并让开发人员有机会在控件原有的内部逻辑基础上扩展自己的逻辑。所以 ControlTemplate 与 Style 有很大的区别,Style 只能改变控件的已有属性值(比如颜色和字体)来定制控件,但控件模板可以改变控件的内部结构(控件内部的可视化树结构)来完成更为复杂的定制。

每一个控件都有一个默认的模板,该模板描述了控件的组成结构和外观。我们可以自定义一个模板来替换掉控件的默认模板以便打造个性化的控件。要替换控件的模板,只需要声明一个 ControlTemplate 对象,并对该 ControlTemplate 对象做相应的配置,然后将该 ControlTemplate 对象赋值给控件的 Template 属性就可以了。

代码清单 10-4:控件模板(源代码:第 10 章\Examples_10_4)

下面使用 ControlTemplate 来对一个按钮控件进行修改,代码如下所示:

```
<Button Content = "你好">
    <Button.Template>
        <ControlTemplate>
            <Grid>
                <Ellipse Width = "{TemplateBinding Button.Width}" Height = "{TemplateBinding Control.Height}"
                         Fill = "{TemplateBinding Button.Background}" Stroke = "Red"/>
                <TextBlock Margin = "5,0,0,0" FontSize = "50" VerticalAlignment = "Center" HorizontalAlignment = "Center"
                           Text = "{TemplateBinding Button.Content}" />
```

```
                    <TextBlock FontSize = "50" Foreground = "Red" VerticalAlignment = "Center"
HorizontalAlignment = "Center"
                            Text = "{TemplateBinding Button.Content}" />
                </Grid>
            </ControlTemplate>
        </Button.Template>
</Button>
```

按钮的显示效果如图 10.3 所示，按钮的外观是一个椭圆，按钮的内容会出现红色和白色重叠的阴影。从按钮的显示效果，我们可以看到这个按钮跟系统默认的按钮的 UI 效果有很大的区别，这就是 ControlTemplate 所展现出来的威力，这样的 UI 效果单靠简单修改几个控

图 10.3　模板按钮

件属性是无法实现的。在上面的代码中，修改了 Button 的 Template 属性，我们定义了一个 ControlTemplate，在 < ControlTemplate > … < /ControlTemplate>之间包含的是模板的视觉树，也就是如何显示控件的外观，这里使用了一个 Ellipse（椭圆）和两个 TextBlock（文本块）来定义控件的外观，把按钮的文本内容以不同的颜色显示两次，所以会出现重叠的阴影效果。所以 ControlTemplate 的功能非常强大，你可以利用它把一个控件修改得面目全非。

在上面的代码里面，我们使用 TemplateBinding 的语法将控件的属性与新外观中的元素的属性关联起来，如 Width＝"{TemplateBinding Button.Width}"，这样就使得椭圆的宽度与按钮的宽度绑定在一起而保持一致，同理我们使用 Text＝"{TemplateBinding Button.Content}"将 TextBlock 的文本与按钮的 Content 属性绑定在一起。

10.2.2　ContentControl 和 ContentPresenter

10.2.1 节的按钮控件的 Content 属性是一个字符串类型，其实 Button 控件的 Content 属性是 object 类型的，可以把控件赋值给 Content 属性。如果把上面的代码修改为：

```
<Button>
    ……//省略的代码同上
    <Button.Content>
        <Rectangle Fill = "Red" Height = "50" Width = "50"></Rectangle>
    </Button.Content>
</Button>
```

那么这时候在 Button 控件上面是显示不出这个红色的矩形的，为什么呢？答案是缺少了 ContentPresenter。

ContentPresenter 是用来显示控件 ContentControl 的 Content 属性的（Button 控件是属于 ContentControl 的子类），ContentPresenter 也有 Content 属性，默认的情况下可以把 Content 定义的内容投影到 ContentControl 的 Content 里面，当然在 ContentControl 里面也可以对 ContentPresenter 进行赋值或者控制它与其他元素的布局。我们把上面的代码修

改成下面的代码，就可以把 Button 的 Content 内容显示出来了。

```
<Button>
    <Button.Template>
        <ControlTemplate>
            <Grid>
                ……//省略部分代码
                <ContentPresenter  HorizontalAlignment = "{TemplateBinding HorizontalContentAlignment}"
                                   VerticalAlignment = "{TemplateBinding VerticalContentAlignment}"/>
            </Grid>
        </ControlTemplate>
    </Button.Template>
    <Button.Content>
        <Rectangle Fill = "Red" Height = "50" Width = "50"></Rectangle>
    </Button.Content>
</Button>
```

10.2.3 视觉状态管理（VisualStatesManager）

上面通过 ControlTemplate 修改过的 Button 控件，当我们单击控件的时候发现比系统默认的 Button 控件少了一些点击的状态。这些点击的状态是怎么创建的呢？这时候就需要使用视觉状态管理类 VisualStateManager 了。

VisualStateManager 的作用是控制控件的状态转换，不同状态下的 UI 显示效果的区别以及转换过程动画。视觉状态管理主要包括 VisualStates（视觉状态）、VisualStateGroups（视觉状态组）和 VisualTransitions（视觉过渡转换）。VisualStates 是指控件在不同状态下显示的效果，如 Button 控件默认就含（Normal、MouseOver、Pressed、Disabled、Unfocused、Focused）六种状态。Visual State Groups 是为有互斥效果的控件提供的，对于相同的视觉状态组是互斥的，对于不同的视觉状态组是不互斥的。Visual Transitions 是视觉状态切换时的过渡动画效果。

VisualStateManager 是比较典型的层层深入的包含结构，通过在控件上设置 VisualStateManager.VisualStateGroups 附加属性向控件添加 VisualStates 和 VisualTransitions。VisualStates 是 VisualState 的集合，里面定义了多个 VisualState 表示控件在不同状态下的视觉表现效果，使用了 Storyboard 故事板属性来实现当前控件状态的转换。VisualTransitions 是 VisualTransition 的集合，但是 VisualTransitions 不是必须的，如果在控件不同状态之间转换的时候不需要动画效果，就是可以省略掉 VisualTransitions 的。VisualTransition 主要有 3 个属性：From（当前的状态）、To（转换的状态）和 GeneratedDuration（转换时间）。状态的转换是通过调用 VisualStateManager 类的 GoToState 方法来实现的。

VisualStateManager 的 XAML 的语法如下所示：

```xml
<VisualStateManager.VisualStateGroups>
    <VisualStateGroup.Transitions>
        <!-- 定义从状态 State1 到状态 State2 的动画 -->
        <VisualTransition From="State1" To="State2" GeneratedDuration="0:0:1.5">
            <Storyboard>
                ……省略若干代码
            </Storyboard>
        </VisualTransition>
    </VisualStateGroup.Transitions>
    <VisualStateGroup x:Name="XXX">
        <!-- 定义状态 State1 -->
        <VisualState x:Name="State1">
            <Storyboard>
                ……省略若干代码
            </Storyboard>


        </VisualState>
        <!-- 定义状态 State2 -->
        <VisualState x:Name="State2">
            <Storyboard>
                ……省略若干代码
            </Storyboard>
        </VisualState>
        ……省略若干代码
    </VisualStateGroup>
    ……省略若干代码
</VisualStateManager.VisualStateGroups>
```

下面我们再给按钮的控件添加上相关的状态信息：

```xml
<Button Content="你好" LostFocus="Button_LostFocus_1" Tapped="Button_Tap_1">
    <Button.Template>
        <ControlTemplate TargetType="Button">
            <Border>
                <VisualStateManager.VisualStateGroups>
                    <VisualStateGroup Name="CommonStates">
                        <VisualStateGroup.Transitions>
                            <!-- 状态 Test1 转化为状态 Test2 的颜色变化动画 -->
                            <VisualTransition From="Test1" To="Test2" GeneratedDuration="0:0:1.5">
                                <Storyboard>
                                    ……省略若干代码
                                </Storyboard>
                            </VisualTransition>
```

```xml
                </VisualStateGroup.Transitions>
                <!--创建状态 Test1 把 Border 背景的颜色改成红色-->
                <VisualState x:Name="Test1">
                    <Storyboard>
                        <ColorAnimation Storyboard.TargetName="BorderBrush" Storyboard.TargetProperty="Color" To="Red"/>
                    </Storyboard>
                </VisualState>
                <!--创建状态 Test2 把 Border 背景的颜色改成蓝色-->
                <VisualState x:Name="Test2">
                    <Storyboard>
                        <ColorAnimation Storyboard.TargetName="BorderBrush" Storyboard.TargetProperty="Color" To="Blue"/>
                    </Storyboard>
                </VisualState>
            </VisualStateGroup>
        </VisualStateManager.VisualStateGroups>


        <Border.Background>
            <!--定义 Border 背景的颜色,用于测试不同状态的显示效果-->
            <SolidColorBrush x:Name="BorderBrush" Color="Black"/>
        </Border.Background>
        <Grid>
            <Ellipse x:Name="ellipse" Width="{TemplateBinding Button.Width}" Height="{TemplateBinding Control.Height}"
                     Fill="{TemplateBinding Button.Background}" Stroke="Red"/>
            <TextBlock Margin="5,0,0,0" FontSize="50" VerticalAlignment="Center" HorizontalAlignment="Center"
                       Text="{TemplateBinding Button.Content}" />
            <TextBlock FontSize="50" Foreground="Red" VerticalAlignment="Center" HorizontalAlignment="Center"
                       Text="{TemplateBinding Button.Content}" />
        </Grid>
    </Border>
</ControlTemplate>
</Button.Template>
</Button>
```

MainPage.xaml.cs 文件主要代码

```csharp
//跳转到状态 Test1
private void Button_LostFocus_1(object sender, RoutedEventArgs e)
{
    VisualStateManager.GoToState(sender as Button, "Test1", true);
```

```
        }
        //跳转到状态Test2
        private void Button_Tap_1(object sender, TappedRoutedEventArgs e)
        {
            VisualStateManager.GoToState(sender as Button, "Test2", true);
        }
```

程序的运行效果如图10.4所示。

图10.4　按钮的不同状态

10.2.4　数据模板（DataTemplate）

DataTemplate 和 ControlTemplate 所负责的任务是不一样的，ControlTemplate 用于描述控件本身，而 DataTemplate 用于描述控件的数据对象的视觉样式。这两者并不是毫无关联，相反它们通常需要合作完成一些工作。在控件的模板上这两者有着非常微妙的关系，可以利用 DataTemplate 去辅助 ControlTemplate 实现一些效果。如上面所讲的 Button 控件的例子，可以修改为下面的代码，产生的效果是一样的。

```xml
<Button Content = "你好">
    <Button.Template>
        <ControlTemplate>
            <ContentPresenter>
                <ContentPresenter.ContentTemplate>
                    <DataTemplate>
                        <Grid>
                            <Ellipse Width = "{Binding Width}" Height = "{Binding Height}"
                                Fill = "{Binding Background}" Stroke = "Red"/>
                            <TextBlock Margin = "5,0,0,0" FontSize = "50"
                                VerticalAlignment = "Center" HorizontalAlignment = "Center"
                                Text = "{Binding}" />
                            <TextBlock FontSize = "50" Foreground = "Red" VerticalAlignment = "Center" HorizontalAlignment = "Center"
                                Text = "{Binding}" />
                        </Grid>
                    </DataTemplate>
                </ContentPresenter.ContentTemplate>
            </ContentPresenter>
        </ControlTemplate>
    </Button.Template>
</Button>
```

从上面的代码可以看出，DataTemplate 是使用 Binding 绑定数据对象的属性，比如{Binding

Width }，ControlTemplate 则是使用 TemplateBinding 绑定控件自身的属性，比如 {TemplateBinding Button.Width}。从控件的可视化树结构分析，可以看到 ControlTemplate 内有一个 ContentPresenter，这个 ContentPresenter 的 ContentTemplate 就是 DataTemplate 类型，在这里就可以充分发挥出 DataTemplate 的魅力。

10.2.5　ItemTemplate、ContentTemplate 和 DataTemplate

在理解 ItemTemplate、ContentTemplate 和 DataTemplate 的关系的之前，先来看看 ContentControl 类和 ItemsControl 类。ContentControl 类是内容控件的基类，如 Button、CheckBox，最明显的特征是这个控件有 Content 属性，具有 Content 属性的系统控件都是 ContentControl 的子类。ItemsControl 类是列表控件的基类，如 ListBox，它和 ContentControl 类类似，只不过 ContentControl 类是单项内容，ItemsControl 是多项内容。

所有继承自 ContentControl 内容控件的 ContentTemplate 属性和所有继承自 ItemsControl 列表控件的 ItemTemplate 属性，都是 DataTemplate 类型，意思就是可以通过 DataTemplate 定义 ContentControl 和 ItemsControl 的控件的 UI 效果和数据显示。

10.2.6　数据模板的使用

DataTemplate 是一种可视化的数据模板，其强大的作用在于可以把数据通过绑定的方式展现到控件上。在上面的例子中，介绍了用 DataTemplate 去实现 UI 控件的内容显示，其实 DataTemplate 最主要的作用并不是去取代 ControlTemplate 的样式定义，而是通过数据绑定把数据控件的数据源信息展现到控件上。

下面通过一个 Button 的控件来看一下 DataTemplate 的数据绑定是如何发挥作用的。

代码清单 10-5：数据模板（源代码：第 10 章\Examples_10_5）

（1）首先定义一个 Person 类表示是数据实体的类型，代码如下：

```csharp
public class Person
{
    public string LastName { get; set; }
    public string FirstName { get; set; }
}
```

（2）设计一个 DataTemplate，并把这个 DataTemplate 作为一个资源来使用，这是和 Style 资源是一样的道理，DataTemplate 也可以作为公共的资源给多个控件去使用。这个模板的内容是使用 StackPanel 控件把 Person 对象的信息水平排列起来。

```xml
<Page.Resources>
    <DataTemplate x:Key="PersonNameDataTemplate">
        <StackPanel Orientation="Horizontal">
            <TextBlock Text="{Binding LastName}"/>
            <TextBlock Text=", "/>
            <TextBlock Text="{Binding FirstName}"/>
```

```
        </StackPanel>
    </DataTemplate>
</Page.Resources>
```

(3)创建一个Button控件,把ContentTemplate属性和模板资源关联起来。

```
<Button x:Name="singlePersonButton" ContentTemplate="{StaticResource PersonNameDataTemplate}"/>
```

(4)创建一个Person对象并且赋值给Button控件的Content属性。

```
singlePersonButton.Content = new Person { FirstName = "lee", LastName = "Terry" };
```

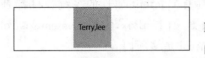

图 10.5 数据模板绑定的按钮

最后可以看到按钮的运行效果如图 10.5 所示,DataTemplate可以把数据对象绑定起来实现更加灵活的通用的强大的 UI 数据显示效果。

刚才的示例是 DataTemplate 在 ContentControl 类型的控件上的应用,下面再来看看 DataTemplate 在 ItemsControl 类型的控件上的实现,ContentControl 和 ItemsControl 也可以直接作为控件去使用,如果我们不需要 Button 或者 ListBox 这些控件的一些高级功能,就可以直接使用 ContentControl 或者 ItemsControl 控件。

(1)定义一个ItemsControl控件,把ItemTemplate属性和模板资源关联起来。

```
<ItemsControl x:Name="itemsControl" ItemTemplate="{StaticResource PersonNameDataTemplate}" />
```

(2)创建一个Person对象的集合并且赋值给ItemsControl控件的ItemsSource属性。

```
Persons.Add(new Person { FirstName = "lee2", LastName = "Terry2" });
Persons.Add(new Person { FirstName = "lee3", LastName = "Terry3" });
Persons.Add(new Person { FirstName = "lee4", LastName = "Terry4" });
Persons.Add(new Person { FirstName = "lee5", LastName = "Terry5" });
itemsControl.ItemsSource = Persons;
```

这时候可以看到运行效果如图 10.6 所示,ItemsControl 可以把数据集合通过列表的形式展现出来,但是你会发现直接用 ItemsControl 实现的列表的功能非常有限,并且也不能滚动,接下来再结合 ContentTemplate 来完善这个列表的控件。

图 10.6 数据模板绑定的列表

(3)定义一个 ItemsControl 的样式,其实就是自定义一个 ControlTemplate 模板作为 ItemsControl 控件的模板来使用,这个模板就是一个内容的展现形式的模板。我们在 ControlTemplate 模板上定义了一个 ScrollViewer 控件,然后再使用一个 StackPanel 控件,最里面的是 ItemsPresenter 控件。列表的 DataTemplate 的显示内容就是直接投影在 ItemsPresenter 控件上面的。我们对 ScrollViewer 控件和 StackPanel 控件都设置了不同的边框颜色,这样在运行的时候就可以很明显地看出来控件之间的关系是怎样的。

```xml
<Style x:Name="ItemsControlStyle" TargetType="ItemsControl">
    <Setter Property="Template">
        <Setter.Value>
            <ControlTemplate TargetType="ItemsControl">
                <ScrollViewer BorderBrush="Red" BorderThickness="6">
                    <StackPanel Orientation="Horizontal" Background="Blue">
                        <Border BorderBrush="Yellow" BorderThickness="3">
                            <ItemsPresenter />
                        </Border>
                    </StackPanel>
                </ScrollViewer>
            </ControlTemplate>
        </Setter.Value>
    </Setter>
</Style>
```

（4）在 ItemsControl 上添加 Style 属性为上面定义的样式。

```xml
<ItemsControl x:Name="itemsControl" ItemTemplate="{StaticResource PersonNameDataTemplate}" Style="{StaticResource ItemsControlStyle}"/>
```

程序的运行效果如图 10.7 所示。

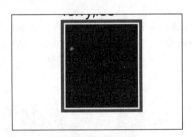

图 10.7　列表控件的各个模块

10.2.7　读取和更换数据模板

对于系统的样式，可以通过在 C♯代码里面读取出来然后再修改，实现动态更换主题的目的。技术总是相通的，对于控件的 DataTemplate，也一样可以通过 C♯代码读取出来，然后动态地更换，实现更加丰富和灵活化的样式展示方案。在 C♯代码里面读取和更换数据模板也是通过对 ContentTemplate 属性进行读取和赋值就可以实现了。

这种读取和更换数据模板在列表的控件中比较常见，比如我要实现一个功能，通过一个列表展现出一批数据，用户点击某一条数据的时候，这条数据的样式要发生改变，表示选取了这条数据，然后用户可以取消这条数据的选择也可以继续选择多条数据。这样的功能在数据多选的情况下是非常普遍的功能。下面使用模板的知识来实现这样的功能。

代码清单 10-6：动态更换样式（源代码：第 10 章\Examples_10_6）

（1）定义 3 个 DataTemplate 资源，一个是非选中状态，一个是选中状态的，还有一个是默认的状态，其实默认的状态和非选中状态是一样的，但是默认状态的数据项样式不能在 C♯里面再次调用。在两个模板中都添加了 Tap 事件，用户捕获点击事件。数据源集合与上一个例子一样。

```xml
<Page.Resources>
    <!-- 选中数据项的样式 -->
    <DataTemplate x:Key="dataTemplateSelectKey" x:Name="dataTemplateSelectName">
        <Grid Tapped="StackPanel_Tap_1" Background="Red">
            <TextBlock Text="{Binding LastName}" FontSize="50" />
        </Grid>
    </DataTemplate>
    <!-- 默认数据项的样式，注意默认的数据项样式不能在 C♯中再次调用 -->
    <DataTemplate x:Key="dataTemplateDefaultKey" x:Name="dataTemplateDefaultName">
        <StackPanel Orientation="Horizontal" Tapped="StackPanel_Tap_1">
            <TextBlock Text="{Binding LastName}"/>
            <TextBlock Text=", "/>
            <TextBlock Text="{Binding FirstName}"/>
        </StackPanel>
    </DataTemplate>
    <!-- 非选中数据项的样式 -->
    <DataTemplate x:Key="dataTemplateNoSelectKey" x:Name="dataTemplateNoSelectName">
        <StackPanel Orientation="Horizontal" Tapped="StackPanel_Tap_1">
            <TextBlock Text="{Binding LastName}"/>
            <TextBlock Text=", "/>
            <TextBlock Text="{Binding FirstName}"/>
        </StackPanel>
    </DataTemplate>
</Page.Resources>
……省略若干代码
//创建 ItemsControl 控件来绑定列表的数据
<ItemsControl x:Name="listbox" ItemTemplate="{StaticResource dataTemplateDefaultKey}"/>
```

（2）处理点击事件，判断当前控件的模板和重新赋值模板。可以通过 Name 属性访问 XAML 中定义的 DataTemplate。

```csharp
private void StackPanel_Tap_1(object sender, TappedRoutedEventArgs e)
{
    //获取 ItemsControl 对象的 ItemContainerGenerator 属性
    //通过点击的控件的 DataContext 判断所绑定的数据对象
    //然后从 ItemContainerGenerator 里面获取到当前的 ContentPresenter 对象
    ContentPresenter myContentPresenter = (ContentPresenter)(listbox.ContainerFromItem
((sender as Panel).DataContext));
```

```
//判断数据模板是选中状态的还是非选中状态的,然后进行赋值
if (myContentPresenter.ContentTemplate.Equals(dataTemplateSelectName))
{
    //赋值非选中状态的模板
    myContentPresenter.ContentTemplate = dataTemplateNoSelectName;
}
else
{
    //赋值选中状态的模板
    myContentPresenter.ContentTemplate = dataTemplateSelectName;
}
}
```

运行的效果如图10.8所示,当我们点击一下数据项的时候,字体会变大,背景会变成红色,再点击一次就会变成原来的样子。

图 10.8 动态更换样式

(3) 在这里还要注意的是,如果使用的是 ListBox 控件而不是 ItemsControl 控件的时候,在获取 ContentPresenter 对象的时候需要通过可视化树去查找。代码的实现如下所示:

```
private void StackPanel_Tap_1(object sender, TappedRoutedEventArgs e)
{
    //获取到的对象是 ListBoxItem
    ListBoxItem myListBoxItem = (ListBoxItem)(listbox.ContainerFromItem((sender as Panel).DataContext));
    // 在 ListBoxItem 中查找 ContentPresenter
    ContentPresenter myContentPresenter = FindVisualChild<ContentPresenter>(myListBoxItem);
    ……//省略若干代码
}
//查找可视化树某个类型的元素
```

```csharp
private childItem FindVisualChild<childItem>(DependencyObject obj) where childItem
    : DependencyObject
{
    for (int i = 0; i < VisualTreeHelper.GetChildrenCount(obj); i++)
    {
        DependencyObject child = VisualTreeHelper.GetChild(obj, i);
        if (child != null && child is childItem)
            return (childItem)child;
        else
        {
            childItem childOfChild = FindVisualChild<childItem>(child);
            if (childOfChild != null)
                return childOfChild;

        }
    }
    return null;
}
```

第 11 章 数 据 绑 定

当要对 .xaml 页面上一个 TextBox 控件的 Text 属性进行赋值的时候，你可能会在 .xaml.cs 页面上通过 TextBox 控件的名字来访问 TextBox 控件，然后再给它的 Text 属性赋值。本章将介绍另外一种方式来实现这样的操作——数据绑定。数据绑定为 Windows 10 的应用提供了一种显示数据并与数据进行交互的简便方法。数据的显示方式独立于数据的管理。UI 和数据对象之间的连接或绑定使数据得以在这二者之间流动。绑定建立后，如果数据更改，则绑定到该数据的 UI 元素可以自动反映更改。同样，用户对 UI 元素所做的更改也可以在数据对象中反映出来。例如，如果用户编辑 TextBox 中的值，则基础数据值会自动更新以反映该更改。

在 Windows 10 的应用程序开发中，数据绑定是非常常见的编程方式，特别是列表控件的数据展示，它必须要依赖数据绑定才能完成数据动态灵活地更新和操作。即使是非列表控件也常常需要用到数据绑定来进行数据的交互，通过数据绑定的方式能够让程序的架构逻辑更加清晰和健壮，所以数据绑定是 Windows 10 程序开发中非常有力的工具。本章将详细地讲解数据绑定的知识。

11.1 数据绑定的基础

数据绑定是一种 XAML 界面和后台数据通信的方式，因为界面和后台数据通信的场景有多种，并且数据与数据之间也存在着不一样的关系，所以数据绑定的实现技巧和方式也是多种多样的。下面全面地介绍数据绑定的实现原理和相关的语法基础。

11.1.1 数据绑定的原理

数据绑定主要包含两大模块：一是绑定目标，也就是 UI 界面；二是绑定源，也就是给数据绑定提供数据的后台代码。这两大模块通过某种方式和语法关联起来，会互相影响或者只是一边对另一边产生影响，这就是数据绑定的基本原理。图 11.1 详细地描述了这一绑定的过程，不论要绑定什么元素，也不论数据源的特性是什么，每个绑定都始终遵循这个图的模型。

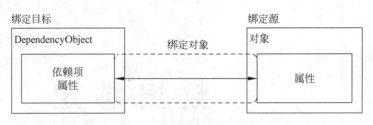

图 11.1　数据绑定示意图

如图 11.1 所示，数据绑定实质上是绑定目标与绑定源之间的桥梁。该图演示了基本的 Windows 10 数据绑定概念。

通常，每个绑定都具有四个组件：绑定目标对象、目标属性、绑定源，以及要使用的绑定源中的值的路径。例如，如果要将 TextBox 的内容绑定到 Employee 对象的 Name 属性，则目标对象是 TextBox，目标属性是 Text 属性，要使用的值是 Name，源对象是 Employee 对象。

绑定源又称为数据源，充当一个数据中心的角色，是数据绑定的数据提供者，可以理解为最底层数据。数据源是数据的来源，它可以是一个 UI 元素对象或者某个类的实例，也可以是一个集合。

数据源作为一个实体可能保存着很多数据，具体关注它的哪个数值呢？这个数值就是路径（Path）。例如，要用一个 Slider 控件作为一个数据源，这个 Slider 控件会有很多属性，这些属性都是作为数据源来提供的，它拥有很多数据，除了 Value 之外，还有 Width、Height 等，这时候数据绑定就要选择一个最关心的属性来作为绑定的路径。例如，使用的数据绑定是为了监测 Slider 控件的值的变化，那么就需要把 Path 设定为 Value 了。使用集合作为数据源的道理也是一样，Path 的值就是集合里面的某个字段。

数据将传送到哪里去？这就是数据的目标，也就是数据源对应的绑定对象。绑定目标对象一定是数据的接收者、被驱动者，但它不一定是数据的显示者。目标属性则是绑定目标对象的属性，这个很好理解。目标属性必须为依赖项属性。大多数 UIElement 对象的属性都是依赖项属性，而大多数依赖项属性（除了只读属性）默认情况下都支持数据绑定。注意，只有 DependencyObject 类型可以定义依赖项属性，所有 UIElement 都派生自 DependencyObject。

11.1.2　创建绑定

在 Windows 10 的应用程序中创建一个数据绑定主要有下面的三个步骤：

（1）定义源对象：源对象会给界面 UI 提供数据，在这一步就要创建与程序相关的数据类，通过这个类的对象来作为数据绑定的源。

（2）通过设置 DataContext 属性绑定到源对象，DataContext 属性表示 Windows 10 的 UI 元素的数据上下文，可以给 UI 元素提供数据，如果对当前的页面最顶层的 Page 设置其

DataContext 属性绑定到源对象,那么整个页面都可以使用该数据源提供的数据。

(3) 使用 Binding 标记扩展来绑定数据源对象的属性,把 UI 的属性和数据源的属性关联起来。Binding 是标记扩展,可以用 Binding 来声明包含一系列子句,这些子句跟在 Binding 关键字后面,并由逗号分隔。

下面给出创建绑定的示例:通过一个最简单的数据绑定程序来理解创建绑定的步骤。

代码清单 11-1:创建绑定(源代码:第 11 章\Examples_11_1)

首先定义源对象,创建一个 MyData 类,该类里面只有一个字符串属性 Title,这里要注意的是要实现绑定必须为属性类型,如果只是 Title 变量则无法实现绑定。

MyData.cs 文件主要代码

```
public class MyData
{
    public string Title { get; set; }
}
```

然后再创建一个 MyData 类的对象,把该对象赋值给 Page 页面的 DataContext 属性,表示使用了这个对象作为该页面的数据上下文,在该页面里面就可以绑定 MyData 类对象的相关属性了。

MainPage.xaml.cs 文件主要代码

```
publicMyData myData = new MyData { Title = "这是绑定的标题!" };
public MainPage()
{
    this.InitializeComponent();
    this.DataContext = myData;
}
```

最后在界面上使用 Binding 实现 UI 和数据源属性之间的绑定关系,例如在示例中把 TextBlock 控件的 Text 属性绑定到 MyData 对象的 Title 属性,这样就可以把 Title 属性的字符串显示在 TextBlock 控件上了。

MainPage.xaml 文件主要代码

```
<Grid Background="{ThemeResource ApplicationPageBackgroundThemeBrush}">
    <TextBlock Text="{Binding Title}"  Margin="12,100,0,28"  FontSize="50">
</TextBlock>
</Grid>
```

应用程序的运行效果如图 11.2 所示。

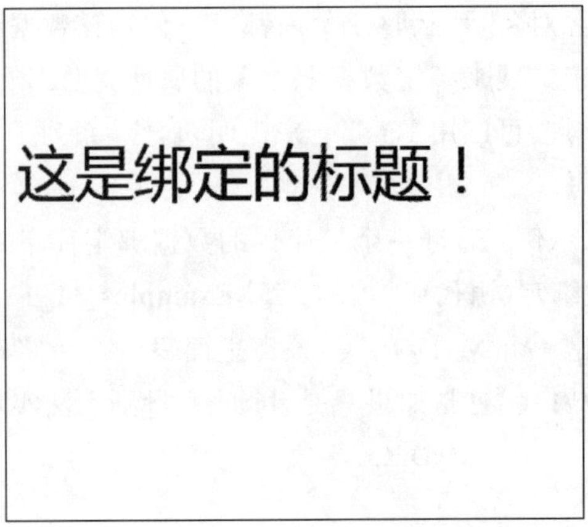

> 这是绑定的标题！

图 11.2 数据绑定

11.1.3 用元素值绑定

11.1.2 节里的数据绑定源是一个自定义的数据对象，其实还可以使用 UI 控件的元素对象作为数据源，这样就可以实现用元素值实现的数据绑定。用元素值进行绑定就是将某一个控件元素作为绑定的数据源，绑定的对象是控件元素，而绑定的数据源同时也是控件元素，这种绑定的方式，可以轻松地实现两个控件之间的值的交互影响。用元素值进行绑定是通过设置 Binding 的 ElementName 属性和 Path 属性来实现的，ElementName 属性赋值为数据源控件的 Name 的值，Path 属性则赋值为数据源控件的某个属性，这个属性就是数据源控件的一个数据变化的反映。

在 11.1.2 节使用了"Binding Title"作为绑定扩展标志的语法，这是最简单的绑定语法，其实还可以利用 Path 属性实现更加丰富和灵活的绑定关联的语法，相关的语法情况如下：

(1) 在最简单的情况下，Path 属性值是要用于绑定的源对象的属性名，如 Path＝PropertyName，{Binding Title}其实是{Binding Path＝Title}的简写形式。

(2) 在 C#中可以通过类似语法指定属性的子属性。例如，子句 Path＝ShoppingCart.Order 设置与对象或属性 ShoppingCart 的 Order 属性的绑定，也就是说 ShoppingCart 是绑定数据源的属性，而 Order 则是 ShoppingCart 的属性，相当于是数据源的属性的属性。

(3) 若要绑定到附加属性，应在附加属性周围放置圆括号。例如，若要绑定到附加属性 Grid.Row，则语法是 Path＝(Grid.Row)。

(4) 可以使用数组的索引器来实现数据的绑定。例如，子句 Path＝ShoppingCart[0]将绑定设置为与数组属性的内部对应的索引的数值。

(5) 可以在 Path 子句中混合索引器和子属性，例如，Path＝ShoppingCart.ShippingInfo[MailingAddress,Street]。

(6) 在索引器内部，可以有多个由逗号分隔的索引器参数。可以使用圆括号指定每个参数的类型。例如，Path="[(sys:Int32)42,(sys:Int32)24]"，其中 sys 映射到 System 命名空间。

（7）如果源为集合视图，则可以用斜杠"/"指定当前项。例如，子句 Path=/用于设置到视图中当前项的绑定。如果源为集合，则此语法指定默认集合视图的当前项。

（8）可以结合使用属性名和斜杠来遍历作为集合的属性。例如，Path=/Offices/ManagerName 指定源集合的当前项，该源集合包含作为集合的 Offices 属性。其当前项是一个包含 ManagerName 属性的对象。

（9）也可以使用句点"."路径绑定到当前源。例如，Text="{Binding}"等效于 Text="{Binding Path=.}"。

下面给出控制圆的半径的示例：圆形的半径绑定到 Slider 控件的值，从而实现通过即时改变 Slider 控件的值来改变圆的大小。

代码清单 11-2：控制圆的半径（源代码：第 11 章\Examples_11_2）
MainPage.xaml 文件主要代码

```
    <StackPanel x:Name="ContentPanel" Grid.Row="1" Margin="12,0,12,0">
        <TextBlock FontSize="25" Name="textBlock1" Text="圆形的半径会根据 slider 控件的值而改变" />
        <Slider Name="slider" Value="50" Maximum="400"/>
        <TextBlock FontSize="25" Name="textBlock2" Text="半径为:"/>
        <TextBlock Name="txtblk" Text="{Binding ElementName=slider, Path=Value}" FontSize="48"/>
        <Ellipse  Height="{Binding ElementName=slider, Path=Value}"
                  Width="{BindingElementName=slider, Path=Value}"
                  Fill="Red" Name="ellipse1" Stroke="Black" StrokeThickness="1"/>
    </StackPanel>
```

程序的运行效果如图 11.3 所示。

图 11.3　用元素值绑定

11.1.4 三种绑定模式

每个绑定都有一个 Mode 属性,该属性决定数据流动的方式和时间。在 Windows 10 中,可以使用三种类型的绑定,分别是 OneTime、OneWay 和 TwoWay。每个绑定都必须是其中的一种绑定模式,在上文的例子里面并没有设置 Mode 属性的值,其实就是使用了 OneWay 这种默认的绑定模式。下面来看一下这三种绑定模式的含义和区别。

1) OneTime

OneTime 表示一次绑定,在绑定创建时使用源数据更新目标,适用于只显示数据而不进行数据的更新。OneTime 绑定会导致源属性初始化目标属性,但不传播后续更改。这意味着,如果数据上下文发生了更改,或者数据上下文中的对象发生了更改,则更改不会反映在目标属性中。此绑定类型适用于只显示数据而不进行数据更新的静态数据绑定。如果要从源属性初始化具有某个值的目标属性,并且事先不知道数据上下文,则可以使用此绑定类型。此绑定类型实质上是 OneWay 绑定的简化形式,在源值不更改的情况下可以提供更好的性能。

2) OneWay

OneWay 表示单向绑定,在绑定创建时或者源数据发生变化时更新到目标,适用于显示变化的数据,这是默认模式。OneWay 绑定导致对源属性的更改会自动更新目标属性,但是对目标属性的更改不会传播回源属性。此绑定类型适用于绑定的控件为隐式只读控件的情况。例如,你可能绑定到如股票行情自动收录器这样的源,因为目标属性没有用于进行更改的控件接口,就是说并不允许用户在界面上改变数据源的数据。如果无须监视目标属性的更改,则使用 OneWay 绑定模式可避免 TwoWay 绑定模式的系统开销。

3) TwoWay

TwoWay 表示双向绑定,可以同时更新源数据和目标数据。TwoWay 绑定导致对源属性的更改会自动更新目标属性,而对目标属性的更改也会自动更新源属性。此绑定类型适用于输入框或其他完全交互式 UI 方案。大多数 UI 元素内部实现的属性都默认为 OneWay 绑定,但是一些依赖项属性(通常为用户可编辑的控件的属性,如 TextBox 的 Text 属性和 CheckBox 的 IsChecked 属性)默认为 TwoWay 绑定。

需要注意的是,对于这三种绑定模式,要按照功能的需求来选择绑定的类型,如果本来只要 OneWay 绑定模式就可以实现的功能,而你选择了 TwoWay 的方式,即使不会影响实际功能的效果,但是这样的做法会导致损耗额外的性能,因为从性能上最好的是 OneTime,其次 OneWay,最后是 TwoWay。

下面给出三种绑定模式的示例:演示了 OneTime、OneWay 和 TwoWay 三种绑定模式的区别。

代码清单 11-3:三种绑定模式(源代码:第 11 章\Examples_11_3)
MainPage.xaml 文件主要代码

```
<StackPanel x:Name="ContentPanel" Grid.Row="1" Margin="12,0,12,0">
```

```
        <Slider Name = "slider" Value = "50" Maximum = "400"/>
<!--OneTime 绑定模式,第一次绑定 Slider 控件的值会影响文本的值-->
        <TextBlock FontSize = "25" Height = "41" Name = "textBlock1" Text = "OneTime" VerticalAlignment = "Top" Width = "112" />
        <TextBox Height = "72" Name = "textBox1" Text = "{Binding ElementName = slider, Path = Value, Mode = OneTime}" Width = "269" />
        <TextBlock FontSize = "25" Height = "46" Name = "textBlock2" Text = "OneWay" VerticalAlignment = "Top" Width = "99" />
<!--OneWay 绑定模式,Slider 控件的值会影响文本的值-->
        <TextBox Height = "72" Name = "textBox2" Text = "{Binding ElementName = slider, Path = Value, Mode = OneWay}" Width = "269" />
        <TextBlock FontSize = "25" Height = "40" Name = "textBlock3" Text = "TwoWay" VerticalAlignment = "Top" Width = "94" />
<!--TwoWay 绑定模式,Slider 控件的值和文本的值互相影响-->
        <TextBox Height = "72" Name = "textBox3" Text = "{Binding ElementName = slider, Path = Value, Mode = TwoWay}" Width = "268" />
        <TextBlock FontSize = "25" Height = "43" Name = "textBlock4" Text = "slider 控件的值:" />
        <TextBlock FontSize = "25" Height = "43" Name = "textBlock5" Text = "{Binding ElementName = slider, Path = Value}" Width = "185" />
    </StackPanel>
```

程序的运行效果如图 11.4 所示。

图 11.4 三种绑定类型

11.1.5 更改通知

11.1.4 节讲解了绑定的三种模式:OneTime、OneWay 和 TwoWay,在示例代码中采用了使用 UI 元素对象作为数据源来实现数据绑定,可以很明显地看到三种绑定模式的差异。现在不采用 UI 元素对象作为数据源,而是采用自定义的数据对象作为数据源,如 11.1.2 节的示例一样。在 11.1.2 节的示例基础上添加一个按钮,然后通过按钮事件来修改数据源对象的 Title 属性,代码的修改如下所示。

代码清单 11-4:更改通知(源代码:第 11 章\Examples_11_4)

MainPage.xaml 文件部分代码

```
<StackPanel Margin="12,100,0,28">
    <TextBlock Text="{Binding Title}" FontSize="50"></TextBlock>
    <Button Content="改变数据源的数据" Click="Button_Click"></Button>
</StackPanel>
```

MainPage.xaml.cs 文件部分代码

```
private void Button_Click(object sender, RoutedEventArgs e)
{
    myData.Title = "新的标题";
}
```

按照默认的绑定是 OneWay 模式,数据源的更改应该会导致界面 UI 的目标属性也发生更改,但是在这里并没有让 TextBlock 控件的 Text 属性发生改变。真正的原因是 Title 属性并没有实现更改通知,导致数据源的更改无法通知到目标 UI 的更改。

若要检测源更改(适用于 OneWay 和 TwoWay 绑定),则源必须实现一种合适的属性更改通知机制。所以,为了使源对象的更改能够传播到目标,源必须实现 INotifyPropertyChanged 接口。INotifyPropertyChanged 具有 PropertyChanged 事件,该事件通知绑定引擎源已更改,以便绑定引擎可以更新目标值。若要实现 INotifyPropertyChanged,需要声明 PropertyChanged 事件并创建 OnPropertyChanged 方法。然后,对于每个需要更改通知的属性,只要进行了更新,就可以调用 OnPropertyChanged。

下面对代码清单 11-4 更改通知示例的 MyData 类实现更改通知的功能,代码如下:

MyData.cs 文件主要代码

```
public class MyData : INotifyPropertyChanged
{
    private string title;
    public string Title
    {
        get { return title; }
        set
        {
            title = value;
            OnPropertyChanged("Title");
        }
    }
    public event PropertyChangedEventHandler PropertyChanged;
```

```
        protected void OnPropertyChanged(string name)
        {
            PropertyChangedEventHandler handler = PropertyChanged;
            if (handler != null)
            {
                handler(this, new PropertyChangedEventArgs(name));
            }
        }
    }
```

单击按钮后程序的运行效果如图 11.5 所示。

图 11.5　通知更改

11.1.6　绑定数据转换

在前面的示例中所实现的数据绑定都是直接把属性的值直接显示到 UI 元素上，假如在应用程序中 UI 要展现的数据格式和数据源的数据并不一致，或者说它们之间只是存在着某种关联的关系而不是相等的关系，这时候就需要使用绑定数据转换来辅助实现绑定了。绑定数据转换是指在数据绑定的时候通过一个自定义的数据转换器把数据源的数据转换成另一种目标数据，然后再把数值传输到绑定的目标上。

绑定数据转换需要通过 Binding 的 Converter 属性来实现。Binding.Converter 属性表示获取或设置转换器对象，当数据在源和目标之间传递时，绑定引擎调用该对象来修改数据。你可以对任何的绑定设置一个转换器。通过创建一个类和实现 IValueConverter 接口来针对每个具体的应用场景自定义该转换器。所以转换器是派生自 IValueConverter 接口的类，它包括两种方法：Convert 和 ConvertBack。如果为绑定定义了 Converter 参数，则绑定引擎会调用 Convert 和 ConvertBack 方法。从源传递数据时，绑定引擎调用 Convert 并将返回的数据传递给目标。从目标传递数据时，绑定引擎调用 ConvertBack 并将返回的数据传递给源。如果只是要获取从数据源到绑定目标的单向绑定，只需要实现 Convert 方法。

实现了转换器的逻辑之后,若要在绑定中使用转换器,首先要创建转换器类的实例。将转换器类的实例设置为程序中资源的 XAML 语法如下:

```xml
<Page.Resources>
    <local:DateToStringConverter x:Key="Converter1"/>
</Page.Resources>
```

然后设置该实例的绑定的 Converter 属性,如<TextBlock Text="{Binding Month, Converter={StaticResource Converter1}}"/>。

下面给出绑定转换的示例:将绑定的时间转化为中文的时间问候语。

代码清单 11-5:绑定转换(源代码:第 11 章\Examples_11_5)

MainPage.xaml 文件主要代码

```xml
<Page
    ……省略若干代码
    xmlns:local="using:ConverterDemo">
    <!--添加值转换类所在的空间引用-->
    <!--将引用的时间类和值转换类定义为应用程序的资源-->
    <Page.Resources>
        <local:Clock x:Key="clock" />
        <local:HoursToDayStringConverter x:Key="booleanToDayString" />
    </Page.Resources>
    <Grid>
        ……省略若干代码
        <!--设置 StackPanel 控件的上下文数据源为上面定义的时间类-->
        <StackPanel x:Name="ContentPanel" Grid.Row="1" Margin="12,0,12,0" DataContext="{StaticResource clock}">
            <!--将绑定的小时时间转化为了值转换类定义的转换字符串-->
            <TextBlock FontSize="30" Text="{Binding Hour,Converter={StaticResource booleanToDayString}}"/>
<!--显示绑定的时间-->
            <TextBlock FontSize="30" Text="现在的时间是:"/>
            <TextBlock FontSize="20" Text="{Binding Hour}"/>

            <TextBlock FontSize="20" Text="小时" />
            <TextBlock FontSize="20" Text="{Binding Minute}"/>
            <TextBlock FontSize="20" Text="分钟"/>
            <TextBlock FontSize="20" Text="{Binding Second}" />
            <TextBlock FontSize="20" Text="秒"/>
        </StackPanel>
    </Grid>
</Page>
```

Clock.cs 文件代码：时间的信息类、即时更新类的属性以匹配当前最新的时间

```csharp
using System;
using System.ComponentModel;
using Windows.UI.Xaml;

namespace ConverterDemo
{
    public class Clock : INotifyPropertyChanged
    {
        int hour, min, sec;
        //属性值改变事件
        public event PropertyChangedEventHandler PropertyChanged;
        public Clock()
        {
            // 获取当前的时间
            OnTimerTick(null, null);
            //使用定时器来触发时间来改变类的时分秒属性
            //每0.1秒获取一次当前的时间
            DispatcherTimer tmr = new DispatcherTimer();
            tmr.Interval = TimeSpan.FromSeconds(0.1);
            tmr.Tick += OnTimerTick;
            tmr.Start();
        }
        //小时属性
        public int Hour
        {
            protected set
            {
                if (value != hour)
                {
                    hour = value;
                    OnPropertyChanged(new PropertyChangedEventArgs("Hour"));
                }
            }


            get
            {
                return hour;
            }
        }
        //分钟属性
        public int Minute
        {
            protected set
            {
                if (value != min)
                {
```

```
                    min = value;
                    OnPropertyChanged(new PropertyChangedEventArgs("Minute"));
                }
            }
            get
            {
                return min;
            }
        }
        //秒属性
        public int Second
        {
            protected set
            {
                if (value != sec)
                {
                    sec = value;
                    OnPropertyChanged(new PropertyChangedEventArgs("Second"));
                }
            }
            get
            {
                return sec;
            }
        }
        //属性改变事件
        protected virtual void OnPropertyChanged(PropertyChangedEventArgs args)
        {
            if (PropertyChanged != null)

                PropertyChanged(this, args);
        }
        //时间触发器
        void OnTimerTick(object sender, object args)
        {
            DateTime dt = DateTime.Now;
            Hour = dt.Hour;
            Minute = dt.Minute;
            Second = dt.Second;
        }
    }
}
```

HoursToDayStringConverter.cs 文件代码：将时间转化为中文问候语的值转换类

```
using System;
using System.Globalization;
using Windows.UI.Xaml.Data;
```

```csharp
namespace ConverterDemo
{
    public class HoursToDayStringConverter : IValueConverter
    {
        //定义转换方法
        public object Convert ( object value, Type targetType, object parameter, string language)
        {
            if (Int16.Parse(value.ToString()) < 12)
            {
                return "尊敬的用户,上午好.";
            }
            else if (Int16.Parse(value.ToString()) > 12)
            {
                return "尊敬的用户,下午好.";
            }
            else
            {
                return "尊敬的用户,中午好.";
            }
        }
        //定义反向转换的方法
        public object ConvertBack(object value, Type targetType, object parameter, string language)
        {

            return DateTime.Now.Hour;
        }
    }
}
```

程序的运行效果如图 11.6 所示。

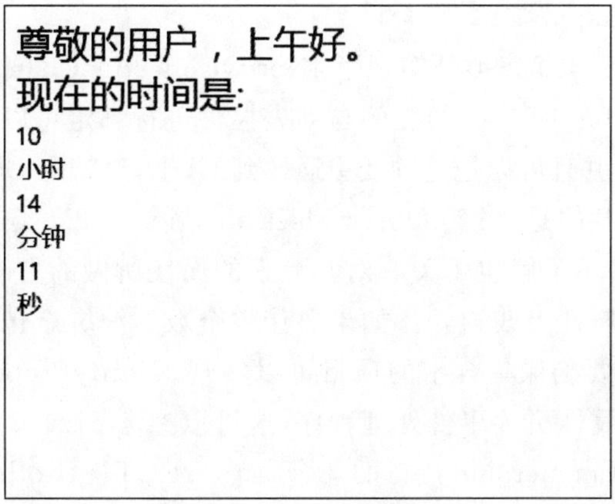

图 11.6 绑定值转换

11.2 绑定集合

前文讨论的数据绑定都是针对绑定到单个对象,本节将讲解如何实现绑定到集合。绑定集合通常会用在列表控件上,如从 ItemsControl 类派生出来的列表控件 ListBox、ListView、GridView 等列表控件。将列表控件绑定到集合的关系图如图 11.7 所示。

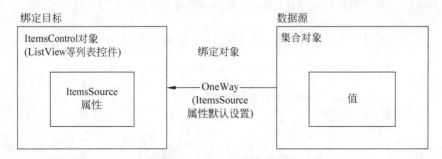

图 11.7 绑定集合示意图

如图 11.7 所示,若要将列表控件绑定到集合对象,应使用列表控件自带的 ItemsSource 属性,而不是 DataContext 属性。你可以将 ItemsSource 属性视为列表控件的内容,为列表项提供数据。还需要注意的是,绑定是 OneWay 模式的,因为 ItemsSource 属性默认情况下支持 OneWay 绑定。

11.2.1 数据集合

在实现列表绑定集合之前,必须要选择使用一个数据集合类或者自定义实现一个数据集合类才能实例化出数据源的集合对象。不同的数据集合所实现的绑定的效果是有差异的。下面来介绍一些常用的数据绑定的数据集合。

1) ObservableCollection<T>集合

ObservableCollection<T>类是实现了 INotifyCollectionChanged 接口的数据集合类,使用 ObservableCollection<T>类的实例与列表控件进行绑定可以动态地往数据源的集合对象增加或者删除数据,并且可以把这种变更通知到 UI 上,这就是 ObservableCollection<T>类最大的特点。值得注意的是,虽然 ObservableCollection<T>类会广播有关对其元素所做的更改的信息,但它并不了解也不关心对其元素的属性所做的更改。也就是说,它并不关注有关其集合中项目的属性更改通知。如果要让整个数据源绑定包括集合项的属性修改都可以通知到 UI 上,则需要确保集合中的项目可以实现 INotifyPropertyChanged 接口,并需要手动附加这些对象的属性更改事件处理程序,这可以参考 11.1.5 节的内容去实现。

2) 其他的实现了 IEnumerable 接口的集合,如 List<T>、Collection<T>等

凡是实现了 IEnumerable 接口的集合都可以作为列表绑定的数据集合,给列表的 ItemsSource 属性赋值,但是没有实现 INotifyCollectionChanged 接口的集合就无法设置动

态绑定，所以 List<T>、Collection<T> 等集合适合于绑定静态数据，也就是绑定了列表控件之后就不需要再对列表的项目进行插入和删除的操作。

3) 自定义实现集合

当 Windows 10 内置的集合类无法满足需求的时候，可以通过自定义集合来封装数据绑定的集合的逻辑，自定义集合类就需要根据所需的功能去实现 IEnumerable、INotifyCollectionChanged 等相关的接口。最常用的实现方案是使用 IList 接口，因为它提供可以按索引逐个访问的对象的非泛型集合，因而可提供最佳性能。

11.2.2 绑定列表控件

在实现列表控件数据绑定的时候，还需要了解列表控件的另外一个很重要的特性——数据模板化 DataTemplate。Windows 10 的数据模板化模型为列表控件定义数据的表示形式提供了很大的灵活性。绑定集合可以通过 DataTemplate 把数据展示到列表上，并通过 DataTemplate 来定义实现列表项的 UI 效果。DataTemplate 对象在将列表控件绑定到整个集合时尤其有用。如果没有特殊说明，列表控件将在集合中显示对象的字符串表示形式。在这种情况下，可以使用 DataTemplate 定义数据对象的外观。DataTemplate 对象里面的绑定语法与上文所讲的绑定语法也是一样的。

下面给出食物分类列表的示例：演示 ListView 列表控件的数据绑定的实现。

代码清单 11-6：食物分类（源代码：第 11 章\Examples_11_6）

Food.cs 文件代码：创建数据绑定的实体类

```
public class Food
{
    //食物名字
    public string Name { get; set; }
    //食物描述
    public string Description { get;set; }
    //食物图片地址
    public string IconUri { get; set; }
    //食物类型
    public string Type { get; set; }
}
```

MainPage.xaml 文件主要代码：实现列表集合绑定的 XAML 语法

```
<ListView x:Name = "listBox">
    <ListView.ItemTemplate>
        <!-- 列表的 ItemTemplate 属性是一个 DataTemplate 类型 -->
        <!-- 创建一个 DataTemplate 的元素对象 -->
        <DataTemplate>
            <StackPanel Orientation = "Horizontal" Background = "Gray" Margin = "10">
```

```xml
<!-- 绑定Food类的IconUri属性 -->
<Image Source = "{BindingIconUri}" Stretch = "None"/>
<!-- 绑定Food类的Name属性 -->
<TextBlock Text = "{Binding Name}" FontSize = "40" Margin = "24 0 24 0"/>
<!-- 绑定Food类的Description属性 -->
<TextBlock Text = "{Binding Description}" FontSize = "20" />
                </StackPanel>
            </DataTemplate>
        </ListView.ItemTemplate>
    </ListView>
```

MainPage.xaml.cs文件主要代码：创建绑定的集合，与列表控件进行绑定

```csharp
public List<Food> AllFood { get; set; }
public MainPage()
{
    this.InitializeComponent();
    AllFood = new List<Food>();
    Food item0 = new Food() { Name = "西红柿", IconUri = "Images/Tomato.png", Type = "Healthy", Description = "西红柿的味道不错。" };
    Food item1 = new Food() { Name = "茄子", IconUri = "Images/Beer.png", Type = "NotDetermined", Description = "不知道这个是否好吃。" };
    Food item2 = new Food() { Name = "火腿", IconUri = "Images/fries.png", Type = "Unhealthy", Description = "这是不健康的食品。" };
    Food item3 = new Food() { Name = "三明治", IconUri = "Images/Hamburger.png", Type = "Unhealthy", Description = "肯德基的好吃?" };
    Food item4 = new Food() { Name = "冰激凌", IconUri = "Images/icecream.png", Type = "Healthy", Description = "给小朋友吃的。" };
    Food item5 = new Food() { Name = "Pizza", IconUri = "Images/Pizza.png", Type = "Unhealthy", Description = "这个非常不错。" };
    Food item6 = new Food() { Name = "辣椒", IconUri = "Images/Pepper.png", Type = "Healthy", Description = "我不喜欢吃这东西。" };
    AllFood.Add(item0);
    AllFood.Add(item1);


    AllFood.Add(item2);
    AllFood.Add(item3);
    AllFood.Add(item4);
    AllFood.Add(item5);
    AllFood.Add(item6);
    listBox.ItemsSource = AllFood;
}
```

应用程序的运行效果如图11.8所示。

图 11.8　绑定列表

11.2.3　绑定 ObservableCollection<T>集合

在前文的列表绑定中实现了把集合的数据通过数据模板展示到列表上，使用 DataTemplate 可以很灵活地去实现列表项的显示效果，但是这个列表却是一个静态的列表，也就是说列表的数据并不会增加或者减少。如果要实现一个动态绑定的列表，列表的数据项可以增加和减少，这时候就需要用到 ObservableCollection<T>集合作为数据的绑定源。如果使用 List<T>集合作为数据的绑定源，即使该集合在绑定了列表控件后发生了增加选项或者删除选项的时候也不会把这种变化的情况通知到 UI 上，也就是说列表不会发生任何变化。

下面给出动态列表的示例：演示使用 ObservableCollection<T>集合实现动态列表。

代码清单 11-7：动态列表（源代码：第 11 章\Examples_11_7）

OrderModel.cs 文件主要代码：创建数据绑定的实体类

```
public class OrderModel
{
    public int OrderID { get; set; }
    public string OrderName { get; set; }
}
```

MainPage.xaml 文件主要代码：使用一个按钮触发增加集合选项的事件，一个按钮触发删除集合选项的事件，集合的变化会通知列表 UI 也发生改变

```xml
<StackPanel x:Name="TitlePanel" Grid.Row="0" Margin="12,60,0,28">
    <Button Content="增加新的项目" Click="AddButton_Click"></Button>
    <Button Content="删除选中的项目" Click="DelButton_Click"></Button>
</StackPanel>
<Grid x:Name="ContentPanel" Grid.Row="1" Margin="12,0,12,0">
    <ListView x:Name="list">
        <ListView.ItemTemplate>
            <DataTemplate>
                <StackPanel Orientation="Horizontal" Margin="10">
                    <TextBlock Text="{Binding OrderID}" FontSize="30"/>
                    <TextBlock Text=" {Binding OrderName}" FontSize="30" Width="280"/>
                </StackPanel>
            </DataTemplate>
        </ListView.ItemTemplate>
    </ListView>
</Grid>
```

MainPage.xaml.cs 文件主要代码：处理列表的集合绑定、增加列表项目和删除列表项目的逻辑

```csharp
ObservableCollection<OrderModel> OrderModels = new ObservableCollection<OrderModel>();
public MainPage()
{
    this.InitializeComponent();
    //列表绑定 ObservableCollection<T>集合
    list.ItemsSource = OrderModels;
}
//增加列表选项事件
private void AddButton_Click(object sender, RoutedEventArgs e)
{
    //往绑定的集合随机增加一个集合项
    Random random = newRandom();
    OrderModels.Add(new OrderModel { OrderID = random.Next(1000), OrderName = "OrderName" + random.Next(1000) });
}
//删除列表选中选项事件
private void DelButton_Click(object sender, RoutedEventArgs e)
{
```

```
            // 需要判断是否选中了列表的项目
            if(list.SelectedItem!= null)
            {
                //把列表的选项转换为集合的实体类对象
                OrderModel orderModel = list.SelectedItem as OrderModel;
                if(OrderModels.Contains(orderModel))
                {
                    OrderModels.Remove(orderModel);
                }
            }
        }
```

应用程序的运行效果如图 11.9 所示。感兴趣的读者可以把 ObservableCollection<OrderModel>换成 List<OrderModel>类型,然后再观察一下程序的运行效果。

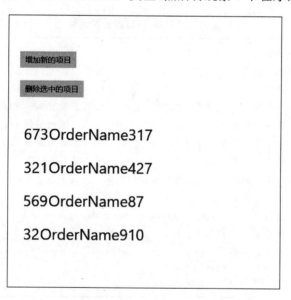

图 11.9　动态列表

11.2.4　绑定自定义集合

如果 ObservableCollection<T>、List<T>等 Windows 10 内置的集合类型可以满足功能的需求,则应该尽量采用这些集合类来实现数据的绑定,如果想要实现更高级的功能可以采用自定义集合类跟列表控件进行绑定。实现自定义的集合最常用的就是从 IList 接口派生实现自定义集合类。

首先,来了解一下 IList 接口,IList 接口表示可按照索引单独访问的对象的非泛型集合。IList 接口是从 ICollection 接口派生出来的,并且是所有非泛型列表的基接口。ICollection 则是从 IEnumerable 接口派生出来的,ICollection 接口是定义所有非泛型集合的大小、枚举数和同步方法，IEnumerable 接口是指公开枚举数，该枚举数支持在非泛型集合上进行简单迭代。所以 IList 接口同时具备 ICollection 接口和 IEnumerable 接口的共性。IEnumerable 只包含一个方法——GetEnumerator，返回 IEnumerator。IEnumerator 可以通过集合循环显示 Current 属性和 MoveNext 和 Reset 方法。ICollection 接口和 IList 接口的方法和属性分别如表 11.1 和表 11.2 所示。

表 11.1 ICollection 接口方法和属性

成员	说明
Count	该属性可确定集合中的元素个数，它返回的值与 Length 属性相同
IsSynchronized、SyncRoot	该属性确定集合是否是纯种安全的，对于数组，这个属性总是返回 false；对于同步访问，SyncRoot 属性可以用于线程安全的访问
CopyTo()	该方法可以将数组的元素复制到现有的数组中，它类似于表态方法 Array.Copy()

表 11.2 IList 接口方法和属性

成员	说明
Add()	该方法用于在集合中添加元素，对于数组，该方法会抛出 NotSupportedException 异常
Clear()	该方法可以清除数组中的所有元素，值类型设置为 0，引用类型设置为 NULL
Contains()	该方法可以确定某个元素是否在数组中，其返回值是 true 或 false。这个方法会对数组中的所有元素进行线性搜索，直到找到所需元素为止
IndexOf()	该方法与 Contains() 方法类似，也是对数组中的所有元素进行线性搜索，不同的是 IndexOf() 方法会返回所找到的第一个元素的索引
Insert()、Remove()、RemoveAt()	对于集合，Insert() 方法用于插入元素，Remove() 和 RemoveAt() 可删除元素；对于数组，这些方法都抛出 NotSupportedException 异常
IsFixedSize	数组的大小总是固定的，所以这个属性问题返回 true
IsReadOnly	数组总是可读/写的，所以这个属性返回 false
Item(表现显示为 this [int index])	该属性可以用整形索引访问数组

只要实现了 IList 接口的集合类都可以与列表控件进行绑定，所以需要自定义一个集合类来实现 IList 接口，因为 IList 接口是从 ICollection 接口和 IEnumerable 接口派生出来的，所以这三个接口的方法都需要在自定义的集合类里面实现。在 ICollection 接口里面，Count 属性表示列表的长度，IList 接口的 IList.this[int index]属性表示列表某个索引的数据项，在自定义集合里面可以通过 Count 属性设置列表的长度，通过 IList.this[int index] 属性返回集合数据。所以，在自定义集合里面 IList.this[int index]属性和 Count 属性是两个必须要实现的属性接口，可以在 IList.this[int index]属性的实现里面处理集合项生成的逻辑。

下面给出自定义集合绑定的示例：演示使用 IList 接口实现自定义集合并与列表控件实现数据绑定。

代码清单 11-8：自定义集合绑定（源代码：第 11 章\Examples_11_8）

MyList.cs 文件主要代码：实现自定义的集合类，在 MyList 类里面只实现了 IList. this [int index]属性和 Count 属性的逻辑，其他成员不做处理

```csharp
public class MyList : IList
{
    #region IEnumerable 接口的成员
    System.Collections.IEnumerator System.Collections.IEnumerable.GetEnumerator()
    {
        throw new NotImplementedException();
    }
    #endregion

    #region IList 接口的成员
    public int Add(object value)
    {
        throw new NotImplementedException();
    }
    public bool Contains(object value)
    {
        throw new NotImplementedException();
    }
    public int IndexOf(object value)
    {
        throw new NotImplementedException();
    }
    public void Insert(int index, object value)
    {
        throw new NotImplementedException();
    }
    public bool IsFixedSize
    {
        get { throw new NotImplementedException(); }
    }
    public void Remove(object value)
    {
        throw new NotImplementedException();
    }
    public void RemoveAt(int index)
    {
        throw new NotImplementedException();
    }
    //在这个属性里面，index 表示集合项的索引，通过索引返回该索引对应的对象

    object IList.this[int index]
```

```csharp
    {
        get
        {

            //随机生成一个 OrderModel 对象并返回
            Random random = new Random();
            return new OrderModel { OrderID = random.Next(1000), OrderName = "OrderName" + random.Next(1000) };
        }
        set
        {
            throw new NotImplementedException();
        }
    }
    #endregion

    #region ICollection 接口的成员
    public void CopyTo(Array array, int index)
    {
        throw new NotImplementedException();
    }
    public bool IsSynchronized
    {
        get { throw new NotImplementedException(); }
    }
    public object SyncRoot
    {
        get { throw new NotImplementedException(); }
    }
    //Count 属性默认设置集合有 10 个项目
    public int Count
    {
        get
        {
            return 10;
        }
    }
    public void Clear()
    {
        throw new NotImplementedException();
    }
    public bool IsReadOnly

    {
        get { throw new NotImplementedException(); }
    }
    #endregion
}
```

MainPage.xaml 文件主要代码：使用列表控件展示自定义集合的数据

```xml
<ListView x:Name = "list">
    <ListView.ItemTemplate>
        <DataTemplate>
            <StackPanel Orientation = "Horizontal" Margin = "10">
                <TextBlock Text = "{Binding OrderID}" FontSize = "30"/>
                <TextBlock Text = "{Binding OrderName}" FontSize = "30" Width = "280"/>
            </StackPanel>
        </DataTemplate>
    </ListView.ItemTemplate>
</ListView>
```

MainPage.xaml.cs 文件主要代码：创建自定义集合对象绑定到列表控件

```csharp
public MainPage()
{
    this.InitializeComponent();
    list.ItemsSource = new MyList();
}
```

应用程序的运行效果如图 11.10 所示。

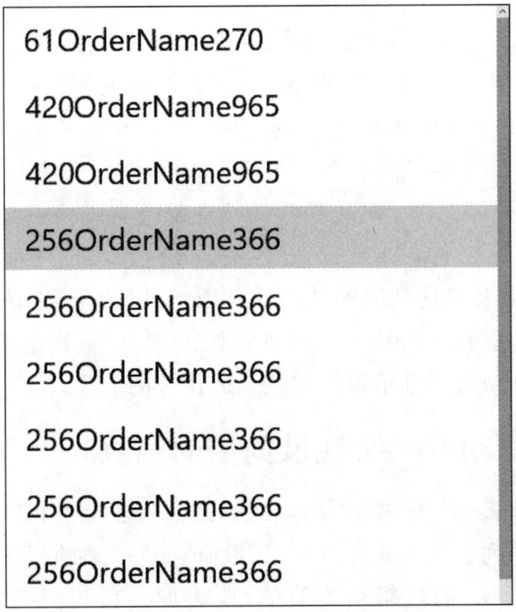

图 11.10 自定义集合绑定列表

第 12 章　列表编程

列表是应用程序开发中应用非常广泛的数据展示方式，列表数据的展示也常常面临着多种多样的数据展示方式、大数据量的数据展示、内存占用过大、列表滑动卡等等的需求或者问题。本章将详细地讲解 Windows 10 的列表编程技术，首先讲解 Windows 10 中相关的列表控件的使用，然后再讲解 Windows 10 中列表编程的一个非常重要的技术——虚拟化技术。虚拟化技术是解决性能问题、大数据量问题的最基础的理论依据。最后，通过实例讲解列表编程中常常遇到的一些难点问题的解决方案。

12.1　列表控件的使用

首先，在 Windows 10 中实现列表编程需要使用相关的列表控件，在这些列表控件的基础上实现相关的列表效果和功能。在 Windows 10 中相关的列表控件有 ItemsControl 控件、ListBox 控件、ListView 控件、GridView 控件和 SemanticZoom 控件，其中 ItemsControl 控件是最基本的列表控件，ListBox 控件、ListView 控件、GridView 控件和 SemanticZoom 控件则是更高级的列表控件。每个列表控件的特性都会有一些差异，我们可以根据实际的需要来选择不同的列表控件，如果仅仅是实现最简单的列表展示数据，可以选用 ItemsControl 控件；如果要实现列表的选择等功能，可以选用 ListView 控件；如果要实现网格布局的列表，可以选用 GridView 控件；如果要实现分组索引的列表，可以选用 SemanticZoom 控件。下面将详细地讲解这些列表控件的使用。

12.1.1　ItemsControl 实现最简洁的列表

ItemsControl 是 Windows 10 中最基本、最简洁的列表控件，它只是实现了一个列表最基本的功能，把数据按照列表的形式进行展示，没有封装过多的列表的另外一些特性功能。正是因为 ItemsControl 封装的逻辑最为简洁，所以如果仅仅只是展示一些列表的数据，ItemsControl 控件的效率肯定是最优的。同时 ListBox、Pivot 和 Hub 这些控件也是从 ItemsControl 控件进行派生，在 ItemsControl 的基础上添加了更多列表特性的功能和相关的模板设置。下面来看一下 ItemsControl 控件实现的列表编程。

代码清单 12-1：ItemsControl 控件实现列表（源代码：第 12 章\Examples_12_1）

1. 用 ItemsControl 控件实现一个基本的列表

下面要实现的是把一个拥有 100 个数据项的集合绑定到 ItemsControl 控件，然后通过 ItemTemplate 模板把数据展示出来。下面看一下实现的代码：

MainPage.xaml 文件主要代码

```xml
<ItemsControl x:Name="itemsControl">
    <ItemsControl.ItemTemplate>
        <DataTemplate>
            <StackPanel Orientation="Horizontal">
                <TextBlock Text="{Binding FirstName}" FontSize="30"></TextBlock>
                <TextBlock Text="{Binding LastName}" FontSize="30" Margin="30,0,0,0"></TextBlock>
            </StackPanel>
        </DataTemplate>
    </ItemsControl.ItemTemplate>
</ItemsControl>
```

MainPage.xaml.cs 文件主要代码

```csharp
public partial class MainPage : Page
{
    //构造函数
    public MainPage()
    {
        InitializeComponent();
        //创建一个有 100 个数据项的集合绑定到列表
        List<Item> items = new List<Item>();
        for (int i = 0; i < 100; i++)
        {
            items.Add(new Item { FirstName = "Li" + i, LastName = "Lei" + i });
        }
        itemsControl.ItemsSource = items;
    }
}
//数据实体类
public class Item
{
    public string FirstName { get; set; }
    public string LastName { get; set; }
}
```

运行的效果如图 12.1 所示。在运行该例子的时候，可以发现这个列表并不能滚动，虽然列表里面有100个数据项,但是只能看到当前页面的数据。那么如何让ItemsControl控件的列表滚动呢？请继续往下阅读。

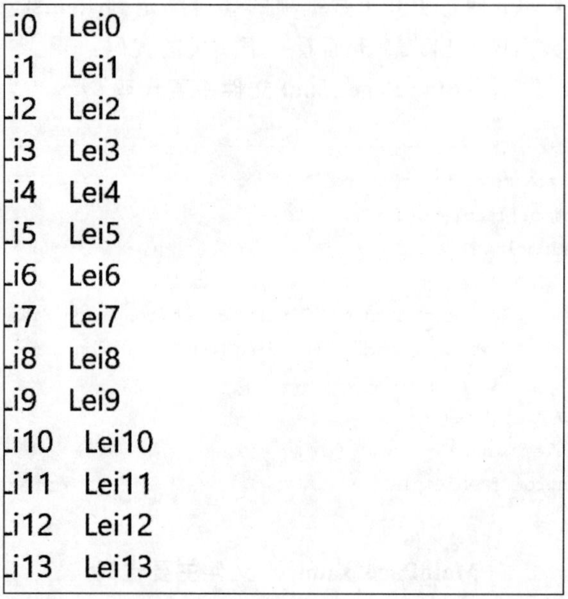

```
Li0    Lei0
Li1    Lei1
Li2    Lei2
Li3    Lei3
Li4    Lei4
Li5    Lei5
Li6    Lei6
Li7    Lei7
Li8    Lei8
Li9    Lei9
Li10   Lei10
Li11   Lei11
Li12   Lei12
Li13   Lei13
```

图12.1 ItemsControl列表

2. 让ItemsControl控件滚动起来

ItemsControl控件内置的模板是不支持滚动的,如果要让ItemsControl控件的数据滚动起来,需要自定义ItemsControl的控件模板,把ItemsControl控件的数据项面板放在ScrollViewer控件上,就可以让列表的数据滚动起来了。代码如下所示:

MainPage.xaml文件部分代码

```xml
<ItemsControl x:Name="itemsControl">
    <ItemsControl.Template>
        <ControlTemplate TargetType="ItemsControl">
            <ScrollViewer>
                <ItemsPresenter/>
            </ScrollViewer>
        </ControlTemplate>
    </ItemsControl.Template>
    ……省略若干代码
</ItemsControl>
```

3. 大数据量数据的绑定

这里对ItemsControl控件进行一个简单的测试,把刚才100个数据项的集合改成2000个数据项的集合,如下所示:

MainPage.xaml.cs 文件部分代码

```
for (int i = 0; i < 2000; i++)
{
    items.Add(new Item { FirstName = "Li" + i, LastName = "Lei" + i });
}
```

修改完之后，再次运行这个例子，你会发现，打开程序的速度非常慢，也就是ItemsControl控件初始化这2000个数据项的时候耗费了非常多的时间。所以这里会涉及一个问题，ItemsControl控件本身是不支持数据的虚拟化的；如果要让ItemsControl控件支持列表数据的虚拟化，还需要另外的布局处理。关于数据虚拟化的更多知识在下文会有介绍。

12.1.2 ListBox 实现下拉点击刷新列表

ListBox控件是在ItemsControl控件的基础上进行封装的，把列表项选择、虚拟化等功能集成在一起。在12.11节，ItemsControl控件绑定到有2000项数据的集合会变得很慢。如果把ItemsControl控件直接替换成ListBox控件，可以发现加载速度快了很多，这是ListBox控件的虚拟化起到了作用。

下面用ListBox控件实现一个下拉点击刷新列表的交互效果。通常，当一个列表包含很多数据，可以采用这种方式来分步加载列表的数据，特别是当列表的数据从网络请求时，这种分步加载的方式优势就更加明显了。要实现这样一种交互效果需要解决两个问题：第一个问题是这个点击的按钮要放到哪里？第二个问题是新增加的数据，怎么添加到列表的后面？第一个问题的解决方式是通过修改ListBox控件的ControlTemplate，把Button控件放在ScrollViewer里面，然后按钮就可以跟随着列表滚动，点击按钮发出刷新的逻辑。第二个问题的解决方式是使用ObservableCollection<T>集合类型来存储集合的数据，跟列表进行绑定，ObservableCollection<T>表示一个动态数据集合，在添加项、移除项或刷新整个列表时，此集合将向列表提供通知从而可以刷新列表。实现的代码如下所示：

代码清单12-2：ListBox 下拉点击刷新（源代码：第12章\Examples_12_2）
MainPage.xaml 文件主要代码

```
<ListBox ItemsSource = "{Binding Items}" >
    <ListBox.Template>
        <ControlTemplate TargetType = "ItemsControl">
            <ScrollViewer>
                <StackPanel>
                    <ItemsPresenter/>
                    <Button Content = "加载更多" Click = "Button_Click_1" HorizontalAlignment = "Center" Margin = "12"></Button>
                </StackPanel>
```

```xml
            </ScrollViewer>
        </ControlTemplate>
    </ListBox.Template>
    <ListBox.ItemTemplate>
        <DataTemplate>
            <StackPanel Orientation="Horizontal">
                <TextBlock Text="{Binding FirstName}" FontSize="30"></TextBlock>
                <TextBlock Text="{Binding LastName}" FontSize="30" Margin="30,0,0,0"></TextBlock>
            </StackPanel>
        </DataTemplate>
    </ListBox.ItemTemplate>
</ListBox>
```

MainPage.xaml.cs 文件主要代码

```csharp
public partial class MainPage : Page
{
    public ObservableCollection<Item> Items { get; set; }
    //构造函数
    public MainPage()
    {
        InitializeComponent();
        //创建 ObservableCollection<T>集合来作为数据绑定的集合
        Items = new ObservableCollection<Item>();
        for (int i = 0; i < 5; i++)
        {
            Items.Add(new Item { FirstName = "Li" + i, LastName = "Lei" + i });
        }
        this.DataContext = this;
    }
    //按钮单击事件,加载更多的数据集合
    private void Button_Click_1(object sender, RoutedEventArgs e)
    {
        //往原来列表的集合,继续添加 5 个数据项,这回同时触发列表 UI 发生变化
        int count = Items.Count;
        for (int i = count; i < count + 5; i++)
        {
            Items.Add(new Item { FirstName = "Li" + i, LastName = "Lei" + i });
        }
    }
}
```

应用程序的运行效果如图 12.2 所示。

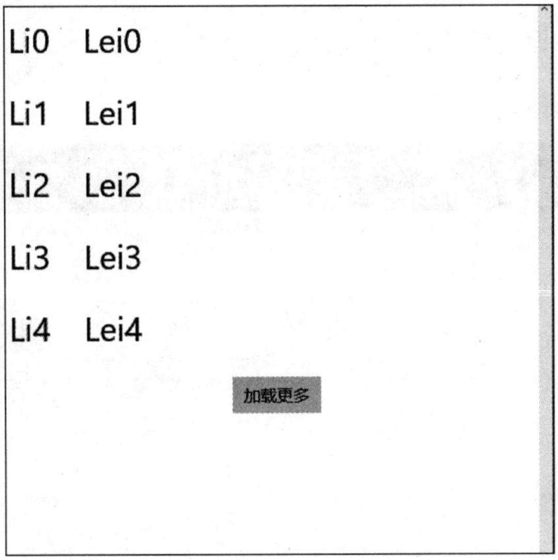

```
┌─────────────────────────┐
│  Li0    Lei0            │
│                         │
│  Li1    Lei1            │
│                         │
│  Li2    Lei2            │
│                         │
│  Li3    Lei3            │
│                         │
│  Li4    Lei4            │
│                         │
│         [加载更多]       │
│                         │
└─────────────────────────┘
```

图 12.2　ListBox 下拉点击刷新

如果要在列表中获取选中的项目，可以通过 SelectionChanged 事件来实现，代码如下所示：

MainPage.xaml 文件部分代码

```
< ListBox ItemsSource = "{Binding Items}" SelectionChanged = "ListBox_SelectionChanged_1">
```

MainPage.xaml.cs 文件部分代码

```
//选中事件的处理程序
private void ListBox_SelectionChanged_1(object sender, SelectionChangedEventArgs e)
{
    string selectInfo = "";
    //获取选中的项目



    foreach(var item in  e.AddedItems)
    {
        selectInfo += (item as Item).FirstName + (item as Item).LastName;
    }
    await new MessageDialog(selectInfo).ShowAsync();
}
```

应用程序的运行效果如图 12.3 所示。

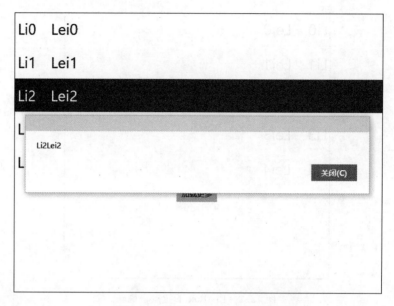

图 12.3 触发 ListBox 选择事件

12.1.3 ListView 实现下拉自动刷新列表

ListView 控件是 Windows 10 里面的高效列表控件，ListView 控件可以实现和 ListBox 控件一样的列表效果，但是 ListView 控件比 ListBox 控件的功能更加强大。在列表的外观上，ListView 控件还支持对列表的头部（HeaderTemplate）和底部（FooterTemplate）的样式定义；在功能上，ListView 控件可以直接通过 ContainerContentChanging 事件来监控到相关的列表数据加载的情况，也就是说，可以通过 ContainerContentChanging 事件间接地获取到列表数据虚拟化的运行情况。

下面用 ListView 控件实现一个列表数据的展示效果，同时还要实现的功能是列表下拉自动刷新的效果。ListView 控件实现列表和 ListBox 控件是类似的，通过对 ItemTemplate 模板进行设置，然后绑定集合的相关属性就可以了。在前面的章节中介绍过一个使用 ListBox 控件判断列表滚动到底的例子，实现的原理是通过可视化树获取 ListBox 的 ScrollViewer 控件，然后根据 ScrollViewer 控件的垂直位移属性来判断 ListBox 控件什么时候滚动到底。在 ListView 控件里面，可以使用一种更加智能的方式来实现下拉自动刷新的功能。这个例子是通过 ListView 控件的 ContainerContentChanging 事件去控制自动刷新的逻辑，因为 ListView 控件是对数据进行虚拟化处理的，当列表向下滚动的时候下面的数据就会不断地被实例化，当数据实例化的时候就会触发 ContainerContentChanging 事件，所以只需要监控当列表最后一个数据实例化的时候就可以发出数据刷新的逻辑就可以了。代码如下所示：

代码清单 12-3：ListView 控件下拉刷新（源代码：第 12 章\Examples_12_3）

MainPage.xaml 文件主要代码

```xml
<ListView x:Name="listView" ItemsSource="{Binding Items}">
    <ListView.ItemTemplate>
        <DataTemplate>
            <StackPanel Orientation="Horizontal">
                <TextBlock Text="{Binding FirstName}" FontSize="30"></TextBlock>
                <TextBlock Text="{Binding LastName}" FontSize="30" Margin="30,0,0,0"></TextBlock>
            </StackPanel>
        </DataTemplate>
    </ListView.ItemTemplate>
</ListView>
```

MainPage.xaml.cs 文件主要代码

```csharp
public sealed partial class MainPage : Page
{
    //绑定的数据集合
    public ObservableCollection<Item> Items { get; set; }
    //数据加载的标识
    public bool IsLoading = false;
    //线程锁的对象
    private object o = new object();
    //构造函数
    public MainPage()
    {
        InitializeComponent();
        //列表初始化加载 100 个数据项
        Items = new ObservableCollection<Item>();
        for (int i = 0; i < 100; i++)
        {
            Items.Add(new Item { FirstName = "Li" + i, LastName = "Lei" + i });
        }
        this.DataContext = this;
        //订阅列表的 ContainerContentChanging 事件
        listView.ContainerContentChanging += listView_ContainerContentChanging;
    }
    //ContainerContentChanging 事件处理程序，在这里判断刷新的时机
    void listView_ContainerContentChanging(ListViewBase sender, ContainerContentChangingEventArgs args)

    void listView_ContainerContentChanging(ListViewBase sender, ContainerContentChangingEventArgs args)
    {
        //因为该事件会被多个线程进入，所以添加线程锁，控制下面的代码只能单个线程去执行
        lock (o)
        {
            if (!IsLoading)
```

```csharp
            {
                if (args.ItemIndex == listView.Items.Count - 1)
                {
                    //设置 IsLoading 为 true,在加载数据的过程中,禁止多次进入
                    IsLoading = true;
                    //模拟后台耗时任务拉取数据的场景
                    Task.Factory.StartNew(async () =>
                    {
                        await Task.Delay(3000);
                        //调用 UI 线程添加数据
                        await this.Dispatcher.RunAsync(CoreDispatcherPriority.Normal, () =>
                        {
                            int count = Items.Count;
                            for (int i = count; i < count + 50; i++)
                            {
                                Items.Add(new Item { FirstName = "Li" + i, LastName = "Lei" + i });
                            }
                            //修改加载的状态
                            IsLoading = false;
                        });
                    });
                }
            }
        }
```

应用程序的运行效果如图 12.4 所示。

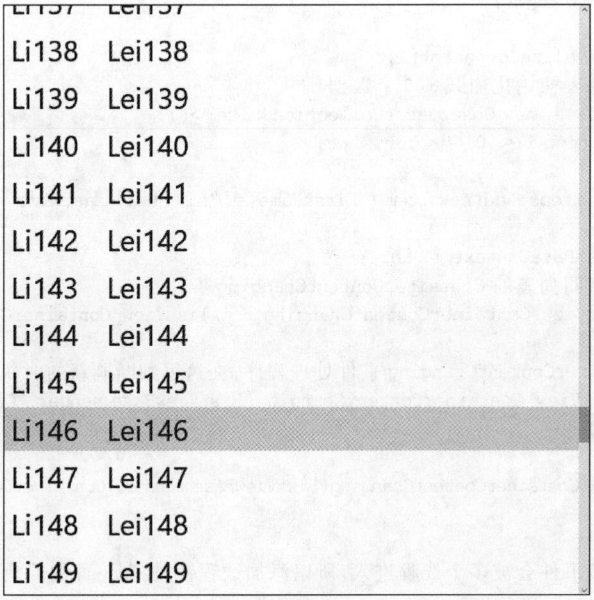

Li138	Lei138
Li139	Lei139
Li140	Lei140
Li141	Lei141
Li142	Lei142
Li143	Lei143
Li144	Lei144
Li145	Lei145
Li146	Lei146
Li147	Lei147
Li148	Lei148
Li149	Lei149

图 12.4　下拉自动刷新的 ListView

12.1.4 GridView 实现网格列表

ListView 控件实现的是垂直排列的列表功能，如果要实现网格布局的列表就需要使用 GridView 控件了。网格列表是指列表按照网格布局的方式进行布局，如系统的照片页面所实现的照片的展示效果就是用网格列表的方式去实现的。使用 ListBox 控件在面板布局中也可以通过使用 Toolkit 控件库的 WrapPanel 控件来实现网格列表，但是这种方式不支持数据虚拟化，也就是说列表有 1000 条数据，就会立即初始化 1000 条数据，这样实现的效率很差，而 GridView 控件对于网格布局也一样是实现了数据虚拟化技术，所以要实现网格列表的时候，请务必选择 GridView 控件去实现。

GridView 控件的使用方式和 ListView 控件是一样的，通过 ItemTemplate 来设置列表项目的模板，不过在 GridView 控件设置 ItemTemplate 模板的时候要注意设置它的高度和宽度，如果没有设置高度和宽度，GridView 控件的布局就会按照 Item 实际的大小进行布局，可能会导致网格布局的错乱。

下面是一个 GridView 控件网格列表的示例：

代码清单 12-4：GridView 网格列表（源代码：第 12 章\Examples_12_4）

MainPage.xaml 文件主要代码

```xml
<GridView x:Name="gridView">
    <!-- ItemTemplate 模板用于显示列表的数据项 -->
    <GridView.ItemTemplate>
        <DataTemplate>
            <StackPanel>
                <TextBlock Text="{Binding Name}" Height="80" Width="80"></TextBlock>
            </StackPanel>
        </DataTemplate>
    </GridView.ItemTemplate>

    <!-- Item 容器的样式 -->
    <GridView.ItemContainerStyle>
        <Style TargetType="GridViewItem">
            <Setter Property="BorderBrush" Value="Gray" />
            <Setter Property="BorderThickness" Value="1" />
            <Setter Property="HorizontalContentAlignment" Value="Center" />
            <Setter Property="VerticalContentAlignment" Value="Center" />
        </Style>
    </GridView.ItemContainerStyle>
</GridView>
```

MainPage.xaml.cs 文件主要代码

```csharp
public sealed partial class MainPage : Page
```

```csharp
{
    public MainPage()
    {
        InitializeComponent();
        //创建绑定的数据集合
        List<Item> Items = new List<Item>();
        for (int i = 0; i < 100; i++)
        {
            Items.Add(new Item { Name = "测试" + i });
        }
        gridView.ItemsSource = Items;
    }
    //绑定的数据实体类
    class Item
    {
        public string Name { get; set; }
    }
}
```

应用程序的运行效果如图 12.5 所示。

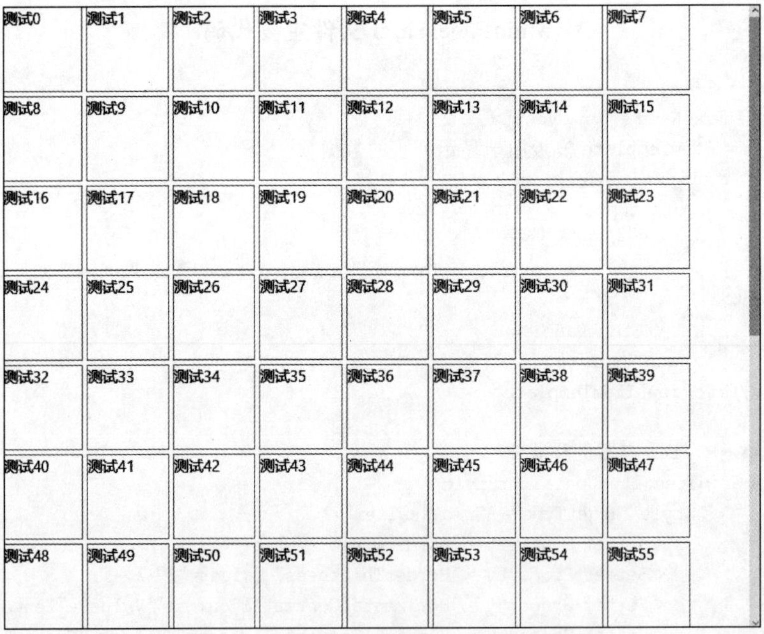

图 12.5 网格列表

12.1.5 SemanticZoom 实现分组列表

SemanticZoom 控件可以让用户实现一种更高级的列表，这种列表可以对列表的项目进行分组，同时这个 SemanticZoom 控件会提供两个具有相同内容的不同视图，其中一个是主视图,另一个视图是可以让用户进行快速导航的分组视图。

SemanticZoom 控件支持对 GridView 和 ListView 控件的视图效果进行缩放,在 SemanticZoom 控件中包含两个列表控件(GridView 或 ListView):一个控件提供放大视图,另外一个提供缩小视图。放大视图提供一个详细信息视图(ZoomedInView)以让用户查看详细信息;缩小视图提供一个缩小索引视图(ZoomedOutView)让用户快速定位想要查看信息的大致范围或者分组。下面从控件的样式设置和数据源创建两个方面来介绍 SemanticZoom 控件的使用。

1. SemanticZoom 控件的样式设置

SemanticZoom 控件实现分组列表会比实现非分组的列表复杂一些,实现分组列表还需要设置两大属性的内容:ZoomedOutView 的内容和 ZoomedInView 的内容。这两个属性的内容含义如下所示:

```
<SemanticZoom.ZoomedInView>
    <!-- 在这里放置 GridView(或 ListView)以表示放大视图,显示详细信息 -->
</SemanticZoom.ZoomedInView>
<SemanticZoom.ZoomedOutView>
    <!-- 在这里放置 GridView(或 ListView)以表示缩小视图,一般情况下绑定 Group.Title -->
</SemanticZoom.ZoomedOutView>
```

在赋值给 ZoomedInView 属性的列表控件里面,一般需要设置 ItemTemplate 模板和 GroupStyle.HeaderTemplate 模板。ItemTemplate 模板要设置的内容就是列表详细信息所展示的内容;GroupStyle.HeaderTemplate 模板是指分组的组头模板,如在人脉里面的"a"、"b"……这些就是属于列表的组头,组头如果同样是一个列表的集合,也是通过模板的绑定形式来进行定义。

在赋值给 ZoomedOutView 属性的列表控件里面,也需要设置其 ItemTemplate 模板,这里要注意的是,ZoomedOutView 里面的 ItemTemplate 模板和 ZoomedInView 里面的模板的作用是不一样的,这里的 ItemTemplate 模板是指当点击组头的时候弹出的组头的索引面板的项目展示,如点击人脉里面的"a"、"b"……就会弹出一个字母的现实面板,当你点击某个字母的时候就会重新回到列表的界面并且跳到列表字母所属的组项目的位置。同时还可以使用 ItemsPanel 来设置列表的布局,使用 ItemContainerStyle 来设置列表项目的容器样式等,这些功能的使用和单独的 GridView(或 ListView)列表的使用是一样的。

2. SemanticZoom 控件的数据源创建

SemanticZoom 控件的数据源创建需要用到 Windows.UI.Xaml.Data 命名空间下的 CollectionViewSource。CollectionViewSource 是专为数据绑定 UI 视图互动而设置的,尤其是对于要实现分组的情况,更需要它。创建一个 CollectionViewSource 对象既可以使用 XAML 的方式来进行,也可以使用 C♯ 代码来直接创建,实现的效果是等效的。在 CollectionViewSource 对象中通常需要设置下面几个重要的属性:

(1) Source 属性:设置分组后的数据源,赋值给 Source 属性的对象是列表嵌套列表的集合对象。

（2）IsSourceGrouped 属性：指示是否允许分组。

（3）ItemsPath 属性：是分组后，组内部所包含列表的属性路径。

（4）View 属性：获取当前与 CollectionViewSource 实例关联的视图对象。

（5）View.CollectionGroups 属性：返回该视图关联的所有集合组。

在绑定数据的时候，我们需要把 ZoomedInView 里面的列表控件的 ItemsSource 绑定到 CollectionViewSource 对象的 View 属性，用于展示 CollectionViewSource 对象关联的视图；把 ZoomedOutView 里面的列表控件的 ItemsSource 绑定到 CollectionViewSource 对象的 View.CollectionGroups 属性，用于展示分组的视图。

下面用一个简洁的例子来实现这样一个分组列表的数据组织逻辑和相关模板样式的设置，代码如下所示：

代码清单 12-5：SemanticZoom 分组列表（源代码：第 12 章\Examples_12_5）

MainPage.xaml 文件主要代码

```xml
<Grid x:Name="ContentPanel" Grid.Row="1" Margin="12,0,12,0">
    <Grid.Resources>
        <!--创建数据源对象，注意 ItemContent 属性就是数据源中真正的基础数据的列表属性，必须设置该属性的值数据源才能定位到实际绑定的数据实体对象-->
        <CollectionViewSource x:Name="itemcollectSource" IsSourceGrouped="true" ItemsPath="ItemContent" />
    </Grid.Resources>
    <SemanticZoom x:Name="semanticZoom">
        <SemanticZoom.ZoomedInView>
            <!--在这里放置 GridView(或 ListView)以表示放大视图 -->
            <ListView x:Name="inView">
                <ListView.GroupStyle>
                    <GroupStyle>
                        <!--用于显示列表头的数据项的模板-->
                        <GroupStyle.HeaderTemplate>
                            <DataTemplate>
                                <Border Background="Red" Height="80">
                                    <TextBlock Text="{Binding Key}" FontSize="50">
                                    </TextBlock>
                                </Border>
                            </DataTemplate>
                        </GroupStyle.HeaderTemplate>
                    </GroupStyle>
                </ListView.GroupStyle>
                <!--用于显示列表项的数据项的模板-->
                <ListView.ItemTemplate>
```

```xml
                <DataTemplate>
                    <StackPanel>
                        <TextBlock Text="{Binding Title}" Height="40" FontSize="30"></TextBlock>
                    </StackPanel>
                </DataTemplate>
            </ListView.ItemTemplate>
        </ListView>
    </SemanticZoom.ZoomedInView>
    <SemanticZoom.ZoomedOutView>
        <!-- 在这里放置GridView(或ListView)以表示缩小视图 -->
        <GridView x:Name="outView">
            <!-- 用于显示弹出的分组列表视图的数据项的模板 -->
            <GridView.ItemTemplate>
                <DataTemplate>
                    <Border Height="60">
                        <TextBlock Text="{Binding Group.Key}" FontSize="24"></TextBlock>
                    </Border>
                </DataTemplate>
            </GridView.ItemTemplate>
            <!-- 列表布局模板 -->
            <GridView.ItemsPanel>
                <ItemsPanelTemplate>
                    <WrapGrid ItemWidth="100" ItemHeight="75" MaximumRowsOrColumns="1" VerticalChildrenAlignment="Center" />
                </ItemsPanelTemplate>
            </GridView.ItemsPanel>
            <!-- 列表项目容器的样式设置 -->
            <GridView.ItemContainerStyle>
                <Style TargetType="GridViewItem">
                    <Setter Property="BorderBrush" Value="Gray" />
                    <Setter Property="Background" Value="Red" />
                    <Setter Property="BorderThickness" Value="3" />
                    <Setter Property="HorizontalContentAlignment" Value="Center" />
                    <Setter Property="VerticalContentAlignment" Value="Center" />
                </Style>
            </GridView.ItemContainerStyle>
        </GridView>
    </SemanticZoom.ZoomedOutView>
</SemanticZoom>
</Grid>
```

MainPage.xaml.cs 文件主要代码

```csharp
public sealed partial class MainPage : Page
{
    public MainPage()
    {
        this.InitializeComponent();
        //先创建一个普通的数据集合
        List<Item> mainItem = new List<Item>();
        for (int i = 0; i < 10; i++)
        {
            mainItem.Add(new Item { Content = "A类别", Title = "Test A" + i });
            mainItem.Add(new Item { Content = "B类别", Title = "Test B" + i });
            mainItem.Add(new Item { Content = "C类别", Title = "Test C" + i });
        }
        //使用LINQ语法把普通的数据集合转换成分组的数据集合
        List<ItemInGroup> Items = (from item in mainItem group item by item.Content into newItems select new ItemInGroup { Key = newItems.Key, ItemContent = newItems.ToList() }).ToList();
        //设置CollectionViewSource对象的数据源
        this.itemcollectSource.Source = Items;
        //分别对两个视图进行绑定
        outView.ItemsSource = itemcollectSource.View.CollectionGroups;
        inView.ItemsSource = itemcollectSource.View;
    }
}
//分组的实体类，也就是分组的数据集合最外面的数据项的实体类
public class ItemInGroup
{
    //分组的组头属性
    public string Key { get; set; }
    //分组的数据集合
    public List<Item> ItemContent { get; set; }
}
//列表的数据实体类
public class Item
{
    public string Title { get; set; }
    public string Content { get; set; }
}
```

应用程序的运行效果如图12.6和图12.7所示。

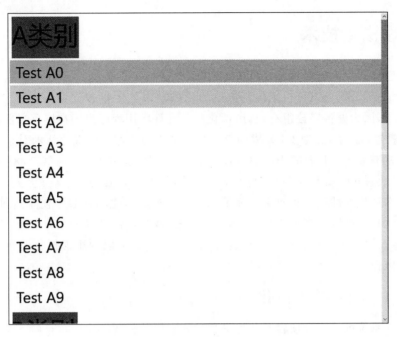

图 12.6 分类列表

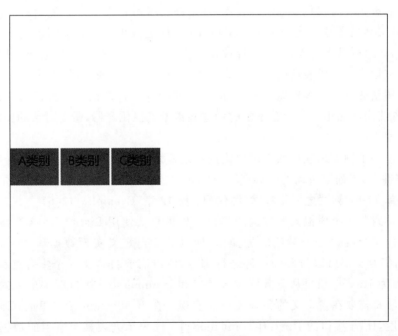

图 12.7 类别索引

12.2 虚拟化技术

在前面已经多次提到虚拟化技术，本节将专门讲解虚拟化的技术以及虚拟化技术的运用。通过虚拟化技术，可以可根据屏幕上所显示的项来从大量数据项中生成 UI 元素的子集。也就是说，因为设备屏幕很有限，虚拟化技术允许应用程序只把在屏幕当前的和屏幕附近的 UI 元素初始化了，其他 UI 元素的都是处于虚构的状态。虚拟化技术对于大数据量的列表有很大的优势，如上面的 ItemsControl 没有用到虚拟化技术，加载 2000 项数据的时候，速度非常缓慢；换成 ListBox 控件或者 ListView 控件，加载的速度马上大幅提升，这就是虚拟化技术产生的性能优化效果。除了直接在支持虚拟化的列表中使用这种技术，还可以利用虚拟化技术来做更多地优化，如当虚拟化发生的时候，可以去主动地去回收暂时不使用的内存，从而可以对程序暂用的内存进行优化。我们也可以利用虚拟化的布局控件去实现自定义的虚拟化的功能需求。

12.2.1 列表的虚拟化

标准布局系统可以创建项容器并为每个与列表控件关联的项计算布局。设备的屏幕本身是比较小的，如果在只有少量元素显示在屏幕上时生成许多 UI 元素，则会对应用程序的性能产生负面影响。虚拟化是指一种技术，通过该技术可根据屏幕上显示的项从大量数据项中生成 UI 元素的子集。当一个 Windows 10 支持虚拟化的列表被绑定到一个大型集合的数据源时，如果可以支持虚拟化，该控件将只为那些在可以看到的项创建可视化的容器。这是一个完整集合中有代表性的一小部分。当用户滚动屏幕的时候，将为那些滚动到可视区域的项创建新的可视化容器，那些不再可见的项的容器将被销毁。当容器设置为循环使用时，它将再使用可视化容器代替不断的创建和销毁可视化容器，避免对象的实例化和垃圾回收器的过度工作。

下面通过一个例子来观察列表虚拟化技术是怎么运行的：把一个大的数据集合绑定到 ListView 控件上，当列表滑动的时候把 ListView 控件往列表集合读取的数据项打印出来。

代码清单 12-6：测试虚拟化技术（源代码：第 12 章\Examples_12_6）

首先需要封装一个模拟大型数据的集合。如果直接使用 List<T> 这类型的集合，我们不能打印出集合的数据项被读取的操作，所以需要自定义实现数据集合。只要实现了 IList 接口的集合类都可以与列表控件进行绑定，所以需要自定义一个集合类来实现 IList 接口，同时因为 IList 接口是从 ICollection 接口和 IEnumerable 接口派生出来的，所以这三个接口的方法都需要在自定义的集合类里面实现。在 ICollection 接口里面，Count 属性表示列表的长度，IList 接口的 IList.this[int index]属性表示列表某个索引的数据项，在自定义集合里面可以通过 Count 属性设置列表的长度，通过 IList.this[int index]属性返回数据项和打印出相关的数据信息。

实现的 VirtualDataList 类的代码如下所示：

VirtualDataList..cs 文件主要代码

```csharp
class VirtualDataList : IList
{
    #region IEnumerable Members
    //省略 IEnumerable 接口的实现内容
    ……
    #endregion


    #region IList Members
    //省略 IList 接口的部分实现内容
    ……
    //根据索引返回数据项
    object IList.this[int index]
    {
        get
        {
            //当获取集合的某个数据项的时候把这个数据的索引打印出来
            Debug.WriteLine("当前加载的数据 data" + index.ToString());
            //返回列表的数据项,该集合时一个 Data 类对象的数据集合
            return new Data { Name = "data " + index.ToString()};
        }
        set
        {
            throw new NotImplementedException();
        }
    }
    #endregion
    #region ICollection Members
    //省略 ICollection 接口的部分实现内容
    ……
    public int Count
    {
        get
        {
            return 1000;
        }
    }
    #endregion
}

//数据实体类
public class Data
{
    public string Name { get; set; }
}
```

MainPage. xaml 文件主要代码

```
<ListView ItemsSource = "{Binding Data}">
    <ListView.ItemTemplate>
        <DataTemplate>
            <StackPanel>
                <TextBlock Text = "{Binding Name}" Height = "50"></TextBlock>
            </StackPanel>
        </DataTemplate>
    </ListView.ItemTemplate>
</ListView>
```

MainPage. xaml. cs 文件主要代码

```
public VirtualDataList Data { get; set; }
//构造函数
public MainPage()
{
    InitializeComponent();
    Data = new VirtualDataList();
    DataContext = this;
}
```

使用 Debug 模式来运行应用程序在 Visual Studio 的输出窗口上看到的日志如下所示，虽然列表绑定的数据集合有 1000 个数据项，但是从打印的日志中可以看出来实际上初始化的数据项只有二十多个，其他的数据项都通过虚拟化的技术进行了处理，当列表滑动的时候就会继续初始化滚动到的列表项的数据。

```
/*日志开始*/
当前加载的数据 data0
当前加载的数据 data1
当前加载的数据 data2
当前加载的数据 data3
……
当前加载的数据 data23
当前加载的数据 data24
/*日志结束*/
```

12.2.2 VirtualizingStackPanel、ItemsStackPanel 和 ItemsWrapGrid 虚拟化排列布局控件

VirtualizingStackPanel、ItemsStackPanel 和 ItemsWrapGrid 都是虚拟化布局控件，一般情况下在界面的布局上很少会用到这些虚拟化排列的控件，大部分都是封装在列表的布局面板上使用，主要目的就是为了实现列表上大数据量的虚拟化，从而极大地提高列表的效率。

其实这 3 个虚拟化布局控件都是列表控件的默认布局排列的方式，其中 VirtualizingStackPanel 控件是 ListBox 的默认布局面板，ItemsStackPanel 是 ListView 的默认布局面板，ItemsWrapGrid 是 GridView 的默认布局面板。

VirtualizingStackPanel 控件和 ItemsStackPanel 控件都表示沿着水平方向或垂直方向将内容虚拟化地排列在一行上。所实现的排列布局效果和 StackPanel 控件是一样的，不同的是这些控件可以实现虚拟化的逻辑。对于数据较多的列表布局，使用 VirtualizingStackPanel 控件或者 ItemsStackPanel 控件会比 StackPanel 控件高效很多，因为虚拟化控件只是把当前屏幕范围内的数据显示出来，其他的数据都通过虚拟化的技术进行处理，并没有进行 UI 的初始化显示，所以效率很高。ItemsWrapGrid 控件实现的是网格的虚拟化布局效果，虚拟化原理也和 ItemsStackPanel 控件类似，只不过排列的方式不一样。

这些虚拟化排列布局控件会计算可见项的数量，并处理来自 ItemsControl（如 ListBox）的 ItemContainerGenerator，以便只为可见项创建 UI 元素。仅当 StackPanel 中包含的项控件创建自己的项容器时，才会在该面板中发生虚拟化。可以使用数据绑定来确保发生这一过程，如果是直接创建列表的项元素然后添加为虚拟化排列布局控件的子对象，这种方式是不会进行虚拟化处理的。下面以 ItemsStackPanel 来说明如何利用虚拟化排列布局控件解决一些实际的问题。

ItemsStackPanel 是 ListView 元素的默认项宿主。使用 ListView 列表控件绑定数据的时候，默认采用了 ItemsStackPanel 控件对数据项进行排列。如果使用 ItemsControl 列表控件来展示数据，要给这个列表增加虚拟化的功能，ItemsStackPanel 对象元素必须包含在一个 ItemsPanelTemplate 中。现在再回过头来看本章的第一个例子，用 ItemsControl 控件绑定 2000 个数据项的集合的时候，加载的速度很慢，这就是没有使用虚拟化的结果。如果在 ItemsControl 控件上使用 ItemsStackPanel 来进行虚拟化布局，你会发现加载的速度非常快。给 ItemsControl 控件添加 ItemsStackPanel 虚拟化布局，需要把代码修改如下：

```
<ItemsControl x:Name="itemsControl">
    <!-- 使用 ItemsStackPanel 控件作为 ItemsControl 的布局面板 -->
    <ItemsControl.ItemsPanel>
        <ItemsPanelTemplate>
            <ItemsStackPanel/>
        </ItemsPanelTemplate>
    </ItemsControl.ItemsPanel>
    <ItemsControl.Template>
        <ControlTemplate TargetType="ItemsControl">
            <ScrollViewer>
                <ItemsPresenter/>
            </ScrollViewer>
        </ControlTemplate>
    </ItemsControl.Template>
    <ItemsControl.ItemTemplate>
```

```
            <DataTemplate>
                ……省略若干代码
            </DataTemplate>
        </ItemsControl.ItemTemplate>
</ItemsControl>
```

如果在列表中需要使用 ItemsStackPanel 控件虚拟化的技术，还要注意，不能破坏 ScrollViewer 和 ItemsPresenter 的结构，否则将不能实现虚拟化的效果。如果在 ScrollViewer 和 ItemsPresenter 之间再添加一个 StackPanel 控件，如下所示：

```
<ControlTemplate TargetType="ItemsControl">
    <ScrollViewer>
        <StackPanel>
            <ItemsPresenter/>
        </StackPanel>
    </ScrollViewer>
</ControlTemplate>
```

这时候，ItemsStackPanel 控件会一次性把所有的数据都初始化，不会起到虚拟化的作用。因为 ItemsStackPanel 控件虚拟化的时候是根据每个 Item 的固定大小来进行布局的虚拟化处理的，当在 ScrollViewer 和 ItemsPresenter 中加入了其他的控件之后会破坏 ItemsStackPanel 控件的虚拟化布局，导致 ItemsStackPanel 控件无法准确地测量出列表的数据项的布局。

12.2.3 实现横向虚拟化布局

通常，我们实现的列表布局都是竖向的布局，包括 GridView 控件的布局整体上也是竖向的布局。ListView 控件和 ListBox 控件默认都是竖向垂直滚动的列表，如果要让其水平滚动就需要自定义布局的面板，这时候就可以使用 ItemsStackPanel 控件去实现，如果不需要 ListView 控件那么多的功能和效果，就可以直接使用最基本的列表控件——ItemsControl 控件搭配 ItemsStackPanel 控件去实现横向滚动的效果，并且带有虚拟化的功能。

下面使用 ItemsControl 控件横向滚动展示图片，在这个例子里面会使用到 ItemsStackPanel 控件的 Horizontal 布局。列表中会有 100 个数据项，我们通过日志来查看其加载的数据项是怎样的。

代码清单 12-7：横向虚拟化列表（源代码：第 12 章\Examples_12_7）

（1）首先，创建实体类和自定义的集合类，实体类 Item 和自定义的集合类 ItemList。

Item.cs 文件主要代码

```
public class Item
{
    //图片对象
    public BitmapImage Image { get; set; }
```

```
        //图片名字
        public string ImageName { get; set; }
    }
```

ItemList.cs 文件主要代码

```
    public class ItemList : IList
    {
        // 设置集合的数量为 100
        public ItemList()
        {
            Count = 100;
        }
        //集合数量属性
        public int Count { get; set; }
        //根据索引返回数据项
        public object this[int index]
        {
            get
            {
                //加载的图片是程序里面的图片资源,5 张图片循环加载
                int imageIndex = 5 - index % 5;
                Debug.WriteLine("加载的集合索引是: " + index );
                return new Item { ImageName = "图片" + index, Image = new BitmapImage(new Uri("ms-appx:///Images/" + imageIndex + ".jpg", UriKind.RelativeOrAbsolute)) };
            }
            set
            {
                throw new NotImplementedException();
            }
        }
        //……省略若干代码
    }
```

（2）实现 ItemsControl 的横向虚拟化布局。

要实现 ItemsControl 的横向虚拟化布局,除了使用 ItemsStackPanel 控件的 Horizontal 布局,还需要在 ItemsControl 中设置 ScrollViewer.HorizontalScrollBarVisibility="Auto",这样列表就可以水平滚动了。列表的代码如下：

MainPage.xaml 文件主要代码

```
    <ItemsControl x:Name="list">
        <!-- 使用 ItemsStackPanel 控件作为 ItemsControl 的布局面板 -->
        <ItemsControl.ItemsPanel>
```

```xml
<ItemsPanelTemplate>
    <ItemsStackPanel Orientation="Horizontal"/>
</ItemsPanelTemplate>
</ItemsControl.ItemsPanel>
<ItemsControl.Template>
    <ControlTemplate TargetType="ItemsControl">
        <ScrollViewer ScrollViewer.HorizontalScrollBarVisibility="Auto" ScrollViewer.VerticalScrollBarVisibility="Disabled">
            <ItemsPresenter/>
        </ScrollViewer>
    </ControlTemplate>
</ItemsControl.Template>
<ItemsControl.ItemTemplate>
    <DataTemplate>
        <StackPanel>
            <Image Source="{Binding Image}" Width="144" Height="240" Stretch="UniformToFill"></Image>
            <TextBlock Text="{Binding ImageName}"></TextBlock>
        </StackPanel>
    </DataTemplate>
</ItemsControl.ItemTemplate>
</ItemsControl>
```

MainPage.xaml.cs 文件主要代码

```csharp
public MainPage()
{
    InitializeComponent();
    list.ItemsSource = new ItemList();
}
```

（3）列表的运行效果如图 12.8 所示，采用 Debug 调试下运行程序可以看到日志显示列表只是初始化了 10 个数据项，日志如下所示：

```
/*日志开始*/
加载的集合索引是：0
加载的集合索引是：1
加载的集合索引是：2
加载的集合索引是：3
加载的集合索引是：4
加载的集合索引是：5
加载的集合索引是：6
加载的集合索引是：7
加载的集合索引是：8
加载的集合索引是：9
    /*日志开始*/
```

图 12.8　横向虚拟化列表

12.2.4　大数据量网络图片列表的异步加载和内存优化

虚拟化技术可以让 Windows 10 上的大数据量列表不必担心会一次性加载所有的数据，保证了 UI 的流程性。对于虚拟化的技术，我们不仅仅依赖其来给列表加载数据，还可以利用虚拟化的特性去做更多的事情。虚拟化技术有一个很重要的特性就是它可以准确地判断出哪些列表项处于设备屏幕中，可以动态地去更新这些数据。基于这样的特性，我们可以给列表的功能做更多的优化。

下面基于一个例子来讲解利用虚拟化技术去做列表的性能优化。有这么一个需求，需要实现一个图片的列表，图片都是来自网络的（关于网络编程的详细知识可以参考后面的章节），然后数据集合也很大。做这个网络图片列表功能时会面临着两个问题，一是图片的加载比较耗时，另外一个是不断地滑动会让数据集合加载的图片占用的内存越来越高。

对于第一个问题，可以采用异步加载的方式来解决，这样的列表加载完之后，图片再显示出来，列表首次加载的速度会很快。我们可以通过后台线程调用网络请求下载图片，下载完图片之后再触发 UI 线程把图片显示出来。

第二个问题是要解决内存的问题，可以使用弱引用类型（WeakReference 类）来存储图片的数据。弱引用就是不保证不被垃圾回收器回收的对象，它拥有比较短暂的生命周期。在垃圾回收器扫描它所管辖的内存区域过程中，一旦发现了只具有弱引用的对象，就会回收它的内存。不过一般情况下，垃圾回收器的线程优先级很低，也就不会很快发现那些只有弱引用的对象。当内存的使用影响程序流畅运行的时候，垃圾回收器就会按照优先次序把存在时间长的弱引用对象回收,从而释放内存。所以弱引用特别适合在当前这种情况下,占用大量内存,但通过垃圾回收功能回收以后很容易重新创建的图片对象。图片下载完之后会存放在弱引用对象里面,当检查到数据被回收的时候,再进行异步加载,当然也可以把图片用独立存储存起来,这样就免去了再次请求网络的操作。

下面来实现网络图片列表的异步加载和内存优化。

代码清单 12-8:网络图片列表(源代码:第 12 章\Examples_12_8)

(1) 创建数据实体类 Data 类,在 Data 类里面封装异步加载图片和弱引用的逻辑。

Data.cs 文件主要代码

```
//Data 类从 INotifyPropertyChanged 派生,要实现绑定属性改变的事件,用于图片异步请求完成
之后可以更新到 UI 上
    public class Data: INotifyPropertyChanged
    {
        //图片名字属性
        public string Name { get; set; }
        //当前的页面对象,用于触发 UI 线程
        public Page Page { get; set; }
        //图片的网络地址
        private Uri imageUri;
        public Uri ImageUri
        {
            get
            {
                return imageUri;
            }
            set
            {
                if (imageUri == value)
                {
                    return;
                }
                imageUri = value;
                bitmapImage = null;
            }
        }
        //若引用对象,用于存储下载好的图片对象
        WeakReference bitmapImage;
        //ImageSource 属性用于绑定到列表的 Image 控件上
        public ImageSource ImageSource
        {
            get
            {
                if (bitmapImage != null)
                {
```

```csharp
            //如果弱引用没有没回收,则取弱引用的值
            if (bitmapImage.IsAlive)
                return (ImageSource)bitmapImage.Target;
            else
                Debug.WriteLine("数据已经被回收");
        }

        //弱引用已经被回收那么则通过图片网络地址进行异步下载
        if (imageUri != null)
        {
            Task.Factory.StartNew(() =>{ DownloadImage(imageUri);});
        }
        return null;
    }
}
//下载图片的方法
async void DownloadImage(Uri uri)
{
    List<Byte> allBytes = new List<byte>();
    Stream streamForUI;
    //通过网路下载图片数据,关于网络编程的相关知识可以参考后面的章节
    using (var response = await HttpWebRequest.Create(uri).GetResponseAsync())
    {
        using (Stream responseStream = response.GetResponseStream())
        {
            byte[] buffer = new byte[4000];
            int bytesRead = 0;
            while ((bytesRead = await responseStream.ReadAsync(buffer, 0, 4000)) > 0)
            {
                allBytes.AddRange(buffer.Take(bytesRead));
            }
        }
    }
    streamForUI = new MemoryStream((int)allBytes.Count);
    streamForUI.Write(allBytes.ToArray(), 0, allBytes.Count);
    streamForUI.Seek(0, SeekOrigin.Begin);
    //触发 UI 线程处理位图和 UI 更新
    await Page.Dispatcher.RunAsync(CoreDispatcherPriority.Normal, () =>
        {
            BitmapImage bm = new BitmapImage();
            bm.SetSource(streamForUI.AsRandomAccessStream());
            //把图片位图对象存放到若引用对象里面
            if (bitmapImage == null)
                bitmapImage = new WeakReference(bm);
            else
                bitmapImage.Target = bm;
```

```csharp
            //触发UI绑定属性的改变
            OnPropertyChanged("ImageSource");
        }
    );
}
//属性改变事件
async void OnPropertyChanged(string property)
{
    var hander = PropertyChanged;

    await Page.Dispatcher.RunAsync(CoreDispatcherPriority.Normal, () =>
    {
        if (hander != null)
            hander(this, new PropertyChangedEventArgs(property));
    });
}
public event PropertyChangedEventHandler PropertyChanged;
```

(2) 使用 ListView 控件绑定数据 Data 对象的数据集合。

MainPage.xaml 文件主要代码

```xml
<ListView x:Name="listView">
    <ListView.ItemTemplate>
        <DataTemplate>
            <StackPanel>
                <TextBlock Text="{Binding Name}" Height="80"></TextBlock>
                <Image Source="{Binding ImageSource}" Width="200" Height="200"></Image>
            </StackPanel>
        </DataTemplate>
    </ListView.ItemTemplate>
</ListView>
```

MainPage.xaml.cs 文件主要代码

```csharp
public MainPage()
{
    InitializeComponent();
    //创建一个有1000个Data对象的数据集合
    List<Data> Items = new List<Data>();
    for (int i = 0; i < 1000; i++)
    {
        //在网络地址后面加上 index=i 是为了保证每个网络地址不一样
```

```
            //这样就不会产生网络数据缓存,更加接近真实的网络图片列表
            Items.Add(new Data { Name = "Test" + i, Page = this, ImageUri = new Uri
("http://pic002.cnblogs.com/images/2012/152755/2012120917494440.png?index=" + i) });
        }
        listView.ItemsSource = Items;
    }
```

应用程序的运行效果如图 12.9 所示。

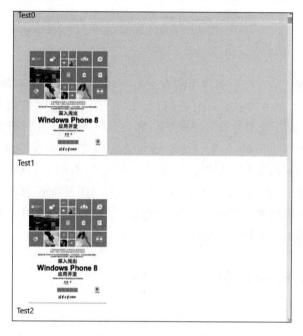

图 12.9　网络图片列表

第 13 章 图表编程

图表编程是指在应用程序里面利用图表去展示相关的数据，是一种在应用程序里面非常形象直观地展示数据的方式，在记账应用、股票应用等应用里面使用非常广泛。在 Windows 10 系统的 API 里面并没有直接提供相关的图表控件进行图表编程，这意味着开发者需要自己利用图形绘图的 API 直接绘制相关的图表，或者自定义封装图表控件来使用。前面的章节所讲解的绘图的知识就是图表编程的基础，图表编程就是利用了这些基础的 API 和编程技术来创建有规律的图形，可以把图表看作是特殊的图形，在基础的图形上再进行封装和组合实现出来。本章先介绍如何通过基本的图形 API 实现一些常用的图表，然后再介绍一个开源的图表控件库的使用及其实现原理。

13.1 动态生成折线图和区域图

折线图是指在二维空间里面，用连续的线段将各数据点连接起来而组成的图形，以折线方式显示数据的变化趋势。通常用 X 轴和 Y 轴的坐标来表明折线图，X 轴和 Y 轴在实际的情况里面代表着某一种数据，如 X 轴代表时间，Y 轴代表内存，这个折线图就是表示内存随时间的变化趋势。折线图适用于显示在相等时间间隔下数据的趋势，在折线图中，类别数据沿水平轴均匀分布，所有值数据沿垂直轴均匀分布。区域图其实就是在折线图的基础上实现了区域的显示效果，这两者非常类似，所以生成折线图和区域图的逻辑是可以共用的。本节主要介绍怎么动态地生成折线图和区域图，如果所展现的数据是不会变化的，就没有必要去做动态生成，但是现实中的图表数据往往是会变化的，所以需要动态地根据数据集合来生成图形。

13.1.1 折线图和区域图原理

首先来看一下折线图的原理，折线图可以通过 Polyline 图形来进行创建，我们要实现的折线图就是一种特殊的 Polyline 图形。一般的折线图的 X 轴坐标是等量递增的，Y 轴的坐标是随意变化的，我们需要根据这种变化的规律来给 Polyline 控件库的 Points 属性来赋值。下面的代码创建了一个折线图，实现效果如图 13.1 所示。

```
< Polyline Stroke = "Red" StrokeThickness = "5" Height = "150" Points = "0,10 50,40 100,90 150,
50 200,50 250,10 300,100 350,30 400,0" />
```

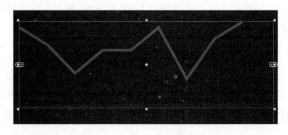

图 13.1 折线图

在折线图的示例里面，可以看到这个折线图是由 9 个点（0,10 50,40 100,90 150,50 200,50 250,10 300,100 350,30 400,0）组成的，这些点的 X 轴坐标是等量地递增 50 个像素的，因此可以很清楚地看到这个图形沿着 X 轴的走势。还需要注意，这些点的 Y 轴坐标是表示到图形顶部的距离，所以 Y 轴坐标越小的点越在上面，Polyline 的高度 150 就可以看作是 Y 轴的最大值。

下面再来看一下区域图。区域图的规则和折线图是类似的，只不过区域图是一个闭合的图形，相当于把折线图和 X 轴组合起来形成一个区域。区域图可以通过 Polygon 图形去实现，Polygon 图形和 Polyline 图形的区别在于一个是闭合的而另一个是非闭合的，这也是区域图和折线图的区别。下面的代码创建了一个区域图，这个区域图所展现的数据内容和上面的折线图是一样的，实现的效果如图 13.2 所示。

```
< Polygon Fill = "AliceBlue" StrokeThickness = "5" Height = "150" Stroke = "Red" Points = "0,150
0,10 50,40 100,90 150,50 200,50 250,10 300,100 350,30 400,0 400,150"/>
```

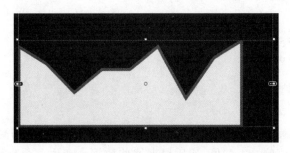

图 13.2 区域图

和折线图对比，区域图多了两个坐标点：一个是开始点（0,150），还有一个是结束点（400,150），为什么要多这两个点呢，因为 Polygon 图形默认把第一个点和最后一个点连接起来，所以这两个点相当于是折线上第一个点（0,10）在 X 轴上的映射坐标（0,150）和折线上最后一个点（400,0）在 X 轴上的映射坐标（400,150）。

13.1.2 生成图形逻辑封装

上面介绍了使用 XAML 来创建静态的折线图和区域图,本节介绍使用 C#代码根据数据来生成折线图和区域图。创建折线图和区域图最关键的部分就是把相关的数据集合转化为 X 轴和 Y 轴的坐标,然后根据坐标生成图形,下面的代码实现了一个生成折线图的 PointCollection 的方法。

代码清单 13-1:生成折线图和区域图(源代码:第 13 章\Examples_13_1)

MainPage.xaml.cs 文件部分代码:生成折线图的逻辑封装

```
/// <summary>
///根据数据生成折线图的 PointCollection 点集合
/// </summary>
/// <param name = "datas">数据集合</param>
/// <param name = "topHeight">图表的最高高度</param>
/// <param name = "perWidth">X 轴的间隔</param>
/// <param name = "topValue">最大的值</param>
/// <returns>图形的 PointCollection 集合</returns>
privatePointCollection GetLineChartPointCollection(List < double > datas, double topHeight, double perWidth, double topValue)
{
    PointCollection pointCollection = new PointCollection();
    double x = 0;        //X 坐标
    foreach (double data in datas)
    {
        double y;        //Y 坐标
        if (data > topValue) y = 0;
        else y = (topHeight - (data * topHeight) / topValue);
        Pointpoint = new Point(x, y);
        pointCollection.Add(point);
        x += perWidth;
    }
    returnpointCollection;
}
```

该方法通过参数传递进行折线图表展示的数据集合、图表的最高高度、两个数据之间的 X 轴的间隔和图表数值的最大的值,然后根据这些数据来产生一个坐标的点集合。图表数值的最大值是为了控制数据集合里面的数值相差太大而导致图表显示异常,所以做了一个最大值的控制。如果 datas 数据里面有比 topValue 大的数据,将会用 topValue 来代替。Y 坐标的产生公式是 y = (topHeight − (data * topHeight) / topValue),计算出点和顶部的距离就是 Y 坐标,X 坐标就是有规律地递增。

定义好 PointCollection 的生成方法后,就可以在 UI 上生成折线图了,下面是 UI 上的代码,通过 Button 事件调用 GetLineChartPointCollection 方法产生一个折线图。

MainPage. xaml 文件主要代码

```
< Grid x:Name = "ContentPanel"Grid.Row = "1" Margin = "12,0,12,0">
    < Grid.RowDefinitions >
        < RowDefinition Height = "Auto"/>
        < RowDefinition Height = " * "/>
    </Grid.RowDefinitions >
     < Grid x:Name = "chartCanvas" Grid.Row = "0" Height = "400" HorizontalAlignment = "Center" VerticalAlignment = "Center">
    </Grid >
    < StackPanel   Grid.Row = "1">
        < Button Content = "折线图" Click = "Button_Click_1"></Button >
        < Button Content = "区域图" Click = "Button_Click_2"></Button >
    </StackPanel >
</Grid >
```

MainPage. xaml. cs 文件部分代码：生成折线图的按钮事件

```
//生成折线图
private void Button_Click_1(object sender, RoutedEventArgs e)
{
    chartCanvas.Children.Clear();
    List < double > datas = new List < double > { 23, 23, 45, 26, 45, 36, 29, 30, 27, 38, 36, 52, 27, 35 };
    PointCollection pointCollection = GetLineChartPointCollection(datas, 400, 30, 100);
    Polyline polyline = new Polyline { Points = pointCollection, Stroke = new SolidColorBrush(Colors.Red) };
    chartCanvas.Children.Add(polyline);
}
```

单击生成折线图按钮后，应用程序的运行效果如图13.3所示。

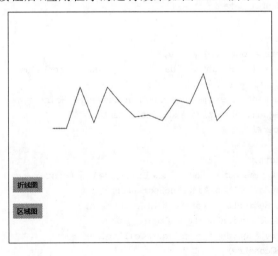

图 13.3　动态生成折线图

下面再来看一下怎么生成区域图,如果直接使用 Polygon 图形来生成区域图,只需要在 GetLineChartPointCollection 方法里面添加上一个开始点在 X 轴的映射坐标和一个结束点在 X 轴的映射坐标就可以了,实现起来也很简单。除了使用 Polygon 图形来实现,还可以用 Path 图形来实现,实现的效果也是一样的,下面的代码实现了一个生成 Path 区域图的 PathGeometry 的方法。

MainPage.xaml.cs 文件部分代码:生成区域图的逻辑封装

```
/// <summary>
///根据数据生成区域图的 PathGeometry
/// </summary>
/// <param name = "datas">数据集合</param>
/// <param name = "topHeight">图表的最高高度</param>
/// <param name = "perWidth">X 轴的间隔</param>
/// <param name = "topValue">最大的值</param>
/// <returns>Path 图形的 PathGeometry</returns>
private PathGeometry GetLineChartPathGeometry(List < double > datas, double topHeight, double perWidth, double topValue)
{
    PathGeometry pathGeometry = new PathGeometry();
    PathFigureCollection pathFigureCollection = new PathFigureCollection();
    //使用数据集合第一个点在 X 轴的投影点作为 Path 图形的开始点
    PathFigure pathFigure = new PathFigure { StartPoint = new Point(0, topHeight) };
    //新建一个 PathSegmentCollection 集合用来添加 LineSegment 线段的对象
    PathSegmentCollection pathSegmentCollection = new PathSegmentCollection();
    double x = 0;           //X 坐标
    foreach (double data in datas)
    {
        double y;           //Y 坐标
        if (data > topValue) y = 0;
        else y = (topHeight - (data * topHeight) / topValue);
        Point point = new Point(x, y);
        LineSegment lineSegment = new LineSegment { Point = point };
        pathSegmentCollection.Add(lineSegment);
        x += perWidth;
    }
    x -= perWidth;
    LineSegment lineSegmentEnd = new LineSegment { Point = new Point(x, topHeight) };
    pathSegmentCollection.Add(lineSegmentEnd);
    pathFigure.Segments = pathSegmentCollection;
    pathFigureCollection.Add(pathFigure);
    pathGeometry.Figures = pathFigureCollection;
    return pathGeometry;
}
```

GetLineChartPathGeometry 方法使用 C♯ 代码创建了一个 PathGeometry 对象,它计算坐标的原理和 GetLineChartPointCollection 方法计算的原理是一样,只不过 GetLineChartPathGeometry 方法是用这些坐标来创建 LineSegment 对象,然后通过 LineSegment 对象的集合来创建 PathGeometry 图形。在 Button 事件里面调用 GetLineChartPathGeometry 方法的代码如下。

MainPage.xaml.cs 文件部分代码:生成区域图的按钮事件

```
//生成区域图
private void Button_Click_2(object sender, RoutedEventArgs e)
{
    chartCanvas.Children.Clear();

    List<double> datas = new List<double> { 23, 23, 45, 26, 45, 36, 29, 30, 27, 38, 36, 52, 27, 35 };
    PathGeometry pathGeometry = GetLineChartPathGeometry(datas, 400, 30, 100);
    Path path = new Path { Data = pathGeometry, Fill = new SolidColorBrush(Colors.Red) };
    chartCanvas.Children.Add(path);
}
```

单击生成区域图按钮后,应用程序的运行效果如图 13.4 所示。

图 13.4 动态生成区域图

13.2 实现饼图控件

前面讲解了动态生成折线图和区域图，对于简单的图形这样通过 C♯ 代码来生成的方式是很方便的，但是当图表要实现更复杂的逻辑的时候，这种动态生成的方式就显得力不从心了，就需要利用控件封装的方式来实现更强大的图表控件功能。本节将讲解怎样用封装控件的方式去实现图表，用一个饼图控件作为例子来分析。

13.2.1 自定义饼图片形状

饼图其实就是把一个圆形分成若干块，每一块代表着一个类别的数据，可以把每一块的图形看作是饼图片形状。要实现一个饼图控件，首先需要做的就是实现饼图片形状，第 4 章讲解了如何实现自定义的形状，饼图片形形状也可以通过这种方式来实现。饼图片形状有一些重要的属性，如饼图半径 Radius、内圆半径 InnerRadius、旋转角度 RotationAngle、片形角度 WedgeAngle、点 innerArcStartPoint、点 innerArcEndPoint、点 outerArcStartPoint 和点 outerArcEndPoint 等，这些属性的含义如图 13.5 所示。要绘制这个饼图片形状需要计算出 4 个点的坐标（点 innerArcStartPoint、点 innerArcEndPoint、点 outerArcStartPoint 和点 outerArcEndPoint），这 4 个点的坐标需要通过半径和角度相关的属性计算出来。计算出这 4 个点的坐标之后，通过这 4 个点创建一个 Path 图形，这个 Path 图形由两条直线和两条弧线组成，形成了一个饼图片形形状。通过这种方式不仅把这个饼图片形形状创建好了，连这个图形在整个饼图的位置也设置好了。代码如下所示。

代码清单 13-2：饼图图表（源代码：第 13 章\Examples_13_2）

      PiePiece.cs 文件代码：自定义的饼图片形形状

```
using System;
using Windows.Foundation;
using Windows.UI.Xaml;
using Windows.UI.Xaml.Media;
using Windows.UI.Xaml.Shapes;
namespace PieChartDemo
{
    /// <summary>
    /// 自定义的饼图片形形状
    /// </summary>
    class PiePiece : Path
    {
        #region 依赖属性
        //注册半径属性
        public static readonly DependencyProperty RadiusProperty =
            DependencyProperty.Register("RadiusProperty", typeof(double), typeof
```

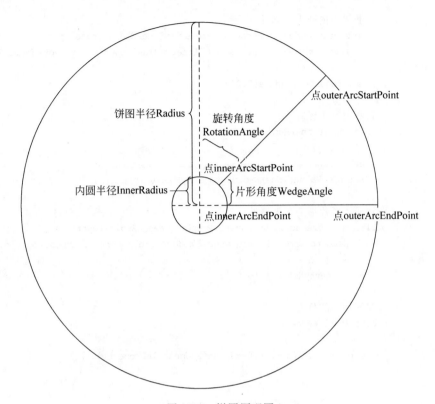

图 13.5 饼图原理图

(PiePiece),
　　　　　newPropertyMetadata(0.0));

　　　　//饼图半径
　　　　public double Radius
　　　　{
　　　　　　get { return (double)GetValue(RadiusProperty); }
　　　　　　set {SetValue(RadiusProperty, value); }
　　　　}
　　　　//注册饼图片形点击后推出的距离
　　　　public staticreadonly DependencyProperty PushOutProperty =
　　　　　　DependencyProperty.Register("PushOutProperty", typeof(double), typeof(PiePiece),
　　　　　　newPropertyMetadata(0.0));

　　　　//距离饼图中心的距离
　　　　public doublePushOut
　　　　{
　　　　　　get { return (double)GetValue(PushOutProperty); }
　　　　　　set {SetValue(PushOutProperty, value); }
　　　　}

```csharp
//注册饼图内圆半径属性
public static readonly DependencyProperty InnerRadiusProperty =
    DependencyProperty.Register("InnerRadiusProperty", typeof(double), typeof(PiePiece),
        new PropertyMetadata(0.0));

//饼图内圆半径
public double InnerRadius
{
    get { return (double)GetValue(InnerRadiusProperty); }
    set { SetValue(InnerRadiusProperty, value); }
}
//注册饼图片形的角度属性
public static readonly DependencyProperty WedgeAngleProperty =
    DependencyProperty.Register("WedgeAngleProperty", typeof(double), typeof(PiePiece),
        new PropertyMetadata(0.0));

//饼图片形的角度
public double WedgeAngle
{
    get { return (double)GetValue(WedgeAngleProperty); }
    set
    {
        SetValue(WedgeAngleProperty, value);
        this.Percentage = (value / 360.0);

    }
}
//注册饼图片形旋转角度的属性
public static readonly DependencyProperty RotationAngleProperty =
    DependencyProperty.Register("RotationAngleProperty", typeof(double), typeof(PiePiece),
        new PropertyMetadata(0.0));

//旋转的角度
public double RotationAngle
{
    get { return (double)GetValue(RotationAngleProperty); }
    set { SetValue(RotationAngleProperty, value); }
}
//注册中心点的X坐标属性
public static readonly DependencyProperty CentreXProperty =
    DependencyProperty.Register("CentreXProperty", typeof(double), typeof(PiePiece),
        new PropertyMetadata(0.0));
```

```csharp
//中心点的X坐标
public double CentreX
{
    get { return (double)GetValue(CentreXProperty); }
    set {SetValue(CentreXProperty, value); }
}
//注册中心点的Y坐标属性
public static readonly DependencyProperty CentreYProperty =
        DependencyProperty.Register("CentreYProperty", typeof(double), typeof(PiePiece),
        new PropertyMetadata(0.0));

//中心点的Y坐标
public double CentreY
{
    get { return (double)GetValue(CentreYProperty); }
    set {SetValue(CentreYProperty, value); }
}
//注册该饼图片形所占饼图的百分比属性
public static readonly DependencyProperty PercentageProperty =
        DependencyProperty.Register("PercentageProperty", typeof(double), typeof(PiePiece),
        new PropertyMetadata(0.0));


//饼图片形所占饼图的百分比
public double Percentage
{
    get { return (double)GetValue(PercentageProperty); }
    private set {SetValue(PercentageProperty, value); }
}

//注册该饼图片形所代表的数值属性
public static readonly DependencyProperty PieceValueProperty =
        DependencyProperty.Register("PieceValueProperty", typeof(double), typeof(PiePiece),
        new PropertyMetadata(0.0));

//该饼图片形所代表的数值
public double PieceValue
{
    get { return (double)GetValue(PieceValueProperty); }
    set {SetValue(PieceValueProperty, value); }
}
#endregion
public PiePiece()
```

```csharp
{
    CreatePathData(0, 0);
}

private doublelastWidth = 0;
private doublelastHeight = 0;
privatePathFigure figure;
//在图形中添加一个点
private voidAddPoint(double x, double y)
{
    LineSegment segment = new LineSegment();
    segment.Point = new Point(x + 0.5 * StrokeThickness,
        y + 0.5 * StrokeThickness);
    figure.Segments.Add(segment);
}
//在图形中添加一条线段
private voidAddLine(Point point)
{
    LineSegment segment = new LineSegment();
    segment.Point = point;
    figure.Segments.Add(segment);
}
//在图形中添加一个圆弧


    private voidAddArc(Point point, Size size, bool largeArc, SweepDirection sweepDirection)
    {
        ArcSegment segment = new ArcSegment();
        segment.Point = point;
        segment.Size = size;
        segment.IsLargeArc = largeArc;
        segment.SweepDirection = sweepDirection;
        figure.Segments.Add(segment);
    }

    private voidCreatePathData(double width, double height)
    {
        //用于退出布局的循环逻辑
        if (lastWidth == width && lastHeight == height) return;
        lastWidth = width;
        lastHeight = height;

        PointstartPoint = new Point(CentreX, CentreY);
        //计算饼图片形内圆弧的开始点
```

```csharp
PointinnerArcStartPoint = ComputeCartesianCoordinate(RotationAngle, InnerRadius);
//根据中心点来校正坐标的位置
innerArcStartPoint = Offset(innerArcStartPoint,CentreX, CentreY);
//计算饼图片形内圆弧的结束点
PointinnerArcEndPoint = ComputeCartesianCoordinate(RotationAngle + WedgeAngle, InnerRadius);
innerArcEndPoint = Offset(innerArcEndPoint, CentreX, CentreY);
//计算饼图片形外圆弧的开始点
PointouterArcStartPoint = ComputeCartesianCoordinate(RotationAngle, Radius);
outerArcStartPoint = Offset(outerArcStartPoint, CentreX, CentreY);
//计算饼图片形外圆弧的结束点
PointouterArcEndPoint = ComputeCartesianCoordinate(RotationAngle + WedgeAngle, Radius);
outerArcEndPoint = Offset(outerArcEndPoint, CentreX, CentreY);
//判断饼图片形的角度是否大于180度
bool largeArc = WedgeAngle > 180.0;
//把扇面饼图往偏离中心点推出一部分
if (PushOut > 0)
{
    Point offset = ComputeCartesianCoordinate(RotationAngle + WedgeAngle / 2, PushOut);

    //根据偏移量来重新设置圆弧的坐标
    innerArcStartPoint = Offset(innerArcStartPoint,offset.X, offset.Y);
    innerArcEndPoint = Offset(innerArcEndPoint,offset.X, offset.Y);
    outerArcStartPoint = Offset(outerArcStartPoint,offset.X, offset.Y);
    outerArcEndPoint = Offset(outerArcEndPoint,offset.X, offset.Y);
}
//外圆的大小
SizeouterArcSize = new Size(Radius, Radius);
//内圆的大小
SizeinnerArcSize = new Size(InnerRadius, InnerRadius);
var geometry = new PathGeometry();
figure = newPathFigure();
//从内圆开始坐标开始画一个闭合的扇形图形
figure.StartPoint = innerArcStartPoint;
AddLine(outerArcStartPoint);
AddArc(outerArcEndPoint, outerArcSize, largeArc, SweepDirection.Clockwise);
AddLine(innerArcEndPoint);
AddArc(innerArcStartPoint, innerArcSize, largeArc, SweepDirection.Counterclockwise);

figure.IsClosed = true;
geometry.Figures.Add(figure);
```

```csharp
        this.Data = geometry;
    }

    protected override Size MeasureOverride(Size availableSize)
    {
        return availableSize;
    }

    protected override Size ArrangeOverride(Size finalSize)
    {
        CreatePathData(finalSize.Width, finalSize.Height);
        return finalSize;
    }
    //把点进行偏移转换
    private Point Offset(Point point, double offsetX, double offsetY)
    {
        point.X += offsetX;
        point.Y += offsetY;
        return point;
    }

    /// <summary>
    ///根据角度和半径来计算出圆弧上的点的坐标
    /// </summary>
    /// <param name="angle">角度</param>
    /// <param name="radius">半径</param>
    /// <returns>圆弧上的点坐标</returns>
    private Point ComputeCartesianCoordinate(double angle, double radius)
    {
        //转换成弧度单位
        double angleRad = (Math.PI / 180.0) * (angle - 90);
        double x = radius * Math.Cos(angleRad);
        double y = radius * Math.Sin(angleRad);
        return new Point(x, y);
    }
}
```

13.2.2 封装饼图控件

创建好了 PiePiece 形状之后，下面就要开始创建利用 PiePiece 形状来创建饼图控件了。创建饼图控件是通过 UserControl 控件来实现，UserControl 控件的 XAML 代码里面只有一个 Grid 面板，用来加载 PiePiece 形状来组成饼图。XAML 代码如下所示：

PiePlotter.xaml 文件代码

```xml
<UserControl x:Class="PieChartDemo.PiePlotter"
    xmlns="http://schemas.microsoft.com/winfx/2006/xaml/presentation"
    xmlns:x="http://schemas.microsoft.com/winfx/2006/xaml"
    xmlns:d="http://schemas.microsoft.com/expression/blend/2008"
    xmlns:mc="http://schemas.openxmlformats.org/markup-compatibility/2006"
    mc:Ignorable="d"
    FontFamily="{StaticResource PhoneFontFamilyNormal}"
    FontSize="{StaticResource PhoneFontSizeNormal}"
    Foreground="{StaticResource PhoneForegroundBrush}"
    d:DesignHeight="480" d:DesignWidth="480">
    <Grid x:Name="LayoutRoot"></Grid>
</UserControl>
```

在实现饼图之前，需要知道饼图里面的数据集合，还需要用一个实体类 PieDataItem 来表示饼图的数据项，这里要注意两个属性：一个是表示图形的数值 Value 属性，另外一个是表示饼图片形块的颜色 Brush 属性。PieDataItem 代码如下：

PieDataItem.cs 文件代码

```csharp
using Windows.UI.Xaml.Media;
namespace PieChartDemo
{
    /// <summary>
    /// 饼图数据实体
    /// </summary>
    public class PieDataItem
    {
        public double Value { get; set; }
        public SolidColorBrush Brush { get; set; }
    }
}
```

下面来实现饼图控件加载的逻辑，在饼图控件里面需要自定义一些相关的属性，用来传递相关的参数。属性 HoleSize 表示饼图内圆的大小，按照比例来计算；属性 PieWidth 表示饼图的宽度。饼图的数据集合是通过控件数据的上下文属性 DataContext 属性来传递，在初始化饼图的时候需要把 DataContext 的数据读取出来然后再创建 PiePiece 图形。每个 PiePiece 图形都添加了 Tap 事件，用来实现当用户单击饼图的时候，相应的某一块回往外推出去。代码如下所示：

PiePlotter.xaml.cs 文件代码

```csharp
using System.Collections.Generic;
```

```csharp
using Windows.UI.Xaml;
using Windows.UI.Xaml.Controls;
using Windows.UI.Xaml.Input;

namespace PieChartDemo
{
    /// <summary>
    /// 饼图控件
    /// </summary>
    public partial class PiePlotter : UserControl
    {

        #region dependency properties
        //注册内圆大小属性
        public static readonly DependencyProperty HoleSizeProperty =
                    DependencyProperty.Register("HoleSize", typeof(double), typeof(PiePlotter), new PropertyMetadata(0.0));
        //内圆的大小,按照比例来计算
        public double HoleSize
        {
            get { return (double)GetValue(HoleSizeProperty); }
            set
            {
                SetValue(HoleSizeProperty, value);
            }
        }
        //注册饼图宽度属性
        public static readonly DependencyProperty PieWidthProperty =
                    DependencyProperty.Register("PieWidth", typeof(double), typeof(PiePlotter), new PropertyMetadata(0.0));

        //饼图宽度
        public double PieWidth
        {
            get { return (double)GetValue(PieWidthProperty); }
            set { SetValue(PieWidthProperty, value); }
        }

        #endregion
        //饼图的片形 PiePiece 的集合
        private List<PiePiece> piePieces = new List<PiePiece>();
        //选中的当前饼图的数据项
        private PieDataItem CurrentItem;
```

```csharp
publicPiePlotter()
{
    InitializeComponent();
}

//初始化展示饼图的方法
public voidShowPie()
{
    //获取控件的数据上下文,转化成数据集合
    List<PieDataItem> myCollectionView = (List<PieDataItem>)this.DataContext;
    if (myCollectionView == null)
        return;
    //半径的大小
    doublehalfWidth = PieWidth / 2;
    //内圆半径大小
    doubleinnerRadius = halfWidth * HoleSize;
    //计算图表数据的总和
    double total = 0;

    foreach (PieDataItem item in myCollectionView)
    {
        total += item.Value;
    }
    //通过 PiePiece 构建饼图
    LayoutRoot.Children.Clear();
    piePieces.Clear();
    doubleaccumulativeAngle = 0;
    foreach (PieDataItem item in myCollectionView)
    {
        bool selectedItem = item == CurrentItem;
        doublewedgeAngle = item.Value * 360 / total;
        //根据数据来创建饼图的每一块图形
        PiePiece piece = new PiePiece()
        {
            Radius = halfWidth,
            InnerRadius = innerRadius,
            CentreX = halfWidth,
            CentreY = halfWidth,
            PushOut = (selectedItem ? 10.0 : 0),
            WedgeAngle = wedgeAngle,
            PieceValue = item.Value,
            RotationAngle = accumulativeAngle,
            Fill = item.Brush,
            Tag = item
        };
```

```csharp
            //添加饼图片形的点击事件
            piece.Tapped += piece_Tapped;
            piePieces.Add(piece);
            LayoutRoot.Children.Add(piece);
            accumulativeAngle += wedgeAngle;
        }
    }

    void piece_Tapped(object sender, TappedRoutedEventArgs e)
    {
        PiePiece piePiece = sender as PiePiece;
        CurrentItem = piePiece.Tag as PieDataItem;
        ShowPie();
    }
}
```

在调用饼图控件时需要引用控件所属的空间，然后在 XAML 上调用饼图控件。

MainPage.xaml 文件主要代码

```xml
……省略若干代码
xmlns:local = "using:PieChartDemo"
……省略若干代码
< local:PiePlotter x:Name = "piePlotter" Width = "400" Height = "400" PieWidth = "400" HoleSize = "0.2"></local:PiePlotter>
```

在 C# 代码里面，对饼图的 DataContext 属性进行赋值饼图的数据集合，然后调用 ShowPie 方法初始化饼图。代码如下：

MainPage.xaml.cs 文件主要代码

```csharp
public MainPage()
{
    InitializeComponent();
    List< PieDataItem > datas = new List< PieDataItem >();
    datas.Add(new PieDataItem{ Value = 30, Brush = new SolidColorBrush(Colors.Red)});
    datas.Add(new PieDataItem { Value = 40, Brush = new SolidColorBrush(Colors.Orange) });
    datas.Add(new PieDataItem { Value = 50, Brush = new SolidColorBrush(Colors.Blue) });
    datas.Add(new PieDataItem { Value = 30, Brush = new SolidColorBrush(Colors.LightGray) });
    datas.Add(new PieDataItem { Value = 20, Brush = new SolidColorBrush(Colors.Purple) });
    datas.Add(new PieDataItem { Value = 40, Brush = new SolidColorBrush(Colors.Green) });
    piePlotter.DataContext = datas;
    piePlotter.ShowPie();
}
```

应用程序的运行效果如图 13.6 所示。

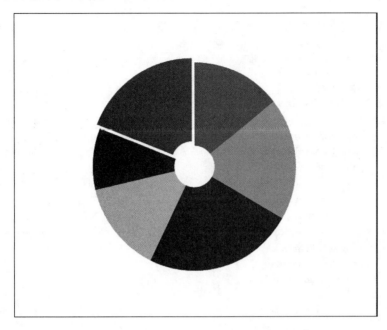

图 13.6　饼图图表

13.3　线性报表

13.1 节所讲的动态生成折线图和区域图,仅仅是创建了图形,本节将介绍一个完整的线性报表的例子,一个完整的线性报表包括网格图、坐标轴、图例和线性图形这四部分。网格图是指报表背景的网格,主要目的是清晰地查看坐标点的位置。坐标轴是水平坐标体系的 X 轴和 Y 轴。图例是集中于报表一角或一侧的报表上各种符号和颜色所代表内容与指标的说明,有助于更好地认识报表。线性图形就是图表里面的主体图形。下面来看一下怎么去封装线性报表的这些模块。

13.3.1　实现图形表格和坐标轴

首先封装一个图表的基础样式的 ChartStyle 类,这个类主要定义了 X 轴、Y 轴的坐标范围,网格面板的大小和把网格面板的点转化为坐标体系的点的方法。ChartStyle 类代码如下所示。

代码清单 5-3:线性报表(源代码:第 5 章\Examples_5_3)

ChartStyle.cs 文件代码

```
usingWindows.Foundation;
```

```csharp
usingWindows.UI.Xaml.Controls;

namespaceLineChartReportDemo
{
    /// <summary>
    ///图表基础样式类
    /// </summary>
    public classChartStyle
    {
        // X轴最小坐标
        private doublexmin = 0;
        public doubleXmin
        {
            get { returnxmin; }
            set {xmin = value; }
        }
        // X轴最大坐标
        private doublexmax = 1;
        public doubleXmax
        {
            get { returnxmax; }
            set {xmax = value; }
        }
        // Y轴最小坐标
        private doubleymin = 0;

        public doubleYmin
        {
            get { returnymin; }
            set {ymin = value; }
        }
        // Y轴最大坐标
        private doubleymax = 1;
        public doubleYmax
        {
            get { returnymax; }
            set {ymax = value; }
        }
        //网格面板
        private CanvaschartCanvas;
        public CanvasChartCanvas
        {
            get { returnchartCanvas; }
            set {chartCanvas = value; }
        }
        publicChartStyle()
        {
```

```
        }
        //定义网格面板的宽度和高度
        public void ResizeCanvas(double width, double height)
        {
            ChartCanvas.Width = width;
            ChartCanvas.Height = height;
        }
        //把面板的点转化成为图表坐标体系的点坐标
        public Point NormalizePoint(Point pt)
        {
            if (ChartCanvas.Width.ToString() == "NaN")
                ChartCanvas.Width = 400;
            if (ChartCanvas.Height.ToString() == "NaN")
                ChartCanvas.Height = 400;
            Point result = new Point();
            result.X = (pt.X - Xmin) * ChartCanvas.Width / (Xmax - Xmin);
            result.Y = ChartCanvas.Height - (pt.Y - Ymin) * ChartCanvas.Height / (Ymax - Ymin);
            return result;
        }
    }
}
```

从 ChartStyle 类派生出 ChartStyleGridlines 类表示网格线条类，通过 ChartStyleGridlines 类来初始化图表的网格线条和 X 轴、Y 轴。ChartStyleGridlines 类定义了图表的标题、X 轴和 Y 轴单位间距、网格颜色等属性，是用 Line 对象来绘制网格的图表。ChartStyleGridlines 类代码如下所示：

ChartStyleGridlines.cs 文件代码

```
using System;
using Windows.Foundation;
using Windows.UI;
using Windows.UI.Xaml;
using Windows.UI.Xaml.Controls;
using Windows.UI.Xaml.Media;
using Windows.UI.Xaml.Shapes;
namespace LineChartReportDemo
{
    /// <summary>
    ///网格线条类
    /// </summary>
    public class ChartStyleGridlines : ChartStyle
    {
        //图表标题
        private string title;
```

```csharp
public string Title
{
    get { return title; }
    set { title = value; }
}
//添加 X 轴和 Y 轴的面板
private CanvastextCanvas;
public CanvasTextCanvas
{
    get { returntextCanvas; }
    set {textCanvas = value; }
}
//是否创建水平线条
privatebool isXGrid = true;
publicbool IsXGrid
{
    get { returnisXGrid; }
    set {isXGrid = value; }
}
//是否创建垂直线条
privatebool isYGrid = true;
publicbool IsYGrid

{
    get { returnisYGrid; }
    set {isYGrid = value; }
}
//网格颜色画刷
private BrushgridlineColor = new SolidColorBrush(Colors.LightGray);
public BrushGridlineColor
{
    get { returngridlineColor; }
    set {gridlineColor = value; }
}
// X 轴单位间距
private doublexTick = 1;
public doubleXTick
{
    get { returnxTick; }
    set {xTick = value; }
}
// Y 轴单位间距
private doubleyTick = 0.5;
public doubleYTick
{
    get { returnyTick; }
    set {yTick = value; }
```

```csharp
}
//线条类型
private GridlinePatternEnum gridlinePattern;
public GridlinePatternEnum GridlinePattern
{
    get { return gridlinePattern; }
    set { gridlinePattern = value; }
}
private double leftOffset = 20;
private double bottomOffset = 15;
private double rightOffset = 10;
private Line gridline = new Line();

public ChartStyleGridlines()
{
    title = "Title";
}
//添加网格图表的样式
public void AddChartStyle(TextBlock tbTitle)
{

    Point pt = new Point();
    Line tick = new Line();
    double offset = 0;
    double dx, dy;
    TextBlock tb = new TextBlock();
    //确定右边的偏移量
    tb.Text = Xmax.ToString();
    tb.Measure(new Size(Double.PositiveInfinity, Double.PositiveInfinity));
    Size size = tb.DesiredSize;
    rightOffset = size.Width / 2 + 2;
    //确定左边的偏移量
    for (dy = Ymin; dy <= Ymax; dy += YTick)
    {
        pt = NormalizePoint(new Point(Xmin, dy));
        tb = new TextBlock();
        tb.Text = dy.ToString();
        tb.TextAlignment = TextAlignment.Right;
        tb.Measure(new Size(Double.PositiveInfinity, Double.PositiveInfinity));
        size = tb.DesiredSize;
        if (offset < size.Width)
            offset = size.Width;
    }
    leftOffset = offset + 5;
    ChartCanvas.Width = TextCanvas.Width - leftOffset - rightOffset;
    ChartCanvas.Height = TextCanvas.Height - bottomOffset - size.Height / 2;
    Canvas.SetLeft(ChartCanvas, leftOffset);
```

```csharp
Canvas.SetTop(ChartCanvas, bottomOffset);
//创建报表的边框
RectanglechartRect = new Rectangle();
chartRect.Stroke = new SolidColorBrush(Colors.Black);
chartRect.Width = ChartCanvas.Width;
chartRect.Height = ChartCanvas.Height;
ChartCanvas.Children.Add(chartRect);
//创建垂直线条
if (IsYGrid == true)
{
    for (dx = Xmin + XTick; dx < Xmax; dx += XTick)
    {
        gridline = new Line();
        AddLinePattern();
        gridline.X1 = NormalizePoint(new Point(dx, Ymin)).X;
        gridline.Y1 = NormalizePoint(new Point(dx, Ymin)).Y;
        gridline.X2 = NormalizePoint(new Point(dx, Ymax)).X;


        gridline.Y2 = NormalizePoint(new Point(dx, Ymax)).Y;
        ChartCanvas.Children.Add(gridline);
    }
}
//创建水平线条
if (IsXGrid == true)
{
    for (dy = Ymin + YTick; dy < Ymax; dy += YTick)
    {
        gridline = new Line();
        AddLinePattern();
        gridline.X1 = NormalizePoint(new Point(Xmin, dy)).X;
        gridline.Y1 = NormalizePoint(new Point(Xmin, dy)).Y;
        gridline.X2 = NormalizePoint(new Point(Xmax, dy)).X;
        gridline.Y2 = NormalizePoint(new Point(Xmax, dy)).Y;
        ChartCanvas.Children.Add(gridline);
    }
}
//创建 X 轴
for (dx = Xmin; dx <= Xmax; dx += xTick)
{
    pt = NormalizePoint(new Point(dx, Ymin));
    tick = new Line();
    tick.Stroke = new SolidColorBrush(Colors.Black);
    tick.X1 = pt.X;
    tick.Y1 = pt.Y;
    tick.X2 = pt.X;
    tick.Y2 = pt.Y - 5;
```

```csharp
            ChartCanvas.Children.Add(tick);
            tb = new TextBlock();
            tb.Text = dx.ToString();
            tb.Measure(new Size(Double.PositiveInfinity, Double.PositiveInfinity));
            size = tb.DesiredSize;
            TextCanvas.Children.Add(tb);
            Canvas.SetLeft(tb, leftOffset + pt.X - size.Width / 2);
            Canvas.SetTop(tb, pt.Y + 10 + size.Height / 2);
        }
        //创建 Y 轴
        for (dy = Ymin; dy <= Ymax; dy += YTick)
        {
            pt = NormalizePoint(new Point(Xmin, dy));
            tick = new Line();
            tick.Stroke = new SolidColorBrush(Colors.Black);

            tick.X1 = pt.X;
            tick.Y1 = pt.Y;
            tick.X2 = pt.X + 5;
            tick.Y2 = pt.Y;
            ChartCanvas.Children.Add(tick);
            tb = new TextBlock();
            tb.Text = dy.ToString();
            tb.Measure(new Size(Double.PositiveInfinity, Double.PositiveInfinity));
            size = tb.DesiredSize;
            TextCanvas.Children.Add(tb);
            Canvas.SetLeft(tb, -30);
            Canvas.SetTop(tb, pt.Y);
        }
        //图表标题
        tbTitle.Text = Title;
    }
    //添加线条的样式
    public void AddLinePattern()
    {
        gridline.Stroke = GridlineColor;
        gridline.StrokeThickness = 1;
        switch (GridlinePattern)
        {
            case GridlinePatternEnum.Dash:
                DoubleCollection doubleCollection = new DoubleCollection();
                doubleCollection.Add(4);
                doubleCollection.Add(3);
                gridline.StrokeDashArray = doubleCollection;
                break;
            case GridlinePatternEnum.Dot:
                doubleCollection = new DoubleCollection();
```

```
                        doubleCollection.Add(1);
                        doubleCollection.Add(2);
                        gridline.StrokeDashArray = doubleCollection;
                        break;
                    case GridlinePatternEnum.DashDot:
                        doubleCollection = new DoubleCollection();
                        doubleCollection.Add(4);
                        doubleCollection.Add(2);
                        doubleCollection.Add(1);
                        doubleCollection.Add(2);
                        gridline.StrokeDashArray = doubleCollection;
                        break;

                }
            }
            public enum GridlinePatternEnum
            {
                Solid = 1,
                Dash = 2,
                Dot = 3,
                DashDot = 4
            }
        }
    }
```

13.3.2 定义线性数据图形类

线性数据图是在报表展现数据走势的图形,定义一个线性数据图形类 DataSeries,在这个类里面定义了一个多边形 Polyline 类的属性 LineSeries 来表示绘制线性图形,除此之外还有线条颜色属性 LineColor、线条大小属性 LineThickness、线条类型属性 LinePattern 和图形名称属性 SeriesName。DataSeries 类的代码如下所示:

DataSeries.cs 文件代码

```
using Windows.UI;
using Windows.UI.Xaml.Media;
using Windows.UI.Xaml.Shapes;
namespace LineChartReportDemo
{
    /// <summary>
    /// 线性数据图形类
    /// </summary>
    public class DataSeries
    {
```

```csharp
//线性图表
private Polyline lineSeries = new Polyline();
public Polyline LineSeries
{
    get { return lineSeries; }
    set { lineSeries = value; }
}
//线条颜色
private Brush lineColor;
public Brush LineColor
{
    get { return lineColor; }
    set { lineColor = value; }
}


//线条大小
private double lineThickness = 1;
public double LineThickness
{
    get { return lineThickness; }
    set { lineThickness = value; }
}
//线条类型
private LinePatternEnum linePattern;
public LinePatternEnum LinePattern
{
    get { return linePattern; }
    set { linePattern = value; }
}
//图形名称
private string seriesName = "Default Name";
public string SeriesName
{
    get { return seriesName; }
    set { seriesName = value; }
}
public DataSeries()
{
    LineColor = new SolidColorBrush(Colors.Black);
}
//添加线条的样式
public void AddLinePattern()
{
    ……省略若干代码
}
public enum LinePatternEnum
```

```
            {
                Solid = 1,
                Dash = 2,
                Dot = 3,
                DashDot = 4,
                None = 5
            }
        }
    }
```

上面的 DataSeries 类只是封装了单个线性图形的基本属性和形状,下面再定义一个 DataCollection 类表示图形数据集合类,用于实现把线性图形按照定义的坐标体系添加到界面的面板上。DataCollection 类代码如下所示:

DataCollection.cs 文件主要代码

```
usingSystem.Collections.Generic;
usingWindows.UI.Xaml.Controls;
namespaceLineChartReportDemo
{
    /// <summary>
    ///图形数据集合类
    /// </summary>
    public classDataCollection
    {
        //线性数据图形类集合
        private List<DataSeries> dataList;
        public List<DataSeries> DataList
        {
            get { returndataList; }
            set {dataList = value; }
        }
        publicDataCollection()
        {
            dataList = new List<DataSeries>();
        }
        //往 Canvas 面板上按照坐标系的坐标来添加线性图形
        public voidAddLines(Canvas canvas, ChartStyle cs)
        {
            int j = 0;
            foreach (DataSeries ds in DataList)
            {
                if (ds.SeriesName == "Default Name")
                {
                    ds.SeriesName = "DataSeries" + j.ToString();
                }
```

```csharp
                ds.AddLinePattern();
                for (int i = 0; i < ds.LineSeries.Points.Count; i++)
                {
                    ds.LineSeries.Points[i] = cs.NormalizePoint(ds.LineSeries.Points[i]);
                }
                canvas.Children.Add(ds.LineSeries);
                j++;
            }
        }
    }
}
```

13.3.3 实现图例

图例的实现其实就是把整个报表用到的图形用简单的线段画出来并标出名称，图例类 Legend 类里面定义了一个 AddLegend 方法，通过使用报表中 ChartStyleGridlines 对象和 DataCollection 对象作为参数，然后取出报表中图形的样本和名称，添加到 Canvas 面板上，这样就实现了一个图例的模块。Legend 类的 AddLegend 方法代码如下所示：

Legend.cs 文件主要代码

```csharp
/// <summary>
///添加图例
/// </summary>
/// <param name="cs">报表的网格图形对象</param>
/// <param name="dc">报表的图形数据集合对象</param>
public void AddLegend(ChartStyleGridlines cs, DataCollection dc)
{
    TextBlock tb = new TextBlock();
    if (dc.DataList.Count < 1 || !IsLegend)
        return;
    int n = 0;
    //取出每个图形的名称
    string[] legendLabels = new string[dc.DataList.Count];
    foreach (DataSeries ds in dc.DataList)
    {
        legendLabels[n] = ds.SeriesName;
        n++;
    }
    double legendWidth = 0;
    Size size = new Size(0, 0);
    //创建每个图形名称的 TextBlock 控件
    for (int i = 0; i < legendLabels.Length; i++)
    {
        tb = new TextBlock();
```

```csharp
            tb.Text = legendLabels[i];
            tb.Measure(new Size(Double.PositiveInfinity, Double.PositiveInfinity));
            size = tb.DesiredSize;
            if (legendWidth < size.Width)
                legendWidth = size.Width;
        }
        //80 是预留给线条示例的长度位置
        legendWidth += 80;
        legendCanvas.Width = legendWidth + 5;
        // 30 是分配给每个图形示例的高度
        double legendHeight = 30 * dc.DataList.Count;

        double sx = 6;
        double sy = 15;
        double textHeight = size.Height;
        double lineLength = 34;
        //创建图例的边框
        Rectangle legendRect = new Rectangle();
        legendRect.Stroke = new SolidColorBrush(Colors.Black);
        legendRect.Width = legendWidth;
        legendRect.Height = legendHeight;
        if (IsLegend && IsBorder)
            LegendCanvas.Children.Add(legendRect);
        n = 1;
        //创建每个图形的线段
        foreach (DataSeries ds in dc.DataList)
        {
            double xSymbol = sx + lineLength / 2;
            double xText = 2 * sx + lineLength;
            double yText = n * sy + (2 * n - 1) * textHeight / 2;
            Line line = new Line();
            AddLinePattern(line, ds);
            line.X1 = sx;
            line.Y1 = yText;
            line.X2 = sx + lineLength;
            line.Y2 = yText;
            LegendCanvas.Children.Add(line);
            tb = new TextBlock();
            tb.FontSize = 15;
            tb.Text = ds.SeriesName;
            LegendCanvas.Children.Add(tb);
            Canvas.SetTop(tb, yText - 15);
            Canvas.SetLeft(tb, xText + 10);
            n++;
        }
    }
```

13.3.4 实现线性报表

上面已经把图形表格、坐标轴、线性数据图形和图例的相关逻辑都封装好了,下面就要利用这些封装好的模块来创建一个线性报表。首先需要在 XAML 页面上定义 3 个 Canvas 面板分别表示图例面板、坐标轴面板和线性图形面板。然后再利用上面封装的类来初始化这些面板生成线性报表。代码如下所示:

MainPage.xaml 文件主要代码

```xml
<Grid x:Name="ContentPanel" Grid.Row="1">
    <Grid.RowDefinitions>
        <RowDefinition Height="80"/>
        <RowDefinition Height="*"/>
    </Grid.RowDefinitions>
    <!-- 图例面板 -->
    <Canvas x:Name="legendCanvas" Grid.Row="0" Height="80" Width="200"/>
    <!-- 坐标轴面板 -->
    <Canvas x:Name="textCanvas" Width="300" Height="300" Grid.Row="1">
        <!-- 线性图形面板 -->
        <Canvas x:Name="chartCanvas" Width="300" Height="300" />
    </Canvas>
</Grid>
```

MainPage.xaml.cs 文件主要代码

```csharp
public partial class MainPage : PhoneApplicationPage
{
    //网格图形
    private ChartStyleGridlines cs;
    //图例
    private Legend lg = new Legend();
    //图形数据集合
    private DataCollection dc = new DataCollection();
    //线性数据图形
    private DataSeries ds = new DataSeries();
    public MainPage()
    {
        InitializeComponent();
        AddChart();
    }
    //添加图表
    private void AddChart()
    {
        //添加报表的网格图形
```

```csharp
cs = new ChartStyleGridlines();
cs.ChartCanvas = chartCanvas;
cs.TextCanvas = textCanvas;
cs.Title = "Sine and Cosine Chart";
cs.Xmin = 0;
cs.Xmax = 7;
cs.Ymin = -1.5;
cs.Ymax = 1.5;
cs.YTick = 0.5;
cs.GridlinePattern = ChartStyleGridlines.GridlinePatternEnum.Dot;
cs.GridlineColor = new SolidColorBrush(Colors.Black);
cs.AddChartStyle(tbTitle);
//画 Sine 曲线图形
ds.LineColor = new SolidColorBrush(Colors.Blue);
ds.LineThickness = 1;
ds.SeriesName = "Sine";
//计算出图形中的一系列的点,然后用线段连接起来
for (int i = 0; i < 36; i++)
{
    double x = i / 5.0;
    double y = Math.Sin(x);
    ds.LineSeries.Points.Add(new Point(x, y));
}
dc.DataList.Add(ds);
//画 cosine 曲线图形
ds = newDataSeries();
ds.LineColor = new SolidColorBrush(Colors.Red);
ds.SeriesName = "Cosine";
ds.LinePattern = DataSeries.LinePatternEnum.DashDot;
ds.LineThickness = 2;
for (int i = 0; i < 36; i++)
{
    double x = i / 5.0;
    double y = Math.Cos(x);
    ds.LineSeries.Points.Add(new Point(x, y));
}
dc.DataList.Add(ds);
//画 sine^2 曲线图形
ds = newDataSeries();
ds.LineColor = new SolidColorBrush(Colors.Green);
ds.SeriesName = "Sine^2";
ds.LinePattern = DataSeries.LinePatternEnum.Dot;
ds.LineThickness = 2;

for (int i = 0; i < 36; i++)
{
    double x = i / 5.0;
```

```
            double y = Math.Sin(x) * Math.Sin(x);
            ds.LineSeries.Points.Add(new Point(x, y));
        }
        dc.DataList.Add(ds);
        dc.AddLines(chartCanvas, cs);
        //添加图例
        lg.LegendCanvas = legendCanvas;
        lg.IsLegend = true;
        lg.IsBorder = true;
        lg.AddLegend(cs, dc);
    }
}
```

应用程序的运行效果如图 13.7 所示。

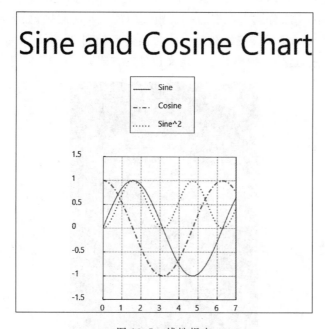

图 13.7　线性报表

13.4　QuickCharts 图表控件库解析

QuickCharts 图表控件是 Amcharts 公司提供的一个开源的图表控件库，这个控件库支持 WPF、Silverlight 和 Windows 等平台，源代码可以从 Github 网站（https://github.com/ailon/amCharts-Quick-Charts）下载。目前，从 Github 上下载的 QuickCharts 图表控件的源代码并不能直接在 Windows 10 上使用，但是由于都是基于 XAML 来创建的，所以能够很方便地移植到 Windows 10 平台，移植代码请参考本书的配套源代码。QuickCharts 图表控件封装了一些常用的图表控件如饼图、柱形图、折线图、区域图等，可以直接在项目中进行其提供的图表控件来创建图表。使用 QuickCharts 图表控件来创建图表控件比较简单，通过设置相关的属性就可以实现一个完整的图表，本节主要是根据 QuickCharts 的源码来讲解 QuickCharts 项目的结构和图表控件实现的原理，同时这也是一种实现图表的很好的思路，可以给实现其他图表控件提供参考。

13.4.1　QuickCharts 项目结构分析

打开 QuickCharts 的项目可以看到 QuickCharts 的项目结构如图 13.8 所示，Themes 文件夹下面存放的是图表控件和控件相关模块的 XAML 样式文件，Generic.xaml 文件是控件的样式入口文件，所有的控件都是默认从这里读取样式的，所以在 Generic.xaml 里面会通过资源字典（ResourceDictionary）的方式把其他的样式文件都加载进来。在 QuickCharts 项目中，每个样式文件都与一个相关的控件对应起来，如 PieChart.xaml 样式文件对应了饼图 PieChart 类。控件初始化的时候会自动到 Themes/Generic.xaml 路径去搜索控件关联的样式，这是一种典型的自定义控件的方式。

图 13.8　QuickCharts 的项目结构图

QuickCharts 控件库里面包含了两类图表：一种是饼图图表 PieChart，另外一种是连续图表 SerialChart。连续图表包含了线形、柱形、区域图等图形。因为这些图形有很多共同的特点如坐标轴，网格等，所以 QuickCharts 控件库把这些图形进行了统一的封装处理。

QuickCharts 项目类图如图 13.9 和图 13.10 所示，主要的类和接口的说明如下：

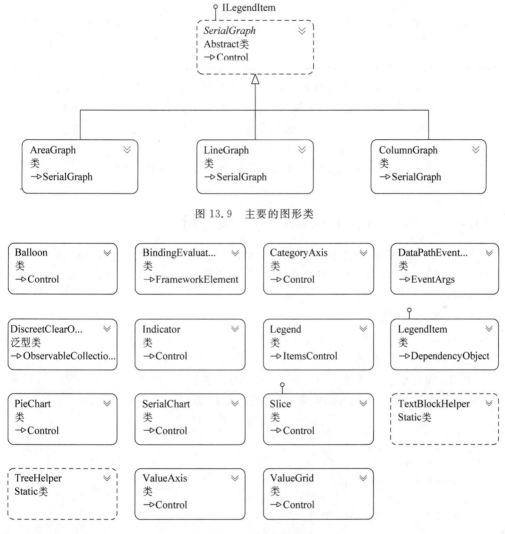

图 13.9　主要的图形类

图 13.10　辅助的图形类

ILegendItem 接口：定义了图例基本属性。

SerialGraph 抽象类：定义了连续图表图形的基本方法和属性，继承 Control 控件和 ILegendItem 接口。

AreaGraph 类：实现了区域图的逻辑，继承 SerialGraph 类。

LineGraph 类：实现了线性图的逻辑，继承 SerialGraph 类。

ColumnGraph 类：实现了柱形图的逻辑，继承 SerialGraph 类。

SerialChart 类：表示连续图形图表，可以看作是 AreaGraph 类、LineGraph 类和 ColumnGraph 类的容器，继承 Control 类。

LegendItem 类：表示单条的图例记录，继承 DependencyObject 类和 ILegendItem 接口。

Legend 类：表示图表的图例，继承 ItemsControl 类，是一个列表控件，LegendItem 为其列表项的类型。

Indicator 类：表示连续图表图形的标示，继承 Control 类。

Balloon 类：表示图表弹出的数据指示框提示，继承 Control 类。

CategoryAxis 类：表示连续图形图表的分类轴，通常为 X 轴，继承 Control 类。

ValueAxis 类：表示连续图形图表的数值轴，通常为 Y 轴，继承 Control 类。

ValueGrid 类：表示连续图形图表的网格，继承 Control 类。

Slice 类：表示一块片形饼图，继承 Control 控件和 ILegendItem 接口。

PieChart 类：表示饼图图表，继承 Control 类。

13.4.2　饼图图表 PieChart 的实现逻辑

在 QuickCharts 控件库里面，饼图 PieChart 是由多个饼图切片 Slice 控件、一个图例 Legend 控件和一个标注 Balloon 控件组成。下面来看一下 PieChart 是怎么把这些模块组合起来实现一个饼图图表的。

1. Slice 控件的实现

Slice.xaml 文件定义了 Slice 控件的样式，使用 Path 图形来绘图。在 Slice 类里面封装了初始化的 RenderSlice()方法，RenderSlice 方法会根据当前的 Slice 图形所占的比例来实现 Slice 图形，如果小于 1 则是饼图里面的一个切片，否则是一个完整的圆。代码如下所示：

代码清单 13-4：QuickCharts 控件（源代码：第 13 章\Examples_13_4）

Slice.cs 文件主要代码

```
//初始化图形
private void RenderSlice()
{
    if (_sliceVisual != null)
    {
        _sliceVisual.Fill = Brush;
        if (_percentage < 1)
        {
            RenderRegularSlice();
        }
        else
        {
            RenderSingleSlice();
```

```csharp
            }
        }
    }
    //只有一个数据的情况,直接创建一个圆形
    private void RenderSingleSlice()
    {
        EllipseGeometry ellipse = new EllipseGeometry()
        {
            Center = new Point(0, 0),
            RadiusX = _radius,
            RadiusY = _radius
        };
        _sliceVisual.Data = ellipse;
    }
    //创建扇形图形
    private void RenderRegularSlice()
    {
        PathGeometry geometry = new PathGeometry();
        PathFigure figure = new PathFigure();
        geometry.Figures.Add(figure);


        _sliceVisual.Data = geometry;
        //根据比例计算角度
        double endAngleRad = _percentage * 360 * Math.PI / 180;
        Point endPoint = new Point(_radius * Math.Cos(endAngleRad), _radius * Math.Sin(endAngleRad));
        //添加直线
        figure.Segments.Add(new LineSegment() { Point = new Point(_radius, 0) });
        //添加弧线
        figure.Segments.Add(new ArcSegment()
        {
            Size = new Size(_radius, _radius),
            Point = endPoint,
            SweepDirection = SweepDirection.Clockwise,
            IsLargeArc = _percentage > 0.5
        });
        //添加直线
        figure.Segments.Add(new LineSegment() { Point = new Point(0, 0) });
    }
```

2．图例 Legend 控件的实现

图例 Legend 控件是通过继承 ItemsControl 类实现一个列表控件,列表项是由 LegendItem 类组成的,在样式文件 Legend.xaml 上可以找到这个列表控件所实现的绑定的逻辑。LegendItem 类有两个属性:一个是 Brush 表示图形的颜色画刷,另一个是 Title 表示图形的标题,它们跟 Legend 控件绑定的 ItemTemplate 的 XAML 代码如下所示:

Legend.xaml 文件主要代码

```xml
<DataTemplate>
    <StackPanel Orientation = "Horizontal">
        <Rectangle Fill = "{Binding Brush}" Height = "10" Width = "10" Margin = "5" />
        <TextBlock Text = "{Binding Title}" VerticalAlignment = "Center" />
    </StackPanel>
</DataTemplate>
```

3. 标注 Balloon 控件的实现

Balloon 控件是由 Border 控件和 TextBlock 控件组成的,用来显示图形的标注,Balloon 类的 Text 属性则表示标示的文本内容,XAML 的语法如下:

Balloon.xaml 文件主要代码

```xml
<ControlTemplate TargetType = "amq:Balloon">
    <Border Background = "#20000000"
        BorderBrush = "{TemplateBinding BorderBrush}"
        BorderThickness = "{TemplateBinding BorderThickness}"
        CornerRadius = "5"
        Padding = "5">
        <TextBlock Text = "{TemplateBinding Text}" />
    </Border>
</ControlTemplate>
```

4. PieChart 控件把 Slice 控件、Legend 控件和 Balloon 控件组成饼图图表

前面已经讲解了 Slice 控件、Legend 控件和 Balloon 控件的实现方式,可以把这三个控件看作是饼图图表的三大模块,接下来 PieChart 控件要做的事情就是把这三者结合起来形成一个完整的饼图图表。先来看一下 PieChart 控件的 XAML 样式,分析它的 UI 布局。打开 PieChart.xaml 样式文件,可以看到如下代码:

PieChart.xaml 文件主要代码

```xml
<ControlTemplate TargetType = "amq:PieChart">
    <Border Background = "{TemplateBinding Background}"
        BorderBrush = "{TemplateBinding BorderBrush}"
        BorderThickness = "{TemplateBinding BorderThickness}"
        Padding = "{TemplateBinding Padding}">
        <Grid>
            <Grid.ColumnDefinitions>
                <ColumnDefinition />
            </Grid.ColumnDefinitions>
            <Border x:Name = "PART_SliceCanvasDecorator" Background = "Transparent">
                <Canvas x:Name = "PART_SliceCanvas" />
```

```
                </Border>
                <amq:Legend x:Name = "PART_Legend" HorizontalAlignment = "Right" Vertical-
Alignment = "Top" Margin = "10,0,0,0" Visibility = "{TemplateBinding LegendVisibility}"/>
                <Canvas>
                    <amq:Balloon x:Name = "PART_Balloon"
                                    BorderBrush = "{TemplateBinding Foreground}"
                                    BorderThickness = "2" Visibility = "Collapsed"/>
                </Canvas>
            </Grid>
        </Border>
    </ControlTemplate>
```

命名为 PART_SliceCanvas 的 Canvas 对象是饼图的图形面板，在该面板上会添加多个饼图切片 Slice 控件形成一个完整的圆形，组成一个饼图。如果只有一个数据，就只有一个 Slice 控件，这时候 Slice 控件是一个完整的圆。PieChart 类里面定义的 Legend 对象对应样式里面的命名为 PART_Legend 的 Legend 控件，表示饼图的图例，显示在饼图图表的右上角。PieChart 类里面定义的 Balloon 对象对应样式里面的命名为 PART_Balloon 的 Balloon 控件，表示饼图的标示，这个 Balloon 控件是在一个 Canvas 面板里面的，它的位置会根据用户点击 Slice 控件的位置而进行改变，这种改变是通过设置 Balloon 控件的 Canvas.LeftProperty 和 Canvas.TopProperty 属性来实现。

在 PieChart 控件里面最核心的逻辑就是对 Slice 控件初始化过程了，这个过程是通过调用 ProcessData()方法来初始化饼图里面所有的 Slice 控件，在 ProcessData()方法里面先后调用了三个封装好的方法——SetData()方法、ReallocateSlices()方法和 RenderSlices()方法。SetData()方法设置饼图数据属性的绑定，饼图的数据包含了标题和数值两个属性，标题用于表示 Slice 控件的含义，数值用来计算 Slice 控件的大小。ReallocateSlices()方法创建和初始化饼图图表里面所有的 Slice 控件，把 Slice 控件添加到 PART_SliceCanvas 面板上。RenderSlices()方法用于设置 Slice 控件在 PART_SliceCanvas 面板上的位置和隐藏 Balloon 控件，因为 Balloon 控件需要点击 Slice 控件才显示出来。

5．使用 PieChart 控件

PieChart 控件把相关的图形创建初始化等逻辑都封装好了，使用 PieChart 控件创建饼图图表只需要设置 TitleMemberPath 属性、ValueMemberPath 属性和数据源数据属性的对应关系，就可以把饼图图表显示出来。

XAML 代码如下所示：

PieChart.xaml 文件主要代码

```
    <amq:PieChart x:Name = "pie1" TitleMemberPath = "title" ValueMemberPath = "value"></amq:PieChart>
```

后台 CS 代码如下所示：

PieChart.xaml.cs 文件主要代码

```
publicObservableCollection<PData> Data = new ObservableCollection<PData>()
{
    newPData() { title = "slice #1", value = 30 },
    newPData() { title = "slice #2", value = 60 },
    newPData() { title = "slice #3", value = 40 },
    newPData() { title = "slice #4", value = 10 },
};
private voidPhoneApplicationPage_Loaded(object sender, RoutedEventArgs e)
{
    //通过 DataSource 属性把数据集合传递给饼图图表
    pie1.DataSource = Data;
}
……省略若干代码
//饼图绑定的数据集合的数据类型表示饼图的一块


public classPData
{
    public string title { get; set; }
    public double value { get; set; }
}
```

应用程序的运行效果如图 13.11 所示。

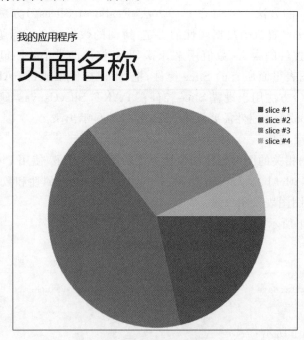

图 13.11　PieChart 图形

13.4.3 连续图形图表 SerialChart 的实现逻辑

在 QuickCharts 控件库里面，连续图形图表 SerialChart 实现了三种图形——线性图 LineGraph、柱形图 ColumnGraph 和区域图 AreaGraph。可以在 SerialChart 图表里面显示其中一种或多种图形，因为这三种图形实现的原理类似，都是在坐标轴上连续性地展示相关的数据，只是图形的形状不一样，所以在 QuickCharts 控件库里面这三种图形统一使用 SerialChart 控件来封装。先打开 SerialChart 控件的样式文件分析 SerialChart 控件的样式结构，SerialChart 控件的样式文件 SerialChart.xaml 的主要代码如下所示：

SerialChart.xaml 文件主要代码

```xml
<ControlTemplate TargetType="amq:SerialChart">
    <Border Background="{TemplateBinding Background}"
            BorderBrush="{TemplateBinding BorderBrush}"
            BorderThickness="{TemplateBinding BorderThickness}"
            Padding="{TemplateBinding Padding}">
        <Grid>
            <Grid.RowDefinitions>
                <RowDefinition />
                <RowDefinition Height="Auto" />
            </Grid.RowDefinitions>
            <!--轴线 X 轴 Y 轴-->
            <amq:ValueAxis x:Name="PART_ValueAxis" Grid.Row="0" Margin="0,0,0,-2"
                           Canvas.ZIndex="100"
                           Foreground="{TemplateBinding AxisForeground}"
                           HorizontalAlignment="Right"
                           />
            <!--轴线上的类别-->
            <amq:CategoryAxis x:Name="PART_CategoryAxis" Grid.Row="1"
                              Foreground="{TemplateBinding AxisForeground}"
                              />
            <!--图表网格-->
            <BorderGrid.Row="0" Background="{TemplateBinding PlotAreaBackground}">
                <amq:ValueGrid x:Name="PART_ValueGrid" Foreground="{TemplateBinding GridStroke}" />
            </Border>
            <!--图形面板-->
            <Border x:Name="PART_GraphCanvasDecorator" Grid.Row="0">
                <Canvas x:Name="PART_GraphCanvas" Background="Transparent" />
            </Border>
            <!--图例-->
            <amq:Legend x:Name="PART_Legend" Grid.Row="0"
                        Margin="10,0,0,0"
```

```
                         Visibility = "{TemplateBinding LegendVisibility}"
                         VerticalAlignment = "Top" HorizontalAlignment = "Left"
                         />
                 <!-- 标注 -->
                 <CanvasGrid.Row = "0">
                     <amq:Balloon x:Name = "PART_Balloon"
                                  BorderBrush = "{TemplateBinding AxisForeground}"
                                  BorderThickness = "2"
                                  Visibility = "Collapsed"
                                  />
             </Canvas>
         </Grid>
     </Border>
 </ControlTemplate>
```

从 SerialChart 控件的样式里面可以看到，SerialChart 控件是由数值轴控件/Y 轴控件（ValueAxis）、类别轴控件/X 轴控件（CategoryAxis）、图表网格控件（ValueGrid）、图形面板（Canvas 面板上添加 LineGraph、ColumnGraph 和 AreaGraph 控件）、图例控件（Legend）和标注控件（Balloon）组成的。其中，图例和标注控件在 13.4.2 节已经讲解了，下面看一下其他控件的实现原理以及如何使用 SerialChart 控件。

1）数值轴控件/Y 轴控件（ValueAxis）和类别轴控件/X 轴控件（CategoryAxis）

ValueAxis 和 CategoryAxis 控件的实现原理是基本一样的，打开它们的样式文件可以看到，轴控件是由两个 Canvas 面板和一个 Rectangle 控件组成，命名为 PART_ValuesPanel 的 Canvas 面板是用于显示轴上的数字，命名为 PART_TickPanel 的 Canvas 面板是用于显示轴上的刻度（数值和轴之间的小线段），Rectangle 控件是用于表示轴线。Y 轴（ValueAxis）采用 Grid 面板的 ColumnDefinitions 来排列，X 轴（CategoryAxis）则是采用 RowDefinition。

2）图表网格控件（ValueGrid）

ValueGrid 控件是由一个 Canvas 面板组成，在使用 ValueGrid 控件的时候需要通过 SetLocations 方法来把图表的坐标值传递进来，然后 ValueGrid 控件再根据坐标的数值在 Canvas 面板上来创建 Line 线段绘制成网格。

3）LineGraph、ColumnGraph 和 AreaGraph 控件

LineGraph、ColumnGraph 和 AreaGraph 控件是 SerialChart 图表里面最核心的图形，这三个控件的 XAML 样式文件都只有一个 Canvas 面板，三个控件类都继承 SerialGraph 抽象类，SerialGraph 类封装了三个控件共同的一些属性，如 Locations（图表数据的点集合）、XStep（X 轴的两个值的间距）等。LineGraph 控件表示线性图，实现的原理是通过图表的数据点集合来创建一个 Polyline 图形添加到 Canvas 面板上。ColumnGraph 控件则是使用 Path 来绘制柱形的形状。AreaGraph 控件使用 Polygon 图形来绘制区域图。

4）SerialChart 控件

SerialChart 控件把各大模块组成连续图形图表的原理和 PieChart 控件是一样的，只是

在 PieChart 控件里面初始化的是 Slice 控件,而在 SerialChart 控件里面初始化的是 LineGraph、ColumnGraph 和 AreaGraph 控件。

5) 使用 SerialChart 控件

因为 SerialChart 控件是可以加载 LineGraph、ColumnGraph 和 AreaGraph 三种控件的,所以提供了一个 Graphs 属性,可以通过 Graphs 属性来添加多个图形。代码如下所示:

SerialChart.xaml 文件主要代码

```
<amq:SerialChart x:Name="chart1" DataSource="{Binding Data}" CategoryValueMemberPath="cat1" AxisForeground="White" PlotAreaBackground="Black" GridStroke="DarkGray">
    <amq:SerialChart.Graphs>
        <amq:LineGraph ValueMemberPath="val1" Title="Line #1" Brush="Blue" />
        <amq:ColumnGraph ValueMemberPath="val2" Title="Column #2" Brush="#8000FF00" ColumnWidthAllocation="0.4" />
        <amq:AreaGraph ValueMemberPath="val3" Title="Area #1" Brush="#80FF0000" />
    </amq:SerialChart.Graphs>
</amq:SerialChart>
```

SerialChart.xaml.cs 文件主要代码

```
//图表数据实体类
public class TestDataItem
{
    //cat1 表示 X 轴的分类
    public string cat1 { get; set; }
    //用来作为 LineGraph 图形的展示数据
    public double val1 { get; set; }
    //用来作为 ColumnGraph 图形的展示数据
    public double val2 { get; set; }
    //用来作为 AreaGraph 图形的展示数据
    public decimal val3 { get; set; }
}
private ObservableCollection<TestDataItem> _data = new ObservableCollection<TestDataItem>()
{
    new TestDataItem() { cat1 = "cat1", val1 = 5, val2 = 15, val3 = 12},
    new TestDataItem() { cat1 = "cat2", val1 = 13.2, val2 = 1.5, val3 = 2.1M},
    new TestDataItem() { cat1 = "cat3", val1 = 25, val2 = 5, val3 = 2},
    new TestDataItem() { cat1 = "cat4", val1 = 8.1, val2 = 1, val3 = 8},
    new TestDataItem() { cat1 = "cat5", val1 = 8.1, val2 = 1, val3 = 4},
    new TestDataItem() { cat1 = "cat6", val1 = 8.1, val2 = 1, val3 = 10},
};
//绑定的数据集合属性
public ObservableCollection<TestDataItem> Data { get { return _data; } }
private void PhoneApplicationPage_Loaded(object sender, RoutedEventArgs e)
```

```
        {
            this.DataContext = this;
        }
```

应用程序的运行效果如图 13.12 所示。

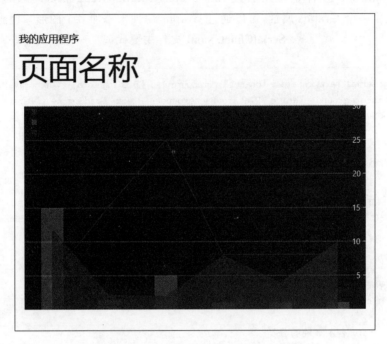

图 13.12 SerialChart 图形

开发进阶篇

经过了前面章节的学习,读者已经具备了一定的 Windows 10 应用开发能力了,接下来通过开发进阶篇的学习,可以掌握到更多关于 Windows 10 进阶的开发技术。这些技术有部分跟设备特性相关,比如网络、蓝牙、地理位置等;有些是 Windows 10 开发的难点,比如多任务、C♯ 与 C++ 混合编程等。本篇知识具有相对的独立性,可以优先选择感兴趣的内容进行阅读和学习。

开发进阶篇包括了以下的章节:

第 14 章　网络编程

介绍网络编程技术,涉及 Http 协议、Web Service、WCF Service 等多方面的网络编程的知识。

第 15 章　Socket 编程

介绍 Socket 编程的相关知识,包括 TCP 协议和 UDP 协议的内容。

第 16 章　蓝牙和近场通信

介绍如何使用蓝牙和近场通信的 API 去与近距离的设备进行无线通信。

第 17 章　联系人存储

联系人存储是 Windows 10 手机版本的内容,主要介绍手机联系人数据的读写相关的操作。

第 18 章　多任务

介绍 Windows 10 的后台任务,后台上传和后台下载的编程实现。

第 19 章　应用间通信

介绍 Windows 10 中不同的应用程序之间的多种通信的方式。

第 20 章　多媒体

介绍在 Windows 10 上的使用音频和视频的编程。

第 21 章　地理位置

介绍定位、地图控件、地理围栏的相关编程知识。

第 22 章　C# 与 C++ 混合编程

介绍 Windows 10 支持的 C++/CX 语法以及如何在 C# 的项目中使用 C++ 进行编程。

通过本篇的学习，读者会对 Windows 10 的难点知识也有一定的掌握了，利用这些知识可以去开发各种基于网络、地理位置的应用程序，实现更加丰富的功能。

第 14 章 网 络 编 程

在当今的移动互联网时代,智能设备的网络编程技术是非常核心的技术,大部分的设备应用程序多多少少都会使用到网络来实现一些功能,所以掌握网络编程的技术也是做智能设备应用程序开发非常基础的知识,也是必须要学习的。Windows 10 操作系统有出色的网络编程的功能,它本身也融入了很多互联网的元素,例如内置的 msn、Xbox Live 等服务都是与互联网紧密联系在一起的,在 Windows 10 以后的发展方向中会更加偏重于向互联网设备的方向发展,所以 Windows 10 的网络编程的功能随着操作系统的发展将会越来越强大。本章会重点介绍 Windows 10 中使用 HTTP 协议的网络编程,包括 HTTP 的网络请求、推送通知、WebService 编程等。HTTP 协议是 HyperText Transfer Protocol(超文本传送协议)的缩写,它是万维网(World Wide Web,简称为 WWW 或 Web)的基础,也是设备联网常用的协议之一,HTTP 协议是建立在 TCP 协议之上的一种应用。关于 TCP 协议,我们会在 Socket 编程中进行详细介绍。

14.1 网络编程之 HttpWebRequest 类

在 Windows 10 里面有两个类可以实现 HTTP 协议的网络请求:一个是 HttpWebRequest 类,另外一个是 HttpClient 类。HttpWebRequest 类的网络请求适合于处理简单的网络请求,而 HttpClient 类对 HTTP 请求的支持更加强大,适合复杂的网络请求的封装。本节先介绍 HttpWebRequest 类的 HTTP 编程,下一小节再介绍 HttpClient 类的 HTTP 编程。

14.1.1 HttpWebRequest 实现 Get 请求

HTTP 的 Get 请求是最简单的 HTTP 请求,Get 请求和 Post 请求的主要区别是:Get 请求是从服务器上获取数据,而 Post 请求是向服务器传送数据;Get 请求通过 URL 提交数据,数据在 URL 中可以看到,而 Post 请求是通过写入数据流的方式提交;Get 请求提交的数据最多只能有 1024 字节,而 Post 请求则没有此限制。下面来看一下使用 HttpWebRequest 类如何实现一个 Get 请求。

1. 获取 WebRequest 对象

WebRequest 类是请求/响应模型的基类,这是一个用于访问 Internet 数据的 abstract 类。

HttpWebRequest 类提供 WebRequest 类的 HTTP 特定的实现。HttpWebRequest 类对 WebRequest 中定义的属性和方法提供支持，也对使用户能够直接与使用 HTTP 的服务器交互的附加属性和方法提供支持。使用 WebRequest.Create 方法初始化新的 HttpWebRequest 对象。如果统一资源标识符（URI）的方案是 http:// 或 https://，则 WebRequest.Create 返回 HttpWebRequest 对象。代码示例如下所示：

```
WebRequest request = HttpWebRequest.Create("http://www.baidu.com");
```

2. 设置请求的参数，发起 GetResponse 请求

网络请求的参数可以通过 HttpWebRequest 对象的相关属性来设置，比如通过 Method 属性设置请求的类型"GET"，通过 Headers 属性设置请求头等，更多的属性请参考表 14.1。然后再使用 HttpWebRequest 对象的 BeginGetResponse 和 EndGetResponse 方法对资源发出异步请求。代码示例如下所示：

```
//设置为 Get 请求
request.Method = "GET";
//通过 HTTP 头设置请求的 Cookie
request.Headers["Cookie"] = "name=value";
//设置身份验证的网络凭据
request.Credentials = new NetworkCredential("accountKey", "accountkeyOrPassword");
//发起 GetResponse 请求
request.BeginGetResponse(ResponseCallback, request);
//请求回调方法
private async void ResponseCallback(IAsyncResult result)
{
    HttpWebRequest httpWebRequest = (HttpWebRequest)result.AsyncState;
    WebResponse webResponse = httpWebRequest.EndGetResponse(result);
    ……获取请求返回的内容
}
```

3. 获取请求的内容

在请求回调方法里面，获取到了 WebResponse 对象，这个对象表示网络请求返回的信息。调用 WebResponse 对象的 GetResponseStream 方法则可以获取到网络请求返回的数据流，从该数据流里面就可以解析出网络返回的内容了。代码示例如下所示：

```
//请求回调方法
private async void ResponseCallback(IAsyncResult result)
{
    HttpWebRequest httpWebRequest = (HttpWebRequest)result.AsyncState;
    WebResponse webResponse = httpWebRequest.EndGetResponse(result);
    //获取请求返回的内容
    using (Stream stream = webResponse.GetResponseStream())
    using (StreamReader reader = new StreamReader(stream))
    {
        //请求返回的字符串内容
```

```
        string content = reader.ReadToEnd();
    }
}
```

4．异常处理

在网络请求的过程中，难免会出现一些异常，这些异常可以通过 try catch 语句来捕获。如果在访问资源时发生错误，则 HttpWebRequest 类将引发 WebException。WebException.Status 属性包含指示错误源的 WebExceptionStatus 值，通过该枚举便可以知道哪一种情况导致请求失败。WebExceptionStatus 枚举的取值情况如下所示：Success 表示成功；ConnectFailure 表示远程服务器连接失败；SendFailure 表示发送失败，未能将完整请求发送到远程服务器；RequestCanceled 表示该请求将被取消；Pending 表示内部异步请求挂起；UnknownError 表示未知错误；MessageLengthLimitExceeded 表示网络请求的消息长度受到限制。代码示例如下所示：

```
try
{
    HttpWebRequest httpWebRequest = (HttpWebRequest)result.AsyncState;
    WebResponse webResponse = httpWebRequest.EndGetResponse(result);
    using (Stream stream = webResponse.GetResponseStream())
    using (StreamReader reader = new StreamReader(stream))
    {
        string content = reader.ReadToEnd();
    });
    }
}
catch (WebException e)
{
    switch(e.Status)
    {
        case WebExceptionStatus.ConnectFailure:
            exceptionInfo = "ConnectFailure:远程服务器连接失败。";
            break;
        case WebExceptionStatus.MessageLengthLimitExceeded:
            exceptionInfo = "MessageLengthLimitExceeded:网路请求的消息长度受到限制。";
            break;
        case WebExceptionStatus.Pending:
            exceptionInfo = "Pending:内部异步请求挂起。";
            break;
        case WebExceptionStatus.RequestCanceled:
            exceptionInfo = "RequestCanceled:该请求将被取消。";
            break;
        case WebExceptionStatus.SendFailure:
            exceptionInfo = "SendFailure:发送失败,未能将完整请求发送到远程服务器。";
            break;
        case WebExceptionStatus.UnknownError:
```

```
            exceptionInfo = "UnknownError:未知错误。";
            break;
        case WebExceptionStatus.Success:
            exceptionInfo = "Success:请求成功。";
            break;
    }
}
```

表 14.1　HttpWebRequest 类常用属性

名称	说明
Accept	获取或设置 Accept HTTP 标头的值
AllowReadStreamBuffering	获取或设置一个值，该值指示是否对从 Internet 资源读取的数据进行缓冲处理
ContentType	获取或设置 Content-type HTTP 标头的值
CookieContainer	指定与 HTTP 请求相关联的 CookieCollection 对象的集合
CreatorInstance	当在子类中重写时，获取从 IWebRequestCreate 类派生的工厂对象，该类用于创建为生成对指定 URI 的请求而实例化的 WebRequest
Credentials	当在子类中被重写时，获取或设置用于对 Internet 资源请求进行身份验证的网络凭据
HaveResponse	获取一个值，该值指示是否收到了来自 Internet 资源的响应
Headers	指定构成 HTTP 标头的名称/值对的集合
Method	获取或设置请求的方法
RequestUri	获取请求的原始统一资源标识符（URI）

14.1.2　HttpWebRequest 实现 Post 请求

使用 HttpWebRequest 实现 Post 请求和 Get 请求是有一些差异的，Get 请求传递的参数可以直接在 URL 上传递，Post 请求则需要使用安全性更高的数据流写入的方式。下面看一下如何发起 Post 请求、传递 Post 数据以及获取 Post 结果。

1. 发起 Post 请求

发起 Post 请求需要通过 HttpWebRequest.Create 方法获取 WebRequest 对象，这和 Get 请求是一样的，注意获取到的 WebRequest 对象的 Method 属性要设置为"POST"，其他 HTTP 等属性的设置和 Get 请求一致。发起 Post 请求需要调用的是 BeginGetRequestStream 方法来发起获取发送数据流的请求，然后在回调方法里面通过 EndGetRequestStream 方法来获取到返回的发送数据流。代码示例如下所示：

```
//创建 WebRequest 对象
var request = HttpWebRequest.Create("http://www.yourwebsite.com");
//设置请求的方式为 Post
request.Method = "POST";
//发起获取发送数据流的请求
request.BeginGetRequestStream(ResponseStreamCallbackPost, request);
```

```csharp
//发起获取发送数据流的请求的响应回调方法
private async void ResponseStreamCallbackPost(IAsyncResult result)
{
    HttpWebRequest httpWebRequest = (HttpWebRequest)result.AsyncState;
    ……接下来通过发送数据流来发送数据
}
```

2. 传递 Post 数据

发起 Post 请求之后在回调的方法里面可以通过 HttpWebRequest 对象来获取发送的数据流，把传递的 Post 数据写入数据流来实现数据的传递。代码示例如下所示：

```csharp
//发起获取发送数据流的请求的响应回调方法
private async void ResponseStreamCallbackPost(IAsyncResult result)
{
    HttpWebRequest httpWebRequest = (HttpWebRequest)result.AsyncState;
    using(Stream stream = httpWebRequest.EndGetRequestStream(result))
    {
        //需要把待发送的数据通过 byte[]数据格式发送出去
        //把字符串的信息转化为 byte[]
        string postString = "yourstring";
        byte[] data = Encoding.UTF8.GetBytes(postString);
        stream.Write(data, 0, data.Length);
    }
    ……接下来获取请求的响应
}
```

3. 获取 Post 结果

Post 请求的数据写入完毕之后，需要继续发起 BeginGetResponse 请求，获取服务器端的响应，这一步骤和 Get 请求是一致的，服务器需要把相关的结果返回给客户端。代码示例如下所示：

```csharp
httpWebRequest.BeginGetResponse(ResponseCallbackPost, httpWebRequest);
//请求回调方法
private async void ResponseCallbackPost(IAsyncResult result)
{
    HttpWebRequest httpWebRequest = (HttpWebRequest)result.AsyncState;
    WebResponse webResponse = httpWebRequest.EndGetResponse(result);
    //获取请求返回的内容
    using (Stream stream = webResponse.GetResponseStream())
    using (StreamReader reader = new StreamReader(stream))
    {
        //请求返回的字符串内容
        string content = reader.ReadToEnd();
    }
}
```

14.1.3 网络请求的取消

网络请求的取消是指当请求未完成的情况下，客户端的应用程序主动把网络请求给取消了，这种网络请求的取消通常会在两种情况下使用：一种情况是网络请求时间过长，取消网络请求；另外一种情况是用户离开了需要显示网络数据的页面，客户端的程序把网络请求取消掉，避免浪费不必要的资源。网络请求的取消可以直接调用 HttpWebRequest 对象的 Abort 方法，取消对 Internet 资源的请求。所以要实现取消请求的功能，必须把创建的 HttpWebRequest 对象作为一个公共变量来存放，然后通过调用其 Abort 方法进行取消请求。调用 Abort 方法取消网络请求的时候，会引发 WebException 异常，异常的类型是 WebExceptionStatus.RequestCanceled 表示该请求将被取消，所以网络请求的取消需要结合 WebException 异常的监控来一起完成。

14.1.4 超时控制

HttpWebRequest 类并没有提供超时控制的属性或者方法，它直接依赖于 HttpWebRequest 内部的 HTTP 机制来实现超时控制，所以要自定义实现 HttpWebRequest 类 HTTP 请求的超时控制，可以根据使用线程信号类和 Abort 方法实现超时控制。实现的原理是当超过了一定的时候之后，如果网络请求还没有返回结果，就主动调用 HTTP 请求对象的 Abort 方法，取消网络请求。

线程信号类可以使用 AutoResetEvent 类来辅助实现超时控制，AutoResetEvent 类允许线程通过发信号互相通信。线程通过调用 AutoResetEvent 上的 WaitOne 来等待信号，如果 AutoResetEvent 为非终止状态，则线程会被阻止，并等待当前控制资源的线程通过调用 Set 来通知资源可用。通过调用 Set 向 AutoResetEvent 发信号以释放等待线程。AutoResetEvent 将保持终止状态，直到一个正在等待的线程被释放，然后自动返回非终止状态。如果没有任何线程在等待，则状态将无限期地保持为终止状态。如果当 AutoResetEvent 为终止状态时线程调用 WaitOne，则线程不会被阻止，AutoResetEvent 将立即释放线程并返回到非终止状态。使用 AutoResetEvent 来控制 HTTP 的超时控制的代码示例如下所示：

```
//信号量对象
private AutoResetEvent autoResetEvent;
//网络请求对象
private HttpWebRequest request;
/// <summary>
///超时控制的方法,3秒钟没有网络返回将取消网络请求
/// </summary>
/// <param name="networkRequest">网络请求的方法</param>
private async void SendNetworkRequest(Action networkRequest)
{
    //创建一个非终止状态的 AutoResetEvent 对象
```

```
        autoResetEvent = new AutoResetEvent(false);
        //使用一个新的线程来发起网络请求
        await Task.Factory.StartNew(networkRequest);
        //等待 3 秒钟
        autoResetEvent.WaitOne(3000);
        if (request != null)
        {
            //取消网络请求
            request.Abort();
        }
    }
```

14.1.5 断点续传

断点续传是指文件的上传或下载在数据传输的过程期间发生中断,下次再进行传输的时候,从上次文件中断的地方开始传送数据,而不是从文件开头传送。使用 HttpWebRequest 可以实现网络文件的上传和下载,如果要实现断点续传的机制,需要做进一步的处理,处理的方式是通过 HTTP 的请求头来控制请求下载的文件片段,如果流程中断,就可以把当前请求的位置记录下载,下次再从当前的位置开始。

在断点续传的过程中,需要设置请求头的 Range 和 Content-Range 实体头的数据,Range 用于请求头中,指定第一个字节的位置和最后一个字节的位置,一般格式如下所示:

```
Range:(unit = first byte pos) - [last byte pos]
```

Content-Range 用于响应头,指定整个实体中的一部分的插入位置,它也指示整个实体的长度。在服务器向客户返回一个部分响应,它必须描述响应覆盖的范围和整个实体长度。一般格式如下:

```
Content - Range: bytes (unit first byte pos) - [last byte pos]/[entity legth]
```

所以,如果是实现断点续传下载文件,就需要分片下载,通过设置 Range 的请求范围来实现不同片段的数据的请求,比如第一包的请求设置 Range 的值为"bytes=0-100",下载成功之后再设置为"bytes=100-200",以此类推一直到文件全部下载成功,如果下载终端则下次再从中断的位置下载。如果是文件上传,实现断点续传也是一样的原理,但是必须需要服务器端支持才行。设置 Range 请求头的代码示例如下所示:

```
var request = HttpWebRequest.Create(url);
request.Method = "GET";
request.Headers["Range"] = "bytes = 0 - 100";
request.BeginGetResponse(ResponseCallbackTimeTest, request);
```

14.1.6 实例演示:RSS 阅读器

下面给出 RSS 阅读器的示例:实现一个 RSS 阅读器,通过输入的 RSS 地址来获取

RSS 的信息列表和查看 RSS 文章中的详细内容。RSS 阅读器是使用了 HttpWebRequest 类来获取网络上的 RSS 的信息，然后再转化为自己定义好的 RSS 实体类对象的列表，最后绑定到页面上。

代码清单 14-1：RSS 阅读器（源代码：第 14 章\Examples_14_1）

RssItem.cs 文件代码：RSS 文章内容实体类封装

```csharp
using System.Net;
using System.Text.RegularExpressions;

namespace ReadRssItemsSample
{
    /// <summary>
    /// RSS 对象类
    /// </summary>
    public class RssItem
    {
        /// <summary>
        ///初始化一个 RSS 目录
        /// </summary>
        /// <param name = "title">标题</param>
        /// <param name = "summary">内容</param>
        /// <param name = "publishedDate">发表事件</param>
        /// <param name = "url">文章地址</param>
        public RssItem(string title, string summary, string publishedDate, string url)
        {
            Title = title;
            Summary = summary;
            PublishedDate = publishedDate;
            Url = url;
            //解析 html
            PlainSummary = WebUtility.HtmlDecode(Regex.Replace(summary, "<[^>]+?>", ""));
        }
        //标题
        public string Title { get; set; }
        //内容
        public string Summary { get; set; }
        //发表时间
        public string PublishedDate { get; set; }

        //文章地址
        public string Url { get; set; }
        //解析的文本内容
        public string PlainSummary { get; set; }
    }
}
```

RssService.cs 文件代码：RSS 服务类封装网络请求的方法

```csharp
using System;
using System.Collections.Generic;
using System.IO;
using System.Net;
using Windows.Web.Syndication;

namespace ReadRssItemsSample
{
    /// <summary>
    /// 获取网络 RSS 服务类
    /// </summary>
    public static class RssService
    {
        /// <summary>
        /// 获取 RSS 目录列表
        /// </summary>
        /// <param name="rssFeed">RSS 的网络地址</param>
        /// <param name="onGetRssItemsCompleted">获取完成的回调方法，并返回获取的内容</param>
        /// <param name="onError">获取失败的回调方法，并返回异常信息</param>
        /// <param name="onFinally">获取完成的回调方法</param>
        public static void GetRssItems(string rssFeed, Action<IEnumerable<RssItem>> onGetRssItemsCompleted = null, Action<string> onError = null, Action onFinally = null)
        {
            var request = HttpWebRequest.Create(rssFeed);
            request.Method = "GET";
            request.BeginGetResponse((result) =>
            {
                try
                {
                    HttpWebRequest httpWebRequest = (HttpWebRequest)result.AsyncState;
                    WebResponse webResponse = httpWebRequest.EndGetResponse(result);

                    using (Stream stream = webResponse.GetResponseStream())
                    {
                        using (StreamReader reader = new StreamReader(stream))
                        {
                            string content = reader.ReadToEnd();
                            //将网络获取的信息转化成 RSS 实体类
                            List<RssItem> rssItems = new List<RssItem>();
                            SyndicationFeed feeds = newSyndicationFeed();
```

```csharp
                            feeds.Load(content);
                            foreach (SyndicationItem f in feeds.Items)
                            {
                                RssItem rssItem = newRssItem(f.Title.Text, f.Summary.Text, f.PublishedDate.ToString(), f.Links[0].Uri.AbsoluteUri);
                                rssItems.Add(rssItem);
                            }
                            //通知完成返回事件执行
                            if (onGetRssItemsCompleted != null)
                            {
                                onGetRssItemsCompleted(rssItems);
                            }
                        }
                    }
                }
                catch (WebException webEx)
                {
                    string exceptionInfo = "";
                    switch (webEx.Status)
                    {
                        case WebExceptionStatus.ConnectFailure:
                            exceptionInfo = "ConnectFailure:远程服务器连接失败。";
                            break;
                        case WebExceptionStatus.MessageLengthLimitExceeded:
                            exceptionInfo = "MessageLengthLimitExceeded:网路请求的消息长度受到限制。";
                            break;
                        case WebExceptionStatus.Pending:
                            exceptionInfo = "Pending:内部异步请求挂起。";
                            break;
                        case WebExceptionStatus.RequestCanceled:
                            exceptionInfo = "RequestCanceled:该请求将被取消。";
                            break;
                        case WebExceptionStatus.SendFailure:
                            exceptionInfo = "SendFailure:发送失败,未能将完整请求发送到远程服务器。";
                            break;
                        case WebExceptionStatus.UnknownError:
                            exceptionInfo = "UnknownError:未知错误。";
                            break;
                        case WebExceptionStatus.Success:
                            exceptionInfo = "Success:请求成功。";
                            break;
                        default:
```

```
                    exceptionInfo = "未知网络异常。";
                    break;
            }
            if (onError != null)
            {
                onError(exceptionInfo);
            }
        }
        catch (Exception e)
        {
            if (onError != null)
            {
                onError("异常：" + e.Message);
            }
        }
        finally
        {
            if (onFinally != null)
            {
                onFinally();
            }
        }
    }, request);
}
```

MainPage.xaml 文件主要代码：获取文章信息的列表

```xml
<StackPanel>
    <TextBox Header="请输入合法的 RSS 阅读源的地址：" x:Name="rssURL" Text="http://www.cnblogs.com/rss" />
    <Button Content="加载 RSS" Click="Button_Click" Width="370" />


    <ListView x:Name="listbox" SelectionChanged="OnSelectionChanged" Height="350">
        <ListView.ItemTemplate>
            <DataTemplate>
                <Grid>
                    <Grid.RowDefinitions>
                        <RowDefinition Height="Auto" />
                        <RowDefinition Height="Auto" />
                        <RowDefinition Height="60" />
                    </Grid.RowDefinitions>
```

```xml
                    <TextBlock Grid.Row="0" Text="{Binding Title}" FontSize="25" TextWrapping="Wrap"/>
                    <TextBlock Grid.Row="1" Text="{Binding PublishedDate}" FontSize="20"/>
                    <TextBlock Grid.Row="2" TextWrapping="Wrap" Text="{Binding PlainSummary}" FontSize="18" Opacity="0.5"/>
                </Grid>
            </DataTemplate>
        </ListView.ItemTemplate>
    </ListView>
</StackPanel>
```

MainPage.xaml.cs 文件主要代码

```csharp
//加载 RSS 列表按钮的事件处理程序
private async void Button_Click(object sender, RoutedEventArgs e)
{
    if (rssURL.Text != "")
    {
        //调用封装好的 RSS 请求的方法加载 RSS 列表
        RssService.GetRssItems(
            rssURL.Text,
            async (items) =>
            {
                //请求正常完成,把 RSS 文章的内容绑定到列表控件
                await this.Dispatcher.RunAsync(CoreDispatcherPriority.Normal, () =>
                {
                    listbox.ItemsSource = items;
                });
            },
            async (exception) =>
            {
                //请求出现异常,把异常信息显示出来

                await this.Dispatcher.RunAsync(CoreDispatcherPriority.Normal, async () =>
                {
                    await new MessageDialog(exception).ShowAsync();
                });

            },
            null
        );
    }
    else
```

```csharp
        {
            await new MessageDialog("请输入 RSS 地址").ShowAsync();
        }
    }
    //通过列表选项选中事件来跳转到查看文章详情的页面
    private void OnSelectionChanged(object sender, SelectionChangedEventArgs e)
    {
        //列表控件的选中项
        if (listbox.SelectedItem == null)
            return;
        var template = (RssItem)listbox.SelectedItem;
        //跳转到详情页面,并且把 RssItem 对象作为参数传递过去
        Frame.Navigate(typeof(DetailPage), template);
        listbox.SelectedItem = null;
    }
```

DetailPage.xaml 文件主要代码：展示文章信息的详情页面

```xml
<StackPanel x:Name="TitlePanel" Grid.Row="0" Margin="12,0,0,28">
    <TextBlock Text="Rss 阅读器" FontSize="20" />
    <TextBlock Text="{Binding Title}" FontSize="25" TextWrapping="Wrap"/>
</StackPanel>
<Grid x:Name="ContentPanel" Grid.Row="1" Margin="12,0,12,0">
    <StackPanel>
        <TextBlock Text="{Binding PublishedDate}" FontSize="15" Opacity="0.5" />
        <TextBlock Text="{Binding Url}" FontSize="15" Opacity="0.5" />
        <ScrollViewer Height="500">
            <TextBlock Text="{Binding PlainSummary}" FontSize="20" TextWrapping="Wrap"/>
        </ScrollViewer>
    </StackPanel>
</Grid>
```

DetailPage.xaml.cs 文件主要代码

```csharp
    protected override void OnNavigatedTo(NavigationEventArgs e)
    {
        RssItem item = e.Parameter as RssItem;
        if (item != null)
        {
            //把文章对象绑定到当前的页面的上下文来进行显示
            this.DataContext = item;
        }
    }
```

应用程序的运行效果如图 14.1 和图 14.2 所示。

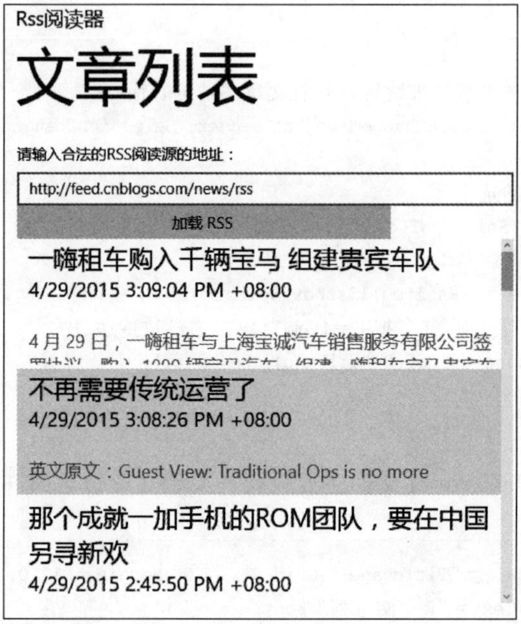

图 14.1　文章列表

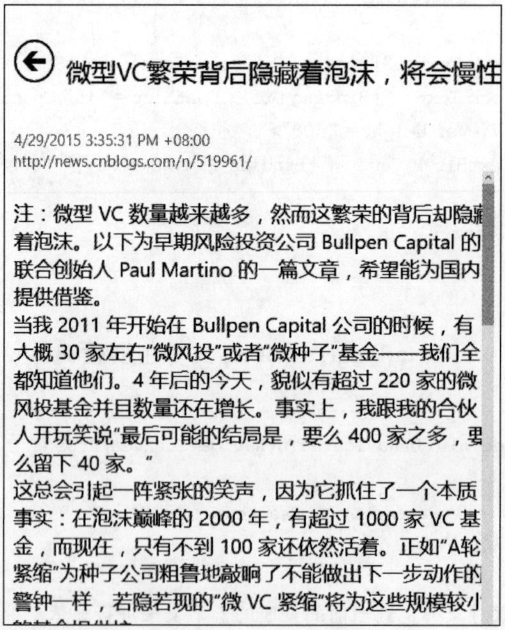

图 14.2　文章详情

14.2 网络编程之 HttpClient 类

除了可以使用 HttpWebRequest 类来实现 HTTP 网络请求之外,还可以使用 HttpClient 类来实现。对于基本的请求操作,HttpClient 类提供了一个简单的接口来处理最常见的任务,并为身份验证提供了适用于大多数方案的合理的默认设置。对于较为复杂的 HTTP 操作,更多的功能包括:执行常见操作(DELETE、GET、PUT 和 POST)的方法;获取、设置和删除 Cookie 的功能;支持常见的身份验证设置和模式;异步方法上提供的 HTTP 请求进度信息;访问有关传输的安全套接字层(SSL)详细信息;在高级应用中包含自定义筛选器的功能等。

14.2.1 Get 请求获取字符串和数据流数据

1. 获取字符串数据

HttpClient 类使用基于任务的异步模式提供了非常简化的请求操作,可以直接调用 HttpClient 类 GetStringAsync 方法便可以获取网络返回的字符串数据。下面来看一下使用 Get 请求来获取网络返回的字符串,实现的代码很简洁,示例代码如下所示:

```
Uri uri = new Uri("http://yourwebsite.com");
HttpClient httpClient = new HttpClient();
//获取网络的返回的字符串数据
string result = await httpClient.GetStringAsync(uri);
```

使用 GetStringAsync 方法是一种简化的 HTTP 请求,如果要获取 HTTP 请求返回的整个对象 HttpResponseMessage 可以使用 GetAsync 方法。HttpResponseMessage 对象是 HTTP 的相应消息对象,它包含了网络请求相应的 HTTP 头、数据体等信息。下面使用 GetAsync 方法来获取网络返回的字符串信息,示例代码如下所示:

```
HttpResponseMessage response = awaithttpClient.GetAsync(uri);
string responseBody = await response.Content.ReadAsStringAsync();
```

2. 获取数据流数据

HttpResponseMessage 对象的 Content 属性表示是返回的数据对象,是一个 IHttpContent 类型的对象。如果要获取的是数据流数据,可以通过它的 ReadAsBufferAsync 方法获取到返回的 IBuffer 对象,或者通过 ReadAsInputStreamAsync 地方获取 IInputStream 对象,然后再转化为 Stream 对象,示例代码如下所示:

```
using (Stream responseStream = (await response.Content.ReadAsInputStreamAsync()).AsStreamForRead())
{
    int read = 0;
    byte[] responseBytes = new byte[1000];
```

```
        do
        {
            //如果 read 等于 0 表示 Stream 的数据以及读取完毕
            read = await responseStream.ReadAsync(responseBytes, 0, responseBytes.Length);
        } while (read != 0);
    }
```

3. 取消网络请求

HttpClient 类发起的网络请求都是基于任务的异步方法,所以要取消其异步的操作可以通过异步任务的取消对象 CancellationTokenSource 对象来取消,这点和 HttpWebRequest 类是不同。如果使用 CancellationTokenSource 对象来取消异步的请求会触发 TaskCanceledException 异常,这个异常需要用 try catch 语句来捕获,便可以识别到请求是被取消的。

```
private CancellationTokenSource cts = new CancellationTokenSource();
try
{
    //使用 CancellationTokenSource 对象来控制异步任务的取消操作
     HttpResponseMessage response = awaithttpClient.GetAsync(new Uri(resourceAddress)).AsTask(cts.Token);
    responseBody = await response.Content.ReadAsStringAsync().AsTask(cts.Token);
    cts.Token.ThrowIfCancellationRequested();
}
catch (TaskCanceledException)
{
    responseBody = "请求被取消";
}
//调用 Cancel 方法取消网络请求
if (cts.Token.CanBeCanceled)
{
    cts.Cancel();
}
```

14.2.2　Post 请求发送字符串和数据流数据

使用 HttpClient 类发起 Post 请求的编程方式也很简洁,可以调用方法 PostAsync(Uri uri, IHttpContent content)来直接向目标的地址 Post 数据,在该方法里面有两个参数:uri 就是网络的目标地址,content 是指向目标地址 Post 的数据对象。在 Post 数据之前,首先把数据初始化成为一个 IHttpContent 对象,实现了 IHttpContent 接口的类有 HttpStringContent 类、HttpStreamContent 类和 HttpBufferContent 类,这三个类分表代表了字符串类型、数据流类型和二进制类型,数据流类型和二进制类型可以互相转换。调用 PostAsync 方法之后会返回一个 HttpResponseMessage 对象,通过这个 HTTP 的相应消息对象就可以获取 Post 请求之后的返回结果信息。Post 请求发送字符串和数据流数据的代码示例如下所示:

1）Post 请求发送字符串数据

```
HttpStringContent httpStringContent = new HttpStringContent("hello Windows 10");
HttpResponseMessage response = awaithttpClient.PostAsync(uri,
                                    httpStringContent).AsTask(cts.Token);
string responseBody = await response.Content.ReadAsStringAsync().AsTask(cts.Token);
```

2）Post 请求发送数据流数据

```
HttpStreamContent streamContent = new HttpStreamContent(stream.AsInputStream());
HttpResponseMessage response = awaithttpClient.PostAsync(uri,
                                    streamContent).AsTask(cts.Token);
string responseBody = await response.Content.ReadAsStringAsync().AsTask(cts.Token);
```

除了使用 PostAsync 方法之外，还可以使用 SendRequestAsync 方法来发送网络请求，SendRequestAsync 方法既可以使用 Get 方式也可以使用 Post 方式。SendRequestAsync 方法发送的消息类型是 HttpRequestMessage 类对象，HttpRequestMessage 类表示 HTTP 的请求消息类，可以通过 HttpRequestMessage 对象设置请求的类型（Get/Post）和传输的数据对象。使用 SendRequestAsync 方法的代码示例如下所示：

```
//创建 HttpRequestMessage 对象
HttpStreamContent streamContent = newHttpStreamContent(stream.AsInputStream());
HttpRequestMessage request = newHttpRequestMessage(HttpMethod.Post, new Uri(resourceAddress));
request.Content = streamContent;
//发送数据
HttpResponseMessage response = awaithttpClient.SendRequestAsync(request).AsTask(cts.Token);
string responseBody = await response.Content.ReadAsStringAsync().AsTask(cts.Token);
```

14.2.3 设置和获取 Cookie

Cookie 是指某些网站为了辨别用户身份、进行回话跟踪而储存在用户本地终端上的数据（通常经过加密）。当在使用 HTTP 请求的时候，如果服务器返回的数据待用 Cookie 数据，也可以获取出来，存储在本地，下次发起 HTTP 请求的时候就会带上这些 Cookie 的数据。

在 HttpClient 类的网络请求中可以通过 HttpBaseProtocolFilter 类来获取网站的 Cookie 信息，HttpBaseProtocolFilter 类表示是 HttpClient 的 HTTP 请求的基础协议的过滤器。获取 Cookie 的代码示例如下所示：

```
//创建一个 HttpBaseProtocolFilter 对象
HttpBaseProtocolFilter filter = newHttpBaseProtocolFilter();
//通过 HttpBaseProtocolFilter 对象获取使用 HttpClient 进行过网络请求的地址的 Cookie 信息
HttpCookieCollection cookieCollection = filter.CookieManager.GetCookies(new Uri(resourceAddress));
// 遍历整个 Cookie 集合的 Cookie 信息
foreach (HttpCookie cookie in cookieCollection)
{
}
```

当然，在发送 HTTP 请求的时候也一样可以带上 Cookie 信息，如果服务器可以识别到 Cookie 信息就通过 Cookie 信息来进行一些操作，比如 Cookie 信息带有用户名和密码的加密信息，那么就可以免去登录的步骤。在 HttpClient 的网络请求里面，HttpCookie 类表示是一个 Cookie 对象，创建好 Cookie 对象之后通过 HttpBaseProtocolFilter 对象的 CookieManager 属性来设置 Cookie，然后发送网络请求，这时候的网络请求就会把 Cookie 信息给带上。设置 Cookie 的代码示例如下所示：

```
//创建一个 HttpCookie 对象,"id"表示是 Cookie 的名称,"localhost"是主机名,"/"是表示服务器的虚拟路径
HttpCookie cookie = newHttpCookie("id", "yourwebsite.com", "/");
//设置 Cookie 的值
cookie.Value = "123456";
//设置 Cookie 存活的时间,如果设置为 null 表示只是在一个会话里面生效
cookie.Expires = newDateTimeOffset(DateTime.Now, new TimeSpan(0, 1, 8));
//在过滤器里面设置 Cookie
HttpBaseProtocolFilter filter = newHttpBaseProtocolFilter();
bool replaced = filter.CookieManager.SetCookie(cookie, false);
……接下来可以向"yourwebsite.com"远程主机发起请求
```

14.2.4　网络请求的进度监控

HttpClient 的网络请求是支持进度监控，通过异步任务的 IProgress<T>对象可以直接监控到 HttpClient 的网络请求返回的进度信息，返回的进度对象是 HttpProgress 类对象。在进度对象 HttpProgress 里面包含了下面的一些信息：Stage（当前的状态）、BytesSent（已发送的数据大小）、BytesReceived（已接收的数据大小）、Retries（重试的次数）、TotalBytesToSend（总共需要发送的数据大小）和 TotalBytesToReceive（总共需要接收的数据大小）。网络请求进度监控的代码示例如下所示：

```
//创建 IProgress<HttpProgress>对象
IProgress<HttpProgress> progress = new Progress<HttpProgress>(ProgressHandler);
//在异步任务中加入进度监控
HttpResponseMessage response = await httpClient.PostAsync(new Uri(resourceAddress), streamContent).AsTask(cts.Token, progress);
//进度监控的回调方法
private void ProgressHandler(HttpProgress progress)
{
    //这里可以通过 progress 参数获取进度的相关信息
}
```

14.2.5　自定义 HTTP 请求筛选器

HTTP 请求筛选器是 HttpClient 网络请求的一个很强大的功能，它可以把每次网络请求需要的规则封装起来作为一个公共的筛选器来使用，使得特定连接和安全方案的 Web 请

求变得更加简单。我们可以把身份验证、数据加密、连接失败后使用自动重试等逻辑封装在筛选器里面,然后再使用筛选器来初始化一个HttpClient对象进行网络请求。

通常情况下,处理请求期间预期可能会出现的一个网络或安全状况很容易,但要处理多个网络或安全状况可能就比较困难。你可以创建一些简单的筛选器,然后再根据需要将它们链接起来。这样就能够针对预期可能会出现的复杂情况开发出一些Web请求功能,而无须开发非常复杂的程序。

HttpClient是用于通过HTTP发送和接收请求的主类,它使用HttpBaseProtocolFilter类来确定如何发送和接收数据,所以HttpBaseProtocolFilter在逻辑上是所有自定义筛选器链的结尾。每个HttpClient实例都可以有一个不同的筛选器链或管道,如图14.3所示。

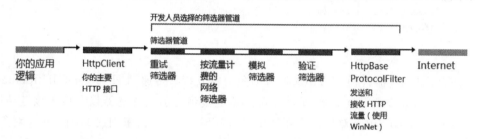

图14.3　HttpClient请求的筛选器链模型

若要编写一个自定义筛选器,需要创建一个自定义的筛选器类实现IHttpFilter接口,通过IHttpFilter.SendRequestAsync方法来指定筛选器的工作方式,也就是把网络请求封装的信息放在该方法里面,在发起网络请求的时候筛选器内部会调用该方法。可以使用C♯、Visual Basic .NET或C++来编写筛选器,并且这些筛选器可以在Windows运行时支持的所有语言中调用和使用。下面来看一个向HTTP请求和响应添加自定义标头的筛选器的示例代码。

```
//创建一个自定义筛选器,使用该筛选器会在HTTP请求和响应中都添加一个自定义的HTTP头信息
public class PlugInFilter : IHttpFilter
{
    private IHttpFilter innerFilter;
    public PlugInFilter(IHttpFilter innerFilter)
    {
        if (innerFilter == null)
        {
            throw new ArgumentException("innerFilter cannot be null.");
        }
        this.innerFilter = innerFilter;
    }
    //在SendRequestAsync方法里面添加自定义的HTTP头
    public IAsyncOperationWithProgress<HttpResponseMessage, HttpProgress> SendRequestAsync
    (HttpRequestMessage request)
    {
        return AsyncInfo.Run<HttpResponseMessage, HttpProgress>(async (cancellationToken,
        progress) =>
```

```
            {
                //添加请求头
                request.Headers.Add("Custom-Header", "CustomRequestValue");
                HttpResponseMessage response = await innerFilter.SendRequestAsync(request).
AsTask(cancellationToken, progress);
                cancellationToken.ThrowIfCancellationRequested();
                //添加响应头
                response.Headers.Add("Custom-Header", "CustomResponseValue");
                return response;
            });
    }
    public void Dispose()
    {
        innerFilter.Dispose();
        GC.SuppressFinalize(this);
    }
}
```

若要使用此筛选器,在创建 HttpClient 对象时将其接口传递到 HttpClient(IHttpFilter)构造方法里面。若要设置筛选器链,请将新筛选器链接到之前的筛选器以及位于该链结尾处的 HttpBaseProtocolFilter 对象。下面使用 PlugInFilter 筛选器来创建 HttpClient 对象,代码示例如下:

```
//先创建一个 HttpBaseProtocolFilter 对象,因为这是 HttpClient 默认的最底层的筛选器
var basefilter = new HttpBaseProtocolFilter();
//创建 PlugInFilter 筛选器对象,链接到 HttpBaseProtocolFilter 对象上
var myfilter = new PlugInFilter(basefilter);
//使用自定义的筛选器创建 HttpClient 对象
HttpClient httpClient = new HttpClient(myfilter);
……下面使用 httpClient 对象来发起网络请求都会自动带上自定义筛选器所添加的 HTTP 头
```

14.2.6 实例演示:部署 IIS 服务和实现客户端对服务器的请求

下面给出部署 IIS 服务和实现客户端对服务器的请求的示例:在该示例里面首先需要创建一个 ASP.NET 的网站服务,并在本地的 IIS 服务上把网站部署好,作为后台的网络服务,然后再创建一个 Windows 10 客户端应用程序向后台的网络服务发起请求。通过 Visual Studio 创建一个 ASP.NET 的项目命名为 website,创建一个 default.aspx 页面用于处理 Get 和 Post 数据请求的测试。

代码清单 14-2:部署 IIS 服务和实现客户端对服务器的请求(源代码:第 14 章\Examples_14_2)

default.aspx.cs 文件代码:网络后台服务对网络请求的模拟处理

```
using System;
using System.Web;

namespace website
```

```csharp
{
    public partial class _default : System.Web.UI.Page
    {
        protected void Page_Load(object sender, EventArgs e)
        {
            //为了方便测试和客户端取消网络操作,后台服务延迟 2 秒钟再执行相关的操作
            System.Threading.Thread.Sleep(2000);
            //返回请求的内容
            Response.Write("客户端请求的数据内容：");
            //获取 Post 请求传递过来的数据
            System.IO.Stream inputStream = Request.InputStream;
            using (System.IO.StreamReader reader = new System.IO.StreamReader(Request.InputStream))
            {
                string body = reader.ReadToEnd();
                Response.Write(body);
            }
            // Get 请求设置请求缓存时间
            if (Request.QueryString["cacheable"] != null)
            {
                //设置缓存时间
                Response.Expires = Int32.Parse(Request.QueryString["cacheable"]);
                Response.Write("Get 请求,当前的服务器时间是：");
                Response.Write(DateTime.Now);
                Response.Write("请求缓存" + Response.Expires + "分钟");
            }
            //获取请求的 Cookies
            if (Request.Cookies.Count > 0)
            {
                Response.Write("Cookies: ");
                foreach (var cookie in Request.Cookies.AllKeys)
                {
                    Response.Write(cookie + ":" + Request.Cookies[cookie].Value);
                }
            }
            //设置服务器响应请求的 cookies
            if (Request.QueryString["setCookies"] != null)
            {
                //创建一个持续 3 分钟的 cookie
                HttpCookie myCookie1 = newHttpCookie("LastVisit");
                DateTime now = DateTime.Now;
                myCookie1.Value = now.ToString();
                myCookie1.Expires = now.AddMinutes(3);
                Response.Cookies.Add(myCookie1);
                //创建一个 http 会话的 cookie
                HttpCookie myCookie2 = newHttpCookie("SID");
                myCookie2.Value = "31d4d96e407aad42";
                myCookie2.HttpOnly = true;
                Response.Cookies.Add(myCookie2);
            }
```

```
            //返回 Stream 数据
            if (Request.QueryString["extraData"] != null)
            {
                int streamLength = Int32.Parse(Request.QueryString["extraData"]);
                for (int i = 0; i < streamLength; i++)
                {
                    Response.Write("@");
                }
            }
        }
    }
```

编写好 website 网络服务的代码之后,接下来要把该网站部署到本地的 IIS 服务上。下面看一下如何在 Windows 10 上创建 IIS 的服务和在 IIS 服务上部署网站。

1. 创建本地 IIS 的服务

因为 Windows 10 系统是内置了 IIS 服务的,但是默认的情况下是关闭的,如果要使用就需要到"Windows 功能"窗口上面去打开。打开的路径为:控制面板->打开或关闭 windows 功能->Internet 信息服务->万维网服务->应用程序开发功能,勾选上".net 扩展性"和"ASP.NET"相关的选项如图 14.4 所示,单击"确定"按钮,这时候系统会自动按照 IIS 服务相关的组件,需要等待几分钟时间。安装完毕之后,打开浏览器输入本地的服务网址 http://localhost/,如果出现如图 14.5 所示的页面则表示 IIS 服务成功运行。

图 14.4 部署 IIS 服务

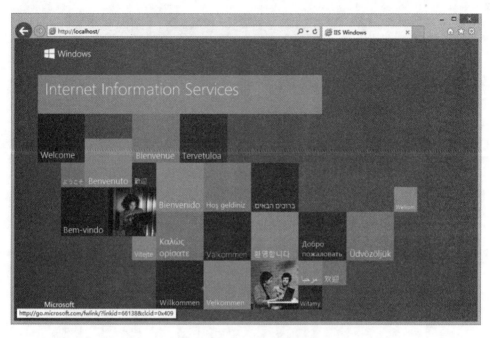

图 14.5　默认 IIS 服务主页

2．在 IIS 服务上部署网站

IIS 服务创建成功之后,就需要把当前的网站部署到本地的 IIS 服务上进行测试。首先在应用列表上找到"IIS 管理器",打开,如图 14.6 所示。右击"网站"图标,选择"添加网站",然后在添加网站窗口里面填写网站的名称和网站的物理路径,物理路径为 website 项目所在的位置,然后单击"确定"按钮,添加网站的信息如图 14.7 所示。

图 14.6　IIS 管理器

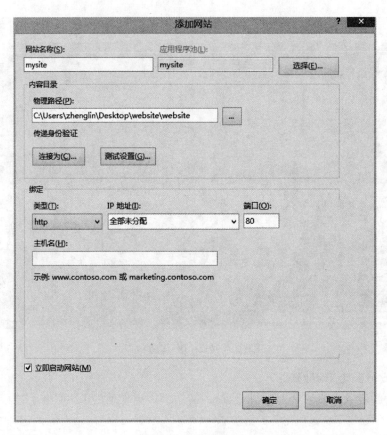

图 14.7 添加网站

注意，由于 Windows 10 的权限限制，会由于权限不足而无法读取网站目录配置文件原文件夹，这时候需要右击网站项目文件夹，选择它的属性，打开"安全"选项卡，看到"组或用户名"，单击"编辑"按钮添加一个新的用户名"Everyone"，然后更改它的权限，将第二个权限"修改"设置为允许就可以了，如图 14.8 和图 14.9 所示。设置成功后，把默认的网站服务暂停，然后启动新建立的网站，在浏览器打开网址 http://localhost/default.aspx 显示的效果如图 14.10 所示，表示部署成功。

服务端的代码和部署完成之后，接下来要实现 Windows 10 客户端的应用程序来对服务器端发起 HTTP 网络请求进行测试。

MainPage.xaml 文件主要代码

```
<Grid x:Name = "ContentPanel" Grid.Row = "1" Margin = "12,0,12,0">
    <!-- 各种网络操作的测试按钮 -->
    <StackPanel>
        <Button Content = "Get String" Click = "Button_Click_1" Width = "370"></Button>
        <Button Content = "Get Stream" Click = "Button_Click_2" Width = "370"></Button>
```

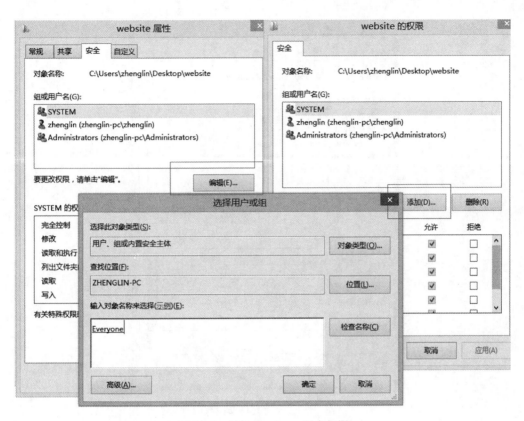

图 14.8　添加 Everyone 用户权限

```
<Button Content = "Post String" Click = "Button_Click_3" Width = "370"></Button>

<Button Content = "Post Stream" Click = "Button_Click_4" Width = "370"></Button>
<Button Content = "请求进度监控" Click = "Button_Click_5" Width = "370"></Button>
<Button Content = "Cookie 设置" Click = "Button_Click_6" Width = "370"></Button>
<Button Content = "Cookie 获取" Click = "Button_Click" Width = "370"></Button>
    </StackPanel>
</Grid>
<!-- 操作的进度,网络信息的展示面板,一开始隐藏,发起网络操作时显示出来,完成后再隐藏 -->
<Grid Grid.RowSpan = "2" x:Name = "waiting" Visibility = "Collapsed">
        <Grid Background = "Black" Opacity = "0.8" ></Grid>
        <StackPanel Background = "Black" HorizontalAlignment = "Center" VerticalAlignment = "Center" Grid.RowSpan = "2">
            <TextBlock x:Name = "infomation" Text = "正在请求数据……" FontSize = "30" TextWrapping = "Wrap"></TextBlock>
            <Button Content = "取消操作" x:Name = "cancel" Click = "cancel_Click" Width = "370"></Button>
        </StackPanel>
    </Grid>
```

深入浅出：Windows 10通用应用开发

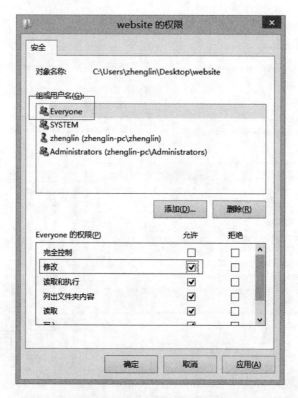

图 14.9　设置允许修改权限

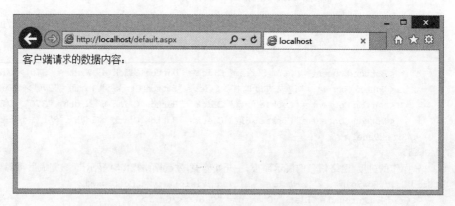

图 14.10　部署的网站显示效果

MainPage.xaml.cs 文件主要代码

```
public sealed partial class MainPage : Page
{
    //服务器地址
```

```csharp
private string server = "http://localhost/default.aspx";
// HTTP 请求对象
private HttpClient httpClient;
//异步任务取消对象
private CancellationTokenSource cts;
public MainPage()
{
    this.InitializeComponent();
    //初始化 HTTP 请求对象
    httpClient = new HttpClient();
    //初始化异步任务取消对象
    cts = new CancellationTokenSource();
}
/// <summary>
/// Http 请求处理的封装方法
/// </summary>

/// <param name="httpRequestAction">Http 的异步请求方法,返回 string 类型</param>
private async void HttpRequestAsync(Func<Task<string>> httpRequestFuncAsync)
{
    string responseBody;
    waiting.Visibility = Visibility.Visible;
    try
    {
        responseBody = await httpRequestFuncAsync();
        cts.Token.ThrowIfCancellationRequested();
    }
    catch (TaskCanceledException)
    {
        responseBody = "请求被取消";
    }
    catch (Exception ex)
    {
        responseBody = "异常消息" + ex.Message;
    }
    finally
    {
        waiting.Visibility = Visibility.Collapsed;
    }
    await Dispatcher.RunAsync(CoreDispatcherPriority.Normal, async () =>
    {
        await new MessageDialog(responseBody).ShowAsync();
    });
}
// Get 请求获取 string 类型数据
private void Button_Click_1(object sender, RoutedEventArgs e)
{
```

```csharp
            HttpRequestAsync(async () =>
            {
                string resourceAddress = server + "?cacheable=1";
                HttpResponseMessage response = await httpClient.GetAsync(new Uri(resourceAddress)).AsTask(cts.Token);
                string responseBody = await response.Content.ReadAsStringAsync().AsTask(cts.Token);
                return responseBody;
            });
        }
        // Get 请求获取 Stream 类型数据
        private void Button_Click_2(object sender, RoutedEventArgs e)
        {
            HttpRequestAsync(async () =>
            {
                string resourceAddress = server + "?extraData=2000";
                StringBuilder responseBody = new StringBuilder();
                HttpRequestMessage request = new HttpRequestMessage(HttpMethod.Get, new Uri(resourceAddress));
                HttpResponseMessage response = await httpClient.SendRequestAsync(
                    request,
                    HttpCompletionOption.ResponseHeadersRead).AsTask(cts.Token);
                using (Stream responseStream = (await response.Content.ReadAsInputStreamAsync()).AsStreamForRead())
                {
                    int read = 0;
                    byte[] responseBytes = new byte[1000];
                    do
                    {
                        read = await responseStream.ReadAsync(responseBytes, 0, responseBytes.Length);
                        responseBody.AppendFormat("Bytes read from stream: {0}", read);
                        responseBody.AppendLine();
                        //把 byte[]转化为 IBuffer 类型,IBuffer 接口是 Windows 10 标准的二进制数据接口
                        IBuffer responseBuffer = CryptographicBuffer.CreateFromByteArray(responseBytes);
                        responseBuffer.Length = (uint)read;
                        //转化为 Hex 字符串,ASCII 文本这些记录由对应机器语言码和/或常量数据的十六进制编码数字组成
                        responseBody.AppendFormat(CryptographicBuffer.EncodeToHexString(responseBuffer));
                        responseBody.AppendLine();
                    } while (read != 0);
                }
                return responseBody.ToString();
            });
```

```csharp
        }
        // Post 请求发送 String 类型数据
        private void Button_Click_3(object sender, RoutedEventArgs e)
        {
            HttpRequestAsync(async () =>
            {
                string resourceAddress = server;
                string responseBody;

                HttpResponseMessage response = await httpClient.PostAsync(new Uri(resourceAddress),
                    new HttpStringContent("hello Windows Phone")).AsTask(cts.Token);
                responseBody = await response.Content.ReadAsStringAsync().AsTask(cts.Token);
                return responseBody;
            });
        }
        // Post 请求发送 Stream 类型数据
        private void Button_Click_4(object sender, RoutedEventArgs e)
        {
            HttpRequestAsync(async () =>
            {
                string resourceAddress = server;
                string responseBody;
                const int contentLength = 1000;
                //使用 Stream 数据初始化一个 HttpStreamContent 对象
                Stream stream = GenerateSampleStream(contentLength);
                HttpStreamContent streamContent = new HttpStreamContent(stream.AsInputStream());
                //初始化一个 Post 类型的 HttpRequestMessage 对象
                HttpRequestMessage request = new HttpRequestMessage(HttpMethod.Post, new Uri(resourceAddress));
                request.Content = streamContent;
                //发送 POST 数据请求
                HttpResponseMessage response = await httpClient.SendRequestAsync(request).AsTask(cts.Token);
                //获取请求的结果
                responseBody = await response.Content.ReadAsStringAsync().AsTask(cts.Token);
                return responseBody;
            });
        }
        //获取测试的数据流对象
        private static MemoryStream GenerateSampleStream(int size)
        {
            byte[] subData = new byte[size];
            for (int i = 0; i < subData.Length; i++)
            {
                // ASCII 编码 40 表示是字符"("
                subData[i] = 40;
```

```csharp
            }
            return new MemoryStream(subData);
        }

        //监控 Post 请求的进度情况
        private void Button_Click_5(object sender, RoutedEventArgs e)
        {
            HttpRequestAsync(async () =>
            {
                string resourceAddress = server;
                string responseBody;
                const uint streamLength = 1000000;
                HttpStreamContent streamContent = newHttpStreamContent(new SlowInputStream(streamLength));
                streamContent.Headers.ContentLength = streamLength;
                //创建进度对象
                IProgress<HttpProgress> progress = new Progress<HttpProgress>(ProgressHandler);
                HttpResponseMessage response = awaithttpClient.PostAsync(new Uri(resourceAddress), streamContent).AsTask(cts.Token, progress);
                responseBody = "完成";
                return responseBody;
            });
        }
        private void ProgressHandler(HttpProgress progress)
        {
            string infoString = "";
            infoString = progress.Stage.ToString();
            //需要发送的数据
            ulong totalBytesToSend = 0;
            if (progress.TotalBytesToSend.HasValue)
            {
                totalBytesToSend = progress.TotalBytesToSend.Value;
                infoString += "发送数据:" + totalBytesToSend.ToString(CultureInfo.InvariantCulture);
            }
            //已接收的数据
            ulong totalBytesToReceive = 0;
            if (progress.TotalBytesToReceive.HasValue)
            {
                totalBytesToReceive = progress.TotalBytesToReceive.Value;
                infoString += "接收数据:" + totalBytesToReceive.ToString(CultureInfo.InvariantCulture);
            }
            double requestProgress = 0;
```

```csharp
            //前面 50% 是发送进度,后面的 50% 是接收进度
            if (progress.Stage == HttpProgressStage.SendingContent && totalBytesToSend > 0)


            {
                requestProgress = progress.BytesSent * 50 / totalBytesToSend;
                infoString += "发送进度:";
            }
            else if (progress.Stage == HttpProgressStage.ReceivingContent)
            {
                requestProgress += 50;
                if (totalBytesToReceive > 0)
                {
                    requestProgress += progress.BytesReceived * 50 / totalBytesToReceive;
                }
                infoString += "接收进度:";
            }
            else
            {
                return;
            }
            infoString += requestProgress;
            infomation.Text = infoString;
        }
        //设置网络请求的 Cookie
        private void Button_Click_6(object sender, RoutedEventArgs e)
        {
            HttpRequestAsync(async () =>
            {
                string resourceAddress = server;
                string responseBody;
                //创建一个 HttpCookie 对象,"id" 表示是 Cookie 的名称,"localhost" 是主机名,"/" 是表示服务器的虚拟路径
                HttpCookie cookie = newHttpCookie("id", "localhost", "/");
                cookie.Value = "123456";
                //设置为 null 表示只是在一个会话里面生效
                cookie.Expires = null;
                HttpBaseProtocolFilter filter = newHttpBaseProtocolFilter();
bool replaced = filter.CookieManager.SetCookie(cookie, false);
                HttpResponseMessage response = awaithttpClient.PostAsync(new Uri(resourceAddress),
                    new HttpStringContent("hello Windows Phone")).AsTask(cts.Token);
                responseBody = await response.Content.ReadAsStringAsync().AsTask(cts.Token);
                return responseBody;
            });
```

```csharp
        }

            //获取网络请求的Cookie
            private void Button_Click(object sender, RoutedEventArgs e)
            {
                HttpRequestAsync(async () =>
                {
                    string resourceAddress = server + "?setCookies=1";
                    string responseBody;
                    //发送网络请求
                    HttpResponseMessage response = await httpClient.GetAsync(new Uri(resourceAddress)).AsTask(cts.Token);
                    responseBody = await response.Content.ReadAsStringAsync().AsTask(cts.Token);
                    cts.Token.ThrowIfCancellationRequested();
                    //获取基础协议筛选器
                    HttpBaseProtocolFilter filter = new HttpBaseProtocolFilter();
                    //获取网络请求下载到的Cookie数据
                    HttpCookieCollection cookieCollection = filter.CookieManager.GetCookies(new Uri(resourceAddress));
                    //遍历Cookie数据的内容
                    responseBody = cookieCollection.Count + " cookies :";
                    foreach (HttpCookie cookie in cookieCollection)
                    {
                        responseBody += "Name: " + cookie.Name + " ";
                        responseBody += "Domain: " + cookie.Domain + " ";
                        responseBody += "Path: " + cookie.Path + " ";
                        responseBody += "Value: " + cookie.Value + " ";
                        responseBody += "Expires: " + cookie.Expires + " ";
                        responseBody += "Secure: " + cookie.Secure + " ";
                        responseBody += "HttpOnly: " + cookie.HttpOnly + " ";
                    }
                    return responseBody;
                });
            }
            //取消网络请求
            private void cancel_Click(object sender, RoutedEventArgs e)
            {
                cts.Cancel();
                cts.Dispose();
                cts = new CancellationTokenSource();
            }
        }
```

应用程序的运行效果如图14.11所示。

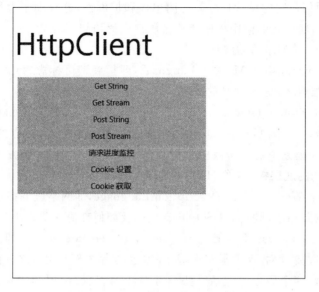

图 14.11　HttpClient 实现网络请求

14.3　使用 Web Service 进行网络编程

Web Service 是构建互联网分布式系统的基本部件。Web Service 正成为企业应用集成（Enterprise Application Integration）的有效平台。可以使用互联网中提供的 Web Service 构建应用程序，而不必考虑这些 Web Service 是怎样运行的。目前，互联网上有很多 Web Service 接口，在开发 Windows 10 设备客户端的时候可以直接调用这些接口来实现它们提供的网络服务。

14.3.1　Web Service 简介

Web Service 是一种标准化的实现网络服务及异构程序之间方法调用的机制，是为了使原来各孤立的站点之间的信息能够相互通信、共享而提出的一种接口。Web Service 也叫做 XML Web Service，可以接纳从 Internet 或者 Intranet 上的其他设备中传送的请求，是一种轻量级的独立的通信技术，这种技术通过 SOAP 在 Web 上提供软件服务，运用 WSDL 文件停止阐明，并通过 UDDI 停止注册。Web Service 所使用的是 Internet 上统一、开放的标准，如 HTTP、XML、SOAP（简单对象访问协议）、WSDL 等，所以 Web Service 可以在任何支持这些标准的环境（Windows、Linux）中使用。它通过 XML 格式的文件来描述方法、参数、调用和返回值，这种格式的 XML 文件称为 WSDL（Web Service Description Language，Web 服务描述语言）。Web Service 采用的通信协议是 SOAP（Simple Object Access Protocol，简单对象访问协议）。SOAP 协议是一个用于分散和分布式环境下网络信息交换的基于 XML 的通信协议。在此协议下，软件组件或应用程序能够通过标准的

HTTP协议进行通信。它的设计目标就是简单性和扩展性,这有助于大量异构程序和平台之间的互操作,从而使存在的应用程序能够被用户广泛访问。

下面给出一些相关的术语的解释。

XML:全称是Extensible Markup Language,即扩展型可标志言语。面向短期的暂时数据处置、面向万维网络,是SOAP的根底。

SOAP:全称是Simple Object Access Protocol,即简单对象存取协议。是XML Web Service的通信协议。当用户经过UDDI找到WSDL描绘文档后,可以通过SOAP协议调用用户建立的Web服务中的一个或多个操纵。SOAP是XML文档方式的调用方法的标准,它可以支撑不同的底层接口,像HTTP(S)或SMTP。

WSDL:全称是Web Services Description Language,即网络服务描述语言。WSDL文件是一个XML文档,用于阐明一组SOAP音讯以及如何交流这些音讯。

UDDI:全称是Universal Description, Discovery and Integration,即统一描述、发现和集成协议,是一个次要针对Web服务供应商和运用者的新项目。在用户可以调用Web服务之前,必须肯定这个服务内包括哪些商务办法,找到被调用的接口定义,还要在服务端来编制软件,UDDI是一种依据描绘文档来指导设备查找相应服务的机制。UDDI应用SOAP音讯机制(标准的XML/HTTP)来公布、编辑、阅读以及查找注册音讯。它采用XML格式来封装各种不同类型的数据,并且发送到注册核心或由注册核心前往需求的数据。

14.3.2 实例演示:手机号码归属地查询

本节会用一个手机号码归属地查询的例子来演示Windows 10的应用程序如何调用Web Service接口。在实例中将会使用到手机号码归属地查询Web Service接口:http://webservice.webxml.com.cn/WebServices/MobileCodeWS.asmx。这个Web Service接口是http://www.webxml.com.cn/网站提供的一个免费的Web Service接口,可以在应用程序里面使用它实现一些功能。

1) 接口的方法

通过getMobileCodeInfo获得国内手机号码归属地省份、地区和手机卡类型信息。

2) 输入参数

mobileCode=字符串(手机号码,最少前7位数字),userID=字符串(商业用户ID)免费用户为空字符串;返回数据:字符串(手机号码:省份城市手机卡类型)。

3) 返回的信息

例如,传入mobileCode=13763324046,则会返回以下的XML信息:

<?xml version="1.0" encoding="UTF-8"?>
<string xmlns="http://WebXml.com.cn/">13763324046:广东 广州 广东移动动感地带卡</string>

代码清单14-3：手机归属地查询（源代码：第 14 章\Examples_14_3）。下面来讲解在应用中调用 Web Service 的步骤：

1）在项目中引入 Web Service 服务

创建一个 Windows 10 的项目工程，在工程中添加 webservice 的引用，将 web service 服务加入，如图 14.12 所示，这时生成了上述 web 服务在本地的一个代理。

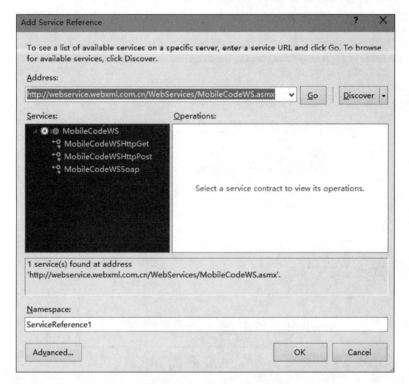

图 14.12　添加 Web Service 引用

由于 .net 平台内建了对 Web Service 的支持，包括 Web Service 的构建和使用，所以在 Windows 10 项目中不需要其他的工具或者 SDK 就可以完成 Web Service 的开发了。

2）调用 Web Service

MainPage.xaml 文件主要代码

```
<StackPanel>
    <TextBlock x:Name = "des" Text = "请输入你需要查询的手机号码" />
    <TextBox   x:Name = "No" Text = "" />
    <Button Content = "查询"  Name = "search"  Click = "search_Click" />
    <TextBlock  x:Name = "information" Text = "" />
</StackPanel>
```

MainPage.xaml.cs 文件代码

```
//获取归属地按钮事件处理程序
private async void search_Click(object sender, RoutedEventArgs e)
{
    //实例化一个 web service 代理的对象
    MobileCodeServiceReference.MobileCodeWSSoapClient proxy = new MobileCodeServiceReference.MobileCodeWSSoapClient();
    //调用 web service 的方法获取电话号码的归属地
    information.Text = await proxy.getMobileCodeInfoAsync(No.Text, "");
}
```

程序运行的效果如图 14.13 所示。

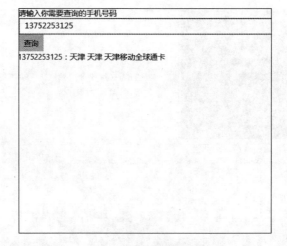

图 14.13　手机号码查询页面

14.4　使用 WCF Service 进行网络编程

早在 Web Service 出现之前,已经有很多企业都实现了自己的 EAI(Enterprise Application Integration)企业应用整合,但当时并没有被大家公认的技术规范,所以那时的集成方案比较分散,没有统一标准。尽管有些 EAI 做得还比较成功,苦于没有技术规范,很难得到推广。而出现 Web Service 后,由于更多大厂商(包括 IBM、微软等)大力支持,SOAP 成为公认的技术规范,很快就成为了解决这一难题的制胜法宝。微软为响应这种变化,在.Net 平台中推出了自身的 Web Service 产品,也就是 Asp.Net Xml Web Service,但这个框架在通信安全和性能等方面存在着一些难以解决的问题,虽然后来又增加了 WSE 来弥补不足,但整体看来,Asp.Net Xml Web Service 的不足还是显而易见的。在安全方面,WSE 对 Xml Web Service 作了很大的改进,支持 WS 等网络服务的安全标准,但它作为框架的扩展,最新版本 3.0 还在 Beta 阶段,而且这个扩展框架鲜为人知,服务端如果使用了 WSE,也要求客户端使用,而由于这个框架没有被广泛推广,很可能给客户端开发人员增加开发和部署难度。在性能方面,.Net Remoting 技术比 Web Service 略有优势,但学起来有一定难度,最致命的是它不能实现跨平台的操作,一个用.Net Remoting 写的 Service 很难用 Java 来调用,这就使得其实用性大打折扣。此时,WCF 应运而生,它整合了微软历来最优秀的分布式系统开发技术,取其精华,弃其糟粕,是分布式应用程序开发技术的集大成者,它解决了跨平台的问题,同时支持安全通信和分布式事务。

14.4.1 WCF Service 简介

WCF(Windows Communication Foundation)是微软为构建面向服务的应用提供的分布式通信编程框架。使用该框架,开发人员可以构建跨平台、安全、可靠和支持事务处理的企业级互联应用解决方案。WCF 是建立在 Microsoft .NET Framework 上的类型集合,整合了微软分布式应用程序开发中的众多成熟技术,如 Enterprise Sevices(COM+)、.Net Remoting、Web Service(ASMX)、WSE 和 MSMQ 消息队列,并且存在于微软 Windows 操作系统上,在面向服务的世界和面向对象的世界里起着桥梁的作用。通常来说,与对象协作相比,在面向对象的世界里运行会更高效;即便当这些对象发送、接受和处理面向对象消息的时候。WCF 给了用户可以在不同世界里工作的能力,但是它的目标是让用户可以在面向服务的世界里使用大家熟悉的知识编程。

(1) WCF 的通信范围:可以跨进程、跨机器、跨子网、企业网乃至于 Internet。

(2) WCF 的宿主:可以是 ASP.NET(IIS 或 WAS)、EXE、WPF、Windows Forms、NT Service、COM+。

(3) WCF 的通信协议:TCP、HTTP、跨进程以及自定义。

14.4.2 创建 WCF Service

本节演示如何搭建一个 WCF 服务,并简单地输出一个字符串。代码清单 14-4:创建 WCF Service 服务(源代码:第 14 章\Examples_14_4)。下面来讲解在 Visual Studio 中创建 WCF Service 的步骤:

(1) 打开 Visual Studio,创建一个 WCF 服务应用程序,如图 14.14 所示。

(2) 修改 Service1.svc 和 IService1.cs 文件。

创建好的项目默认的文件目录如图 14.15 所示。在 Service1.svc 中添加方法:

```
public string HelloWCF()
{
    return "Hello WCF";
}
```

在 IService1.cs 中添加接口:

```
[OperationContract]
string HelloWCF();
```

图 14.14　创建一个 WCF 项目

图 14.15　WCF 项目工程目录

(3) 建一个网站的虚拟目录,指向 WCF 的项目工程。

在控制面板中找到 Internet 信息管理器并打开,在 Default Web Site 节点下创建一个虚拟目录,命名为 wcf,路径指向本例子的 web 应用程序的代码,并单击"确定"按钮,如图 14.16 所示。右击刚刚建好的虚拟目录 wcf,转换为应用程序,然后在 Windows 10 中启用 WCF 相关的服务,如图 14.17 所示。

(4) 打开浏览器输入地址 http://localhost/wcf/Service1.svc。

这时会出现如图 14.18 所示的界面,证明部署成功。

图 14.16 创建 WCF 服务程序

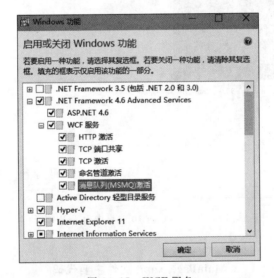

图 14.17 WCF 服务

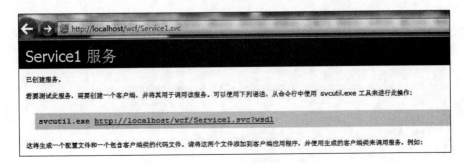

图 14.18 WCF 的网页浏览效果

14.4.3 调用 WCF Service

本节演示如何在 Windows 10 的应用程序中调用 WCF 服务，代码清单 14-4：调用 WCF Service 服务（源代码：第 14 章\Examples_14_4）。步骤如下：

（1）在 Windows 10 项目中添加 WCF 服务引用，生成代理，如图 14.19 所示。

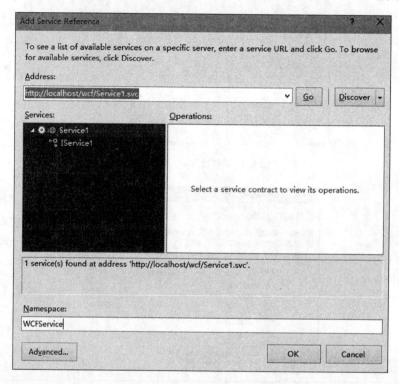

图 14.19　在 Windows 10 项目中引入 WCF 服务

（2）调用 WCF 服务。

MainPage.xaml 文件主要代码

```
<TextBlock x:Name="textBlock1" Text="" FontSize="25"/>
```

MainPage.xaml.cs 文件主要代码

```
protected async override void OnNavigatedTo(NavigationEventArgs e)
{
    WCFService.Service1Client proxy = new WCFService.Service1Client();
    textBlock1.Text = await proxy.HelloWCFAsync();
}
```

应用程序运行效果如图 14.20 所示。

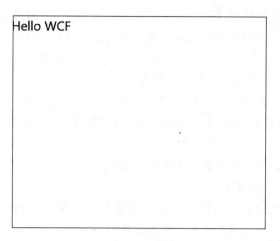

图 14.20　WCF 访问的效果

14.5　推送通知

　　移动互联网时代以前的设备，如果有事件发生要通知用户，会有一个窗口弹出，告诉用户正在发生什么。可能是未接电话提示、日历提醒，或者是一封新彩信。传统的 RSS 阅读器都是手动或以一定间隔自动抓取信息。手动就需要你在想看的时候去手动刷新内容，这么做的好处是省电。不足之处也很明显——麻烦，而且消息不及时。所以很多程序都以一定间隔自动进行刷新，比如十分钟上网抓取一次信息。这么做固然是方便了一些，但同样会带来问题，如果没有新内容，就白白耗费了流量和电力。而且，这个时间间隔长度本身也是一个问题，间隔太长就没有时效性，太短的话又过于费电费流量。推送通知就是专门为了解决这个问题而诞生的，它的原理很简单，第三方程序（比如微博客户端、聊天软件）与推送通知的服务器保持连接，等有新的内容需要提供给设备之后，推送通知的服务器就会将数据推送到设备上。

　　推送通知是一个统一的通知服务。使用推送通知服务可以确保用户得到最新信息。很多类型的程序都可以使用这个服务。例如，体育程序可以在程序没有运行时更新关键的比赛信息。聊天程序可以显示会话中最新的回复。任务管理程序可以跟踪有多少任务用户还没有处理。对于移动设备，推送通知服务可以说是一个非常实用的技术功能。大部分重量级的运算都在服务器和通知服务器之间进行，和在后台运行的程序相比，对电池的影响更小，性能也更高。该服务会维持一个持久的 IP 连接从而在程序没有运行时也能通知用户。

14.5.1　推送通知的原理和工作方式

　　Windows 10 中的推送通知服务是一款异步、尽力型服务，可向第三方开发人员提供一个采用高效节能的方法将数据从云服务发送到 Windows 10 应用的通道。开发者可以利用 Windows 10 提供的推送通知的服务，来实现网络的服务器端向 Windows 10 的客户端程序推送一些通知或者消息，意思就是服务器端通过推送通知的服务主动地告诉 Windows 10 客户端来了新的通知或者消息，这跟客户端调用 web service 去拉消息是两种不同原理的交互方式。推送通知（Push Notificiation）的一个好处就是可以在应用程序没有执行的情况下，仍然可以将远端的消息传送到 Windows 10 的客户端应用程序上，并且提醒这个消息的到来。

下面介绍一下推送通知涉及的 3 个重要的服务：

1. Web Service（云端服务）

这是通知消息的出发点，也就是你要推送什么样的通知、什么内容的消息，就是从这里提供的。它怎么知道要推送到哪里呢？它怎么知道它的消息要传送到哪部 Windows 10 设备的哪个应用程序呢？这时候就出来了一个频道（Channel）的概念。使用推送通知的应用程序需要通过 Microsoft Push Notification Service 注册一个唯一的 Channel，然后把这个唯一的 Channel 告诉云端服务，这时候云端服务就可以将消息搭载这个唯一的 Channel，通过 Windows Push Notification Service 传送到 Windows 10 的客户端应用程序。

2. Windows Push Notification Service（微软提供的推送通知服务）

这是推送通知的一个中介的角色，这是微软免费提供的一个服务，这个服务为 Windows 10 客户端和服务器端的交流提供了一条特殊的通道。一种情况是，它接受 Windows 10 应用程序通过 Push Client 创建的 Channel 来作为整个推送通知过程的通道。另一种情况是，它也接受云端服务所申请的 Service Name 来进行注册，让 Push Client 在建立 Channel 时指定云端服务所注册的 Service。

3. Push Client（Windows 10 的推送通知的客户端）

这是推送通知在 Windows 10 系统里面的客户端的支持，直接跟设备客户端打交道。Push Client 要取得资料的话，则需要向 Windows Push Notification Service 建立起独有的 Channel，因此 Push Client 会向 Windows Push Notification Service 送出询问是否存在指定的 Service Name 与专用的 Channel 名称。

再看一下 Windows 10 整个推送通知的工作流程，图 14.21 显示了如何发送推送通知的整个流程。下面再说明一下推送通知的工作流程图里面每个步骤的含义：

第一步：你的应用从推送客户端服务请求推送通知 URI。

第二步：推送客户端服务与 Windows 推送通知服务（WNS）通信并且 WNS 向推送客户端服务返回一个通知 URI。

第三步：推送客户端服务向你的应用返回通知 URI。

第四步：应用向云服务发送通知 URI。

第五步：当云服务要向应用发送信息时，它将使用通知 URI 向 WNS 发送推送通知。

第六步：MPNS 将推送通知路由到应用。

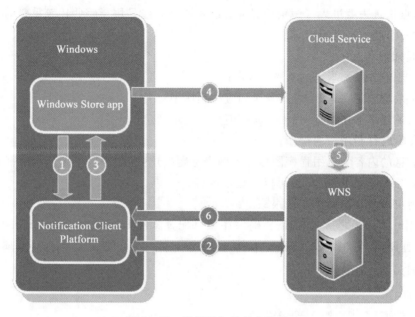

图 14.21　推送通知的整个流程

14.5.2　推送通知的分类

推送通知服务中有 4 种不同类型的通知，分别是原生通知（Raw Notification）、吐司通知（Toast Notification）、磁贴通知（Tile Notification）和徽章通知（Badge Notification）。这 4 种通知的表现形式和消息传送的格式都不一样，可以根据应用的具体情况来选择需要的通知的形式。

1．原生通知（Raw Notification）

原生通知是一种只针对正在运行的应用程序而提供的通知，如果使用原生通知的应用程序并没有运行，而服务器端又给应用程序发送了消息，这一条原生通知将会被微软的推送通知服务所丢弃。原生通知一般是用于给正在运行的应用程序发送消息，比如聊天软件的好友上线通知等。

原生通知的特点：

（1）可以发送任何格式的数据，有效的载荷最大为 1KB；

（2）只有在使用原生通知运行的情况下才能接收到消息；

（3）允许在用户使用时更新用户界面。

原生通知的传送格式可以为任意的字符串格式。

2．吐司通知（Toast Notification）

吐司通知是一种直接在屏幕最上弹出来的系统提示栏通知，在手机上总是显示在屏幕的最顶部，在 PC 上则是在右侧边缘，会有声音和振动提示，十秒钟后会自动消失，点击提示栏可以打开应用程序。例如，手机接收到新的短信的时候，在屏幕最顶端弹出来的消息就是吐司通知,点击进去就进入了短信的界面。吐司通知一般是用于一些比较重要的通知提示,比如短信提醒、恶劣天气提醒等。

吐司通知的特点:
(1)发送的数据为指定的 XML 格式;
(2)如果程序正在运行,内容发送到应用程序中;
(3)如果程序不在运行,弹出 Toast 消息框显示消息;
(4)会临时打断用户的操作;
(5)消息的内容为应用程序图标加上两个标题描述,标题为粗体字显示的字符串,副标题为非粗体字显示的字符串,也可以只显示内容;
(6)用户可以点击消息进行跟踪。

在使用吐司通知之前,我们需要确保在项目配置文件 Package.appxmanifest 已经设置支持吐司通知,设置的方式为把 uap:VisualElements 节点的 ToastCapable 属性设置为"true",如下所示:

```
<uap:VisualElements
    DisplayName = "PushNotificationDemo"
    Square150x150Logo = "Assets\Logo.png"
    Square44x44Logo = "Assets\SmallLogo.png"
    Description = "PushNotificationDemo"
    ForegroundText = "light"
    ToastCapable = "true"
    BackgroundColor = "#464646">
    <uap:SplashScreen Image = "Assets\SplashScreen.png" />
</uap:VisualElements>
```

吐司通知的传送格式如下,关于吐司通知格式的更加详细的说明可以参考 Windows 10 吐司通知格式说明:

```
<toast>
    <visual>
        <binding template = "ToastText02">
            <text id = "1">headlineText</text>
            <text id = "2">bodyText</text>
        </binding>
    </visual>
</toast>
```

接收到消息的效果如图 14.22 所示。

3. 磁贴通知(Tile Notification)

磁贴通知是一种针对桌面中的应用程序提供的通知,如果用户并没有把应用程序的磁贴添加在桌面,那么应用程序是不会接收到磁贴通知的。

磁贴通知的传送格式如下:

```
<tile>
  < visual version = "3">
    < binding template = "TileWide310x150IconWithBadgeAndText">
      < image id = "1" src = "" />
      < text id = "1"></ text >
      < text id = "2"></ text >
      < text id = "3"></ text >
    </ binding >
  </ visual >
</ tile >
```

接收到消息的效果如图 14.23 所示。

图 14.22　吐司通知

图 14.23　磁贴通知

4. 徽章通知（Badge Notification）

徽章通知是在磁贴右上角的数字通知，通常用于表示应用程序未读消息数量或者新消息数量这种类型的信息。例如，未读短信在短信图标的右上角显示就是徽章通知的表现形式。如果应用程序被添加到了锁屏，该通知的内容还会在 Windows 10 的锁屏上面显示。

徽章通知的传送格式如下：

```
< badge value = ""3" />
```

接收到消息的效果如图 14.24、图 14.25 所示。

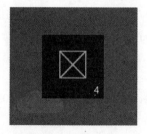

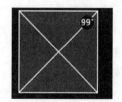

图 14.24　徽章通知（PC）

图 14.25　徽章通知（手机）

14.5.3　推送通知的发送机制

在 Windows 10 的应用程序使用推送通知的服务之前，必须要使用开发者账号在提交应用的页面上注册应用程序所对应的推送通知服务。通过注册可获取 3 个很重要的信息，分别是应用的标识值、程序包安全标识符和密钥,注册推送通知服务的页面如图 14.26 所示。

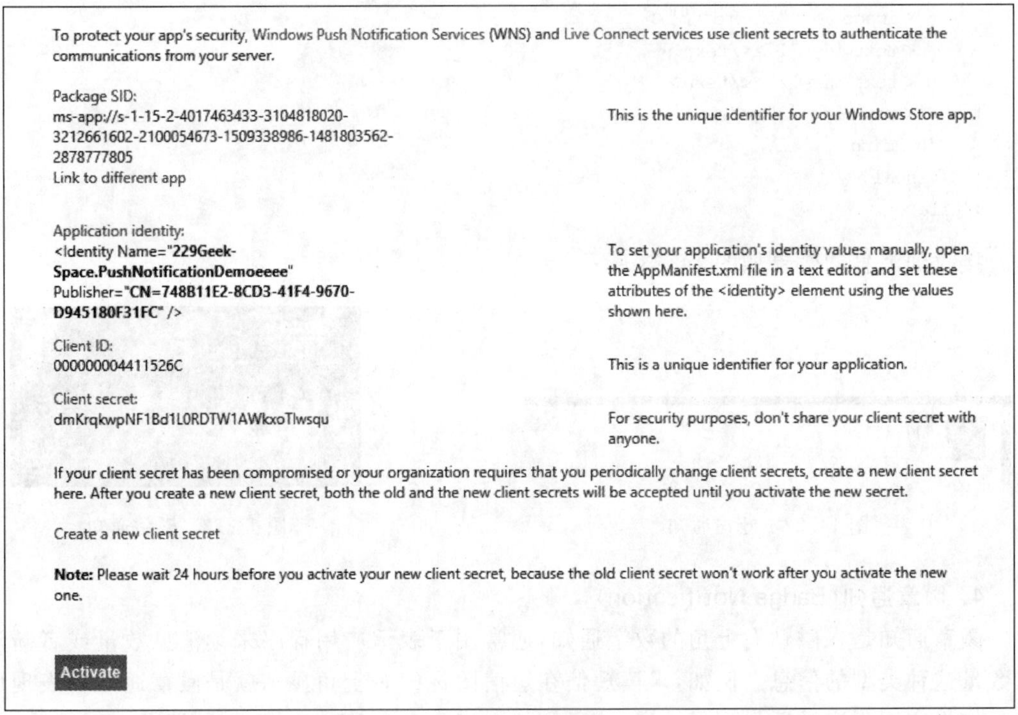

```
To protect your app's security, Windows Push Notification Services (WNS) and Live Connect services use client secrets to authenticate the
communications from your server.

Package SID:
ms-app://s-1-15-2-4017463433-3104818020-          This is the unique identifier for your Windows Store app.
3212661602-2100054673-1509338986-1481803562-
2878777805
Link to different app

Application identity:
<Identity Name="229Geek-                          To set your application's identity values manually, open
Space.PushNotificationDemoeeee"                   the AppManifest.xml file in a text editor and set these
Publisher="CN=748B11E2-8CD3-41F4-9670-            attributes of the <identity> element using the values
D945180F31FC" />                                  shown here.

Client ID:
000000004411526C                                  This is a unique identifier for your application.

Client secret:
dmKrqkwpNF1Bd1L0RDTW1AWkxoTlwsqu                  For security purposes, don't share your client secret with
                                                  anyone.

If your client secret has been compromised or your organization requires that you periodically change client secrets, create a new client secret
here. After you create a new client secret, both the old and the new client secrets will be accepted until you activate the new secret.

Create a new client secret

Note: Please wait 24 hours before you activate your new client secret, because the old client secret won't work after you activate the new
one.

[Activate]
```

图 14.26 注册推送通知服务

从图 14.26 获取到的信息如下:

1) 应用的标识值

应用的标识值为:"<Identity Name="229Geek-Space.PushNotificationDemoeeee" Publisher="CN=748B11E2-8CD3-41F4-9670-D945180F31FC"/>",当获取到该标识值得时候,需要把使用该推送通知的 Windows 10 应用程序的清单文件 Package.appxmanifest 里面的 Identity 节点改为获取的内容。

2) 程序包安全标识符

程序包安全标识符:"ms-app://s-1-15-2-4017463433-3104818020-3212661602-2100054673-1509338986-1481803562-2878777805",在推送通知的云服务中需要使用到。

3) 密钥

密钥:"dmKrqkwpNF1Bd1L0RDTW1AWkxoTlwsqu",在推送通知的云服务中需要使用到。

注意,上述信息为作者使用开发者账号申请的测试信息,仅作为演示,在使用的时候也许已经失效了,请自行使用开发者账号去申请新的推送通知服务的应用的标识值、程序包安全标识符和密钥。

在构建应用程序的推送通知发送服务的后台,可以使用任何的编程语言或者应用程序来实现,只要你按照推送通知的发送机制来实现就可以。下面来看一下推送通知的发送机制的一些重要的内容。

1. 请求和接收访问令牌

将 HTTP 请求发送至推送通知服务以对云服务进行验证,然后反过来检索访问令牌。通过使用安全套接字层(SSL)将请求发布至微软提供的完全限定的域名(https://login.live.com/accesstoken.srf)。

云服务(也就是发送服务后台)在 HTTP 请求正文中提交了这些所需参数,采用的格式为"application/x-www-form-urlencoded"。必须确保所有参数都进行 URL 编码,在 URL 编码中有 4 个参数,如下所示:

(1) grant_type:必须设置为"client_credentials"。
(2) client_id:向应用商店注册应用时已分配的云服务程序包安全标识符(SID)。
(3) client_secret:向应用商店注册应用时已分配的云服务密钥。
(4) scope:必须设置为"notify.windows.com"。

URL 参数的拼接示例如下所示:

```
grant_type = client_credentials&client_id = ms - app%3a%2f%2fS - 1 - 15 - 2 - 2972962901 - 2322836549 - 3722629029 - 1345238579 - 3987825745 - 2155616079 - 650196962&client_secret = Vex8L9WOFZuj95euaLrvSH7XyoDhLJc7&scope = notify.windows.com
```

云服务(也就是发送服务后台)通过一个使用"application/x-www-for-urlencoded"格式的 HTTPS 身份验证请求提供它的凭据(程序包安全标识符和客户端密钥)。HTTP 的请求格式示例如下:

```
POST /accesstoken.srf HTTP/1.1
Content - Type: application/x - www - form - urlencoded
Host: https://login.live.com
Content - Length: 211
```

推送通知服务随即向你的服务器发送对身份验证请求的响应。如果响应代码为"200 OK",则身份验证成功,响应包含一个访问令牌,云服务器必须保存这个令牌,并且用在它发送的任何通知中,直到该访问令牌过期。HTTP 的相应格式示例如下所示:

```
HTTP/1.1 200 OK
Cache - Control: no - store
Content - Length: 422
Content - Type: application/json
{
    "access_token":"EgAcAQMAAAALYAAY/c + Huwi3Fv4Ck1OUrKNmtxRO6Njk2MgA = ",
    "token_type":"bearer"
}
```

- 其中,access_token 表示云服务在发送通知时使用的访问令牌,token_type 始终作为

"bearer"返回。

2．发送通知请求和接收响应

调用应用发送通知请求时，会通过 SSL 发出 HTTP 请求，将该请求发送至信道统一资源标识符。"Content-Length"是标准的 HTTP 标头，必须在请求中指定。所有其他标准标头可选，或者不受支持。另外，此处所列的自定义请求头可用在通知请求中，某些头必需，而其他头可选，这些请求头的说明如下：

（1）Authorization（必须）：标准 HTTP 授权头用于对通知请求进行验证。云服务在此头中提供了其访问令牌。格式为 Authorization：Bearer ＜access-token＞，字符串文字"Bearer"，后面是空格，再后面是你的访问令牌。通过发布上述的访问令牌请求检索此访问令牌。同一访问令牌可用于后续通知请求中，直至该令牌过期。

（2）Content-Type（必须）：标准 HTTP 授权头。对于吐司、磁贴以及徽章通知，此标头应设置为"text/xml"。对于原生通知，此标头应设置为"application/octet-stream"。

（3）Content-Length（必须）：表示请求负载大小的标准 HTTP 授权头。

（4）X-WNS-Type（必须）：定义负载中的通知类型——磁贴、吐司、徽章或原生通知。这些是推送通知服务支持的通知类型。此头表示通知类型以及推送通知服务处理该通知时应采用的方式。当通知到达客户端之后，针对此指定的类型验证实际的负载。X-WNS-Type 的格式为"X-WNS-Type：wns/toast｜wns/badge｜wns/tile｜wns/raw"，按照顺序分别表示吐司、徽章、磁贴和原生通知。

（5）X-WNS-Cache-Policy（可选）：启用或禁用通知缓存。此标头仅应用于磁贴、徽章和原始通知。设置个格式为"X-WNS-Cache-Policy：cache｜no-cache"。当通知目标设备处于脱机状态时，推送通知服务会为每个应用缓存一个锁屏提醒通知和一个磁贴通知。如果为应用启用了通知循环，则推送通知服务至多会缓存 5 个磁贴通知。默认情况下，不会缓存原始通知，但如果启用了原始通知缓存，则将会缓存一个原始通知。项不会无限期保留在缓存中，它们会在一段适度长的时间后丢弃。否则，当设备下次联机时，会传递缓存内容。

（6）X-WNS-RequestForStatus（可选）：通知响应中的请求设备状态和推送通知服务连接状态。X-WNS-RequestForStatus 的格式为"X-WNS-RequestForStatus：true｜false"，true 表示返回响应中的设备状态和通知状态，false 是默认值。

（7）X-WNS-Tag（可选）：用于为通知提供识别标签、用作支持通知队列的磁贴的字符串。此头仅应用于磁贴通知。X-WNS-Tag 的格式为"X-WNS-Tag：＜string value＞"，string value 表示不超过 16 个字符的字母数字字符串。

（8）X-WNS-TTL（可选）：指定生存时间（TTL）的整数值（用秒数表示）。X-WNS-TTL 的格式为"X-WNS-TTL：＜integer value＞"，integer value 表示接收请求后的通知生存期跨度（以秒为单位）。

上面的是发送 HTTP 的请求头，请求之后会获取到 HTTP 的响应，如果 HTTP 的响应码是"200 OK"则表示通知发送成功，其他的响应码都是失败，失败的响应码有 400（错误的请求）、401（未授权）、403（已禁止）、404（未找到）、405（方法不允许）等。除了响应码之外，

响应头也会带上相关的信息,分别如下所示:

(1) X-WNS-Debug-Trace(可选):报告问题时应记录用于帮助解决问题的调试信息。

(2) X-WNS-DeviceConnectionStatus(可选):设备状态,仅当通过 X-WNS-RequestForStatus 头在通知请求中请求时返回。

(3) X-WNS-Error-Description(可选):应记录用于帮助调试的人工可读错误。

(4) X-WNS-Msg-ID(可选):通知的唯一标识符,用于调试目的。报告问题时,应记录此信息以有助于故障诊断。

(5) X-WNS-NotificationStatus(可选):指示推送通知服务是否成功接收通知并处理通知。报告问题时,应记录此信息以有助于故障诊断。

下面给出使用 Windows 窗体应用程序发送推送通知的示例:创建一个 Windows 窗体应用程序,在应用程序中实现向 Windows 10 客户端应用程序发送推送通知的功能。

代码清单 14-5:使用 Windows 窗体应用程序发送推送通知(源代码:第 14 章 \ Examples_14_5)

OAuthToken.cs 文件主要代码:访问令牌的实体对象

```csharp
[DataContract]
public class OAuthToken
{
    [DataMember(Name = "access_token")]
    public string AccessToken { get; set; }
    [DataMember(Name = "token_type")]
    public string TokenType { get; set; }
}
```

OAuthHelper.cs 文件主要代码:获取访问令牌信息的网络请求帮助类

```csharp
public class OAuthHelper
{
    /// <summary>
    ///获取 https://login.live.com/accesstoken.srf 的 OAuth 验证的 access-token
    /// </summary>
    /// <param name = "secret">客户端密钥</param>
    /// <param name = "sid">程序包安全标识符(SID)</param>
    /// <returns></returns>
    public OAuthToken GetAccessToken(string secret, string sid)
    {
        var urlEncodedSecret = UrlEncode(secret);
        var urlEncodedSid = UrlEncode(sid);
        //拼接请求的参数
        var body = String.Format("grant_type = client_credentials&client_id = {0}&client_secret = {1}&scope = notify.windows.com",
```

```csharp
                                    urlEncodedSid,
                                    urlEncodedSecret);
        string response;
        //发起网络请求获取 access-token
        using (WebClient client = new WebClient())
        {
            client.Headers.Add("Content-Type", "application/x-www-form-urlencoded");
            response = client.UploadString("https://login.live.com/accesstoken.srf", body);
        }
        return GetOAuthTokenFromJson(response);
    }

    // json 字符串转化为对象的方法
    private OAuthToken GetOAuthTokenFromJson(string jsonString)
    {
        using (var ms = new MemoryStream(Encoding.Unicode.GetBytes(jsonString)))
        {
            var ser = new DataContractJsonSerializer(typeof(OAuthToken));
            var oAuthToken = (OAuthToken)ser.ReadObject(ms);
            return oAuthToken;
        }
    }
    // Url 参数序列化的方法
    private static string UrlEncode(string str)
    {
        StringBuilder sb = newStringBuilder();
        byte[] byStr = System.Text.Encoding.UTF8.GetBytes(str);
        for (int i = 0; i < byStr.Length; i++)
        {
            sb.Append(@"%" + Convert.ToString(byStr[i], 16));
        }
        return (sb.ToString());
    }
}
```

Form1.cs 文件主要代码：Windows 窗体应用程序实现向推送通知的通道发送通知消息

```csharp
    //发送通知的按钮
    private void button1_Click(object sender, EventArgs e)
    {
        sendNotificationType(textBox2.Text, textBox1.Text);
    }
    /// <summary>
    /// 发送推送通知
    /// </summary>
    /// <param name="message">消息内容</param>
```

```csharp
/// <param name="notifyUrl">推送的通道</param>
void sendNotificationType(string message, string notifyUrl)
{
    //程序包安全标识符(SID)
    string sid = "ms-app://s-1-15-2-4017463433-3104818020-3212661602-2100054673-1509338986-1481803562-2878777805";
    //客户端密钥
    string secret = "dmKrqkwpNF1Bd1L0RDTW1AWkxoTlwsqu";// "bs08Acs1RG7jB7pkGVMh8Em-GKCG3pH+3";

    OAuthHelper oAuth = newOAuthHelper();
    //获取访问的令牌
    OAuthToken token = oAuth.GetAccessToken(secret, sid);
    try
    {
        //创建 Http 对象
        HttpWebRequest myRequest = (HttpWebRequest)WebRequest.Create(notifyUrl);
        // toast, tile, badge 为 text/xml; raw 为 application/octet-stream
        myRequest.ContentType = "text/xml";
        //设置 access-token
        myRequest.Headers.Add("Authorization", String.Format("Bearer {0}", token.AccessToken));
        string message2 = "test";
        if (radioButton1.Checked)
        {
            message2 = message;
            //推送 raw 消息
            myRequest.Headers.Add("X-WNS-Type", "wns/raw");
            //注意 raw 消息为 application/octet-stream
            myRequest.ContentType = "application/octet-stream";
        }
        else if (radioButton2.Checked)
        {
            message2 = NotifyTile(message);
            //推送 tile 消息
            myRequest.Headers.Add("X-WNS-Type", "wns/tile");
        }
        else if (radioButton3.Checked)
        {
            message2 = NotifyToast(message);
            //推送 toast 消息
            myRequest.Headers.Add("X-WNS-Type", "wns/toast");
        }
        else if (radioButton4.Checked)
        {
            message2 = NotifyBadge(message);
            //推送 badge 消息
```

```csharp
            myRequest.Headers.Add("X-WNS-Type", "wns/badge");
        }
        else
        {
            //默认的消息
            myRequest.Headers.Add("X-WNS-Type", "wns/raw");

            myRequest.ContentType = "application/octet-stream";
        }
        byte[] buffer = Encoding.UTF8.GetBytes(message2);
        myRequest.ContentLength = buffer.Length;
        myRequest.Method = "POST";
        using (Stream stream = myRequest.GetRequestStream())
        {
            stream.Write(buffer, 0, buffer.Length);
        }
        using (HttpWebResponse webResponse = (HttpWebResponse)myRequest.GetResponse())
        {
            /*
             * 响应代码说明
             *     200 - OK,WNS 已接收到通知
             *     400 - 错误的请求
             *     401 - 未授权,token 可能无效
             *     403 - 已禁止,manifest 中的 identity 可能不对
             *     404 - 未找到
             *     405 - 方法不允许
             *     406 - 无法接受
             *     410 - 不存在,信道不存在或过期
             *     413 - 请求实体太大,限制为 5000 字节
             *     500 - 内部服务器错误
             *     503 - 服务不可用
             */
            label4.Text = webResponse.StatusCode.ToString();
        }
    }
    catch (Exception ex)
    {
        label4.Text = "异常" + ex.Message;
    }
}
//封装 Toast 消息格式
public string NotifyToast(string message)
{
    string toastmessage =
```

```
                @"<toast launch = """ + Guid.NewGuid().ToString() + @""">
                    <visual lang = """"en-US"">
                        <binding template = """"ToastText01"">
                            <text id = """"1"""">" + message + @"</text>
                        </binding>
                    </visual>
                </toast>";
    return toastmessage;
}
//封装 Tile 消息格式
public string NotifyTile(string message)
{
    string tilemessage =
        @"<tile>
            <visual>
                <binding template = """"TileWideText03"">
                    <text id = """"1"""">" + message + @"</text>
                </binding>
            </visual>
        </tile>";
    return tilemessage;
}
//封装 Badge 消息格式
public string NotifyBadge(string badge)
{
    string badgemessage = (@"<badge value = """ + badge + @""" />");
    return badgemessage;
}
```

应用程序的运行效果如图 14.27 所示。

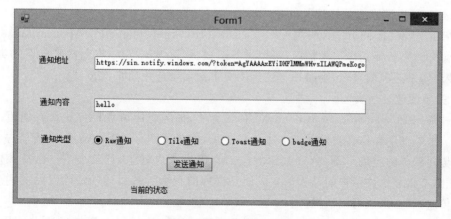

图 14.27　发送推送通知

14.5.4 客户端程序实现推送通知的接收

在客户端程序实现推送通知主要有两个步骤，一个是请求通道 URI，另外一个是将通道 URI 发送至服务器。请求通道 URI 是指 Windows 10 客户端平台发出此请求，然后该平台依次从推送通知服务请求通道 URI，请求完成后，实现的方法是直接调用 PushNotificationChannelManager 类的 CreatePushNotificationChannelForApplicationAsync 静态方法，返回的值为包含 URI 的 PushNotificationChannel 对象。将通道 URI 发送至服务器则是要把这个通道存储起来，用来向当前的应用程序发送消息通知，发送的实现应该采用安全的方式将此信息发送至服务器，对信息进行加密并使用安全的协议，如 HTTPS。下面来看一下对于推送通知通道的一些处理的情况。

1. 请求通道

每次调用你的应用时，应该使用以下逻辑请求一个新的通道：

（1）请求通道。

（2）将新通道与前一个通道相比较，如果相同，则不需要采取进一步的操作。注意，在应用每次成功将通道发送到服务时，都对该通道进行本地存储，以便将该通道与后一个通道相比较。

（3）如果该通道已更改，请将新通道发送给 Web 服务。

对 CreatePushNotificationChannelForApplicationAsync 方法的不同调用不会始终返回不同的通道。如果自上次调用后通道未改变，则应用不必重新向服务发送此相同的通道以节省资源和 Internet 流量。一个应用可同时拥有多个有效的通道 URI。由于每个唯一的通道直到其到期均有效，因此请求新的通道也无妨，因为它不会影响任何以前通道的到期时间。

通过在每次调用应用时请求一个新通道，最大化地保证了有效通道。如果你担心用户在 30 天内运行你的应用的次数不超过一次，你可以实施一个后台任务来定期执行你的通道请求代码。

2. 处理通道请求中的错误

如果 Internet 不可用，则调用 CreatePushNotificationChannelForApplicationAsync 方法可能会失败。若要处理这种情况，可以进行重试，建议尝试三次，在每次尝试不成功后，延迟 10 秒。如果三次均失败，则必须等到该用户下次启动应用后再次重试。

3. 关闭通道

通过调用 PushNotificationChannel.Close 方法，你的应用可立即停止所有通道上的通知传递。虽然此项操作在实际的业务中比较少见，但是可能存在某些情景，你希望停止将所有通知传递到你的应用。例如，如果你的应用有用户账户概念，且某个用户已从该应用注销，则磁贴不再显示该用户的个人信息应该是合理的行为。若要成功清除磁贴的内容并停止通知传递，你必须执行以下操作：

（1）通过在向用户传递磁贴、吐司、徽章或原生通知的任何云通知通道上调用 Push-

NotificationChannel.Close 方法,停止所有磁贴更新。调用 Close 方法可确保不会再将该用户的任何通知传递到客户端。

(2) 通过调用 TileUpdater.Clear 方法清除磁贴内容,以便从磁贴中删除之前用户的数据。

下面给出测试推送通知的示例:创建一个 Windows 10 的应用程序,在应用程序里面注册推送通知的频道,然后使用上一小节的 Windows 窗体应用程序利用注册的频道来发送推送通知。

代码清单 14-6:测试推送通知(源代码:第 14 章\Examples_14_6)

首先需要把使用开发者账号获取到的 Identity 信息,替换掉当前应用程序清单文件 Package.appxmanifest 里面的 Identity 元素。代码如下所示:

```
<Identity Name = "229Geek-Space.PushNotificationDemoeeee" Publisher = "CN = 748B11E2-8CD3-41F4-9670-D945180F31FC" Version = "1.0.0.0" />
```

MainPage.xaml 文件主要代码

```xml
<StackPanel>
    <Button x:Name = "bt_open" Content = "注册推送通知" Click = "bt_open_Click"></Button>
    <TextBlock x:Name = "info" TextWrapping = "Wrap"></TextBlock>
</StackPanel>
```

MainPage.xaml.cs 文件主要代码

```csharp
//打开推送通知的频道
private async void bt_open_Click(object sender, RoutedEventArgs e)
{
    //创建一个频道
    PushNotificationChannel channel = await PushNotificationChannelManager.CreatePushNotificationChannelForApplicationAsync();
    //获取频道的地址,实际上是需要把频道的地址发送到云端服务来存储起来
    String uri = channel.Uri;
    //在该测试例子里面我们把地址复制到 Windows 窗体程序进行发送通知
    Debug.WriteLine(uri);
    //接收到通知后所触发的事件
    channel.PushNotificationReceived += channel_PushNotificationReceived;
}
//通知接收事件,如果有推送通知,当前应用程序正在运行则会触发该事件
async void channel_PushNotificationReceived(PushNotificationChannel sender, PushNotificationReceivedEventArgs args)
{
    switch (args.NotificationType)
    {
```

```csharp
                case PushNotificationType.Badge:        // badge 通知
BadgeUpdateManager.CreateBadgeUpdaterForApplication().Update(args.BadgeNotification);
                    break;
                case PushNotificationType.Raw:          // raw 通知
                    string msg = args.RawNotification.Content;
                    await this.Dispatcher.RunAsync(CoreDispatcherPriority.Normal,() => info.Text = msg);
                    break;
                case PushNotificationType.Tile:         // tile 通知
TileUpdateManager.CreateTileUpdaterForApplication().Update(args.TileNotification);
                    break;
                case PushNotificationType.Toast:        // toast 通知
ToastNotificationManager.CreateToastNotifier().Show(args.ToastNotification);
                    break;
                default:
                    break;
            }
        }
```

通过 Debug 模式把应用程序注册到的频道 Uri 复制出来,运行上一小节的 Windows 窗体应用程序,来向当前的应用程序发送推送通知,通知的效果如图 14.28 所示。

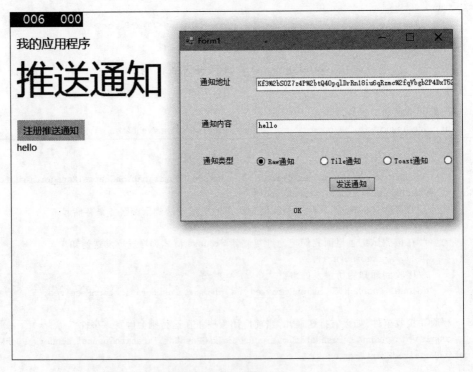

图 14.28 推送通知

第 15 章 Socket 编程

　　Socket 是网络通信的一种方式，它也是 Windows 10 编程中很重要的一部分，使用 Socket 可以实现比 HTTP 协议更加复杂和高效的网络编程。Windows 10 基于 Windows 运行时的架构提供了一套 Socket 编程的 API，这套 API 不仅仅可以实现互联网上的 Socket 的 TCP 和 UDP 协议，还可以支持蓝牙编程和近场通信编程的消息传输。本章重点讲解在网络中使用 Socket 编程，介绍 Socket 的原理以及在 Windows 10 中使用 TCP 和 UDP 协议实现网络数据的传输。第 16 章的蓝牙编程和近场通信编程会利用本章的 Socket 编程作为基础。

15.1　Socket 编程简介

　　Socket 是应用层与 TCP/IP 协议族通信的中间软件抽象层，它是一组接口。在设计模式中，Socket 其实就是一个门面模式，它把复杂的 TCP/IP 协议族隐藏在 Socket 接口后面，对用户来说，一组简单的接口就是全部，让 Socket 去组织数据，以符合指定的协议。应用程序通常通过 Socket 向网络发出请求或者应答网络请求。Socket 是一种用于表达两台机器之间连接"终端"的软件抽象。对于一个给定的连接，在每台机器上都有一个 Socket，你可以想象一个虚拟的"电缆"工作在两台机器之间，"电缆"插在两台机器的 Socket 上。当然，物理硬件和两台机器之间的"电缆"这些连接装置都是未知的，抽象的所有目的就是为了让我们不必了解更多的细节。

　　网络上的两个程序通过一个双向的通信连接实现数据交换，这个双向链路的一端称为一个 Socket。Socket 通常用来实现客户方和服务方的连接。Socket 是 TCP/IP 协议的一个十分流行的编程界面，一个 Socket 由一个 IP 地址和一个端口号唯一确定。但是，Socket 所支持的协议种类也不光是 TCP/IP 一种，因此两者之间没有必然的联系。简单地说，一台机器上的 Socket 同另一台机器通话创建一个通信信道，程序员可以用这个信道在两台机器之间发送数据。当你发送数据时，TCP/IP 协议栈的每一层都给你的数据里添加适当的报头。Socket 像电话听筒一样在电话的任意一端——你和我通过一个专门的信道来进行通话。会话将一直进行下去直到我们决定挂断电话，除非我们挂断电话，否则我们各自的电话线路都会占线。

使用 Socket 编程的 API 可以使开发人员方便地创建出包括 FTP、电子邮件、聊天系统和流媒体等类型的网络应用。Windows 10 平台给我们一些虽然简单但是相当强大的高层抽象以至于创建和使用 Socket 更加容易一些。

15.1.1 Socket 相关概念

1. 端口

网络中可以被命名和寻址的通信端口,是操作系统可分配的一种资源。按照 OSI 七层协议的描述,传输层与网络层在功能上的最大区别是传输层提供进程通信能力。从这个意义上讲,网络通信的最终地址就不仅仅是主机地址了,还包括可以描述进程的某种标识符。为此,TCP/IP 协议提出了协议端口(protocol port,简称端口)的概念,用于标识通信的进程。

端口是一种抽象的软件结构(包括一些数据结构和 I/O 缓冲区)。应用程序(即进程)通过系统调用与某端口建立连接(绑定)后,传输层传递给该端口的数据都被相应的进程接收,相应的进程发给传输层的数据都通过该端口输出。

类似于文件描述符,每个端口都拥有一个叫端口号(port number)的整数型标识符,用于区别不同的端口。由于 TCP/IP 传输层的两个协议 TCP 和 UDP 是完全独立的软件模块,因此各自的端口号也相互独立,如 TCP 有一个 255 号端口,UDP 也可以有一个 255 号端口,两者并不冲突。

端口号的分配是一个重要问题。有两种基本分配方式:第一种叫全局分配,这是一种集中控制方式,由一个公认的中央机构根据用户需要进行统一分配,并将结果公布于众;第二种是本地分配,又称动态连接,即进程需要访问传输层服务时,向本地操作系统提出申请,操作系统返回一个本地唯一的端口号,进程再通过合适的系统调用将自己与该端口号联系起来。TCP/IP 端口号的分配综合了上述两种方式。TCP/IP 将端口号分为两部分,少量的作为保留端口,以全局方式分配给服务进程。因此,每一个标准服务器都拥有一个全局公认的端口,剩余的为自由端口,以本地方式进行分配。TCP 和 UDP 均规定,小于 256 的端口号才能作为保留端口。

2. 地址

网络通信中通信的两个进程分别在两台地址不同的机器上。在互联网络中,两台机器可能位于不同位置的网络上,这些网络通过网络互连设备(网关、网桥、路由器等)连接。因此需要三级寻址:

(1) 某一主机可与多个网络相连,必须指定一个特定网络地址;
(2) 网络上每一台主机应有唯一的地址;
(3) 每一台主机上的每一个进程应有在该主机上的唯一标识符。

主机地址通常由网络 ID 和主机 ID 组成,在 TCP/IP 协议中用 32 位整数值表示;TCP 和 UDP 均使用 16 位端口号标识用户进程。

3. IPv4 和 IPv6

IPv4,是互联网协议(Internet Protocol,IP)的第 4 版,也是第一个被广泛使用,构成现代互联网技术的基础协议。1981 年,Jon Postel 在 RFC791 中定义了 IP,IPv4 可以运行在各种各样的底层网络上,比如端对端的串行数据链路(PPP 协议和 SLIP 协议)、卫星链路等。最常用的局域网是以太网。IPv6 是 Internet Protocol Version 6 的缩写,也即"互联网协议第 6 版"。IPv6 是 IETF(互联网工程任务组,Internet Engineering Task Force)设计的用于替代现行版本 IP 协议(IPv4)的下一代 IP 协议。目前,IP 协议的版本号是 4(简称为 IPv4),它的下一个版本就是 IPv6。

4. 广播

广播是指在一个局域网中向所有的网络节点发送信息。广播有一个广播组,即只有一个广播组内的节点才能收到发往这个广播组的信息。什么决定了一个广播组呢,就是端口号,局域网内一个节点,如果设置了广播属性并监听了端口 A,那么他就加入了 A 组广播,这个局域网内所有发往广播端口 A 的信息它都收得到。在广播的实现中,如果一个节点想接受 A 组广播信息,那么就要先将它绑定给地址和端口 A,然后设置这个 Socket 的属性为广播属性。如果一个节点不想接受广播信息,而只想发送广播信息,那么不用绑定端口,只需要先为 socket 设置广播属性,然后向广播地址的 A 端口发送信息即可。

5. TCP 协议

TCP 是 Tranfer Control Protocol 的简称,是一种面向连接的保证可靠传输的协议。通过 TCP 协议传输,得到的是一个顺序的、无差错的数据流。发送方和接收方的两个成对的 socket 之间必须建立连接,以便在 TCP 协议的基础上进行通信,当一个 socket(通常都是 server socket)等待建立连接时,另一个 socket 可以要求进行连接,一旦这两个 socket 连接起来,它们就可以进行双向数据传输,双方都可以进行发送或接收操作。

6. UDP 协议

UDP 是 User Datagram Protocol 的简称,是一种无连接的协议,每个数据报都是一个独立的信息,包括完整的源地址或目的地址,它在网络上以任何可能的路径传往目的地,因此能否到达目的地,到达目的地的时间以及内容的正确性都是不能被保证的。

7. TCP 协议和 UDP 协议的区别

UDP:

(1) 每个数据报中都给出了完整的地址信息,因此无需要建立发送方和接收方的连接。

(2) UDP 传输数据时是有大小限制的,每个被传输的数据报必须限定在 64KB 之内。

(3) UDP 是一个不可靠的协议,发送方所发送的数据报并不一定以相同的次序到达接收方。

(4) TCP 在网络通信上有极强的生命力,例如远程连接(Telnet)和文件传输(FTP)都需要可靠地传输不确定长度的数据。但是可靠的传输是要付出代价的,对数据内容正确性的检验必然占用计算机的处理时间和网络的带宽,因此 TCP 传输的效率不如 UDP 高。

TCP：

（1）面向连接的协议，在 Socket 之间进行数据传输之前必然要建立连接，所以在 TCP 中需要连接时间。

（2）TCP 传输数据大小限制，一旦连接建立起来，双方的 Socket 就可以按统一的格式传输大数据。

（3）TCP 是一个可靠的协议，它确保接收方完全正确地获取发送方所发送的全部数据。

（4）UDP 操作简单，而且仅需要较少的监护，因此常用于局域网高可靠性的分散系统中的 client/server 应用程序。例如视频会议系统，并不要求音频视频数据绝对的正确，只要保证连贯性就可以了，这种情况下显然使用 UDP 会更合理一些。

8. Socket 连接与 HTTP 连接的区别

通常情况下，Socket 连接就是 TCP 连接，因此 Socket 连接一旦建立，通信双方即可相互发送数据内容，直到双方连接断开。但在实际网络应用中，客户端到服务器之间的通信往往需要穿越多个中间节点，例如路由器、网关、防火墙等，大部分防火墙默认会关闭长时间处于非活跃状态的连接而导致 Socket 连接中断，因此需要通过轮询告诉网络，该连接处于活跃状态。而 HTTP 连接使用的是"请求—响应"的方式，不仅在请求时需要先建立连接，而且需要客户端向服务器发出请求后，服务器端才能回复数据。很多情况下，需要服务器端主动向客户端推送数据，保持客户端与服务器数据的实时与同步。此时若双方建立的是 Socket 连接，服务器就可以直接将数据传送给客户端；若双方建立的是 HTTP 连接，则服务器需要等到客户端发送一次请求后才能将数据传回给客户端。因此，客户端定时向服务器端发送连接请求，不仅可以保持在线，同时也是在"询问"服务器是否有新的数据，如果有就将数据传给客户端。

15.1.2 Socket 通信的过程

Socket 通信在客户端和服务器进行的，建立 Socket 连接至少需要一对 Socket，其中一个运行于客户端，称为 ClientSocket，另一个运行于服务器端，称为 ServerSocket。

Socket 之间的连接过程分为三个步骤：服务器监听，客户端请求，连接确认。

服务器监听：服务器端 Socket 并不定位具体的客户端 Socket，而是处于等待连接的状态，实时监控网络状态，等待客户端的连接请求。

客户端请求：指客户端的 Socket 提出连接请求，要连接的目标是服务器端的 Socket。为此，客户端的 Socket 必须首先描述它要连接的服务器的 Socket，指出服务器端 Socket 的地址和端口号，然后就向服务器端 Socket 提出连接请求。

连接确认：当服务器端 Socket 监听到或者说接收到客户端 Socket 的连接请求时，就响应客户端 Socket 的请求，建立一个新的线程，把服务器端 Socket 的描述发给客户端，一旦客户端确认了此描述，双方就正式建立连接。而服务器端 Socket 继续处于监听状态，继续接收其他客户端 Socket 的连接请求。

整个 Windows 10 应用程序 Socket 通信的过程包括了七个步骤,如图 15.1 所示。

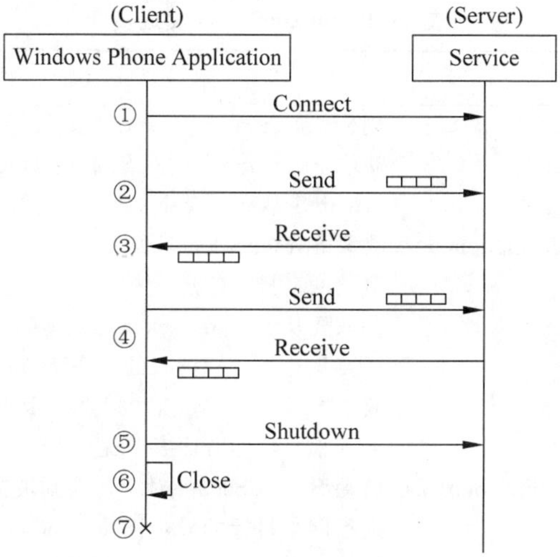

```
        (Client)                    (Server)
  Windows Phone Application          Service
        │                              │
     ①  │─────── Connect ─────────────▶│
        │                              │
     ②  │─────── Send ▭▭▭▭ ──────────▶│
        │                              │
     ③  │◀────── Receive ▭▭▭▭ ────────│
        │                              │
        │─────── Send ▭▭▭▭ ──────────▶│
     ④  │                              │
        │◀────── Receive ▭▭▭▭ ────────│
        │                              │
     ⑤  │─────── Shutdown ────────────▶│
        │                              │
     ⑥  │▭ Close                       │
        │                              │
     ⑦  ×                              │
```

图 15.1 Socket 通信的步骤

第一步:创建一个客户端和服务器端的 Socket 连接。

第二步:客户端发送消息的过程,客户端向服务器发送消息,服务器端接收客户端发过来的消息。

第三步:客户端接收消息的过程,客户端接收服务端返回来的消息。

第四步:连接继续保持,将可以不断地重复第二步和第三步的发送消息和接收消息的动作。

第五步:关闭发送接收通道,可以只关闭发送通道或者接收通道,也可以两者同时关闭。

第六步:关闭 Socket 连接。

第七步:整个通信过程到此终止。

15.2 Socket 编程之 TCP 协议

15.1 节已经介绍了 TCP 协议相关的原理,本节就要在 Windows 10 中使用 TCP 协议实现网络的通信。在 Windows 10 里面不仅仅可以实现客户端的 Socket 编程,还可以实现服务器端的 Socket 监听。客户端的 TCP 协议主要依赖于 StreamSocket 类来实现相关的功能,对应的服务器端的监听则可以使用 StreamSocketListener 类,下面会详细地介绍在 Windows 10 中实现 Socket 的 TCP 协议通信的整个过程。

15.2.1 StreamSocket 介绍及 TCP Socket 编程步骤

StreamSocket 类在 Windows.Networking.Sockets 空间下,表示对象连接到网络资源,

以使用异步方法发送数据,StreamSocket 类的成员如表 15.1 所示。

表 15.1　StreamSocket 类成员

名　称	说　明
StreamSocket()	创建新的 StreamSocket 对象
StreamSocketControl Control	获取 StreamSocket 对象上的套接字控件数据；返回某一 StreamSocket 对象上的套接字控件数据
StreamSocketInformation Information	获取 StreamSocket 对象上的套接字信息；返回该 StreamSocket 对象的套接字信息
IInputStream InputStream	获取要从 StreamSocket 对象上的远程目标读取的输入流；返回要从远程目标读取的有序字节流
IOutputStream OutputStream	获取 StreamSocket 对象上写入远程主机的输出流；返回要写入远程目标的有序字节流
IAsyncAction ConnectAsync(EndpointPair endpointPair)	启动 StreamSocket 对象连接到被指定为 EndpointPair 对象的远程网络目标的异步操作；endpointPair：指定本地主机名或 IP 地址、本地服务名或 UDP 端口、远程主机名或远程 IP 地址，以及远程网络目标的远程服务名或远程 TCP 端口的 EndpointPair 对象；返回 StreamSocket 对象的异步连接操作
IAsyncAction ConnectAsync(EndpointPair endpointPair, SocketProtectionLevel protectionLevel)	启动 StreamSocket 对象连接到被指定为 EndpointPair 对象和 SocketProtectionLevel 枚举的远程网络目标的异步操作；protectionLevel：表示 StreamSocket 对象的完整性和加密的保护级别；返回 StreamSocket 对象的异步连接操作
IAsyncAction ConnectAsync(HostName remoteHostName, string remoteServiceName)	在 StreamSocket 上启动远程主机名和远程服务名所指定的远程网络目标的连接操作；remoteHostName：远程网络目标的主机名或 IP 地址，remoteServiceName：远程网络目标的服务名称或 TCP 端口号，返回 StreamSocket 对象的异步连接操作
IAsyncAction ConnectAsync(HostName remoteHostName, string remoteServiceName, SocketProtectionLevel protectionLevel)	启动 StreamSocket 对象连接远程主机名、远程服务名以及 SocketProtectionLevel 所指定的远程目标的异步操作
IAsyncAction UpgradeToSslAsync(SocketProtectionLevel protectionLevel, HostName validationHostName)	启动 StreamSocket 对象将连接的套接字升级到使用 SSL 的异步操作；protectionLevel：表示 StreamSocket 对象上完整性和加密的保护级别，validationHostName：在升级到 SSL 时用于验证的远程网络目标的主机名；返回 StreamSocket 对象升级到使用 SSL 的异步操作

使用 StreamSocket 类进行 TCP Socket 编程的步骤如下：
(1) 使用 StreamSocket 类创建 TCP 协议的 Socket 对象。
(2) 使用 StreamSocket.ConnectAsync 方法之一建立与 TCP 网络服务器的网络连接。
(3) 使用 Streams.DataWriter 对象将数据发送到服务器,该对象允许程序员在任何流上写入常用类型(例如整数和字符串)。

(4) 使用 Streams.DataReader 对象从服务器接收数据,该对象允许程序员在任何流上读取常用类型(例如整数和字符串)。

15.2.2 连接 Socket

连接 Socket 是使用 Socket 编程的第一步,创建 StreamSocket 并连接到服务器,在这个步骤里面还会定义主机名和服务名(TCP 端口)以连接到服务器。连接的过程是采用异步任务的模式,当连接成功时将会继续执行到 await 连接服务器后面的代码,如果连接失败,ConnectAsync 方法将会抛出异常,表示无法与网络服务器建立 TCP 连接。连接失败,需要捕获异常的信息来获取是什么类型的异常,然后再判断该怎么操作,是否需要重新连接还是释放掉资源等。连接 Socket 示例代码如下:

```
async void Connect()
{
    //创建一个 StreamSocket 对象
    StreamSocket clientSocket = new StreamSocket();
    try
    {
        //创建一个主机名字
        HostName serverHost = new HostName(serverHostname);
        //开始链接
        await clientSocket.ConnectAsync(serverHost, serverPort);
        //链接成功
    }
    catch (Exception exception)
    {
        //获取错误的类型 SocketError.GetStatus(exception.HResult)
        // 错误消息 exception.Message;
        //如果关闭 Socket 则释放资源
        clientSocket.Dispose();
        clientSocket = null;
    }
}
```

15.2.3 发送和接收消息

Socket 连接成功之后便可以发送和接收 Socket 消息了,发送消息需要使用 Streams.DataWriter 对象将数据发送到服务器,接收消息使用 Streams.DataReader 对象从服务器接收数据。发送接收消息的示例代码如下:

```
async void Send()
{
    try
    {    // 发送消息
```

```csharp
        stringsendData = "测试消息字符串";
        //创建一个 DataWriter 对象
        DataWriter writer = new DataWriter(clientSocket.OutputStream);
        //获取 UTF-8 字符串的长度
        Int32len = writer.MeasureString(sendData);
        //存储数据到输出流里面
        await writer.StoreAsync();
        //发送成功释放资源
        writer.DetachStream();
        writer.Dispose();
    }
    catch (Exception exception)
    {
        //获取错误的类型 SocketError.GetStatus(exception.HResult)
        //错误消息 exception.Message;
        //如果关闭 Socket 则释放资源
        clientSocket.Dispose();
        clientSocket = null;
    }
    try
    {   // 接收数据
        DataReader reader = new DataReader(clientSocket.InputStream);
        //设置接收数据的模式,这里选择了部分
        reader.InputStreamOptions = InputStreamOptions.Partial;
        await reader.LoadAsync(reader.UnconsumedBufferLength);
        //接收成功
    }
    catch (Exception exception)
    {
        //……
    }
}
```

15.2.4 TCP 协议服务器端监听消息

在 Windows 10 应用程序里面,不仅仅是创建客户端的 TCP 程序,还可以创建服务器端的服务,相当于在本地创建了 Socket 的服务器。服务器端监听消息表示服务器端程序对客户端的 Socket 连接和发送消息的监听,在 Windows 10 里面可以通过 Windows.Networking.Sockets 空间下的 StreamSocketListener 类来实现监听的操作,StreamSocketListener 类的成员如表 15.2 所示。注意,StreamSocketListener 的使用需要在配置文件中添加 privateNetworkClientServer 的权限。TCP 协议服务器端监听消息实现的步骤如下:

(1) 注册 ConnectionReceived 事件获取成功建立监听的消息;
(2) 使用 BindServiceNameAsync 方法建立起本地服务器的监听;
(3) 循环获取监听的消息,用监听成功的 socket 对象创建 DataReader,如 DataReader

reader = new DataReader(args.Socket.InputStream),然后循环等待监听;

(4) 向客户端发送消息,用监听成功的 socket 对象创建 DataWriter,如 DataWriter serverWriter = new DataWriter(args.Socket.OutputStream)。

表 15.2 StreamSocketListener 类成员

名 称	说 明
StreamSocketListener()	创建新的 StreamSocketListener 对象
StreamSocketListenerControl Control	获取 StreamSocketListener 对象上的套接字控件数据;返回某一 StreamSocketListener 对象上的套接字控件数据
StreamSocketListenerInformation Information	获取该 StreamSocketListener 对象的套接字信息;返回该 StreamSocketListener 对象的套接字信息
eventTypedEventHandler < StreamSocketListener, StreamSocketListenerConnectionReceivedEventArgs>ConnectionReceived	指示在 StreamSocketListener 对象上收到连接的事件
IAsyncAction BindEndpointAsync(HostName localHostName IAsyncAction BindEndpointAsync(HostName localHostName	启动 StreamSocketListener 本地主机名和本地服务名的绑定操作。localHostName:用于绑定 StreamSocketListener 对象的本地主机名或 IP 地址。localServiceName:用于绑定 StreamSocketListener 对象的本地服务名称或 TCP 端口号。返回 StreamSocketListener 对象的异步绑定操作
IAsyncAction BindServiceNameAsync(string localServiceName)	启动 StreamSocketListener 本地服务名的绑定操作。localServiceName:用于绑定 StreamSocketListener 对象的本地服务名称或 TCP 端口号。返回 StreamSocketListener 对象的异步绑定操作

服务器端监听消息示例代码如下:

```
async void Listene()
{
    //创建一个监听对象
    StreamSocketListener listener = new StreamSocketListener();
    listener.ConnectionReceived += OnConnection;
    //开始监听操作
    try
    {
        await listener.BindServiceNameAsync(localServiceName);
    }
    catch (Exception exception)
    {
        //处理异常
    }
}
//监听的连接事件处理
private async void OnConnection(StreamSocketListener sender, StreamSocketListenerConnection-
```

```
    ReceivedEventArgs args)
{
    DataReader reader = new DataReader(args.Socket.InputStream);
    try
    {
        //循环接收数据
        while (true)
        {
            //读取监听到的消息
            uint stringLength = reader.ReadUInt32();
            uint actualStringLength = await reader.LoadAsync(stringLength);
            //通过 reader 去读取监听到的消息内容 如 reader.ReadString(actualStringLength)
        }
    }
    catch (Exception exception)
    {
        //异常处理
    }
}
```

15.2.5 实例：模拟 TCP 协议通信过程

下面给出模拟 TCP 协议通信过程的示例：在 Windows 10 上模拟 TCP 协议的客户端和服务器端编程的实现。

代码清单 15-1：模拟 TCP 协议通信过程（源代码：第 15 章\Examples_15_1）

MainPage.xaml 文件主要代码

```xml
<StackPanel>
    <Button Content="开始监听" Margin="12" x:Name="btStartListener" Click="btStartListener_Click" />
    <Button Content="连接 socket" Margin="12" x:Name="btConnectSocket" Click="btConnectSocket_Click" />
    <TextBox Text="hello" x:Name="tbMsg"/>
    <Button Content="发送消息" Margin="12" x:Name="btSendMsg" Click="btSendMsg_Click" />
    <Button Content="关闭" Margin="12" x:Name="btClose" Click="btClose_Click" />
    <ScrollViewer>
        <StackPanel x:Name="lbMsg">
            <TextBlock Text="收到的消息：" FontSize="20"/>

        </StackPanel>
    </ScrollViewer>
</StackPanel>
```

MainPage.xaml.cs 文件主要代码

```csharp
public sealed partial class MainPage : Page
{
    //监听器
    StreamSocketListener listener;
    // Socket 数据流对象
    StreamSocket socket;
    //输出流的写入数据对象
    DataWriter writer;
    public MainPage()
    {
        InitializeComponent();
    }
    //监听
    private async void btStartListener_Click(object sender, RoutedEventArgs e)
    {
        if (listener != null)
        {
            await newMessageDialog("监听已经启动了").ShowAsync();
            return;
        }
        listener = new StreamSocketListener();
        listener.ConnectionReceived += OnConnection;
        //开始监听操作
        try
        {
            await listener.BindServiceNameAsync("22112");
            await newMessageDialog("正在监听中").ShowAsync();
        }
        catch (Exception exception)
        {
            listener = null;
            //未知错误
            if (SocketError.GetStatus(exception.HResult) == SocketErrorStatus.Unknown)
            {
                throw;
            }
        }
    }
    /// <summary>
    ///监听成功后的连接事件处理
    /// </summary>
    /// <param name = "sender">连接的监听者</param>
    /// <param name = "args">连接的监听到的数据参数</param>
```

```csharp
private async void OnConnection(StreamSocketListener sender, StreamSocketListener-
ConnectionReceivedEventArgs args)
{
    DataReader reader = new DataReader(args.Socket.InputStream);
    try
    {
        //循环接收数据
        while (true)
        {
            //读取数据前面的 4 个字节,代表的是接收到的数据的长度
            uint sizeFieldCount = await reader.LoadAsync(sizeof(uint));
            if (sizeFieldCount != sizeof(uint))
            {
                //在 socket 被关闭之前才可以读取全部的数据
                return;
            }
            //读取字符串
            uint stringLength = reader.ReadUInt32();
            uint actualStringLength = await reader.LoadAsync(stringLength);
            if (stringLength != actualStringLength)
            {
                //在 socket 被关闭之前才可以读取全部的数据
                return;
            }
            string msg = reader.ReadString(actualStringLength);
            //通知到界面监听到的消息
            await this.Dispatcher.RunAsync(CoreDispatcherPriority.Normal, () =>
                {
                    TextBlock tb = new TextBlock { Text = msg ,FontSize = 20};
                    lbMsg.Children.Add(tb);
                });
        }
    }
    catch (Exception exception)
    {
        //未知异常

        if (SocketError.GetStatus(exception.HResult) == SocketErrorStatus.Unknown)
        {
            throw;
        }
    }
}
//连接 Socket
private async void btConnectSocket_Click(object sender, RoutedEventArgs e)
{
    if (socket != null)
```

```csharp
            {
                await newMessageDialog("已经连接了 Socket").ShowAsync();
                return;
            }
            HostName hostName = null;
            string message = "";
            try
            {
                hostName = new HostName("localhost");
            }
            catch (ArgumentException)
            {
                message = "主机名不可用";
            }
            if (message!= "")
            {
                await new MessageDialog(message).ShowAsync();
                return;
            }
            socket = new StreamSocket();
            try
            {
                //连接到 socket 服务器
                await socket.ConnectAsync(hostName, "22112");
                await newMessageDialog("连接成功").ShowAsync();
            }
            catch (Exception exception)
            {
                //未知异常
                if (SocketError.GetStatus(exception.HResult) == SocketErrorStatus.Unknown)
                {
                    throw;
                }
            }
        }
        //发送消息
        private async void btSendMsg_Click(object sender, RoutedEventArgs e)
        {
            if (listener == null)
            {
                await newMessageDialog("监听未启动").ShowAsync();
                return;
            }
            if (socket == null)
            {
                await newMessageDialog("未连接 Socket").ShowAsync();
```

```csharp
            return;
        }
        if (writer == null)
        {
            writer = new DataWriter(socket.OutputStream);
        }
        //先写入数据的长度,长度的类型为UInt32,然后再写入数据
        string stringToSend = tbMsg.Text;
        writer.WriteUInt32(writer.MeasureString(stringToSend));
        writer.WriteString(stringToSend);
        //把数据发送到网络
        try
        {
            await writer.StoreAsync();
            await new MessageDialog("发送成功").ShowAsync();
        }
        catch (Exception exception)
        {
            if (SocketError.GetStatus(exception.HResult) == SocketErrorStatus.Unknown)
            {
                throw;
            }
        }
    }


    //关闭连接,清空资源
    private void btClose_Click(object sender, RoutedEventArgs e)
    {
        if (writer != null)
        {
            writer.DetachStream();
            writer.Dispose();
            writer = null;
        }
        if (socket != null)
        {
            socket.Dispose();
            socket = null;
        }
        if (listener != null)
        {
            listener.Dispose();
            listener = null;
        }
    }
}
```

程序的运行效果如图 15.2 所示。

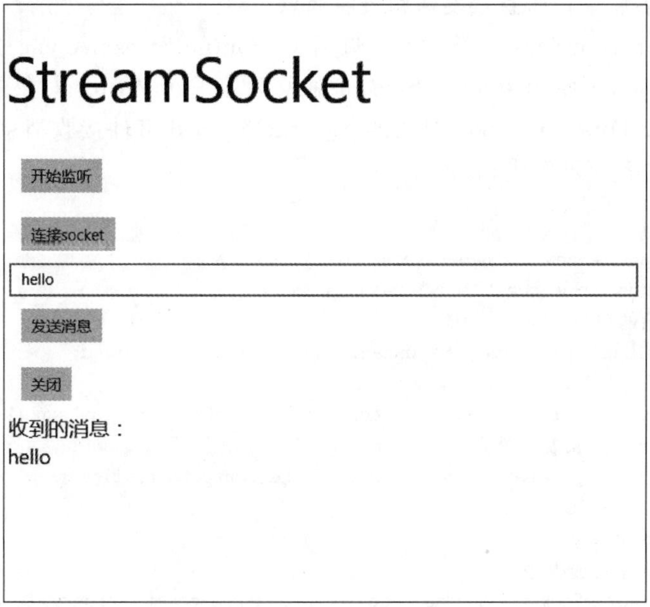

图 15.2　TCP 协议模拟运行

15.3　Socket 编程之 UDP 协议

UDP 协议和 TCP 协议都是 Socket 编程的协议，但是与 TCP 协议不同，UDP 协议并不提供超时重传、出错重传等功能，也就是说它是不可靠的协议。UDP 适用于一次只传送少量数据、对可靠性要求不高的应用环境。既然 UDP 是一种不可靠的网络协议，那么还有什么使用价值或必要呢？其实不然，在有些情况下，UDP 协议可能会变得非常有用。因为 UDP 具有 TCP 所望尘莫及的速度优势。虽然 TCP 协议中植入了各种安全保障功能，但是在实际执行的过程中会占用大量的系统开销，无疑使速度受到严重影响。反观 UDP，由于排除了信息可靠传递机制，将安全和排序等功能移交给上层应用来完成，极大降低了执行时间，使速度得到了保证。Windows 10 里的 UDP 协议的通信是通过 DatagramSocket 类来实现消息的发送、接受和监听等功能的，下面来看一下如何在 Windows 10 中实现 UDP 协议通信。

15.3.1　发送和接收消息

使用 UDP 协议进行消息发送和接收跟 TCP 协议是有区别的，UDP 协议并不一定要进行连接的操作，它可以直接通过主机地址进行消息发送和接收。使用 UDP 协议进行消息发送和接收也一样要依赖 DataWriter 类和 DataReader 类来分别进行数据发送和接收。下面来看一下在 Windows 10 中使用 UDP 协议进行发送和接收消息的两种方式。

1. 使用主机名和端口号直接发送和接收消息

创建一个 DatagramSocket 类对象，调用 GetOutputStreamAsync 方法获取输出流 IOutputStream 对象，再使用 IOutputStream 对象创建 DataWriter 对象进行消息的发送。接收消息直接订阅 DatagramSocket 对象的 MessageReceived 事件接收消息，使用 DataReader 对象获取消息的内容。示例代码如下：

```
//主机名
HostName hostName = new HostName("localhost");
DatagramSocket datagramSocket = new DatagramSocket();
//订阅接收消息的事件
datagramSocket.MessageReceived += datagramSocket_MessageReceived;
//获取输出流
IOutputStream outputStream = await datagramSocket.GetOutputStreamAsync(hostName, "22112");
//创建 DataWriter 对象发送消息
DataWriter writer = new DataWriter(datagramSocket.OutputStream);
writer.WriteString("test");
await writer.StoreAsync();
//接收消息的事件处理程序
async void datagramSocket_MessageReceived(DatagramSocket sender, DatagramSocketMessageReceivedEventArgs args)
{
    //获取 DataReader 对象,读取消息内容
    DataReader dataReader = args.GetDataReader();
    uint length = dataReader.UnconsumedBufferLength;
    string content = dataReader.ReadString(length);
}
```

2. 先连接 Socket 再发送接收消息

DatagramSocket 类提供了 ConnectAsync 方法来负责 Socket 的连接，连接成功之后就可以使用该 DatagramSocket 对象进行消息的发送，消息的接收和第一种方式的实现是一样的。示例代码如下：

```
//创建 DatagramSocket
DatagramSocket datagramSocket = new DatagramSocket();
datagramSocket.MessageReceived += datagramSocket_MessageReceived;
//连接服务器
await datagramSocket.ConnectAsync(new HostName("localhost"), "22112");
//发送消息
DataWriter writer = new DataWriter(datagramSocket.OutputStream);
writer.WriteString("test");
await writer.StoreAsync();
```

15.3.2 UDP 协议服务器端监听消息

UDP 协议在实现服务器端监听消息的功能也是使用 DatagramSocket 类去实现，实现

的步骤如下:

(1) 注册 DatagramSocket 对象的 MessageReceived 事件接收消息(注意和 TCP 的 ConnectionReceived 事件的区别);

(2) 使用 BindServiceNameAsync 方法建立本地服务器的监听;

(3) 使用 GetOutputStreamAsync 方法传入服务器地址和端口号,获取 IOutputStream 对象,从而创建 DataWriter 对象向客户端发送消息。

UDP 协议服务器端监听消息的代码示例如下:

```
//创建 DatagramSocket 对象,调用 BindServiceNameAsync 方法绑定服务
DatagramSocket datagramSocket = new DatagramSocket();
//订阅 MessageReceived 事件监听客户端发送过来的消息
datagramSocket.MessageReceived += datagramSocket_MessageReceived;
await datagramSocket.BindServiceNameAsync("22112");
//MessageReceived 事件的处理程序,获取客户端的地址后可以向客户端发送消息
async void datagramSocket_MessageReceived(DatagramSocket sender, DatagramSocketMessage-
ReceivedEventArgs args)
{
    //读取客户端发送过来的消息
    DataReader dataReader = args.GetDataReader();
    uint length = dataReader.UnconsumedBufferLength;
    string content = dataReader.ReadString(length);
    IOutputStream outputStream = await sender.GetOutputStreamAsync(
           args.RemoteAddress,
           args.RemotePort);
    DataWriter writer = new DataWriter(outputStream);
    writer.WriteString(content + "(服务器发送)");
    await writer.StoreAsync();
}
```

15.3.3 实例:模拟 UDP 协议通信过程

下面给出模拟 UDP 协议通信过程的示例:在 Windows 10 上模拟 UDP 协议的客户端和服务器端编程的实现。

代码清单 15-2:模拟 UDP 协议通信过程(源代码:第 15 章\Examples_15_2)

MainPage.xaml 文件主要代码

```xml
-------------------------------------------------------------------
<StackPanel>
    <Button Content = "开始监听消息" Margin = "12" x:Name = "listener" Click = "listener_Click"></Button>
    <Button Content = "发送消息" Margin = "12" x:Name = "send" Click = "send_Click"></Button>
    <Button Content = "关闭" Margin = "12" x:Name = "close" Click = "close_Click"></Button>
    <ScrollViewer Height = "300">
        <StackPanel x:Name = "msgList" ></StackPanel>
    </ScrollViewer>
```

```
</StackPanel>
```

MainPage.xaml.cs 文件主要代码

```csharp
//客户端的 DatagramSocket 对象
DatagramSocket datagramSocket;
//客户端的 DataWriter 对象
DataWriter writer;
//启动本地服务器的监听
private async void listener_Click(object sender, RoutedEventArgs e)
{
    DatagramSocket datagramSocket = new DatagramSocket();
    datagramSocket.MessageReceived += datagramSocket_MessageReceived;
    try
    {
        await datagramSocket.BindServiceNameAsync("22112");
        msgList.Children.Add(new TextBlock { Text = "监听成功", FontSize = 20 });
    }
    catch (Exception err)
    {
        if (SocketError.GetStatus(err.HResult) == SocketErrorStatus.AddressAlreadyInUse)
        {
            //异常消息,使用 SocketErrorStatus 枚举来判断 Socket 的异常类型
        }
    }
}
//本地服务器的消息接收事件
async void datagramSocket_MessageReceived(DatagramSocket sender, DatagramSocketMessageReceivedEventArgs args)
{

    DataReader dataReader = args.GetDataReader();
    uint length = dataReader.UnconsumedBufferLength;
    string content = dataReader.ReadString(length);
    await this.Dispatcher.RunAsync(CoreDispatcherPriority.Normal, () =>
    msgList.Children.Add(new TextBlock { Text = "服务器收到的消息: " + content, FontSize = 20 }));
    //通过远程的地址和端口号,回复给相应的客户端的消息
    IOutputStream outputStream = await sender.GetOutputStreamAsync(
        args.RemoteAddress,
        args.RemotePort);
    DataWriter writer = new DataWriter(outputStream);
    writer.WriteString(content + "(服务器发送)");
    try
    {
        await writer.StoreAsync();
        await this.Dispatcher.RunAsync(CoreDispatcherPriority.Normal, () =>
            msgList.Children.Add(new TextBlock { Text = "服务器发送的消息: " + content + "(服务器发送)", FontSize = 20 }));
```

```csharp
        }
        catch (Exception err)
        {
            ……
        }
    }
    // 向本地服务器发送消息
    private async void send_Click(object sender, RoutedEventArgs e)
    {
        if (writer == null)
        {
            if (datagramSocket == null)
            {
                HostName hostName = new HostName("localhost");
                datagramSocket = new DatagramSocket();
                datagramSocket.MessageReceived += datagramSocket_MessageReceived2;
                IOutputStream outputStream =  await datagramSocket.GetOutputStreamAsync(hostName, "22112");
                writer = new DataWriter(outputStream);
            }
            else
            {
                writer = new DataWriter(datagramSocket.OutputStream);
            }
        }


        //写入消息
        writer.WriteString("test");
        try
        {
            //发送消息
            await writer.StoreAsync();
            msgList.Children.Add(new TextBlock { Text = "客户端发送的消息: " + "test", FontSize = 20 });
        }
        catch (Exception err)
        {
            ……
        }
    }
    //客户端接收消息的事件
    async void datagramSocket_MessageReceived2(DatagramSocket sender, DatagramSocketMessageReceivedEventArgs args)
    {
        try
        {
            DataReader dataReader = args.GetDataReader();
            uint length = dataReader.UnconsumedBufferLength;
            string content = dataReader.ReadString(length);
```

```
                await this.Dispatcher.RunAsync(CoreDispatcherPriority.Normal, () =>
                    msgList.Children.Add(new TextBlock { Text = "客户端收到的消息: " + content, FontSize = 20 }));
            }
            catch (Exception exception)
            {
                ……
            }
        }
        //释放 Socket 资源
        private void close_Click(object sender, RoutedEventArgs e)
        {
            if(datagramSocket!= null)
            {
                datagramSocket.Dispose();
                datagramSocket = null;
            }
            if (writer != null)
            {
                writer.Dispose();
                writer = null;
            }
        }
```

程序的运行效果如图 15.3 所示。

图 15.3　模拟 UDP 协议通信

第 16 章 蓝牙和近场通信

蓝牙和近场通信技术都是移动设备的近距离无线传输技术，Windows 10 对蓝牙和近场通信技术提供了很好的支持，并且提供了相关的 API 来给开发者使用。开发者可以利用蓝牙和近场通信相关的 API 来创建应用程序，在应用程序里面使用设备的蓝牙或者近场通信技术来进行近距离的文件传输和发送接收消息，创造出更加有趣和方便的应用软件。那么，在 Windows 10 上的蓝牙和近场通信的编程也是使用 Socket 相关的 API 来进行消息的发送和接收的，所以在学习本章之前最好先学习前面的 Socket 编程的知识。

16.1 蓝牙

Windows 10 的配置符合蓝牙技术联盟的标准，并且支持智能设备之间的文件传输。蓝牙是一种很常见的技术，在非智能设备上蓝牙功能也很普遍，蓝牙通常会用来在两台近距离的设备之间传输文件。Windows 10 提供了相关的蓝牙 API 给开发者去开发一些相关应用，例如通过蓝牙交换联系人等。

16.1.1 蓝牙原理

蓝牙是一种低成本、短距离的无线通信技术。蓝牙技术支持设备短距离通信(一般 10m 内)，能在包括移动电话、PDA、无线耳机、笔记本电脑、相关外设等众多设备之间进行无线信息交换。利用"蓝牙"技术，能够有效地简化移动通信终端设备之间的通信，也能够成功地简化设备与因特网之间的通信，从而数据传输变得更加迅速高效，为无线通信拓宽道路。蓝牙采用分散式网络结构以及快跳频和短包技术，支持点对点及点对多点通信，工作在全球通用的 2.4GHz ISM(即工业、科学和医学)频段。其数据速率为 1Mbps。采用时分双工传输方案实现全双工传输。

蓝牙技术是一种无线数据与语音通信的开放性全球规范，它以低成本的近距离无线连接为基础，为固定设备与移动设备通信环境建立一个特别的连接。其程序写在一个 9×9mm 的微芯片中。

蓝牙协议栈允许采用多种方法，包括 RFCOMM 和 Object Exchange(OBEX)，在设备之间发送和接收文件。图 16.1 显示了协议栈的细节。

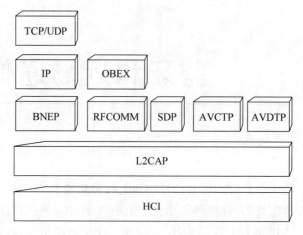

图 16.1 蓝牙协议栈

栈的最底层是 HCI，即主机控制器接口（Host Controller Interface）。顾名思义就是主机（计算机）和控制器（蓝牙设备）之间的接口。可以看到，其他层都要经过 HCI。HCI 上面的一层是 L2CAP，即逻辑链接控制器适配协议（Logical Link Controller Adaptation Protocol）。这一层充当其他所有层的数据多路复用器。接下来一层是 BNEP，即蓝牙网络封装协议（Bluetooth Network Encapsulation Protocol）。使用 BNEP 可以在蓝牙上运行其他网络协议，例如 IP、TCP 和 UDP。RFCOMM 称作虚拟串口协议（virtual serial port protocol），因为它允许蓝牙设备模拟串口的功能。OBEX 协议层是在 RFCOMM 层上面实现的，如果想把数据以对象（例如文件）的形式传输，那么 OBEX 很有用。SDP 是服务发现协议（Service Discovery Protocol）层，用于在远程蓝牙设备上寻找服务。最后两层是 AVCTP 和 AVDTP，用于蓝牙上音频和视频的控制和发布。AVCTP 和 AVDTP 是蓝牙协议中增加的相对较新的层，如果想控制媒体播放器的功能或者想以立体声播放音频流，则要使用它们。

16.1.2 Windows 10 蓝牙技术简介

在 Windows 10 中，可以在应用程序里利用蓝牙进行通信，使用蓝牙相关的 API，可以让一个应用程序连接到另外一个应用程序，也可以让应用程序连接到一个设备上。Windows 10 的蓝牙技术支持两个蓝牙方案：一个是应用程序到应用程序的通信；另外一个是应用程序到设备的通信。在每种方案中，都在应用或设备之间建立 StreamSocket 连接，然后再进行数据的发送和接收。

1）应用程序到应用程序的通信

应用程序到应用程序的通信过程是：应用程序使用蓝牙去查找正在广播蓝牙服务的对等的应用程序，如果在应用程序提供服务的范围内发现一个应用程序，那么该应用程序可以发起连接请求。当这两个应用程序接受连接,它们之间就可以进行通信了,通信的过程是使用 Socket 的消息发送接收机制。在 Windows 10 中使用应用程序到应用程序的蓝牙通信技术,需要在项目的 Package.appxmanifest 文件中添加 Proximity 的功能选项,表示支持临近的设备通信能力,否则程序会出现异常。

2)应用程序到设备的通信

在应用程序到设备的通信过程中,应用程序使用蓝牙去查找提供服务的设备,如果提供的服务范围之内发现一个可以连接的蓝牙设备,那么该应用程序可以发起连接请求。当应用程序和设备同时接受该连接,它们之间就可以进行通信了,通信的过程也是使用 Socket 的消息发送接收机制,类似于应用程序到应用程序的通信。在 Windows 10 中,使用应用程序到设备的蓝牙通信技术,需要在项目的 Package.appxmanifest 文件中添加 Proximity 和 Internet 的功能选项,表示支持临近的设备通信能力和网络通信能力,否则程序会出现异常。

16.1.3 蓝牙编程类

在 Windows 10 中,使用蓝牙编程主要会用到 PeerFinder 类、PeerInformation 类、StreamSocket 类和 ConnectionRequestedEventArgs 类,这些类的说明如表 16.1 所示。因为蓝牙也是基于 TCP 协议进行消息传递,所以需要用到 Socket 相关的编程知识,以及 StreamSocket 类。PeerFinder 类是蓝牙查找类,它的主要成员如表 16.2 所示。

表 16.1　蓝牙编程类的说明

类　名	说　明
PeerFinder	用于查找附近的设备是否有运行和当前应用程序相同的应用程序,并且可以在两个应用程序之间建立 Socket 连接,从而可以进行通信。对等应用程序是在其他设备上运行的应用程序的另一个实例
PeerInformation	包含对等应用程序或设备的识别信息
StreamSocket	支持使用一个 TCP 的 Socket 流的网络通信
ConnectionRequestedEventArgs	表示传递到一个应用程序的 ConnectionRequested 事件的属性

表 16.2　PeerFinder 类的成员

成　员	说　明
bool AllowBluetooth	指定 PeerFinder 类的此实例是否可以通过使用 Bluetooth 来连接 ProximityStreamSocket 对象。如果 PeerFinder 的此实例可以通过使用 Bluetooth 来连接 ProximityStreamSocket 对象,则为 true;否则为 false。默认为 true
bool AllowInfrastructure	是否使用 TCP/IP 协议连接到 StreamSocket
bool AllowWiFiDirect	指定 PeerFinder 类的此实例是否可以通过使用 Wi-Fi Direct 来连接 ProximityStreamSocket 对象。如果 PeerFinder 的此实例可以通过使用 Wi-Fi Direct 来连接 ProximityStreamSocket 对象,则为 true;否则为 false。默认为 true

成员	说明
IDictionary<string, string>AlternateIdentities	获取要与其他平台上的对等应用程序匹配的备用 AppId 值列表。返回要与其他平台的对等类应用程序匹配的备用 AppId 值列表
stringDisplayName	获取或设置标识计算机到远程对等类的名称
PeerDiscoveryTypes SupportedDiscoveryTypes	获取一个值,该值指示哪些发现选项可与 PeerFinder 类一同使用
eventTypedEventHandler<object, ConnectionRequestedEventArgs> ConnectionRequested	远程对等类使用 ConnectAsync 方法请求连接时发生
eventTypedEventHandler<object, TriggeredConnectionStateChangedEventArgs>TriggeredConnectionStateChanged	在远程对等类的轻击笔势期间发生
IAsyncOperation<StreamSocket> ConnectAsync(PeerInformation peerInformation)	连接已发现了对 FindAllPeersAsync 方法的调用的对等类。peerInformation:表示连接到的对等类的对等类信息对象。返回通过使用所提供的临近 StreamSocket 对象连接远程对等类的异步操作
IAsyncOperation < IReadOnlyList <PeerInformation>>FindAllPeersAsync()	适用于无线范围内运行相同应用程序的对等计算机的异步浏览。返回通过使用 Wi-Fi 直连技术浏览对等类的异步操作
void Start(stringpeerMessage)	向临近设备上的对等类应用程序传递消息
void Stop()	停止查找对等类应用程序或广播对等类连接的过程

16.1.4 查找蓝牙设备和对等项

查找在服务范围内的蓝牙设备和对等项是蓝牙编程的第一步,查找蓝牙设备和对等项中会用到 PeerFinder 类的 FindAllPeersAsync 方法去进行查找,然后以异步的方式返回查找到的对等项列表的信息 IReadOnlyList<PeerInformation>,注意要使查找对等的应用程序时,在调用 FindAllPeersAsync 方法前必须先调用 PeerFinder 类的 Start 方法,主要的目的是启动广播服务,让对方的应用程序也能查找到自己。PeerInformation 包含三个属性:一个是 DisplayName 表示对等项的名字,这个名字一般都是由对方的设备的名称或者查找到的应用程序自身设置的现实名字,一个是 HostName 表示主机名字或者 IP 地址,还有一个属性是 ServiceName 表示服务名称或者 TCP 协议的端口号。然后可以利用查找到的 PeerInformation 信息进行连接和通信。

查找对等的应用程序的代码示例:

```
async void AppToApp()
{
    // 启动查找服务
    PeerFinder.Start();
```

```
    //开始查找
    ObservableCollection<PeerInformation> peers = await PeerFinder.FindAllPeersAsync();
    if (peers.Count == 0)
    {
        //未找到任何的对等项
    }
    else
    {
        //处理查找到的对等项,可以使用 PeerFinder 类的 ConnectAsync 方法来连接选择的要进行
通信的对等项
    }
}
```

查找蓝牙设备的代码示例:

```
private async void AppToDevice()
{
    // 设置查找所匹配的蓝牙设备
    PeerFinder.AlternateIdentities["Bluetooth:Paired"] = "";
    // 开始查找
    ObservableCollection<PeerInformation> pairedDevices = await PeerFinder.FindAllPeersAsync();
    if (pairedDevices.Count == 0)
    {
        // 没有找到可用的蓝牙设备
    }
    else
    {
        //处理查找到的蓝牙设备,可以新建一个 StreamSocket 对象,然后使用 StreamSocket 类的
ConnectAsync 方法通过 HostName 和 ServiceName 来连接蓝牙设备
    }
}
```

16.1.5 蓝牙发送消息

蓝牙编程的发送消息机制使用的是 TCP 的 StreamSocket 的方式,原理与 Socket 的一致。在蓝牙连接成功后,可以获取到一个 StreamSocket 类的对象,然后我们使用该对象的 OutputStream 属性来初始化一个 DataWriter 对象,通过 DataWriter 对象来发送消息。OutputStream 属性表示 Socket 的输出流,用于发送消息给对方。下面来看一下发送消息的示例:

```
async void SendMessage(string message)
{
    // 连接选中的对等项,selectedPeer 为查找到的 PeerInformation 对象
    StreamSocket _socket= = await PeerFinder.ConnectAsync(selectedPeer);
    // 创建 DataWriter
    DataWriter _dataWriter = new DataWriter(_socket.OutputStream);
```

```csharp
// 先写入发送消息的长度
_dataWriter.WriteInt32(message.Length);
await _dataWriter.StoreAsync();
// 最后写入发送消息的内容
_dataWriter.WriteString(message);
await _dataWriter.StoreAsync();
}
```

16.1.6 蓝牙接收消息

蓝牙编程的接收消息机制同样也是使用 TCP 的 StreamSocket 的方式,原理与 Socket 一致。在蓝牙连接成功后,可以获取到一个 StreamSocket 类的对象,然后我们使用该对象的 InputStream 属性来初始化一个 DataReader 对象,通过 DataReader 对象来进行接收消息。InputStream 属性表示的是 Socket 的输入流,用于接收对方的消息。下面来看一下接收消息的示例:

```csharp
async Task<string> GetMessage()
{
    // 连接选中的对等项,selectedPeer 为查找到的 PeerInformation 对象
    StreamSocket _socket = = await PeerFinder.ConnectAsync(selectedPeer);
    // 创建 DataReader
    DataReader _dataReader = new DataReader(_socket.InputStream);
    // 先读取消息的长度
    await _dataReader.LoadAsync(4);
    uint messageLen = (uint)_dataReader.ReadInt32();
    // 最后读取消息的内容
    await _dataReader.LoadAsync(messageLen);
    return _dataReader.ReadString(messageLen);
}
```

16.1.7 实例:实现蓝牙程序对程序的传输

下面给出蓝牙程序对程序传输的示例:通过使用蓝牙功能查找周边设备,互相建立起连接和发送测试消息。

代码清单 16-1:蓝牙程序对程序传输(源代码:第 16 章\Examples_16_1)

MainPage.xaml 文件主要代码

```xml
<StackPanel>
    <Button x:Name="btFindBluetooth" Content="通过蓝牙查找该应用设备" Click="btFindBluetooth_Click"/>
    <ListBox x:Name="lbBluetoothApp" ItemsSource="{Binding}">
        <ListBox.ItemTemplate>
            <DataTemplate>
```

```xml
            <StackPanel>
                <TextBlock Text="{Binding DisplayName}" />
                <TextBlock Text="{Binding ServiceName}" />
                <Button Content="连接" HorizontalAlignment="Left" Width="308" Height="91" Click="btConnect_Click"/>
            </StackPanel>
        </DataTemplate>
      </ListBox.ItemTemplate>
    </ListBox>
</StackPanel>
```

MainPage.xaml.cs 文件代码

```csharp
public sealed partial class MainPage : Page
{
    // Socket 数据流对象
    private StreamSocket _socket = null;
    // 数据写入对象
    private DataWriter _dataWriter;
    // 数据读取对象
    private DataReader _dataReader;
    public MainPage()
    {
        InitializeComponent();
        //页面加载事件
        Loaded += MainPage_Loaded;
    }
    // 查找蓝牙对等项按钮事件处理
    private async void btFindBluetooth_Click(object sender, RoutedEventArgs e)
    {
        string message = "";
        try
        {
            //开始查找对等项
            PeerFinder.Start();
            // 等待找到的对等项
            var peers = await PeerFinder.FindAllPeersAsync();
            if (peers.Count == 0)
            {
                message = "没有发现对等的蓝牙应用";
            }
            else
            {
                // 把对等项目绑定到列表中
                lbBluetoothApp.ItemsSource = peers;
            }
```

```csharp
        }
        catch (Exception ex)
        {
            if ((uint)ex.HResult == 0x8007048F)
            {
                message = "Bluetooth已关闭请打开蓝牙开关";
            }
            else
            {
                message = ex.Message;
            }
        }
        if (message!= "")
            await new MessageDialog(message).ShowAsync();
    }
    // 连接蓝牙对等项的按钮事件处理
    private async void btConnect_Click(object sender, RoutedEventArgs e)
    {
        Button deleteButton = sender as Button;
        PeerInformation selectedPeer = deleteButton.DataContext as PeerInformation;
        // 连接到选择的对等项
        _socket = await PeerFinder.ConnectAsync(selectedPeer);
        // 使用输出输入流建立数据读写对象
        _dataReader = new DataReader(_socket.InputStream);
        _dataWriter = new DataWriter(_socket.OutputStream);
        // 开始读取消息
        PeerFinder_StartReader();
    }
    // 读取消息
    async void PeerFinder_StartReader()
    {
        string message = "";
        try
        {
            uint bytesRead = await _dataReader.LoadAsync(sizeof(uint));
            if (bytesRead > 0)
            {
                // 获取消息内容的大小
                uint strLength = (uint)_dataReader.ReadUInt32();
                bytesRead = await _dataReader.LoadAsync(strLength);
                if (bytesRead > 0)
                {
                    string content = _dataReader.ReadString(strLength);
                    await new MessageDialog("获取到消息: " + content).ShowAsync();
                    // 开始下一条消息读取
                    PeerFinder_StartReader();
                }
```

```csharp
            else
            {
                message = "对方已关闭连接";
            }
        }
        else
        {
            message = "对方已关闭连接";
        }
    }
    catch (Exception e)
    {
        message = "读取失败:" + e.Message;
    }
    if (message != "")
        await new MessageDialog(message).ShowAsync();
}
// 页面加载事件处理
void MainPage_Loaded(object sender, RoutedEventArgs e)
{
    // 订阅连接请求事件
    PeerFinder.ConnectionRequested += PeerFinder_ConnectionRequested;
}
// 连接请求事件处理
 async void PeerFinder_ConnectionRequested(object sender, ConnectionRequestedEventArgs args)
{
    // 使用UI线程弹出连接请求的接收和拒绝弹窗
    await this.Dispatcher.RunAsync(CoreDispatcherPriority.Normal, async () =>
    {
        MessageDialog md = new MessageDialog("是否接收" + args.PeerInformation.DisplayName + "连接请求", "蓝牙连接");
        UICommand yes = new UICommand("接收");
        UICommand no = new UICommand("拒绝");
        md.Commands.Add(yes);
        md.Commands.Add(no);
        var result = await md.ShowAsync();
        if (result == yes)
        {
            // 连接并且发送消息
            ConnectToPeer(args.PeerInformation);
        }
    });
}
// 连接并发送消息给对方
async void ConnectToPeer(PeerInformation peer)
{
```

```
            _socket = await PeerFinder.ConnectAsync(peer);
            _dataReader = new DataReader(_socket.InputStream);
            _dataWriter = new DataWriter(_socket.OutputStream);
            string message = "测试消息";
            uint strLength = _dataWriter.MeasureString(message);
            //写入消息的长度
            _dataWriter.WriteUInt32(strLength);
            //写入消息的内容
            _dataWriter.WriteString(message);
            uint numBytesWritten = await _dataWriter.StoreAsync();
        }
    }
```

程序的运行效果如图16.2所示。

图 16.2　查找蓝牙应用

16.1.8　实例：实现蓝牙程序对设备的连接

下面给出蓝牙程序对设备连接的示例：查找蓝牙设备，并对找到的第一个蓝牙设备进行连接。

代码清单 16-2：蓝牙程序对设备连接（源代码：第 16 章\Examples_16_2）

MainPage.xaml 文件主要代码

```
<StackPanel>
```

```xml
    < Button x: Name = " btFindBluetooth " Content = " 查找特定的蓝牙设备 " Click = 
"btFindBluetooth_Click" Margin = "12"/>
    < Button x: Name = " btFindAllBluetooth " Content = " 查找周围的蓝牙设备 " Click = 
"btFindAllBluetooth_Click" Margin = "12"/>
</StackPanel>
```

MainPage. xaml. cs 文件主要代码

```csharp
// 连接成功之后返回的 StreamSocket 对象,用于消息的发送和接收,和 Socket 的 TCP 协议的机
制一样
StreamSocket streamSocket;
// 查找蓝牙设备事件处理,查找蓝牙设备,并对找到的第一个蓝牙设备进行连接
private async void btFindBluetooth_Click(object sender, RoutedEventArgs e)
{
    string errMessage = "";
    try
    {
        // 查找使用服务发现协议(SDP)并通过既定 GUID 播发服务的设备
        PeerFinder.AlternateIdentities["Bluetooth:SDP"] = "XXXXXXXX - XXXX - XXXX - XXXX - XXXXXXXXXXXX";
        // 搜索所有配对的设备
        var pairedDevices = await PeerFinder.FindAllPeersAsync();
        if (pairedDevices.Count == 0)
        {
            await new MessageDialog("没有找到相关的蓝牙设备").ShowAsync();
        }
        else
        {
await new MessageDialog("连接上了 HostName:" + selectedPeer.HostName + "ServiceName:" + selectedPeer.ServiceName).ShowAsync();
            // 连接找到的第一个蓝牙设备
            PeerInformation selectedPeer = pairedDevices[0];
            StreamSocket socket = new StreamSocket();
            // 这种情况下 selectedDevice.ServiceName 等于指定的 GUID
            await socket.ConnectAsync(selectedPeer.HostName, selectedPeer.ServiceName);

        }
    }
    catch (Exception ex)
    {
        if ((uint)ex.HResult == 0x8007048F)
        {
            errMessage = "Bluetooth is turned off";
        }
        else
        {
```

```csharp
            errMessage = ex.Message;
        }
    }
    if (errMessage != "")
    {
        await new MessageDialog(errMessage).ShowAsync();
    }
}
// 查找周围所有可以连接的蓝牙设备
private async void btFindAllBluetooth_Click(object sender, RoutedEventArgs e)
{
    string errMessage = "";
    try
    {
        // 这样连接找到的设备对应的 PeerInformation.ServiceName 将为空
        PeerFinder.AlternateIdentities["Bluetooth:Paired"] = "";
        // 搜索所有配对的设备
        var pairedDevices = await PeerFinder.FindAllPeersAsync();
        if (pairedDevices.Count == 0)
        {
            await new MessageDialog("没有找到相关的蓝牙设备").ShowAsync();
        }
        else
        {
            await new MessageDialog("HostName:" + pairedDevices[0].HostName).ShowAsync();
            streamSocket = new StreamSocket();
            // 第二个参数是一个 RFCOMM 端口号,范围是 1 - 30
            await streamSocket.ConnectAsync(pairedDevices[0].HostName, "1");
        }
    }
    catch (Exception ex)
    {
        if ((uint)ex.HResult == 0x8007048F)
        {
            errMessage = "Bluetooth is turned off";
        }
        else
        {
            errMessage = ex.Message;
        }
    }
    if (errMessage != "")
    {
        await new MessageDialog(errMessage).ShowAsync();
    }
}
```

程序的运行效果如图 16.3 和图 16.4 所示。

 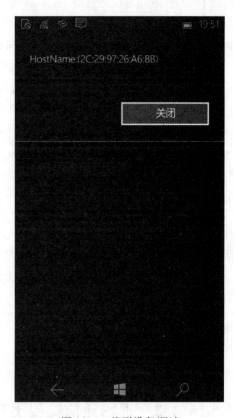

图 16.3　查找蓝牙设备　　　　　　图 16.4　找到设备调试

16.2　近场通信

近场通信技术已经逐渐进入到我们的生活，在各大主流平台中开始普遍起来，而 Windows 10 也将 NFC 技术完美应用于其中。Windows 10 支持近场通信芯片，这些芯片能够帮助用户与其他附近设备进行通信，还能够让用户与好友共享图片或视频等内容，另外还可以与其他支持 NFC 技术的设备进行数据传输。Windows 10 的近场通信传输通常是将两部设备的背面轻碰一下来进行 NFC 的连接操作，例如我们可以通过将两部 Windows 10 设备的背面轻碰一下来实现资料的传输等。

16.2.1　近场通信的介绍

近场通信又称近距离无线通信，其英文简称为 NFC（Near Field Communication），是一种短距离的高频无线通信技术，允许电子设备之间进行非接触式点对点数据传输，交换数据。近场通信是一种短距高频的无线电技术，在 13.56MHz 频率运行于 20cm 距离内。其传输速度有106Kbit/s、212Kbit/s或者424Kbit/s三种。可以在移动设备、消费类电子产品、PC和智能控件工具之间进行近距离无线通信。NFC提供了一种简单、触控式的解决方案，可以让消费者直观地交换信息、访问内容与服务。

近场通信技术是由Nokia、Philips、Sony联合制定的标准，在ISO 18092、ECMA 340和ETSI TS 102 190框架下推动标准化，同时也兼容应用广泛的ISO 14443、Type-A、ISO 15693、B以及Felica标准非接触式智能卡的基础架构。近场通信标准详细规定了近场通信设备的调制方案、编码、传输速度与RF接口的帧格式，以及主动与被动近场通信模式初始化过程中数据冲突控制所需的初始化方案和条件。此外，近场通信标准还定义了传输协议，包括协议启动和数据交换方法等。

近场通信是基于RFID技术发展起来的一种近距离无线通信技术。与RFID一样，近场通信的信息也是通过频谱中无线频率部分的电磁感应耦合方式传递，但两者之间还是存在很大的区别。近场通信的传输范围比RFID小，RFID的传输范围可以达到0~1m，但由于近场通信采取了独特的信号衰减技术，相对于RFID来说近场通信具有成本低、带宽高、能耗低等特点。

近场通信技术主要特征如下：
(1) 用于近距离(10cm内)安全通信的无线通信技术。
(2) 射频频率：13.56MHz。
(3) 射频兼容：ISO 14443、ISO 15693、Felica标准。
(4) 数据传输速度：106Kbit/s、212Kbit/s、424Kbit/s。

16.2.2 近场通信编程类和编程步骤

在Windows 10里面使用近场通信主要会用到PeerFinder类、PeerInformation类、ConnectionRequestedEventArgs类、TriggeredConnectionStateChangedEventArgs类和ProximityDevice类，这些类的说明如表16.3所示。

表16.3 蓝牙编程的主要类

类 名	说 明
PeerFinder	用于去查找附近的设备是否有运行和当前应用程序相同的应用程序，并且可以在两个应用程序之间建立起Socket连接，从而可以进行通信。对等应用程序是在其他设备上运行的应用程序的另一个实例
PeerInformation	包含对等应用程序或设备的识别信息
ConnectionRequestedEventArgs	表示传递到一个应用程序的ConnectionRequested事件的属性
ProximityDevice	可以通过轻轻地碰击来实现应用程序在3~4cm的范围内与其他设备进行通信和进行数据交换
ProximityMessage	表示从订阅收到的消息
TriggeredConnectionStateChangedEventArgs	表示传递到一个应用程序的TriggeredConnectionStateChanged事件的属性

使用近场通信编程也一样需要在项目的 Package.appxmanifest 文件中添加 Proximity 和 Internet 的功能选项。我们先来简单地描述下作一个 NFC 数据传输的应用程序的基本步骤，接下来再详细地讲解这些步骤的实现。

1）获取 NFC 设备

首先需要通过 ProximityDevice.GetDefault()方法来获取进场通信的对象，如果设备不支持 NFC，那么获取到的对象是为 null 的。

2）注册设备进入和离开 NFC 识别范围时触发事件

因为 NFC 是短距离的数据传输，所以通常会需要关注 NFC 识别区域的进入和离开的时机，从而进行一些提示性的操作。ProximityDevice 类提供了 DeviceArrived 事件和 DeviceDeparted 事件分别表示注册设备进入和离开 NFC 识别范围时触发的事件。

3）传递简单的字符串

如果在 NFC 通信里面只是传递简单的字符串信息，那么 Windows 10 提供了相关的 API 来简化这种操作，并不需要 TCP 的 Socket 连接。发送和接收消息可以通过 ProximityDevice 类提供的 PublishMessage 方法和 SubscribeForMessage 方法来进行，每个消息都会有一个对应的 ID 用于取消当前的操作，例如：

```
//发送消息,可以通过 Id 来取消发送
long Id = device.PublishMessage("Windows.SampleMessageType", "Hello World!");
//接收消息,可以通过 Id 来取消接收
long Id = device.SubscribeForMessage ("Windows.SampleMessageType", messageReceived);
```

4）传输更多的消息

使用消息订阅和发布的方式可以实现简单的字符串信息传输。但是，如果要传输更多或者更复杂的信息，那么还是需要用到 Socket 的 TCP 协议来进行传输。首先，需要订阅 PeerFinder 类的 TriggeredConnectionStateChanged 事件，用于判断是否触发了 NFC 的连接操作，然后在该事件里面获取连接成功的 StreamSocket 对象就可以使用 TCP 协议来发送和接收消息了，这时候又回到了我们的 Socket 的 TCP 编程知识了！

16.2.3　发现近场通信设备

发现近场通信设备需要通过注册 PeerFinder 类的 TriggeredConnectionStateChanged 事件来监听是否有近场通信设备的连接，然后调用 Start 方法查找和被查找。在 TriggeredConnectionStateChanged 事件的实现中可以通过 TriggeredConnectionState-ChangedEventArgs 的 State 来判断连接的状态和情况。示例代码如下所示：

```
// 获取近场通信
ProximityDevice device = ProximityDevice.GetDefault();
// 确认设备支持近场通信
if (device!= null)
{
```

```
            // 注册触发事件
            PeerFinder.TriggeredConnectionStateChanged += OnTriggeredConnectionStateChanged;
            // 开始查找对等项,同时也让自己被其他对等项目发现
            PeerFinder.Start();
}
// TriggeredConnectionStateChanged 事件处理
void OnTriggeredConnectionStateChanged ( object sender, TriggeredConnectionStateChangedEventArgs args)
{
    switch (args.State)
    {
        case TriggeredConnectState.Listening:
            // 正在监听,作为热点来进行连接
            break;
        case TriggeredConnectState.PeerFound:
            //接近手势完成后,用户可以让他们的设备,通过其他传输协议,如 TCP / IP 或蓝牙,来建立起连接
            break;
        case TriggeredConnectState.Connecting:
            // 正在连接
            break;
        case TriggeredConnectState.Completed:
            // 连接完毕,获取一个 StreamSocket 对象 args.Socket 来进行通信
            break;
        case TriggeredConnectState.Canceled:
            // 连接被取消
            break;
        case TriggeredConnectState.Failed:
            // 连接失败
            break;
    }
}
```

16.2.4 近场通信发布消息

发布消息可以通过 ProximityDevice 类的 PublishMessage 方法来实现。PublishMessage 中有两个参数:一个是发送给订阅用户的消息的类型,该类型会在接收消息中用到,作为接收消息的类型;另一个是发送给订阅用户的消息,发送消息之后将会返回一个消息唯一的发布 ID,如果需要停止发送消息可以使用 StopPublishingMessage 方法来阻止消息的发送。下面来看一下发布消息的示例:

```
ProximityDevice device = ProximityDevice.GetDefault();
//确认设备支持近场通信
if (device! = null)
```

```
{
    //发布消息
    long Id = device.PublishMessage("Windows.SampleMessageType", "Hello World!");
}
```

16.2.5　近场通信订阅消息

订阅消息可以通过 ProximityDevice 类的 SubscribeForMessage 方法为指定的消息类型创建订阅，SubscribeForMessage 中有两个参数：一个是发送本订阅的消息类型，该类型会匹配到发送消息的类型；另一个是接收消息的处理方法，发送消息之后将会返回一个消息唯一的订阅 ID，如果需要停止订阅消息可以使用 StopSubscribingForMessage 方法来阻止消息的订阅。下面来看一下订阅消息的示例：

```
ProximityDevice device = ProximityDevice.GetDefault();
// 确认设备支持近场通信
if (device!= null)
{
// 开始订阅消息
long Id = device.SubscribeForMessage ("Windows.SampleMessageType", messageReceived);
}
// 接收消息的处理
private void messageReceived(ProximityDevice sender, ProximityMessage message)
{
// 接收消息成功,设备的 id 为 sender.DeviceId,消息的内容为 message.DataAsString
}
```

16.2.6　实例：实现近场通信的消息发布订阅

下面给出近场通信的消息发布订阅的示例：实现了近场通信的消息发布和订阅的功能。

代码清单 16-3：近场通信的消息发布订阅（源代码：第 16 章\Examples_16_3）

MainPage.xaml 文件主要代码

```
------------------------------------------------------------------
<StackPanel>
    <TextBlock Text = "发送的消息："/>
    <TextBox x:Name = "tbSendMessage"/>
    <Button x:Name = "btSend" Margin = "12" Content = "发送测试消息" Click = "btSend_Click_1"/>
    <Button x:Name = "btReceive" Margin = "12" Content = "接收消息" Click = "btReceive_Click_1"/>
    <TextBlock x:Name = "state"></TextBlock>
    <TextBlock Text = "接受到的消息："/>
    <TextBlock x:Name = "tbReceiveMessage"/>
```

```
          </StackPanel >
```

MainPage. xaml. cs 文件主要代码

```csharp
// 邻近设备类对象
private ProximityDevice _proximityDevice;
//发布消息的 ID
private long _publishedMessageId = -1;
// 订阅消息的 ID
private long _subscribedMessageId = -1;
// 导航进入页面,获取邻近设备类对象,并且订阅进入和离开 NFC 识别范围时的事件
protected async override void OnNavigatedTo(NavigationEventArgs e)
{
    _proximityDevice = ProximityDevice.GetDefault();
    if (_proximityDevice != null)
    {
        _proximityDevice.DeviceArrived += _device_DeviceArrived;
        _proximityDevice.DeviceDeparted += _device_DeviceDeparted;
    }
    else
    {
        await new MessageDialog("你的设备不支持 NFC 功能").ShowAsync();
    }
}
// 进入 NFC 识别范围时的事件处理程序
async void _device_DeviceDeparted(ProximityDevice sender)
{
    await this.Dispatcher.RunAsync(CoreDispatcherPriority.Normal, () => state.Text = "当前不处于 NFC 通信的范围内");
}
// 离开 NFC 识别范围时的事件处理程序
async void _device_DeviceArrived(ProximityDevice sender)
{
    await this.Dispatcher.RunAsync(CoreDispatcherPriority.Normal, () => state.Text = "当前处于 NFC 通信的范围内");
}
// 发布消息按钮事件处理
private async void btSend_Click_1(object sender, RoutedEventArgs e)
{
    if (_proximityDevice == null)
    {
        await new MessageDialog("你的设备不支持 NFC 功能").ShowAsync();
        return;
    }
    if (_publishedMessageId == -1)
    {
```

```csharp
            String publishText = tbSendMessage.Text;
            tbSendMessage.Text = "";
            if (publishText.Length > 0)
            {
                // 发布消息并获取消息的 ID
                _publishedMessageId = _proximityDevice.PublishMessage("Windows.Sample-MessageType", publishText);
                await new MessageDialog("消息已经发送,可以接触其他的设备来进行接收消息").ShowAsync();
            }
            else
            {
                await new MessageDialog("发送的消息不能为空").ShowAsync();
            }
        }
        else
        {
            await new MessageDialog("消息已经发送,请接收").ShowAsync();
        }
    }
    // 订阅消息按钮事件处理
    private async void btReceive_Click_1(object sender, RoutedEventArgs e)
    {
        if (_proximityDevice == null)
        {
            await new MessageDialog("你的设备不支持NFC功能").ShowAsync();
            return;
        }
        if (_subscribedMessageId == -1)
        {
            _subscribedMessageId = _proximityDevice.SubscribeForMessage("Windows.Sample-MessageType", MessageReceived);
            await new MessageDialog("订阅NFC接收的消息成功").ShowAsync();
        }
        else
        {
            await new MessageDialog("已订阅NFC接收的消息").ShowAsync();
        }
    }
    // 接收到消息事件的处理
    async void MessageReceived(ProximityDevice proximityDevice, ProximityMessage message)
    {
        await this.Dispatcher.RunAsync(CoreDispatcherPriority.Normal, () => tbReceiveMessage.Text = message.DataAsString);
    }
    // 离开页面停止消息的发送和订阅
    protected override void OnNavigatedFrom(NavigationEventArgs e)
```

```
        {
            if (_proximityDevice != null)
            {
                if (_publishedMessageId != -1)
                {
                    _proximityDevice.StopPublishingMessage(_publishedMessageId);
                    _publishedMessageId = -1;
                }
                if (_subscribedMessageId != -1)
                {
                    _proximityDevice.StopSubscribingForMessage(_subscribedMessageId);
                    _subscribedMessageId = 1;
                }
            }
        }
```

程序的运行效果如图 16.5 所示。

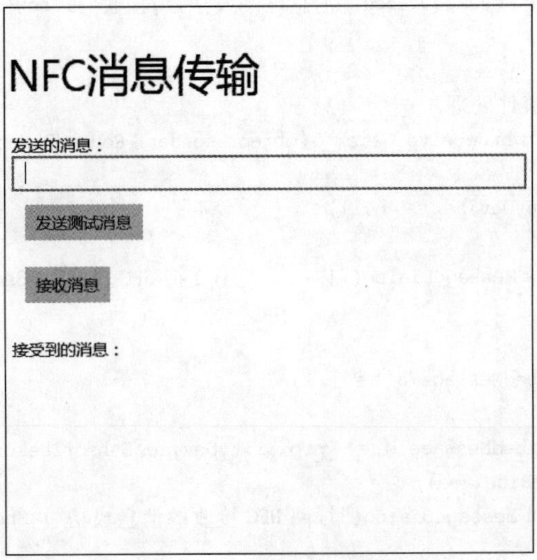

图 16.5　NFC 消息传递

第 17 章

联系人存储

联系人存储是 Windows 10 手机版本的特性，所以本章讲解的内容和例子都需要引用 Windows Moblie Extension SDK，关于在 IDE 里引用 Windows Moblie Extension SDK 的操作请参考第 2 章的相关内容，本章不再重复讲解。联系人资料是手机上必备的资料，那么 Windows 10 系统也提供了相关的 API，可以通过应用程序往手机系统的通讯录里写入联系人以及管理属于你自己的这部分联系人。Windows 10 上的联系人存储有点特别，系统并没有对整个手机通讯录的联系人读写操作开放权限，而是由应用程序管理属于自己的联系人。使用联系人存储的应用程序都必须在 Package.appxmanifest 配置文件里勾选联系人权限（<uap:Capability Name="contacts"/>），否则会引发异常。本章会详细地讲解联系人存储的机制以及基于联系人的相关编程知识。

17.1 联系人数据存储

Windows 10 的联系人存储是指第三方应用程序创建的联系人数据，这些联系人数据也可以在手机的通讯录里显示，但是它们由创建这些联系人数据的第三方应用程序所管理。联系人数据的归属应用程序可以设置这些联系人数据的系统和其他程序的访问权限，对属于它自己的联系人具有增删改的权限，并且一旦用户卸载了联系人数据归属应用程序，这些联系人也会被删除掉。在应用程序中使用联系人数据存储的 API 需要勾选 Package.appxmanifest 文件中的 Contacts 功能权限，表示赋予程序对联系人操作的权限，否则调用相关的 API 会发生异常。程序联系人存储的 API 在空间 Windows.Phone.PersonalInformation 下，下面来看一下如何使用 API 操作联系人。

17.1.1 ContactStore 类和 StoredContact 类

ContactStore 类表示联系人存储类，负责程序的整块联系人数据存储任务。它代表 Windows 10 应用程序的自定义联系人存储，是应用程序存储的一个管理者，负责管理应用程序所创建的联系人。ContactStore 类的主要成员如表 17.1 所示。StoredContact 类表示一个应用程序自定义的联系人存储,负责单个联系人的相关属性,注意和ContactStore类区分开来。StoredContact类继承了IContactInformation接口,所有由应用程序创建的联系人都是一个StoredContact类对象。StoredContact类主要成员如表17.2所示。

表17.1 ContactStore类的主要成员

成 员	说 明
public ulong RevisionNumber { get; }	联系人存储的版本号
public ContactQueryResult CreateContactQuery()	创建一个默认的联系人查询,返回ContactQueryResult对象,包含存储中的联系人
public ContactQueryResult CreateContactQuery(ContactQueryOptions options)	创建一个自定义的联系人查询,返回ContactQueryResult对象,包含存储中的联系人
public static IAsyncOperation<ContactStore> CreateOrOpenAsync()	异步方法创建或者打开应用程序的自定义联系人存储,假如存储不存在将创建一个存储
public static IAsyncOperation<ContactStore> CreateOrOpenAsync(ContactStoreSystemAccessMode access, ContactStoreApplicationAccessMode sharing)	异步方法创建或者打开应用程序的自定义联系人存储,假如存储不存在将创建一个存储,返回当前的联系人存储对象 access:联系人是否可以在手机系统通讯录里进行编辑还是只能在应用程序中创建 sharing:是否存储的联系人所有属性都可以在另外的应用程序里进行访问
public IAsyncAction DeleteAsync()	异步方法删除应用程序的联系人存储
public IAsyncAction DeleteContactAsync(string id)	异步方法通过联系人的ID删除应用程序里存储的联系人
public IAsyncOperation<StoredContact> FindContactByIdAsync(string id)	异步方法通过ID查找应用程序的联系人,返回StoredContact对象
public IAsyncOperation<StoredContact> FindContactByRemoteIdAsync(string id)	异步方法通过remote ID查找应用程序的联系人,返回StoredContact对象
public IAsyncOperation<IReadOnlyList<ContactChangeRecord>> GetChangesAsync(ulong baseREvisionNumber)	异步方法通过联系人的版本号获取联系人改动记录
public IAsyncOperation<IDictionary<string,object>> LoadExtendedPropertiesAsync()	异步方法加载应用程序联系人的扩展属性Map表
public IAsyncAction SaveExtendedPropertiesAsync(IReadOnlyDictionary<string,object> data)	异步方法保存应用程序联系人的扩展属性Map表

表 17.2　StoredContact 类的主要成员

成　员	说　明
public StoredContact(ContactStore store)	通过当前应用程序的 ContactStore 初始化一个 StoredContact 对象
public StoredContact(ContactStore store, ContactInformation contact)	通过 ContactStore 对象和 ContactInformation 对象创建一个 StoredContact 对象，StoredContact 对象的信息由 ContactInformation 对象提供
public string DisplayName{get; set;}	获取或设置一个存储联系人的显示名称
public IRandomAccessStreamReference DisplayPicture{get;}	获取一个存储联系人的图片
public string FamilyName{get; set;}	获取或设置一个存储联系人的家庭姓
public string GivenName{get; set;}	获取或设置一个存储联系人的名字
public string HonorificPrefix{get; set;}	获取或设置一个存储联系人的尊称前缀
public string HonorificSuffix{get; set;}	获取或设置一个存储联系人的尊称后缀
public string Id{get;}	获取应用程序存储联系人的 ID
public string RemoteId{get; set;}	获取或设置应用程序联系人的 RemoteId
public ContactStore Store{get;}	获取当前应用程序联系人所在的联系存储对象
public IAsyncOperation＜IRandomAccessStream＞GetDisplayPictureAsync()	获取一个存储联系人的图片
public IAsyncOperation＜System.Collections.Generic.IDictionary＜string, object＞＞GetExtendedPropertiesAsync()	异步方法获取联系人的扩展属性 Map 表
public IAsyncOperation＜System.Collections.Generic.IDictionary＜string, object＞＞GetPropertiesAsync()	异步方法获取联系人的已知属性 Map 表
public IAsyncAction ReplaceExistingContactAsync(string id)	异步方法使用当前的联系人来替换联系人存储中某个 ID 的联系人
public IAsyncAction SaveAsync()	异步方法保存当前的联系人到联系人存储中
public IAsyncAction SetDisplayPictureAsync(IInputStream stream)	异步方法保存当前的联系人的图片
public IAsyncOperation＜IRandomAccessStream＞ToVcardAsync()	异步方法把当前的联系人转化为 VCard 信息流

17.1.2　联系人新增

新增程序联系人需要先创建或者打开程序的联系人存储 ContactStore，并且可以设置该程序联系人存储的被访问权限。创建的代码如下：

```
ContactStore conStore = await ContactStore.CreateOrOpenAsync();
```

联系人存储对于系统通讯和其他程序的都有权限的限制，ContactStoreSystemAccessMode

枚举表示手机系统通讯录对应用程序联系人的访问权限,有 ReadOnly 只读权限和 ReadWrite 读写两个权限,ContactStoreApplicationAccessMode 枚举表示第三方应用程序对应用程序联系人的访问权限类型,有 LimitedReadOnly 限制只读权限和 ReadOnly 只读权限。上面的代码创建联系人存储的代码是默认用了最低的访问权限来创建联系人存储,即联系人对于系统通讯录是只读权限,对于其他程序的访问权限是限制只读权限。但是值得注意的是创建了联系人存储之后,以后都只能用相同的方式来打开,如创建的时候使用了只读权限,打开的时候使用读写权限,会引发异常。下面来看一下自定义权限的创建联系人存储。

```
// 创建一个系统通讯可以读写和其他程序只读的联系人存储
ContactStore conStore = await ContactStore.CreateOrOpenAsync(ContactStoreSystemAccessMode.ReadWrite, ContactStoreApplicationAccessMode.ReadOnly);
```

接下来看一下如何创建一个联系人。
(1) 直接通过联系人存储创建联系人

```
// 创建或者打开联系人存储
ContactStore conStore = await ContactStore.CreateOrOpenAsync();
// 保存联系人
StoredContact storedContact = new StoredContact(conStore);
// 设置联系人的显示名称
storedContact.DisplayName = "显示名称";
// 保存联系人
await storedContact.SaveAsync();
```

(2) 通过 ContactInformation 类对象创建联系人

ContactInformation 类表示一个非系统存储中联系人的信息。ContactInformation 类的主要成员如表 17.3 所示。

```
// 创建一个 ContactInformation 类
ContactInformation conInfo = new ContactInformation();
// 获取 ContactInformation 类的属性 map 表
var properties = await conInfo.GetPropertiesAsync();
// 添加电话属性
properties.Add(KnownContactProperties.Telephone, "123456");
// 添加名字属性
properties.Add(KnownContactProperties.GivenName, "名字");
// 创建或者打开联系人存储
ContactStore conStore = await ContactStore.CreateOrOpenAsync();
// 创建联系人对象
StoredContact storedContact = new StoredContact(conStore, conInfo);
// 保存联系人
await storedContact.SaveAsync();
```

表 17.3 ContactInformation 类主要成员

成员	说明
ContactInformation()	初始化
string DisplayName	显示名称
IRandomAccessStreamReference DisplayPicture	图片信息
string FamilyName	姓
string GivenName	名字
string HonorificPrefix	尊称前缀
string HonorificSuffix	尊称后缀
IAsyncOperation＜IRandomAccessStream＞ GetDisplayPictureAsync()	异步获取联系人图片
IAsyncOperation＜System.Collections.Generic.IDictionary＜string，object＞＞ GetPropertiesAsync()	异步获取联系人的 Map 表信息
IAsyncOperation＜ContactInformation＞ ParseVcardAsync(IInputStream vcard)	异步解析一个 VCard 数据流为 ContactInformation 对象
IAsyncAction SetDisplayPictureAsync（IInputStream stream）	异步设置联系人图片通过图片数据流
IAsyncOperation＜IRandomAccessStream＞ ToVcardAsync()	异步转换 ContactInformation 对象为一个 VCard 信息流

17.1.3 联系人查询

联系人查询也需要创建联系人存储，创建联系人存储的形式和联系人新增是一样的。联系人查询是通过 ContactStore 的 CreateContactQuery 方法创建一个查询，可以查询的参数 ContactQueryOptions 来设置查询返回结果和排序规则，创建查询是 ContactQueryResult 类型。可以通过 ContactQueryResult 类的 GetContactsAsync 异步方法获取联系人存储中的联系人列表和通过 GetCurrentQueryOptions 方法获取当前的查询条件。下面来看创建联系人查询的代码如下：

```
conStore = await ContactStore.CreateOrOpenAsync();
ContactQueryResult conQueryResult = conStore.CreateContactQuery();
uint count = await conQueryResult.GetContactCountAsync();
IReadOnlyList<StoredContact> conList = await conQueryResult.GetContactsAsync();
```

17.1.4 联系人编辑

联系人编辑也需要创建联系人存储，创建联系人存储的形式和联系人新增是一样的。联系人编辑需要首先获取要编辑的联系人，获取编辑的联系人可以通过联系人的 ID 或者 Remoteid 来获取，获取到的联系人是一个 StoredContact 对象，通过修改该对象属性，然后再调用 SaveAsync 保存方法就可以实现编辑联系人。注意在获取联系人时尽量用联系人的 ID 获取联系人,因为 ID 是索引字段而 RemoteId 是非索引字段,当联系人数量很大时就可以很明显地看到他们之间的效率区别。下面来看一下修改一个联系人的代码:

```
ContactStore conStore = await ContactStore.CreateOrOpenAsync();
StoredContact storCon = await conStore.FindContactByIdAsync(id);
var properties = await storCon.GetPropertiesAsync();
properties[KnownContactProperties.Telephone] = "12345678";
await storCon.SaveAsync();
```

17.1.5 联系人删除

删除联系人可以分为两类:删除一个联系人和删除所有的联系人,删除一个联系人可以通过联系人的 ID 调用 ContactStore 的 DeleteContactAsync 方法来进行;如果要删除所有的联系人,就要调用 ContactStore 的 DeleteAsync 方法。联系人的新增、编辑和删除都会有相关的操作记录,GetChangesAsync 方法来获取联系人的修改记录。下面来看一下删除一个联系人的代码:

```
ContactStore conStore = await ContactStore.CreateOrOpenAsync();
await conStore.DeleteContactAsync(id);
await conStore.DeleteAsync();
```

17.1.6 联系人头像

1. 设置头像

联系人头像的设置操作是通过 ContactStore 类的 SetDisplayPictureAsync 方法进行的,注意这是一个异步的方法,因为头像的操作也是耗时的操作。通过 SetDisplayPictureAsync 方法填充头像的数据对象是 IInputStream 对象,所以一般情况下,我们需要把图片的数据转化成 IInputStream 对象,可以先把图片数据转化成 Stream 对象,再转化成 IInputStream 对象。

2. 获取头像

联系人头像的获取操作是通过 ContactStore 类的 GetDisplayPictureAsync 方法进行的,这也是一个异步的方法。获取到的图片数据是 IRandomAccessStream 类型,如果要在 Image 控件上展示出来,可以使用头像的数据流创建一个 BitmapImage 对象,然后填充到 Image 控件上;如果要把头像的数据存储起来,可以把 IRandomAccessStream 对象转化为 Byte[]对象。

下面给出联系人头像操作的示例:保存联系人的包含头像的信息,然后再获取出头像显示在 Image 控件上,测试头像操作的设置和获取操作。

代码清单 17-1：联系人头像操作（源代码：第 17 章\Examples_17_1）

MainPage.xaml 文件主要代码

```xaml
<StackPanel>
    <Button Content = "保存测试联系人" Click = "bt_add_Click"></Button>
    <TextBlock Text = "头像信息"></TextBlock>
    <Image x:Name = "image" Stretch = "None"></Image>
</StackPanel>
```

MainPage.xaml.cs 文件主要代码

```csharp
// 插入测试联系人信息的按钮事件
private async void bt_add_Click(object sender, RoutedEventArgs e)
{
    // 创建或获取联系人的存储
    ContactStore contactStore = await ContactStore.CreateOrOpenAsync(ContactStoreSystemAccessMode.ReadWrite, ContactStoreApplicationAccessMode.ReadOnly);
    // 通过 ContactInformation 对象添加联系人的名字和电话
    ContactInformation contactInformation = new ContactInformation();
    var properties = await contactInformation.GetPropertiesAsync();
    properties.Add(KnownContactProperties.FamilyName, "test");
    properties.Add(KnownContactProperties.Telephone, "12345678");
    StoredContact storedContact = new StoredContact(contactStore, contactInformation);
    // 获取安装包的一张图片文件用作联系人的头像
    StorageFile imagefile = await Windows.ApplicationModel.Package.Current.InstalledLocation.GetFileAsync("image.png");
    // 打开文件的可读数据流
    Stream stream = await imagefile.OpenStreamForReadAsync();
    // 把 Stream 对象转化成为 IInputStream 对象
    IInputStream inputStream = stream.AsInputStream();
    // 用 IInputStream 对象设置为联系人的头像
    await storedContact.SetDisplayPictureAsync(inputStream);
    // 保存联系人
    await storedContact.SaveAsync();
    // 获取当前联系人的头像
    IRandomAccessStream raStream = await storedContact.GetDisplayPictureAsync();
    // 把头像展示到 Image 控件上
    BitmapImage bi = new BitmapImage();
    bi.SetSource(raStream);
    image.Source = bi;
}
```

程序的运行效果如图 17.1 和图 17.2 所示。

图 17.1 头像操作界面

图 17.2 联系人在人脉界面的显示

17.1.7 实例演示：联系人存储的使用

下面给出联系人存储的示例：通过一个例子演示联系人的新增、查询和修改相关操作的实现。

代码清单 17-2：联系人存储的增删改（源代码：第 17 章\Examples_17_2）

MainPage.xaml 文件主要代码：联系人新增页面

```xml
<StackPanel>
    <TextBox Header="名字：" x:Name="name" />
    <TextBox Header="电话：" x:Name="phone" InputScope="TelephoneNumber" />
    <Button Content="保存" Margin="12" Click="Button_Click_1"/>
    <Button Content="查询应用存储的联系人" Margin="12" Click="Button_Click_2"/>
</StackPanel>
```

MainPage.xaml.cs 文件主要代码

```csharp
// 新增一个联系人
private async void Button_Click_1(object sender, RoutedEventArgs e)
{
    string message = "";
    if (name.Text != "" && phone.Text != "")
    {
        try
```

```csharp
            {
                // 创建一个联系人的信息对象
                ContactInformation conInfo = new ContactInformation();
                // 获取联系人的属性字典
                var properties = await conInfo.GetPropertiesAsync();
                // 添加联系人的属性
                properties.Add(KnownContactProperties.Telephone, phone.Text);
                properties.Add(KnownContactProperties.GivenName, name.Text);
                // 创建或者打开联系人存储
                ContactStore conStore = await ContactStore.CreateOrOpenAsync();
                StoredContact storedContact = new StoredContact(conStore, conInfo);
                // 保存联系人
                await storedContact.SaveAsync();
                message = "保存成功";
            }
            catch (Exception ex)
            {
                message = "保存失败,错误信息: " + ex.Message;
            }
        }
        else
        {
            message = "名字或电话不能为空";
        }
        await new MessageDialog(message).ShowAsync();
    }
    // 跳转到联系人列表页面
    private void Button_Click_2(object sender, RoutedEventArgs e)
    {
        (Window.Current.Content as Frame).Navigate(typeof(ContactsList));
    }
```

ContactsList.xaml 文件主要代码：联系人列表页面

```xml
<ListView x:Name = "conListBox" ItemsSource = "{Binding}" >
    <ListView.ItemTemplate >
        <DataTemplate >
            <StackPanel >
                <TextBlock Text = "{Binding Name}" FontSize = "30"/>
                <TextBlock Text = "{Binding Id}" />
                <TextBlock Text = "{Binding Phone}" FontSize = "20"/>
                <Button Content = "删除" Margin = "12" Click = "Button_Click_1"/>
                <Button Content = "编辑" Margin = "12" Click = "Button_Click_2"/>
                <TextBlock Text = " --------------- " />
            </StackPanel>
        </DataTemplate>
    </ListView.ItemTemplate>
</ListView>
```

ContactsList.xaml.cs 文件主要代码

```csharp
public sealed partial class ContactsList : Page
{
    //联系人存储
    private ContactStore conStore;
    public ContactsList()
    {
        InitializeComponent();
    }
    //进入页面事件
    protected override void OnNavigatedTo(NavigationEventArgs e)
    {
        GetContacts();
    }
    //获取联系人列表
    async private void GetContacts()
    {
        conStore = await ContactStore.CreateOrOpenAsync();
        ContactQueryResult conQueryResult = conStore.CreateContactQuery();
        //查询联系人
        IReadOnlyList<StoredContact> conList = await conQueryResult.GetContactsAsync();
        List<Item> list = new List<Item>();
        foreach (StoredContact storCon in conList)
        {
            var properties = await storCon.GetPropertiesAsync();
            list.Add(
                new Item
                {
                    Name = storCon.FamilyName + storCon.GivenName,
                    Id = storCon.Id,
                    Phone = properties[KnownContactProperties.Telephone].ToString()
                });
        }
        conListBox.ItemsSource = list;
    }
    //删除联系人事件处理
    private async void Button_Click_1(object sender, RoutedEventArgs e)
    {
        Button deleteButton = sender as Button;
        Item deleteItem = deleteButton.DataContext as Item;
        await conStore.DeleteContactAsync(deleteItem.Id);
        GetContacts();
    }
    //跳转到编辑联系人页面
    private void Button_Click_2(object sender, RoutedEventArgs e)
    {
        Button deleteButton = sender as Button;
        Item editItem = deleteButton.DataContext as Item;
```

```csharp
            (Window.Current.Content as Frame).Navigate(typeof(EditContact), editItem.Id);
    }
}
//自定义绑定的联系人数据对象
class Item
{
    public string Name { get; set; }
    public string Id { get; set; }
    public string Phone { get; set; }
}
```

EditContact.xaml 文件主要代码：联系人编辑页面

```xml
<StackPanel>
    <TextBox Header = "名字：" x:Name = "name" />
    <TextBox Header = "电话：" x:Name = "phone" InputScope = "TelephoneNumber" />
    <Button Content = "保存" Margin = "12" Click = "Button_Click_1"/>
</StackPanel>
```

EditContact.xaml.cs 文件主要代码

```csharp
//联系人数据存储
private ContactStore conStore;
//联系人对象
private StoredContact storCon;
//联系人属性字典
private IDictionary<string, object> properties;
public EditContact()
{
    InitializeComponent();
}
//进入页面事件处理
protected override void OnNavigatedTo(NavigationEventArgs e)
{
    //通过联系人的 id 获取联系人的信息
    if (e.Parameter!= null)
        GetContact(e.Parameter.ToString());
}
//保存编辑的联系人
private async void Button_Click_1(object sender, RoutedEventArgs e)
{
    if (name.Text != "" && phone.Text != "")
    {
        storCon.GivenName = name.Text;
        properties\[KnownContactProperties.Telephone\] = phone.Text;
        await storCon.SaveAsync();              //保存联系人
```

```
                //返回上一个页面
                (Window.Current.Content as Frame).GoBack();
            }
            else
            {
                await new MessageDialog("名字或者电话不能为空").ShowAsync();
            }
        }
        //获取需要编辑的联系人信息
        async private void GetContact(string id)
        {
            conStore = await ContactStore.CreateOrOpenAsync();
            storCon = await conStore.FindContactByIdAsync(id);
            properties = await storCon.GetPropertiesAsync();
            name.Text = storCon.GivenName;
            phone.Text = properties[KnownContactProperties.Telephone].ToString();
        }
```

程序的运行效果如图 17.3、图 17.4 和图 17.5 所示。

图 17.3 联系人存储   图 17.4 联系人

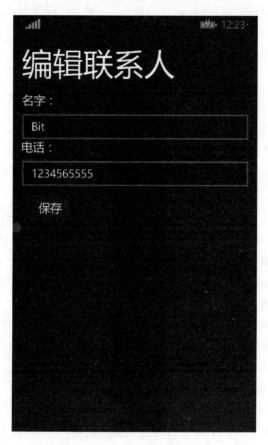

图 17.5 编辑联系人

17.2 联系人编程技巧

17.1 节介绍了 Windows 10 联系人的一些常用的操作,接下来介绍联系人编程的两个重要的技巧,一个是联系人 vCard 格式的运用,另外一个是联系人中的 RemoteID 的运用。vCard 格式则是联系人数据的标准格式,是通用的联系人格式,而 RemoteID 则是用于联系人同步和另外一端(通常为云端)的一一对应的 ID 格式。

17.2.1 vCard 的运用

vCard 是一种规范定义电子名片的格式,vCard 可作为各种应用或系统之间的交换格式。因为 vCard 规范的统一性、规范性和广泛的应用,所以 vCard 在联系人格式上是非常成熟的,几乎是大部分手机系统里面都支持的名片格式。vCard 格式目前使用最广泛的是 2.1 版本,下面来看一个 vCard 格式的文本。

```
BEGIN:VCARD
VERSION:2.1
N:Gump;Forrest
FN:Forrest Gump
ORG:Gump Shrimp Co.
TITLE:Shrimp Man
TEL;WORK;VOICE:(111) 555-1212
TEL;HOME;VOICE:(404) 555-1212
ADR;HOME:;;42 Plantation St.;Baytown;LA;30314;United States of America
EMAIL;PREF;INTERNET:forrestgump@walladalla.com
REV:20080424T195243Z
END:VCARD
```

上面的文本就是一个标准的 vCard 格式,由"BEGIN:VCARD"开始,最后由"END:VCARD"作为文本的结束,每一行都代表一种信息内容。vCard 的每一行信息的数据格式行是:"类型[;参数]:值",比如"ADR;HOME:;;42 Plantation St.;Baytown;LA;30314;United States of America"这一行里面,"ADR"是一个类型,表示是一条地址信息,";"号是分隔符合,"HOME"表示参数,表示 ADR 的用途或者是类别,";;42 Plantation St.;Baytown;LA;30314;United States of America"表示是一个 ADR 值,地址值。vCard 格式对联系人的各种字段都有非常详细的定义,相关的字段语法可以参考或者查询官方网站 (http://www.imc.org/pdi/vcard-21.txt)。

Windows 10 提供了 API 支持 vCard 格式导出导入联系人,导出联系人的时候可以调用 StoredContact 对象的 ToVcardAsync 方法获取数据流,然后再把数据流转化为字符串文本就是当前的这个联系人对象对应的 vCard 格式文本了。导入 vCard 格式联系人可以调用 ContactInformation 类的静态方法——ParseVcardAsync 方法,把 vCard 格式的数据流转化成一个 ContactInformation 对象,然后再创建成联系人。如果是对多个手机平台进行这个联系人转化的支持,可以通过解析 vCard 格式文本再通过字段的方式来保存联系人,因为 Windows 10 系统的联系人限制了电话的字段,不能重复增加,而目前 iOS、Android 等平台是支持多个重复字段,vCard 的格式也是支持的,这样会导致 Windows 10 系统不兼容导致部分字段的丢失,对于这种情况可以通过编写正则表达式来解析 vCard 格式文本,再进行创建联系人。

下面给出联系人 vCard 导入与导出的示例:通过一个例子演示把手机上的一个联系人的信息用 vCard 格式导出以及通过 vCard 格式把一个联系人导入到通讯录。

代码清单 17-3:联系人 vCard 导入与导出(源代码:第 17 章\Examples_17_3)

MainPage.xaml 文件主要代码

```
<ScrollViewer>
    <StackPanel>
        <Button Content="插入一个测试联系人" Margin="12" x:Name="add" Click="add_Click"></Button>
```

```xml
            <Button Content = "获取测试联系人 vcard" Margin = "12" x:Name = "getvcard" Click = "getvcard_Click"></Button>
            <TextBox x:Name = "vcardTb" TextWrapping = "Wrap"></TextBox>
            <Button Content = "通过上面的 vcard 保存成一个联系人" Margin = "12" x:Name = "savevcard" Click = "savevcard_Click"></Button>
        </StackPanel>
    </ScrollViewer>
```

MainPage.xaml.cs 文件主要代码

```csharp
//联系人存储
ContactStore contactStore;
//联系人对象
StoredContact storedContact;
//导航进入当前页面的事件处理程序
protected async override void OnNavigatedTo(NavigationEventArgs e)
{
    //创建或获取联系人的存储
    contactStore = await ContactStore.CreateOrOpenAsync(ContactStoreSystemAccessMode.ReadWrite, ContactStoreApplicationAccessMode.ReadOnly);
}
//添加一个测试的联系人的事件处理程序
private async void add_Click(object sender, RoutedEventArgs e)
{
    //通过 ContactInformation 对象添加联系人的信息
    ContactInformation contactInformation = new ContactInformation();
    var properties = await contactInformation.GetPropertiesAsync();
    properties.Add(KnownContactProperties.FamilyName, "张");
    properties.Add(KnownContactProperties.GivenName, "三");
    properties.Add(KnownContactProperties.Email, "1111@qq.com");
    properties.Add(KnownContactProperties.CompanyName, "挪鸡鸭");
    properties.Add(KnownContactProperties.Telephone, "12345678");
    storedContact = new StoredContact(contactStore, contactInformation);
    //保存联系人
    await storedContact.SaveAsync();
    await new MessageDialog("保存成功").ShowAsync();
}
//获取联系人对象的 vCard 格式文本
private async void getvcard_Click(object sender, RoutedEventArgs e)
{
    if(storedContact!= null)
    {
        //把联系人对象转化成 vCard 数据流
        var stream = await storedContact.ToVcardAsync(VCardFormat.Version2_1);
        //把数据流转为 byte[]再转为 string
        byte[] datas = StreamToBytes(stream.AsStreamForRead());
        string vcard = System.Text.Encoding.UTF8.GetString(datas, 0, datas.Length);
        vcardTb.Text = vcard;
```

```csharp
            }
            else
            {
                await new MessageDialog("请先创建联系人").ShowAsync();
            }
        }
        //把 vCard 文本导入到通讯录的联系人的事件处理程序
        private async void savevcard_Click(object sender, RoutedEventArgs e)
        {
            string message;
            if(vcardTb.Text!="")
            {
                //把 vCard 文本转化为 byte[]再转为 Stream
                byte[] datas = System.Text.Encoding.UTF8.GetBytes(vcardTb.Text);
                Stream stream = BytesToStream(datas);
                try
                {
                    //把 vCard 数据流解析为 ContactInformation 对象
                    ContactInformation contactInformation = await ContactInformation.ParseVcardAsync(stream.AsInputStream());
                    storedContact = new StoredContact(contactStore, contactInformation);
                    //保存联系人
                    await storedContact.SaveAsync();
                    message = "保存成功";
                }
                catch(Exception exe)
                {
                    message = "vcard 格式有误,异常: " + exe.Message;
                }
            }
            else
            {
                message = "vcard 不能为空";
            }
            await new MessageDialog(message).ShowAsync();
        }
        //把 Stream 转成 byte[]
        public byte[] StreamToBytes(Stream stream)
        {
            byte[] bytes = new byte[stream.Length];
            stream.Read(bytes, 0, bytes.Length);
            return bytes;
        }
        //将 byte[]转成 Stream
        public Stream BytesToStream(byte[] bytes)
        {
            Stream stream = new MemoryStream(bytes);
            return stream;
        }
```

程序的运行效果如图 17.6 和图 17.7 所示。

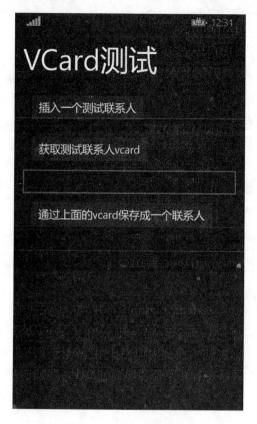

图 17.6　vCard 测试界面

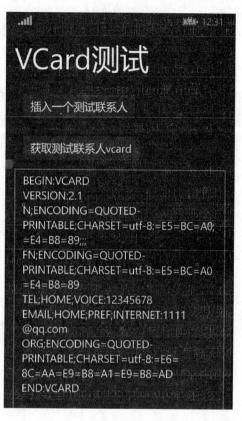

图 17.7　vCard 文本导入

17.2.2　RemoteID 的运用

联系人的 RemoteId 字段是除了 ID 字段之外的另外一个唯一的字段，你可能会觉得联系人既然有了一个 ID 的唯一字段可以区分开来，为什么还需要另外一个唯一字段呢？这主要是因为联系人的操作通常都是用另外一端同步到手机端的，所以你可以把 ID 字段理解为手机本地上的唯一字段，而 RemoteId 字段是对应的另外一端或者云端的唯一字段，当然如果你并没有另外一端也是可以忽略 RemoteId 字段的，它可以不填写。

RemoteId 字段有一个限制就是整个手机的联系人都不能相同。注意，这不仅是对于你的应用程序是唯一的，对于其他应用程序也是唯一的。简单举一个例子，假如应用程序 A 往手机通讯录插入了一个联系人，把这个联系人的 RemoteId 字段设置为"001"，那么应用程序 B 则不可以再往手机通讯录插入一个 RemoteId 字段设置为"001"联系人，否则将会引发异常。虽然系统禁止一样的 RemoteId 字段的赋值，但是系统也并没有提供相关的接口去查询其他应用程序的 RemoteId 字段的值，所以我们只能够通过唯一的字符串来保证

RemoteId 字段的唯一性。一般会有两种方案：一种是创建一个独特的前缀，保证不会和别人的相同；另外一种是通过 GUID 来辅助创建微软推荐的解决方案。

下面来看一下通过 GUID 来辅助创建 RemoteId 的值的解决方案。

首先，创建一个 RemoteIdHelper 类专门用于对 RemoteId 进行转换。通过 RemoteIdHelper 类的转换可以帮助你在将联系人保存之前，向你的 RemoteId 添加唯一标记。它也将帮助你在从存储中检索到该 RemoteId 后，从 RemoteId 中移除此唯一标记，以便取回你原始的远程 ID。下面的示例演示了 RemoteIdHelper 类的定义。

```csharp
class RemoteIdHelper
{
    private const string ContactStoreLocalInstanceIdKey = "LocalInstanceId";
    //向联系人存储中添加一个扩展字段存放唯一的 GUID 作为标识符
    public async Task SetRemoteIdGuid(ContactStore store)
    {
        IDictionary<string, object> properties;
        //加载扩展存储属性
        properties = await store.LoadExtendedPropertiesAsync().AsTask<IDictionary<string, object>>();
        if (!properties.ContainsKey(ContactStoreLocalInstanceIdKey))
        {
            //创建一个 Guid,保证唯一性
            Guid guid = Guid.NewGuid();
            //添加到扩展存储属性里面
            properties.Add(ContactStoreLocalInstanceIdKey, guid.ToString());
            ReadOnlyDictionary<string, object> readonlyProperties = new ReadOnlyDictionary<string, object>(properties);
            //保存扩展存储属性
            await store.SaveExtendedPropertiesAsync(readonlyProperties).AsTask();
        }
    }
    //把远程的 ID 转换成可以用于设置 RemoteId 字段的值的 ID
    public async Task<string> GetTaggedRemoteId(ContactStore store, string remoteId)
    {
        string taggedRemoteId = string.Empty;
        IDictionary<string, object> properties;
        properties = await store.LoadExtendedPropertiesAsync().AsTask<System.Collections.Generic.IDictionary<string, object>>();
        if (properties.ContainsKey(ContactStoreLocalInstanceIdKey))
        {
            //把存储的唯一 GUID 和远程的 ID 拼接起来作为唯一的 RemoteId 字段的值
            taggedRemoteId = string.Format("{0}_{1}", properties[ContactStoreLocalInstanceIdKey], remoteId);
        }
        else
        {
            //未设置 GUID 字段,需要先调用 SetRemoteIdGuid 方法
        }
        return taggedRemoteId;
```

```
        }
        //把 RemoteId 字段的值还原成远程的 ID
        public async Task<string> GetUntaggedRemoteId(ContactStore store, string taggedRemoteId)
        {
            string remoteId = string.Empty;
            System.Collections.Generic.IDictionary<string, object> properties;
            properties = await store.LoadExtendedPropertiesAsync().AsTask<System.Collections.Generic.IDictionary<string, object>>();
            if (properties.ContainsKey(ContactStoreLocalInstanceIdKey))
            {
                string localInstanceId = properties[ContactStoreLocalInstanceIdKey] as string;
                //从 RemoteId 字段的值抽取出原来的 远程 ID 的值
                if (taggedRemoteId.Length > localInstanceId.Length + 1)
                {
                    remoteId = taggedRemoteId.Substring(localInstanceId.Length + 1);
                }
            }
            else
            {
                //未设置 GUID 字段,需要先调用 SetRemoteIdGuid 方法
            }
            return remoteId;
        }
    }
```

定义好 RemoteIdHelper 类之后,在保存任何联系人之前,需要创建新的 RemoteIdHelper,并调用 SetRemoteIdGuid。该操作为你的应用创建 GUID,并把它存储在你的联系人存储的扩展属性中。你可以多次调用该方法。如果已经存在 GUID,它将不会被重写。调用的代码示例如下所示:

```
ContactStore store = await ContactStore.CreateOrOpenAsync();
RemoteIdHelper remoteIdHelper = new RemoteIdHelper();
await remoteIdHelper.SetRemoteIdGuid(store);
```

如果你需要把 ID 信息保存到联系人的 RemoteId 字段里面,那么首先需要将其传递至 GetTaggedRemoteId 方法,来使用 GUID 和 ID 拼接起来的字符串作为 RemoteId 字段的值。调用的代码示例如下:

```
string taggedRemoteId = await remoteIdHelper.GetTaggedRemoteId(store, Id);
```

如果你需要从保存在联系人存储中的 RemoteId 中获取你的原始远程 ID,则调用 GetUntaggedRemoteId,它会移除唯一标记,返回原始 ID。

```
string untaggedRemoteId = await remoteIdHelper.GetUntaggedRemoteId(store, taggedRemoteId);
```

第 18 章 多任务

虽然在 PC 上 Windows 10 系统可以同时在前台运行多个通用应用程序,但是在手机版中却不能同时在前台运行多个程序。为了确保创建一个快速响应的用户体验并优化手机上的电源使用,Windows 10 一次仅允许在前台中运行一个应用程序。不过 Windows 10 也为应用留出一些自由,这就是 Windows 10 的后台任务,这些任务可以在后台运行,即使在应用程序不是活动的前台应用程序时,仍然允许应用程序执行操作,不过这些多任务操作都有比较严格的限制和规定,因为当应用关闭的情况下这些任务依然可以运行。本章所讲的多任务都有一个共同的特点就是在应用程序关闭的情况下依然可以执行一些任务,所以这跟 PC 上多个应用程序同时在前台运行的情况是有着本质的区别的。本章将会讲解 Windows 10 中两种常用且重要的多任务类型——后台任务和后台文件传输。

18.1 后台任务

后台任务是指 Windows 10 系统提供的可以在后台运行的进程,即使应用程序已经被挂起或者不再运行了,但是属于该应用程序的后台任务还可以继续默默地执行相关的操作。后台任务提供了一种方案让应用程序关闭之后依然可以继续运行相关的服务,但是这是有限制的,它不可能实现在前台运行的应用程序的所有功能,只适合进行轻量的任务的执行,比如获取网络新消息的通知、定期提醒等操作。所以,后台任务真正的意义是作为应用程序的一个后台的轻量服务进行运行,给用户提供一些重要的信息通知或者为应用程序记录一些重要的信息。本节将会详细地介绍 Windows 10 后台任务的原理、限制、实现等重要的编程内容。

18.1.1 后台任务的原理

后台任务跟应用程序的关系,你可以理解为后台任务是应用程序里面一个非常独立的组件,它并不是运行在应用程序的线程上的,它运行的线程是完全独立的。后台任务与前台任务的区别是:前台任务会占据整个屏幕,用户直接与其进行交互;而后台任务不能与用户交互,但是后台任务依然可以对磁贴(Tile)、吐司通知(Toast)和锁屏(Lock Screen)进行更新和操作。因为前台要与用户交互,它使用所有可用的系统资源,包括 CPU 处理时间和网络资源等，并且不受限，而后台任务使用系统资源的时候是受限制的。

我们知道，Windows 10 应用程序的生命周期分为 Running、Suspended、Terminated 三种状态。应用程序处于前台时，为 Running 状态；处于后台时，为 Suspended 状态，用户关闭应用程序时或者在 Suspended 状态太久，系统自动关闭应用程序时，为 Terminated 状态。那么，后台任务应该在应用程序的三种状态下运行，也就是说它对于应用程序的状态是完全独立，但是如果应用程序在 Running 状态下，应用程序是可以对后台任务进行操作的，比如关闭、汇报进度等，应用程序在前台运行的时候可以对后台任务进行控制。

后台的原理示意图如图 18.1 所示，虚线两边分别表示 Application 和 System。Application 就是我们的应用程序，System 就是负责处理后台任务的 Service。首先，在应用程序里面，我们要注册 Trigger，也就是任务的触发器，相当于是在某个时机适当地触发后台任务的运行。其次，在应用程序中注册后台任务，在后台任务里面会实现相关的操作以及包含了什么样的 Trigger 可以触发这个后台任务，注册之后，在 System Infrastructure（系统的基础服务）中就保留了这个注册信息。不论是关闭了应用程序还是重新启动了设备，这个注册信息都会存在，但是要注意如果应用程序被用户卸载了，那么该应用程序所对应的后台任务也不复存在了。再次，当合适的 Trigger 事件来临，System Infrastructure 会搜索与这个 Trigger 相匹配的后台任务，然后启动该后台任务。

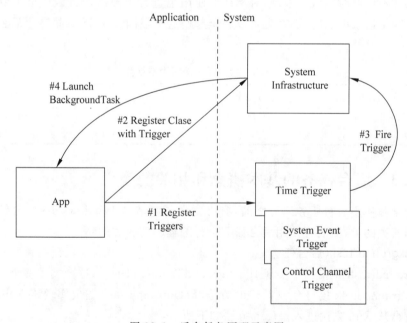

图 18.1　后台任务原理示意图

18.1.2　后台任务的资源限制

在了解了后台任务的原理之后，后台任务的机制给应用程序提供给了很大的便利，可以在应用程序关闭之后继续执行相关的操作，但是这些操作是有限制的。Windows 10 对后台任务的资源限制会根据应用不在锁屏上和应用位于锁屏上的两种情况区别对待。如果应用要出现在锁屏的通知栏上,那么首先需要应用程序本身对锁屏的支持,然后还要用户手动去设置。锁屏的支持可以在项目的 Package.appxmanifest 文件中"Application"类别下,"Lock screen notification"中设置,然后再到"Visual Assets"类别下设置锁屏通知栏对应的图标。用户把应用程序的通知添加到锁屏上面则可以到"Setting"→"Lock screen"页面上设置。所以应用在不在锁屏上是属于用户的手动设置操作,应用程序自身是不能够控制的。下面来看一下后台任务的资源限制。

后台任务是一个轻型的任务,所以后台任务的执行时间和频率都有很大的限制,这个限制就是为了确保前台应用的最佳用户体验以及最佳的电池持航能力。后台任务的 CPU 的使用限制如表 18.1 所示。

表 18.1 后台任务的 CPU 的使用限制

	CPU 使用配额	刷新时间
应用不在锁屏上	1 秒	2 小时
应用位于锁屏上	2 秒	15 分钟

后台任务不仅对时间做了限制,对网络的使用也进行了限制,当然,如果你所实现的应用程序没有网络请求的功能,那么也可以完全忽略这个限制。表 18.2 描述了后台任务网络流量限制。

表 18.2 后台任务网络流量限制

刷新周期	15 分钟	2 小时	每天
数据限制(在锁屏上)	0.469MB	不适用	45 MB
数据限制(不在锁屏上)	不适用	0.625MB	7.5MB

18.1.3 后台任务的基本概念和相关的类

在开始学习使用后台任务编程之前,有必要先了解清楚 Windows 10 后台任务的一些基本概念和相关的类,然后再使用后台任务进行编程实现相关的功能。

1. Background task(后台任务)

Background task 是指一个实现 IBackgroundTask 接口的类,这个类是整个后台任务的核心,IBackgroundTask 接口有一个 Run 方法,Background task 需要实现该方法,当后台任务运行时就会从 Run 方法进入。Run 方法如下所示:

```
void Run(
    IBackgroundTaskInstance taskInstance
)
```

IBackgroundTaskInstance 表示是后台任务的实例接口,在关联的后台任务触发运行时,系统创建此实例。通过 taskInstance 可以实现任务的延迟执行、进度的监控等操作。

IBackgroundTaskInstance 类的重要成员如表 18.3 所示。

表 18.3　IBackgroundTaskInstance 类的重要成员

成员	访问类型	说明
事件 Canceled	无	用于监控后台任务实例是否被取消
方法 GetDeferral	无	通知系统后台任务可在 IBackgroundTask.Run 方法返回后继续工作，针对后台任务执行异步任务时使用
属性 InstanceId	只读	获取后台任务实例的实例 ID，后台任务实例的唯一标识符，当创建实例时，由系统生成此标识符
属性 Progress	读/写	获取或设置后台任务实例的进度状态，表示应用程序定义的用于指示任务进度的值
属性 SuspendedCount	只读	获取资源管理政策导致后台任务挂起的次数，表示后台任务已挂起的次数
属性 Task	只读	获取对此后台任务实例的已注册后台任务的访问
属性 TriggerDetails	只读	表示后台任务的附加信息，如果后台任务由移动网络运营商通知触发，则此属性为 NetworkOperatorNotificationEventDetails 类的实例，如果后台任务由系统事件或事件触发，则不使用此属性

2. Background trigger（后台触发器）

Background trigger 是指一系列事件，通过这些事件来触发后台任务的运行，每个后台任务都需要至少一个 Trigger，当然如果也可以有多个 Trigger，表示在多种情况下可以触发后台任务的运行。后台任务触发器的主要类型有 TimeTrigger（时间触发器）、MaintenanceTrigger（维护触发器）、SystemTrigger（系统触发器）、PushNotificationTrigger（推送通知触发器）和 ControlChannelTrigger（控制通道触发器）。TimeTrigger 需要应用程序在锁屏上才能触发，最小周期为 15 分钟。MaintenanceTrigger 与 TimeTrigger 类似，但是不要求应用程序一定在锁屏上，最小周期为 15 分钟，如果应用程序不在锁屏上则最快 2 小时执行一次。SystemTrigger 有部分不要求应用程序在锁屏上，有部分要求应用程序必须在锁屏上才能触发，SystemTrigger 的类型是通过枚举 SystemTriggerType 定义，详细情况如表 18.4 所示。PushNotificationTrigger 需要应用程序在锁屏上才能触发，它是通过推送通知的方式来响应后台的任务。ControlChannelTrigger 需要应用程序在锁屏上才能触发，后台任务通过使用 ControlChannelTrigger 使连接保持活动状态，在控制通道上接收消息。关于这 5 种类型的触发器，在下文中通过实例编程进行详细讲解。

表 18.4　系统触发器的详情（SystemTriggerType 枚举的成员）

触发器名称（成员）	值	说明
Invalid	0	不是有效的触发器类型
SmsReceived	1	在已安装的宽频移动设备接收新 SMS 消息时，触发后台任务
UserPresent	2	在用户变为存在时，触发后台任务。注意：应用程序必须位于锁定屏幕上，之后才能通过使用此触发器类型来成功注册后台任务

续表

触发器名称(成员)	值	说 明
UserAway	3	在用户变为不存在时,触发后台任务。注意:应用程序必须位于锁定屏幕上,之后才能通过使用此触发器类型来成功注册后台任务
NetworkStateChange	4	在网络发生更改时触发后台任务,如连接中的更改
ControlChannelReset	5	在重置控件通道时触发后台任务。注意:应用程序必须位于锁定屏幕上,之后才能通过使用此触发器类型来成功注册后台任务
InternetAvailable	6	在 Internet 变为可用时,触发后台任务
SessionConnected	7	在连接会话时,触发后台任务。注意:应用程序必须位于锁定屏幕上,之后才能通过使用此触发器类型来成功注册后台任务
ServicingComplete	8	在系统完成更新应用程序时,触发后台任务
LockScreenApplicationAdded	9	在图块添加到锁定屏幕时,触发后台任务
LockScreenApplicationRemoved	10	在从锁定屏幕移除图块时,触发后台任务
TimeZoneChange	11	在设备时区发生更改时(例如,在系统调整夏时制时钟时),触发背景任务。注意:仅当新时区确实更改了系统时间时,此触发器才会触发
OnlineIdConnectedStateChange	12	在连接到该账户的 Microsoft 账户更改时,触发后台任务
BackgroundWorkCostChange	13	在后台作业的开销更改时触发后台任务。注意:应用程序必须位于锁定屏幕上,之后才能通过使用此触发器类型来成功注册后台任务

3. Background condition(后台任务条件)

Background condition 表示一些满足的条件,这些条件不是必须的,可以有,也可以没有,主要是看后台任务的特性是否需要有这样限制的条件。通过添加条件,开发者可以控制后台任务何时运行,甚至可以在任务触发后进行控制。在触发后,后台任务将不再运行,直至所有条件均符合为止。后台任务条件是通过枚举 SystemConditionType 进行设置,如表 18.5 所示展示了后台任务的条件情况。

表 18.5　后台任务条件的详情(SystemConditionType 枚举的成员)

条件名称	描述
InternetAvailable	Internet 必须可用
InternetNotAvailable	Internet 必须不可用
SessionConnected	Internet 必须连接
SessionDisconnected	Internet 必须断开连接
UserNotPresent	用户必须离开
UserPresent	用户必须存在

4. EntryPoint(接口名字)

EntryPoint 表示一个实现 IBackgroundTask 接口的类名字,它必须是空间和类名的全称(namespace.classname),它的意义是在于通过接口的名字系统才可以找到对应的后台任务服务,所以在注册后台任务的时候是需要设置 EntryPoint 的。

18.1.4 后台任务的实现步骤和调试技巧

下面我们一步步地来实现一个后台任务,以及对后台任务进行调试。

1. 创建 Windows 10 项目以及后台任务组件

首先创建一个命名为 BackgroundTaskTestDemo 的 Windows 10 项目,然后接着在当前的解决方案中新建一个 Windows 运行时组件项目命名为 Tasks,如图 18.2 所示。右键查看 Tasks 组件的属性如图 18.3 所示,必须保证组件的属性"Output type"的选项是"Windows Runtime Component"而不是"Class Library",否则后台任务会无法运行。创建完 Tasks 后台任务的组件之后,需要在主项目 BackgroundTaskTestDemo 里面添加 Tasks 项目组件的引用,右键单击"References"添加工程的引用如图 18.4 所示。

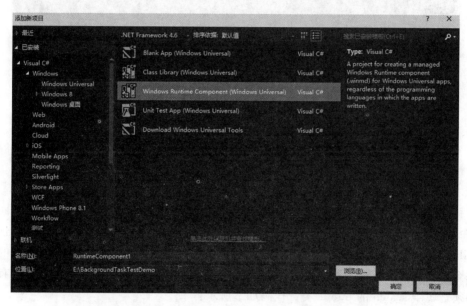

图 18.2 创建后台任务的 Windows 运行时组件

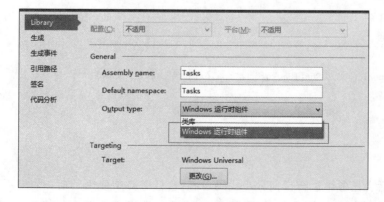

图 18.3 Tasks 组件的属性

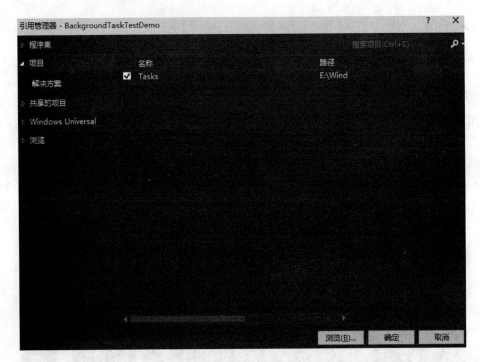

图 18.4 在主项目中添加 Tasks 项目的引用

2. 实现后台任务的代码逻辑

后台任务是实现 IBackgroundTask 接口的单独类,所以接下来在 Tasks 组件里面创建一个命名为 ExampleBackgroundTask 的类,该类从 IBackgroundTask 接口派生,并且重载实现 IBackgroundTask 接口的 Run 方法,Run 方法是在触发指定的事件时必须调用的输入点,每个后台任务中都需要该方法。注意,台任务类本身(以及后台任务项目中的所有其他类)必须是属于 sealed 的 public 类。代码如下所示:

```
using Windows.ApplicationModel.Background;
namespace Tasks
{
    public sealed class ExampleBackgroundTask : IBackgroundTask
    {
        public void Run(IBackgroundTaskInstance taskInstance)
        {
            // 在这里编写你需要在后台运行的代码的逻辑
        }
    }
}
```

如果在后台任务中运行任何异步代码,则后台任务必须使用延期。如果不使用延期,则当 Run 方法在异步方法调用之前完成时,后台任务进程可能会意外终止。调用异步方法前，请在 Run 方法中使用 BackgroundTaskDeferral 类请求延期，将延期保存到全局变量，从而使其可从异步方法进行访问，当异步代码完成后，再调用其 Complete 方法通知系统已完成与后台任务关联的异步操作。如果在后台任务上调用 IBackgroundTaskInstance.GetDeferral，则系统将不挂起或终止后台任务宿主进程，直到在所有未完成的后台任务延迟上调用了 BackgroundTaskDeferral.Complete，以指出所有后台任务工作均已完成。使用延迟方案的 Run 方法代码如下所示：

```csharp
public void Run(IBackgroundTaskInstance taskInstance)
{
    // 获取 BackgroundTaskDeferral 对象，表示后台任务延期
    BackgroundTaskDeferral deferral = taskInstance.GetDeferral();

    // 执行相关的异步代码
    // var result = await ExampleMethodAsync();

    // 所有的异步调用完成之后，释放延期，表示后台任务的完成
    deferral.Complete();
}
```

3．在 Windows 10 主项目中注册要运行的后台任务

创建了后台任务后，后台任务还需要在其所属的 Windows 10 主项目中注册之后才可以正常运行，注册后台任务就是相当于把后台任务添加到系统的服务里，让系统根据注册的规则来运行该后台任务。那么注册后台任务的步骤如下。

1）检查任务是否已注册

在注册后台任务之前，首先需要做的是检查任务是否已注册。那么这是一个必须的操作，请务必要检查此项，因为如果任务已多次注册，则将在该任务触发时运行多次，这种占用过多的 CPU 配额可能导致意外行为。你可以通过查询 BackgroundTaskRegistration.AllTasks 属性并在结果上迭代来检查现有注册。检查每个实例的名称，如果该名称与正注册的任务的名称匹配，则表示要运行的后台任务已经注册过了，不需要重复注册。检查任务是否已注册的示例代码如下所示：

```csharp
// 使用 foreach 循环来迭代检查
bool taskRegistered = false;
string exampleTaskName = "ExampleBackgroundTask";
foreach (var task in BackgroundTaskRegistration.AllTasks)
{
    if (task.Value.Name == exampleTaskName)
    {
        taskRegistered = true;
        break;
    }
}
// 除此之外还可以使用 LINQ 更加简洁的语法进行查询
```

```
bool taskRegistered = BackgroundTaskRegistration.AllTasks.Any(x => x.Value.Name == 
"ExampleBackgroundTask");
```

2）用 BackgroundTaskBuilder 类创建后台任务的实例

如果后台任务未注册，那么需要去注册后台任务，因为总得有第一次注册之后后台任务才能存在任务的列表里。在应用程序里使用 BackgroundTaskBuilder 类创建后台任务的一个实例，任务入口点应是命名空间为前缀的后台任务名称，也就是需要对 BackgroundTaskBuilder 类的 TaskEntryPoint 属性进行赋值。注意，我们必须确保在应用程序里每个后台任务都具有唯一名称，否则在查找后台任务时就无法区分了，名称通过 BackgroundTaskBuilder 类的 Name 属性进行赋值。在创建 BackgroundTaskBuilder 的实例时我们必须要为后台任务选择一个触发器，通过这个触发器控制后台任务何时运行，触发器的类型可以通过枚举 SystemTrigger 选择，并且调用 BackgroundTaskBuilder 类的 SetTrigger 方法进行设置。例如，下面通过代码创建一个新后台任务，并将其设置为在 InternetAvailable 触发器引发时运行，表示在 Internet 变为可用时，触发后台任务，代码如下所示：

```
var builder = new BackgroundTaskBuilder();
builder.Name = exampleTaskName;
builder.TaskEntryPoint = "Tasks.ExampleBackgroundTask";
builder.SetTrigger(new SystemTrigger(SystemTriggerType.InternetAvailable, false));
```

如果程序在手机设备上运行，有可能会被用户禁止后台任务，所以通常在注册后台任务之前都需要检查一下权限，当没有权限的时候可以提示用户，代码如下所示：

```
var access = await BackgroundExecutionManager.RequestAccessAsync();
if (access == BackgroundAccessStatus.Denied)
{
    await new MessageDialog("后台任务已经被禁止了").ShowAsync();
}
else if (access == BackgroundAccessStatus.Denied)
{
    //在这里注册任务
}
```

3）添加条件控制任务何时运行（可选，不是必须步骤）

还可以给后台任务添加条件来控制任务何时运行，但是这个不是必须的步骤，条件控制通过枚举 SystemConditionType 定义，然后通过 BackgroundTaskBuilder 类的 AddCondition 方法进行设置。例如，如果你不希望在用户存在前运行任务，请使用条件 SystemConditionType. UserPresent，代码如下所示：

```
builder.AddCondition(new SystemCondition(SystemConditionType.UserPresent));
```

4）注册后台任务

在完成了 BackgroundTaskBuilder 对象的初始化之后，最后可以通过在 Background-

TaskBuilder 对象上调用 Register 方法来注册后台任务，注册成功后返回 BackgroundTask-Registration 对象，我们需要存储 BackgroundTaskRegistration 结果，以便可以在下一步中使用该结果。代码如下所示：

```
BackgroundTaskRegistration task = builder.Register();
```

5）使用事件处理程序处理后台任务完成

在完成了后台任务的注册之后，因为后台任务并不是无时无刻在运行的，而是在符合了某些条件和状态的前提下才会运行，所以在应用程序里面很有必要去监控后台任务什么时候执行完成。我们可以使用 BackgroundTaskRegistration 类的 OnCompleted 事件来监控后台任务的执行完成，如果后台任务完成时，刚好当前的应用程序是位于前台运行，那么就会立即触发 OnCompleted 事件。如果后台任务完成时，应用程序并不在前台运行，那么当后续启动或恢复应用程序时，将触发 OnCompleted 事件。还有需要注意的是 OnCompleted 事件的处理程序所在的线程是后台线程，如果要进行 UI 相关的操作请在处理程序中使用 UI 线程。后台任务完成事件的处理代码如下所示：

```
// 注册后台任务的完成事件,task 为上一步骤注册成功返回的 BackgroundTaskRegistration 对象
task.Completed += task_Completed;
// Completed 事件处理程序
async void task_Completed(BackgroundTaskRegistration sender, BackgroundTaskCompletedEventArgs args)
{
    // 使用 UI 线程把任务完成的情况通知到用户
    await Dispatcher.RunAsync(CoreDispatcherPriority.Normal,() =>
        {
            info.Text = dt.ToString();
        });
}
```

6）在应用清单中声明应用使用后台任务

在 Windows 10 项目里面，必须先在应用清单中声明各个后台任务，你的应用才能运行后台任务。首先打开应用清单（名为"package.appmanifest"的文件）并转到 Extensions 元素。将类别设置为"windows.backgroundTasks"，为应用中所用的每个后台任务类添加一个 Extension 元素。你必须在配置文件中列出你的后台任务使用的每个触发器类型，如果你的应用尝试注册一个后台任务，其中有一个触发器未在清单中列出，那么注册将会失败。在应用清单上添加的代码如下所示：

```
< Extensions >
    < Extension Category = "windows.backgroundTasks" EntryPoint = "Tasks.ExampleBackgroundTask">
        < BackgroundTasks >
            < Task Type = "systemEvent" />
        </BackgroundTasks >
    </Extension >
</Extensions >
```

同时也可以通过应用清单的可视化图形进行配置，打开可视化配置文件选择"Declarations"节点，单击左边的"Add"按钮新增一个"Background Tasks"，然后再勾选任务的类型和设置"Entry point"，如图 18.5 所示。

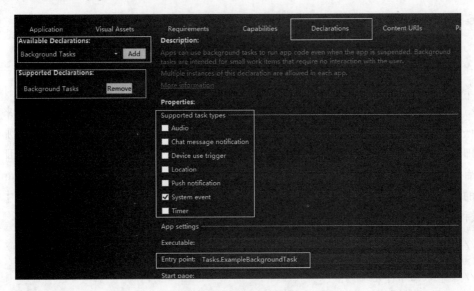

图 18.5　设置后台任务

7）调试后台任务

那么在上面的步骤里，我们已经把一个完成的后台任务的功能都实现，但是因为后台任务是需要在一个特定的条件和状态下才会运行的，如果直接运行项目将很难等到后台任务也同时运行，所以要依赖 Visual Studio 的调试功能来测试后台任务的运行情况。首先从"DEBUG"菜单上选择"Start Debugging"，如图 18.6 所示，让程序处理调试的状态。然后运行完注册后台任务的代码之后，从"Lifestyle Events"中选择需要调试的后台任务，如图 18.7 所示，这时候应用程序会进入后台任务的 Run 方法里面。

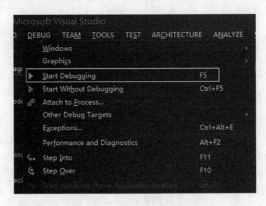

图 18.6　调试项目

图 18.7　调试后台任务

下面看一下后台任务实现步骤的完整代码。

代码清单 18-1：后台任务实现步骤（第 18 章\Examples_18_1）

ExampleBackgroundTask.cs 文件代码：后台任务的实现示例。

```
using System;
using Windows.ApplicationModel.Background;
using Windows.Storage;
namespace Tasks
{
    public sealed class ExampleBackgroundTask : IBackgroundTask
    {
        public async void Run(IBackgroundTaskInstance taskInstance)
        {
            // 获取 BackgroundTaskDeferral 对象,表示后台任务延期
            BackgroundTaskDeferral deferral = taskInstance.GetDeferral();
            // 获取本地文件夹根目录文件夹
            IStorageFolder applicationFolder = ApplicationData.Current.LocalFolder;
            // 在文件夹里面创建测试文件,如果文件存在则替换掉
            IStorageFile storageFile = await applicationFolder.CreateFileAsync("test.txt", CreationCollisionOption.OpenIfExists);
            // 把当前的时间信息写入到文件中,前台程序再获取该文件,实现后台任务和前台程序的信息共享
            await FileIO.WriteTextAsync(storageFile, DateTime.Now.ToString());
            // 所有的异步调用完成之后,释放延期,表示后台任务的完成
            deferral.Complete();
        }
    }
}
```

MainPage.xaml.cs 文件的主要代码如下：

```
protected override void OnNavigatedTo(NavigationEventArgs e)
```

```csharp
{
    bool taskRegistered = false;
    string exampleTaskName = "ExampleBackgroundTask";
    // 判断后台任务是否已经注册过
    taskRegistered = BackgroundTaskRegistration.AllTasks.Any(x => x.Value.Name == exampleTaskName);
    // 如果后台任务为注册则对其进行注册
    if (!taskRegistered)
    {
        var access = await BackgroundExecutionManager.RequestAccessAsync();
        if (access == BackgroundAccessStatus.Denied)
        {
            await new MessageDialog("后台任务已经被禁止了").ShowAsync();
        }
        else
        {
            // 创建 BackgroundTaskBuilder 对象，设置其相关的信息和完成的事件
            var builder = new BackgroundTaskBuilder();
            builder.Name = exampleTaskName;
            builder.TaskEntryPoint = "Tasks.ExampleBackgroundTask";
            builder.SetTrigger(new SystemTrigger(SystemTriggerType.InternetAvailable, false));
            builder.AddCondition(new SystemCondition(SystemConditionType.UserPresent));
            BackgroundTaskRegistration task = builder.Register();
            task.Completed += task_Completed;
        }
    }
    else
    {
        var cur = BackgroundTaskRegistration.AllTasks.FirstOrDefault(x => x.Value.Name == exampleTaskName);
        BackgroundTaskRegistration task = (BackgroundTaskRegistration)(cur.Value);
        task.Completed += task_Completed;
    }
}
// 后台任务完成事件的处理程序
async void task_Completed(BackgroundTaskRegistration sender, BackgroundTaskCompletedEventArgs args)
{
    string text = "";
    // 获取在后台任务中往文件写入的信息
    IStorageFolder applicationFolder = ApplicationData.Current.LocalFolder;
    IStorageFile storageFile = await applicationFolder.GetFileAsync("test.txt");
    IRandomAccessStream accessStream = await storageFile.OpenReadAsync();
    using (StreamReader streamReader = new StreamReader(accessStream.AsStreamForRead((int)accessStream.Size)))
    {
```

```
            text = streamReader.ReadToEnd();
        }
        // 通过 UI 线程把后台任务保存的信息显示到用户界面上
        await Dispatcher.RunAsync(CoreDispatcherPriority.Normal, () =>
        {
            info.Text = text;
        });
    }
```

程序的运行效果如图 18.8 所示。

图 18.8　后台任务测试

18.1.5　使用 MaintenanceTrigger 实现 Toast 通知

　　从上面的后台任务演示中,我们知道后台任务不能够操作前台应用程序的 UI,因为在后台任务里面无法判断当前的应用程序是否正在前台运行。虽然后台任务不能直接操作前台应用程序的 UI,但是我们还是可以通过 Toast 通知、磁贴更新和锁屏消息的方式来把相关的信息展示给用户。本节我们使用 MaintenanceTrigger 触发器来实现在后台定时触发 Toast 通知,MaintenanceTrigger 并不需要应用程序被设置在锁屏上,但是它仅在设备接入外接电源的时候才能运行。MaintenanceTrigger 对象有两个构造参数,其中第二个参数 OneShot 指定维护任务是运行一次还是继续定期运行,如果 OneShot 被设置为 true,则第一个参数 FreshnessTime 会指定在计划后台任务之前需等待的分钟数,如果 OneShot 被设置为 false,则 FreshnessTime 会指定后台任务的运行频率。注意,如果 FreshnessTime 设置为少于 15 分钟,则在尝试注册后台任务时将引发异常。

　　下面给出定时 Toast 通知的示例:使用 MaintenanceTrigger 触发器定时触发一条测试

的 Toast 通知。

代码清单 18-2：定时 Toast 通知（第 18 章\Examples_18_2）

NotificationTask.cs 文件代码：后台任务的实现示例

```csharp
using Windows.ApplicationModel.Background;
using Windows.Data.Xml.Dom;
using Windows.UI.Notifications;

namespace BackgroundTask.NotificationTask
{
    public sealed class NotificationTask : IBackgroundTask
    {
        public void Run(IBackgroundTaskInstance taskInstance)
        {
            // 发送 Tosat 通知
            SendNotification("This is a toast notification");
        }
        //发送 Tosat 通知的封装方法,text 为通知的内容
        private void SendNotification(string text)
        {
            // 使用 Toast 通知的 ToastText01 模板
            XmlDocument toastXml = ToastNotificationManager.GetTemplateContent(ToastTemplateType.ToastText01);
            // 在模板上添加通知的内容
            XmlNodeList elements = toastXml.GetElementsByTagName("text");
            foreach (IXmlNode node in elements)
            {
                node.InnerText = text;
            }
            // 创建 Tosat 通知对象
            ToastNotification notification = new ToastNotification(toastXml);
            // 发送 Tosat 通知
            ToastNotificationManager.CreateToastNotifier().Show(notification);
        }
    }
}
```

MainPage.xaml.cs 文件代码：注册后台任务

```csharp
// 进入页面事件
protected override void OnNavigatedTo(NavigationEventArgs e)
{
    var access = await BackgroundExecutionManager.RequestAccessAsync();
    if (access == BackgroundAccessStatus.Denied)
```

```csharp
            {
                await new MessageDialog("后台任务已经被禁止了").ShowAsync();
            }
            else
            {
                RegisterBackgroundTask();
            }
        }

        // 注册后台任务
        private void RegisterBackgroundTask()
        {
            // 判断后台任务是否已经注册
            bool isRegistered = BackgroundTaskRegistration.AllTasks.Any(x => x.Value.Name == "Notification task");
            if (!isRegistered)
            {
                BackgroundTaskBuilder builder = new BackgroundTaskBuilder
                {
                    Name = "Notification task",
                    TaskEntryPoint = "BackgroundTask.NotificationTask.NotificationTask"
                };
                // 创建 MaintenanceTrigger 对象,15 分钟周期性运行
                MaintenanceTrigger trigger = new MaintenanceTrigger(15, false);
                builder.SetTrigger(trigger);
                BackgroundTaskRegistration task = builder.Register();
            }
        }
```

实现了后台任务的代码之后,需要在 Package.appxmanifest 清单文件中添加后台任务的配置信息:

```xml
<Extensions>
  <Extension Category = "windows.backgroundTasks" EntryPoint = "BackgroundTask.NotificationTask.NotificationTask">
    <BackgroundTasks>
      <Task Type = "timer" />
    </BackgroundTasks>
  </Extension>
</Extensions>
```

使用 Debug 模式调试应用程序,先把应用程序挂起,然后运行后台任务,可以看到运行效果如图 18.9 所示。

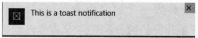

图 18.9 后台任务触发 Toast 通知

18.1.6 使用后台任务监控锁屏 Raw 消息的推送通知

我们知道,在推送通知里面如果是 Raw 消息类型的通知,一旦离开了应用程序之后是接收不到的,那么后台任务提供了一种方式使应用程序不运行的时候也可以接收消息,不过这需要一个前提——用户把应用程序设置为锁屏应用。针对推送通知的后台任务触发器是 PushNotificationTrigger,这是锁屏的触发器,非锁屏应用该后台任务是不会运行的。如果是 PushNotificationTrigger 触发的后台任务,那么任务实例的 TriggerDetails 属性将会是 RawNotification 类型,也就是 Raw 通知的对象。我们通常在后台任务中获取 Raw 通知的消息之后,把消息的内容存储起来,等用户打开应用程序的时候再通过 Completed 事件来告诉用户收到的消息,除此之外,也可以在后台任务中使用 Toast 通知弹出消息告知用户。后台任务的示例代码如下所示:

```
public sealed class RawNotificationBackgroundTask : IBackgroundTask
{
    public void Run(IBackgroundTaskInstance taskInstance)
    {
        RawNotification notification = (RawNotification)taskInstance.TriggerDetails;
        // 获取 RawNotification 的信息后,可以通过 Toast 通知用户把消息的内容先存储起来
    }
}
```

在项目的 Package.appxmanifest 清单文件中要设置的后台任务节点是＜Task Type="pushNotification"/＞,在应用程序里面注册后台任务需要把后台任务的触发器设置为 PushNotificationTrigger 对象,设置的语法如下所示:

```
BackgroundTaskBuilder taskBuilder = new BackgroundTaskBuilder();
PushNotificationTrigger trigger = new PushNotificationTrigger();
taskBuilder.SetTrigger(trigger);
taskBuilder.TaskEntryPoint = SAMPLE_TASK_ENTRY_POINT;
taskBuilder.Name = SAMPLE_TASK_NAME;
BackgroundTaskRegistration task = taskBuilder.Register();
```

18.1.7 后台任务的开销、终止原因和完成进度汇报

在实现了后台任务之后,我们往往需要知道后台任务的一些信息,比如后台任务有没有被终止执行?是什么原因导致其终止?后台的开销是怎样的?这些信息都可以提供给应用程序作为一个参考信息,了解后台任务的执行情况,从而根据实际的情况做出调整。当后台任务运行的时候,我们还希望获取后台任务的执行进度信息,实时监控到后台任务的相关信息。下面我们看一下如何去获取和监控这些信息。

1) 后台任务的开销

因为操作系统的资源是有限的,如果当后台任务运行的时候,系统的资源已经占用过

多，那么往往会导致任务的执行失败，所以 Windows 10 提供了 API 让我们可以在后台任务运行的时候获取当前的后台任务的开销。后台任务的开销可以通过 BackgroundWorkCost 类的静态属性 CurrentBackgroundWorkCost 来获取，获取的值是一个 BackgroundWorkCostValue 的枚举类型，该枚举有 Low、Medium 和 High 三种值：Low 表示后台资源使用率较低，后台任务可以执行作业；Medium 表示后台资源正在使用中，但后台任务可以完成某些工作；High 表示后台资源使用率较高，后台任务不应执行任何工作。我们可以根据后台任务的实际开销情况处理相关的操作，比如当开销情况是 High 的时候，可以不执行相关的任务。

2）后台任务的终止原因

后台任务在运行的过程中是有可能被取消的，当然我们也可以在后台任务中监控到后台任务被终止的原因。我们可以通过后台任务实例的 Canceled 事件来监听后台任务是否被取消而终止执行，Canceled 事件的处理程序会返回一个 BackgroundTaskCancellationReason 对象的参数，这个参数就是表示后台任务被终止执行的原因。BackgroundTaskCancellationReason 是一个枚举类型，它描述了后台任务终止的 4 种原因：Abort 表示前台应用程序调用了 IBackgroundTaskRegistration.Unregister(true) 方法注销了后台任务而导致后台任务终止；Terminating 表示因为系统策略，而被终止；LoggingOff 表示因为用户注销系统而被取消；ServicingUpdate 表示因为应用程序更新而被取消。

3）后台任务的进度汇报

后台任务在执行的时候可以把进度信息汇报给前台运行的应用程序，首先需要在前台应用程序的后台任务注册对象 BackgroundTaskRegistration 对象中注册 Progress 事件，当后台任务的进度发生变化时触发该事件。在后台任务中是通过后台任务实例对象 IBackgroundTaskInstance 对象的 Progress 属性来触发前台应用程序中 BackgroundTaskRegistration 对象的 Progress 事件的，如果 Progress 属性的值发生变化，Progress 事件就会触发。通常，我们在实现后台进度汇报的逻辑都会结合 BackgroundTaskDeferral 对象来使用，用 BackgroundTaskDeferral 对象来控制后台任务的完成。

下面给出后台任务信息汇报的示例：实现一个后台任务，并且把后台任务的开销、终止原因和完成进度的信息汇报给前台的应用程序。

代码清单 18-3：后台任务信息汇报（第 18 章\Examples_18_3）

      MyTask.cs 文件代码：后台任务的实现示例。

```
using System;
using System.Diagnostics;
using Windows.ApplicationModel.Background;
using Windows.Storage;
using Windows.System.Threading;

namespace MyBackgroundTask
```

```csharp
    {
        public sealed class MyTask : IBackgroundTask
        {
            // 后台任务取消的原因对象
             BackgroundTaskCancellationReason _cancelReason = BackgroundTaskCancellationReason.Abort;
            // 是否已取消执行后台任务的标识符
            volatile bool _cancelRequested = false;
            // 后台任务等待异步操作的对象
            BackgroundTaskDeferral _deferral = null;
            // 计时器
            ThreadPoolTimer _periodicTimer = null;
            // 进度信息
            uint _progress = 0;
            // 后台任务实例
            IBackgroundTaskInstance _taskInstance = null;
            public void Run(IBackgroundTaskInstance taskInstance)
            {
                Debug.WriteLine("Background " + taskInstance.Task.Name + " Starting...");
                // 获取后台任务的开销
                var cost = BackgroundWorkCost.CurrentBackgroundWorkCost;
                var settings = ApplicationData.Current.LocalSettings;
                settings.Values["BackgroundWorkCost"] = cost.ToString();
                // 后台任务在执行中被终止执行时所触发的事件
                taskInstance.Canceled += new BackgroundTaskCanceledEventHandler(OnCanceled);
                // 异步操作,即通知系统后台任务可在 IBackgroundTask.Run 方法返回后继续工作
                _deferral = taskInstance.GetDeferral();
                _taskInstance = taskInstance;
                // 创建一个每一秒钟运行一次的计时器
                _periodicTimer = ThreadPoolTimer.CreatePeriodicTimer(new TimerElapsedHandler(PeriodicTimerCallback), TimeSpan.FromSeconds(1));
            }
            // 后台任务的取消事件处理程序
            private void OnCanceled(IBackgroundTaskInstance sender, BackgroundTaskCancellationReason reason)
            {
                // 把取消操作的标识符设置为 true,在定时事件里面处理取消的操作
                _cancelRequested = true;
                _cancelReason = reason;
                Debug.WriteLine("Background " + sender.Task.Name + " Cancel Requested...");
            }
            // 定时事件处理程序,模拟后台任务的完成进度
            private void PeriodicTimerCallback(ThreadPoolTimer timer)
            {
                if ((_cancelRequested == false) && (_progress < 100))
                {
                    // 更新后台任务的进度
```

```csharp
                _progress += 10;
                _taskInstance.Progress = _progress;
            }
            else
            {
                // 后台任务被取消或者已经完成

                // 取消定时器的操作
                _periodicTimer.Cancel();
                var settings = ApplicationData.Current.LocalSettings;
                var key = _taskInstance.Task.Name;
                // 保存任务被取消的信息
                settings.Values[key] = (_progress < 100) ? "Canceled with reason: " + _cancelReason.ToString() : "Completed";
                Debug.WriteLine("Background " + _taskInstance.Task.Name + settings.Values[key]);
                // 表示后台任务完成
                _deferral.Complete();
            }
        }
    }
}
```

MainPage.xaml 文件主要代码

```xml
<StackPanel>
    <TextBlock Name="progressInfo" TextWrapping="Wrap"/>
    <TextBlock Name="statusInfo" TextWrapping="Wrap"/>
    <TextBlock Name="workCostInfo" TextWrapping="Wrap"/>
    <Button Name="btnRegister" Content="注册一个后台任务" Width="370" Click="btnRegister_Click_1"/>
    <Button x:Name="btnUnregister" Content="取消注册的后台任务" Width="370" Click="btnUnregister_Click_1"/>
</StackPanel>
```

MainPage.xaml.cs 文件主要代码

```csharp
// 后台任务的名称
private string _taskName = "MyTask";
// 后台任务的 EntryPoint, 即后台任务的类全名
private string _taskEntryPoint = "MyBackgroundTask.MyTask";
// 后台任务是否已在系统中注册
private bool _taskRegistered = false;
// 后台任务执行状况的进度说明
private string _taskProgress = "";
// 导航进入当前页面的事件处理程序
```

```csharp
protected override void OnNavigatedTo(NavigationEventArgs e)
{
    // 遍历所有已注册的后台任务
    foreach (KeyValuePair < Guid, IBackgroundTaskRegistration > task in BackgroundTaskRegistration.AllTasks)
    {
        if (task.Value.Name == _taskName)
        {
            // 如果后台任务已经在系统注册,则为其增加 Progress 和 Completed 事件监听,以便前台应用程序接收后台任务的进度汇报和完成汇报
            AttachProgressAndCompletedHandlers(task.Value);
            _taskRegistered = true;
            break;
        }
    }
    UpdateUI();
}
// 注册后台任务的按钮事件处理程序
private void btnRegister_Click_1(object sender, RoutedEventArgs e)
{
    BackgroundTaskBuilder builder = new BackgroundTaskBuilder();
    builder.Name = _taskName;
    builder.TaskEntryPoint = _taskEntryPoint;
    // 后台任务触发器,TimeZoneChange 表示时区发生更改时
    builder.SetTrigger(new SystemTrigger(SystemTriggerType.TimeZoneChange, false));
    // 向系统注册此后台任务
    BackgroundTaskRegistration task = builder.Register();
    // 为此后台任务增加 Progress 和 Completed 事件监听,以便前台应用程序接收后台任务的进度汇报和完成汇报
    AttachProgressAndCompletedHandlers(task);
    _taskRegistered = true;
}
// 取消注册后台任务的按钮事件处理程序
private void btnUnregister_Click_1(object sender, RoutedEventArgs e)
{
    // 遍历所有已注册的后台任务
    foreach (KeyValuePair < Guid, IBackgroundTaskRegistration > task in BackgroundTaskRegistration.AllTasks)
    {
        if (task.Value.Name == _taskName)
        {
            // 从系统中注销指定的后台任务,参数 true 表示如果当前后台任务正在运行中则将其取消
            task.Value.Unregister(true);
            break;
        }
    }
}
```

```csharp
            _taskRegistered = false;
        }
        // 为后台任务增加 Progress 和 Completed 事件监听
        private void AttachProgressAndCompletedHandlers(IBackgroundTaskRegistration task)
        {
            task.Progress += new BackgroundTaskProgressEventHandler(OnProgress);
            task.Completed += new BackgroundTaskCompletedEventHandler(OnCompleted);
        }
        // 进度事件处理程序
        private void OnProgress(IBackgroundTaskRegistration task, BackgroundTaskProgressEventArgs args)
        {
            // 获取后台任务的执行进度
            _taskProgress = args.Progress.ToString() + "%";
            UpdateUI();
        }
        // 完成事件处理程序
        private void OnCompleted(IBackgroundTaskRegistration task, BackgroundTaskCompletedEventArgs args)
        {
            // 后台任务已经执行完成
            _taskProgress = "done";
            // 如果此次后台任务的执行出现了错误,则调用 CheckResult() 后会抛出异常
            try
            {
                args.CheckResult();
            }
            catch (Exception ex)
            {
                _taskProgress = ex.ToString();
            }
            UpdateUI();
        }
        // 更新 UI 的方法
        private async void UpdateUI()
        {
            // 调用 UI 线程
            await Dispatcher.RunAsync(CoreDispatcherPriority.Normal, () =>
            {
                btnRegister.IsEnabled = !_taskRegistered;
                btnUnregister.IsEnabled = _taskRegistered;
                // 显示进度信息
                if (_taskProgress != "")
                    progressInfo.Text = "Progress: " + _taskProgress;
                // 获取应用设置信息,在后台任务里面把任务的相关信息存储在应用设置里面
                var settings = ApplicationData.Current.LocalSettings;
```

```csharp
            if (settings.Values.ContainsKey("MyTask"))
            {
                // 后台任务的状态信息
                statusInfo.Text = "Status:" + settings.Values["MyTask"].ToString();
            }
            if (settings.Values.ContainsKey("BackgroundWorkCost"))
            {
                // 后台任务的开销信息
                workCostInfo.Text = "BackgroundWorkCost:" + settings.Values["BackgroundWorkCost"].ToString();
            }
        });
    }
```

实现了后台任务的代码之后,需要在 Package.appxmanifest 清单文件中添加后台任务的配置信息,配置信息如下所示:

```xml
<Extensions>
    <Extension Category = "windows.backgroundTasks" EntryPoint = "MyBackgroundTask.MyTask">
        <BackgroundTasks>
            <Task Type = "systemEvent" />
        </BackgroundTasks>
    </Extension>
</Extensions>
```

使用 Debug 模式调试应用程序,先把应用程序挂起,然后运行后台任务,可以看到运行效果如图 18.10 所示。

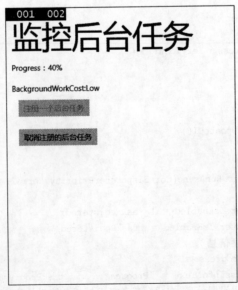

图 18.10　监控后台任务

18.2 后台文件传输

后台文件传输也是 Windows 10 多任务机制的一种形式,它也是基于独立的进程运行,能够在前台应用程序关闭或者挂起期间继续保持运行。后台传输独立于调用应用单独运行,主要是针对资源(如视频、音乐和大型图像)的长期传输操作设计的,它不仅在应用程序在前台运行的情况下进行传输,更重要的是可以在应用挂起期间在后台运行以及在应用终止之后仍然持续进行。后台文件传输非常适合使用 HTTP 和 HTTPS 协议进行大型文件的下载和上传操作,同时也支持 FTP,但仅在执行下载操作时支持。至于对于涉及较小资源(即几 KB)传输的短期操作,建议使用 HttpClient 来直接请求,这样会更加高效。本节会详细地介绍使用后台文件传输的机制进行文件的下载和上传。

18.2.1 后台文件传输简介

后台文件传输是指应用程序能够对一个或多个使用文件上传或下载操作进行排队,这些操作将在后台执行,即使当应用程序不再在前台运行时也是如此,也可以使用用于启动文件传输的 API 来查询现有传输的状态,从而能够为最终用户提供进度指示器。

当应用程序使用后台传输来启动传输时,该请求将使用 BackgroundDownloader 或 BackgroundUploader 类对象进行配置和初始化。每个传输操作都由系统单独处理,并与正在调用的应用分开。进度信息可通过应用 UI 来显示,并且根据不同的方案,你可在传输过程中使应用暂停、恢复或者取消传输的操作。这种由系统处理的传输方式可以促进智能化的电源使用,并防止应用在联网状态下因遇到类似以下事件而带来的问题:应用挂起、终止或网络状态突然更改。需要注意的是,这种传输机制必须基于文件的上传或者下载,因为必须得有个本地的地址操作系统才能在前台应用程序离开之后还能继续进行传输。通常一些安全性较高的文件传输会需要经过身份验证的文件请求,那么后台传输可提供支持基本的服务器和代理凭据、cookie 的方法,并且还支持每个传输操作使用自定义的 HTTP 头(通过 SetRequestHeader)。接下来看一下如何在 Windows 10 中实现后台文件的下载和上传。

18.2.2 后台文件下载步骤

后台文件的下载主要是依靠 BackgroundDownloader 类来实现,BackgroundDownloader 类是后台下载任务管理器,管理着后台文件下载的新增、取消和暂停等操作。下面来看一下实现后台文件的下载编程步骤。

1. 在本地创建一个文件

在文件开始下载之前,我们首先需要在本地创建一个文件来存储网上下载的文件,创建文件可以使用 StorageFolder 和 StorageFile 类相关的 API,一般最好是新建一个文件夹专门来存放后台下载的文件,这样便于区分。

2. 创建下载任务对象

首先需要创建一个 BackgroundDownloader 对象，然后调用其 CreateDownload 方法获取 DownloadOperation 对象，DownloadOperation 对象其实就是下载任务的对象。创建下载任务对象需要网络的 Uri 地址和本地的文件对象，在下载任务对象内部会把这两者关联起来。创建下载任务对象：

```
// 创建下载任务对象
BackgroundDownloader backgroundDownloader = new BackgroundDownloader();
DownloadOperation download = backgroundDownloader.CreateDownload(transferUri, destinationFile);
    await download.StartAsync();
```

获取到的 DownloadOperation 对象就是后台文件下载的操作对象，在该对象里面会有文件下载的详细信息，比如 CostPolicy 属性表示下载的成本策略，Group 属性表示获取此下载任务的所属组，Guid 属性表示获取此下载任务的标识，RequestedUri 属性表示下载的源URI，ResultFile 属性表示下载的目标文件等。

在这一步里面，如果需要设置下载的成本策略、身份凭证或者 HTTP 请求头都是通过 BackgroundDownloader 对象来设置的。BackgroundDownloader 类的 CostPolicy 属性是指下载的成本策略，它是通过 BackgroundTransferCostPolicy 枚举来赋值，有 3 种取值方式：Default 表示不允许在高成本（比如 2G/3G）网络上传输，这是默认的取值；UnrestrictedOnly 表示允许在高成本（比如 2G/3G）网络上传输；Always 表示任何情况下均可传输。如果要设置身份信息则通过 ServerCredential 属性和 ProxyCredential 属性，ServerCredential 表示与服务端通信时的凭据，ProxyCredential 表示使用代理时的身份凭据。HTTP 头则可以通过 SetRequestHeader 方法来设置。

3. 新增下载任务

获取到下载任务对象（DownloadOperation 对象）之后，我们就可以通过 DownloadOperation 对象来新增任务，新增任务直接调用 StartAsync 方法，该方法会返回一个 IAsyncOperationWithProgress<DownloadOperation, DownloadOperation> 对象，表示一个带有进度条的异步操作。我们可以通过异步的进度条回掉方法来监控，任务的完成进度，代码如下所示：

```
// 创建一个下载任务并且监控其进度情况
Progress<DownloadOperation> progressCallback = new Progress<DownloadOperation>(DownloadProgress);
download.StartAsync().AsTask(cts.Token, progressCallback);
// 进度回掉事件处理程序
private void DownloadProgress(DownloadOperation download)
{
    // 获取进度的信息,download.Progress 表示进度条信息
}
```

4. 获取任务列表

当应用程序关闭之后，后台任务还可以继续执行操作。当应用程序再次打开的时候，我

们通常需要获取后台任务的列表,查看是否还有文件继续下载。获取当前的任务列表可以通过 BackgroundDownloader 类的静态方法 GetCurrentDownloadsAsync 来获取,该方法还可以传入一个分组信息,表示获取指定组下的所有下载任务。获取到的对象是 IReadOnlyList <DownloadOperation>列表对象,通过 DownloadOperation 对象可以查看当前还在进行的后台任务的实际情况,如果要继续监控任务的进度情况可以调用 AttachAsync 方法,该方法表示监视已存在的下载任务,使用的方式和 StartAsync 方法是一样的。如果想要暂停任务可以调用 Pause 方法,如果想要继续已经暂停的任务就调用 Resume 方法。但是,如果你想取消任务,就只能通过线程取消对象 CancellationTokenSource 对象来进行取消操作。

18.2.3　后台文件下载的实例编程

下面给出后台文件下载的实例:在应用程序里面可以通过网络文件的下载地址下载文件,并且通过列表展示正在下载的文件和已经下载完成的文件的详细情况。

代码清单 18-4:后台文件下载(第 18 章\Examples_18_4)

MainPage.xaml 文件主要代码:在该页面实现添加后台文件下载任务的逻辑

```xml
<StackPanel>
    <TextBlock Text="输入文件的网络地址:"/>
    <TextBox x:Name="fileUrl" Text="http://dldir1.qq.com/qqfile/qq/QQ5.2/10432/QQ5.2.exe" TextWrapping="Wrap"></TextBox>
    <Button x:Name="downloadButton" Click="downloadButton_Click" Content="提交后台下载" Margin="12"/>
    <Button Click="Button_Click" Content="查看下载的文件" Margin="12"/>
    <TextBlock x:Name="info"></TextBlock>
</StackPanel>
```

MainPage.xaml.cs 文件主要代码

```csharp
// 启动后台任务下载网络文件的事件处理程序
private async void downloadButton_Click(object sender, RoutedEventArgs e)
{
    if (fileUrl.Text == "")
    {
        info.Text = "文件地址不能为空";
        return;
    }
    // 传输的文件网络路径
    string transferFileName = fileUrl.Text;
    // 获取文件的名称
    string downloadFile = DateTime.Now.Ticks + transferFileName.Substring(transferFileName.LastIndexOf("/") + 1);
    Uri transferUri;
```

```
            try
            {
                    transferUri = new Uri(Uri.EscapeUriString(transferFileName), UriKind.Relative-
OrAbsolute);
            }
            catch (Exception ex)
            {
                    info.Text = "文件地址不符合格式";
                    return;
            }
            // 创建文件保存的目标地址
            StorageFile destinationFile;
            StorageFolder fd = await ApplicationData.Current.LocalFolder.CreateFolderAsync("shared",
CreationCollisionOption.OpenIfExists);
             StorageFolder fd2 = await fd.CreateFolderAsync("transfers", CreationCollisionOption.
OpenIfExists);
            destinationFile = await fd2.CreateFileAsync(downloadFile, CreationCollisionOption.
ReplaceExisting);
            // 创建一个后台下载任务
            BackgroundDownloader backgroundDownloader = new BackgroundDownloader();
            DownloadOperation download = backgroundDownloader.CreateDownload(transferUri, dest-
inationFile);
            await download.StartAsync();
    }
    // 跳转到下载文件列表
    private void Button_Click(object sender, RoutedEventArgs e)
    {
            Frame.Navigate(typeof(BackgroundTransferList));
    }
```

BackgroundTransferList.xaml 文件主要代码：在该页面展示正在下载的文件和已经下载完的文件信息详情

```
        <Pivot>
            <PivotItem Header="正在下载文件">
                <StackPanel>
                    <StackPanel Orientation="Horizontal">
                        <Button x:Name="btnPause" Content="暂停" Click="btnPause_Click" />
                        <Button x:Name="btnResume" Content="继续" Click="btnResume_Click" />
                        <Button x:Name="btnCancel" Content="取消" Click="btnCancel_Click" />
                    </StackPanel>
                    <!-- 正在下载文件的列表 -->
                    <ListView x:Name="TransferList">
                        <ListView.ItemTemplate>
                            <DataTemplate>
                                <StackPanel Orientation="Vertical">
```

```xml
                                    <TextBlock Text="{Binding Source}" FontWeight="Bold" TextWrapping="Wrap"/>
                                    <TextBlock Text="{Binding Destination}" FontWeight="Bold" TextWrapping="Wrap"/>
                                    <ProgressBar Value="{Binding Progress}"></ProgressBar>
                                    <StackPanel Orientation="Horizontal">
                                        <TextBlock Text="bytes received: "/>
                                        <TextBlock Text="{Binding BytesReceived}" HorizontalAlignment="Right"/>
                                    </StackPanel>
                                    <StackPanel Orientation="Horizontal">
                                        <TextBlock Text="total bytes: "/>
                                        <TextBlock Text="{Binding TotalBytesToReceive}" HorizontalAlignment="Right"/>
                                    </StackPanel>
                                </StackPanel>
                            </DataTemplate>
                        </ListView.ItemTemplate>
                    </ListView>
                </StackPanel>
        </PivotItem>
        <PivotItem Header="文件列表">
            <Grid Margin="12,0,12,0">
                <ListView x:Name="FileList">
                    <ListView.ItemTemplate>
                        <!--已下载文件的列表-->
                        <DataTemplate>
                            <StackPanel Margin="0 0 0 30">
                                <TextBlock Text="{Binding Name}" TextWrapping="Wrap"/>
                                <TextBlock Text="{Binding DateCreated}" Opacity="0.5" />
                                <TextBlock Text="{Binding Path}" TextWrapping="Wrap" Opacity="0.5"></TextBlock>
                            </StackPanel>
                        </DataTemplate>
                    </ListView.ItemTemplate>
                </ListView>
            </Grid>
        </PivotItem>
    </Pivot>
```

BackgroundTransferList.xaml.cs 文件主要代码

```
// 活动的下载任务对象
private List<DownloadOperation> activeDownloads;
// 下载任务的集合信息
private ObservableCollection<TransferModel> transfers = new ObservableCollection<
```

```csharp
            TransferModel>();
            // 所有下载任务的关联的 CancellationTokenSource 对象,用于取消操作
            private CancellationTokenSource cancelToken = new CancellationTokenSource();
            // 进入页面事件处理程序,获取已下载的和正在下载的文件信息
            protected async override void OnNavigatedTo(NavigationEventArgs e)
            {
                StorageFolder fd = await ApplicationData.Current.LocalFolder.CreateFolderAsync
("shared", CreationCollisionOption.OpenIfExists);
                StorageFolder fd2 = await fd.CreateFolderAsync("transfers", CreationCollisionOption.
OpenIfExists);
                // 获取已经下载的文件列表
                var files = await fd2.GetFilesAsync();
                // 绑定到列表控件上
                FileList.ItemsSource = files;
                TransferList.ItemsSource = transfers;
                // 获取正在下载的任务的信息
                await DiscoverActiveDownloadsAsync();
            }
            // 获取正在下载的任务信息
            private async Task DiscoverActiveDownloadsAsync()
            {
                activeDownloads = new List<DownloadOperation>();
                IReadOnlyList<DownloadOperation> downloads = null;
                // 获取正在下载的任务列表
                downloads = await BackgroundDownloader.GetCurrentDownloadsAsync();
                if (downloads.Count > 0)
                {
                    List<Task> tasks = new List<Task>();
                    foreach (DownloadOperation download in downloads)
                    {
                        // 处理正在下载的任务
                        tasks.Add(HandleDownloadAsync(download, false));
                    }
                    // 等待所有任务的完成
                    await Task.WhenAll(tasks);
                }
            }
            // 处理正在下载的任务
            private async Task HandleDownloadAsync(DownloadOperation download, bool start)
            {
                try
                {
                    // 使用 TransferModel 对象来存放下载的信息,然后可以在进度事件中更新绑定的列
表控件的显示信息
                    TransferModel transfer = new TransferModel();
                    transfer.DownloadOperation = download;
                    transfer.Source = download.RequestedUri.ToString();
```

```csharp
                transfer.Destination = download.ResultFile.Path;
                transfer.BytesReceived = download.Progress.BytesReceived;
                transfer.TotalBytesToReceive = download.Progress.TotalBytesToReceive;
                transfer.Progress = 0;
                transfers.Add(transfer);
                // 当下载进度发生变化时的回调函数
                Progress<DownloadOperation> progressCallback = new Progress<DownloadOperation>(DownloadProgress);
                // 监视已存在的后台下载任务
                await download.AttachAsync().AsTask(cancelToken.Token, progressCallback);
                // 下载完成后获取服务端的响应信息
                ResponseInformation response = download.GetResponseInformation();
            }
            catch (TaskCanceledException)
            {
                Debug.WriteLine("Canceled: " + download.Guid);
            }
            catch (Exception ex)
            {
                Debug.WriteLine(ex.ToString());
            }
            finally
            {
                transfers.Remove(transfers.First(p => p.DownloadOperation == download));
                activeDownloads.Remove(download);
            }
        }
        // 进度发生变化时,更新 TransferModel 对象的进度和字节信息
        private void DownloadProgress(DownloadOperation download)
        {
            try
            {
                TransferModel transfer = transfers.First(p => p.DownloadOperation == download);
                transfer.Progress = (int)((download.Progress.BytesReceived * 100)/download.Progress.TotalBytesToReceive);
                transfer.BytesReceived = download.Progress.BytesReceived;
                transfer.TotalBytesToReceive = download.Progress.TotalBytesToReceive;
            }
            catch (Exception e)
            {
                Debug.WriteLine(e.ToString());
            }

        }
        // 暂停全部后台下载任务
        private void btnPause_Click(object sender, RoutedEventArgs e)
        {
```

```csharp
            foreach (TransferModel transfer in transfers)
            {
                if (transfer.DownloadOperation.Progress.Status == BackgroundTransferStatus.Running)
                {
                    transfer.DownloadOperation.Pause();
                }
            }
        }
        // 继续全部后台下载任务
        private void btnResume_Click(object sender, RoutedEventArgs e)
        {
            foreach (TransferModel transfer in transfers)
            {
                if (transfer.DownloadOperation.Progress.Status == BackgroundTransferStatus.PausedByApplication)
                {
                    transfer.DownloadOperation.Resume();
                }
            }
        }
        // 取消全部后台下载任务
        private void btnCancel_Click(object sender, RoutedEventArgs e)
        {
            cancelToken.Cancel();
            cancelToken.Dispose();
            cancelToken = new CancellationTokenSource();
        }
```

TransferModel.cs 文件主要代码：表示绑定到列表的后台下载文件的信息

```csharp
    public class TransferModel : INotifyPropertyChanged
    {
        // 下载的操作对象
        public DownloadOperation DownloadOperation { get; set; }
        // 下载源
        public string Source { get; set; }
        // 下载文件本地地址
        public string Destination { get; set; }
        // 进度情况
        private int _progress;
        public int Progress
        {
            get
            {
                return _progress;
```

```csharp
            }
            set
            {
                _progress = value;
                RaisePropertyChanged("Progress");
            }
        }
        // 一共需要传输的字节
        private ulong _totalBytesToReceive;
        public ulong TotalBytesToReceive
        {
            get
            {
                return _totalBytesToReceive;
            }
            set
            {
                _totalBytesToReceive = value;
                RaisePropertyChanged("TotalBytesToReceive");
            }
        }
        // 已经接收到的字节
        private ulong _bytesReceived;
        public ulong BytesReceived
        {
            get
            {
                return _bytesReceived;
            }
            set
            {
                _bytesReceived = value;
                RaisePropertyChanged("BytesReceived");
            }
        }
        public event PropertyChangedEventHandler PropertyChanged;
        protected void RaisePropertyChanged(string name)
        {
            if (PropertyChanged != null)
            {
                PropertyChanged(this, new PropertyChangedEventArgs(name));
            }
        }
    }
```

应用程序的运行的效果如图18.11、图18.12和图18.13所示。

图 18.11 添加下载文件

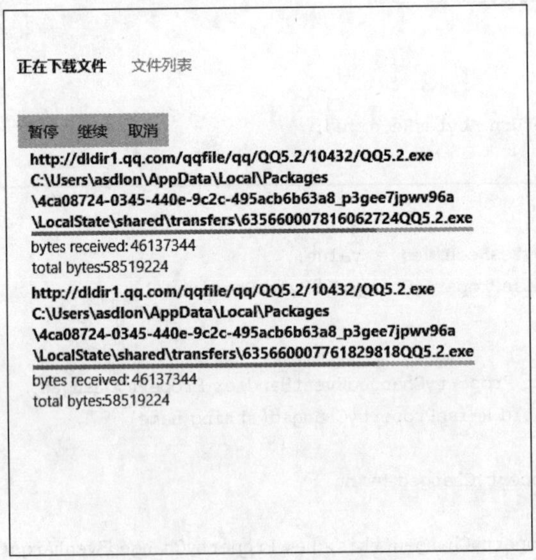

图 18.12 正在下载文件列表

图 18.13　已经下载的文件列表

18.2.4　后台文件上传的实现

后台文件的上传使用的是 BackgroundUploader 类，BackgroundUploader 类表示上传任务管理器，管理着后台文件上传的新增、取消和暂停等操作。后台文件上传的操作流程和后台文件下载的操作流程是一样的，属性设置也是一致的，在这里就不再重复讲解，我们只看一下有区别的地方。

后台文件上传的操作对象 UploadOperation 对象可以通过 CreateUpload、CreateUploadFromStreamAsync 和 CreateUploadAsync 这三种方法来创建，这三种方法分别如下所示：

CreateUpload(Uri uri, IStorageFile sourceFile)：创建一个上传任务，返回 UploadOperation 对象。

CreateUploadFromStreamAsync(Uri uri, IInputStream sourceStream)：以流的方式创建一个上传任务，返回 UploadOperation 对象。

CreateUploadAsync(Uri uri, IEnumerable<BackgroundTransferContentPart> parts)：创建一个包含多个上传文件的上传任务，返回 UploadOperation 对象。

所以，上传文件仅仅可以把文件对象上传也可以以文件流的形式上传，除此之外还可以一次性创建多个文件的上传任务。

获取正在进行中的后台文件上传任务调用的是 BackgroundUploader 类的静态方法——GetCurrentUploadsAsync 方法，static GetCurrentUploadsAsync(string group)表示获取指定组下的所有上传任务，static GetCurrentUploadsAsync()表示获取未与组关联的所有上传任务。上传的进度条对象使用的是 BackgroundUploadProgress 对象，该类的相关参数和下载的进度条对象是类似的。下面看一下实现在一个任务里面添加多个文件一起上传的示例代码：

```
// 需要上传的文件源集合
List<StorageFile> sourceFiles = new List<StorageFile>();
……省略若干代码,添加需要上传的文件
// 构造需要上传 BackgroundTransferContentPart 集合
List<BackgroundTransferContentPart> contentParts = new List<BackgroundTransferContentPart>();
for (int i = 0; i < sourceFiles.Count; i++)
{
    BackgroundTransferContentPart contentPart = new BackgroundTransferContentPart("File" + i, sourceFiles[i].Name);
    contentPart.SetFile(sourceFiles[i]);
    contentParts.Add(contentPart);
}
// 创建一个后台上传任务,此任务包含多个上传文件
BackgroundUploader backgroundUploader = new BackgroundUploader();
UploadOperation upload = await backgroundUploader.CreateUploadAsync(serverUri, contentParts);
……省略若干代码,其他的操作与上传单个文件或者下载当个文件的操作类似
```

第 19 章　应用间通信

　　Windows 10 系统为了安全的考虑,应用程序之间不能相互访问应用数据存储和相关的信息,也就是每个应用程序都是一个独立的沙箱,它们之间是不可见的。虽然每个应用程序都是一个独立的沙箱,但是并不代表应用之间不能够通信,Windows 10 也提供了应用程序与应用程序之间的通信方案,可以实现应用程序和应用程序之间的互相启动和数据传递的功能,比如在应用程序 A 里面打开了应用程序 B 并且给应用程序 B 传递了一条消息。本章将会从三个方面讲解应用间通信的内容,分别是启动系统内置应用、URI 关联应用和文件关联应用,这三个方面分别代表着不同场景下的应用间通信。

19.1　启动系统内置应用

　　启动系统内置应用是指在应用程序里面打开系统的内置应用,如浏览器、相关的系统设置页面等。打开了系统的内置应用,当前的应用程序就会处于挂起状态,跳转到系统的其他应用程序界面。启动系统内置应用通常会用于给用户设置相关的系统信息,比如在应用程序里面用到蓝牙但是设备却关闭了蓝牙功能,这时候就可以提醒用户打开蓝牙,通过启动系统内置应用,帮助用户在应用程序中直接跳转到系统的蓝牙设置页面。下面来看一下如何实现这样的功能。

19.1.1　启动内置应用的 URI 方案

　　对于应用间的互相启动,主要会使用 Launcher 类,Launcher 类表示与指定的文件或 URL 相关联的默认应用程序。在后续的 URI 关联应用和文件关联应用中,也要使用该类来实现应用的启动,这里先看一下启动系统内置应用的方案。许多内置于 Windows 10 的应用,都可以通过调用 Launcher 类的静态方法 LaunchUriAsync(Uri) 和传入一个使用与要启动应用相关的方案的 URI,然后就可以从应用里面启动相关的内置应用。例如,以下调用可以启动蓝牙设置应用。相关的 URI 方案列表如表 19.1 所示。

```
await Windows.System.Launcher.LaunchUriAsync(new Uri("ms-settings-bluetooth:"));
```

表 19.1　URI 方案列表

URI 方案	说　　明
http:[URL]	启动 Web 浏览器并导航到特定的 URL
ms-settings-airplanemode：	启动飞行模式设置应用
ms-settings-bluetooth：	启动蓝牙设置应用
ms-settings-cellular：	启动设备网络设置应用
ms-settings-emailandaccounts：	启动电子邮件和账户设置应用
ms-settings-location：	启动位置设置应用
ms-settings-lock：	启动锁屏设置应用
ms-settings-power：	启动节电模式设置应用
ms-settings-screenrotation：	启动屏幕旋转设置应用
ms-settings-wifi：	启动 WiFi 设置应用

19.1.2　实例演示：打开网页、拨打电话和启动设置页面

下面给出打开网页、拨打电话和启动设置页面的示例：在应用程序中启动浏览器打开指定的网页、调用系统的电话程序拨打电话和启动系统相关的设置页面。

代码清单 19-1：打开网页、拨打电话和启动设置页面（第 19 章\Examples_19_1）

MainPage.xaml 文件主要代码

```xml
<StackPanel>
    <TextBox Header="请输入网址：" x:Name="web" Text="http://www.baidu.com"></TextBox>
    <Button Content="打开网址" Click="Button_Click_1" HorizontalAlignment="Center"></Button>
    <TextBox Header="请输入电话号码：" x:Name="phone" Text="123456789"></TextBox>
    <Button Content="拨打电话" Click="Button_Click_2" HorizontalAlignment="Center"></Button>
    <ComboBox Header="选择要启动的系统页面：" x:Name="comboBox" SelectedIndex="0">
        <ComboBoxItem Content="飞行模式设置"/>
        <ComboBoxItem Content="蓝牙设置"/>
        <ComboBoxItem Content="设备网络设置"/>
        <ComboBoxItem Content="电子邮件和账户设置"/>
        <ComboBoxItem Content="位置设置"/>
        <ComboBoxItem Content="锁屏设置"/>
        <ComboBoxItem Content="WiFi 设置"/>
        <ComboBoxItem Content="屏幕旋转设置"/>
        <ComboBoxItem Content="节电模式设置"/>
    </ComboBox>
    <Button Content="启动系统的应用" Click="Button_Click_3" HorizontalAlignment=
```

"Center"></Button>
    </StackPanel>

MainPage.xaml.cs 文件主要代码

```
// 调用系统的浏览器程序打开传入的网址
private async void Button_Click_1(object sender, RoutedEventArgs e)
{
    if (web.Text != "")
    {
        // 打开网页
        await Windows.System.Launcher.LaunchUriAsync(new Uri(web.Text));
    }
}
// 调用系统的电话程序拨打传入的电话号码
private async void Button_Click_2(object sender, RoutedEventArgs e)
{
    if(phone.Text!= "")
    {
        // 呼叫电话
        await Windows.System.Launcher.LaunchUriAsync(new Uri("tel:" + phone.Text));
    }
}
// 跳转到系统设置的相关页面
private async void Button_Click_3(object sender, RoutedEventArgs e)
{
    string app = (comboBox.SelectedItem as ComboBoxItem).Content.ToString();
    switch(app)
    {
        case "飞行模式设置":
            await Windows.System.Launcher.LaunchUriAsync(new Uri("ms-settings-airplanemode:"));
            break;
        case "蓝牙设置":
            await Windows.System.Launcher.LaunchUriAsync(new Uri("ms-settings-bluetooth:"));
            break;
        case "设备网络设置":
            await Windows.System.Launcher.LaunchUriAsync(new Uri("ms-settings-cellular:"));
            break;
        case "电子邮件和账户设置":
            await Windows.System.Launcher.LaunchUriAsync(new Uri("ms-settings-emailandaccounts:"));
```

```
            break;
        case "位置设置":
            await Windows.System.Launcher.LaunchUriAsync(new Uri("ms-settings-location:"));
            break;
        case "锁屏设置":
            await Windows.System.Launcher.LaunchUriAsync(new Uri("ms-settings-lock:"));
            break;
        case "Wi-Fi设置":
            await Windows.System.Launcher.LaunchUriAsync(new Uri("ms-settings-wifi:"));
            break;
        case "屏幕旋转设置":
            await Windows.System.Launcher.LaunchUriAsync(new Uri("ms-settings-screenrotation:"));
            break;
        case "节电模式设置":
            await Windows.System.Launcher.LaunchUriAsync(new Uri("ms-settings-power:"));
            break;
    }
}
```

应用程序的运行效果如图 19.1 和图 19.2 所示。

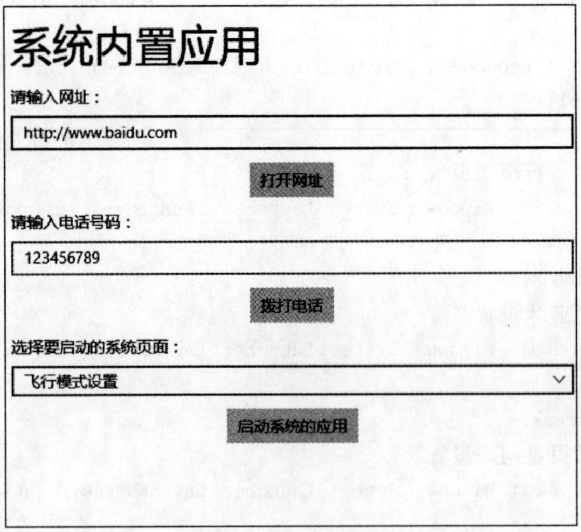

图 19.1 系统内置应用

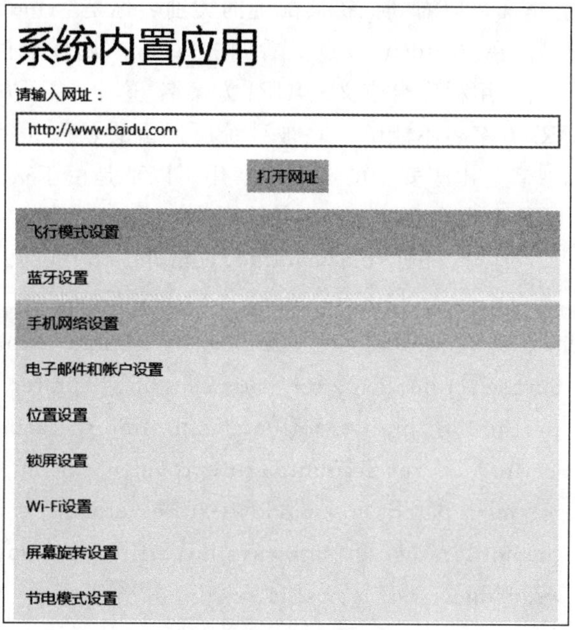

图 19.2　选择设置页面

19.2　URI 关联的应用

在 19.1 节使用了系统内置的 URI 方案,可以打开系统相关的内置应用,如设置页面等,其实还可以使用这种 URI 的方案来打开第三方的应用程序。在 Windows 10 中,可以把自己的应用程序和某个自定义的 URI 关联起来,然后其他的应用程序就可以通过这个 URI 来启动应用程序了,同时如果你知道其他应用程序也注册了自定义的 URI,那么你也可以在应用程序中启动其他的应用程序。这种应用程序叫做 URI 关联的应用,本节将来介绍如何实现这样的 URI 关联应用。

19.2.1　注册 URI 关联

如果要实现 URI 关联应用,首先需要做的事情就是为自己的应用程序注册 URI 关联,表示把应用程序和自定义的 URI 关联起来。要处理 URI 关联,请在应用清单文件 package.appxmanifest 中添加 URI 关联的扩展配置,扩展配置信息示例如下:

```
<Extensions>
  <uap:Extension Category = "windows.protocol">
    <uap:Protocol Name = "testdemo" />
  </uap:Extension>
</Extensions>
```

在上面的配置信息里面可以看到该扩展配置的类别名称是"windows.protocol"这表示是 URI 关联协议的意思。在 Protocol 节点上看到的"Name"属性赋值为"testdemo",那么这个"testdemo"就是你给应用程序自定义的 URI 方案名,这个 URI 方案名,必须全部为小写字母,但是要注意 URI 方案名不能够填写被系统所保留的名称,因为这些保留的名称是预留给系统内置使用,或者是出于安全的考虑被禁用。以下是由于被保留或禁用而无法输入到程序包清单中的 URI 方案名称列表(按字母顺序):application.manifest、application.reference、batfile、blob、cerfile、chm.file、cmdfile、comfile、cplfile、dllfile、drvfile、exefile、explorer.assocactionid.burnselection、explorer.assocactionid.closesession、explorer.assocactionid.erasedisc、explorer.assocactionid.zipselection、explorer.assocprotocol.search-ms、explorer.burnselection、explorer.closesession、explorer.erasedisc、explorer.zipselection、file、fonfile、hlpfile、htafile、inffile、insfile、internetshortcut、jsefile、lnkfile、microsoft.powershellscript.1、ms-accountpictureprovider、ms-appdata、ms-appx、ms-autoplay、msi.package、msi.patch、ms-windows-store、ocxfile、piffile、regfile、scrfile、scriptletfile、shbfile、shcmdfile、shsfile、smb、sysfile、ttffile、unknown、usertileprovider、vbefile、vbsfile、windows.gadget、wsffile、wsfile、wshfile。

19.2.2 监听 URI

注册完 URI 之后,还需要在应用程序里面对 URI 进行监听,否则应用程序通过 URI 方案启动的时候会无法启动。在 Windows 10 里面可以通过 Application 的 OnActivated 事件处理程序接收所有激活事件,所以要监听 URI,我们需要在 App.xaml.cs 文件中为 App 类重载 OnActivated 事件的处理程序,示例代码如下:

```
protected override void OnActivated(IActivatedEventArgs args)
{
    // 通过协议激活应用程序时
    if (args.Kind == ActivationKind.Protocol)
    {
        ProtocolActivatedEventArgs protocolArgs = args as ProtocolActivatedEventArgs;
        Frame rootFrame = new Frame();
        rootFrame.Navigate(typeof(MainPage), protocolArgs);
        Window.Current.Content = rootFrame;
        Window.Current.Activate();
    }
}
```

其中,事件参数的 Kind 属性指示激活事件的类型,ActivationKind.Protocol 表示从 URI 方案中启动程序。注意,默认模板的 app.xaml.cs 代码文件始终包括 OnLaunched 的重写,但是,是否为其他激活点(例如 OnActivated)定义重写则由应用程序代码决定。如果 ActivationKind 是 Protocol,则可以将接口类型化的 IActivatedEventArgs(来自 OnActivated)强制转换为 ProtocolActivatedEventArgs。ProtocolActivatedEventArgs 类型表示激活应用程序时提供数据,因为它是与 URI 方案名称关联的应用程序。可以通过 args 的 Uri 属性来获取为其激活应用程序的 URI 方案的地址信息,因为这个地址信息里面还可以带着自定义的传递参数。

任何应用或网站(包括恶意应用或网站)都可以使用你的 URI 方案名称。因此,在 URI 中获得的任何数据都可能来自不受信任的来源。千万不要基于在 URI 中接收的参数执行永久性操作。例如,可以使用 URI 参数将应用启动到用户的账户页面,但千万不要用于直接修改用户的账户。

19.2.3　启动 URI 关联的应用

如果要在应用程序里面启动其他的 URI 关联的应用,也是通过调用 Windows.System 命名空间的启动器对象 Launcher.LaunchUriAsync(Uri)方法来启动,前提是你要知道其他应用程序的 URI 方案名称。这个 Uri 的格式是"URI 方案名称"+"://"+"传递的信息",其中"URI 名称"就是上文所说的在应用清单文件 package.appxmanifest 中所配置的名称,"传递的信息"就是你向这个 URI 关联的应用传递的信息,注意这个信息要 URI 关联的应用支持才会有意义,否则这个信息是无意义的信息。启动 URI 关联的应用的语法示例如下:

```
await Windows.System.Launcher.LaunchUriAsync(new Uri("testdemo://testinfomation"));
```

如果设备上的应用无法处理该特定 URI 关联,用户可以选择是否获取可处理这些情况的应用。如果 URI 关联在设备上只注册了一个应用,当用户要打开它时,该应用将自动启动。如果用户在设备上拥有多个为 URI 关联注册的应用,每次用户打开文件时,系统都会询问要使用哪个应用。

19.2.4　实例演示:通过 URI 关联打开不同的应用页面

下面给出通过 URI 关联打开不同的应用页面的示例:先创建一个 URI 关联的应用程序 UriProtocolDemo,定义其 URI 方案,可以通过不同的参数来打开相关的页面,然后创建一个 UriProtocolTestDemo 的应用程序来启动 URI 关联应用。

代码清单 19-2:通过 URI 关联打开不同的应用页面(第 19 章\Examples_19_2)

下面先来看一下在 UriProtocolDemo 程序中处理 URI 注册和监听的逻辑。

App.xaml.cs 文件主要代码:添加 URI 监听的逻辑,根据不同的 URI 参数跳转到相应的页面。

```
--------------------------------------------------------------------------
        protected override void OnActivated(IActivatedEventArgs args)
        {
            // 通过协议激活应用程序时
            if (args.Kind == ActivationKind.Protocol)
            {
```

```csharp
ProtocolActivatedEventArgs protocolArgs = args as ProtocolActivatedEventArgs;
Frame rootFrame = new Frame();
string tempUri = protocolArgs.Uri.OriginalString;
// 获取要导航到的页面(在"testdemo://"后面)
if (tempUri.Contains("page1"))
{
    // 跳转到 Page1 页面
    rootFrame.Navigate(typeof(Page1), protocolArgs);
}
else if (tempUri.Contains("page2"))
{
    // 跳转到 Page2 页面
    rootFrame.Navigate(typeof(Page2), protocolArgs);
}
else
{
    // 跳转到首页页面
    rootFrame.Navigate(typeof(MainPage), protocolArgs);
}
Window.Current.Content = rootFrame;
Window.Current.Activate();
```

Page1.xaml.cs 文件和 Page2.xaml.cs 文件主要代码

```csharp
protected override void OnNavigatedTo(NavigationEventArgs e)
{
    // 获取传递进来的参数,把 URI 的地址显示到界面上
    ProtocolActivatedEventArgs protocol = e.Parameter as ProtocolActivatedEventArgs;
    if(protocol!= null)
    {
        info.Text = protocol.Uri.AbsoluteUri;
    }
}
```

在应用程序清单文件 package.appxmanifest 中添加 URI 关联的扩展配置,扩展配置信息示如下所示:

```xml
<Extensions>
  <uap:Extension Category="windows.protocol">
    <uap:Protocol Name="testdemo" />
  </uap:Extension>
</Extensions>
```

接下来再创建一个 UriProtocolTestDemo 的程序，在该程序中使用 3 个按钮控件通过 URI 启动 UriProtocolDemo 程序，分别传递不同参数来打开不同的页面。

MainPage.xaml.cs 文件主要代码

```
private async void Button_Click(object sender, RoutedEventArgs e)
{
    // 启动 Uri 关联应用
    await Windows.System.Launcher.LaunchUriAsync(new Uri("testdemo://"));
}
private async void Button_Click_1(object sender, RoutedEventArgs e)
{
    // 启动 Uri 关联应用并跳转到 Page1 页面
    await Windows.System.Launcher.LaunchUriAsync(new Uri("testdemo://page1"));
}
private async void Button_Click_2(object sender, RoutedEventArgs e)
{
    // 启动 Uri 关联应用并跳转到 Page2 页面
    await Windows.System.Launcher.LaunchUriAsync(new Uri("testdemo://page2"));
}
```

应用程序的运行效果如图 19.3 和图 19.4 所示。

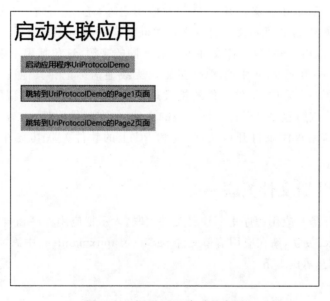

图 19.3　调用 URI 启动的应用

图 19.4　URI 关联的应用

19.3　文件关联的应用

除了可以通过 URI 的方案打开 URI 关联应用之外，还有一种在第三种程序或者其他地方打开应用的情况，就是通过文件打开文件关联的应用。当用户想要打开某个特定文件时，文件关联允许应用自动启动，该文件可能有不同的来源，这包括但不限于以下来源：电子邮件附件、Internet Explorer 中的网站、近距离无线通信标记和其他应用程序。例如，我的电子邮件收到了一个附件，附件文件的格式是 ".PhoneType" 特殊类型的文件，而如果你的设备里面有某个应用程序可以打开该类型的文件，你在邮件附件中单击该文件的时候会自动启动对应的应用程序来打开该文件，这和 PC 上的软件关联其文件后缀的形式是一样的。

19.3.1　注册文件关联

首先要做的还是在应用程序里面注册文件关联，表示把应用程序和自定义的 URI 关联起来。要处理 URI 关联，请在应用清单文件 package.appxmanifest 中添加文件关联的扩展配置，扩展配置信息示例如下：

```
<Extensions>
  <uap:Extension Category="windows.fileTypeAssociation">
    <uap:FileTypeAssociation Name="alsdk">
      <uap:Logo>images\logo.png</uap:Logo>
      <uap:SupportedFileTypes>
```

```
    < uap:FileType ContentType = "image/jpeg">.alsdk </ uap:FileType >
      </ uap:SupportedFileTypes >
    </ uap:FileTypeAssociation >
  </ uap:Extension >
</Extensions >
```

在上面的配置信息里面可以看到该扩展配置的类别名称是"windows.fileTypeAssociation"，这是文件关联协议的意思。"Logo"是指文件显示的图标，如果设备安装了相应的文件关联程序，如果邮件附件里面有该类型的文件，则会显示出该图标信息。"ContentType"为特定文件类型指定 MIME 内容类型，例如 image/jpeg。MIME 是描述消息内容类型的因特网标准，MIME 消息能包含文本、图像、音频、视频及其他应用程序专用的数据。注意，有部分 MIME 内容类型在文件关联中是禁用的，下面是由于被保留或禁用而无法输入到程序包清单中的 MIME 内容类型列表（按字母顺序）：application/force-download、application/octet-stream、application/unknown 和 application/x-msdownload。在 FileTypeAssociation 节点上我们看到的"Name"属性赋值为文件关联的名称，"FileType"节点表示文件的后缀名，必须全部为小写字母，但是要注意文件的后缀名不能够填写被系统所保留的名称。下面是由于被保留或禁用而无法输入到程序包清单中的文件类型名称列表（按字母顺序）：Accountpicture-ms、Appx、application、Appref-ms、Bat、Cer、Chm、Cmd、Com、Cpl、crt、dll、drv、Exe、fon、gadget、Hlp、Hta、Inf 、Ins、jse、lnk、Msi、Msp、ocx、pif、Ps1、Reg、Scf、Scr、Shb、Shs、Sys、ttf、url、Vbe、Vbs、Ws、Wsc、Wsf、Wsh。

19.3.2　监听文件启动

添加完文件关联之后，还需要在应用程序里面对文件关联进行监听，否则应用程序不能通过文件关联启动。在 Windows 10 里面可以通过 Application 的 OnFileActivated 事件处理程序接收所有文件激活事件，示例代码如下：

```
protected override void OnFileActivated(FileActivatedEventArgs args)
{
    Frame rootFrame = new Frame();
    rootFrame.Navigate(typeof(MainPage), args);
    Window.Current.Content = rootFrame;
    Window.Current.Activate();}
```

其中参数 args 的 Files 属性会包含了相关的文件信息，可以把该参数传递给相关的页面来对打开的文件进行处理。

19.3.3　启动文件关联应用

启动文件关联应用和启动 URI 关联的应用还是有一些区别，启动文件关联应用可以在浏览器页面、邮件附件等应用程序里面，只要有文件打开的操作都可以启动文件关联的应用，这些都是系统默认的操作。下面要讲解的是在第三方应用程序里面使用其他应用程序打开某种类型的文件的操作,这个操作主要有以下两个步骤。

1) 获取文件

首先,获取该文件的 Windows.Storage.StorageFile 对象,如果该文件包含在应用的程序包中,则可以使用 Package.InstalledLocation 属性获取 Windows.Storage.StorageFolder 对象并且使用 Windows.Storage.StorageFolder.GetFileAsync 方法获取 StorageFile 对象。如果该文件在已知的文件夹中,则可以使用 Windows.Storage.KnownFolders 类的属性获取 StorageFolder 并且使用 GetFileAsync 方法获取 StorageFile 对象。

2) 启动该文件

启动文件还需要使用 Windows.System.Launcher 类,这次使用的方法是 LaunchFileAsync 静态方法,可以使用默认处理程序启动指定的文件。调用的代码示例如下所示:

```
await Windows.System.Launcher.LaunchFileAsync(file);
```

启动文件时,你的应用必须是前台应用,即对于用户必须是可见的。此要求有助于确保用户保持控制。为满足此要求,需确保将文件的所有启动都直接连接到应用的 UI 中。无论何种情况下,用户都必须采取某种操作来发起文件启动。如果文件所包含的代码或脚本由系统自动执行(如.exe、.msi 和.js 文件),则无法启动这些文件类型。此限制可防止用户遭受可能修改系统的潜在恶意文件的损害。如果包含的脚本由可隔离脚本的应用程序来执行(如.docx 文件),则可以使用此方法来启动这些文件类型。Word 等应用程序可以防止.docx 文件中的脚本修改系统。

如果尝试启动受限制的文件类型,则启动将失败,且会调用错误回调。如果应用处理很多不同类型的文件并且预计会遇到该错误,则应该为用户提供回调体验。

19.3.4　实例演示:创建一个.log 后缀的文件关联应用

下面给出通过一个.log 后缀的文件关联应用的示例:先创建一个与.log 后缀的文件关联的应用程序 FileAssociationDemo,在程序里面显示文件的名称和内容,然后通过创建一个 FileAssociationTestDemo 应用程序来创建一个.log 后缀的文件,并把其打开。

代码清单 19-3:一个.log 后缀的文件关联应用(第 19 章\Examples_19_3)

下面先来看一下在 FileAssociationDemo 程序中处理文件关联和监听的逻辑。

App.xaml.cs 文件主要代码:添加文件监听的逻辑

```
// 通过打开文件激活应用程序时所调用的方法
protected override void OnFileActivated(FileActivatedEventArgs args)
{
    Frame rootFrame = new Frame();
    rootFrame.Navigate(typeof(MainPage), args);
    Window.Current.Content = rootFrame;
    Window.Current.Activate();
}
```

MainPage.xaml 文件主要代码

```xml
<StackPanel>
    <TextBlock Text="文件名字:"></TextBlock>
    <TextBlock x:Name="fileName"></TextBlock>
    <TextBlock Text="文件内容:"></TextBlock>
    <TextBlock x:Name="fileContent" TextWrapping="Wrap"></TextBlock>
</StackPanel>
```

MainPage.xaml.cs 文件主要代码

```csharp
// 导航进入页面的事件处理程序
protected async override void OnNavigatedTo(NavigationEventArgs e)
{
    // 获取传递过来的参数,该参数在 App 的 OnFileActivated 方法里面传递
    FileActivatedEventArgs fileEvent = e.Parameter as FileActivatedEventArgs;
    if (fileEvent!= null)
    {
        // 获取打开的文件
        foreach (StorageFile file in fileEvent.Files)
        {
            // 文件的名字
            fileName.Text += file.Name;
            // 读取文件的内容
            var fileStream = await file.OpenReadAsync();
            var stream = fileStream.AsStreamForRead();
            byte[] content = new byte[stream.Length];
            await stream.ReadAsync(content, 0, content.Length);
            string text = Encoding.UTF8.GetString(content, 0, content.Length);
            fileContent.Text += fileContent.Text + text;
        }
    }
}
```

在应用程序清单文件 package.appxmanifest 中添加文件关联的扩展配置,扩展配置信息示例如下所示:

```xml
<Extensions>
  <uap:Extension Category="windows.fileTypeAssociation">
    <uap:FileTypeAssociation Name=".log">
      <uap:SupportedFileTypes>
        <uap:FileType>.log</uap:FileType>
      </uap:SupportedFileTypes>
    </uap:FileTypeAssociation>
```

```xml
    </uap:Extension>
</Extensions>
```

接下来再创建一个 FileAssociationTestDemo 的程序，在该程序中创建一个 .log 文件，然后打开。

MainPage.xaml 文件主要代码

```xml
<StackPanel>
    <Button Content = "创建.log 文件" Click = "OnCreateFileButtonClicked" Width = "370"/>
    <Button Content = "打开.log 文件" Click = "OnOpenFileButtonClicked" Width = "370"/>
</StackPanel>
```

MainPage.xaml.cs 文件主要代码

```csharp
// 创建文件的按钮事件处理程序
private async void OnCreateFileButtonClicked(object sender, RoutedEventArgs e)
{
    await WriteToFile("文件内容,日志信息 test test test test test test", "rss.log");
    await new MessageDialog("创建成功").ShowAsync();
}
// 创建一个文本文件的方法
public async Task WriteToFile(string contents, string fileName)
{
    StorageFolder folder = ApplicationData.Current.LocalFolder;
    var file = await folder.CreateFileAsync(fileName, CreationCollisionOption.ReplaceExisting);
    using (var fs = await file.OpenAsync(FileAccessMode.ReadWrite))
    {
        using (var outStream = fs.GetOutputStreamAt(0))
        {
            using (var dataWriter = new DataWriter(outStream))
            {
                if (contents != null)
                    dataWriter.WriteString(contents);
                await dataWriter.StoreAsync();
                dataWriter.DetachStream();
            }
            await outStream.FlushAsync();
        }
    }
}
// 打开文件的按钮事件处理程序
private async void OnOpenFileButtonClicked(object sender, RoutedEventArgs e)
{
    string message = "";
```

```
            try
            {
                // 获取本地文件
                    StorageFile file = await ApplicationData.Current.LocalFolder.GetFileAsync("rss.log");
                // 打开文件获取操作的结果是否成功
                bool success = await Windows.System.Launcher.LaunchFileAsync(file);
                if (success)
                {
                    message = "文件打开成功";
                }
                else
                {
                    message = "文件打开失败";
                }
            }
            catch(Exception exc)
            {
                // 文件未创建会引发异常
                message = exc.ToString();
            }
            await new MessageDialog(message).ShowAsync();
        }
```

应用程序的运行效果如图19.5和图19.6所示。

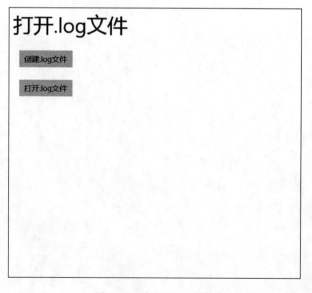

图 19.5　打开.log 文件

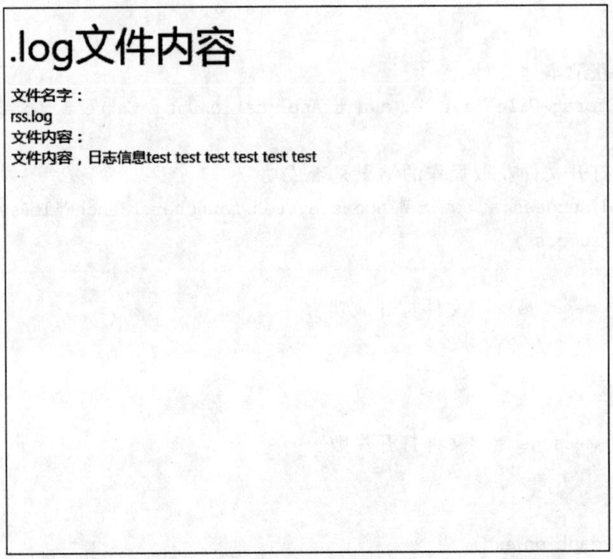

```
.log文件内容
文件名字：
rss.log
文件内容：
文件内容，日志信息test test test test test test
```

图 19.6　显示 .log 文件内容

第 20 章　多　媒　体

Windows 10 提供了常见媒体的编码与解码机制，因此能够非常容易地实现音频、视频等多媒体的播放。我们使用 Windows 10 提供的 API 和 MediaElement 控件，可以实现音乐播放与视频播放等应用程序。当然，有些应用需要硬件的支持。Windows 10 支持的视频格式有 3GP、3G2、MP4、AVI、ASF（WMV）等格式，支持的音频格式有 m4a、m4b、mp3、wma 等。

20.1　MediaElement 对象

向 Windows 10 应用添加媒体的操作十分简单，只需把要媒体文件添加到 MediaElement 对象上就可以实现播放，暂停等操作。使用 MediaElement 对象可以播放许多不同类型的音频和视频媒体。MediaElement 对象在 UI 呈现上是一个矩形区域，可以在其界面上播放视频或音频（播放音频的这种情况下将不显示视频，但 MediaElement 仍然充当具有相应 API 的播放器对象）。因为 MediaElement 是从 UIElement 类派生的，所以它是一个 UI 的元素，它支持输入操作，并可以捕获焦点。使用 Height 属性和 Width 属性可以指定视频显示图面的高度和宽度。但是，为了获得最佳性能，应避免显式设置 MediaElement 的宽度和高度。而是将这些值保留为未设置。指定源之后，媒体将以其实际尺寸显示，布局将重新计算该尺寸。如果需要更改媒体显示的大小，最好使用媒体编码工具将媒体重新编码为所需大小。默认情况下，加载 MediaElement 对象后，将立即播放由 Source 属性定义的媒体。

播放本地视频文件的 XAML 语法如下：

< MediaElement Source = "test. wmv" AutoPlay = "True"/> < MediaElement Source = "test. wmv" AutoPlay = "True"/>

播放远程视频文件的 XAML 语法如下：

< MediaElement Source = "http://mschannel9. vo. msecnd. net/o9/mix/09/wmv/key01. wmv" AutoPlay = "True"/>

20.1.1 MediaElement 类的属性、事件和方法

MediaElement 类是在命名空间 Windows.UI.Xaml.Controls 下的类,属于 Windows 10 的 UI 控件,它除了拥有普通控件的基本特性外,它还有很多与媒体相关的处理功能。下面来看一下 MediaElement 类的一些重要的属性、方法和事件,分别如表 20.1、表 20.2 以及表 20.3 所示。

表 20.1　MediaElement 类的一些重要的属性

名称	说明
AudioStreamCount	获取当前媒体文件中可用的音频流的数目
AudioStreamIndex	获取或设置与视频组件一起播放的音频流的索引。音频流的集合在运行时组合,并且表示可用于媒体文件内的所有音频流
AutoPlay	获取或设置一个值,该值指示在设置 Source 属性时媒体是否将自动开始播放
Balance	获取或设置立体声扬声器的音量比
BufferingProgress	获取指示当前缓冲进度的值
BufferingTime	获取或设置要缓冲的时间长度
CanPause	获取一个值,该值指示在调用 Pause 方法时媒体是否可暂停
CanSeek	获取一个值,该值指示是否可以通过设置 Position 属性的值来重新定位媒体
CurrentState	获取 MediaElement 的状态
DownloadProgress	获取一个百分比值,该值指示为位于远程服务器上的内容完成的下载量
DownloadProgressOffset	获取下载进度的偏移量
DroppedFramesPerSecond	获取媒体每秒正在丢弃的帧数
IsMuted	获取或设置一个值,该值指示是否已静音
IsUsedForExternalVideoOnly	获取或设置一个值,该值指示是否使用外部视频
NaturalDuration	获取当前打开的媒体文件的持续时间
NaturalVideoHeight	获取与媒体关联的视频的高度
NaturalVideoWidth	获取与媒体关联的视频的宽度
Position	获取或设置媒体播放时间的当前进度位置
RenderedFramesPerSecond	获取媒体每秒正在呈现的帧数
Source	获取或设置 MediaElement 上的媒体来源
Stretch	获取或设置一个 Stretch 值,该值描述 MediaElement 如何填充目标矩形
VideoSessionHandle	获取视频会话的句柄
Volume	获取或设置媒体的音量

表 20.2　MediaElement 类的一些重要的方法

名称	说明
Pause	在当前位置暂停媒体
Play	从当前位置播放媒体
RequestLog	发送一个请求,以生成随后将通过 LogReady 事件引发的记录
SetSource(MediaStreamSource)	这会将 MediaElement 的源设置为 MediaStreamSource 的子类
SetSource(Stream)	使用提供的流设置 Source 属性
Stop	停止媒体并将其重设为从头播放

表 20.3　MediaElement 类的一些重要的事件

名称	说明
BufferingProgressChanged	当 BufferingProgress 属性更改时发生
CurrentStateChanged	当 CurrentState 属性的值更改时发生
DownloadProgressChanged	在 DownloadProgress 属性更改后发生
LogReady	当日志准备就绪时发生
MediaEnded	当 MediaElement 不再播放音频或视频时发生
MediaFailed	在存在与媒体 Source 关联的错误时发生
MediaOpened	当媒体流已被验证和打开且已读取文件头时发生

20.1.2　MediaElement 的状态

MediaElement 的当前状态(Buffering、Closed、Error、Opening、Paused、Playing 或 Stopped)会影响使用媒体的用户,如果某用户正在尝试查看一个大型视频,则 MediaElement 将可能长时间保持在 Buffering 状态。在这种情况下,可能希望用户界面中提供某种还不能播放媒体的提示。当缓冲完成时,再播放媒体。

表 20.4 概括了 MediaElement 可以处于的不同状态,这些状态与 MediaElementState 枚举的枚举值相对应。

表 20.4　MediaElement 的状态

值	说明
AcquiringLicense	仅在播放 DRM 受保护的内容时适用:MediaElement 正在获取播放 DRM 受保护的内容所需的许可证。调用 OnAcquireLicense 后,MediaElement 将保持在此状态下,直到调用了 SetLicenseResponse
Buffering	MediaElement 正在加载要播放的媒体。在此状态中,它的 Position 不前进。如果 MediaElement 已经在播放视频,则它将继续显示上一帧
Closed	MediaElement 不包含媒体,MediaElement 显示透明帧
Individualizing	仅在播放 DRM 受保护的内容时适用:MediaElement 正在确保正确的个性化组件(仅在播放 DRM 受保护的内容时适用)安装在用户计算机上
Opening	MediaElement 正在进行验证,并尝试打开由其 Source 属性指定的统一资源标识符(URI)
Paused	MediaElement 不会使它的 Position 前进。如果 MediaElement 正在播放视频,则它将继续显示当前帧
Playing	MediaElement 正在播放其源属性指定的媒体,它的 Position 向前推进
Stopped	MediaElement 包含媒体,但未播放或已暂停。它的 Position 为 0,并且不前进。如果加载的媒体为视频,则 MediaElement 显示第一帧

表 20.5 概括了这些 MediaElement 状态与在 MediaElement 上采取的操作(如调用 Play 方法、调用 Pause 方法等)。可供 MediaElement 使用的状态取决于其当前状态。例如,对于当前处于 Playing 状态的 MediaElement,如果更改了 MediaElement 的源,则状态更改为 Opening;如果调用了 Play 方法,则不会产生改变;如果调用了 Pause 方法,则状态

更改为 Paused,等等。在表 20.5 中的"未指定"状态,都是要避免的操作。例如,当媒体处于 Opening 状态时不应调用 Play 方法。为避免发生这种情况,可以在调用 Play 之前检查 MediaElement 的 CurrentState。通过注册 CurrentStateChanged 事件可以跟踪到媒体的状态变化。但是 CurrentStateChanged 事件有可能并不会被触发,比如当状态迅速更改时,多个事件可能合并到一个事件中。例如,CurrentState 属性可能会从 Playing 切换为 Buffering 并很快又切换回 Playing,以至于只引发了单个 CurrentStateChanged 事件,在这种情况下,该属性将并不表现为具有已更改的值。此外,应用程序不应根据事件发生的顺序来做相关逻辑的处理,尤其是针对 Buffering 之类的瞬态,在事件报告中可能会跳过某一瞬态,因为该瞬态发生得太快。

表 20.5　MediaElement 状态与在 MediaElement 上采取的操作

状态	源设置	Play()	Pause()	Stop()	Seek()	默认退出条件
Closed (default)	Opening	未指定	未指定	未指定	未指定	
Opening	Opening (新源)	未指定	未指定	未指定	未指定	如果源有效:Buffering(如果 AutoPlay == true)或 Stopped(如果 AutoPlay == false)(MediaOpened)如果源无效:Opening(MediaFailed)
Buffering	Opening	Playing	Paused	Stopped	Buffering (新位置)	BufferingTime 到达:Playing
Playing	Opening	无选项	Paused	Stopped	Buffering (新位置)	流结尾:Paused 缓冲区结尾:Buffering
Paused	Opening	Buffering	无选项	Stopped	Paused(新位置)	
Stopped	Opening	Buffering	Paused	无选项	Paused(新位置)	

20.2　本地音频播放

在 Windows 10 应用程序中,可以将音频文件直接放到程序包里面,然后在程序中通过 MediaElement 元素,用相对路径加载音频文件来播放。

下面给出播放程序音乐的示例:播放应用程序本地加载的音乐。

代码清单 20-1:播放程序音乐(源代码:第 20 章\Examples_20_1)

MainPage.xaml 文件主要代码

```
<StackPanel>
    <MediaElement x:Name = "sound" />
```

```xml
<TextBlock FontSize="30" Text="请选择你要播放的歌曲"/>
<RadioButton Content="罗志祥－Touch My Heart" x:Name="radioButton1" IsChecked="True"/>
<RadioButton Content="陈小春－独家记忆" x:Name="radioButton2"/>
<RadioButton Content="大灿－贝多芬的悲伤" x:Name="radioButton3"/>
<RadioButton Content="筷子兄弟－老男孩" x:Name="radioButton4"/>
<RadioButton Content="梁静茹－比较爱" x:Name="radioButton5"/>
<Button Content="播放" x:Name="play" Click="play_Click"/>
<Button Content="暂停" x:Name="pause" Click="pause_Click"/>
<Button Content="停止" x:Name="stop" Click="stop_Click"/>
</StackPanel>
```

MainPage.xaml.cs 文件主要代码

```csharp
//播放音乐
private void play_Click(object sender, RoutedEventArgs e)
{
    //设置 MediaElement 的源
    if (radioButton1.IsChecked == true)
    {
        sound.Source = new Uri("ms-appx:///TouchMyHeart.mp3", UriKind.Absolute);
    }
    else if (radioButton2.IsChecked == true)
    {
        sound.Source = new Uri("ms-appx:///2.mp3", UriKind.Absolute);
    }
    else if (radioButton3.IsChecked == true)
    {
        sound.Source = new Uri("ms-appx:///3.mp3", UriKind.Absolute);
    }
    else if (radioButton4.IsChecked == true)
    {
        sound.Source = new Uri("ms-appx:///4.mp3", UriKind.Absolute);
    }
    else if (radioButton5.IsChecked == true)
    {
        sound.Source = new Uri("ms-appx:///5.mp3", UriKind.Absolute);
    }
    else
    {
        sound.Source = new Uri("ms-appx:///TouchMyHeart.mp3", UriKind.Absolute);
    }
    //播放
    sound.Play();
}
//暂停播放音乐
private void pause_Click(object sender, RoutedEventArgs e)
{
```

```
        sound.Pause();
    }
    //停止播放音乐
    private void stop_Click(object sender, RoutedEventArgs e)
    {
        sound.Stop();
    }
```

程序运行的效果如图 20.1 所示。

图 20.1 播放本地 MP3

20.3 网络音频播放

在 Windows 10 应用程序中,播放网络音频和播放本地音频的处理方式差不多,只不过播放本地音频的时候使用的是音频本地相对路径,而播放网络音频的时候使用的是网络音频地址。需要注意的是,播放网络音频需要在设备联网的状态下才能够成功地播放,否则会抛出异常,所以在播放网络音频的时候需要检查设备的联网状态或者捕获该异常进行处理。

下面给出播放网络音乐的示例:播放网络上的 mp3 音乐,并将播放的记录保存到程序的独立存储里面。

代码清单 20-2:播放网络音乐(源代码:第 20 章\Examples_20_2)

MainPage.xaml 文件主要代码

```
<StackPanel>
    <!-- 用于播放网络音频的 MediaElement 元素 -->
    <MediaElement Name="media"/>
    <TextBlock Name="textBlock1" FontSize="30" Text="播放的历史记录:" />
```

```xml
<!-- 展示播放的历史记录的列表 -->
<ListBox Height="200" HorizontalAlignment="Left" Name="listBox1"/>
<TextBlock FontSize="30" Name="textBlock2" Text="请输入 mp3 的网络地址："/>
<TextBox Name="mp3Uri" Text="http://www.handbb.com:8080/files/841310728.mp3" TextWrapping="Wrap"/>
<Button Content="播放" Name="play" Width="220" Click="play_Click"/>
<Button Content="停止" Name="stop" Width="220" Click="stop_Click"/>
</StackPanel>
```

MainPage.xaml.cs 文件主要代码

```csharp
// 本地存储设置
private ApplicationDataContainer _appSettings;
// 用于存放音频名字的存储 Key
private const string KEY = "mp3Name";
// 音频名字列表的字符床,每个名字之间用字符"|"隔开
private string fileList = "";
public MainPage()
{
    InitializeComponent();
    // 获取本地存储设置
    _appSettings = ApplicationData.Current.LocalSettings;
    // 判断是否有记录
    if (_appSettings.Values.ContainsKey(KEY))
    {
        fileList = _appSettings.Values[KEY].ToString();
        listBox1.ItemsSource = fileList.Split('|');
    }
    else
    {
        _appSettings.Values.Add(KEY, fileList);
    }
}
// 保存播放的历史记录
private void savehistory()
{
    // 提取文件名
    string fileName = System.IO.Path.GetFileName(mp3Uri.Text);
    if (!fileList.Contains(fileName))
    {
        fileList += "|" + fileName;
        _appSettings.Values[KEY] = fileList;
        // 把文件名信息绑定到列表控件
        listBox1.ItemsSource = fileList.Split('|');
    }
}
// 播放网络音频
private async void play_Click(object sender, RoutedEventArgs e)
{
```

```csharp
            string erro = "";
            try
            {
                if (!string.IsNullOrEmpty(mp3Uri.Text))
                {
                    media.Source = new Uri(mp3Uri.Text, UriKind.Absolute);
                    media.Play();
                    savehistory();
                }
                else
                {
                    erro = "请输入 mp3 的网络地址!";
                }
            }
            catch (Exception)
            {
                erro = "无法播放!";
            }
            if (erro!= "")
            {
                await new MessageDialog(erro).ShowAsync();
            }
        }
        // 停止播放
        private void stop_Click(object sender, RoutedEventArgs e)
        {
            media.Stop();
        }
```

程序运行的效果如图 20.2 所示。

图 20.2　播放网络 MP3

20.4 使用 SystemMediaTransportControls 控件播放音乐

使用 MediaElement 控件在默认的情况下播放音频是没有可视化界面的,不过 Windows 10 引入了用于 MediaElement 的内置传输控件——SystemMediaTransportControls。它们处理播放、停止、暂停、音量、静音、定位/前进,以及音轨选择。如果要在 MediaElement 控件里面启用 SystemMediaTransportControls 控件,则需要将 AreTransportControlsEnabled 属性设置为 true,如果要禁用则设置为 false。

添加好 MediaElement 控件之后,首先需要在应用程序里面获取 SystemMediaTransportControls 的实例,可以通过调用 SystemMediaTransportControls 类的静态方法(GetForCurrentView 方法)来获取。

如果要在传输控件上显示相关的按钮,可以通过相关按钮的启用属性设置为 true,例如 IsPlayEnabled、IsPauseEnabled、IsNextEnabled 和 IsPreviousEnabled。同时还要添加按钮的处理事件 ButtonPressed 事件,用于处理按钮的所触发的事件。当按下了所启用的某个按钮时,SystemMediaTransportControls 会通过 ButtonPressed 事件通知你的应用。然后,你的应用可以对媒体进行控制,例如暂停或播放,以响应所按下的按钮。要从 ButtonPressed 事件处理程序更新 UI 线程上的对象(例如 MediaElement 对象),必须通过 UI 线程来调用,因为这个按钮事件是运行在后台线程的。当媒体的状态发生变化时,应用将通过 PlaybackStatus 属性通知 SystemMediaTransportControls。这使得传输控件能够更新按钮状态,以使它们与媒体源的状态一致。

下面给出使用媒体传输控件播放音频的示例:使用 MediaElement 控件结合 SystemMediaTransportControls 控件来实现音频播放的可视化 UI 界面。

代码清单 20-3:使用媒体传输控件播放音频(源代码:第 20 章\Examples_20_2)

MainPage.xaml 文件主要代码

```
<StackPanel>
    <MediaElement x:Name = "musicPlayer" AreTransportControlsEnabled = "True"
                  Source = "Music/music1.mp3"
                  CurrentStateChanged = "MusicPlayer_CurrentStateChanged"
                  Height = "100" Width = "370"/>
</StackPanel>
```

MainPage.xaml.cs 文件主要代码

```
// 系统媒体传输控件的对象
SystemMediaTransportControls systemControls;
public MainPage()
{
```

```csharp
            this.InitializeComponent();
            // 获取系统媒体传输控件的对象
            systemControls = SystemMediaTransportControls.GetForCurrentView();
            // 添加按钮事件
            systemControls.ButtonPressed += SystemControls_ButtonPressed;
            // 在控件中显示播放和暂停按钮
            systemControls.IsPlayEnabled = true;
            systemControls.IsPauseEnabled = true;
        }
        // MediaElement 控件对音频的播放状态监控事件的处理程序
        void MusicPlayer_CurrentStateChanged(object sender, RoutedEventArgs e)
        {
            // 把音频的播放状态同步修改到 SystemMediaTransportControls 控件上
            switch (musicPlayer.CurrentState)
            {
                case MediaElementState.Playing:
                    systemControls.PlaybackStatus = MediaPlaybackStatus.Playing;
                    break;
                case MediaElementState.Paused:
                    systemControls.PlaybackStatus = MediaPlaybackStatus.Paused;
                    break;
                case MediaElementState.Stopped:
                    systemControls.PlaybackStatus = MediaPlaybackStatus.Stopped;
                    break;
                case MediaElementState.Closed:
                    systemControls.PlaybackStatus = MediaPlaybackStatus.Closed;
                    break;
                default:
                    break;
            }
        }
        // SystemMediaTransportControls 控件的按钮事件处理程序
        void SystemControls_ButtonPressed(SystemMediaTransportControls sender,
            SystemMediaTransportControlsButtonPressedEventArgs args)
        {
            // 根据按钮的类型来选择播放或者暂停
            switch (args.Button)
            {
                case SystemMediaTransportControlsButton.Play:
                    PlayMedia();
                    break;
                case SystemMediaTransportControlsButton.Pause:
                    PauseMedia();
                    break;
                default:
                    break;
            }
```

```
    }
    // 播放音频
    async void PlayMedia()
    {
        await Dispatcher.RunAsync(Windows.UI.Core.CoreDispatcherPriority.Normal, () =>
        {
            musicPlayer.Play();
        });
    }
    // 暂停播放
    async void PauseMedia()
    {
        await Dispatcher.RunAsync(Windows.UI.Core.CoreDispatcherPriority.Normal, () =>
        {
            musicPlayer.Pause();
        });
    }
```

应用程序的运行效果如图 20.3 所示。

图 20.3　系统媒体传输控件

20.5　本地视频播放

在 Windows 10 应用程序中播放视频依然还是使用 MediaElement 元素去实现，与音频播放不同的是，视频播放还产生一个显示效果，也就是说 MediaElement 元素必须要有一定的宽度和高度才能够把视频展现出来。

下面给出播放本地视频的示例：播放程序本地的视频，并将播放的进度用进度条显示出来。

代码清单 20-4：播放本地视频（源代码：第 20 章\Examples_20_4）

MainPage.xaml 文件主要代码

```xml
<Grid Background = "{ThemeResource ApplicationPageBackgroundThemeBrush}">
    ……省略若干代码
    <Grid x:Name = "ContentPanel" Grid.Row = "1" Margin = "12,0,12,0">
        <Grid.RowDefinitions>
            <RowDefinition Height = "350" />
            <RowDefinition Height = "40" />
        </Grid.RowDefinitions>
        <!-- 添加 MediaElement 多媒体播放控件 -->
        <MediaElement Name = "myMediaElement" AutoPlay = "True" Grid.Row = "0" />
        <ProgressBar Name = "pbVideo" Grid.Row = "1" />
    </Grid>
</Grid>
<!-- 3 个菜单栏：播放、暂停和停止 -->
<Page.BottomAppBar>
    <CommandBar>
        <AppBarButton x:Name = "play" Icon = "Play" Label = "播放" Click = "play_Click"/>
        <AppBarButton x:Name = "pause" Icon = "Pause" Label = "暂停" Click = "pause_Click"/>
        <AppBarButton x:Name = "stop" Icon = "Stop" Label = "停止" Click = "stop_Click"/>
    </CommandBar>
</Page.BottomAppBar>
```

MainPage.xaml.cs 文件代码

```csharp
// 使用定时器来处理视频播放的进度条
DispatcherTimer currentPosition = new DispatcherTimer();
// 页面的初始化
public MainPage()
{
    InitializeComponent();
    //定义多媒体流可用并被打开时触发的事件
    myMediaElement.MediaOpened += new RoutedEventHandler(myMediaElement_MediaOpened);
    //定义多媒体停止时触发的事件
    myMediaElement.MediaEnded += new RoutedEventHandler(myMediaElement_MediaEnded);
    //定义多媒体播放状态改变时触发的事件
    myMediaElement.CurrentStateChanged += new RoutedEventHandler(myMediaElement_CurrentStateChanged);
    // 定时器时间间隔
    currentPosition.Interval = new TimeSpan(1000);
    //定义定时器触发的事件
    currentPosition.Tick += currentPosition_Tick;
    //设置多媒体控件的网络视频资源
```

```csharp
        myMediaElement.Source = new Uri("ms-appx:///123.wmv", UriKind.Absolute);
    }
    //视频状态改变时的处理事件
    void myMediaElement_CurrentStateChanged(object sender, RoutedEventArgs e)
    {
        if (myMediaElement.CurrentState == MediaElementState.Playing)
        {//播放视频时各菜单的状态
            currentPosition.Start();
            play.IsEnabled = false;          // 播放
            pause.IsEnabled = true;          // 暂停
            stop.IsEnabled = true;           // 停止
        }
        else if (myMediaElement.CurrentState == MediaElementState.Paused)
        { //暂停视频时各菜单的状态
            currentPosition.Stop();
            play.IsEnabled = true;
            pause.IsEnabled = false;
            stop.IsEnabled = true;
        }
        else
        {//停止视频时各菜单的状态
            currentPosition.Stop();
            play.IsEnabled = true;
            pause.IsEnabled = false;
            stop.IsEnabled = false;
        }
    }
    //多媒体停止时触发的事件
    void myMediaElement_MediaEnded(object sender, RoutedEventArgs e)
    {
        //停止播放
        myMediaElement.Stop();
    }
    //多媒体流可用并被打开时触发的事件
    void myMediaElement_MediaOpened(object sender, RoutedEventArgs e)
    {
        //获取多媒体视频的总时长来设置进度条的最大值
        pbVideo.Maximum = (int)myMediaElement.NaturalDuration.TimeSpan.TotalMilliseconds;
        //播放视频
        myMediaElement.Play();
    }
    //定时器触发的事件
    private void currentPosition_Tick(object sender, object e)
    {
        //获取当前视频播放的时长来设置进度条的值
        pbVideo.Value = (int)myMediaElement.Position.TotalMilliseconds;
    }
```

```csharp
// 播放视频菜单事件
private void play_Click(object sender, RoutedEventArgs e)
{
    myMediaElement.Play();
}
// 暂停视频菜单事件
private void pause_Click(object sender, RoutedEventArgs e)
{
    myMediaElement.Pause();
}
// 停止视频菜单事件
private void stop_Click(object sender, RoutedEventArgs e)
{
    myMediaElement.Stop();
}
```

程序运行的效果如图 20.4 所示。

图 20.4 播放本地视频

20.6 网络视频播放

网络视频的播放处理方式和本地视频播放类似,只是 MediaElement 的源换成了网络的视频文件。因为播放网络视频会受到网络好坏的影响,不过 Windows 10 系统内部已经做了缓冲处理,可以通过 MediaElement 类的 BufferingProgress 属性来获取视频缓冲的信息。

下面给出播放网络视频的示例:播放网络上的视频文件,并监控视频播放的缓冲情况和播放进度。

代码清单 20-4:播放网络视频(源代码:第 20 章\Examples_20_5)
MainPage.xaml 文件主要代码

```xml
<ScrollViewer>
    <StackPanel>
        <TextBox Header = "视频地址:" x:Name = "txtUrl" TextWrapping = "Wrap" FontSize = "16" Text = "http://www.hsez.net/video/2010paocao.wmv"/>
        <!-- 点击按钮后再加载网络的视频 -->
        <Button Content = "加载视频" Name = "load" Click = "load_Click" />
        <!-- 用于播放网络视频的 MediaElement 元素 -->
        <MediaElement x:Name = "mediaPlayer" Width = "380" Height = "220" AutoPlay = "False"/>
        <!-- 播放的进度条 -->
        <Slider Name = "mediaTimeline" ValueChanged = "mediaTimeline_ValueChanged_1" Maximum = "1" LargeChange = "0.1" />
        <!-- 视频的播放进度、缓冲和下载进度信息 -->
        <StackPanel Orientation = "Horizontal">
            <TextBlock Height = "30" Name = "lblStatus" Text = "00:00" Width = "88" FontSize = "16" />
            <TextBlock Height = "30" x:Name = "lblBuffering" Text = "缓冲" FontSize = "16" />
            <TextBlock Height = "30" x:Name = "lblDownload" Text = "下载" FontSize = "16" />
        </StackPanel>
        <!-- 控制视频播放、停止、暂停和声音开关的按钮 -->
        <StackPanel Orientation = "Horizontal">
            <AppBarButton Icon = "Play" x:Name = "btnPlay" Click = "btnPlay_Click" IsCompact = "True" />
            <AppBarButton Icon = "Stop" x:Name = "btnStop" Click = "btnStop_Click" IsCompact = "True" />
            <AppBarButton Icon = "Pause" x:Name = "btnPause" Click = "btnPause_Click" IsCompact = "True" />
            <AppBarButton Icon = "Volume" x:Name = "btnVolume" Click = "btnMute_Click" IsCompact = "True" />
            <AppBarButton Icon = "Mute" x:Name = "btnMute" Click = "btnMute_Click" IsCompact = "True" />
            <TextBlock x:Name = "lblSoundStatus" Text = "声音开" FontSize = "20" VerticalAlignment = "Center"/>
        </StackPanel>
    </StackPanel>
</ScrollViewer>
```

MainPage.xaml.cs 文件代码

```csharp
// 是否更新播放的进度显示
private bool _updatingMediaTimeline;
public MainPage()
{
    InitializeComponent();
}
// 暂停播放
private void btnPause_Click(object sender, RoutedEventArgs e)
{
    if (mediaPlayer.CanPause)
    {
        mediaPlayer.Pause();
        lblStatus.Text = "暂停";
    }
    else
    {
        lblStatus.Text = "不能暂停,请重试!";
    }
}
// 停止播放
private void btnStop_Click(object sender, RoutedEventArgs e)
{
    mediaPlayer.Stop();
    mediaPlayer.Position = System.TimeSpan.FromSeconds(0);
    lblStatus.Text = "停止";
}
// 播放视频
private void btnPlay_Click(object sender, RoutedEventArgs e)
{
    mediaPlayer.Play();
}
// 关闭声音
private void btnMute_Click(object sender, RoutedEventArgs e)
{
    lblSoundStatus.Text = "声音关";
    mediaPlayer.IsMuted = true;
}
// 打开声音
private void btnVolume_Click(object sender, RoutedEventArgs e)
{
    lblSoundStatus.Text = "声音开";
    mediaPlayer.IsMuted = false;
}
// 进度条更改事件处理
```

```csharp
private void mediaTimeline_ValueChanged_1(object sender, RangeBaseValueChangedEventArgs e)
{
    if (!_updatingMediaTimeline && mediaPlayer.CanSeek)
    {
        TimeSpan duration = mediaPlayer.NaturalDuration.TimeSpan;
        // 计算视频的拖动位置
        int newPosition = (int)(duration.TotalSeconds * mediaTimeline.Value);
        // 跳转到该时间点的视频播放
        mediaPlayer.Position = new TimeSpan(0, 0, newPosition);
    }
}
// 加载网络视频
private void load_Click(object sender, RoutedEventArgs e)
{
    _updatingMediaTimeline = false;
    mediaPlayer.Source = new Uri(txtUrl.Text);
    // 视频播放的位置从第 0 秒开始
    mediaPlayer.Position = System.TimeSpan.FromSeconds(0);
    //更新播放的进度百分比
    mediaPlayer.DownloadProgressChanged += (s, ee) =>
    {
        lblDownload.Text = string.Format("下载 {0:0.0%}", mediaPlayer.DownloadProgress);
    };
    //更新缓冲的进度百分比
    mediaPlayer.BufferingProgressChanged += (s, ee) =>
    {
        lblBuffering.Text = string.Format("缓冲 {0:0.0%}", mediaPlayer.BufferingProgress);
    };
    // 通过帧事件来更新视频播放的进度条
    CompositionTarget.Rendering += (s, ee) =>
    {
        _updatingMediaTimeline = true;
        TimeSpan duration = mediaPlayer.NaturalDuration.TimeSpan;
        if (duration.TotalSeconds != 0)
        {
            // 计算播放的百分比
            double percentComplete = mediaPlayer.Position.TotalSeconds / duration.TotalSeconds;
            // 设置进度条
            mediaTimeline.Value = percentComplete;
            TimeSpan mediaTime = mediaPlayer.Position;
            // 显示视频当前的时间
            string text = string.Format("{0:00}:{1:00}",
                (mediaTime.Hours * 60) + mediaTime.Minutes, mediaTime.Seconds);
            // 显示相关的状态信息
            if (lblStatus.Text != text)
```

```
                        lblStatus.Text = text;
                        _updatingMediaTimeline = false;
                    }
                };
                // 播放视频
                mediaPlayer.Play();
            }
```

程序运行的效果如图 20.5 所示。

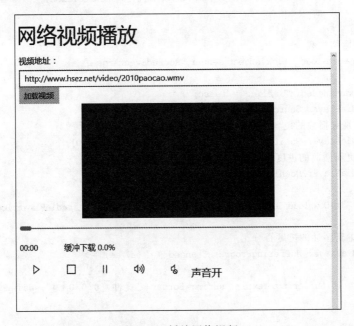

图 20.5 播放网络视频

第 21 章 地 理 位 置

地理位置在智能设备的应用程序开发中应用非常广泛。例如，我们可以通过定位来获取用户当前的位置，这个位置信息不仅可以用来开发地图、导航之类的应用程序，也可以根据这个地理位置信息向用户展示个性化的消息，比如天气预报、购物信息等。在 Windows 10 中，可以使用相关的 API 来创建利用设备的物理位置的应用程序。设备提供的位置数据来自多个来源，包括 GPS、WiFi 和蜂窝基站。获取到地理位置的信息之后我们还可以使用 Windows 10 内置的地图控件，通过地图来展示位置信息，把地理位置的数据通过可视化的地图来呈现。在 Windows 10 中，还可以使用地理围栏的功能设定一个地理区域，可以用于实现区域进入提醒等一些实用的功能开发。本章将会讲解基于地理位置的相关开发技术。

21.1 定位和地图

通过定位可以获取设备当前的地理位置信息，然后通过地图把地理位置展示出来。在 Windows 10 的应用程序里面，如果要使用到定位功能，需要在应用程序清单文件 Package.appxmanifest 中选中 Location 的功能权限，否则调用定位的 API 会引发异常。对于定位，我们不仅可以获取当前的位置信息，还可以持续地跟踪地理位置的变换，如果需要在程序关闭或者挂起的情况下继续跟踪地理位置的变化，这时候可以使用后台任务来实现后台的地理位置跟踪。本节会讲解关于 Windows 10 的定位和地图的相关知识。

21.1.1 获取定位信息

在 Windows 10 中，Geolocator 类表示提供对当前地理位置的访问操作类，在该类里面封装了获取当前地理位置信息，监控位置变化的相关方法和事件。在获取定位信息之前首先需要创建一个 Geolocator 类对象，然后再调用其 GetGeopositionAsync 方法来获取定位的信息，获取的地理位置信息是一个 Geoposition 对象（表示包含纬度和经度数据或民事地址数据的位置），根据 Geoposition 对象的 Coordinate 属性便可以获取到位置的经度与纬度信息。

定位默认的超时时间是 7 秒，如果想自定义超时时间，就可以调用 GetGeopositionAsync

(TimeSpan,TimeSpan)方法,第一个参数表示已缓存位置数据的最大可接受时间,第二个参数表示超时时间,TimeSpan 是指以 100 毫微秒为单位表示的时间段。调用 GetGeopositionAsync 方法之后,Geolocator 对象的 LocationStatus 属性会发生改变,我们可以通过该属性来判断当前的定位状态是否成功。

获取定位信息的示例代码如下所示:

```
try
{
    // 创建一个 Geolocator 对象
    Geolocator geolocator = new Geolocator();
    // 获取当前的地理位置信息
    Geoposition pos = await geolocator.GetGeopositionAsync();
    // 纬度信息
    double latitude = pos.Coordinate.Latitude;
    // 经度信息
    double longitude = pos.Coordinate.Longitude;
    // 准确性信心
    double accuracy = pos.Coordinate.Accuracy;
    // 状态信息
    switch (geolocator.LocationStatus)
    {
        case PositionStatus.Ready:
            // 地理位置信息可用
            break;
        case PositionStatus.Initializing:
            // 地理位置服务正在初始化
            break;
        case PositionStatus.NoData:
            // 地理位置服务不可用
            break;
        case PositionStatus.Disabled:
            // 地理位置服务被用户禁用
            break;
        case PositionStatus.NotInitialized:
            // 未请求地理位置信息
            break;
        case PositionStatus.NotAvailable:
            // 设备不支持地理位置服务
            break;
        default:
            // 未知状态
            break;
    }
}
```

```
catch (System.UnauthorizedAccessException)
{
    // 服务被禁用异常
}
catch (TaskCanceledException)
{
    // 请求被取消
}
```

21.1.2 在地图上显示位置信息

获取地理位置信息之后,我们还可以使用地图控件来显示当前的地理位置。Windows 10 内置了地图控件,可以直接调用地图控件来实现位置的信息。MapControl 类表示地图控件,可以直接在 XAML 上面使用。在添加 MapControl 控件之前需要先引入地图控件的命名空间,如下所示:

```
<Page
    ……省略若干代码
    xmlns:Maps = "using:Windows.UI.Xaml.Controls.Maps"
    ……省略若干代码>
    ……省略若干代码
    <Maps:MapControl />
    ……省略若干代码
</Page>
```

对于地图控件,可以根据其相关属性来设置地图的特性,比如通过 ColorScheme 属性设置地图的主题,是深色主题还是浅色主题;通过 Style 属性设置地图的样式,是卫星图还是平面路线图。如果要在地图上定位某个位置,可以通过设置地图的 Center 属性,表示地图的中心位置,Center 的类型是 Geopoint 类类型,也就是经纬度的信息对象。

下面给出地图上显示定位信息的示例:通过定位获取当前的位置信息,然后在地图上显示当前的地理位置。

代码清单 21-1:在地图上显示定位信息(第 21 章\Examples_21_1)
MainPage.xaml 文件主要代码

```
<StackPanel>
    <!-- 地图控件 -->
    <Maps:MapControl x:Name = "myMap" Height = "300" ZoomLevel = "10"/>
    <Button x:Name = "getlocation" Content = "在地图上显示当前的位置" Click = "getlocation_Click"></Button>
    <TextBlock x:Name = "tbLatitude"></TextBlock>
    <TextBlock x:Name = "tbLongitude"></TextBlock>
    <TextBlock x:Name = "tbAccuracy"></TextBlock>
</StackPanel>
```

MainPage.xaml.cs 文件主要代码

```csharp
Geolocator geolocator = null;
public MainPage()
{
    this.InitializeComponent();
    this.NavigationCacheMode = NavigationCacheMode.Required;
    // 创建一个 Geolocator 对象
    geolocator = new Geolocator();
    // 设置地图的 ServiceToken,如果要上传电子市场需要通过开发者账号获取
    myMap.MapServiceToken = "AuthenticationToken";
}
// 获取定位信息的按钮事件处理程序
private async void getlocation_Click(object sender, RoutedEventArgs e)
{
    try
    {
        // 获取当前的地理位置信息
        Geoposition pos = await geolocator.GetGeopositionAsync();
        // 设置地图的中心
        myMap.Center = pos.Coordinate.Point;
        // 把地图放大 5 倍
        // myMap.ZoomLevel = 5;
        // 纬度信息
        tbLatitude.Text = "纬度:" + pos.Coordinate.Point.Position.Latitude;
        // 经度信息
        tbLongitude.Text = "经度:" + pos.Coordinate.Point.Position.Longitude;
        // 准确性信息
        tbAccuracy.Text = "准确性:" + pos.Coordinate.Accuracy;
    }
    catch (System.UnauthorizedAccessException)
    {
        // 服务被禁用异常
        tbLatitude.Text = "No data";
        tbLongitude.Text = "No data";
        tbAccuracy.Text = "No data";
    }
    catch (TaskCanceledException)
    {
        // 请求被取消
        tbLatitude.Text = "Cancelled";
        tbLongitude.Text = "Cancelled";
        tbAccuracy.Text = "Cancelled";
    }
}
```

应用程序的运行效果如图 21.1 所示。

图 21.1　在地图上显示当前的位置

21.1.3　跟踪定位的变化

如果要开发类似导航这样的功能，就需要实时跟踪定位的变化。通过 Geolocator 类的 GetGeopositionAsync 方法，可以获取当前位置，如果设备的位置发生了变化，还可以通过 PositionChanged 事件去跟踪定位的变化。那么，该事件触发的机制是需要通过位置变化的误差来设置的，可以通过 MovementThreshold 属性来设置位置变化的距离，单位是米，比如把 MovementThreshold 设置为 5 米，则当位置的变化达到了 5 米时就会触发 PositionChanged 事件。因为这个位置的变化会不停地请求定位的数据，所以一般在跟踪地理位置的变化时，还需要监控定位服务的状态是否出现异常，监控定位服务的状态可以通过 StatusChanged 事件来处理，如果定位服务的状态发生改变就可以通过该事件来获取变化的信息。还要注意，PositionChanged 事件和 StatusChanged 事件都是在后台线程上跑的，如果要在这两个事件的处理程序里面更新 UI 的内容，必须触发 UI 线程来进行处理。

下面给出跟踪定位变化的示例：使用 PositionChanged 事件和 StatusChanged 事件跟踪定位的变化和定位服务的状态变化，然后把位置在地图上显示出来。

代码清单 21-2：跟踪定位变化（第 21 章\Examples_21_2）

MainPage.xaml 文件主要代码

```
<StackPanel>
    <Maps:MapControl x:Name = "myMap" Height = "450" ZoomLevel = "10"/>
```

```xml
<Button x:Name="getlocation" Content="跟踪位置的变化" Click="getlocation_Click"></Button>
    <TextBlock x:Name="tbLatitude"></TextBlock>
    <TextBlock x:Name="tbLongitude"></TextBlock>
    <TextBlock x:Name="tbAccuracy"></TextBlock>
    <TextBlock x:Name="tbStatus"></TextBlock>
</StackPanel>
```

MainPage.xaml.cs 文件主要代码

```csharp
Geolocator geolocator = null;
public MainPage()
{
    this.InitializeComponent();
    this.NavigationCacheMode = NavigationCacheMode.Required;
    // 创建一个 Geolocator 对象
    geolocator = new Geolocator();
    // 设置位置变化的精度为 5 米
    geolocator.MovementThreshold = 5;
    // 定位状态发生变化
    geolocator.StatusChanged += geolocator_StatusChanged;
    // 位置发生变化
    geolocator.PositionChanged += geolocator_PositionChanged;
    // 设置地图的 ServiceToken
    myMap.MapServiceToken = "AuthenticationToken";
}
// 跟踪位置变化按钮事件处理程序
private async void getlocation_Click(object sender, RoutedEventArgs e)
{
    try
    {
        // 获取当前的地理位置信息
        Geoposition pos = await geolocator.GetGeopositionAsync();
        // 设置地图的中心
        myMap.Center = pos.Coordinate.Point;
        // 纬度信息
        tbLatitude.Text = "纬度:" + pos.Coordinate.Point.Position.Latitude;
        // 经度信息
        tbLongitude.Text = "经度:" + pos.Coordinate.Point.Position.Longitude;
        // 准确性信息
        tbAccuracy.Text = "准确性:" + pos.Coordinate.Accuracy;
    }
    catch (System.UnauthorizedAccessException)
    {
        // 服务被禁用异常
        tbLatitude.Text = "No data";
        tbLongitude.Text = "No data";
        tbAccuracy.Text = "No data";
    }
```

```csharp
            catch (TaskCanceledException)
            {
                // 请求被取消
                tbLatitude.Text = "Cancelled";
                tbLongitude.Text = "Cancelled";
                tbAccuracy.Text = "Cancelled";
            }
        }
        // 状态改变事件处理程序
        async void geolocator_StatusChanged(Geolocator sender, StatusChangedEventArgs args)
        {
            await this.Dispatcher.RunAsync(CoreDispatcherPriority.Normal, () =>
                {
                    // 状态信息
                    tbStatus.Text = "状态改变信息:" + GetStatusString(args.Status);
                });
        }
        // 获取状态的详情
        private string GetStatusString(PositionStatus status)
        {
            var strStatus = "";
            switch (status)
            {
                case PositionStatus.Ready:
                    strStatus = "地理位置信息可用";
                    break;
                case PositionStatus.Initializing:
                    strStatus = "地理位置服务正在初始化";
                    break;
                case PositionStatus.NoData:
                    strStatus = "地理位置服务不可用";
                    break;
                case PositionStatus.Disabled:
                    strStatus = "地理位置服务被用户禁用";
                    break;
                case PositionStatus.NotInitialized:
                    strStatus = "未请求地理位置信息";
                    break;
                case PositionStatus.NotAvailable:
                    strStatus = "设备不支持地理位置服务";
                    break;
                default:
                    strStatus = "未知状态";
                    break;
            }
            return (strStatus);
        }
        // 位置改变事件处理程序
        async void geolocator_PositionChanged(Geolocator sender, PositionChangedEventArgs args)
        {
```

```
                await this.Dispatcher.RunAsync(CoreDispatcherPriority.Normal, () =>
                {
                    // 获取变化的地理位置信息
                    Geoposition pos = args.Position;
                    // 设置地图的中心
                    myMap.Center = pos.Coordinate.Point;
                    // 纬度信息
                    tbLatitude.Text = DateTime.Now.ToString() + " 纬度:" + pos.Coordinate.Point.Position.Latitude;
                    // 经度信息
                    tbLongitude.Text = DateTime.Now.ToString() + " 经度:" + pos.Coordinate.Point.Position.Longitude;
                    // 准确性信息
                    tbAccuracy.Text = DateTime.Now.ToString() + " 准确性:" + pos.Coordinate.Accuracy;
                });
            }
```

运行效果如图21.2所示。

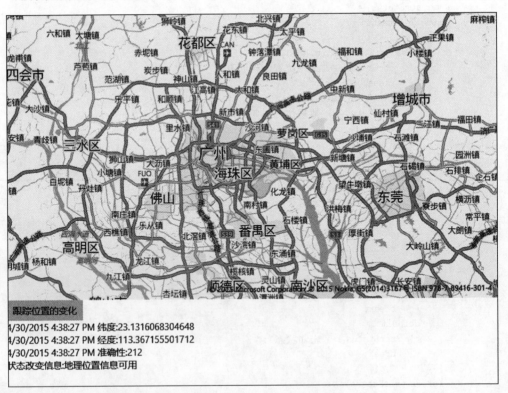

图21.2　测试跟踪地理位置变化

21.1.4 后台定位

虽然通过 PositionChanged 事件可以跟踪地理位置的变化，但是如果应用程序并不在前台运行，PositionChanged 事件也是无法运行的。在第 18 章我们学习了后台任务的相关知识，后台任务可以在引用程序离开的时候运行，那么我们可以利用后台任务来实现定位，再把定位信息反馈给后台的应用程序。再开发一个应用程序，记录用户步行的路线图，那么我们就可以通过这个后台定位的方式来实现。在后台定位中，可以使用 TimeTrigger 触发器，每隔 15 分钟来获取一次用户的定位信息，收集到的这些地理位置信息其实可以实现很多有趣的功能。

下面给出后台定位的示例：使用 TimeTrigger 触发器注册一个每 15 分钟运行一次的后台任务，在后台任务中获取当前的位置信息，当用户启动程序的时候，或者应用程序在前台的时候，把最新的地理位置信息通过地图展示出来。

代码清单 21-3：后台定位（第 21 章\Examples_21_3）

LocationBackgroundTask.cs 文件代码：在后台任务中获取地理位置并存储起来

```csharp
public sealed class LocationBackgroundTask : IBackgroundTask
{
    CancellationTokenSource cts = null;
    async void IBackgroundTask.Run(IBackgroundTaskInstance taskInstance)
    {
        BackgroundTaskDeferral deferral = taskInstance.GetDeferral();
        try
        {
            // 注册后台任务取消事件
            taskInstance.Canceled += new BackgroundTaskCanceledEventHandler(OnCanceled);
            if (cts == null)
            {
                cts = new CancellationTokenSource();
            }
            CancellationToken token = cts.Token;
            Geolocator geolocator = new Geolocator();
            // 获取当前的位置
            Geoposition pos = await geolocator.GetGeopositionAsync().AsTask(token);
            DateTime currentTime = DateTime.Now;
            // 写入状态信息
            WriteStatusToAppdata("Time: " + currentTime.ToString());
            // 写入地理位置信息
            WriteGeolocToAppdata(pos);
        }
        catch (UnauthorizedAccessException)
        {
            WriteStatusToAppdata("Disabled");
```

```csharp
            WipeGeolocDataFromAppdata();
        }
        catch (Exception ex)
        {
            // 超时异常
            const int WaitTimeoutHResult = unchecked((int)0x80070102);
            if (ex.HResult == WaitTimeoutHResult)
            {
                WriteStatusToAppdata("An operation requiring location sensors timed out. Possibly there are no location sensors.");
            }
            else
            {
                WriteStatusToAppdata(ex.ToString());
            }
            WipeGeolocDataFromAppdata();
        }
        finally
        {
            cts = null;
            deferral.Complete();
        }
}
// 写入地理位置信息
private void WriteGeolocToAppdata(Geoposition pos)
{
        var settings = ApplicationData.Current.LocalSettings;
        settings.Values["Latitude"] = pos.Coordinate.Point.Position.Latitude.ToString();
        settings.Values["Longitude"] = pos.Coordinate.Point.Position.Longitude.ToString();
        settings.Values["Accuracy"] = pos.Coordinate.Accuracy.ToString();
}
// 清空地理位置信息
private void WipeGeolocDataFromAppdata()
{
        var settings = ApplicationData.Current.LocalSettings;
        settings.Values["Latitude"] = "";
        settings.Values["Longitude"] = "";
        settings.Values["Accuracy"] = "";
}
// 写入状态信息
private void WriteStatusToAppdata(string status)
{
        var settings = ApplicationData.Current.LocalSettings;
        settings.Values["Status"] = status;
}
// 取消事件
private void OnCanceled(IBackgroundTaskInstance sender, BackgroundTaskCancellationReason
```

```
reason)
        {
            if (cts != null)
            {
                cts.Cancel();
                cts = null;
            }
        }
    }
```

MainPage.xaml 文件主要代码

```xml
<StackPanel>
    <Maps:MapControl x:Name="myMap" Height="450" ZoomLevel="10"/>
    <TextBlock x:Name="tbLatitude"></TextBlock>
    <TextBlock x:Name="tbLongitude"></TextBlock>
    <TextBlock x:Name="tbAccuracy"></TextBlock>
    <TextBlock x:Name="tbStatus"></TextBlock>
</StackPanel>
```

MainPage.xaml.cs 文件主要代码

```csharp
// 注册的后台任务对象
private IBackgroundTaskRegistration _geolocTask = null;
// 任务的取消信号对象
private CancellationTokenSource _cts = null;
// 后台任务的名字
private const string SampleBackgroundTaskName = "SampleLocationBackgroundTask";
// 后台任务的入口
private const string SampleBackgroundTaskEntryPoint = "BackgroundTask.LocationBackgroundTask";
// 页面的进入事件处理程序
protected override void OnNavigatedTo(NavigationEventArgs e)
{
    // 获取后台任务是否已经注册,如果已经注册则获取其注册对象
    foreach (var cur in BackgroundTaskRegistration.AllTasks)
    {
        if (cur.Value.Name == SampleBackgroundTaskName)
        {
            _geolocTask = cur.Value;
            break;
        }
    }
    if (_geolocTask != null)
    {
        // 已注册后台任务,则监控其 Completed 事件,获取最新的位置信息
        _geolocTask.Completed += new BackgroundTaskCompletedEventHandler(OnCompleted);
```

```csharp
            }
            else
            {
                // 如果为注册后台任务,则注册后台任务
                RegisterBackgroundTask();
            }
        }
        // 离开当前页面的时间处理程序
        protected override void OnNavigatingFrom(NavigatingCancelEventArgs e)
        {
            CancelGetGeoposition();
            if (_geolocTask != null)
            {
                _geolocTask.Completed -= new BackgroundTaskCompletedEventHandler(OnCompleted);
            }
            base.OnNavigatingFrom(e);
        }
        // 如果获取地理位置还在进行中,则将其取消
        private void CancelGetGeoposition()
        {
            if (_cts != null)
            {
                _cts.Cancel();
                _cts = null;
            }
        }
        // 添加跟踪位置的后台任务的注册
        private void RegisterBackgroundTask()
        {
            try
            {
                // 注册一个在锁屏上定时 15 分钟执行的后台任务
                BackgroundTaskBuilder geolocTaskBuilder = new BackgroundTaskBuilder();
                geolocTaskBuilder.Name = SampleBackgroundTaskName;
                geolocTaskBuilder.TaskEntryPoint = SampleBackgroundTaskEntryPoint;
                var trigger = new TimeTrigger(15, false);
                geolocTaskBuilder.SetTrigger(trigger);
                _geolocTask = geolocTaskBuilder.Register();
                // 注册后台任务完成事件
                _geolocTask.Completed += new BackgroundTaskCompletedEventHandler(OnCompleted);
            }
            catch (Exception ex)
            {

            }
        }
        // 获取地理位置
```

```csharp
async private void GetGeopositionAsync()
{
    try
    {
        // 创建任务的取消信号对象,可用来取消异步请求
        _cts = new CancellationTokenSource();
        CancellationToken token = _cts.Token;
        Geolocator geolocator = new Geolocator();
        // 获取当前的位置
        Geoposition pos = await geolocator.GetGeopositionAsync().AsTask(token);
        // 设置地图的中心
        myMap.Center = pos.Coordinate.Point;
        // 纬度信息
        tbLatitude.Text = "纬度:" + pos.Coordinate.Point.Position.Latitude;
        // 经度信息
        tbLongitude.Text = "经度:" + pos.Coordinate.Point.Position.Longitude;
        // 准确性信息
        tbAccuracy.Text = "准确性:" + pos.Coordinate.Accuracy;
    }
    catch (UnauthorizedAccessException)
    {
        // 访问异常
    }
    catch (TaskCanceledException)
    {
        // 请求被取消
    }
    catch (Exception ex)
    {
        // 其他异常
    }
    finally
    {
        _cts = null;
    }
}
// 后台任务完成事件,用以更新地理位置信息
async private void OnCompleted(IBackgroundTaskRegistration sender, BackgroundTaskCompletedEventArgs e)
{
    if (sender != null)
    {
        await Dispatcher.RunAsync(CoreDispatcherPriority.Normal, () =>
        {
            try
            {
                // 检查是否出现异常
```

```csharp
e.CheckResult();
// 获取存储设置,在后台任务中把地理位置信息存储在里面
var settings = ApplicationData.Current.LocalSettings;
if (settings.Values["Status"] != null)
{
    // 状态信息
    tbStatus.Text = "状态改变信息:" + settings.Values["Status"].ToString();
}
bool latitude = false;
if (settings.Values["Latitude"] != null)
{
    // 纬度信息
    tbLatitude.Text = "纬度:" + settings.Values["Latitude"].ToString();
    latitude = true;
}
else
{
    tbLatitude.Text = "纬度:" + "No data";
}
bool longitude = false;
if (settings.Values["Longitude"] != null)
{
    // 经度信息
    tbLongitude.Text = "经度:" + settings.Values["Longitude"].ToString();
    longitude = true;
}
else
{
    tbLongitude.Text = "经度:" + "No data";
}
if (settings.Values["Accuracy"] != null)
{
    // 准确性信息
    tbAccuracy.Text = "准确性:" + settings.Values["Accuracy"].ToString();
}
else
{
if (latitude & longitude)
{
        // 设置地图的中心
    myMap.Center = new Geopoint(new BasicGeoposition
    {
        Altitude = 0,
        Latitude = double.Parse(settings.Values["Latitude"].ToString()),
        Longitude = double.Parse(settings.Values["Longitude"].ToString())
```

```
                });
            }
        }
        catch (Exception ex)
        {
        }
    });
}
```

应用程序的运行效果如图 21.3 所示。

图 21.3　后台定位

21.2　地理围栏

地理围栏是 LBS 的一种新应用，就是用一个虚拟的栅栏围出一个虚拟地理边界。当设备进入或离开某个特定地理区域，或在该区域内活动时，设备可以接收自动通知和警告。有了地理围栏技术，位置社交网站就可以帮助用户在进入某一地区时自动登记。Windows 10 提供了 API 直接支持地理围栏的编程，而不需要开发者去自定义实现这样的业务封装。

21.2.1 设置地理围栏

Windows.Devices.Geolocation 空间下的 Geofence 类定义了地理围栏,可以使用 Geofence 类来创建一个地理围栏。在创建地理围栏之前,还需要在程序中确保有正确的地理位置权限,因为地理围栏也需要用到定位的功能。所以在开始创建地理围栏对象的时候,需要通过获取当前的地理位置信息来判断当前的应用程序是否具有定位的能力。

要创建一个围栏,需要先创建一个 Geofence 对象,Geofence 具有下面的一些重要的属性,用于定义地理围栏的值:

(1) string Id:用于识别地理围栏的 Id。

(2) IGeoshape Geoshape:圆形关注区域,表示围栏的区域。

(3) MonitoredGeofenceStates MonitoredStates:指明需要为哪些地理围栏事件接收通知——输入定义的区域,保留定义的区域或者删除地理围栏。

(4) bool SingleUse:当满足了监视地理围栏的所有状态时,是否将删除地理围栏。

(5) TimeSpan DwellTime:指明在触发进入/退出事件之前,用户必须位于所定义区域之内/之外的时间。

(6) DateTimeOffset StartTime:指明何时开始监视地理围栏。

(7) TimeSpan Duration:监视地理围栏的事件。

我们可以通过 4 个构造方法来构造一个地理围栏的对象,分别如下所示:

```
public Geofence(string id, IGeoshape geoshape);
public Geofence(string id, IGeoshape geoshape, MonitoredGeofenceStates monitoredStates, bool singleUse);
public Geofence(string id, IGeoshape geoshape, MonitoredGeofenceStates monitoredStates, bool singleUse, TimeSpan dwellTime);
public Geofence(string id, IGeoshape geoshape, MonitoredGeofenceStates monitoredStates, bool singleUse, TimeSpan dwellTime, DateTimeOffset startTime, TimeSpan duration);
```

构造好围栏对象之后,把 Geofence 对象添加到地理围栏的监控中设置地理围栏,示例代码如下所示:

```
GeofenceMonitor.Current.Geofences.Add(geofence);
```

21.2.2 监听地理围栏通知

在创建地理围栏后,需要添加逻辑,以便处理当出现地理围栏事件时所发生的情况。按照设置的 MonitoredStates,可能会在下列情况中收到事件:

(1) 用户进入了关注的区域。

(2) 用户离开了关注的区域。

(3) 地理围栏过期或者已被删除。请注意,删除事件并不能激活后台应用。

当应用正在运行时,可以直接从应用中侦听事件,或者注册一个后台任务,以便在发生事件时接收后台通知。

```csharp
// 给 GeofenceMonitor 对象添加地理围栏状态改变事件
GeofenceMonitor.Current.GeofenceStateChanged += OnGeofenceStateChanged;
    // 地理围栏状态改变事件
public async void OnGeofenceStateChanged(GeofenceMonitor sender, object e)
{
    // 读取状态改变的报告
    var reports = sender.ReadReports();
    // 启动 UI 线程
    await Dispatcher.RunAsync(CoreDispatcherPriority.Normal, () =>
    {
        foreach (GeofenceStateChangeReport report in reports)
        {
            // 地理围栏的状态
            GeofenceState state = report.NewState;
            // 地理围栏对象
            Geofence geofence = report.Geofence;
            if (state == GeofenceState.Removed)
            {
                // 地理围栏已被移除
            }
            else if (state == GeofenceState.Entered)
            {
                // 用户进入了地理围栏区域
            }
            else if (state == GeofenceState.Exited)
            {
                // 用户退出地理围栏区域
            }
        }
    });
}
```

地理围栏的监控也可以使用后台任务来跟踪其状态的改变，实现的原理和思路跟实现后台任务跟踪地理位置是一样的。

下面给出监听地理围栏通知的示例：先使用定位服务获取当前的位置，然后再根据当前的经纬度信息，创建一个以当前地理位置为中心的周围 20 米的地理围栏区域，监控用户是否进入该区域和离开该区域，监控的时间是从现在开始为期 10 个小时。

代码清单 21-4：监听地理围栏通知（第 21 章\Examples_21_4）

MainPage.xaml 文件主要代码

```xaml
<StackPanel>
    <TextBlock Text = "创建一个地理围栏，在当前的定位位置,周围 20 米,从现在开始为期 10 个小时,并监控进入和退出的状态: " TextWrapping = "Wrap"></TextBlock>
```

```xml
<Button x:Name="creatGeofence" Content="创建地理围栏" Click="creatGeofence_Click"></Button>
<TextBlock x:Name="info"></TextBlock>
</StackPanel>
```

MainPage.xaml.cs 文件主要代码

```csharp
// 地理围栏 ID
string fenceKey = "fenceKey";
public MainPage()
{
    this.InitializeComponent();
    this.NavigationCacheMode = NavigationCacheMode.Required;
    // 添加地理围栏状态改变事件
    GeofenceMonitor.Current.GeofenceStateChanged += Current_GeofenceStateChanged;
}
// 创建地理围栏的按钮事件处理程序
private async void creatGeofence_Click(object sender, RoutedEventArgs e)
{
    try
    {
        foreach(var geo in GeofenceMonitor.Current.Geofences)
        {
            if(geo.Id == fenceKey)
            {
                await new MessageDialog("该地理围栏已经添加").ShowAsync();
                return;
            }
        }
        // 创建一个 Geolocator 对象
        Geolocator geolocator = new Geolocator();
        // 获取当前的地理位置信息
        Geoposition pos = await geolocator.GetGeopositionAsync();
        // 获取日历对象,并设置为当前的时间
        Calendar calendar = new Calendar();
        calendar.SetToNow();
        // 获取当前的日期时间
        DateTimeOffset nowDateTime = calendar.GetDateTime();
        // 使用经纬度来创建一个 BasicGeoposition 对象
        BasicGeoposition position;
        position.Latitude = pos.Coordinate.Point.Position.Latitude;
        position.Longitude = pos.Coordinate.Point.Position.Longitude;
        position.Altitude = 0.0;
        double radius = 20;
        // 创建围栏的圆形区域
        Geocircle geocircle = new Geocircle(position, radius);
```

```csharp
            // 表示监控地理围栏3种状态的改变
            MonitoredGeofenceStates mask = 0;
            mask |= MonitoredGeofenceStates.Entered;
            mask |= MonitoredGeofenceStates.Exited;
            mask |= MonitoredGeofenceStates.Removed;
            // 在进入状态改变事件之前,你需要持续在地理围栏内(外)的时间
            TimeSpan dwellTime = TimeSpan.FromSeconds(3);
            // 该地理围栏持续10个小时
            TimeSpan duration = TimeSpan.FromHours(10);
            // 创建围栏对象
            Geofence geofence = new Geofence(fenceKey, geocircle, mask, true, dwellTime, nowDateTime, duration);
            GeofenceMonitor.Current.Geofences.Add(geofence);
            // 添加成功
            await new MessageDialog("创建成功").ShowAsync();
        }
        catch (Exception)
        {
        }
    }
    // 地理围栏状态改变事件处理程序
    async void Current_GeofenceStateChanged(GeofenceMonitor sender, object args)
    {
        var reports = sender.ReadReports();
        await Dispatcher.RunAsync(CoreDispatcherPriority.Normal, () =>
        {
            foreach (GeofenceStateChangeReport report in reports)
            {
                GeofenceState state = report.NewState;
                // 获取地理围栏
                Geofence geofence = report.Geofence;
                if (state == GeofenceState.Removed)
                {
                    info.Text = "地理围栏已经被移除";
                    GeofenceMonitor.Current.Geofences.Remove(geofence);
                }
                else if (state == GeofenceState.Entered)
                {
                    info.Text = "进入地理围栏";
                }
                else if (state == GeofenceState.Exited)
                {
                    info.Text = "退出地理围栏";
                }
            }
        });
    }
```

运行效果如图 21.4 所示。

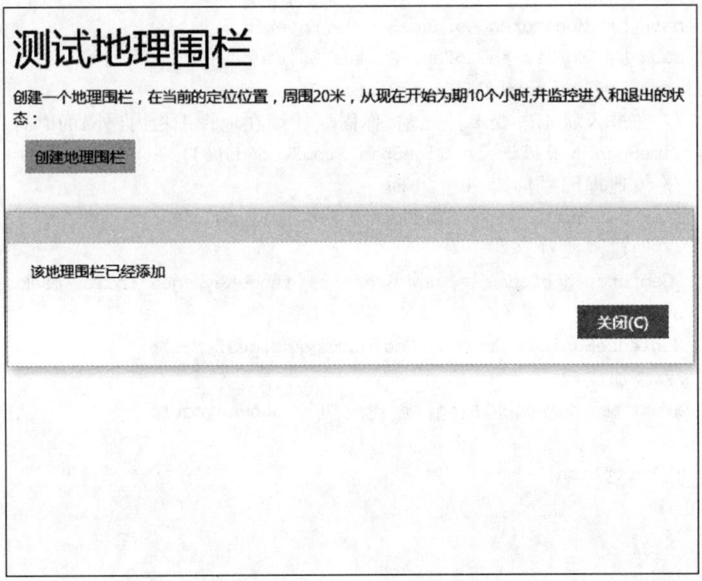

图 21.4　地理围栏

第 22 章 C♯ 与 C++ 混合编程

Windows 10 C♯ 的应用程序项目可以和 C++ 的组件混合使用,这样可以非常方便地把一些 C++ 代码移植到项目中来使用。如果要在 C♯ 的应用程序项目中调用 C++ 的代码,可以通过 Windows 运行时组件来调用,Windows 运行时组件相当于是一条连接的纽带。在 Windows 10 里面的 C++ 编程将会使用一种新的 C++ 语法,叫做 C++/CX,同时也支持使用标准 C++ 编程和调用标准 C++ 的组件。这种混合式的编程,更大的意义在于我们可以充分地复用已有的 C++ 代码公共组件和代码;并且,对于一些复杂的加密算法的操作,使用 C++ 的代码会更加高效和通用。本章将会详细地讲解 Windows 10 的 C++/CX 编程语法,在 C++ 的 Windows 运行时组件里面如何使用标准的 C++、如何在 C♯ 的应用程序项目中调用基于 C++ 的 Windows 运行时组件等内容,下面我们一起走进 Windows 10 C++ 编程的世界。

22.1 C++/CX 语法

C++/CX 是 Windows 运行时的 C++ 语法,在 Windows 运行时中提供的 C++ 编程的 API 就是基于 C++/CX 进行设计的,所以在 Windows 运行时进行 C++ 编程将无处不在地使用着这样一种语法。C++/CX 提供了很多新的 C++ 的语法结构,不过也有很多语法特性与 C♯ 语言很类似。C++/CX 属于 Native C++,它不使用 CLR,也没有垃圾回收机制。这和微软之前在 .NET 平台下扩展的 C++/CLR 是有本质的区别的,虽然两者在语法方面比较类似,但是这两者是两种完全不同的东西。C++/CX 是基于 Windows 运行时而诞生的,它运行在 Windows 运行时上,比在 .NET 平台上的托管 C++ 具有更高的效率,是一种新的技术产物。下面来看一下它的语法特性。

22.1.1 命名空间

命名空间(Namespace)表示标识符(identifier)的上下文(context)。一个标识符可以在多个命名空间中定义,它在不同命名空间中的含义是互不相干的。这样,在一个新的命名空间中可定义任何标识符,它们不会与任何已有的标识符发生冲突,因为已有的定义都处于其它命名空间中。在标准 C++ 里面,命名空间是为了防止类型的冲突,但在 Windows 运行时中,使用C++编程需要给所有的程序类型添加上命名空间,这是Windows运行时的一种语法规范。这是C++/CX语法的命名空间与标准C++的命名空间最大的区别。在C++/CX中命名空间可以嵌套使用,看下面的例子:

```
namespace Test
{
    public ref class MyClass{};
    public delegate void MyDelegate();
    namespace NestedNamespace
    {
        public ref class MyClass2
        {
            event Test::MyDelegate ^ Notify;
        };
    }
}
```

在MyClass2里面使用Test空间下面的类型需要通过Test::来调用。

Windows运行时的API都在Windows::*命名空间里面,在windows.winmd文件里面可以找到定义。这些命名空间都是为Windows保留的,其他第三方自定义的类型不能够使用这些命名空间。Windows运行时API的命名空间如表22.1所示。

表22.1 C++/CX的命名空间

命名空间	描述
Default	包含了数字和char16类型
Platform	包含了Windows运行时的一些主要的类型,如Array<T>、String、Guid和Boolean。也包含了一些特别的帮助类型如Platform::Agile<T>和Platform::Box<T>
Platform::Collections	包含了一些从IVector、Imap等接口中集成过来的集合类型。这些类型在collection.h头文件中定义,并不是在platform.winmd里面
Platform::Details	包含了在编译器里面使用的类型,但并不公开来使用

22.1.2 基本的类型

Windows运行时的C++/CX扩展了标准C++里面的基本的类型,C++/CX实现了布尔类型、字符类型和数字类型,这些类型都在default命名空间里面。另外,C++/CX还封装了一些在Windows运行时环境中独有的类型,这些类型在Windows运行时中也很常用。C++/CX的布尔类型和字符类型如表22.2所示,如果在公共接口中使用标准C++的bool和wchar_t类型,编译器会自动转换成C++/CX的类型。C++/CX的数字类型如表22.3所示,并不是所有标准C++内置类型都会在Windows运行时中得到支持,比如Windows运行时中不支持标准C++的long类型。Windows运行时类型如表22.4所示,这些类型在

Platform 空间中定义。

表 22.2 布尔类型和字符类型

命名空间	C++/CX 名字	定 义	标准 C++ 名字	取 值 范 围
Platform	Boolean	一个 8-bit 布尔类型	bool	true（非零）和 false（零）
Default	char16	一个表示 Unicode（UTF-16）16-bit 指针的非数字值	wchar_t 或 L'c'	标准 Unicode 字符

表 22.3 数字类型

C++/CX 名字	定 义	标准 C++ 名字	取 值 范 围
int8	有符号 8-bit 整型	signed char	−128～127
uint8	无符号 8-bit 整型	unsigned char	0～255
int16	有符号 16-bit 整型	short	−32 768～32 767
uint16	无符号 16-bit 整型	unsigned short	0～65 535
int32	有符号 32-bit 整型	int	−2 147 483 648～2 147 483 647
uint32	无符号 32-bit 整型	unsigned int	0～4 294 967 295
int64	有符号 64-bit 整型	long long -or- __int64	−9 223 372 036 854 775 808～9 223 372 036 854 775 807
uint64	无符号 64-bit 整型	unsigned long long -or- unsigned __int64	0～18 446 744 073 709 551 615
float32	32-bit 浮点类型	float	3.4E+/−38(7 digits)
float64	64-bit 浮点类型	double	1.7E+/−308(15 digits)

表 22.4 Windows 运行时类型

名 字	定 义
Object	表示任何一个 Windows 运行时类型
String	字符串类型
Rect	矩形
SizeT	一个表示宽和高的大小类型
Point	点类型
Guid	表示一个 128bit 的唯一字符串类型
UintPtr	一个无符号 64 位值，作为指针使用
IntPtr	一个有符号 64 位值，作为指针使用
Enum	枚举类型

22.1.3 类和结构

C++/CX 语法定义一个类和创建一个对象所使用的语法和标准 C++ 是有区别的。在 C++/CX 中定义一个类和结构时需要使用"ref"关键字，如 ref class MyClass{……}，在程序中定义一个该类的对象的时候需要使用"^"符号来表示，如 MyClass ^ myClass = ref new

MyClass()。C++/CX 中的"ref"关键字和 C♯ 中的"ref"关键字是不一样的,C♯ 的"ref"关键字表示使参数按引用传递,C++/CX 表示 Windows 运行时的引用类。在 Windows 运行时中需要使用"public ref class"才可以提供给外部访问,也就是需要使用 C++/CX 的语法,也可以在 Windows 运行时中定义和使用标准 C++ 的类,但是无法提供给外部的程序进行调用和访问。

例如:

```
MyRefClass^ myClass = ref new MyRefClass();
MyRefClass^ myClass2 = myClass;
```

myClass2 和 myClass 是指向相同的内存地址。

"^"符号的变量代表它是引用类型,表示一个对象的指针,但是该指针不需要手动进行销毁,系统会负责他们的引用计数,当引用计数为 0 时,它们会被销毁。

"public ref class"的定义形式一般是为了达到能够将这个对象在其他不同语言中使用的目的。Windows 运行时的 API 开发模式是对外部接口使用"public ref class",内部使用标准 C++ 代码编写,在内部实现标准 C++ 和 C++/CX 的类型转换,然后通过转型到公共接口上。

下面来看一个使用 C++/CX 语法来定义类的代码示例:

Person.h 头文件

```cpp
#include<map>
using namespace std;                           //引入标准C++库
namespace WFC = Windows::Foundation::Collections;
                                               //使用集合命名空间,在程序中定义为WFC
ref class Person sealed                        //使用 ref 关键字定义类
{
  //构造方法
  Person(Platform::String^ name);
  //添加电话号码方法
  void AddPhoneNumber(Platform::String^ type, Platform::String^ number);
  //电话号码集合属性
  property WFC::IMapView<Platform::String^, Platform::String^>^ PhoneNumbers
  {
    //通过上面定义的集合空间名字来访问集合空间的 IMapView
    WFC::IMapView<Platform::String^, Platform::String^>^ get();
  }
  private:
    //名字
    Platform::String^ m_name;
    //电话号码
    std::map<Platform::String^, Platform::String^> m_numbers;
};
```

Person.cpp 源文件

```cpp
using namespace Windows::Foundation::Collections;
using namespace Platform;
using namespace Platform::Collections;
//实现构造方法
Person::Person(String^ name) : m_name(name) { }
//实现添加电话号码方法
void Person::AddPhoneNumber(String^ type, String^ number)
{
    m_numbers[type] = number;
}
//实现属性的 get 方法
IMapView<String^, String^>^ Person::PhoneNumbers::get()
{
    return ref new MapView<String^, String^>(m_numbers);
}
```

使用自定义的 Person 类

```cpp
using namespace Platform;
//使用 ref new 来新建一个对象
Person^ p = ref new Person("Clark Kent");
//调用 Person 对象的方法
p->AddPhoneNumber("Home", "425-555-4567");
p->AddPhoneNumber("Work", "206-555-9999");
//调用 Person 对象的属性
String^ workphone = p->PhoneNumbers->Lookup("Work");
```

C++/CX 语法的结构体需要使用"value"关键字来进行声明,在结构体里面可以使用枚举、数据类型或者结构体等数据,C++/CX 语法的结构体可以通过 Windows 运行时组件来进行传递。

下面来看一个使用 C++/CX 语法来定义结构体的代码示例:

```cpp
//定义一个枚举
public enum class Continent { Africa, Asia, Australia, Europe, NorthAmerica, SouthAmerica, Antarctica };
//定义一个结构体,包含两个数字
value struct GeoCoordinates
{
    double Latitude;
    double Longitude;
};
//定义一个结构体,包含各种数据结构
value struct City
```

```
{
    Platform::String ^ Name;
    int Population;
    double AverageTemperature;
    GeoCoordinates Coordinates;
    Continent continent;
};
```

22.1.4　对象和引用计数

Winodws运行时是一个面向对象的库，在Windows运行时编程都是以对象的形式进行操作，但是Windows运行时中的C++对象跟C♯里面的对象和标准C++里面的对象不一样。在Winodws运行时，使用引用计数管理对象，关键字"ref new"新建一个对象，返回的是对象的指针，但是在Windows运行时中，使用"^"符号替代"＊"，仍然使用"->"操作符访问对象成员的方法。另外，由于使用引用计数，不需要使用"delete"去释放指针的内存，对象会在最后一个引用失效的时候自动释放。Winodws运行时内部是使用COM实现的，对于引用计数，在底层，Winodws运行时对象是一个使用智能指针管理的COM对象。创建一个C♯对象，使用完毕的时候不需要释放而是用GC垃圾回收器自动管理去回收对象。创建一个Winodws运行时的C++对象，使用完毕之后并不需要像标准C++一样去释放内存，而是由引用计数自动去释放。

在基于引用计数的任何类型的系统中，对类型的引用可以形成循环，即第一个对象引用第二个对象，第二个对象引用第三个对象，依此类推，直到某个最终对象引用回第一个对象。在一个循环中，当一个对象的引用计数变为零时，将无法正确删除该对象。为了帮助解决此问题，C++/CX提供了WeakReference类。WeakReference对象支持Resolve()方法，如果对象不再存在，则返回Null，或如果对象是活动的但不是类型T，则将引发InvalidCastException。

22.1.5　属性

C++/CX属性的语法是从C♯语法引进来的，作用与C♯一样，它提供灵活的机制来读取、编写或计算某个私有字段的值。可以像使用公共数据成员一样使用属性，但实际上它们是称作"访问器"的特殊方法。这有助于轻松访问数据，还有助于提高安全性和灵活性。属性里面包含了一个get访问器和一个set设置器，比其他的变量更加灵活和强大，比如在属性里面可以定义该变量的访问权限和读取权限，也可以设置该变量的取值和赋值的复杂逻辑。

属性和字段的区别主要有以下几点：属性是逻辑字段；属性是字段的扩展，源于字段；属性并不占用实际的内存，字段占内存位置及空间。属性可以被其他类访问，而大部分字段不能直接访问。属性可以对接收的数据范围作限定，而字段不能。最直接地来说：属性是"外部使用"，字段是"内部使用"。

下面来看一个使用C++/CX语法定义和使用属性的代码示例：

```cpp
public ref class Prescription sealed
{
private:
    //字段
    Platform::String^ doctor;
    int quantity;
public:
    // 属性
    property Platform::String^ Name;
    // 只读属性
    property Platform::String^ Doctor
    {
        Platform::String^ get() { return doctor; }
    }
    // 只写属性
    property int Quantity
    {
        int get() { return quantity; }
        void set(int value)
        {
            if (value <= 0) { throw ref new Platform::InvalidArgumentException(); }
            quantity = value;
        }
    }
};
```

22.1.6 接口

接口是一种约束形式,其中只包括成员定义,不包括成员实现的内容。接口的主要目的是为不相关的类提供通用的处理服务,接口是让一个类具有两个以上基类的唯一方式。接口是面向对象中的一种非常强大的语法机制,但是在标准C++里面并没有接口的概念,不过在C++/CX 语法中,引入了接口的语法机制。C++/CX 的接口与C#的接口类似,一个C++/CX 的 ref 类可以继承一个基类和多个接口,一个接口也可以同时继承多个接口。接口里面可以有事件、属性、方法等类型,这些类型必须是公开的,在C++/CX 的接口里面不能够使用标准C++的类型,也不能使用静态的类型。

下面来看一个使用C++/CX 语法来定义和实现接口的代码示例:

接口的定义:定义一个多媒体播放器的接口

```cpp
//播放状态
public enum class PlayState {Playing, Paused, Stopped, Forward, Reverse};
//播放器的事件参数
public ref struct MediaPlayerEventArgs
{
```

```cpp
        property PlayState oldState;
        property PlayState newState;
};
//播放状态改变事件
public delegate void OnStateChanged(Platform::Object^ sender, MediaPlayerEventArgs^ a);
//接口
public interface class IMediaPlayer
{
    //接口的成员
    event OnStateChanged^ StateChanged;
    property Platform::String^ CurrentTitle;
    property PlayState CurrentState;
    void Play();
    void Pause();
    void Stop();
    void Forward(float speed);
};
```

接口的类实现：实现一个多媒体播放器的类

```cpp
public ref class MyMediaPlayer sealed : public IMediaPlayer
{
public:
    //实现接口的成员
    virtual event OnStateChanged^ StateChanged;
    virtual property Platform::String^ CurrentTitle;
    virtual property PlayState CurrentState;
    virtual void Play()
    {
                    // …
        auto args = ref new MediaPlayerEventArgs();
        args->newState = PlayState::Playing;
        args->oldState = PlayState::Stopped;
        StateChanged(this, args);
    }
    virtual void Pause(){/* … */}
    virtual void Stop(){/* … */}
    virtual void Forward(float speed){/* … */}
    virtual void Back(float speed){/* … */}
private:
    //…
};
```

22.1.7 委托

委托是一种 C++/CX 语法中使用"ref"关键字来定义的特殊类，相当于标准 C++ 里面的函数对象。它是封装的可执行代码的类型。委托指定其包装函数必须具有的返回类型和参数类型,常与事件一起使用。委托的概念最先出现在.NET框架中,现在在C++/CX中引入了这样的语法,目的是解决函数指针的不安全性。函数指针是函数的地址、函数的入口点,函数指针既没有表示这个函数有什么返回类型,也没有指示这个函数有什么形式的参数,更没有指示有几个参数,所以标准C++的函数指针是非安全的。

委托需要使用"delegate"关键字来进行定义,可以在程序中定义委托,以便定义事件处理程序。委托的声明类似函数声明,但是它是一种类型。通常在命名空间范围声明委托,不过,也可以将委托声明嵌套在类声明中。

下面来看一个使用C++/CX语法来定义和使用委托的代码示例:

定义一个联系人信息类

```cpp
public ref class ContactInfo sealed
{
public:
    ContactInfo(){}
    ContactInfo(Platform::String ^ saluation, Platform::String ^ last, Platform::String ^ first, Platform::String^ address1);
    property Platform::String^ Salutation;
    property Platform::String^ LastName;
    property Platform::String^ FirstName;
    property Platform::String^ Address1;
    //其他属性
    Platform::String^ ToCustomString(CustomStringDelegate^ func)
    {
        return func(this);
    }
};
```

定义、创建和使用委托

```cpp
//以下委托封装任何将 ContactInfo^作为输入的函数并返回 Platform::String^.
public delegate Platform::String^ CustomStringDelegate(ContactInfo^ ci);
//创建一个自定义的委托
CustomStringDelegate ^ func = ref new CustomStringDelegate([] (ContactInfo ^ c)
{
    return c->FirstName + " " + c->LastName;
});
//使用委托
Platform::String^ name = ci->ToCustomString( func );
```

委托和函数对象一样,包含将在未来某个时刻执行的代码。如果创建和传递委托的代码和接受并执行委托的函数在同一线程上运行,则情况就相对简单。如果该线程是UI线程,则委托可以直接操作用户界面对象(如 XAML 控件)。

22.1.8 事件

C++/CX 语法可以声明事件,同一组件或其他组件中的客户端代码可以订阅这些事件并在发布程序引发事件时执行自定义操作。可以在 ref 类或接口中声明事件,并且可以将其声明为公共、内部(公共/私有)、公共受保护、受保护、私有受保护或私有事件。事件的使用和 C# 的代码类似,都是使用"＋＝"运算符来订阅事件,使用"－＝"运算符来取消订阅。多个处理程序可以与同一事件关联,事件源按顺序从同一线程调用到所有事件处理程序。如果一个事件接收器在事件处理程序方法内受阻,则它将阻止事件源为该事件调用其他事件处理程序。事件源对事件接收器调用事件处理程序的顺序不能保证,可能因调用而异。

下面来看一个使用 C++/CX 语法来定义和使用事件的代码示例:

定 义 事 件

```
namespace EventTest
{
    ref class Class1;
    public delegate void SomethingHappenedEventHandler(Class1 ^ sender, Platform::String ^ s);
    public ref class Class1 sealed
    {
    public:
        Class1(){}
        event SomethingHappenedEventHandler ^ OnSomethingHappened;
        void DoSomething()
        {
            //其他一些逻辑处理
            ……
            // 触发事件
            OnSomethingHappened(this, L"Something happened.");
        }
    };
}
```

调 用 事 件

```
namespace EventClient
{
    using namespace EventTest;
    public ref class Subscriber sealed
    {
    public:
```

```
        Subscriber() : eventCount(0)
        {
            // 创建拥有事件的类对象
            publisher = ref new EventTest::Class1();
            //订阅事件
            publisher->OnSomethingHappened +=
                ref new EventTest::SomethingHappenedEventHandler(
                this,
                &Subscriber::MyEventHandler);
        }
        //事件的处理方法
        void MyEventHandler(EventTest::Class1 ^ mc, Platform::String ^ msg)
        {
            // 处理触发事件要做的事情
        }
    private:
        EventTest::Class1 ^ publisher;
    };
}
```

22.1.9 自动类型推导 auto

auto 关键字表示自动类型推导类型,用于从初始化表达式中推断出变量的数据类型。通过 auto 的自动类型推断,可以大大简化编程工作。在 C++/CX 中的 auto 关键字与 C♯ 之中的 var 关键字的用法是一样的。auto 自动类型推导可以用于表示任何一种类型,比如:

```
auto x = 0;                                 //因为 0 是 int 型,所以 x 为 int 类型
auto y = 3.14;                              // y 为 double 类型
```

auto 也可以让代码更加简单和简洁,比如:

```
vector<int>::const_iterator temp = v.begin();
```

可以写成

```
auto temp = v.begin();
```

22.1.10 Lambda 表达式

Lambda 表达式是一个匿名函数,它可以包含表达式和语句,并且可用于创建委托或表达式目录树类型。也就是说,一个 Lambda 表达式类似于普通的方法定义的写法,但是它没有函数名,这个方法没有普通方法那样的返回值类型。C++/CX 中 Lambda 表达式的标准形式是:［外部变量］(参数)->返回值{函数体},其中"->返回值"部分可以省略,如果省略则会有返回值类型推导,它的外部变量的传递方式如表 22.5 所示。

表 22.5　外部变量的传递方式

外部变量传递方式	说　　明
[]	没有定义任何变量
[x, &y]	x 以传值方式传入（默认），y 以引用方式传入
[&]	所有变量都以引用方式导入
[=]	所有变量都以传值方式导入
[&, x]	除 x 以传值方式导入外，其他变量以引用方式导入
[=, &z]	除 z 以引用方式导入外，其他变量以传值方式导入
[]	没有定义任何变量

使用 Lambda 表达式的两个整数相加的语法示例如下：

```
//两个整数相加
auto add = [](int x, int y){ return x + y; };
//调用 Lambda 表达式
int z = add(1, 2);
```

使用 Lambda 表达式的向量求和语法示例如下：

```
//向量
std::vector<int> someList;
int total = 0;
std::for_each(someList.begin(), someList.end(), [&total](int x) {
  total += x;
});
```

22.1.11　集合

在 Windows 运行时里面可以使用 STL（Standard Template Library）集合库，但是不能在对外的接口和方法里面进行传递，所以在 Windows 运行时中需要使用 C++/CX 语法的集合进行信息的传递。Windows 运行时的集合在 collection.h 头文件中定义。下面来介绍一下 C++/CX 语法的集合类型：

Platform::Collections::Vector 类继承了 Windows::Foundation::Collections::IVector 接口，类似于 C++ 标准库的 std::vector。

Platform::Collections::Map 类继承了 Windows::Foundation::Collections::IMap 接口，类似于 C++ 标准库的 std::map。

VectorView 类继承了 IVectorView 接口，MapView 类继承了 IMap 接口。

Vector 类继承了 Windows::Foundation::Collections::IObservableVector 接口，Map 类继承了 Windows::Foundation::Collections::IObservableMap 接口，可以通过事件来监视集合的变化。

下面来看一下标准 C++ 的 vector 转换成 C++/CX 的 Vector 的示例：

```cpp
#include <collection.h>
#include <vector>
#include <utility>
using namespace Platform::Collections;
using namespace Windows::Foundation::Collections;
using namespace std;
IVector<int>^ Class1::GetInts()
{
    vector<int> vec;
    for(int i = 0; i < 10; i++)
    {
        vec.push_back(i);
    }
    //转换为 Vector
    return ref new Vector<int>(std::move(vec));
}
```

22.2 Windows 运行时组件

Windows 运行时是一个新的框架,目前主要应用在 Windows Phone 8/8.1 和 Windows 8/8.1/10 上,Windows 运行时可以让 Windows Phone 8/8.1 和 Windows 8/8.1/10 更加容易地实现代码的共享。本节将会基于 Windows 运行时来介绍如何在 Windows 10 上使用 C++编程和在 C#的应用程序项目中调用 C++的 API。

22.2.1 在项目中使用 Windows 运行时组件

通过 Windows 运行时组件,可以让 C++的编程和 C#的项目无缝地整合起来,C#的 Windows 10 项目调用 C++的 Windows 运行时组件就跟调用 C#的类库一样方便。下面通过一个实例来讲解如何在项目中使用 Windows 运行时组件。

下面通过一个内存管理的例子(源代码:第 22 章\Examples_22_1)来看一下如何在 Windows 运行时中使用 C++的 API 并且通过 C#的项目进行调用。

首先打开 Visual Studio,创建一个 C#的 Windows 10 应用程序的项目并命名为 MemoryManagerDemo,然后在解决方案的名字上面,右键选择新建一个项目,选择 Visual C++,选中 Windows 运行时的项目模板,把项目组件命名为 MemoryManagerRT,可以看到如图 22.1 所示的 Windows 运行时组件的创建窗口。

创建好 Windows 运行时组件之后,在 C#的应用程序项目 MemoryManagerDemo 项目里面添加 Windows 运行时组件 MemoryManagerRT 项目的引用。添加 Windows 运行时组件引用的窗口如图 22.2 所示。

添加 Windows 运行时组件引用之后,整个项目的结构如图 22.3 所示。

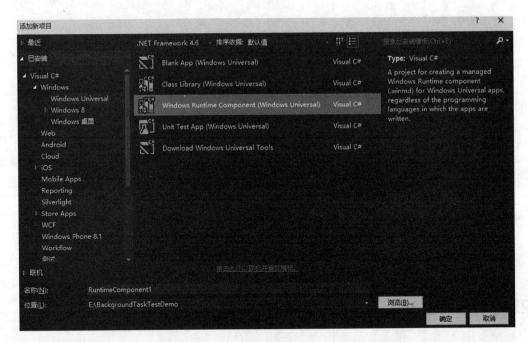

图 22.1 创建 Windows 运行时组件

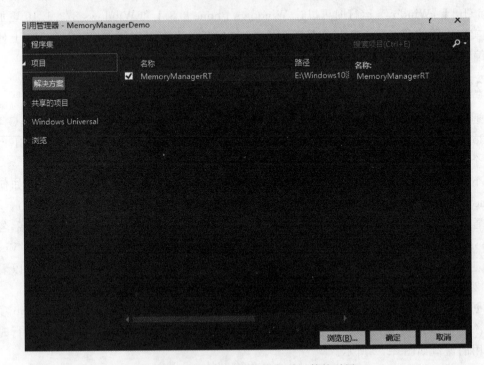

图 22.2 添加 Windows 运行时组件的引用

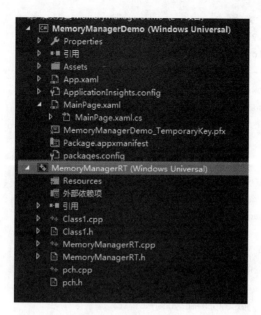

图 22.3 项目结构

在项目结构中，pch.h 和 pch.cpp 是预编译文件。下面来看一下如何在 Windows 运行时组件中添加 MemoryManagerRT.h 头文件和 MemoryManagerRT.cpp 源文件，并创建 CMemoryManagerRT 类来封装访问应用程序内存的代码。代码如下所示：

MemoryManagerRT.h 头文件

```
#pragma once
namespace MemoryManagerRT
{
    public ref class CMemoryManagerRT sealed
    {
    public:
        CMemoryManagerRT();
        // 获取程序运行的内存大小
        static uint64 GetProcessCommittedBytes();
        // 获取程序可用内存的大小
        static uint64 GetProcessCommittedLimit();
    };
}
```

MemoryManagerRT.cpp 源文件

```
#include "pch.h"
```

```cpp
#include "MemoryManagerRT.h"
using namespace MemoryManagerRT;
using namespace Platform;
// 引入内存管理的C++空间
using namespace Windows::System;
CMemoryManagerRT::CMemoryManagerRT()
{
}
//获取程序运行的内存大小
uint64 CMemoryManagerRT::GetProcessCommittedBytes()
{
    return MemoryManager::AppMemoryUsage;
}
//获取程序可用内存的大小
uint64 CMemoryManagerRT::GetProcessCommittedLimit()
{
    return MemoryManager::AppMemoryUsageLimit;
}
```

MainPage.xaml.cs 文件：在 C# 的 Windows 10 应用程序中调用 Windows 运行时的方法

```csharp
using Windows.UI.Xaml.Controls;
using Windows.UI.Xaml.Navigation;
// 在 C# 的项目里面引入 C++ 项目的命名空间
using MemoryManagerRT;

namespace MemoryManagerDemo
{
    public sealed partial class MainPage : Page
    {
        public MainPage()
        {
            this.InitializeComponent();
            // 通过 Windows 运行时封装的 C++ 类在 C# 中使用就和 C# 的类的使用完全一样
            tbMemoryUsed.Text = CMemoryManagerRT.GetProcessCommittedBytes().ToString() + "字节";
            tbMaxMemoryUsed.Text = CMemoryManagerRT.GetProcessCommittedLimit().ToString() + "字节";
        }
    }
}
```

程序的运行效果如图 22.4 所示。

图 22.4 查看内存

22.2.2 Windows 运行时组件异步接口的封装

异步编程在 C♯ 编程里面使用非常广泛,在 Windows 运行时 C++ 编程里面这种异步编程也是非常常用的。所以,对于 C++ 的 Windows 运行时组件的封装,也可以通过异步的方式来进行,封装之后在 C♯ 的项目工程里面就可以通过"await"关键字来访问异步的方法。下面来看一下在 Windows 运行时里面封装异步方法的相关内容。

1) 引入头文件和空间

在 C++/CX 中,通过使用在 ppltasks.h 中的 concurrency 命名空间中定义的 task 类来使用异步方法。首先,引入头文件"♯include "ppltasks.h""和引用空间"using namespace concurrency;",然后使用 IAsyncOperation 来定义异步方法。

2) 4 种异步处理的接口方式

Windows 运行时提供了以下 4 种异步处理的接口方式:

Windows::Foundation::IAsyncAction:无返回值,无处理进度报告。

Windows::Foundation::IAsyncActionWithProgress＜TProgress＞:无返回值,有处理进度报告。

Windows::Foundation::IAsyncOperation＜TResult＞:有返回值,无处理进度报告。

Windows::Foundation::IAsyncOperationWithProgress＜TResult,TProgress＞:有返回值,有处理进度报告。

3) 使用 create_async 方法创建异步任务

Concurrency::create_async 方法的参数是个 Lambda 表达式,也就是匿名函数指针。而 create_async 能根据 Lambda 表达式中的参数和返回值来决定 4 种接口中的一种作为返回类型。在 Windows 运行时内部使用的异步方法可以使用 create_task 方法来调用,但是这个不能作为 Windows 运行时的接口来提供。

下面给出 Windows 运行时异步接口实现的示例：创建一个 C++ 的 Windows 运行时，封装同步、异步和异步进度返回的接口，然后在 C# 的应用程序项目中调用。

代码清单 22-2：Windows 运行时异步接口的实现（第 22 章\Examples_22_2）

WindowsRuntimeComponent1.h 文件代码：Windows 运行时组件的头文件

```cpp
#pragma once
#include "ppltasks.h"
using namespace concurrency;
using namespace Windows::Foundation;

namespace WindowsRuntimeComponent1
{
    // 定义一个代理
    public delegate void CurrentValue(int sum);
    public ref class WindowsPhoneRuntimeComponent sealed
    {
    public:
        WindowsPhoneRuntimeComponent();
        // 定义一个同步方法
        int Add(int x, int y);
        // 定义一个异步方法
        IAsyncOperation<int>^ AddAdync(int x, int y);
        // 定义一个返回进度条的方法
        IAsyncOperationWithProgress<int, double>^ AddWithProgressAsync(int x, int y);
        // 定义一个事件, 通过事件返回进度结果
        event CurrentValue^ currentValue;
    };
}
```

WindowsRuntimeComponent1.cpp 文件代码：Windows 运行时组件的源文件

```cpp
#include "pch.h"
#include "WindowsRuntimeComponent1.h"

using namespace Platform;
using namespace WindowsRuntimeComponent1;

WindowsPhoneRuntimeComponent::WindowsPhoneRuntimeComponent()
{
}
// 同步方法的实现
int WindowsPhoneRuntimeComponent::Add(int x, int y)
{
```

```cpp
    // 使用Lambda表达式来定义两个整数相加的表达式
    auto f1 = [x, &y]() -> int
    {
        int z = x + y;
        return z;
    };
    y++;
    return f1();
}
// 异步方法的实现
IAsyncOperation<int>^ WindowsPhoneRuntimeComponent::AddAdync(int x, int y)
{
    auto f1 = [x, y]() -> int
    {
        int z = x + y;
        return z;
    };
    y++;
    return create_async(f1);
}
// 带有进度条的异步方法的实现
IAsyncOperationWithProgress<int, double>^ WindowsPhoneRuntimeComponent::AddWithProgressAsync(int x, int y)
{
    // 创建create_async异步方法,带有进度条对象和取消异步请求的对象
    return create_async([this, x, y]
        (progress_reporter<double> reporter, cancellation_token cts) -> int
    {
        if (x < 0 || y < 0 || x > y)
        {
            throw ref new InvalidArgumentException();
        }
        int sum = 0;
        for (int n = x; n < y; n++)
        {
            // 如果请求取消任务,则调用cancel_current_task方法取消当前的异步任务
            if (cts.is_canceled())
            {
                cancel_current_task();
                return 0;
            }
            sum += n;
            // 报告进度条
            reporter.report(n);
            // 使用事件来报告进度条,这是实现进度条的另外一种方式
            this->currentValue(n);
        }
```

```
        return sum;
    });
}
```

MainPage.xaml 文件代码：C#应用程序项目的界面代码

```xml
<StackPanel>
    <Button Content="测试运行时的方法" Click="Button_Click_1" Width="370"></Button>
    <Button Content="异步调用" Click="Button_Click_2" Width="370"></Button>
    <Button Content="测试进度条" Click="Button_Click_3" Width="370"></Button>
    <ProgressBar x:Name="progressBar" Height="30"></ProgressBar>
</StackPanel>
```

MainPage.xaml.cs 文件代码

```csharp
// Windows 运行时,用 C++定义的对象
WindowsPhoneRuntimeComponent windowsPhoneRuntimeComponent;
// 异步任务的进度对象
Progress<double> myProgress;
// 异步任务的取消对象
CancellationTokenSource cancellationTokenSource;
public MainPage()
{
    InitializeComponent();
    // 创建一个 Windows 运行时的类的对象
    windowsPhoneRuntimeComponent = new WindowsPhoneRuntimeComponent();
    // 订阅事件
    windowsPhoneRuntimeComponent.currentValue += windowsPhoneRuntimeComponent_currentValue;
    // 创建异步任务的进度对象
    myProgress = new Progress<double>();
    // 订阅异步任务的进度对象的进度事件
    myProgress.ProgressChanged += myProgress_ProgressChanged;
}
// Windows 运行时组件事件的处理程序
async void windowsPhoneRuntimeComponent_currentValue(int __param0)
{
    await this.Dispatcher.RunAsync(CoreDispatcherPriority.Normal, () =>
    {
        progressBar.Value = __param0 * 10;
    });
    Debug.WriteLine("事件汇报的进度: " + __param0.ToString());
}
// 异步任务的进度对象的进度事件的处理程序
void myProgress_ProgressChanged(object sender, double e)
```

```csharp
    {
        Debug.WriteLine("当前处理进度: " + e.ToString());
        // 当进度等于8的时候测试取消异步任务
        if (e == 8)
        {
            cancellationTokenSource.Cancel();
        }
    }
    // 调用Windows运行时的同步方法的按钮事件处理程序
    private async void Button_Click_1(object sender, RoutedEventArgs e)
    {
        int sum = windowsPhoneRuntimeComponent.Add(1, 10);
        await new MessageDialog("结果: " + sum).ShowAsync();
    }
    // 调用Windows运行时的异步方法的按钮事件处理程序
    private async void Button_Click_2(object sender, RoutedEventArgs e)
    {
        int sum = await windowsPhoneRuntimeComponent.AddAdync(1, 10);
        await new MessageDialog("结果: " + sum).ShowAsync();
    }
    // 调用Windows运行时的带进度条同步方法的按钮事件处理程序
    private async void Button_Click_3(object sender, RoutedEventArgs e)
    {
        try
        {
            cancellationTokenSource = new CancellationTokenSource();
            // 只是带进度条的调用方式
            //int sum = await windowsPhoneRuntimeComponent.AddWithProgressAsync(1, 10).AsTask(myProgress);
            // 带进度条,同时可以取消任务的运行
            int sum = await windowsPhoneRuntimeComponent.AddWithProgressAsync(1, 10).AsTask(cancellationTokenSource.Token, myProgress);
            await new MessageDialog("结果: " + sum).ShowAsync();
            Debug.WriteLine("结果: " + sum);
        }
        catch (TaskCanceledException)
        {
            Debug.WriteLine("任务被取消了");
        }
        catch (Exception)
        {
        }
    }
```

应用程序的运行效果如图22.5所示。

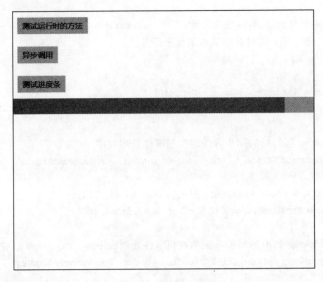

图 22.5 C++异步接口

22.3 使用标准 C++

虽然在 Windows 10 里面的 C++ 使用 C++/CX 语法，但是对于标准 C++ 也同样支持。Windows 运行时组件里面支持标准 C++ 编程，但只是内部的支持，在对外调用的方法之中传递的参数必须要使用 C++/CX 语法的类型，所以在 Windows 运行时里面使用标准 C++ 编程的通常需要做的事情就是将标准 C++ 的类型与 C++/CX 的类型进行转换。在 Windows 运行时里面使用标准 C++ 的通常情况是传入的参数是 C++/CX 的类型，然后在方法里面将 C++/CX 的类型转化为标准 C++ 的类型，然后编写标准 C++ 的代码，最后将结果再从标准 C++ 转化为 C++/CX 的类型，然后作为返回值返回。

22.3.1 标准 C++ 与 C++/CX 的类型自动转换

标准 C++ 的布尔值、字符和数字基础类型会被自动转换为 C++/CX 对应的类型，所以标准 C++ 的布尔值、字符和数字基础类型无须再进行转换，可以直接赋值和使用。它们的对应关系如表 22.2 和表 22.3 所示。

22.3.2 标准 C++ 与 C++/CX 的字符串的互相转换

标准 C++ 的字符串和 C++/CX 里面的字符串类型是不一样的类型，在 Windows 运行时中使用的时候需要将两者进行相互转换。在 C++/CX 里面是使用 Platform::String 类来表示字符串的类型，在 Windows 运行时的接口和方法中，需要使用 Platform::String 来作为字符串参数的传递。使用标准 C++ 的字符串类型如 wstring 或者 string 的时候，可以将

Platform::String 与标准的 C++ 的字符串进行互相的转换。

String 类型表示的是 char16 的字符串，可以直接通过字符串的赋值来进行构造，也可以使用标准 C++ 的 wchar_t * 指针进行构造。

```
// 使用 wchar_t * 和 wstring 初始化一个 String
wchar_t msg[] = L"Test";
String ^ str8 = ref new String(msg);
std::wstring wstr1(L"Test");
String ^ str9 = ref new String(wstr1.c_str());
String ^ str10 = ref new String(wstr1.c_str(), wstr1.length());
```

String 提供了相关的方法来操作字符串，可以使用 String::Data() 方法来返回一个 String^ 对象的 wchar_t * 指针。下面来看一下 String 类型和标准 C++ 的 wstring 进行相互转换。

```
#include <string>
using namespace std;
using namespace Platform;
……
    // 创建一个 String^ v 变量
    String^ str1 = "AAAAAAAA";
    // 使用 str1 的值创建一个 wstring 变量
    wstring ws1( str1->Data() );
    // 操作 wstring 的值
    wstring replacement( L"BBB" );
    ws1 = ws1.replace ( 1, 3, replacement );
    // 这时候 ws1 的值是 L"ABBBAAAA".
    // 把 wstring 转化为 String^ 类型
    str1 = ref new String( ws1.c_str() );
……
```

22.3.3　标准 C++ 与 C++/CX 的数组的互相转换

标准 C++ 的数组类型 std::vector 和 C++/CX 中的数组类型 Platform::Array 在使用的过程中经常需要进行转换，不过 Platform::Array 类型不像 std::vector 那样高效和功能强大；因此，一般原则是避免在对数组元素执行大量操作的内部代码中使用该类型。下面来看一下这两者之间如何进行转换。

C++/CX 数组转化为标准 C++ 数组

```
#include <vector>
#include <collection.h>
using namespace Platform;
using namespace std;
using namespace Platform::Collections;
```

```cpp
void ArrayConversions(const Array<int>^ arr)
{
    // 构建一个标准C++数组的两种方式
    vector<int> v1(begin(arr), end(arr));
    vector<int> v2(arr->begin(), arr->end());
    // 使用循环的方式构建数组
    vector<int> v3;
    for(int i : arr)
    {
        v3.push_back(i);
    }
}
```

标准 C++ 数组转化为 C++/CX 数组

```cpp
Array<int>^ App::GetNums()
{
    int nums[] = {0,1,2,3,4};
    return ref new Array<int>(nums, 5);
}
```

22.3.4 在 Windows 运行时组件中使用标准 C++

下面给出 MD5 加密的示例：该示例通过 Windows 运行时组件来使用标准 C++ 编写的 MD5 加密算法，然后在 Windows 10 的项目里面调用使用这个 MD5 加密算法来加密字符串。

代码清单 22-3：MD5 加密（源代码：第 22 章\Examples_22_3）

md5.h 头文件

```cpp
#ifndef BZF_MD5_H
#define BZF_MD5_H
#include <string>
#include <iostream>
class MD5
{
public:
    typedef unsigned int size_type;

// 默认构造方法
    MD5();
// 计算MD5的字符串
    MD5(const std::string& text);
// MD5块的更新操作
    void update(const unsigned char *buf, size_type length);
```

```cpp
    void update(const char * buf, size_type length);
// 结束 MD5 的操作
    MD5& finalize();
    std::string hexdigest() const;
    std::string md5() const;
    friend std::ostream& operator<<(std::ostream&, MD5 md5);
private:
    void init();
    typedef unsigned char uint1;                    // 8bit
    typedef unsigned int uint4;                     // 32bit
    enum {blocksize = 64};
// 采用 MD5 算法块
    void transform(const uint1 block[blocksize]);
// 解码输入到输出
    static void decode(uint4 output[], const uint1 input[], size_type len);
// 解码输入到输出
    static void encode(uint1 output[], const uint4 input[], size_type len);
    bool finalized;
    uint1 buffer[blocksize];                        // 数据
    uint4 count[2];                                 // 64bit 计算高低位
    uint4 state[4];                                 // 状态
    uint1 digest[16];                               //结果
// 低位的逻辑操作
    static inline uint4 F(uint4 x, uint4 y, uint4 z);
    static inline uint4 G(uint4 x, uint4 y, uint4 z);
    static inline uint4 H(uint4 x, uint4 y, uint4 z);
    static inline uint4 I(uint4 x, uint4 y, uint4 z);
    static inline uint4 rotate_left(uint4 x, int n);
    static inline void FF(uint4 &a, uint4 b, uint4 c, uint4 d, uint4 x, uint4 s, uint4 ac);
    static inline void GG(uint4 &a, uint4 b, uint4 c, uint4 d, uint4 x, uint4 s, uint4 ac);
    static inline void HH(uint4 &a, uint4 b, uint4 c, uint4 d, uint4 x, uint4 s, uint4 ac);
    static inline void II(uint4 &a, uint4 b, uint4 c, uint4 d, uint4 x, uint4 s, uint4 ac);
};
#endif
```

创建一个 Windows 运行时组件,命名为 WindowsRuntimeMD5,在组件里面添加上面的两个 md5 文件的源代码,然后编写 Windows 运行时的对外的方法,代码如下所示。

RTMD5.h 头文件

```cpp
#pragma once
using namespace std;
namespace WindowsRuntimeMD5
{
    public ref class RTMD5 sealed
    {
    public:
```

```cpp
        RTMD5();
        Platform::String^ GetMd5(Platform::String ^text);
    };
}
```

RTMD5.cpp 头文件

```cpp
#include "pch.h"
#include "RTMD5.h"
#include "IntArray.h"
#include "md5.h"
#include <string>
#include <vector>
#include <iostream>
using namespace WindowsRuntimeMD5;
using namespace Platform;
using namespace std;
RTMD5::RTMD5()
{
}
Platform::String^ RTMD5::GetMd5(Platform::String ^text)
{
    /// 先把 Platform::String 转化为 std::string
    // 转化为一个 std::wstring 对象
    std::wstring strr(text->Data());
    // 获取区域设置
    std::locale const loc("");
    wchar_t const * from = strr.c_str();
    std::size_t const len = strr.size();
    std::vector<char> buffer(len + 1);
    //字符转换为类型 char 对应的字符在本机字符集
    std::use_facet<std::ctype<wchar_t>>(loc).narrow(from, from + len, '_', &buffer[0]);
    std::string str = std::string(&buffer[0], &buffer[len]);
    //调用 MD5 加密算法
    MD5 md5(str);
    string result = md5.md5();
    //把 std::string 转化为 Platform::String 然后返回
    std::wstring wstr;
    wstr.resize(result.size() + 1);
    size_t charsConverted;
    //将多字节字符序列转换为相应的宽字符序列
    errno_t err = ::mbstowcs_s( &charsConverted, (wchar_t *)wstr.data(), wstr.size(), result.data(), result.size() );
    //清除最后一个字符
    wstr.pop_back();
    return ref new String( wstr.c_str() );
}
```

在 Windows 10 项目中，引入编写完成的 Windows 运行时组件，然后通过 Windows 10

的应用程序用C#代码来调用Windows运行时组件,从而实现了使用标准C++的MD5加密算法。

MainPage.xaml 文件

```xml
<StackPanel>
    <TextBlock Text = "请输入字符串:"/>
    <TextBox x:Name = "tbStr"/>
    <Button Content = "获取MD5字符串" Click = "Button_Click_1"/>
    <TextBlock x:Name = "tbMd5"/>
</StackPanel>
```

MainPage.xaml.cs 文件

```csharp
private void Button_Click_1(object sender, RoutedEventArgs e)
{
    // 调用Windows运行时组件的类
    RTMD5 rt = new RTMD5();
    //调用Windows运行时组件的加密方法
    tbMd5.Text = rt.GetMd5(tbStr.Text);
}
```

程序的运行效果如图22.6所示。

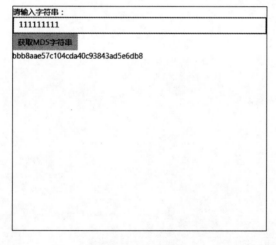

图22.6 C++ MD5

开发实例篇

通过前面的学习,我们掌握了 Windows 10 的基本开发技术,但是要真正地掌握这些技术必须通过不断的实例来训练才能熟能生巧,才能够更加深入地去研究这些技术。本篇是以应用实例的形式来讲解 Windows 10 的知识,每个实例都会对应上面开发技术篇的若干个技术点,本篇的实例对所涉及的知识点不会做详细的讲解,大部门的知识点在前面的章节都有介绍。读者对本篇的学习可以从实际的应用开发的角度进行,准备开发一个实际应用的时候,要先问清楚自己怎么去实现这些功能,用怎样的技术去实现这些功能,思路是怎样的,然后再去编码实现。当然,对于业务复杂的应用的开发,就更需要开发前期的准备工作,如详细设计文档等。这些实例涉及了 Windows 10 的多方面的技术知识,是对前面所讲的知识的综合运用。

本篇包含了第 23 章(Bing 在线壁纸)和第 24 章(记账本应用)两个项目开发,这两章都是综合使用了 Windows 10 的各种开发技术,是在掌握了一定的 Windows 10 的编程知识后进行训练的很好的实例。其中,第 23 章(Bing 在线壁纸)主要涉及基于网络方面的相关的开发知识,第 24 章(记账本)主要涉及本地的数据存储相关的开发知识。

开发实例篇包括了以下两章:

第 23 章　应用实战:Bing 在线壁纸

介绍使用 Bing 在线壁纸的应用开发。

第 24 章　应用实战:记账本

介绍记账本的应用开发。

通过本篇的学习,将会更加深刻地理解和运用 Windows 10 的技术知识,同时也会让你学会综合地运用 Windows 10 的各种技术,打造出属于自己的 Windows 10 应用程序。

第 23 章 应用实战：Bing 在线壁纸

本章介绍一个使用 Bing 搜索引擎背景图接口实现的应用——Bing 在线壁纸，讲解如何使用网络的接口来实现一个壁纸下载，壁纸列表展示和网络请求封装的内容。通过该例子可以学习如何使用网络编程和开放的接口来实现一些有趣的应用程序，如何在项目中封装相关的功能模块，从而进一步地了解 Windows 10 应用程序开发的过程。

23.1 应用实现的功能

微软的 Bing 搜索引擎每天都会挑选出一张图片作为今天的主题，并且会对图片的含义或者图片所代表的意思进行解说，每天的图片和故事都不一样，并且有时候不同国家挑选的图片和故事也不一样。你在网页上打开 Bing 搜索的中国区主页（http://cn.bing.com/）那么就可以看到今天的 bing 壁纸的内容和故事，每天都给用户带来有内涵的图片和故事。在桌面的浏览器看到的 Bing 壁纸会很大。除此之外，Bing 也有手机的版本，对于手机版本，Bing 也是适配和符合手机分辨率的壁纸大小。

接下来我们要实现的 Bing 在线壁纸的应用程序是使用了微软的 Bing 壁纸获取的接口，把 Bing 搜索引擎每天的壁纸和故事通过网络接口来获取，然后在应用程序中显示出来。因为 Bing 壁纸每天都是不一样的，所以我们要实现的应用可以让用户不仅看到今天的壁纸和故事，也可以获取到以前的壁纸和故事。在 Bing 在线壁纸应用里面主要实现了两个功能，一是显示出今天中国的壁纸主题，二是可以根据时间来获取壁纸的主题和故事，然后使用列表控件把主要国家的壁纸和故事展示出来，同时用户还可以对壁纸进行相关的操作，如在浏览器打开、收藏等功能。

23.2 获取 Bing 壁纸的网络接口

Bing 壁纸获取的网络接口网址格式如下所示：

http://appserver.m.bing.net/BackgroundImageService/TodayImageService.svc/GetTodayImage?dateOffset=0&urlEncodeHeaders=true&osName=windowsPhone&osVersion=8.10&orientation=

480x800&deviceName = WP8&mkt = en-US

这个接口可以通过 HTTP 的 Get 请求来获取,可以直接在浏览器中打开链接就可以获取到图片的显示效果,如图 23.1 所示。下面来看一下接口链接所传递的一些参数。

图 23.1　在浏览器查看 Bing 壁纸

(1) dateOffset:表示已经过去的天数,比如 0 表示是今天,1 则表示是昨天,4 表示是获取 4 天前的壁纸,以此类推。

(2) orientation:表示是获取的壁纸图片的分辨率,可以设置为 480×800、1024×768 和 800×480。

(3) mkt:表示国家地区的语言编码,可以通过不同的语言编码来获取不同的国家的 Bing 壁纸图片和信息,比如可以设置为 zh-CN、en-US 等。

直接从使用该接口进行下载获取的数据是整张图片的数据,如果要获取图片的主题和故事,需要通过 HTTP 头相关的参数来获取。我们再利用一下 IE 浏览器,在 IE 浏览器上再次打开上面的链接,然后从浏览器的设置选项,找到"F12 开发人员工具"的选项,单击启动 IE 浏览器的开发人员工具,然后在这里查看网络请求的头信息。找到网络类别,选择"详细信息"→"响应标头"就可以看到 HTTP 请求返回的响应头的信息,如图 23.2 所示。在这个响应头里面,主要是要找到关于图片主题和故事的信息,如下所示:

图 23.2　在开发人员工具里面查看 HTTP 响应头

1) Image-Info-Credit(包含了图片的主题和版权信息)

```
Microphotograph%20of%20giant%20salvinia,%20a%20water%20fern%20(%C2%A9%
20Martin%20eggerli/Visuals%20Unlimited,%20Inc.)
```

2) Image-Info-Hotspot-1(图片的热点说明 1)

```
Let's%20switch%20the%20magnification%20back%20to...;images;Something%20more%
20familiar;giant%20salvinia;;
```

3) Image-Info-Hotspot-2(图片的热点说明 2)

```
Microscope%20slides%20may%20remind%20you%20of%20science%20class,%20but%20don't%
20worry:%20There%20won't%20be%20a%20quiz.;images;Just%20marvel%20at%20how%
20amazing%20plants%20can%20look%20up%20close;microphotography%20plants;;
```

23.3　壁纸请求服务的封装

在掌握了 Bing 壁纸的接口信息规则之后,接下来要做的事情就是根据业务的规则来封装壁纸请求服务,把与壁纸请求关联的业务规则通过一个类来封装起来,然后提供相关的方法给外部调用。通过将应用程序相关的服务封装成为公共方法或者接口,这是程序架构上最基本的原则,这样的好处是不仅仅可以实现程序代码的共享,还可以实现解耦、程序逻辑清晰等好处。在我们要封装 bing 壁纸请求服务的时候,首先要考虑的问题是业务的情景,根据这个情景需要封装一个什么样的方法?传递进来的是什么参数?然后返回什么样的值?通过什么方式返回?首先,根据网络接口和业务情景,可以分析出我们要实现的功能是根据时间来获取当前的壁纸详情,壁纸详情会包括壁纸地址、壁纸主题、壁纸热点说明等信息;然后,同一天还需要获取多个国家的壁纸信息。通过这些分析,我们知道要传递进来的参数是时间,然后获取到的结果是多个国家在当天的壁纸信息。因为多个国家的壁纸信息需要发起多次请求才能获取,并且 HTTP 的请求是异步请求,所以当发起这个网络服务请求时,我们有必要提供当前的进度信息,因此可以提供一个进度条的事件来返回进度结果、异常消息、结果信息等。通过上面的分析,现在基本清楚了这个壁纸请求服务的类该怎么封装了,下面来看一下封装的类和代码。

PictureInfo 类:壁纸信息的类,包含了壁纸地址、主题和热点信息

```csharp
/// <summary>
/// 壁纸图片信息类
/// </summary>
public class PictureInfo
{
    // 壁纸的热点说明信息
    public List<string> hotspot { get; set; }
    // 壁纸的主题
    public string imgTitle { get; set; }
    // 壁纸图片的地址
    public Uri imageUri { get; set; }
    // 壁纸位图对象
    public BitmapImage image { get; set; }
    // 国家代码
    public string countryCode { get; set; }
    // 壁纸图片信息类的初始化
    public PictureInfo(string _countryCode, string _imgTitle, string _imgUri)
    {
        countryCode = _countryCode;
        imgTitle = _imgTitle;
        imageUri = new Uri(_imgUri);
    }
}
```

ProgressEventArgs 类:获取壁纸信息的进度返回的参数类

```csharp
// 下载进度参数类
public class ProgressEventArgs : EventArgs
{
    // 进度的百分比值
    public int ProgressValue { get; set; }
    // 是否完成了所有图片的下载
    public bool Complete { get; set; }
    // 是否发生异常
    public bool IsException { get; set; }
    // 异常消息
    public string ExceptionInfo { get; set; }
    // 下载的图片列表信息,未完成时为 null
```

```csharp
        public List<PictureInfo> Pictures { get; set; }
    }
```

WallpapersService 类：获取壁纸信息的服务类，该类使用单例模式来设计，因为对于整个应用程序，这个服务类也只需要一个对象，更加适合设计成单例模式

```csharp
/// <summary>
/// 获取壁纸信息的服务类
/// </summary>
public class WallpapersService
{
    // 距离今天的天数,表示获取壁纸的时间
    private int selectedDay;
    // 国家代码
    private List<string> countries = new List<string>(new string[] {
        "zh-CN", "fr-FR", "de-DE","en-US", "ja-JP","en-GB"});
    // 需要获取的请求次数
    private int http_times;
    // 总的请求次数
    private int http_times_all;
    // 是否已经开始下载了
    private bool downloading = false;
    // 已经下载的图片信息
    private Dictionary<int, List<PictureInfo>> allHaveDownloadPictures;
    // 完成进度事件
    public EventHandler<ProgressEventArgs> GetOneDayWallpapersProgressEvent;
    // 触发完成进度事件的方法
    private void OnGetOneDayWallpapersProgressEvent(ProgressEventArgs progressEventArgs)
    {
        if (GetOneDayWallpapersProgressEvent != null)
        {
            GetOneDayWallpapersProgressEvent.Invoke(this, progressEventArgs);
        }
    }
    private static WallpapersService _Current;
    // 单例对象
    public static WallpapersService Current
    {
        get
        {
            if (_Current == null)
                _Current = new WallpapersService();
            return _Current;
        }
    }
```

```csharp
}
// 初始化对象
private WallpapersService()
{
    allHaveDownloadPictures = new Dictionary<int, List<PictureInfo>>();
}
/// <summary>
/// 获取所选时间的图片
/// </summary>
/// <param name="selectedDay">表示距离今天的时间,0表示今天,1表示昨天……</param>
public void GetOneDayWallpapers(int day)
{
    // 如果当前正在下载图片则跳出该方法的调用
    if (downloading) return;
    // 当前的服务标志位正在下载
    downloading = true;
    selectedDay = day;
    // 如果当前没有该日期的数据,则需要在字典对象里面添加上
    if(!allHaveDownloadPictures.Keys.Contains(selectedDay))
    {
        allHaveDownloadPictures.Add(selectedDay, new List<PictureInfo>());
    }
    // 拼接网络请求地址
    string format = "http://appserver.m.bing.net/BackgroundImageService/TodayImageService.svc/GetTodayImage?dateOffset=-{0}&urlEncodeHeaders=true&osName=windowsPhone&osVersion=8.10&orientation=480x800&deviceName=WP8Device&mkt={1}";
    http_times_all = http_times = countries.Count<string>();
    foreach (string country in countries)
    {
        // 判断该请求是否已经请求过,通过其所对应的日期和国家
        if (allHaveDownloadPictures[selectedDay].Select(item => item.countryCode == country).Count() == 0)
        {
            //图片下载url
            string bingUrlFmt = string.Format(format, selectedDay, country);
            //开始下载
            HttpWebRequest request = (HttpWebRequest)WebRequest.Create(bingUrlFmt);
            request.Method = "GET";
            request.BeginGetResponse(result => this.responseHandler(result, request, country, bingUrlFmt), null);
        }
        else
        {
            // 如果壁纸信息已经获取过则不要再重复获取,直接返回进度信息
            SetProgress();
```

```csharp
            }
        }
    }
    // 获取的壁纸图片信息回调方法
    private void responseHandler(IAsyncResult asyncResult, HttpWebRequest request,
string myloc, string _imgUri)
    {
        HttpWebResponse response;
        try
        {
            response = (HttpWebResponse)request.EndGetResponse(asyncResult);
        }
        catch(Exception e)
        {
            downloading = false;
            // 返回异常信息
            OnGetOneDayWallpapersProgressEvent(
                new ProgressEventArgs
                {
                    IsException = true,
                    Complete = false,
                    ExceptionInfo = e.Message,
                    ProgressValue = 0,
                    Pictures = null
                });
            return;
        }
        if (request.HaveResponse)
        {
            // 图片的热点说明信息
            List<string> _hotspot = new List<string>();
            string _imgTitle = "";
            // 通过 HTTP 请求头传输图片相关的信息
            foreach (string str in response.Headers.AllKeys)
            {
                string str2 = str;
                string str3 = response.Headers[str];
                // 获取图片的说明信息和版权信息
                if (str2.Contains("Image-Info-Credit"))
                {
                    _imgTitle = WebUtility.UrlDecode(str3);
                }
                // 获取图片的热点介绍信息
                else if (str2.Contains("Image-Info-Hotspot-"))
                {
```

```csharp
                        string[] strArray = WebUtility.UrlDecode(str3).Replace(" ","").Split(new char[] { ';' });
                        _hotspot.AddRange(strArray);
                    }
                }
                PictureInfo info = new PictureInfo(myloc, _imgTitle, _imgUri);
                info.hotspot = _hotspot;
                allHaveDownloadPictures[selectedDay].Add(info);
            }
            Debug.WriteLine("allHaveDownloadPictures[selectedDay].Count:" + allHaveDownloadPictures[selectedDay].Count);
            // 返回进度信息
            SetProgress();
        }
        // 返回进度的信息
        private void SetProgress()
        {
            http_times--;
            bool finish = http_times == 0;
            if (finish)
                downloading = false;
            // 返回结果
            OnGetOneDayWallpapersProgressEvent(
            new ProgressEventArgs {
                IsException = false,
                Complete = finish,
                ExceptionInfo = "",
                ProgressValue = (int)(((float)(http_times_all - http_times) / (float)http_times_all) * 100),
                Pictures = allHaveDownloadPictures[selectedDay]
            });
        }
    }
```

23.4 应用首页的设计和实现

本节要实现的功能是 Bing 在线壁纸的首页页面,在首页页面主要是添加上最近几天的壁纸的链接,单击直接跳转到壁纸详情列表里面,因为一般情况大部分用户会比较关注最近的几天壁纸信息和主题,微软的这个壁纸通常都和最近的新闻或者节日相关。当然,我们在首页也提供自定义的选择,让用户可以自定义选择几天前的壁纸信息。首页的背景直接使用了当天中国地区的壁纸图片。

MainPage.xaml 页面主要代码：应用首页的设计和逻辑

```xml
<Page.Resources>
    <!--定义了一个显示出用户自定义日期的面板的动画资源，动画的效果是从上往下拉出来-->
    <Storyboard x:Name="showMorePicture">
        <DoubleAnimation Storyboard.TargetName="topTransform" Storyboard.TargetProperty="Y" From="-300" To="0" Duration="0:0:0.3"></DoubleAnimation>
    </Storyboard>
</Page.Resources>
<Grid>
    <Grid.RowDefinitions>
        <RowDefinition Height="Auto"/>
        <RowDefinition Height="*"/>
    </Grid.RowDefinitions>
    <Grid Opacity="0.5" Grid.RowSpan="2">
        <Grid.Background>
            <ImageBrush>
                <ImageBrush.ImageSource>
                    <BitmapImage x:Name="background"></BitmapImage>
                </ImageBrush.ImageSource>
            </ImageBrush>
        </Grid.Background>
    </Grid>
    <StackPanel x:Name="TitlePanel" Grid.Row="0" Margin="12,0,0,28">
        <TextBlock Text="Bing 壁纸" FontSize="20" />
    </StackPanel>
    <Grid x:Name="ContentPanel" Grid.Row="1" Margin="12,0,12,0">
        <!--添加了5个HyperlinkButton控件，其中最后一个按钮会触发动画来显示出用户自定义日期的面板-->
        <StackPanel VerticalAlignment="Bottom">
            <HyperlinkButton Content="今天壁纸" x:Name="today" Click="today_Click"></HyperlinkButton>
            <HyperlinkButton Content="昨天壁纸" x:Name="yesterday" Click="yesterday_Click"></HyperlinkButton>
            <HyperlinkButton Content="2天前壁纸" x:Name="twodayago" Click="twodayago_Click"></HyperlinkButton>
            <HyperlinkButton Content="3天前壁纸" x:Name="threedayago" Click="threedayago_Click"></HyperlinkButton>
            <HyperlinkButton Content="更早的壁纸" x:Name="other" Click="other_Click"></HyperlinkButton>
        </StackPanel>
    </Grid>
    <!--自定义日期的面板-->
```

```xml
<StackPanel x:Name="topStackPanel" Orientation="Vertical" Grid.RowSpan="2" Background="{ThemeResource ApplicationPageBackgroundThemeBrush}" Height="300" VerticalAlignment="Top">
    <!-- 面板默认是在屏幕最上方顶上,用户刚开始并看不到 -->
    <StackPanel.RenderTransform>
        <TranslateTransform x:Name="topTransform" Y="-300"></TranslateTransform>
    </StackPanel.RenderTransform>
    <TextBlock Text="选择时间:" Margin="12 30 0 0" VerticalAlignment="Center"></TextBlock>
    <StackPanel Orientation="Horizontal" Margin="12 30 0 0">
        <!-- 使用两个AppBarButton来控制日期的增加和减少 -->
        <AppBarButton Icon="Remove" IsCompact="True" x:Name="minus_bar" Click="minus_bar_Click" VerticalAlignment="Center"/>
        <TextBlock Text="4" x:Name="dayNumber" Margin="20 0 20 0" FontSize="20" VerticalAlignment="Center"></TextBlock>
        <AppBarButton Icon="Add" IsCompact="True" x:Name="plus_bar" Click="plus_bar_Click" VerticalAlignment="Center"/>
        <TextBlock Text="天前的壁纸" VerticalAlignment="Center" Margin="24 0 0 0"></TextBlock>
    </StackPanel>
    <!-- 通过按钮事件来触发跳转到壁纸详情列表页面 -->
    <Button Content="查看壁纸" x:Name="go" Click="go_Click" Margin="20 30 0 0"></Button>
</StackPanel>
</Grid>
```

MainPage.xaml.cs 页面主要代码

```csharp
public sealed partial class MainPage : Page
{
    private string TodayPictureUri = "http://appserver.m.bing.net/BackgroundImageService/TodayImageService.svc/GetTodayImage?dateOffset=-0&urlEncodeHeaders=true&osName=windowsphone&osVersion=8.10&orientation=480x800&deviceName=WP8Device&mkt=zh-CN";
    public MainPage()
    {
        this.InitializeComponent();
    }
    // 进入当前的页面
    protected override void OnNavigatedTo(NavigationEventArgs e)
    {
        background.UriSource = new Uri(TodayPictureUri);
    }
    // 查看今天的壁纸
    private void today_Click(object sender, RoutedEventArgs e)
```

```csharp
{
    Frame.Navigate(typeof(DayPicturesPage), 0);
}
// 查看昨天的壁纸
private void yesterday_Click(object sender, RoutedEventArgs e)
{
    Frame.Navigate(typeof(DayPicturesPage), 1);
}
// 查看两天前的壁纸
private void twodayago_Click(object sender, RoutedEventArgs e)
{
    Frame.Navigate(typeof(DayPicturesPage), 2);
}
// 查看三天前的壁纸
private void threedayago_Click(object sender, RoutedEventArgs e)
{
    Frame.Navigate(typeof(DayPicturesPage), 3);
}
// 查看更早的壁纸
private void other_Click(object sender, RoutedEventArgs e)
{
    showMorePicture.Begin();
}
// 查看更早的壁纸,减少天数的图标按钮事件
private void minus_bar_Click(object sender, RoutedEventArgs e)
{
    int day = Int32.Parse(dayNumber.Text);
    if(day > 0)
    {
        day--;
        dayNumber.Text = day.ToString();
    }
}
// 查看更早的壁纸,增加天数的图标按钮事件
private void plus_bar_Click(object sender, RoutedEventArgs e)
{
    int day = Int32.Parse(dayNumber.Text);
    day++;
    dayNumber.Text = day.ToString();
}
// 前往查看自定义天数的壁纸
private void go_Click(object sender, RoutedEventArgs e)
{
    Frame.Navigate(typeof(DayPicturesPage), Int32.Parse(dayNumber.Text));
}
}
```

Bing在线壁纸的首页显示的效果如图23.3所示,单击"更早的壁纸"按钮会出现一个动画,自定义的面板会从上面下拉下来,显示的效果如图23.4所示。

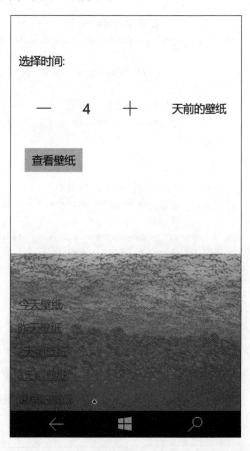

图23.3　Bing在线壁纸首页(手机)　　　　　　图23.4　自定义选择时间面板(手机)

23.5　手机和平板不同分辨率的适配

接下来,我们要实现壁纸列表详情页面,在该列表里会展示某一天的壁纸信息,采用水平滚动的列表来显示壁纸的。

在这里对两个地方做了特殊的适配,一是"更早的壁纸"弹出层做了适配,二是首页的背景图。下面先看一下"更早的壁纸"弹出层的适配。

"更早的壁纸"弹出层的适配采用了适配触发器的方式来实现,当应用程序的宽度大于600像素的时候,弹出层的StackPanel面板采用水平排列的方式,并且高度从300像素改为150像素,如果手机横屏放置,那么该适配效果也一样会生效。添加的适配代码如下所示:

```
<VisualStateManager.VisualStateGroups>
```

```xml
                <VisualStateGroup>
                    <VisualState x:Name="SideBySideState">
                        <VisualState.StateTriggers>
                            <AdaptiveTrigger MinWindowWidth="600" />
                        </VisualState.StateTriggers>
                        <VisualState.Setters>
                            <Setter Target="topStackPanel.Orientation" Value="Horizontal"/>
                            <Setter Target="topStackPanel.Height" Value="150"/>
                        </VisualState.Setters>
                    </VisualState>
                </VisualStateGroup>
</VisualStateManager.VisualStateGroups>
```

当宽度大于 500 像素的时候，弹出层的显示效果如图 23.5 所示。

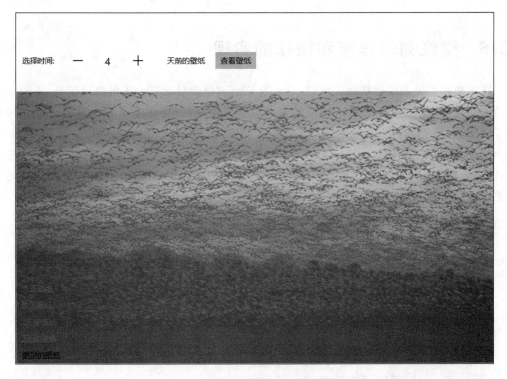

图 23.5 PC 端适配的弹层效果

对首页背景图片的适配采用了后台 C#代码来实现，当应用程序的宽度大于 500 像素的时候采用大分辨率的 Bing 图片，实现的思路是通过 Window.Current.SizeChanged 事件来获取应用程序的窗体变化情况，然后再判断是否选择大分辨率的图片。代码如下所示：

```
public MainPage()
{
    this.InitializeComponent();
```

```
        Window.Current.SizeChanged += Current_SizeChanged;
}

private void Current_SizeChanged(object sender, Windows.UI.Core.WindowSizeChangedEventArgs e)
{
    if (e.Size.Width <= 500)
    {
        background.UriSource = new Uri(TodayPictureUri);
    }
    else
    {
        background.UriSource = new Uri(TodayPictureUri_Big);
    }
}
```

23.6 壁纸列表详情和操作的实现

接下来我们要实现壁纸列表详情页面,在该列表里会展示某一天的壁纸信息,采用水平滚动的列表来显示壁纸的图片和壁纸的热点信息说明,同时还提供了在浏览器打开和保存到应用文件的两个按钮操作功能。在该页面需要调用获取壁纸信息的服务类 WallpapersService 类的 GetOneDayWallpapers 方法来获取壁纸列表的信息,同时通过 GetOneDayWallpapersProgressEvent 事件把请求的进度在页面上显示出来,获取完成之后再把壁纸的信息绑定到列表控件。

DayPicturesPage.xaml 文件主要代码:使用列表显示壁纸图片和信息的详情

```xml
<Page.Resources>
    <!--绑定转换器:把国家代码转化国家的名称-->
    <local:CountryNameConverter x:Key="CountryNameConverter" />
</Page.Resources>
……
<!--使用 ItemsControl 列表控件来显示壁纸的信息-->
<ItemsControl Grid.Row="1" x:Name="pictureList">
    <ItemsControl.ItemsPanel>
        <ItemsPanelTemplate>
            <!--设置列表控件的项目水平排列-->
            <StackPanel Orientation="Horizontal"></StackPanel>
        </ItemsPanelTemplate>
    </ItemsControl.ItemsPanel>
    <ItemsControl.Template>
        <ControlTemplate>
            <!--设置列表控件的面板为水平垂直可滚动-->
            <ScrollViewer ScrollViewer.HorizontalScrollBarVisibility="Visible"
```

```xml
                    ScrollViewer.VerticalScrollBarVisibility = "Visible">
                        <ItemsPresenter/>
                    </ScrollViewer>
                </ControlTemplate>
            </ItemsControl.Template>
            <ItemsControl.ItemTemplate>
                <DataTemplate>
                    <!-- 列表控件模板绑定壁纸的显示和相关的信息 -->
                    <Grid Width = "340">
                        <Image Opacity = "0.5" Stretch = "Uniform">
                            <Image.Source>
                                <BitmapImage UriSource = "{Binding imageUri}"></BitmapImage>
                            </Image.Source>
                        </Image>
                        <!-- 绑定国家代码 -->
                        <TextBlock FontSize = "20" Text = "{Binding countryCode, Converter = {StaticResource CountryNameConverter}}" Margin = "24 30 0 0"></TextBlock>
                        <StackPanel Margin = "24 90 0 0">
                            <!-- 绑定壁纸主题 -->
                            <TextBlock FontSize = "20" Text = "{Binding imgTitle}" TextWrapping = "Wrap"></TextBlock>
                            <!-- 使用ListView列表绑定热点说明信息 -->
                            <ListView ItemsSource = "{Binding hotspot}" Height = "300">
                                <ListView.ItemTemplate>
                                    <DataTemplate>
                                        <TextBlock Text = "{Binding}" FontSize = "15" TextWrapping = "Wrap"></TextBlock>
                                    </DataTemplate>
                                </ListView.ItemTemplate>
                            </ListView>
                        </StackPanel>
                        <!-- 保存和查看按钮 -->
                        <StackPanel Orientation = "Horizontal" HorizontalAlignment = "Right" VerticalAlignment = "Top">
                            <AppBarButton Icon = "View" Label = "查看" x:Name = "view" Click = "view_Click"/>
                            <AppBarButton Icon = "Save" Label = "保存" x:Name = "save" Click = "save_Click"/>
                        </StackPanel>
                    </Grid>
                </DataTemplate>
            </ItemsControl.ItemTemplate>
        </ItemsControl>
        <!-- 进度信息面板,在网络请求的过程显示,请问完成之后隐藏 -->
        <StackPanel VerticalAlignment = "Center" x:Name = "tips">
            <!-- 进度条 -->
            <ProgressBar x:Name = "progress"></ProgressBar>
```

```xml
<!--进度信息显示-->
<TextBlock Text="" x:Name="info" HorizontalAlignment="Center" FontSize="30" TextWrapping="Wrap"></TextBlock>
</StackPanel>
```

DayPicturesPage.xaml.cs 文件主要代码

```csharp
public sealed partial class DayPicturesPage : Page
{
    public DayPicturesPage()
    {
        this.InitializeComponent();
    }
    // 进入页面即开始加载网络的壁纸图片和信息
    protected override void OnNavigatedTo(NavigationEventArgs e)
    {
        if (e.Parameter != null && e.Parameter is int)
        {
            // 订阅进度事件的处理程序
            WallpapersService.Current.GetOneDayWallpapersProgressEvent += OnOneDayWallpapersProgressEvent;
            // 调用壁纸请求服务类来获取壁纸信息
            WallpapersService.Current.GetOneDayWallpapers((int)e.Parameter);
        }
    }
    // 离开当前的页面则移除订阅的进度事件
    protected override void OnNavigatedFrom(NavigationEventArgs e)
    {
        WallpapersService.Current.GetOneDayWallpapersProgressEvent -= OnOneDayWallpapersProgressEvent;
        base.OnNavigatedFrom(e);
    }
    // 进度事件的处理程序
    private async void OnOneDayWallpapersProgressEvent(object sender, ProgressEventArgs e)
    {
        await this.Dispatcher.RunAsync(Windows.UI.Core.CoreDispatcherPriority.Normal, () =>
        {
            if(e.IsException)
            {
                // 如果发生异常则显示异常信息
                info.Text = "获取图片异常：" + e.ExceptionInfo;
            }
            else
            {
                // 正常返回设置进度条的值
                progress.Value = e.ProgressValue;
```

```csharp
            // 进度完整
            if(e.Complete)
            {
                // 把显示进度的面板隐藏
                tips.Visibility = Visibility.Collapsed;
                // 把壁纸信息绑定到列表中
                pictureList.ItemsSource = e.Pictures;
                Debug.WriteLine("e.Pictures.Count:" + e.Pictures.Count);
            }
        }
    });
}
// 查看按钮的事件处理程序
private async void view_Click(object sender, RoutedEventArgs e)
{
    PictureInfo pictureInfo = (sender as AppBarButton).DataContext as PictureInfo;
    // 在浏览器打开壁纸
    await Launcher.LaunchUriAsync(pictureInfo.imageUri);
}
// 保存按钮的事件处理程序
private async void save_Click(object sender, RoutedEventArgs e)
{
    PictureInfo pictureInfo = (sender as AppBarButton).DataContext as PictureInfo;
    List<Byte> allBytes = new List<byte>();
    // 把壁纸的图片文件保存到当前的应用文件里面
    using (var response = await HttpWebRequest.Create(pictureInfo.imageUri).GetResponseAsync())
    {
        using (Stream responseStream = response.GetResponseStream())
        {
            byte[] buffer = new byte[4000];
            int bytesRead = 0;
            while ((bytesRead = await responseStream.ReadAsync(buffer, 0, 4000)) > 0)
            {
                allBytes.AddRange(buffer.Take(bytesRead));
            }
        }
    }
    var file = await ApplicationData.Current.LocalFolder.CreateFileAsync(
        "bingPicture" + DateTime.Now.Ticks + ".jpg", CreationCollisionOption.ReplaceExisting);
    await FileIO.WriteBytesAsync(file, allBytes.ToArray());
}
```

壁纸详情的页面显示效果如图 23.6 和图 23.7 所示。

图 23.6 壁纸详情(手机)

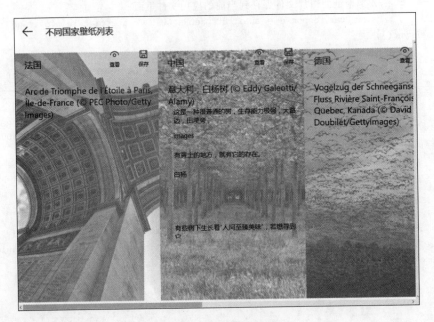

图 23.7 壁纸详情(PC)

第 24 章　应用实战：记账本

本章介绍一个记账本应用的开发，讲解在 Windows 10 平台下如何开发一个记账本的应用软件。每一个软件都是从刚开始的第一个版本以及基本的功能开始，然后逐步地进行完善和改进，这是软件工程项目管理的过程。这个记账本的应用就是第一个版本，完成了记账的基本功能，读者可以在这个基础上继续改进和开发。

24.1　记账本简介

记账是人们理财的一部分，随着智能手机和网络的发展，越来越多的人选择了使用智能手机记账软件来进行记账，因为这种记账方式既方便又简单。那么一个手机上的记账软件需要具备哪些功能呢？首先，最基本的功能就是添加一笔收入和支出，新增记账的记录，查看记账记录，查看分类报表收支报表等；其次就是一些智能的功能，包括超支提醒、智能理财计划分析等，最后还会包括一些安全类的功能，比如数据备份、数据恢复等。

本实例的记账本应用实现了记账应用软件的基本功能，包括添加收入、支出、月报表、年报表、查询记录、分类图表等。其中，理财计划、添加类别和设置的相关模块留给读者发挥想象空间，继续进行开发和完善。

24.2　对象序列化存储

记账本应用采用了独立存储作为数据存储的机制，通过将记账的数据对象序列化成一个 XML 文件，然后将文件保存到应用文件里面，读取数据的时候再打开应用文件，把数据通过反序列化转化为具体的对象数据。这种数据存储的机制对于存储的数据比较灵活，把各种的数据结构体交给序列化类 DataContractSerializer 类来进行处理就可以了。

下面来看一下数据存储的公共类：

StorageFileHelper.cs 文件代码：**StorageFileHelper** 类是独立存储的公共类，负责数据文件的读些操作

```
public class StorageFileHelper
```

```csharp
    {
        // 存储记账数据的文件夹名称
        private const string FolderName = "Data";
        // 存储记账数据的文件夹对象
        private static IStorageFolder DataFolder = null;
        // 获取存储记账数据的文件夹对象
        private static async Task<IStorageFolder> GetDataFolder()
        {
            // 获取存储数据的文件夹
            if (DataFolder == null)
            {
                DataFolder = await ApplicationData.Current.LocalFolder.CreateFolderAsync(FolderName, CreationCollisionOption.OpenIfExists);
            }
            return DataFolder;
        }
        /// <summary>
        /// 读取本地文件夹根目录的文件
        /// </summary>
        /// <param name="fileName">文件名</param>
        /// <returns>读取文件的内容</returns>
        public static async Task<string> ReadFileAsync(string fileName)
        {
            string text;
            try
            {
                // 获取存储数据的文件夹
                IStorageFolder applicationFolder = await GetDataFolder();
                // 根据文件名获取文件夹里面的文件
                IStorageFile storageFile = await applicationFolder.GetFileAsync(fileName);
                // 打开文件获取文件的数据流
                IRandomAccessStream accessStream = await storageFile.OpenReadAsync();
                // 使用 StreamReader 读取文件的内容,需要将 IRandomAccessStream 对象转化为 Stream 对象来初始化 StreamReader 对象
                using (StreamReader streamReader = new StreamReader(accessStream.AsStreamForRead((int)accessStream.Size)))
                {
                    text = streamReader.ReadToEnd();
                }
            }
            catch (Exception e)
            {
                text = "文件读取错误: " + e.Message;
            }
            return text;
        }
        /// <summary>
        /// 写入本地文件夹根目录的文件
        /// </summary>
        /// <param name="fileName">文件名</param>
        /// <param name="content">文件里面的字符串内容</param>
        /// <returns></returns>
```

```csharp
public static async Task WriteFileAsync(string fileName, string content)
{
    // 获取存储数据的文件夹
    IStorageFolder applicationFolder = await GetDataFolder();
    // 在文件夹里面创建文件,如果文件存在则替换掉
    IStorageFile storageFile = await applicationFolder.CreateFileAsync(fileName, CreationCollisionOption.OpenIfExists);
    // 使用 FileIO 类把字符串信息写入文件
    await FileIO.WriteTextAsync(storageFile, content);
}
/// <summary>
/// 把实体类对象序列化成 XML 格式存储到文件里面
/// </summary>
/// <typeparam name="T">实体类类型</typeparam>
/// <param name="data">实体类对象</param>
/// <param name="fileName">文件名</param>
/// <returns></returns>
public static async Task WriteAsync<T>(T data, string filename)
{
    // 获取存储数据的文件夹
    IStorageFolder applicationFolder = await GetDataFolder();
    StorageFile file = await applicationFolder.CreateFileAsync(filename, CreationCollisionOption.OpenIfExists);
    // 获取文件的数据流来进行操作
    using (IRandomAccessStream raStream = await file.OpenAsync(FileAccessMode.ReadWrite))
    {
        using (IOutputStream outStream = raStream.GetOutputStreamAt(0))
        {
            // 创建序列化对象写入数据
            DataContractSerializer serializer = new DataContractSerializer(typeof(T));
            serializer.WriteObject(outStream.AsStreamForWrite(), data);
            await outStream.FlushAsync();
        }
    }
}
/// <summary>
/// 反序列化 XML 文件
/// </summary>
/// <typeparam name="T">实体类类型</typeparam>
/// <param name="filename">文件名</param>
/// <returns>实体类对象</returns>
public static async Task<T> ReadAsync<T>(string filename)
{
    // 获取实体类类型实例化一个对象
    T sessionState_ = default(T);
    // 获取存储数据的文件夹
    IStorageFolder applicationFolder = await GetDataFolder();
    StorageFile file = await applicationFolder.CreateFileAsync(filename, CreationCollisionOption.OpenIfExists);
    if (file == null)
        return sessionState_;
    try
```

```
            {
                using (IInputStream inStream = await file.OpenSequentialReadAsync())
                {
                    // 反序列化 XML 数据
                    DataContractSerializer serializer = new DataContractSerializer(typeof(T));
                    sessionState_ = (T)serializer.ReadObject(inStream.AsStreamForRead());
                }
            }
            catch(Exception)
            {
            }
            return sessionState_;
        }
    }
```

24.3 记账本首页磁贴设计

记账本应用的设计风格采用磁贴设计风格，通过单击相关功能的磁贴进入功能的页面，磁铁也可以动态地展示相关的信息，比如收入的磁贴，在磁贴的右上角会显示总收入的数据。磁贴按钮的控件使用了 Button 控件改造而来，通过修改按钮的默认样式，把按钮相关的点击状态去除掉，再把按钮默认设置的间隔属性去除掉，然后设置其高度和宽度一致，便可以实现一个磁贴风格的控件了。

记账本应用的首页使用了 Hub 控件布局，左边是功能的磁贴按钮，右边是今日的记账记录，如图 24.1、图 24.2 和图 24.3 所示。

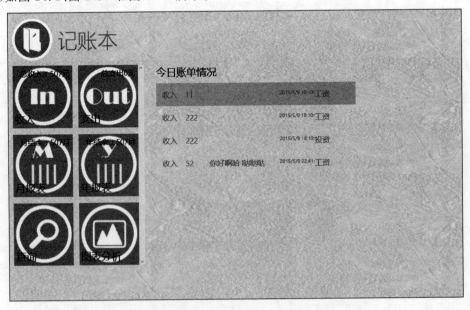

图 24.1　记账本首页（PC）

第24章 应用实战：记账本

图 24.2 首页左边（手机）

图 24.3 首页右边（手机）

首页的相关代码如下所示：

MainPage.xaml 文件部分代码：Hub 控件的数据绑定源和数据转换定义

```
< Page
    // 引入绑定转换器的空间
    xmlns:local = "using:AccountBook.Converter"
    ……省略若干代码>
    < Page.Background >
        < ImageBrush ImageSource = "Skin/PageBG.jpg" />
    </Page.Background >
    < Page.Resources >
        < Style x:Key = "ButtonStyle1" TargetType = "Button">
            < Setter Property = "Template">
                < Setter.Value >
                    < ControlTemplate TargetType = "Button">
                        < Grid x:Name = "Grid" Background = "#FFEB6416" Height = "120" Width = "120" Margin = "0, 0, 12, 0" >
                            < Border x:Name = "Border" >
                                < ContentPresenter x:Name = "ContentPresenter" Foreground = "{TemplateBinding Foreground}"
```

```xml
                                        Content="{TemplateBinding Content}" ContentTemplate="{TemplateBinding ContentTemplate}" />
                                </Border>
                            </Grid>
                        </ControlTemplate>
                    </Setter.Value>
                </Setter>
            </Style>
            <!--定义了两个绑定转换器-->
            <local:VoucherDescConverter x:Key="VoucherDescConverter"/>
            <local:VoucherTypeConverter x:Key="VoucherTypeConverter"/>
            <!--定义了今日记账信息列表绑定的视图资源-->
            <CollectionViewSource x:Name="cvs1" />
        </Page.Resources>
        <Grid x:Name="LayoutRoot">
            <Hub>
                <Hub.Header>
                    <StackPanel Orientation="Horizontal">
                        <Image Stretch="Fill" Height="80" Source="Skin/logo.png" />
                        <TextBlock Margin="12,0,0,0" Foreground="#FFEB6416" FontSize="40" VerticalAlignment="Center" Text="记账本" />
                    </StackPanel>
                </Hub.Header>
                <HubSection x:Name="_columnItem" Foreground="Black">
                    <DataTemplate>
                        <Grid>
                            <ScrollViewer>
                                <StackPanel>
                                    <!--收入、支出-->
                                    <StackPanel Orientation="Horizontal">
                                        <Button Click="Income_Tile_Click" Style="{StaticResource ButtonStyle1}">
                                            <Grid>
                                                <Image Source="Images/inlogo.png" Stretch="Fill" />
                                                <TextBlock Text="收入" HorizontalAlignment="Left" VerticalAlignment="Bottom" Margin="5" FontSize="20"></TextBlock>
                                                <TextBlock Text="{Binding SummaryIncome}" x:Name="SummaryIncome" HorizontalAlignment="Right" VerticalAlignment="Top" Margin="5" FontSize="15"></TextBlock>
                                            </Grid>
                                        </Button>
                                        ……省略若干代码
                                    </StackPanel>
                                    ……省略若干代码
                                </StackPanel>
                            </ScrollViewer>
```

```xml
                    </Grid>
                </DataTemplate>
            </HubSection>
            <HubSection x:Name="_historyItem" Foreground="Black" HorizontalContentAlignment="Stretch">
                <HubSection.Header>
                    <StackPanel Orientation="Horizontal">
                        <TextBlock Text="今日账单情况" Margin="0,0,5,0" />
                    </StackPanel>
                </HubSection.Header>
                <DataTemplate>
                    <!-- 今日账单的列表控件 -->
                    <ListView x:Name="listToday" ItemsSource="{Binding Source={StaticResource cvs1}}" >
                    </ListView>
                </DataTemplate>
            </HubSection>
        </Hub>
    </Grid>
</Page>
```

MainPage.xaml.cs 文件主要代码

```
//页面继承了 INotifyPropertyChanged 接口用于实现绑定属性更改事件
public sealed partial class MainPage : Page , INotifyPropertyChanged
{
    // 总收入属性
    private string summaryIncome;
    public string SummaryIncome
    {
        get
        {
            return summaryIncome;
        }
        set
        {
            summaryIncome = value;
            OnPropertyChanged("SummaryIncome");
        }
    }
    // 总支出属性
    private string summaryExpenses;
    public string SummaryExpenses
    {
        ……省略若干代码
    }
```

```csharp
// 月结余属性
private string mouthBalance;
public string MouthBalance
{
    ……省略若干代码
}
// 年结余属性
private string yearBalance;
public string YearBalance
{
    ……省略若干代码
}
public MainPage()
{
    this.InitializeComponent();
    // 设置磁贴一侧的数据上下文为当前的对象,用于显示上面所定义的属性更改
    _columnItem.DataContext = this;
    Loaded += MainPage_Loaded;
}
//页面加载处理
private async void MainPage_Loaded(object sender, RoutedEventArgs e)
{
    //设置收入Tile的总收入金额
    SummaryIncome = "总收入:" + (await Common.GetSummaryIncome()).ToString() + "元";
    //设置支出Tile的总支出金额
    SummaryExpenses = "总支出" + (await Common.GetSummaryExpenses()).ToString() + "元";
    //计算月结余
    double mouthIncome = await Common.GetThisMouthSummaryIncome();
    double mouthExpenses = await Common.GetThisMouthSummaryExpenses();
    MouthBalance = "月结余:" + (mouthIncome - mouthExpenses).ToString() + "月";
    //计算年结余
    double yearIncome = await Common.GetThisYearSummaryIncome();
    double yearExpenses = await Common.GetThisYearSummaryExpenses();
    YearBalance = "年结余:" + (yearIncome - yearExpenses).ToString() + "月";
    //获取今日的账单记录,并绑定到首页的列表控件进行显示
    var items = await Common.GetThisDayAllRecords(DateTime.Now.Day, DateTime.Now.Month, DateTime.Now.Year);
    cvs1.Source = items;
}
//跳转到新增一笔收入页面
private void Income_Tile_Click(object sender, RoutedEventArgs e)
{
    Frame.Navigate(typeof(AddAccount), 0);
}
//跳转到新增一笔支出页面
private void Expenses_Tile_Click(object sender, RoutedEventArgs e)
```

```csharp
        {
            Frame.Navigate(typeof(AddAccount), 1);
        }
        //跳转到图表分析页面
        private void Chart_Click(object sender, RoutedEventArgs e)
        {
            Frame.Navigate(typeof(ChartPage));
        }
        //跳转到月报表页面
        private void MouthReport_Click(object sender, RoutedEventArgs e)
        {
            Frame.Navigate(typeof(MouthReport));
        }
        //跳转到年报表页面
        private void YearReport_Click(object sender, RoutedEventArgs e)
        {
            Frame.Navigate(typeof(YearReport));
        }
        //跳转到查询页面
        private void Search_Click(object sender, RoutedEventArgs e)
        {
            Frame.Navigate(typeof(Search));
        }
        // 属性改变事件
        public event PropertyChangedEventHandler PropertyChanged;
        public void OnPropertyChanged(string name)
        {
            PropertyChangedEventHandler handler = PropertyChanged;
            if (handler != null)
            {
                handler(this, new PropertyChangedEventArgs(name));
            }
        }
    }
```

24.4 添加一笔收入和支出

收入和支出的记账数据使用了同一个数据对象来保存，然后通过一个字段来区分，记账的数据对象如下所示：

Voucher.cs 文件代码：Voucher 类表示账单实体类

```csharp
public class Voucher
{
    //金额
```

```csharp
public double Money { get; set; }
//账单类型 0 表示收入 1 表示支出
public short Type { get; set; }
//说明
public string Desc { get; set; }
//时间
public DateTime DT { get; set; }
//唯一 id
public Guid ID { get; set; }
//图片
public byte[] Picture { get; set; }
//图片高度
public int PictureHeight { get; set; }
//图片宽度
public int PictureWidth { get; set; }
//类别
public string Category { get; set; }
}
```

记账的数据需要通过应用文件来存储,所以还需要一个记账数据存储的帮助类,记账数据存储的帮助类如下:

VoucherHelpr.cs 文件代码：VoucherHelpr 类表示账单操作帮助类

```csharp
public class VoucherHelpr
{
    //记账列表
    private List<Voucher> _data;
    // 添加一条记账记录
    public async void AddNew(Voucher item)
    {
        await Getdata();
        item.ID = Guid.NewGuid();
        this._data.Add(item);
    }
    // 读取记账列表
    public async Task<bool> LoadFromFile()
    {
        this._data = await StorageFileHelper.ReadAsync<List<Voucher>>("Voucher.dat");
        return (this._data != null);
    }
    // 保存记账列表
    public async void SaveToFile()
    {
        await StorageFileHelper.WriteAsync<List<Voucher>>(this._data, "Voucher.dat");
```

```csharp
        }
        // 获取记账列表
        public async Task<List<Voucher>> Getdata()
        {
            if (this._data == null)
            {
                bool isExist = await LoadFromFile();
                if (!isExist)
                {
                    this._data = new List<Voucher>();
                }
            }
            return this._data;
        }
        // 移除一条记录
        public void Remove(Voucher item)
        {
            _data.Remove(item);
        }
    }
```

添加一笔收入和支出的功能是在同一个页面上，通过 Pivot 控件的两个页签来区分，保存和取消的按钮放在菜单栏上。页面的代码如下所示：

AddAccount.xaml 文件主要代码

```xml
<!-- 使用 Pivot 控件来布局 -->
<Pivot x:Name="pivot" Title="添加一笔记录">
    <!-- 收入模式的录用界面 -->
    <PivotItem Header="收入">
        <ScrollViewer>
            <Grid>
                <StackPanel Orientation="Vertical" VerticalAlignment="Top">
                    <TextBlock HorizontalAlignment="Left" Text="金额"/>
                    <TextBox x:Name="textBox_Income" TextWrapping="Wrap" InputScope="Number" />
                    <TextBlock HorizontalAlignment="Left" Text="说明"/>
                    <TextBox x:Name="textBox_IncomeDesc" TextWrapping="Wrap" InputScope="Chat" />
                    <TextBlock HorizontalAlignment="Left" Text="类别"/>
                    <ComboBox x:Name="listPickerIncome"></ComboBox>
                    <TextBlock HorizontalAlignment="Left" Text="日期" />
                    <DatePicker x:Name="DatePickerIncome"></DatePicker>
                    <TextBlock HorizontalAlignment="Left" Text="时间"/>
                    <TimePicker x:Name="TimePickerIncome"></TimePicker>
                </StackPanel>
            </Grid>
```

```xml
            </ScrollViewer>
        </PivotItem>
        <!-- 支出模式的录入界面 -->
        <PivotItem Header="支出">
            <ScrollViewer>
                <Grid>
                    <StackPanel Orientation="Vertical" VerticalAlignment="Top">
                        <TextBlock HorizontalAlignment="Left" Text="金额"/>
                        <TextBox x:Name="textBox_Expenses" TextWrapping="Wrap" InputScope="Number"/>
                        <TextBlock HorizontalAlignment="Left" Text="说明"/>
                        <TextBox x:Name="textBox_ExpensesDesc" TextWrapping="Wrap" InputScope="Chat"/>
                        <TextBlock HorizontalAlignment="Left" Text="类别"/>
                        <ComboBox x:Name="listPickerExpenses"></ComboBox>
                        <TextBlock HorizontalAlignment="Left" Text="日期"/>
                        <DatePicker x:Name="DatePickerExpenses"></DatePicker>
                        <TextBlock HorizontalAlignment="Left" Text="时间"/>
                        <TimePicker x:Name="TimePickerExpenses"></TimePicker>
                    </StackPanel>
                </Grid>
            </ScrollViewer>
        </PivotItem>
    </Pivot>
    <!-- 菜单栏添加了新增、完成和取消三个按钮 -->
    <Page.BottomAppBar>
        <CommandBar>
            <AppBarButton Label="新增" Click="appbar_buttonAdd_Click">
                <AppBarButton.Icon>
                    <BitmapIcon UriSource="ms-appx:///Images/appbar.add.rest.png"/>
                </AppBarButton.Icon>
            </AppBarButton>
            <AppBarButton Label="完成" Click="appbar_buttonFinish_Click">
                <AppBarButton.Icon>
                    <BitmapIcon UriSource="ms-appx:///Images/appbar.finish.rest.png"/>
                </AppBarButton.Icon>
            </AppBarButton>
            <AppBarButton Label="取消" Click="appbar_buttonCancel_Click">
                <AppBarButton.Icon>
                    <BitmapIcon UriSource="ms-appx:///Images/appbar.cancel.rest.png"/>
                </AppBarButton.Icon>
            </AppBarButton>
        </CommandBar>
    </Page.BottomAppBar>
```

数据保存的代码在 AddAccount.xaml.cs 文件下，代码如下：

AddAccount.xaml.cs 文件保存收入数据的处理代码

```csharp
public sealed partial class AddAccount : Page
{
    public AddAccount()
    {
        this.InitializeComponent();
        AddListPickerItems();
    }
    // 添加下拉框的数据
    private void AddListPickerItems()
    {
        // 支出类别的信息
        listPickerExpenses.Items.Add("房租");
        listPickerExpenses.Items.Add("娱乐");
        listPickerExpenses.Items.Add("餐饮");
        listPickerExpenses.Items.Add("交通");
        listPickerExpenses.Items.Add("其他");
        listPickerExpenses.SelectedIndex = 0;
        // 收入类别的信息
        listPickerIncome.Items.Add("工资");
        listPickerIncome.Items.Add("股票");
        listPickerIncome.Items.Add("投资");
        listPickerIncome.Items.Add("其他");
        listPickerIncome.SelectedIndex = 0;
    }
    // 导航到当前页面的时间处理程序
    protected override void OnNavigatedTo(NavigationEventArgs e)
    {
        // 根据传递进来的参数,判断是显示收入页面(0)还是支出页面(1)
        if(e.Parameter!= null)
        {
            if(e.Parameter.ToString() == "0")
            {
                pivot.SelectedIndex = 0;
            }
            else
            {
                pivot.SelectedIndex = 1;
            }
        }
    }
    //新增一条记账记录
    private async void appbar_buttonAdd_Click(object sender, RoutedEventArgs e)
```

```csharp
{
    //用于隐藏软键盘
    pivot.Focus(FocusState.Pointer);
    await SaveVoucher();
}
//新增一条记账记录并返回
private async void appbar_buttonFinish_Click(object sender, RoutedEventArgs e)
{
    if (await SaveVoucher())
    {
        //保存成功则返回上一页
        Frame.GoBack();
    }
}
//返回
private void appbar_buttonCancel_Click(object sender, RoutedEventArgs e)
{
    Frame.GoBack();
}
// 保存记账数据
private async Task<bool> SaveVoucher()
{
    string erro = "";
    try
    {
        if (pivot.SelectedIndex == 0)
        {//收入
            if (this.textBox_Income.Text.Trim() == "")
            {
                await new MessageDialog("金额不能为空").ShowAsync();
                return false;
            }
            else
            {
                //一条记账记录的对象
                Voucher voucher = new Voucher
                {
                    Money = double.Parse(this.textBox_Income.Text),
                    Desc = this.textBox_IncomeDesc.Text,
                    DT = DatePickerIncome.Date.Date.Add(TimePickerIncome.Time),
                    Category = listPickerIncome.SelectedItem.ToString(),
                    Type = 0
                };
                //添加一条记录
                App.voucherHelper.AddNew(voucher);
```

```csharp
            }
        }
        else
        {//支出
            if (this.textBox_Expenses.Text.Trim() == "")
            {
                await new MessageDialog("金额不能为空").ShowAsync();
                return false;
            }
            else
            {
                //一条记账记录的对象
                Voucher voucher = new Voucher
                {
                    Money = double.Parse(this.textBox_Expenses.Text),
                    Desc = this.textBox_ExpensesDesc.Text,
                    DT = DatePickerExpenses.Date.Date.Add(TimePickerExpenses.Time),
                    Category = listPickerExpenses.SelectedItem.ToString(),
                    Type = 1
                };
                //添加一条记录
                App.voucherHelper.AddNew(voucher);
            }
        }
    }
    catch (Exception ee)
    {
        erro = ee.Message;
    }
    if (erro!= "")
    {
        await new MessageDialog(erro).ShowAsync();
        return false;
    }
    else
    {
        // 保存数据
        App.voucherHelper.SaveToFile();
        await new MessageDialog("保存成功").ShowAsync();
        return true;
    }
}
```

添加一笔收入的页面设计如图 24.4 所示,添加一笔支出的页面设计如图 24.5 所示。

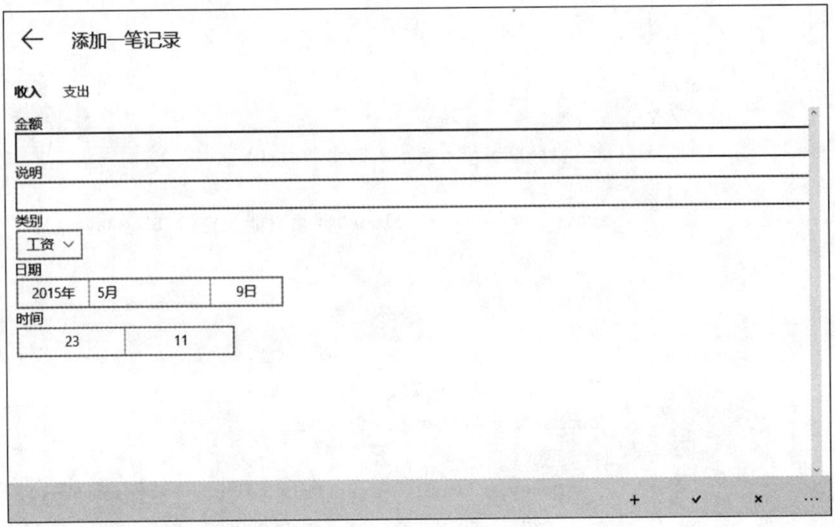

图 24.4 收入（PC）

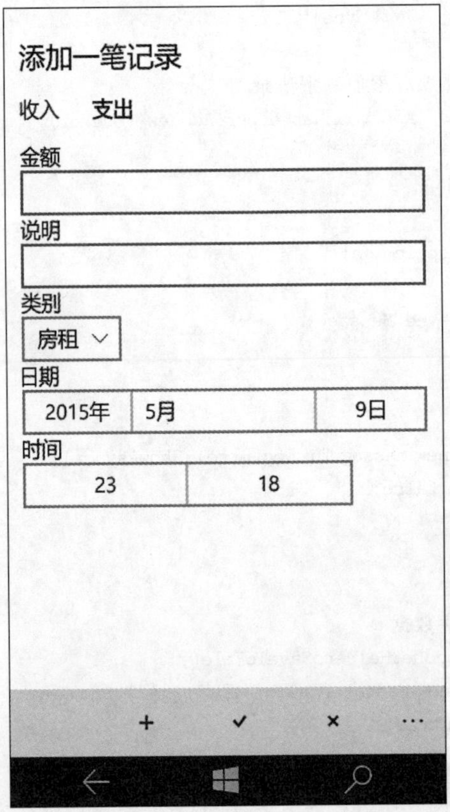

图 24.5 支出（手机）

24.5 月报表

月报表是指按照月份来分类查询记账的数据记录。下面来看一下月报表的界面设计和代码实现。

MouthReport.xaml 文件主要代码：月报表的界面设计

```
<Grid Background="{ThemeResource ApplicationPageBackgroundThemeBrush}">
    <Grid.RowDefinitions>
        <RowDefinition Height="Auto"></RowDefinition>
        <RowDefinition Height="*"></RowDefinition>
    </Grid.RowDefinitions>
    <StackPanel Grid.Row="0" VerticalAlignment="Top" Orientation="Horizontal">
        <!--返回按钮和标题-->
        <Button x:Name="backButton" Margin="12" Click="backButton_Click" Style="{StaticResource NavigationBackButtonNormalStyle}" VerticalAlignment="Center"/>
        <TextBlock x:Name="PageTitle" Margin="12 0 0 0" FontSize="20" HorizontalAlignment="Left" VerticalAlignment="Center"></TextBlock>
    </StackPanel>
    <Grid x:Name="ContentPanel" Grid.Row="1" Margin="12,0,12,0">
        <Grid.RowDefinitions>
            <RowDefinition Height="Auto"></RowDefinition>
            <RowDefinition Height="*"></RowDefinition>
            <RowDefinition Height="Auto"></RowDefinition>
        </Grid.RowDefinitions>
        <!--记账记录列表头项目-->
        <Grid Grid.Row="0">
            ……省略若干代码
        </Grid>
        <!--记账记录数据绑定列表-->
        <ListView Grid.Row="1" x:Name="listMouthReport" Margin="0,8,0,8">
            <ListView.ItemContainerStyle>
                <Style TargetType="ListViewItem">
                    <Setter Property="HorizontalContentAlignment" Value="Stretch"/>
                </Style>
            </ListView.ItemContainerStyle>
            <ListView.ItemTemplate>
                <DataTemplate>
                    <Grid HorizontalAlignment="Stretch">
                        <Grid.RowDefinitions>
```

```xml
                    <RowDefinition Height="Auto"></RowDefinition>
                    <RowDefinition Height="Auto"></RowDefinition>
                </Grid.RowDefinitions>
                <Grid.ColumnDefinitions>
                    <ColumnDefinition Width="2*"></ColumnDefinition>
                    <ColumnDefinition Width="2*"></ColumnDefinition>
                    <ColumnDefinition Width="6*"></ColumnDefinition>
                    <ColumnDefinition Width="3*"></ColumnDefinition>
                </Grid.ColumnDefinitions>
                <TextBlock Grid.Row="0" Grid.Column="0" Text="{Binding Type, Converter={StaticResource VoucherTypeConverter}}" />
                <TextBlock Grid.Row="0" Grid.Column="1" Text="{Binding Money}"/>
                <TextBlock Grid.Row="0" Grid.Column="2" Text="{Binding Desc, Converter={StaticResource VoucherDescConverter}}"/>
                <TextBlock Grid.Row="0" Grid.Column="3" Text="{Binding Category}"/>
                <TextBlock Grid.Row="1" Grid.ColumnSpan="4" Text="{Binding DT}" HorizontalAlignment="Right"/>
            </Grid>
        </DataTemplate>
    </ListView.ItemTemplate>
</ListView>
<!--显示本月收入、支出和结余-->
<Grid Grid.Row="2">
    ……省略若干代码
</Grid>
    </Grid>
</Grid>
<!--菜单栏-->
<Page.BottomAppBar>
    <CommandBar>
        <AppBarButton Label="上一月" Click="ApplicationBarIconButton_Click">
            <AppBarButton.Icon>
                <BitmapIcon UriSource="ms-appx:///Images/appbar.First.rest.png"/>
            </AppBarButton.Icon>
        </AppBarButton>
        <AppBarButton Label="下一月" Click="ApplicationBarIconButton_Click">
            <AppBarButton.Icon>
                <BitmapIcon UriSource="ms-appx:///Images/appbar.Last.rest.png"/>
            </AppBarButton.Icon>
        </AppBarButton>
    </CommandBar>
```

```
</Page.BottomAppBar>
```

MouthReport.xaml.cs 文件主要代码

```csharp
// 当前记录的月份
private int mouth;
// 当前记录的年份
private int year;
// 导航进入界面的事件处理程序
protected override void OnNavigatedTo(NavigationEventArgs e)
{
    mouth = DateTime.Now.Month;
    year = DateTime.Now.Year;
    DisplayVoucherData();
}
// 处理菜单栏单击事件
private void ApplicationBarIconButton_Click(object sender, RoutedEventArgs e)
{
    try
    {
        switch ((sender as AppBarButton).Label)
        {
            case "上一月":
                this.mouth--;
                if (this.mouth <= 0)
                {
                    this.year--;
                    this.mouth = 12;
                }
                break;
            case "下一月":
                this.mouth++;
                if (this.mouth >= 12)
                {
                    this.year++;
                    this.mouth = 1;
                }
                break;
        }
        DisplayVoucherData();
    }
    catch
```

```
        {
        }
}
// 展现记账的数据
private async void DisplayVoucherData()
{
    //本月的收入
    double inSum = await Common.GetMouthSummaryIncome(mouth, year);
    //本月的支出
    double exSum = await Common.GetMouthSummaryExpenses(mouth, year);
    //显示本月收入
    inTB.Text = "收入:" + inSum;
    //显示本月支出
    exTB.Text = "支出:" + exSum;
    //显示本月结余
    balanceTB.Text = "结余:" + (inSum - exSum);
    //绑定当前月份的记账记录
    listMouthReport.ItemsSource = await Common.GetThisMonthAllRecords(mouth, year);
    PageTitle.Text = year + "年" + mouth + "月";
}
```

月报表的页面设计如图 24.6 和图 24.7 所示。

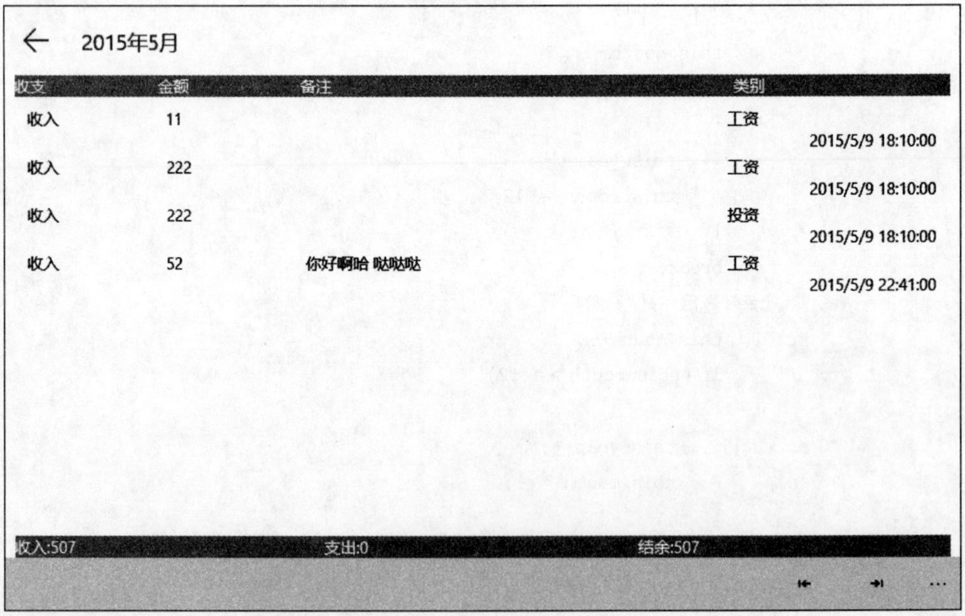

图 24.6 月报表(PC)

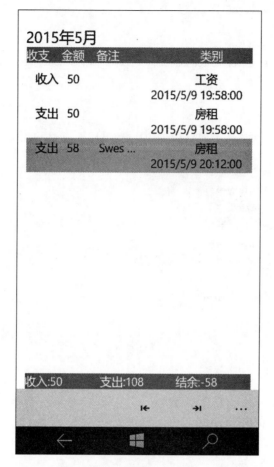

图 24.7　月报表(手机)

24.6　年报表

年报表是指按照年份来分类查询记账的数据记录。年报表的页面设计与月报表类似，下面来看一下年报表的代码处理。

YearReport.xaml.cs 文件主要代码：年报表的实现处理

```
// 当前记录的年份
private int year;
// 导航进入界面的事件处理程序
protected override void OnNavigatedTo(NavigationEventArgs e)
{
    year = DateTime.Now.Year;
```

```csharp
            DisplayVoucherData();
        }
        // 处理菜单栏单击事件
        private void ApplicationBarIconButton_Click(object sender, RoutedEventArgs e)
        {
            try
            {
                switch ((sender as AppBarButton).Label)
                {
                    case "上一年":
                        this.year--;
                        break;
                    case "下一年":
                        this.year++;
                        break;
                }
                DisplayVoucherData();
            }
            catch
            {
            }
        }
        // 展现记账的数据
        private async void DisplayVoucherData()
        {
            //本年的收入
            double inSum = await Common.GetYearSummaryIncome(year);
            //本年的支出
            double exSum = await Common.GetYearSummaryExpenses(year);
            //显示本年收入
            inTB.Text = "收入:" + inSum;
            //显示本年支出
            exTB.Text = "支出:" + exSum;
            //显示本年结余
            balanceTB.Text = "结余:" + (inSum - exSum);
            //绑定当前年份的记账记录
            listYearReport.ItemsSource = await Common.GetThisYearAllRecords(year);
            PageTitle.Text = year + "年";
        }
```

年报表的页面设计如图 24.8 和图 24.9 所示。

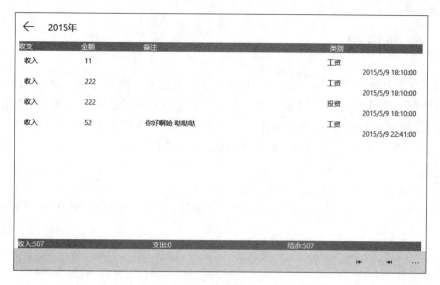

图 24.8 年报表(PC)

图 24.9 年报表(手机)

24.7 查询记录

查询记录的功能是指可以通过时间或者关键字来查询记账的记录。对于关键字查询，我们可以使用 LINQ 的查询语句来实现。查询记录页面采用了适配触发器来适配顶部的查询条件排列，原理和 Bing 在线壁纸应用一样。下面来看一下查询记录的代码实现。

Search.xaml.cs 文件主要代码

```csharp
// 处理菜单栏单击事件,查询记账记录
private async void ApplicationBarIconButton_Click(object sender, RoutedEventArgs e)
{
    DateTime? begin = DatePickerBegin.Date.Date;
    DateTime? end = DatePickerEnd.Date.Date.AddDays(1);
    listReport.ItemsSource = await Common.Search(begin, end, keyWords.Text);
}
```

Common.cs 文件查询记账记录的 LINQ 语句代码

```csharp
/// <summary>
/// 查询记账记录
/// </summary>
/// <param name = "begin">开始日期</param>
/// <param name = "end">结束日期</param>
/// <param name = "keyWords">关键字</param>
/// <returns>记账记录</returns>
public static async Task<IEnumerable<Voucher>> Search(DateTime? begin, DateTime? end, string keyWords)
{
    if (keyWords == "")
    {
        return (from c in await App.voucherHelper.Getdata()
                where c.DT >= begin && c.DT <= end
                select c);
    }
    else
    {
        return (from c in await App.voucherHelper.Getdata()
                where c.DT >= begin && c.DT <= end && c.Desc.IndexOf(keyWords) >= 0
                select c);
    }
}
```

查询记录的页面设计如图 24.10 和图 24.11 所示。

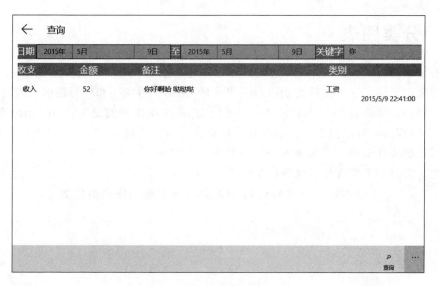

图 24.10　查询记录(PC)

图 24.11　查询记录(手机)

24.8 分类图表

图表是很直观的数据展示，同时也很美观。对于记账类软件，图表是不可缺少的一部分。在记账本里面实现了按照类别进行图表统计，使用了饼状图和柱形图的表现形式，展现了每个类别的记账数目的大小和所占的比例。图表控件使用的是 QuickCharts 图表控件库，在图表编程的章节已经对该图表控件库进行过详细的讲解，这里将使用这个图表控件库来实现饼状图和柱形图。下面来看一下分类图表的实现。

首先定义好一个图表数据展现的实体类。

ChartData.cs 文件代码：ChartData 类表示图表数据类

```csharp
public class ChartData
{
    // 数值
    public double Sum { get; set; }
    // 类型
    public string TypeName { get; set; }
}
```

ChartPage.xaml 文件代码：图表的 UI 绑定设计

```xml
<Pivot Title="图表分析">
    <PivotItem Header="圆饼图">
        <Grid>
            <amq:PieChart x:Name="pie1" TitleMemberPath="TypeName" ValueMemberPath="Sum" ></amq:PieChart>
        </Grid>
    </PivotItem>
    <PivotItem Header="柱形图">
        <Grid>
            <amq:SerialChart x:Name="chart1" CategoryValueMemberPath="TypeName"
                AxisForeground="White"
                PlotAreaBackground="Black"
                GridStroke="DarkGray">
                <amq:SerialChart.Graphs>
                    <amq:ColumnGraph ValueMemberPath="Sum" Brush="#8000FF00" ColumnWidthAllocation="0.4" />
                </amq:SerialChart.Graphs>
            </amq:SerialChart>
        </Grid>
    </PivotItem>
</Pivot>
```

ChartPage.xaml.cs 文件主要代码

```csharp
// 导航进入界面的事件处理程序
```

```
protected async override void OnNavigatedTo(NavigationEventArgs e)
{
    // 创建图表的数据源对象
    ObservableCollection<ChartData> collecion = new ObservableCollection<ChartData>();
    // 获取所有的记账记录
    IEnumerable<Voucher> allRecords = await Common.GetAllRecords();
    // 获取所有记账记录里面的类别
    IEnumerable<string> enumerable2 = (from c in allRecords select c.Category).Distinct<string>();
    // 按照类别来统计记账的数目
    foreach (var item in enumerable2)
    {
        // 获取该类别下的钱的枚举集合
        IEnumerable<double> enumerable3 = from c in allRecords.Where<Voucher>(c => c.Category == item) select c.Money;
        // 添加一条图表的数据
        ChartData data = new ChartData
        {
            Sum = enumerable3.Sum(),
            TypeName = item
        };
        collecion.Add(data);
    }
    // 设置饼图的数据源
    pie1.DataSource = collecion;
    // 设置柱形图形的数据源
    chart1.DataSource = collecion;
}
```

分类图表的页面设计如图24.12和图24.13所示。

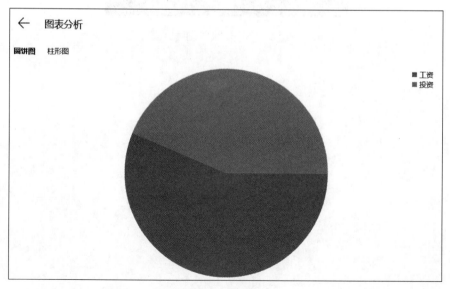

图24.12　柱形图(PC)

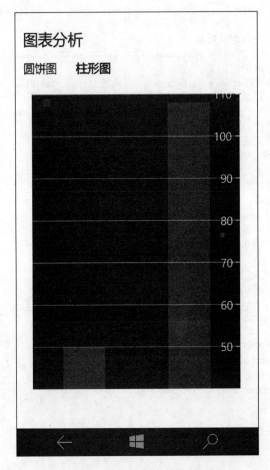

图 24.13 饼状图(手机)